U0366428

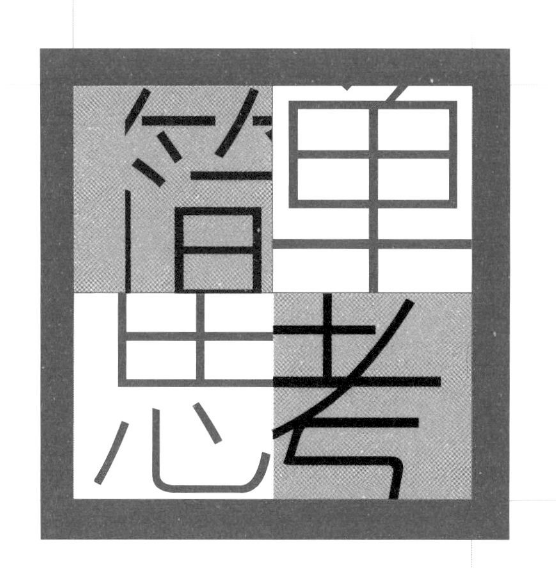

SELF TEST OF INTERIOR DESIGNERS QUESTIONS

室内设计师试题自测

区伟勤 编著

中国建筑工业出版社

图书在版编目（CIP）数据

简单思考 室内设计师试题自测/区伟勤编著.
北京：中国建筑工业出版社，2011.11
ISBN 978-7-112-13652-0

Ⅰ.①简··· Ⅱ.①区··· Ⅲ.①室内装饰设计-
习题集 Ⅳ.①TU238 44

中国版本图书馆CIP数据核字(2011)第204805号

广州市韦格斯杨设计有限公司
GrandGhostCanyon Designers Associates Ltd.

责任编辑：唐 旭

责任校对：姜小莲 王雪竹

简单思考 室内设计师试题自测
区伟勤 编著
*
中国建筑工业出版社出版、发行（北京西郊百万庄）
各地新华书店、建筑书店经销
北京盛通印刷股份有限公司印刷
*
开本：889×1194 毫米 1/8 印张：37 字数：1175千字
2011年12月第一版 2011年12月第一次印刷
定价：138.00元
ISBN 978-7-112-13652-0
(21418)

Preface

前言

简单问题
如何评价一个设计师的能力?
创意很难量化，真的吗? 只能面对面用嘴巴说、用耳朵听、用脑袋瓜去判断，最后还是一头雾水，不知如何落实!
室内设计迅猛发展了几十年，从业人员的素质一直是大家讨论的问题。其实很简单，就是“赶鸭子上架”，结果必然是“龙蛇混杂”，而客户往往没有耐性让设计师有个正常生长的时间，专业培训就显得相当必要和重要了。由谁来培训这些时尚、前沿的俊男美女们呢? 用什么来作为尺度来度量呢?
温室式的学校教育完成了基础入门和基本实践的过程，一步跨入混杂的从业大军中，难免慌了阵脚! 其实他们真正需要的是一种从业前的再教育，谁来做?

简单目的
编写一本简单的习题集，可以作为学业中、毕业后、从业中的手册。
近年关注一下市场，少见专门针对这方面的书籍，或许觉得难以真实，或许觉得意义不大。对企业的实践案例汇总似乎更有说服力和跟随性，于是翻开公司十几年对设计师的内部考试题，可惜2006年前的基本没有整理和完善备案，近六年每年四个季度的则颇为丰富，汇总在一起，正好让断层的培训多一份课件，也让同行认识一向坚持基本教育的企业的成长过程。

简单思考
两年前想出这本书的时候是有顾虑的，一则担心出书后再出内部考试题会更有难度，二则担心同行会洞悉到企业的经营模式，再则担心业主熟悉我们设计师从初级晋升到高级的过程。
的确，每季度的考试收回来的“答案”总是“五花八门”，有让人非常惊喜的，也有引人发笑的。汇总中收集了每季度的其中有代表性的五到七个思考的“答案”，或有好的思维，或有特别的表现，或有另一角度的切入，但仅代表了不同发展阶段的应试设计师（准设计师）的8小时激情之作。简单而有思考的过程!
出就出吧，正面的会多一些的!

简单目标
每次应聘的人员对题目都要花一段时间适应，市场上的相关书籍却不多，或者都忌讳这样会困固了设计的思维，但相反正是有制约才能显示设计师的思维能力，动手能力（包括讲解过程的表达能力）
不要老是“摸着石头过河”，河上应有桥。前辈应当为后人留下经验和传递积累的痕迹，不要让他们每次都从零点起步，这样行业就有进步，就不会老是用客户作为试验品。

简单过程
收集、校对、排版、文字、评语、出版……特别是写评语，从我的角度应说多少，从哪个角度说，后来想想，既然是“简单”的思考，“批评”也趋于简单，指明关键点，让读者、测试者找到思考的标点和路向，那就够了。
过程经历了两年的思想，半年的收集、采编、近三个月的文字撰写，包括一百多份的评语。也够差劲的了，用了这么久的时间，但也算了了一桩心事!

简单感谢
谢谢我的同事，出了相当多的主意，让它更直接简单；谢谢我的家人，耗了几个月的周末，让我专心重温一个个案例；谢谢我们的应试者，虽然有些已离开公司，或坚持做设计的，或已转做甲方的，更有自我创业的，也许这样能让他们找回自己成长的印记，自我欣赏，造福后人；还有我周边的朋友，虽然不多，但意见中肯，有他们的鼓励，使这本书得以面世，引起同业对室内设计应试书籍的响应!

结语
应当清醒认识到，设计水平的提升不是靠先天的，而是靠后天的练习和积累。
简单的试题只是一张“试纸”，测试的结果可以是一面镜子，一个反映真实设计水平的你。
案例是从实践中来，调整了部分的条件和难度，如售楼中心的设计，大使之家，度假酒店套房，总裁办公室，社区配套会所设计等等，简单而真实，简单但不容易!
你可以拿起这本书，试一下!

期待……

2011.9

Contents

NO FORM

不形式・不思考

NO THINKING

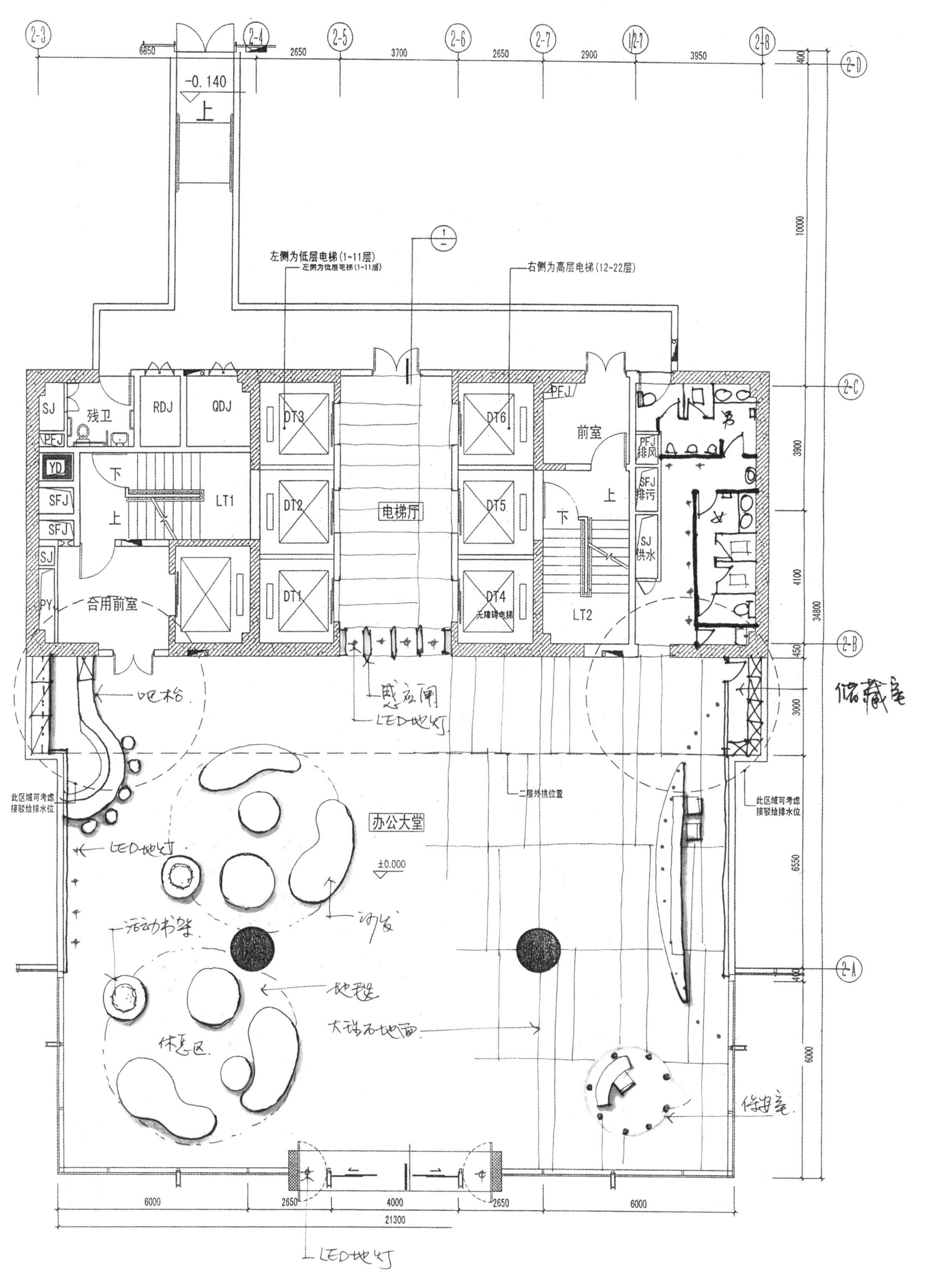

Commercial Space

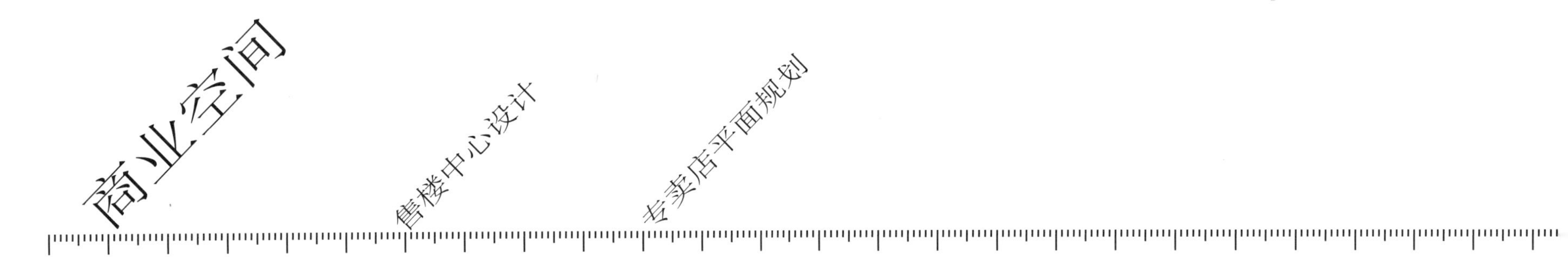

售楼中心设计（测试题）

建议测试时间：8小时

试题说明

一、基本条件

（1）某知名发展商开发的位于广州市中心高级公寓项目的售楼中心。
（2）售楼部位于首层商业街，层高6m，梁位及尺寸见附图。
（3）设计范围及湿区范围（洗手间及其他有给排水、排污需要的区域），指引见附图。
（4）选用小中央空调（可不考虑室外机摆放的位置）。
（5）主入口设在南面，靠东侧，前广场区域，自行选定具体开门位置及方式。
（6）原路返回到公寓大堂去参观相关的示范单位区（不用设计）。

二、风格及整体要求

（1）时尚、偏豪华，风格取向不限，可适用新的创作手法体现地域精 髓，弘扬岭南文化。
（2）功能合理；销售流线畅顺、便捷。

三、功能要求，包括以下基本功能：

1.接待区（结合部分地域文化及装置的表现）：
A.接待台：可容纳6名销售人员立式服务，带电脑。
B.简单的资料存放、摆设区域（或柜或小房间，面积、形式不限）。
C.适当的墙体张挂有关政府要求“公告”之文件。

2.模型区：
A.大区域模型，可以选用挂墙式，尺寸不能少于2mX3m。
B.总体模型：尺寸约为4.5mX4.5m，形状不限，如异形，需保障使用要求。
C.单体分户模型：4套，可分设，亦可连为一体，每个有效尺寸不少于800X800。

3.洽谈区：以一台四人的形式为主，可结合部分沙发设计，以提升整体档次感觉。
A.4人洽谈台椅：5至6组。
B.适合6人的洽谈区域：1至2组。
C.配套水吧，茶水供应区，形式不限。
D.VIP贵宾室一间，可供6人使用。

4.配套办公区/后期区：
A.收款室：可容纳两组，各2位购买者同时使用。
B.财务室：2人，可套入收款室。
C.签约室（可与VIP贵宾室合用）。
D.营销办公室：1间，4人办公。
E.会议室：1间，可容纳8人开会。
F.杂物间：1间，约为4㎡。
G.洗手间：采用独间贵宾式，其中男洗手间有小便斗、洗手盆及座厕，适当分区；女洗手间2间：有洗手盆（台面应考虑手袋及化妆品的摆放位置）及座厕。洗手间位置设计指引见平面图。

四、成本控制

硬装饰投资约2500元/㎡。

五、评分标准

评分标准：本次分数由两部分组成（满分100分）：
A.方案创意及表达能力（指图纸表达）——占总分数75%；
绘制在提供的图纸上。(共3张A3图纸)，可用徒手的形式表达（亦可用规尺），建议平面布置图部分上色。
设计提交的图纸内容、要求及比例如下：

序号	图纸内容	规格及比例	占该部分比例	备注
1	平面布置图（比例准确，要有详细的陈设和功能说明），建议局部上色	1:150	40%	该部分满分75分
2	透视图，模型区/前区一张，洽谈区一张（应尽量表达设计空间，并标注主材及主要做法）	2张	各30%	

B.方案推销能力（指口述表达）——占总分数25%。

序号	表达方面	占该部分比例	备注
1	语言表达能力	40%	
2	推销条例能力	40%	
3	应变能力	20%	

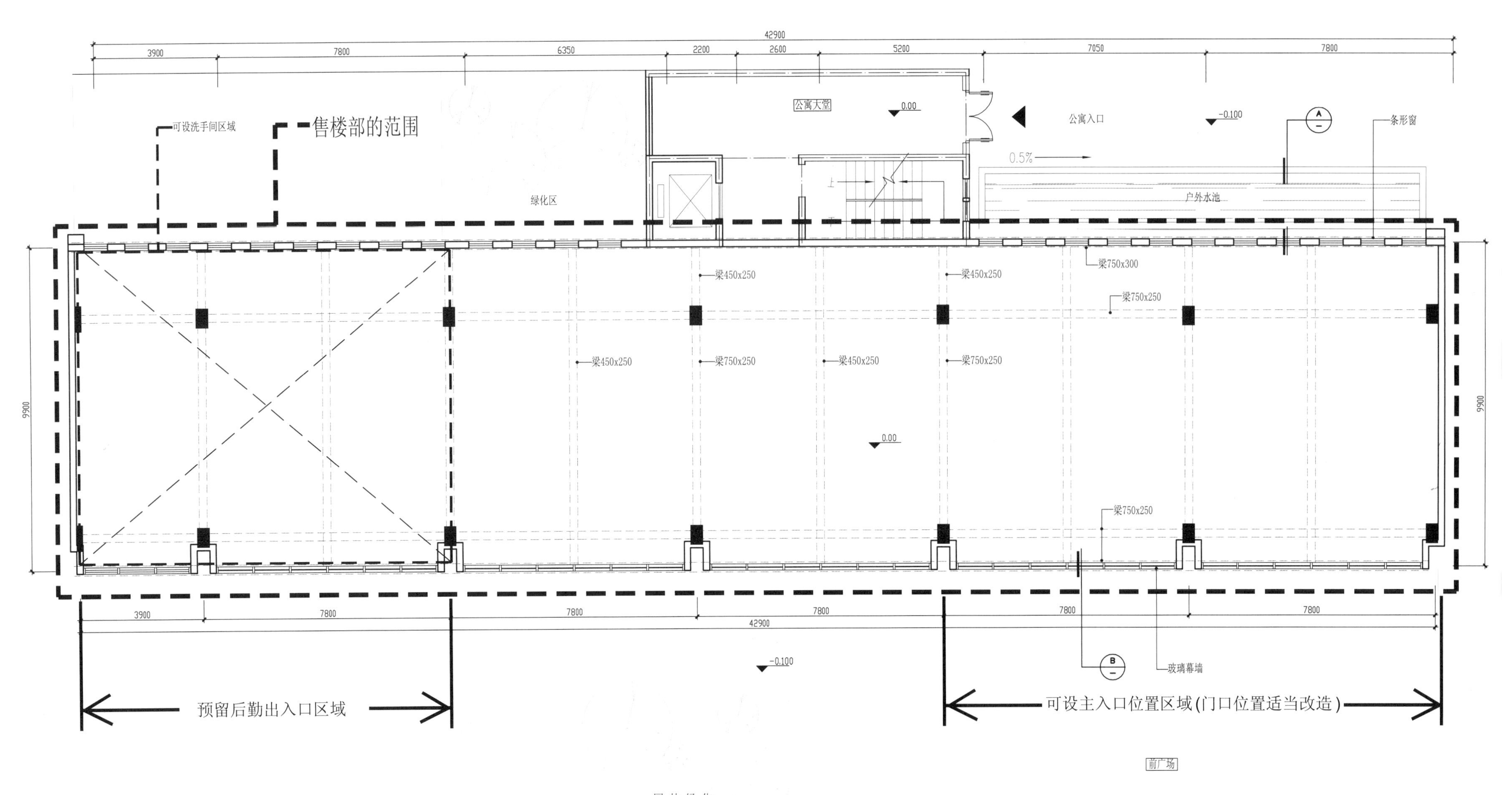
42900
3900
7800
6350
2200
2600
5200
7050
7800
公寓大堂
0.00
公寓入口
-0.100
条形窗
可设洗手间区域
售楼部的范围
绿化区
0.5%
户外水池
梁750x300
梁450x250
梁750x250
0.00
9900
预留后勤出入口区域
可设主入口位置区域(门口位置适当改造)
玻璃幕墙
前广场
园林绿化

思考方式1

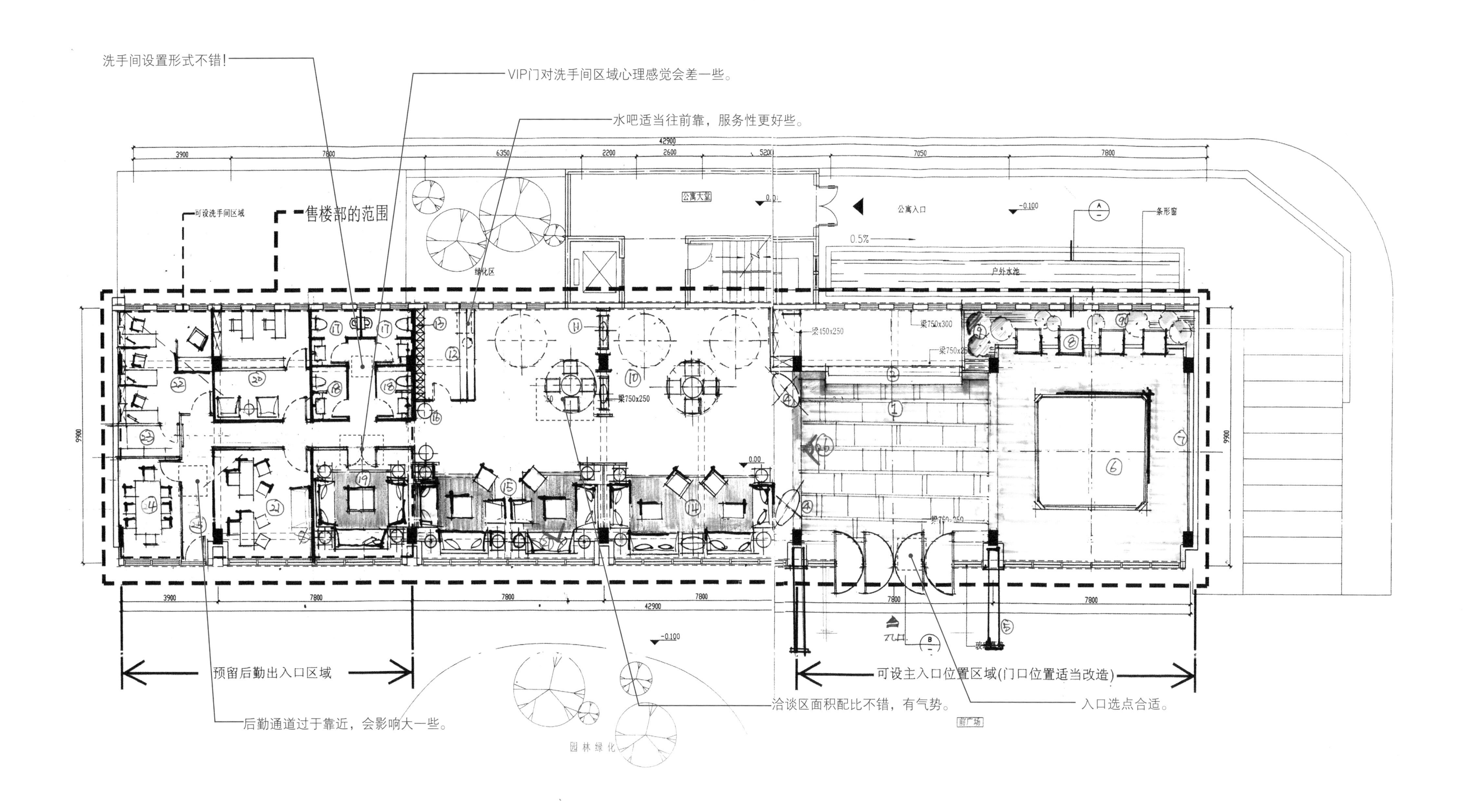
洗手间设置形式不错!
VIP门对洗手间区域心理感觉会差一些。
水吧适当往前靠，服务性更好些。
售楼部的范围
可设洗手间区域
公寓大堂
公寓入口
户外水池
条形窗
绿化区
预留后勤出入口区域
可设主入口位置区域(门口位置适当改造)
后勤通道过于靠近，会影响大一些。
洽谈区面积配比不错，有气势。
入口选点合适。
园林绿化
前广场

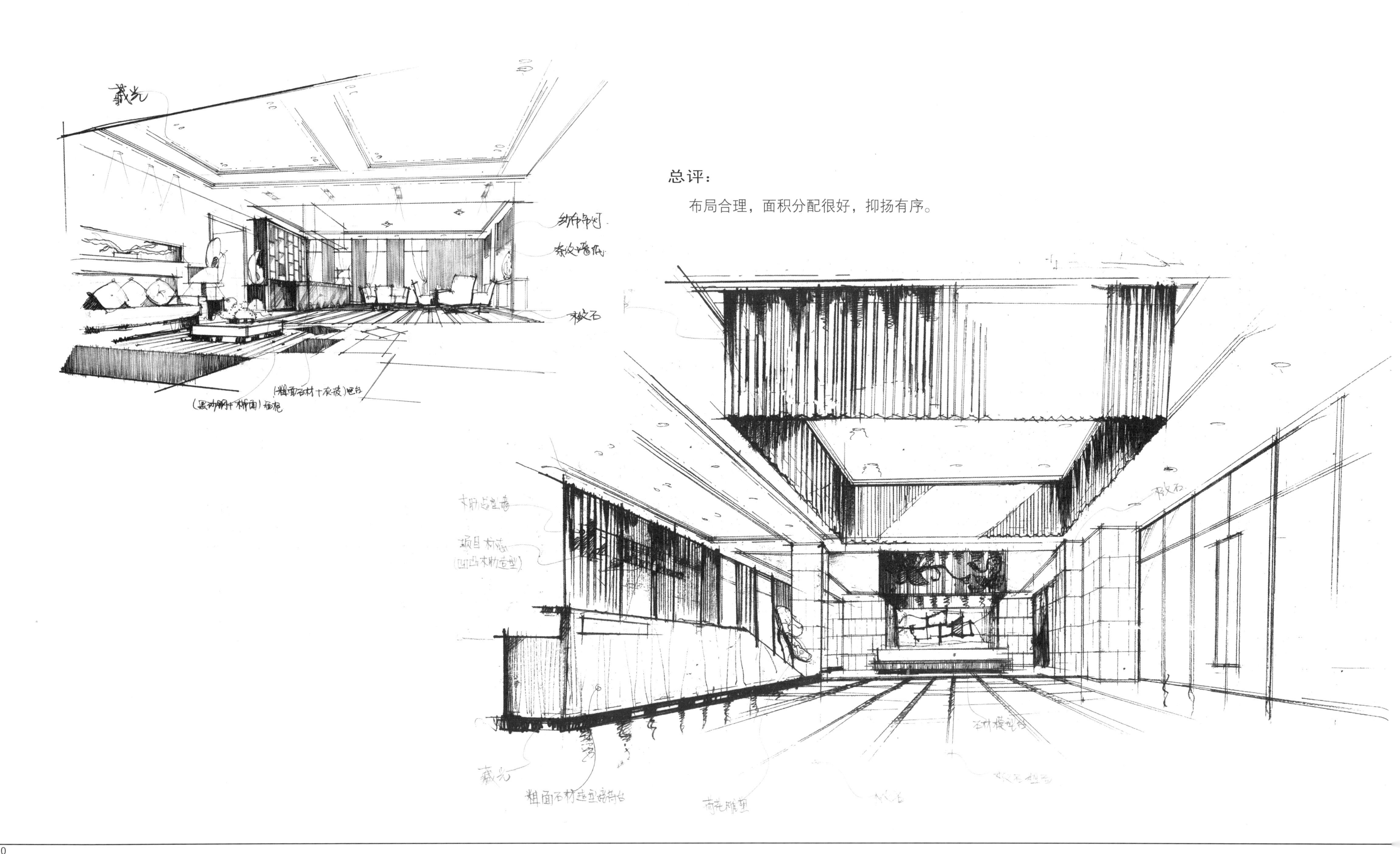

总评：

布局合理，面积分配很好，抑扬有序。

思考方式2

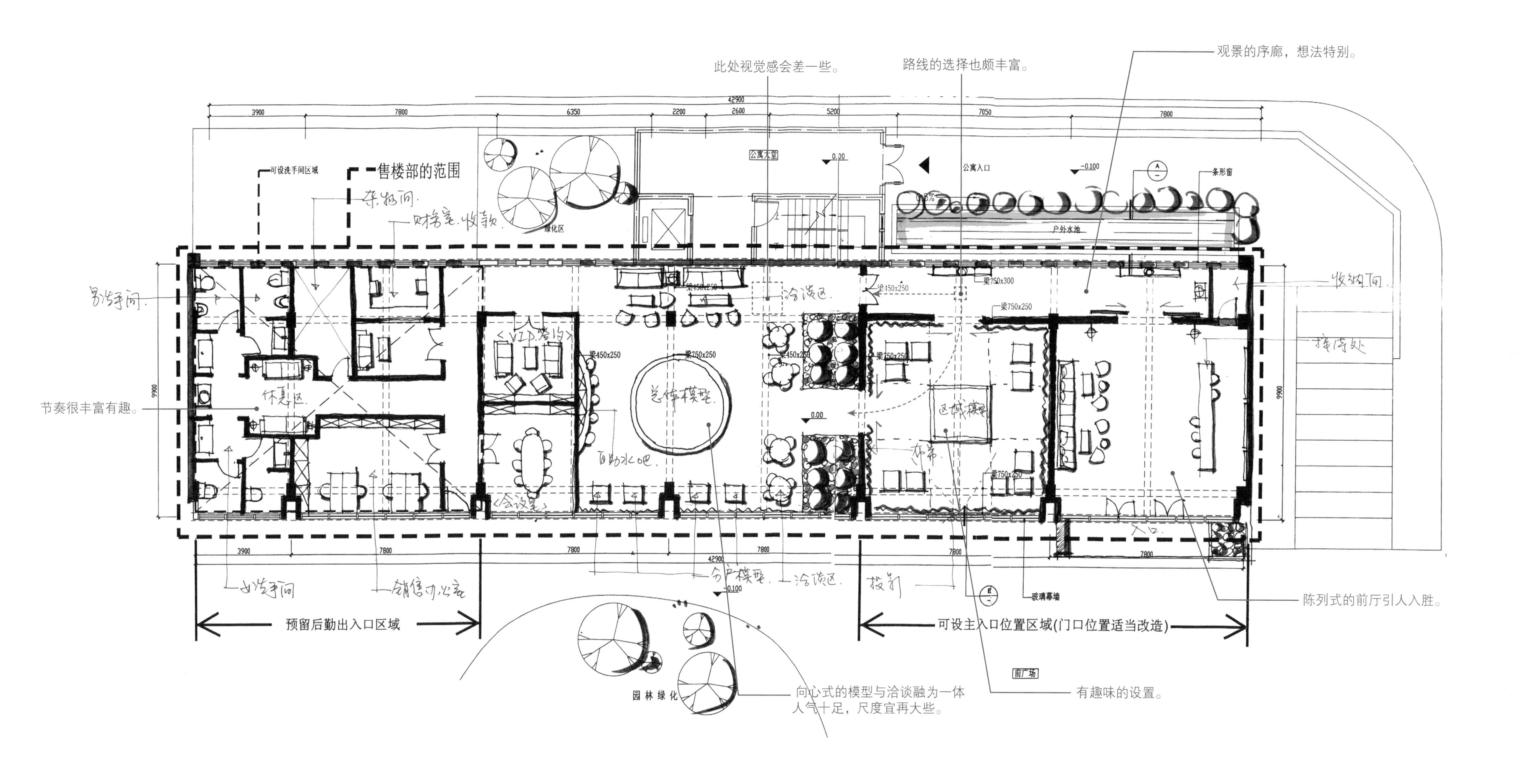

此处视觉感会差一些。
路线的选择也颇丰富。
观景的序廊，想法特别。
42900
3900
7800
6350
2200
2600
5200
7050
7800
公寓大堂
公寓入口
可设洗手间区域
售楼部的范围
绿化区
户外水池
条形窗
9900
节奏很丰富有趣。
陈列式的前厅引人入胜。
玻璃幕墙
预留后勤出入口区域
可设主入口位置区域(门口位置适当改造)
前广场
园林绿化
向心式的模型与洽谈融为一体
人气十足，尺度宜再大些。
有趣味的设置。

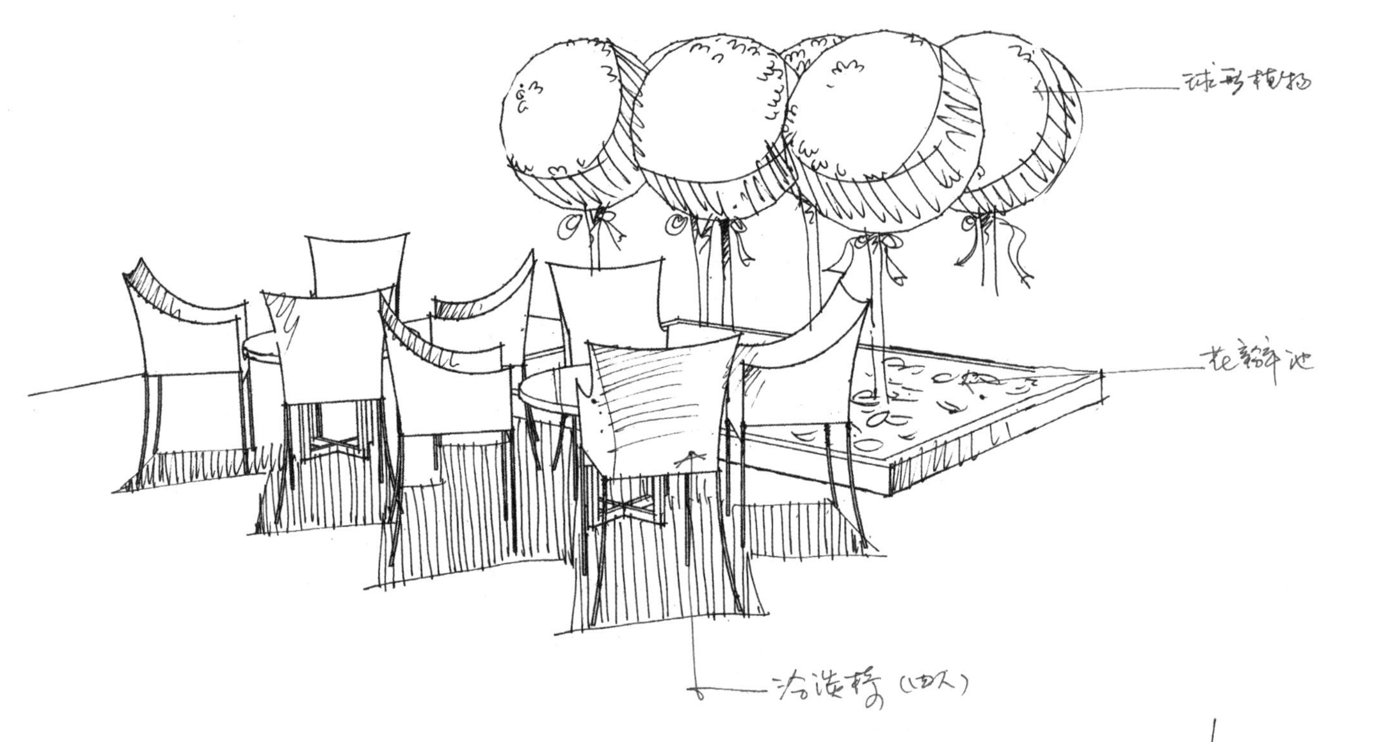

总评：

颇有想法的布局，充分利用景观，“设置”了让人去探索之路，提升销售的乐趣，步步为营。

思考方式3

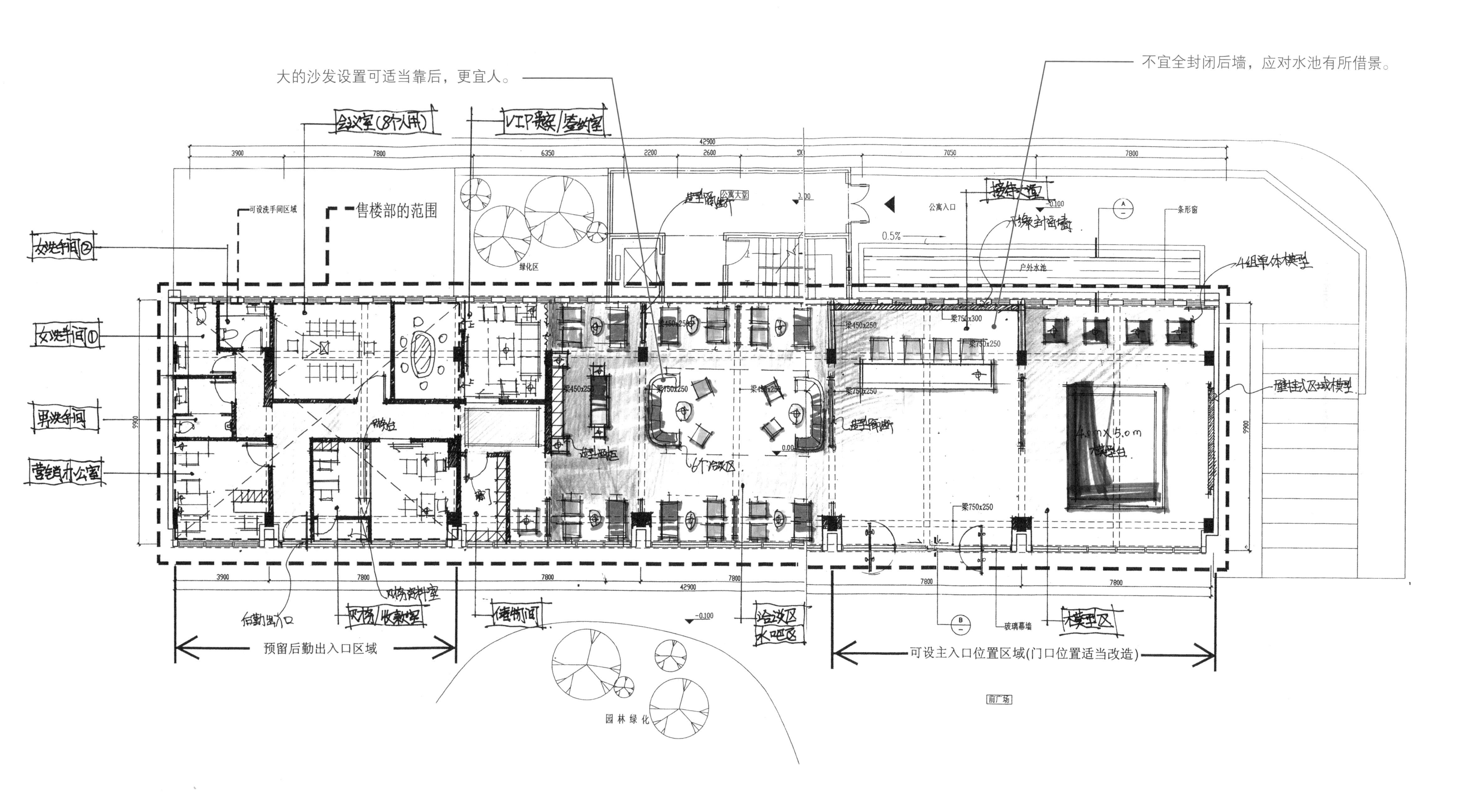

大的沙发设置可适当靠后，更宜人。
不宜全封闭后墙，应对水池有所借景。
售楼部的范围
可设洗手间区域
绿化区
户外水池
公寓入口
条形窗
0.5%
42900
3900
7800
6350
2200
2600
7050
9900
梁750x300
梁450x250
梁750x250
预留后勤出入口区域
可设主入口位置区域(门口位置适当改造)
玻璃幕墙
前广场
园林绿化

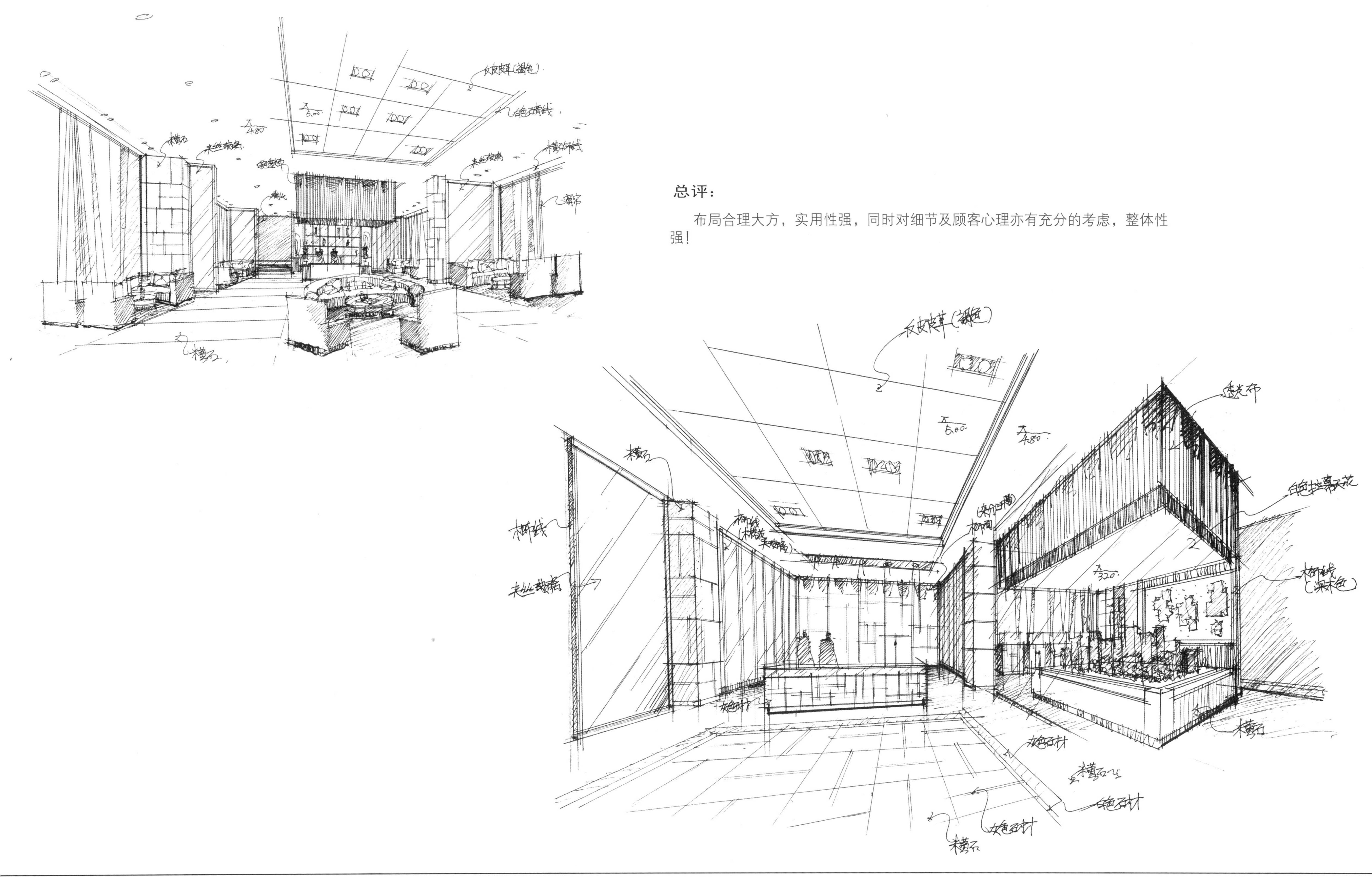

总评：

布局合理大方，实用性强，同时对细节及顾客心理亦有充分的考虑，整体性强！

思考方式4

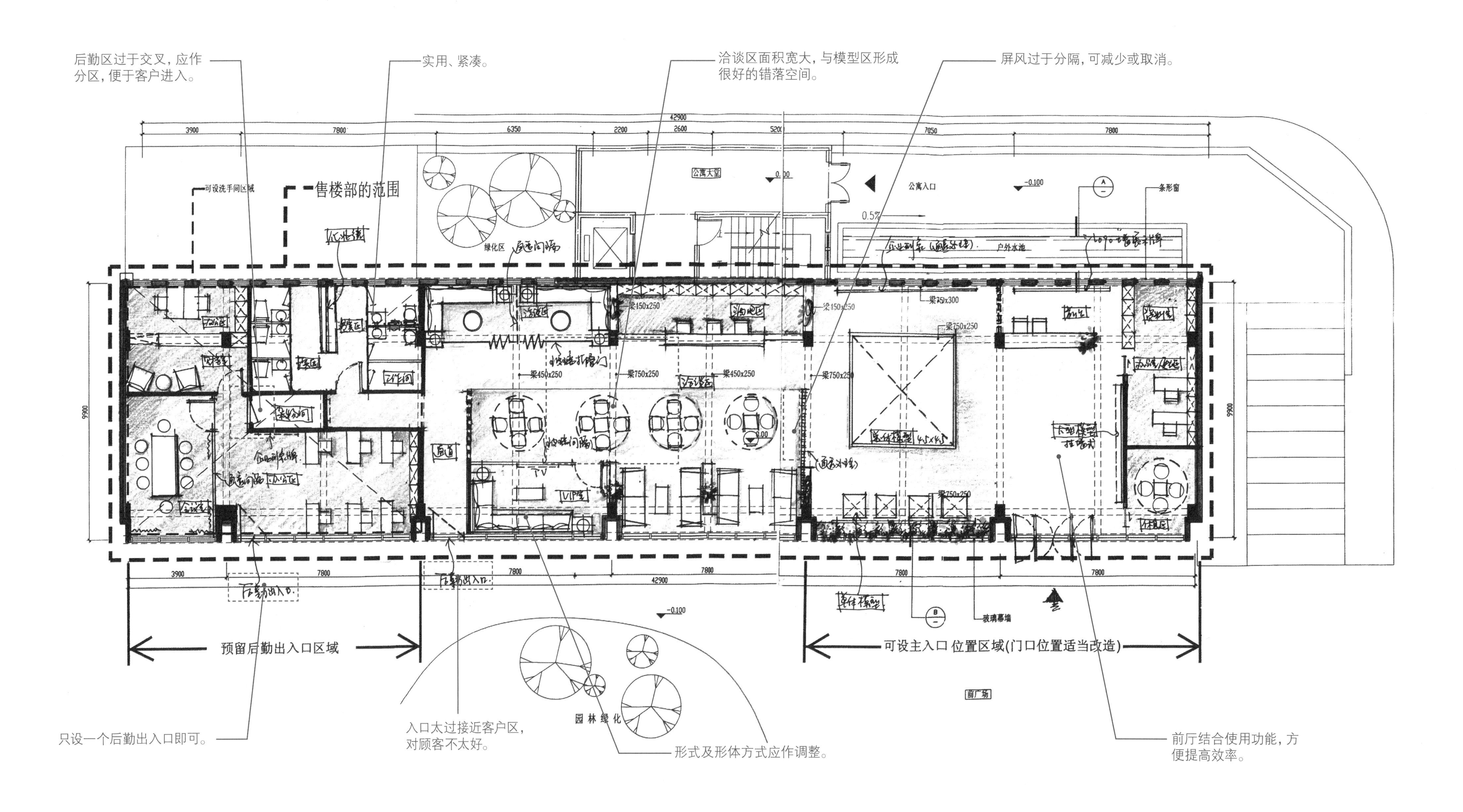
后勤区过于交叉，应作分区，便于客户进入。
实用、紧凑。
洽谈区面积宽大，与模型区形成很好的错落空间。
屏风过于分隔，可减少或取消。
售楼部的范围
可设洗手间区域
绿化区
公寓大堂
公寓入口
户外水池
条形窗
玻璃幕墙
预留后勤出入口区域
可设主入口位置区域(门口位置适当改造)
前广场
园林绿化
只设一个后勤出入口即可。
入口太过接近客户区，对顾客不太好。
形式及形体方式应作调整。
前厅结合使用功能，方便提高效率。

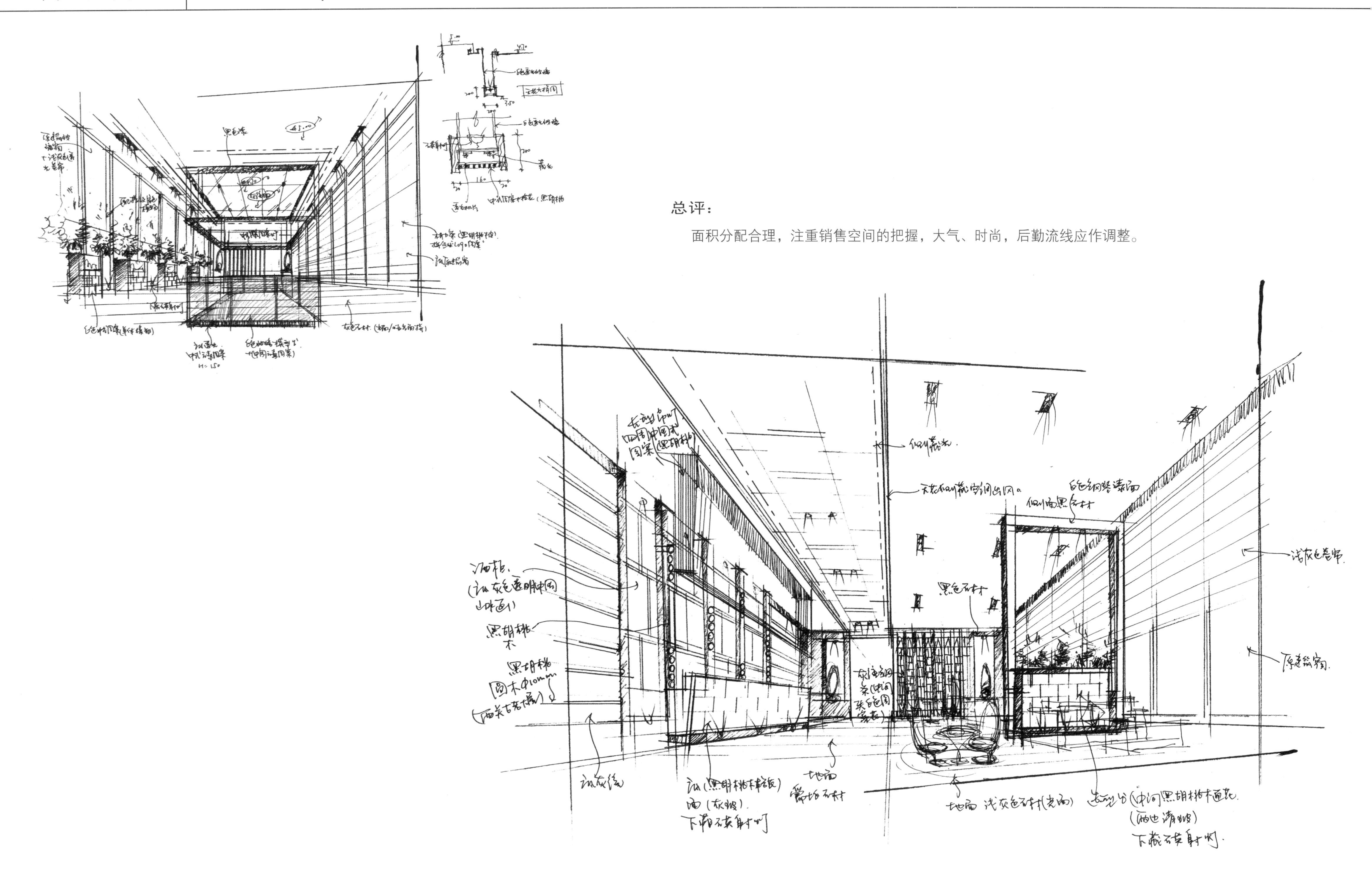

总评：

面积分配合理，注重销售空间的把握，大气、时尚，后勤流线应作调整。

思考方式5

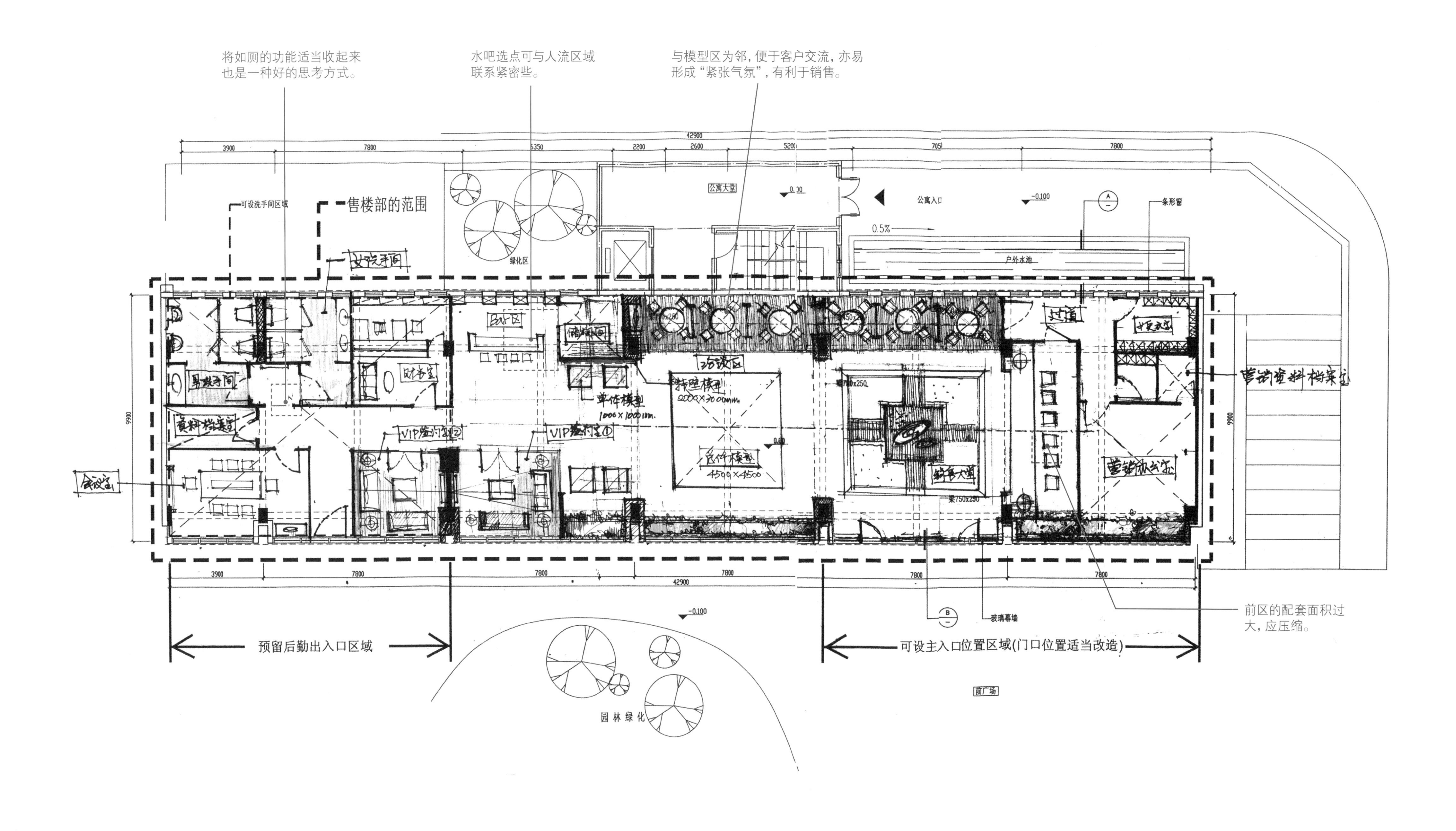
将如厕的功能适当收起来
也是一种好的思考方式。
水吧选点可与人流区域
联系紧密些。
与模型区为邻，便于客户交流，亦易
形成“紧张气氛”，有利于销售。
售楼部的范围
可设洗手间区域
公寓大堂
公寓入口
户外水池
条形窗
绿化区
前区的配套面积过
大，应压缩。
预留后勤出入口区域
可设主入口位置区域(门口位置适当改造)
玻璃幕墙
前广场
园林绿化
42900
3900
7800
9900

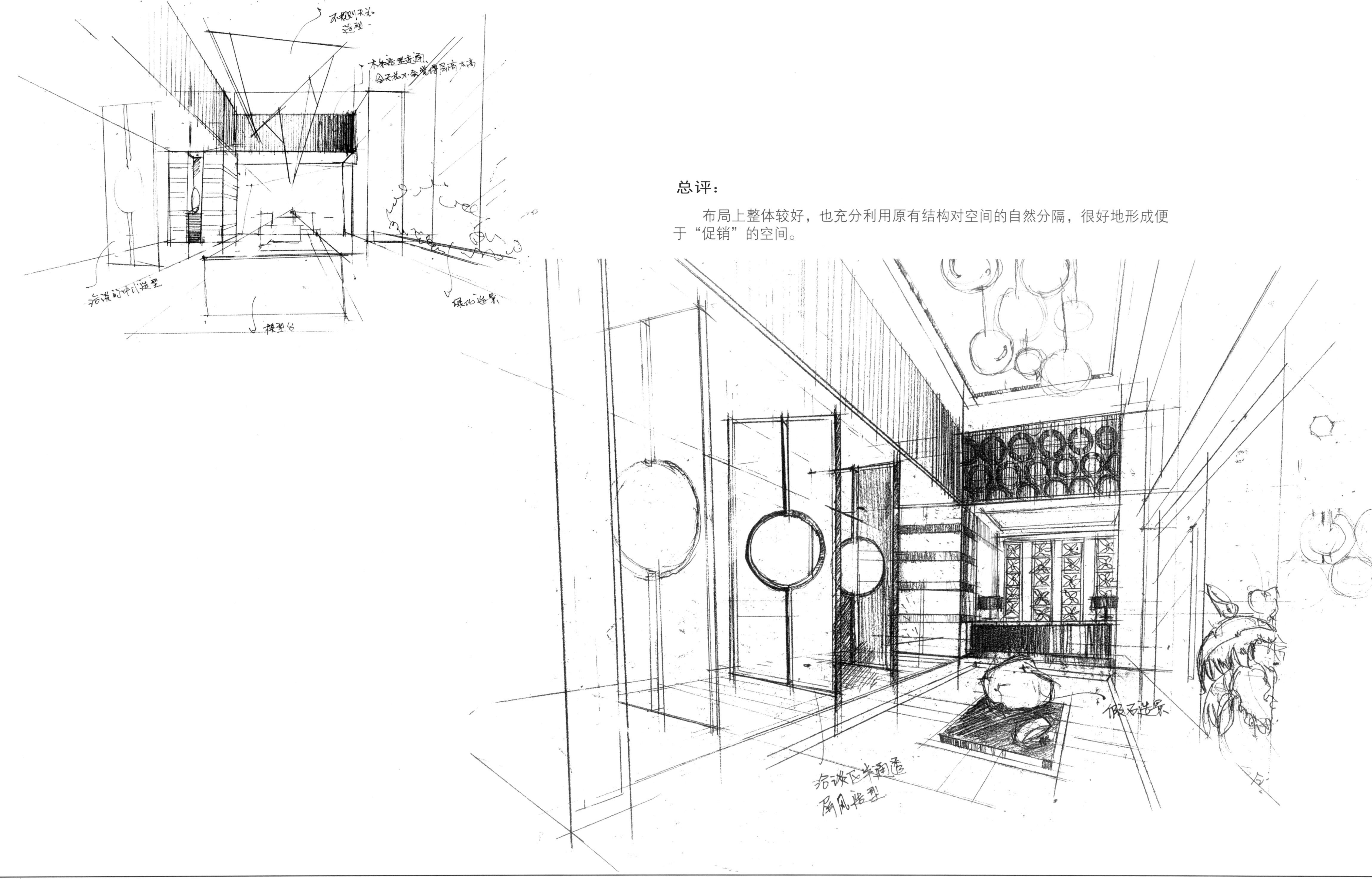

总评：

布局上整体较好，也充分利用原有结构对空间的自然分隔，很好地形成便于“促销”的空间。

思考方式6

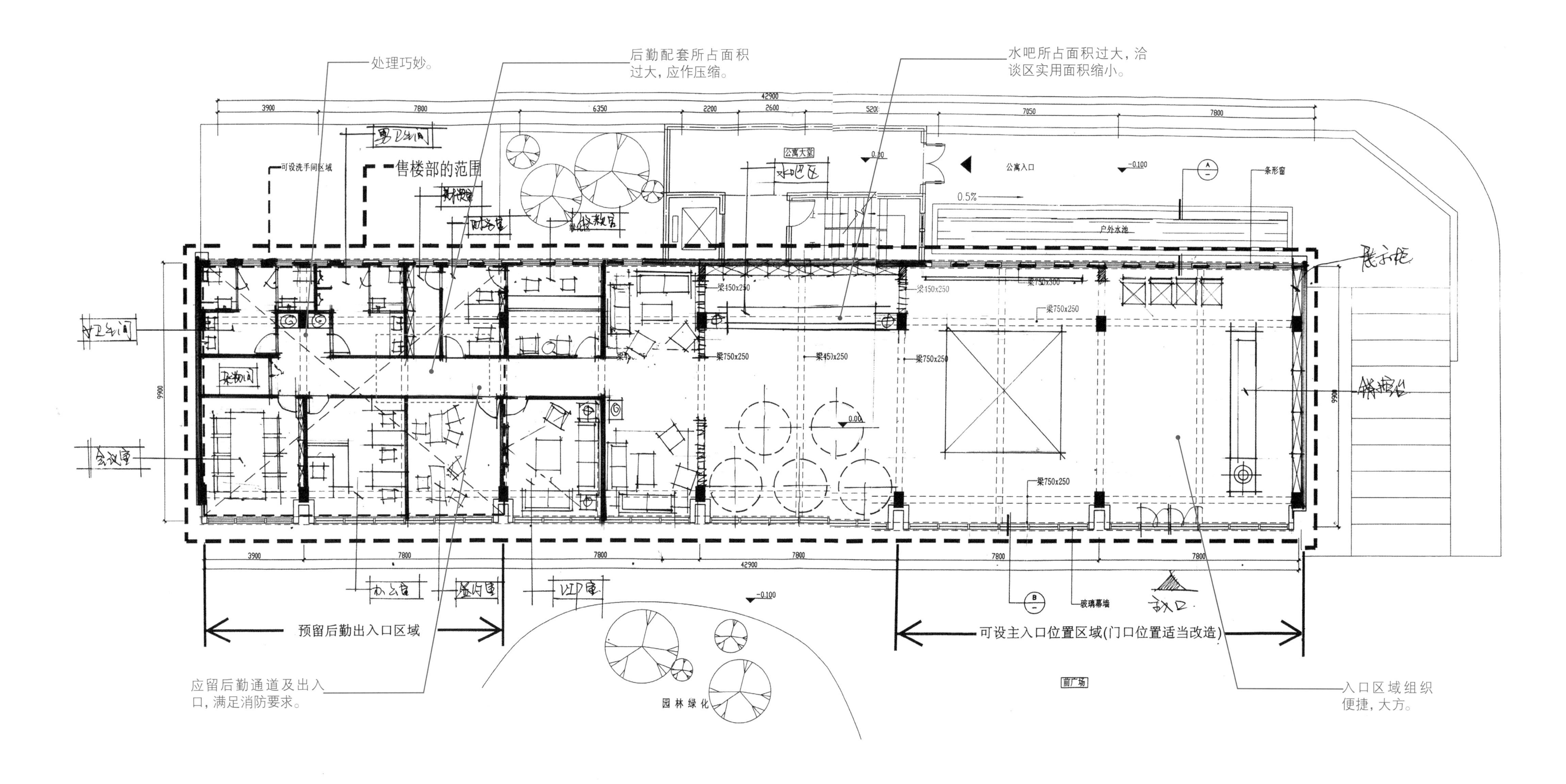
处理巧妙。
后勤配套所占面积过大，应作压缩。
水吧所占面积过大，洽谈区实用面积缩小。
售楼部的范围
可设洗手间区域
公寓入口
户外水池
条形窗
预留后勤出入口区域
可设主入口位置区域(门口位置适当改造)
玻璃幕墙
前广场
园林绿化
应留后勤通道及出入口，满足消防要求。
入口区域组织便捷，大方。

总评：

整体布局流畅、实用、便捷。后勤与销售空间面积分配不甚理想。

专卖店平面规划（测试题）

建议测试时间：8小时

试题说明

一、基本条件

（1）位于步行商业街独立式主题旗舰品牌商铺，尺寸见图纸。
（2）层高：首层4.5m，二层4.2m，三、四、五层3.6m。
（3）混凝土结构，梁不可拆，梯可搭置梁上。
（4）新建楼梯，位置和形式自定，但要满足：梯级（B270）X（H160），梯宽1.5m，休息平台1.5m宽，每跑不能多于18级（建议用直跑梯）。
（5）可根据空间需要适当留部分中空（不超过10%面积），结构可补强。
（6）开门位置是可以左右移位，选用双扇玻璃地弹门，宽1.8m。
（7）设小型电梯一台，2.4mX2.4m，只停三、四、五层。

二、总体要求

对各层平面进行规划，主要表现各层的功能性分区及交通流线设置，不用细化陈列性柜台的布置，以能体现尺度和构想为止。

三、功能要求/分区

功能区	参考面积（m²）	说明
女装	200	设更衣室4~5间
男装	100	设更衣室2~3间
男女鞋类	60	男女鞋可在同一区域设置
男女内衣/袜类/帽类	男装20，女装40	更衣室可与服装区共用
化妆品，眼镜，小饰品	30	混合设置
手袋、背包	30	混合设置
咖啡、朱古力、糖果、休息区	60	可容纳两组客人休息，并可利用五层天台作休息区外延区域
洗手间（顾客与员工合用）	略	只设一组男女厕，分男女，并可分层设置，适当带杂物间一间
小仓库	略	每层设置，6m²一间
更衣室	略	女士4~5间，男士2~3间，每间约1.5m²,更衣区走道宽不少于1.3m
收款区	略	柜长不少于1.6m,原则上每层设置
营业办公室	15	4人办公

四、提交成果

（1）首层至五层平面图（共5张）。
（2）文字阐述分区的依据，不少于150字（1张）。

五、评分标准

评分标准

A.指图纸表达——占总分数75%

绘制在提供的图纸上。（共5张A4图纸）可用徒手或规尺的形式表达，黑白即可。

设计提交的图纸内容、要求如下：

序号	图纸内容	规格及比例	占该部分比例	备注
1	整体思路的合理性	A3/1:100	30%	
2	各层的合理性	A3/1:100	60%	
3	表现深度	A3	10%	

B.方案推销能力（指口述表达）——占总分数25%。

序号	表达方面	占该部分比例	备注
1	语言表达能力	40%	
2	推销条例能力	40%	
3	应变能力	20%	

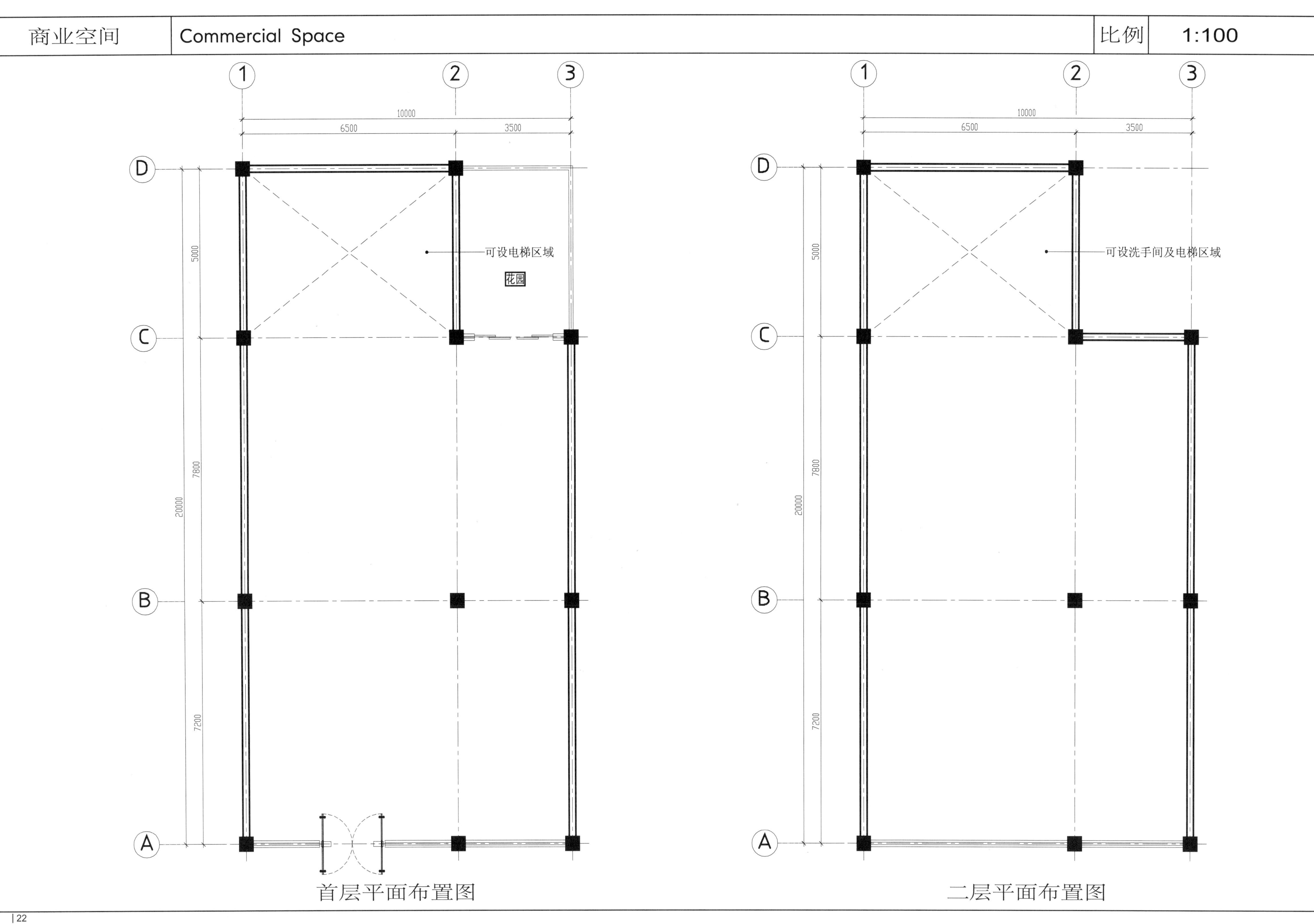
1
2
3
10000
6500
3500
D
C
B
A
5000
7800
7200
20000
可设电梯区域
花园
首层平面布置图
可设洗手间及电梯区域
二层平面布置图

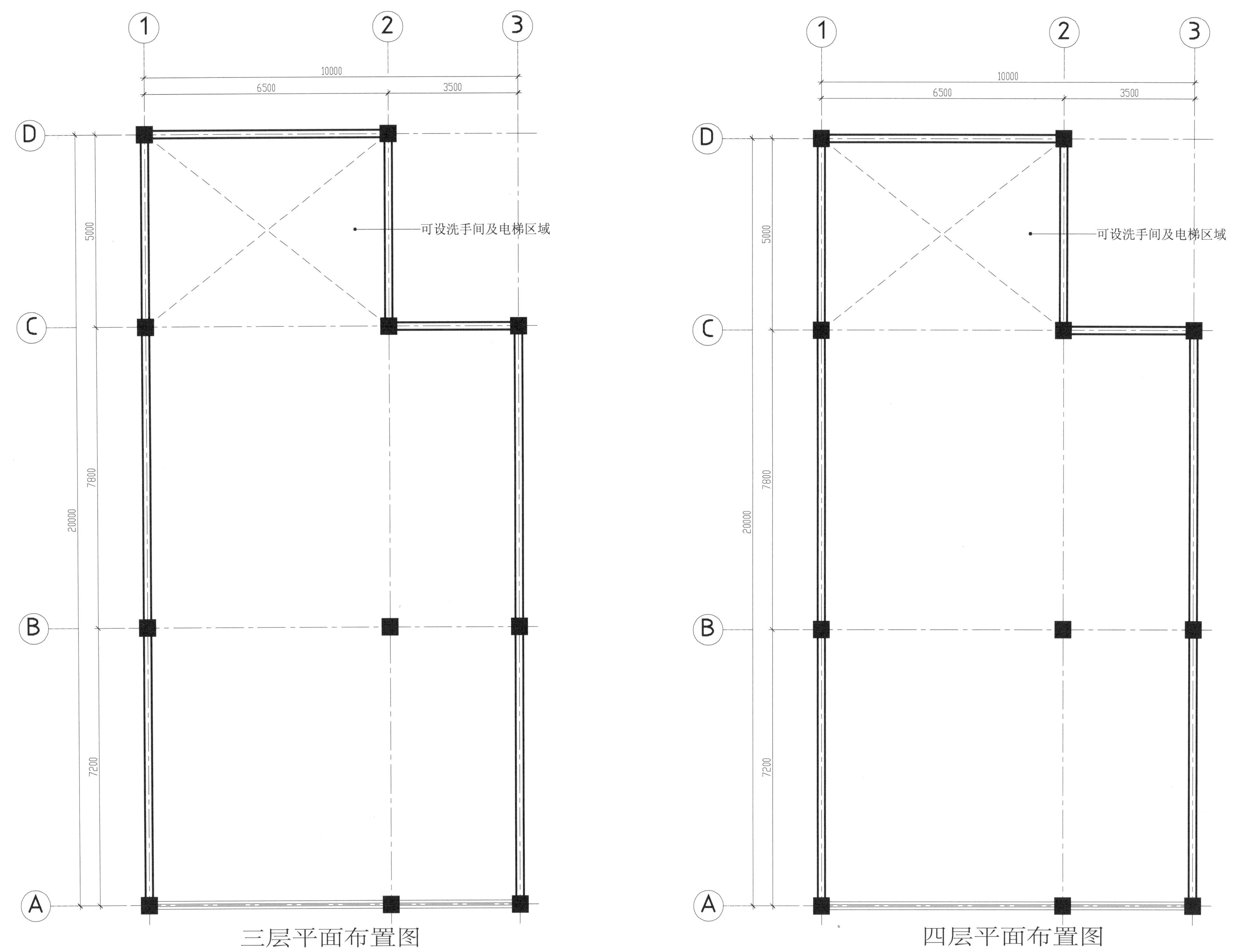

三层平面布置图

四层平面布置图

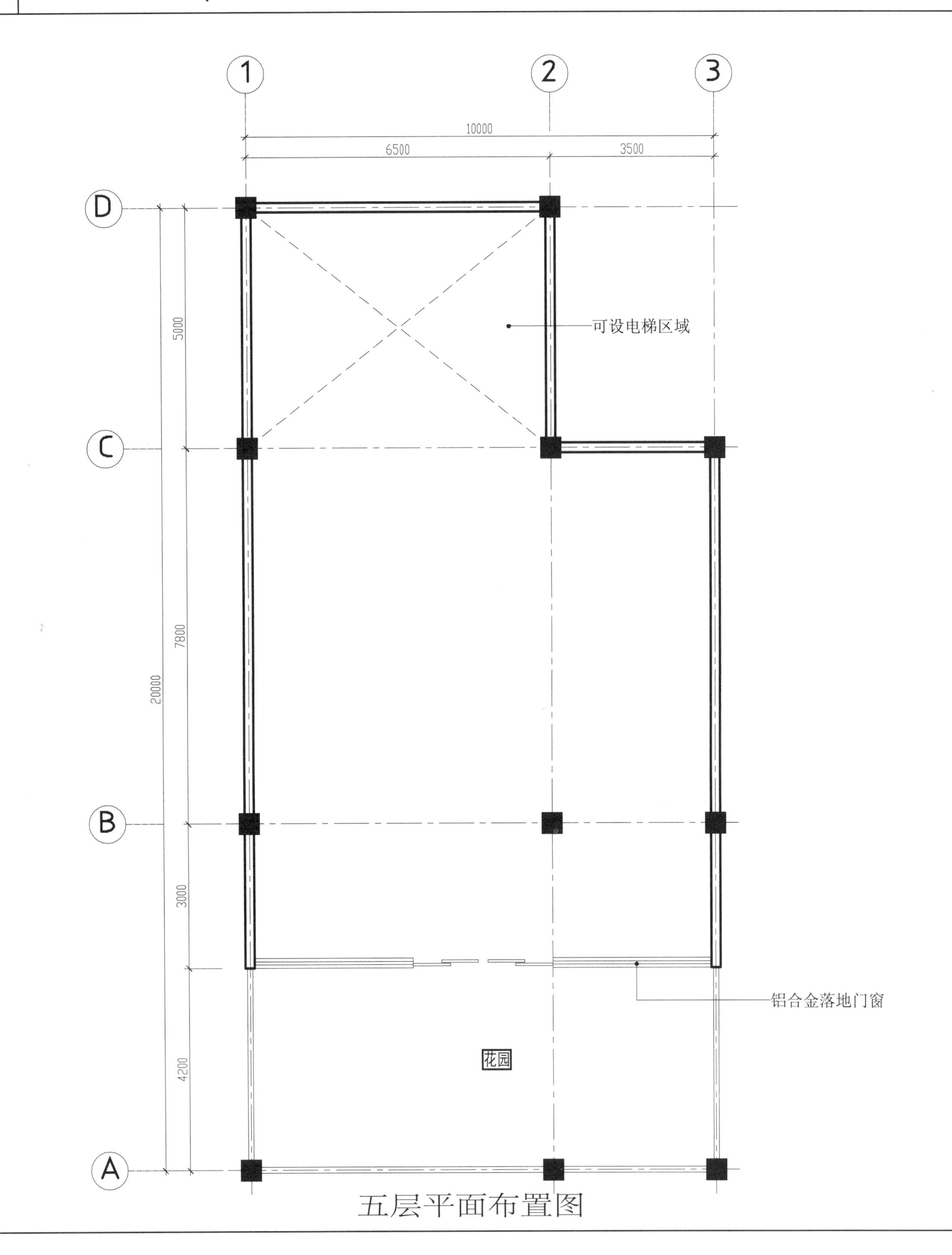
1
2
3
10000
6500
3500
D
C
B
A
5000
7800
3000
4200
20000
可设电梯区域
铝合金落地门窗
花园

五层平面布置图

设计说明：

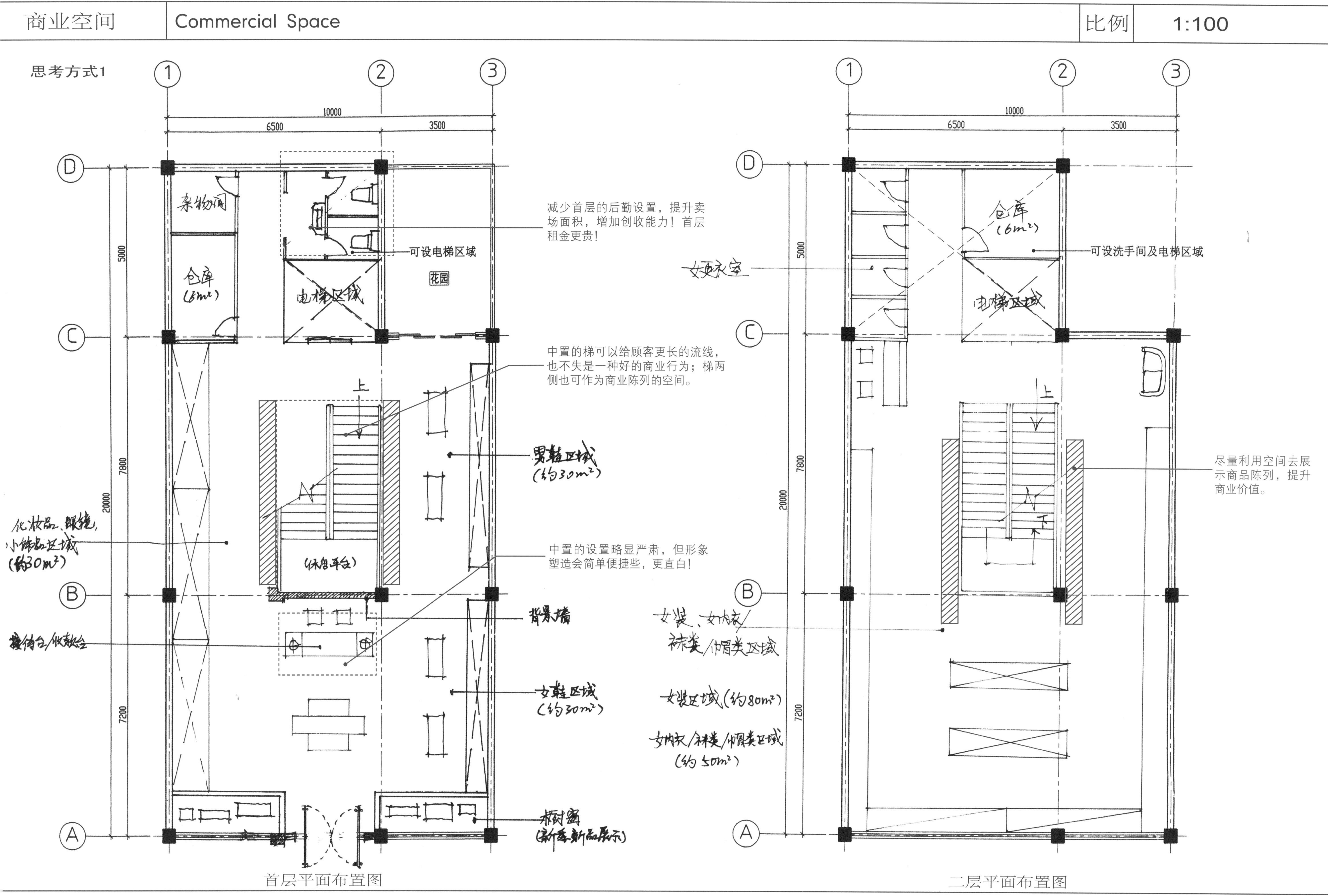
商业空间
Commercial Space
比例
1:100
思考方式1
10000
6500
3500
5000
7800
7200
20000
杂物间
仓库
(6m²)
电梯区域
可设电梯区域
花园
减少首层的后勤设置，提升卖场面积，增加创收能力！首层租金更贵！
中置的梯可以给顾客更长的流线，也不失是一种好的商业行为；梯两侧也可作为商业陈列的空间。
上
男鞋区域
(约30m²)
(休息平台)
化妆品、眼镜、小饰品区域
(约30m²)
中置的设置略显严肃，但形象塑造会简单便捷些，更直白！
背景墙
接待台/收款台
女鞋区域
(约30m²)
橱窗
(新季新品展示)
首层平面布置图
仓库
(6m²)
可设洗手间及电梯区域
女更衣室
电梯区域
上
下
尽量利用空间去展示商品陈列，提升商业价值。
女装、女内衣/袜类/帽类区域
女装区域(约80m²)
女内衣/袜类/帽类区域
(约50m²)
二层平面布置图

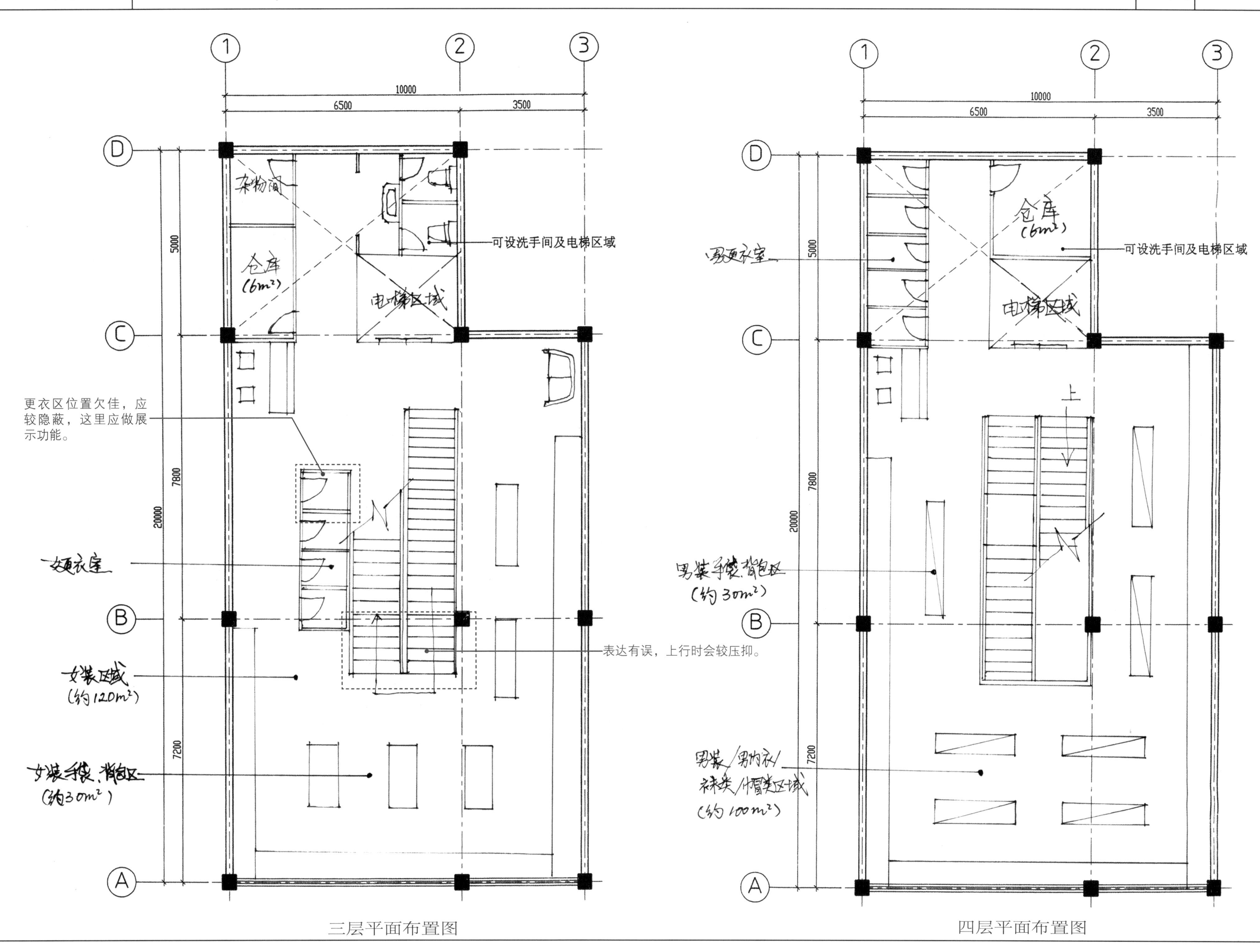

三层平面布置图

四层平面布置图

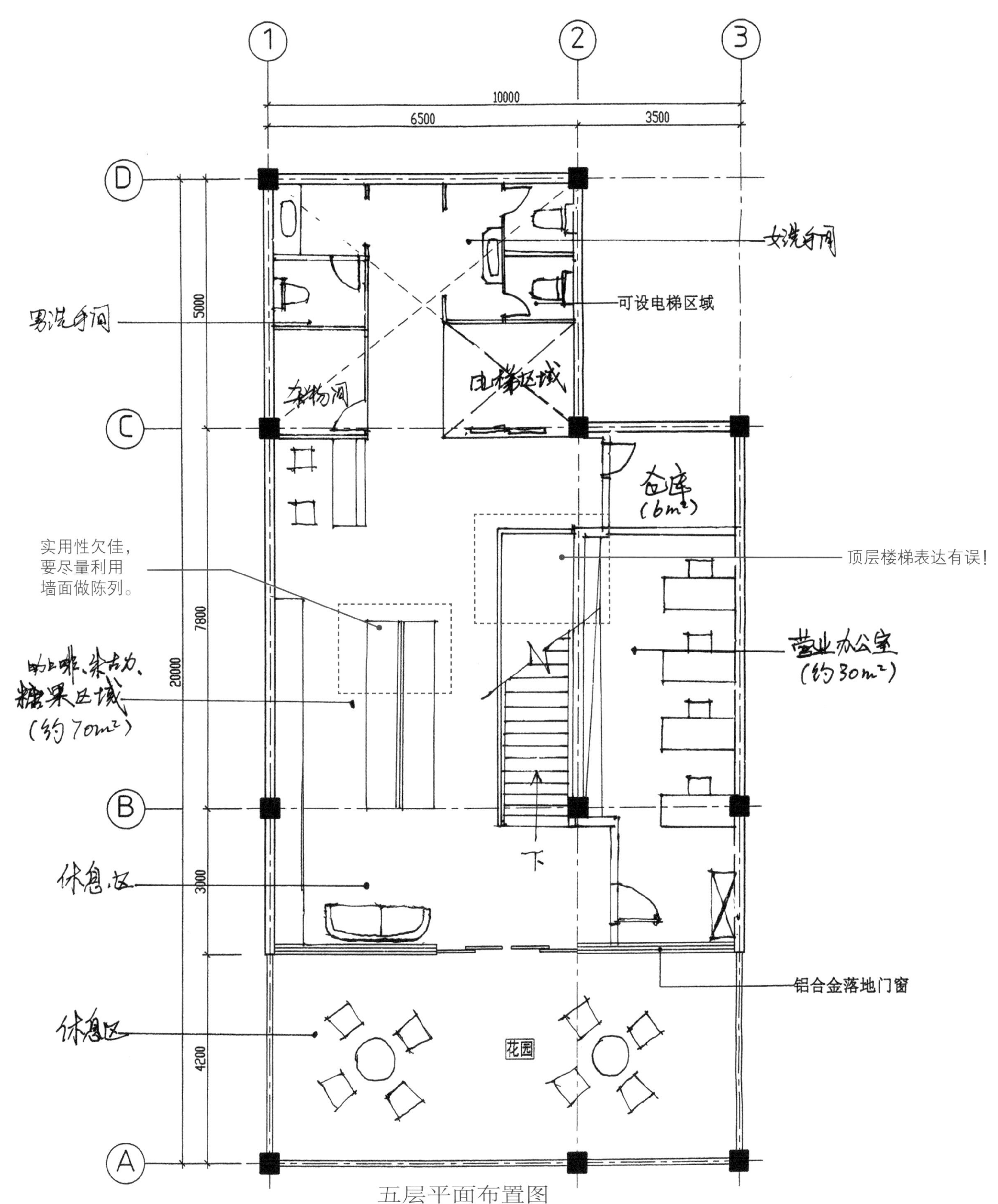

五层平面布置图

设计说明：

空间总体布局以对称为主，电梯、楼梯分布在空间中轴线上，将总体空间一分为二，自然地把功能区域区分开，合理地将人流进行分流，使流线更流畅清晰。

首层入口设置橱窗用于展示推介新季度商品，装饰与商品一同推陈出新，体现品牌实力与发展，化妆品/眼镜/小饰品区域与男女鞋区分置楼梯区域两边，小仓库、杂物间等非展示区域置于空间的最后端，以指示牌作指引。

二层、三层为女装卖区，内衣、袜类、帽类、手袋、背包等混合设置其中，其更衣室可得到更好利用，四层为男士专区，商品种类和布置与女士区大相径庭，五层人流量较少，咖啡、糖果、休息区，营业办公区设置其中。

总评：

正如设计师的构思，中心设置梯的想法设定了水平与垂直的商业流线，也是一个不错的选择，当然也有交通流线太长，难以形成集中的较大空间的缺憾！

思考方式2

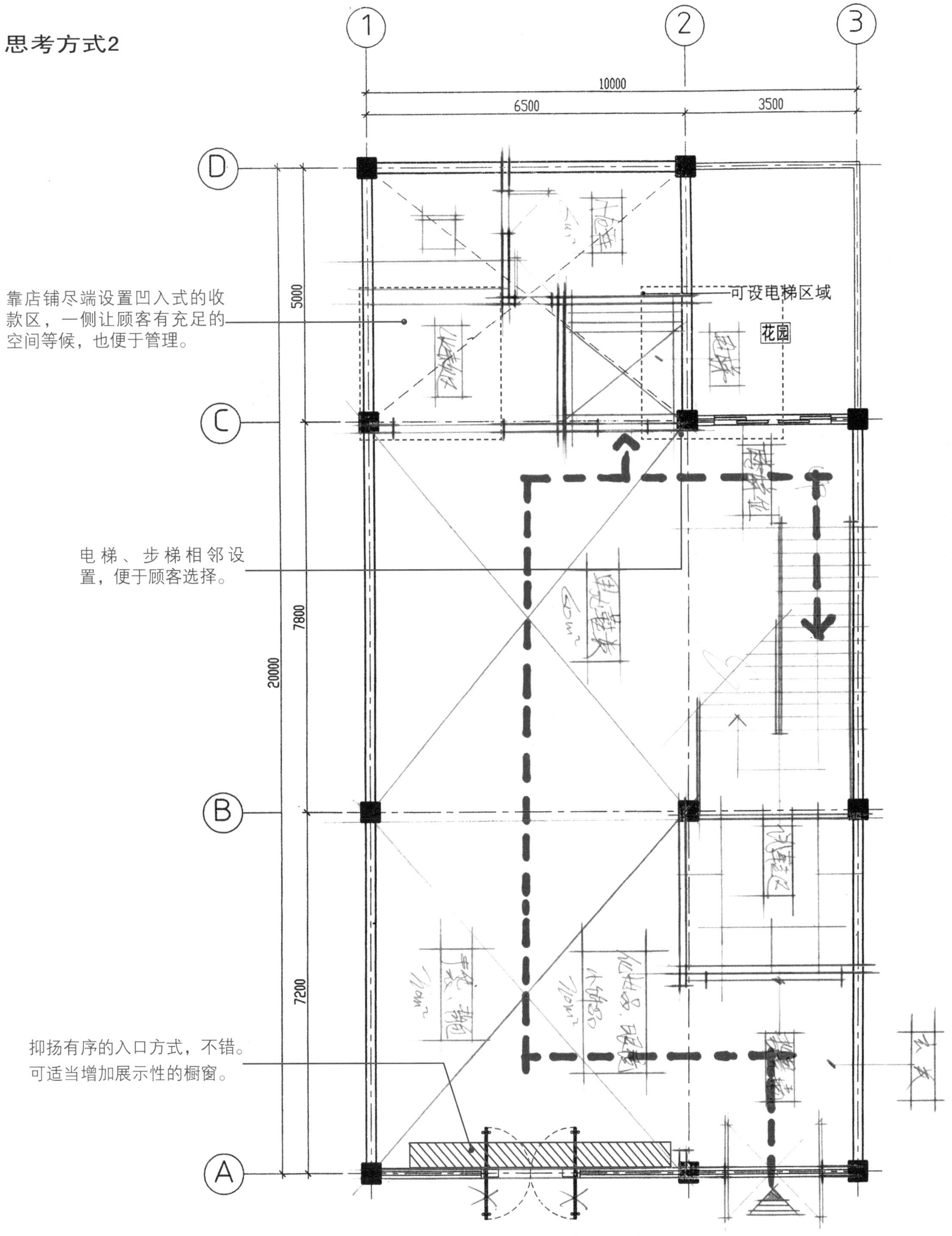
1
2
3
10000
6500
3500
D
C
B
A
5000
7800
7200
20000
靠店铺尽端设置凹入式的收款区，一侧让顾客有充足的空间等候，也便于管理。
可设电梯区域
花园
电梯、步梯相邻设置，便于顾客选择。
抑扬有序的入口方式，不错。可适当增加展示性的橱窗。
首层平面布置图

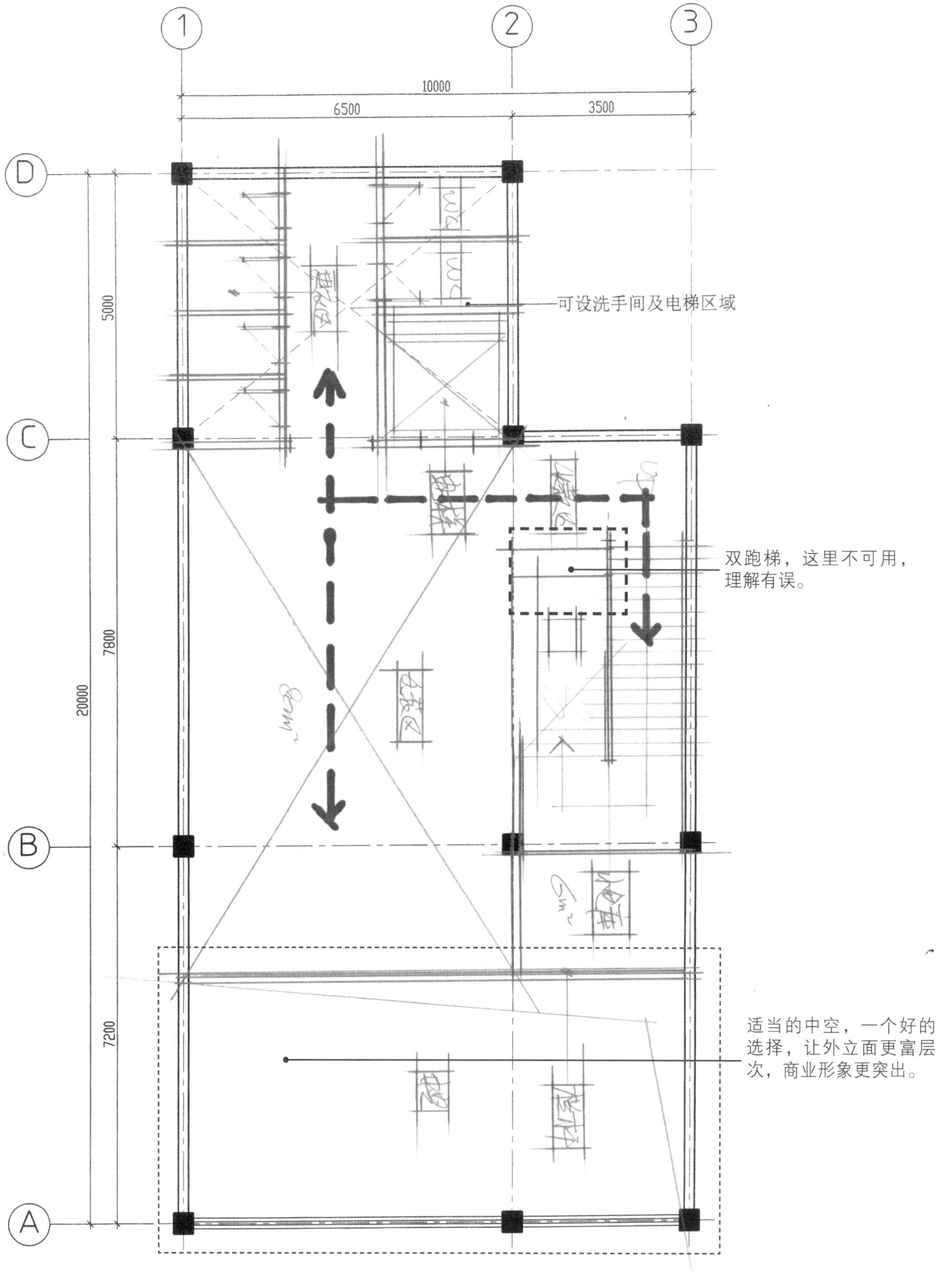
1
2
3
10000
6500
3500
D
C
B
A
5000
7800
7200
20000
可设洗手间及电梯区域
双跑梯，这里不可用，理解有误。
适当的中空，一个好的选择，让外立面更富层次，商业形象更突出。
二层平面布置图

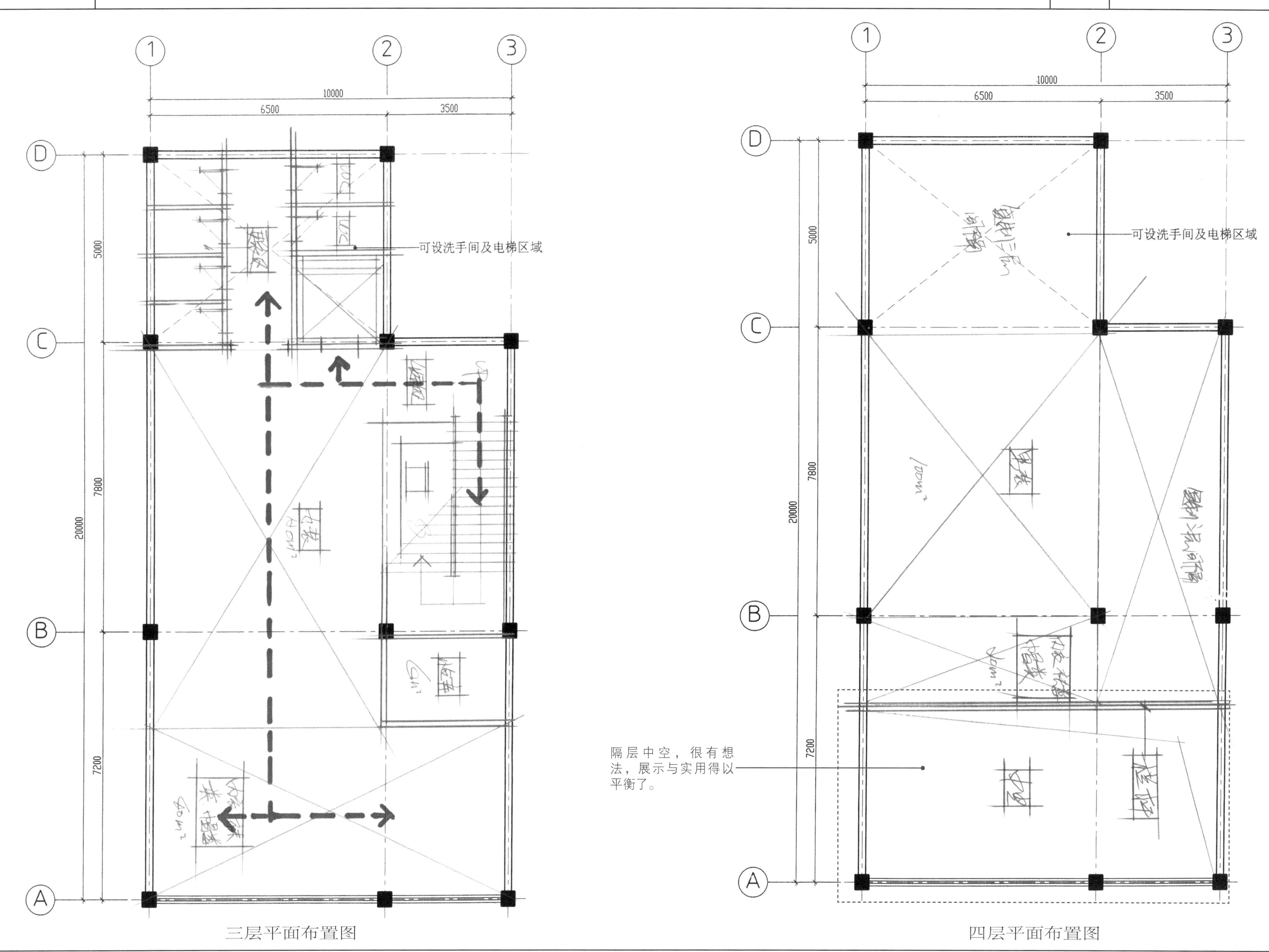

三层平面布置图

四层平面布置图

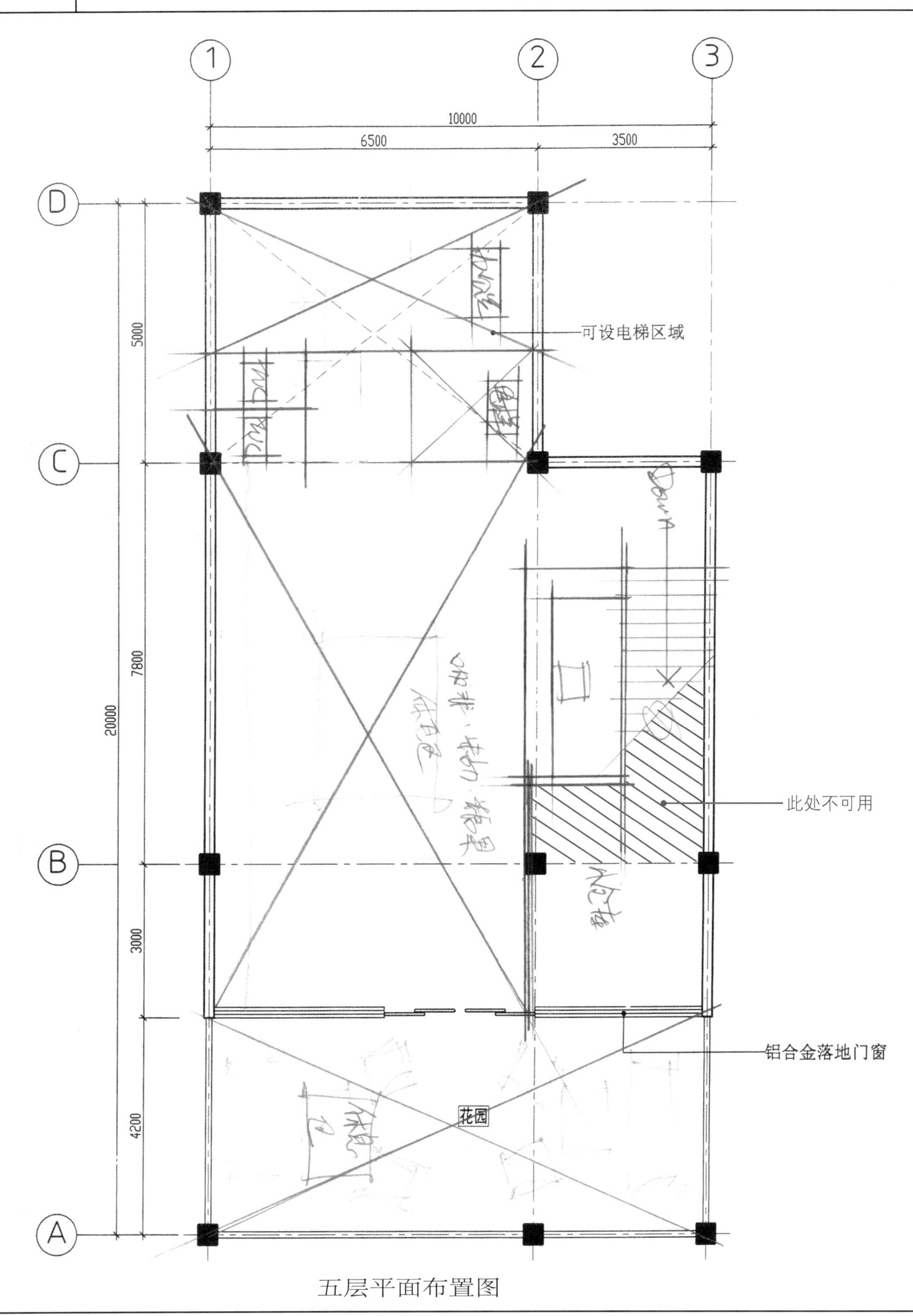

五层平面布置图

设计说明：

位于步行商业街独立式主题旗舰品牌商铺采取的风格及其理念，源于巴黎香榭丽舍大道的高级服装品牌专卖旗舰店，集购物与休闲于一体，体现新一代潮流趋势。

首层平面：以专营化妆品、眼镜、小饰品等精致的商品以及室内的装饰吸引顾客的眼球，刺激消费者的购买欲，正面入口有公司logo背景墙通过化妆品及手袋展区。

总评：

整体对商业空间与流线有很好的理解，能充分利用原有建筑的特性进行合理布局，功能分区合理、便捷，是一个不错的前期规划方案，但对楼梯空间的理解要加强。

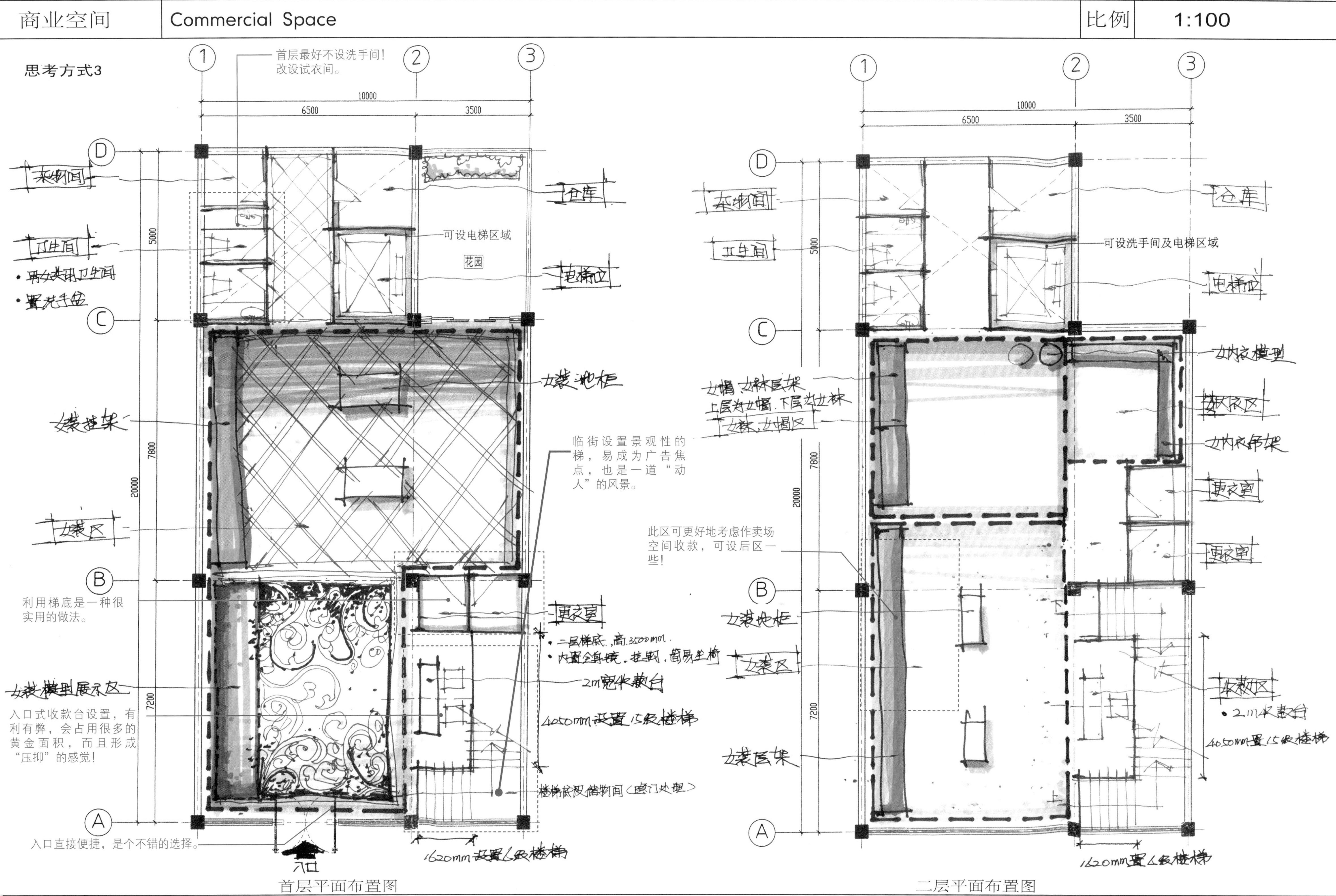
思考方式3
首层最好不设洗手间！改设试衣间。
可设电梯区域
花园
临街设置景观性的梯，易成为广告焦点，也是一道"动人"的风景。
利用梯底是一种很实用的做法。
入口式收款台设置，有利有弊，会占用很多的黄金面积，而且形成"压抑"的感觉！
入口直接便捷，是个不错的选择。
可设洗手间及电梯区域
此区可更好地考虑作卖场空间收款，可设后区一些！
首层平面布置图
二层平面布置图

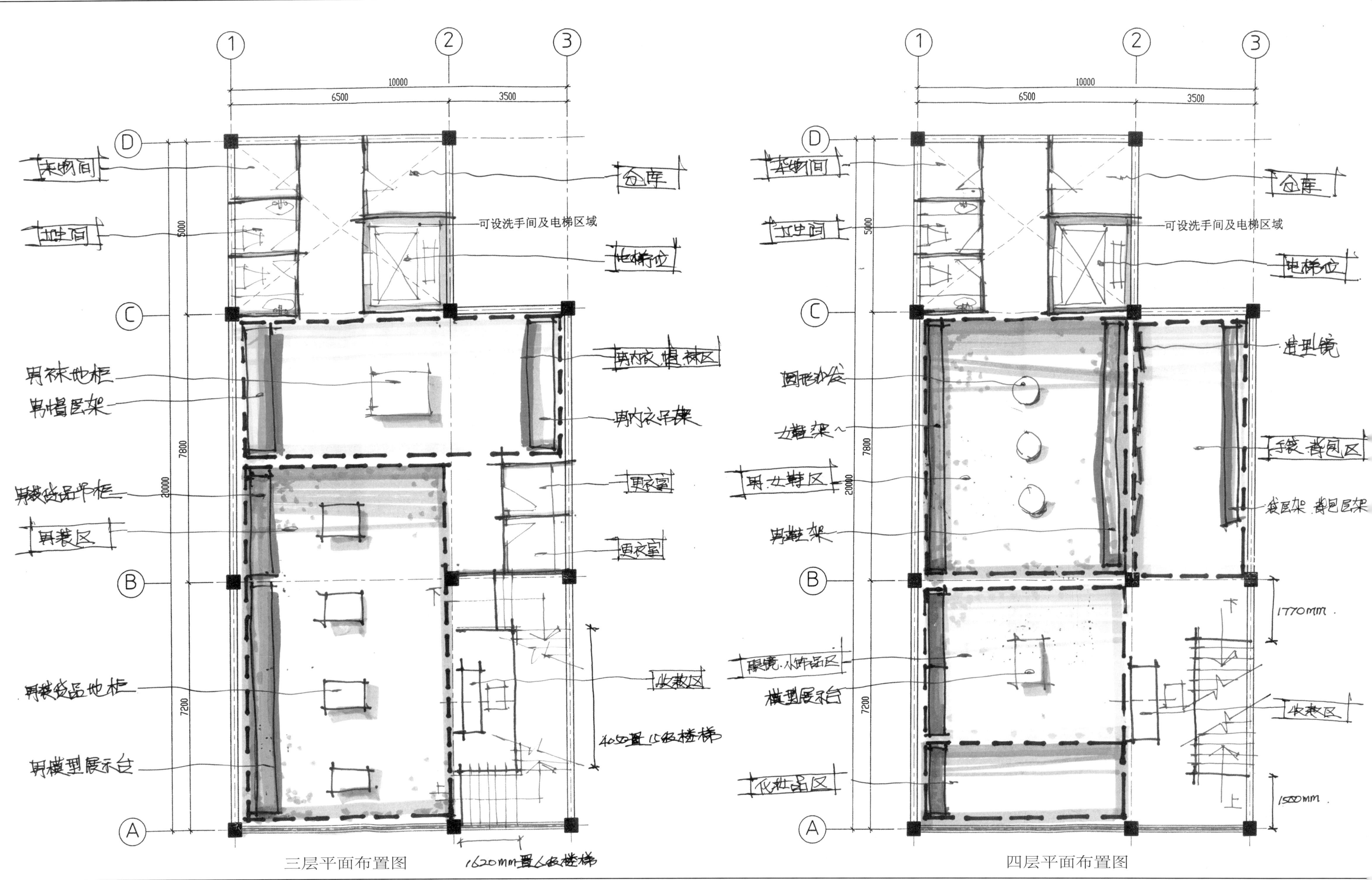

三层平面布置图

四层平面布置图

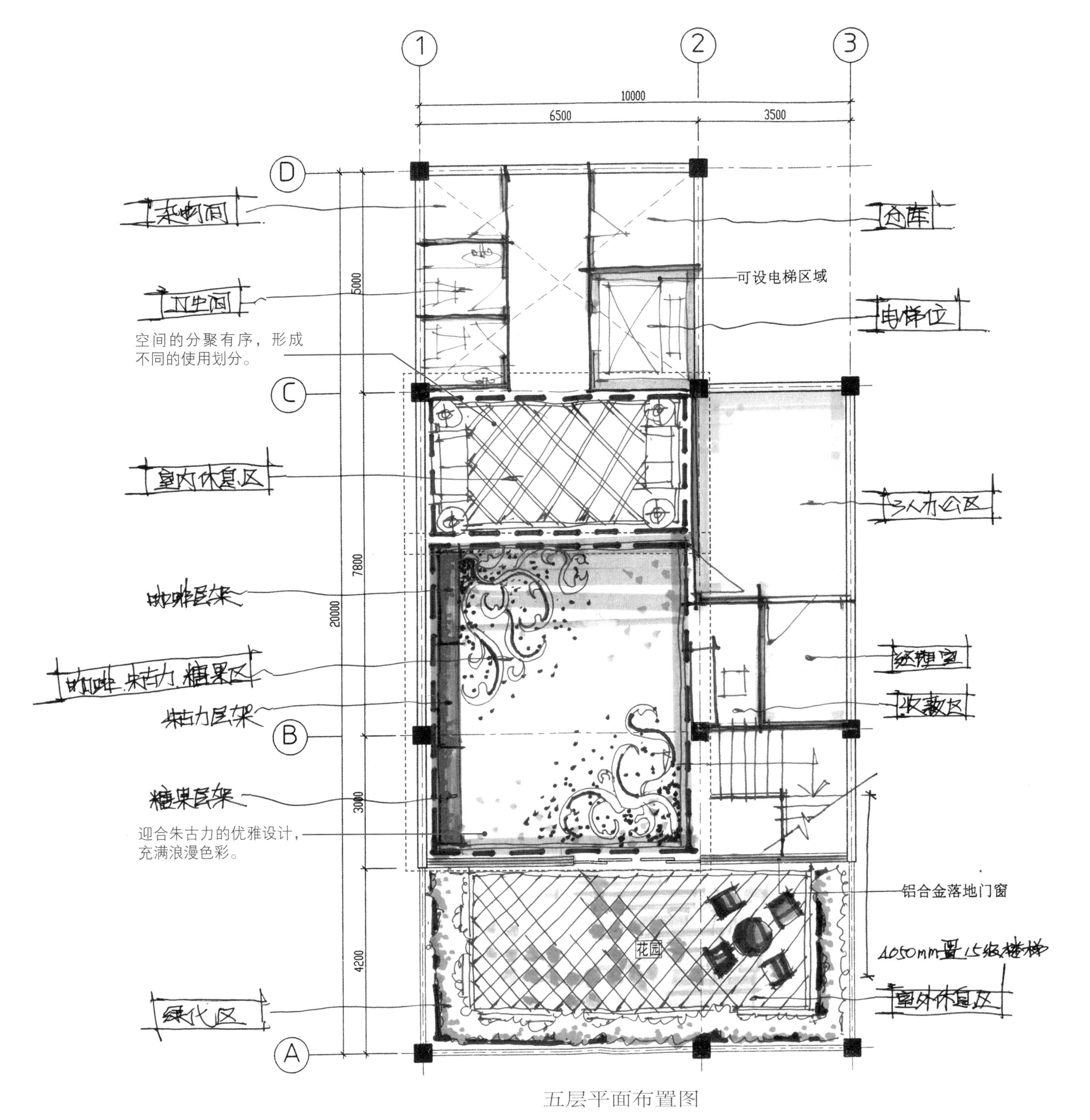

五层平面布置图

设计说明：

根据试题得知，此品牌旗舰店的女装占整体货品的30%，所以功能区域划分如下。

楼层	功能区	原因
1	女装	女装占重要比例
2	女装、女内衣、帽袜	女内衣可与女装共用更衣室
3	男装、男内衣、帽袜	整楼层为男性用品，统一
4	鞋、手袋、背包、眼镜、饰品、化妆品	混合设置
5	食品、休息区、办公区	休闲区域

整体设计风格采用现代欧式，区域主要以地花划分，衬托出货品的高档次。

整个旗舰店的规划主要以舒适的顾客购物流线为出发点，货柜、货架主要靠墙边布置，保证购买的流畅路线加上较高的楼层。整个空间很适合采用欧式风格，而时装是很需要时尚感的，所以采用了现代欧式的装饰手法，现代设计元素，与高档的石材蚀花相配搭，特显此品牌的独特气质。

楼梯与收款区结合布置，方便顾客“选购——付款——下楼”的购买路线，有效减低店铺失窃率。

总评：

空间规划清晰、明快，表达有序而富装饰性，立意明确，有很强的空间延伸性和拓展性。

思考方式4

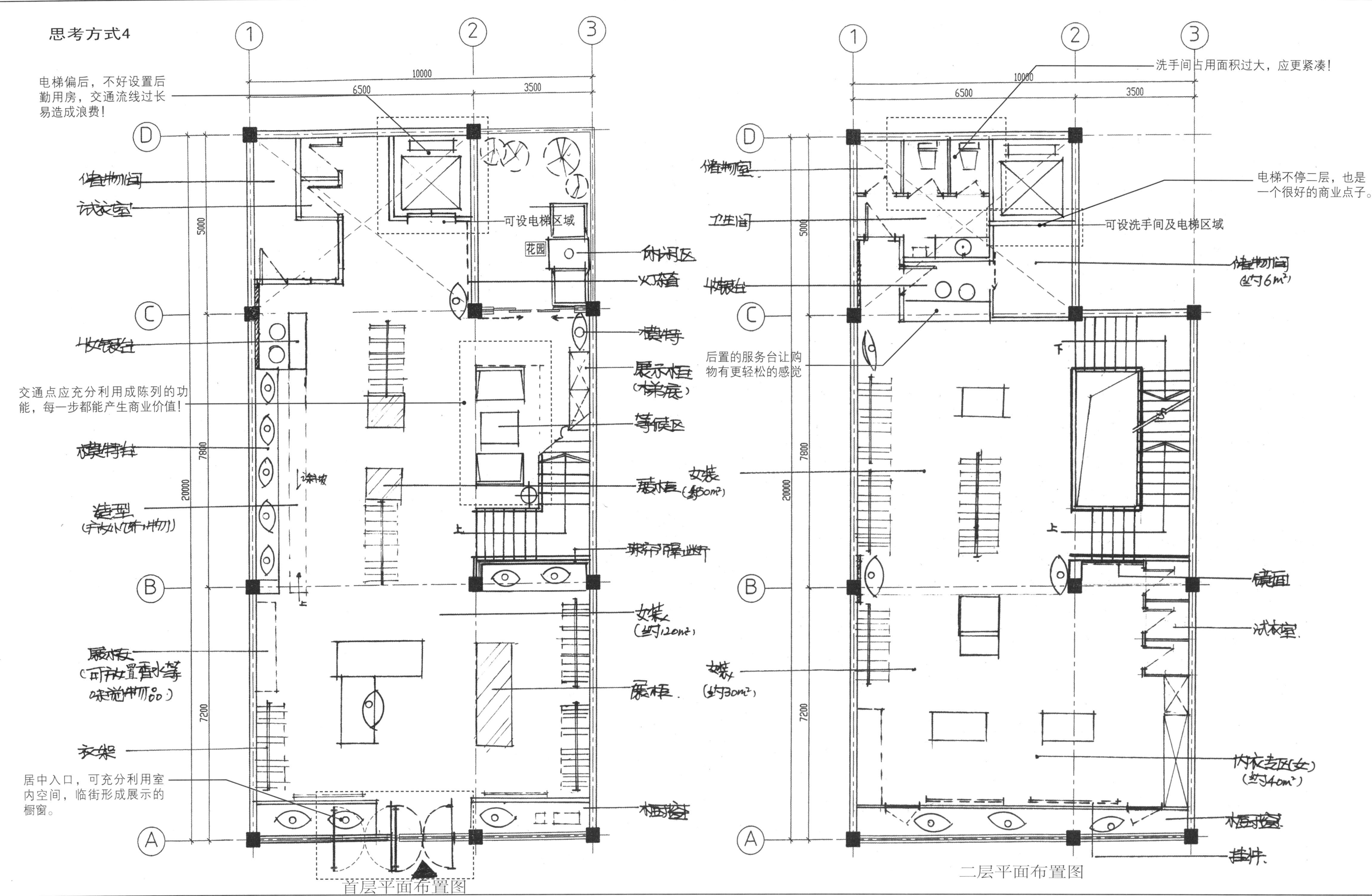
电梯偏后，不好设置后勤用房，交通流线过长易造成浪费！
可设电梯区域
花园
交通点应充分利用成陈列的功能，每一步都能产生商业价值！
居中入口，可充分利用室内空间，临街形成展示的橱窗。
储物间
试衣室
收银台
模特
展示柜
等候区
衣架
展柜
橱窗
10000
6500
3500
5000
7800
7200
20000
首层平面布置图
洗手间占用面积过大，应更紧凑！
电梯不停二层，也是一个很好的商业点子。
可设洗手间及电梯区域
后置的服务台让购物有更轻松的感觉
卫生间
镜面
内衣专区(女)
二层平面布置图

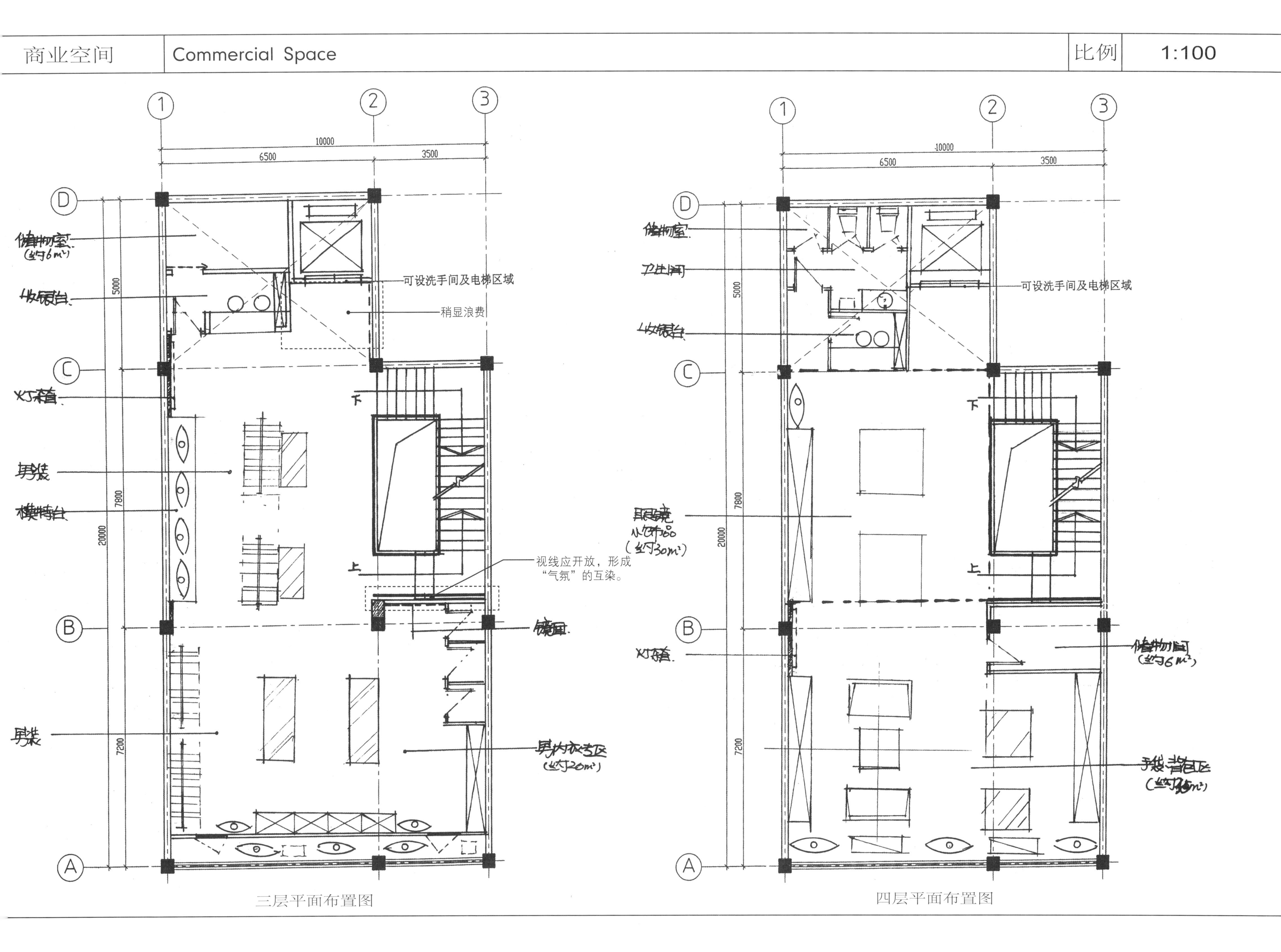

三层平面布置图

四层平面布置图

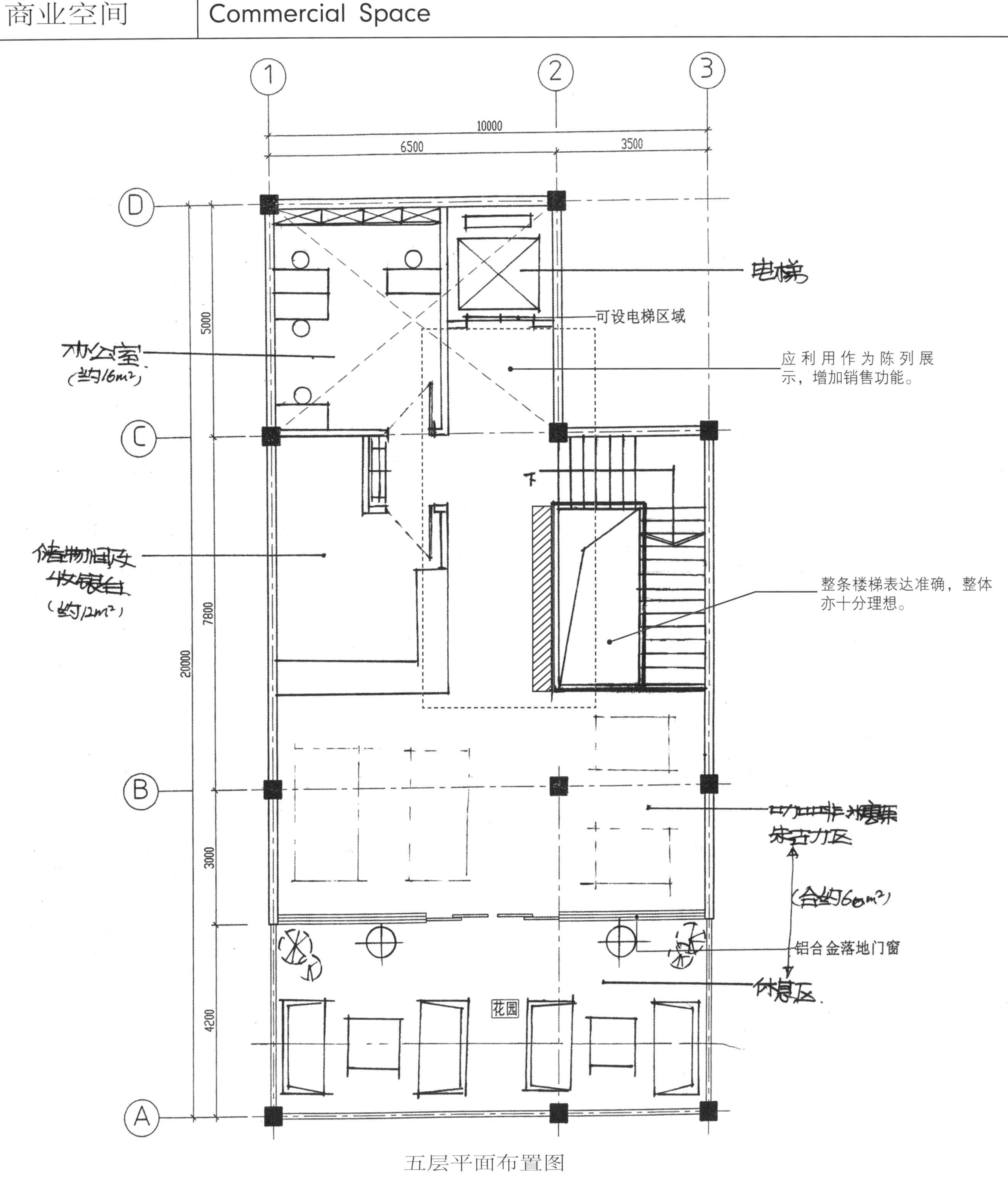

五层平面布置图

设计说明：

针对主题式旗舰店的独特定位，本案中的表现主题色将会采用高雅、内敛的灰调，加以金属材质（如：镜钢）等的点缀更能体现高品位的个性特色。

主入口的位置调整，使其居中，有利于对商业空间的展示面，而且在人流动线上更能完善地起着导购的功能，在视觉上使商品更加均衡。梯位的位置设定也是该案中的一大亮点，由直跑梯形成的中空恰到好处地将本已独立的楼层加以连通，在中空位置中放置特色的灯具，直接贯通各层空间，使各区域得到更好的呼应。

从购物心理方面出发，分别对各功能区域作了明细分区，将女宾部设为首层、二层，三层为男宾部，四层为服装饰品，五层为休息区。在分区过程中，对各部细分，将各空间连通，使高雅的氛围更好地注入每个消费者的思想中。

总评：

商业组织思路清晰，动线舒适流畅、明确；布局平实、合理，使用率高！细节关注颇多，工整，不失为一个实施性颇高的规划方案。

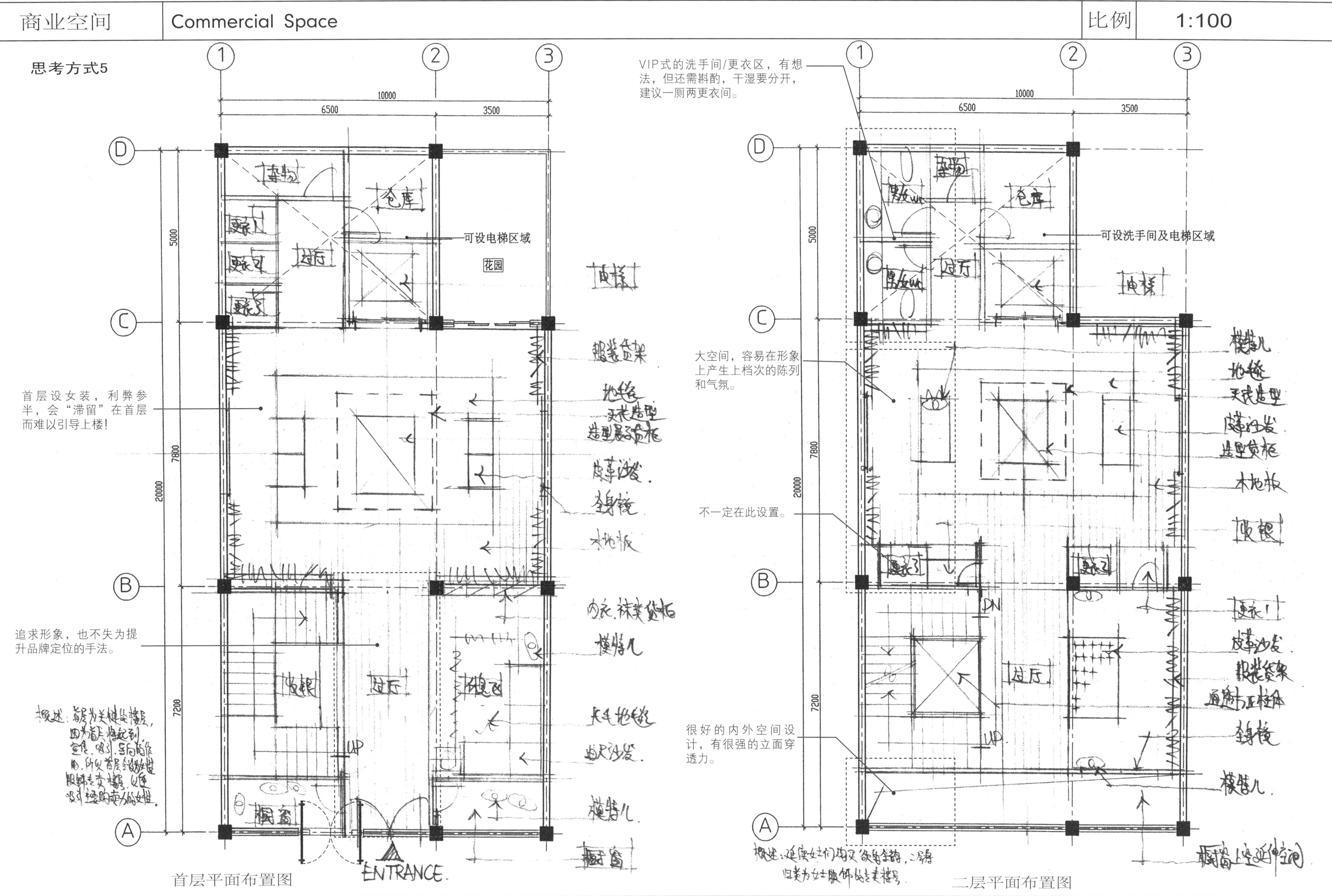
思考方式5
VIP式的洗手间/更衣区，有想法，但还需斟酌，干湿要分开，建议一厕两更衣间。
可设电梯区域
花园
可设洗手间及电梯区域
首层设女装，利弊参半，会“滞留”在首层而难以引导上楼！
大空间，容易在形象上产生上档次的陈列和气氛。
不一定在此设置。
追求形象，也不失为提升品牌定位的手法。
很好的内外空间设计，有很强的立面穿透力。
10000
6500
3500
5000
7800
7200
20000
电梯
服装货架
地毯
天花造型
皮革沙发
全身镜
木地板
模特儿
收银
过厅
仓库
橱窗
UP
DN
ENTRANCE
首层平面布置图
二层平面布置图

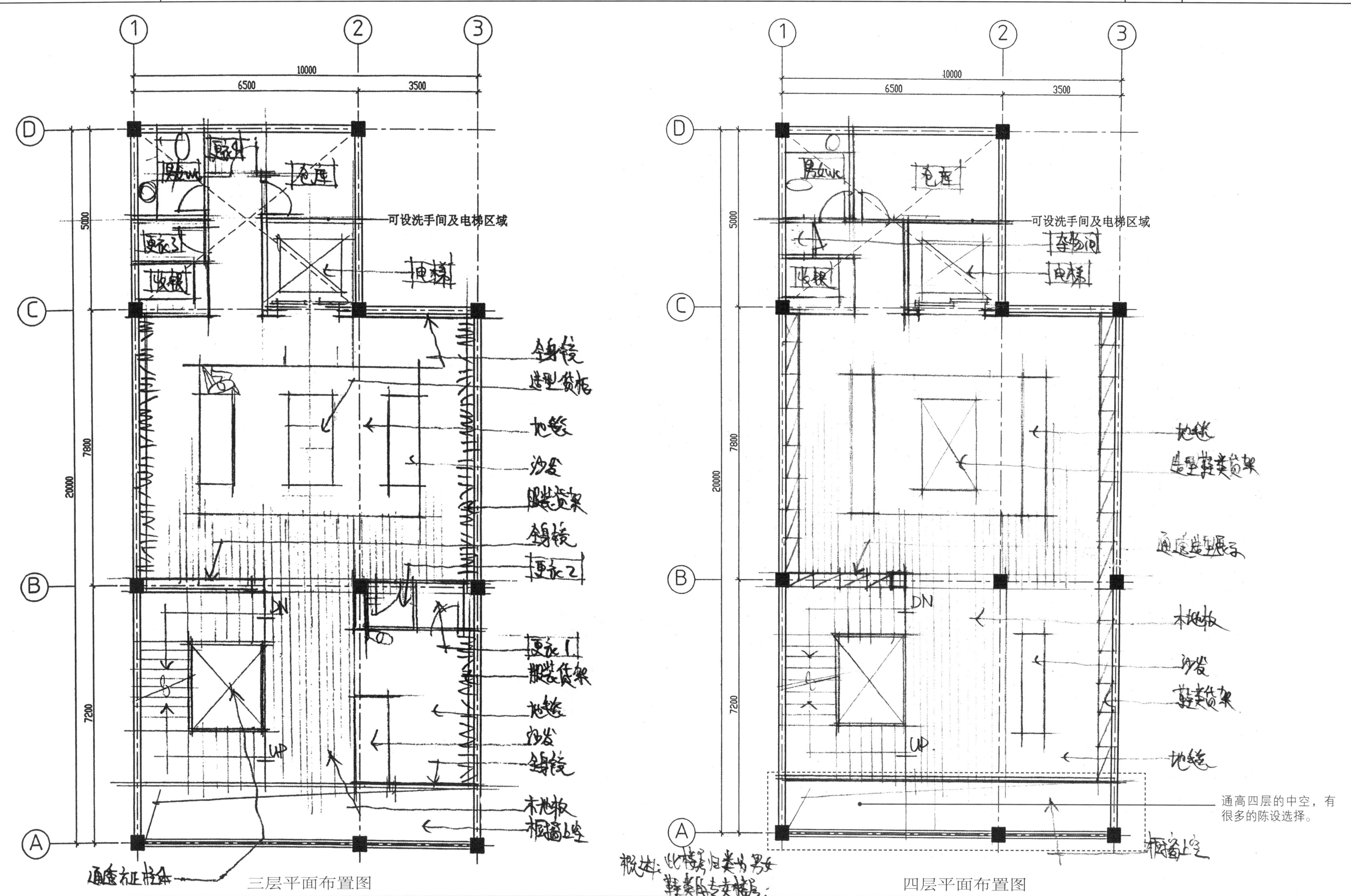

三层平面布置图

四层平面布置图

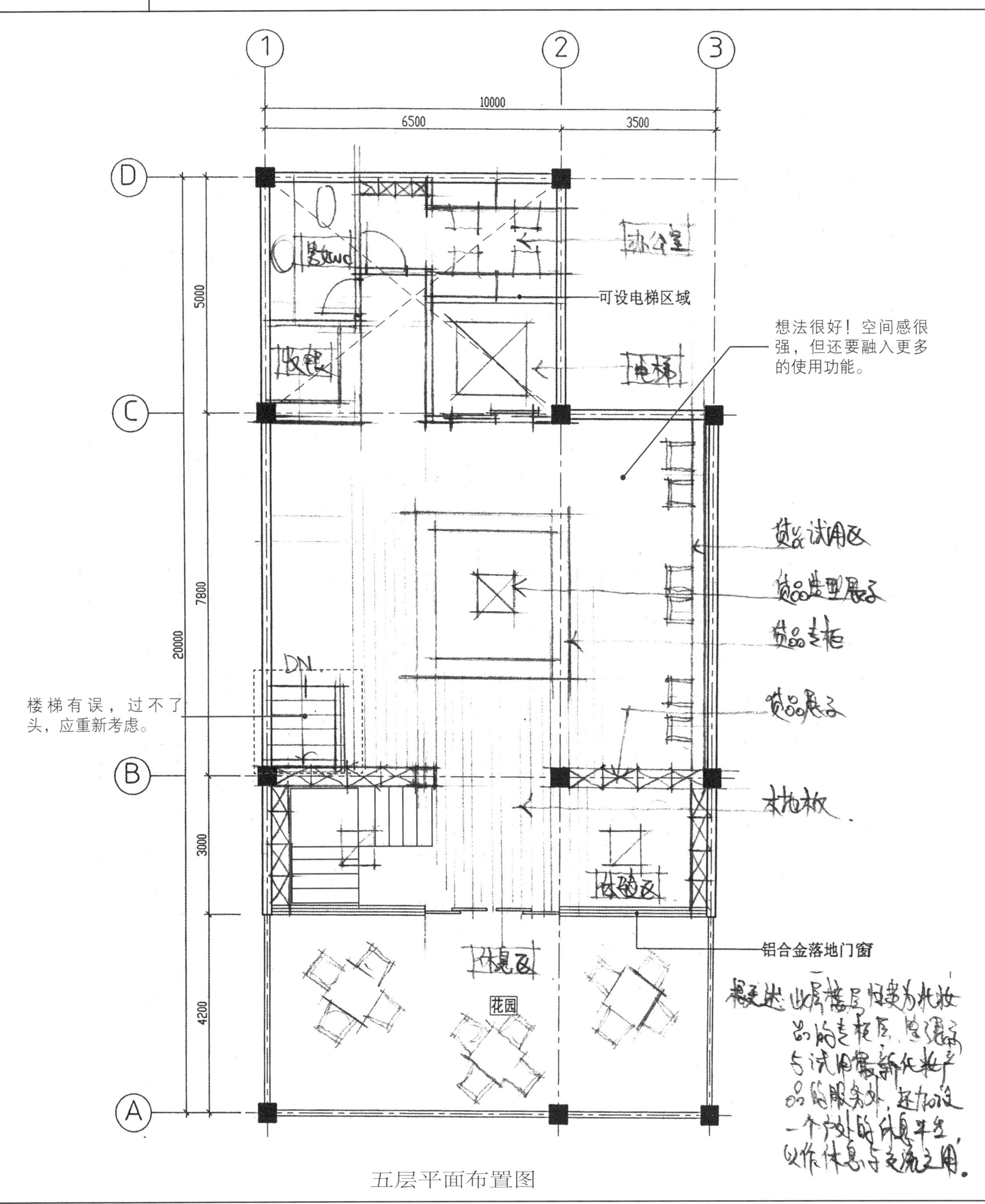

五层平面布置图

设计说明：

高档次的服饰专卖店将会作为本次主题旗舰品牌商铺自身的市场定位，“空间衣柜”是本次方案的一个形式主题，为高档次的服饰商店增加一点趣味性。本案定位于步行商业街，共划分五个楼层，而“中轴对称”即为本案的主要格局布置特色，设计装饰手法则以西式风格为主，加插主题元素细节部分，务求为客户提供一个亲切、舒适、高档次的消费环境。

总评：

水平布局很有想法，能形成“小中见大”的效果，“抑扬有序”的垂直交通组织上也颇有心思，四层的临街中空，让后续经营更具灵活性，是一个很不错的整体规划方案。

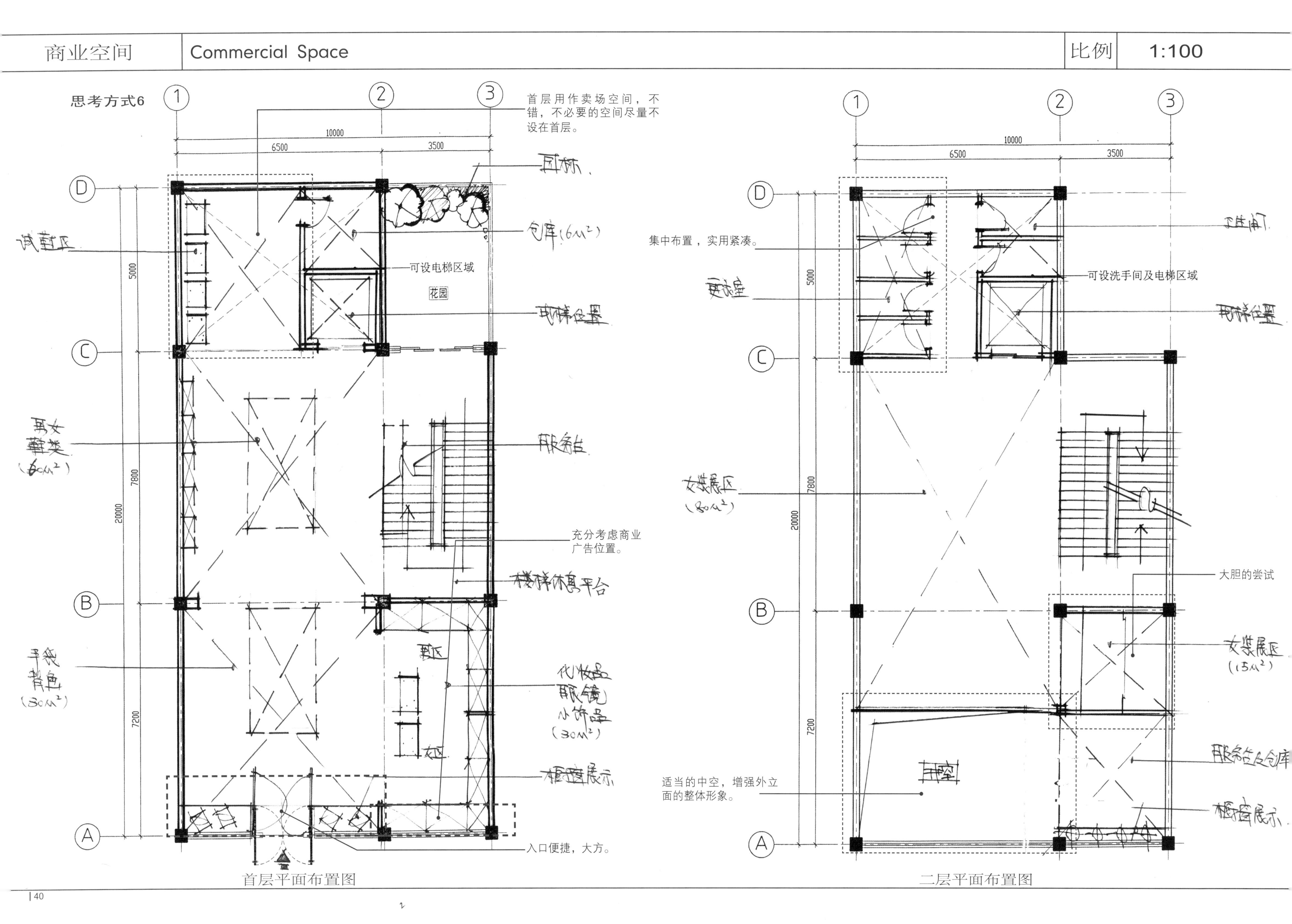

首层平面布置图

二层平面布置图

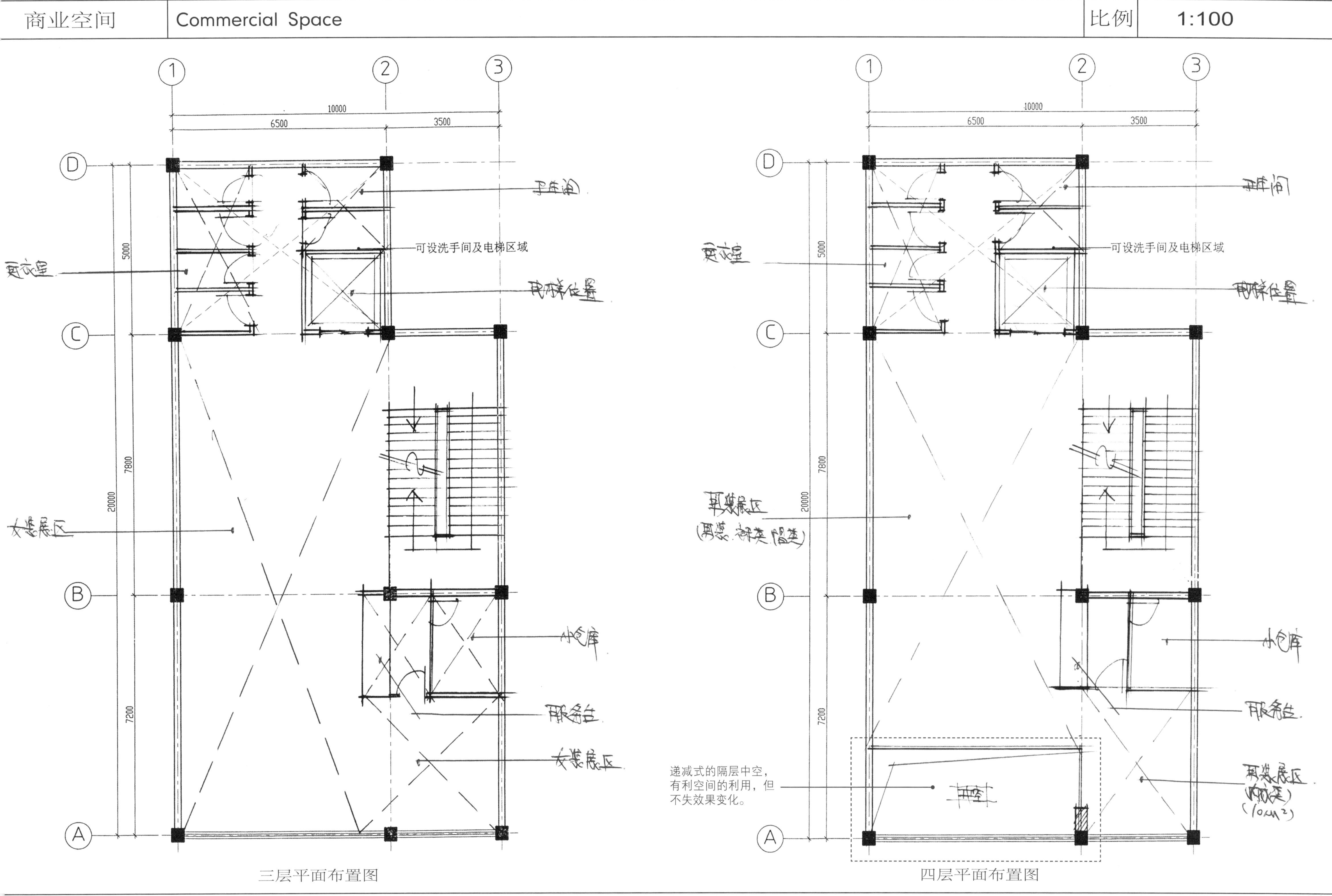

三层平面布置图

四层平面布置图

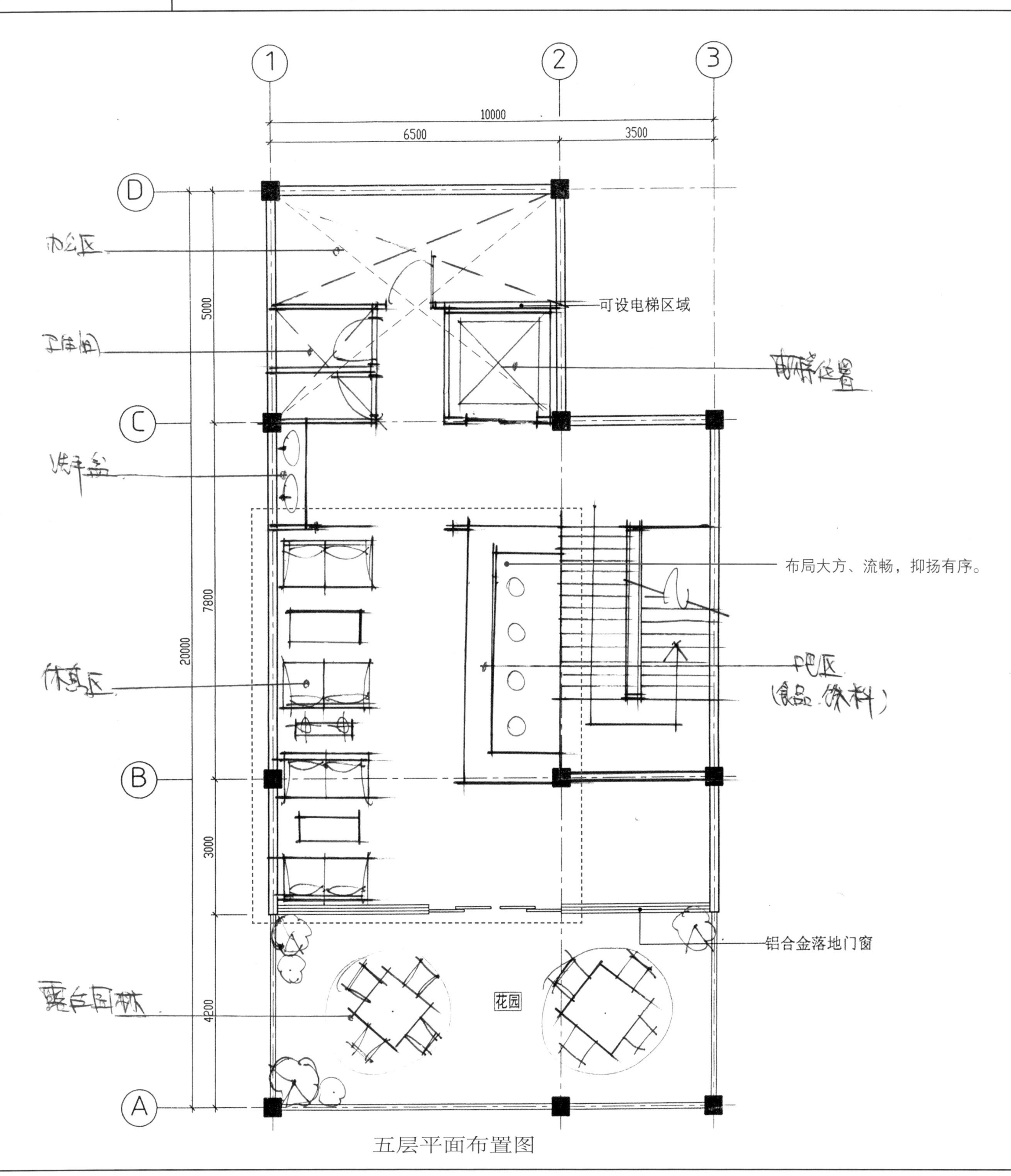

五层平面布置图

设计说明：

本案位于商业街独立式主题旗舰品牌店。为满足销售因素的前提，首层设手袋、背包、男女鞋区、化妆品、眼镜及小饰品，这种做法是为了更好地吸引顾客，先将人气聚于首层，以吸引来往顾客的目光。同时首层设有电梯，电梯与楼梯相邻，方便顾客使用，更好地服务有针对要求的顾客去完成购买商品的过程，而且每层设有收银台，方便客人。根据题目的要求，将各项功能分别设于各层平面。

二层→女装，三层→女装，四层→男装，五层→休息室，水吧位于五层更设有洗手台。整个设计的流线合理，满足功能要求。

总评：

整体布局一气呵成，空间有序而富变化，前段尽用作卖场，后段配套后勤，是最正常而有价值的布置。

Office Space

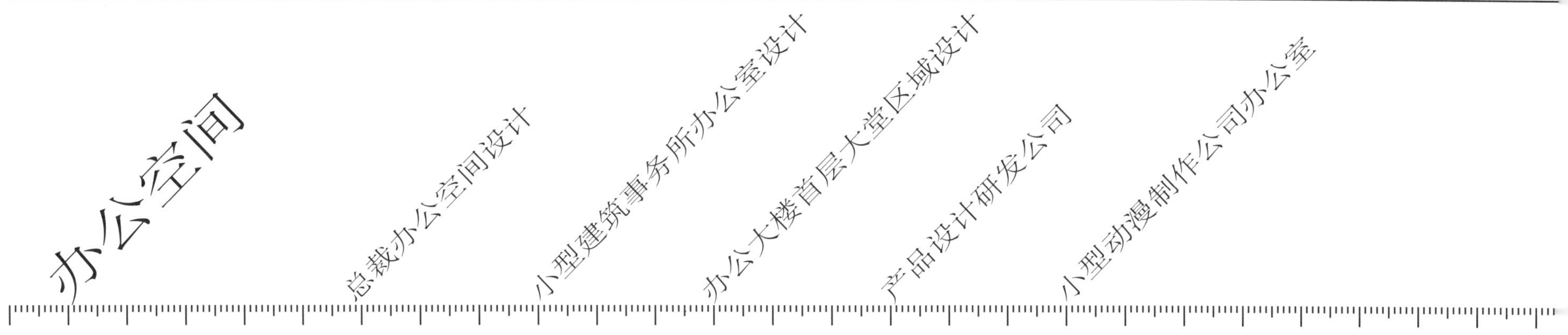

总裁办公空间设计（测试题）

建议测试时间：8小时

试题说明

一、基本条件

（1）某从事新能源开发的科技公司总裁办公空间，位于总部基地的自有多层物业的顶层（十八层），面积约300㎡。
（2）层高3.9m，区位如图所示，南边望园林景区，北面望道路及绿化带，西边望城市道路。
（3）沿用整体的中央空调系统（本次不用详细表达）。

二、整体要求及定位

（1）平面布局追求大方、实用，流线清晰，合理。
（2）办公台要面向南面或西面，休息卧室可面西或面北，可不与办公区相邻。
（3）秘书区域可以没有自然采光。
（4）选用现代豪华或弱西式的装饰形式。
（5）分设客人（包括秘书）用洗手间及总裁专用洗手间，位置应靠近原楼层洗手间的区域。
（6）设简单的茶水服务区（带简单的洗盥功能，靠近原楼层洗手间的区域）。

三、功能要求及说明：

1.秘书及前区，包括秘书办公区域及2个人的等候区域，不少于20㎡。

2.办公区域：面积约60㎡，功能有：
A.不少于4.0mX2.4m的办公室，形式为U形（见图示）。
B.文件柜不少于4m长。
C.会客沙发区：选用3+1+1或相当的配套。
D.适当的精品陈列柜（架）。

3.会议室：考虑视频会议功能（可面窗或不面窗），满足不少于12人的高级会议使用，面积约50㎡。

4.字画鉴赏及品茶室，面积约30㎡，功能包括鉴赏区（云石台面积约3.0mX0.72mX0.8m）、品茶沙发区，数量若干。

5.藏书/读书室：满足藏书及看书的功能，采用休闲躺椅的方式，约20㎡，邻近卧室。

6.休息卧室：设置简单的衣柜，休息沙发区，选用1.8mX2.0m的大床。

7.后期服务区：包括洗手间及配套茶水服务区。洗手间分客人及秘书用的洗手间；总裁独立使用的洗手间（都配洗手盆和坐厕，考虑一定的小物件摆放台）。

四、成本控制

不作原则上的限制。

五、评分标准

评分标准：本次分数由两部分组成（满分100分）：
A.方案创意及表达能力（指图纸表达）——占总分数75%；绘制在提供的图纸上（共3张A3图纸），可用徒手的形式表达（亦可用规尺），平面建议适当上色。

设计提交的图纸内容、要求及比例如下：

序号	图纸内容	规格及比例	占该部分比例	备注
1	平面布置图（标注各功能区域和必要的构思说明）	1:100	45%	该部分满分75分
2	空间效果图（办公区域）	A3	27.5%	
3	空间效果图（会议室）	A3	27.5%	

B、方案推销能力（指口述表达）——占总分数25% 。

序号	表达方面	占该部分比例	备注
1	语言表达能力	40%	
2	推销条例能力	40%	
3	应变能力	20%	

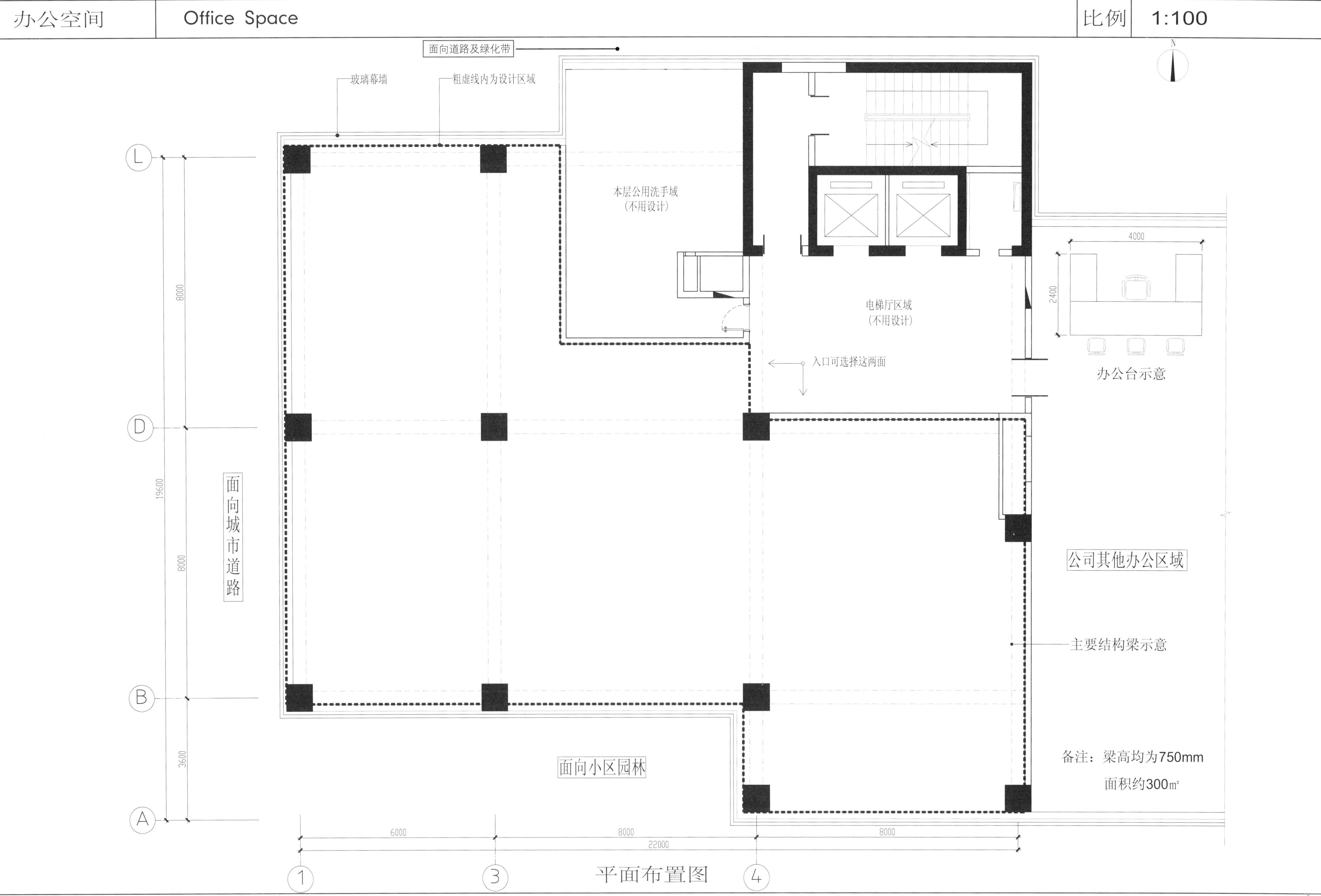
面向道路及绿化带
玻璃幕墙
粗虚线内为设计区域
本层公用洗手域
(不用设计)
电梯厅区域
(不用设计)
入口可选择这两面
4000
2400
办公台示意
面向城市道路
公司其他办公区域
主要结构梁示意
面向小区园林
备注：梁高均为750mm
面积约300㎡
8000
19600
8000
3600
6000
8000
8000
22000
L
D
B
A
1
3
4
N

平面布置图

思考方式1

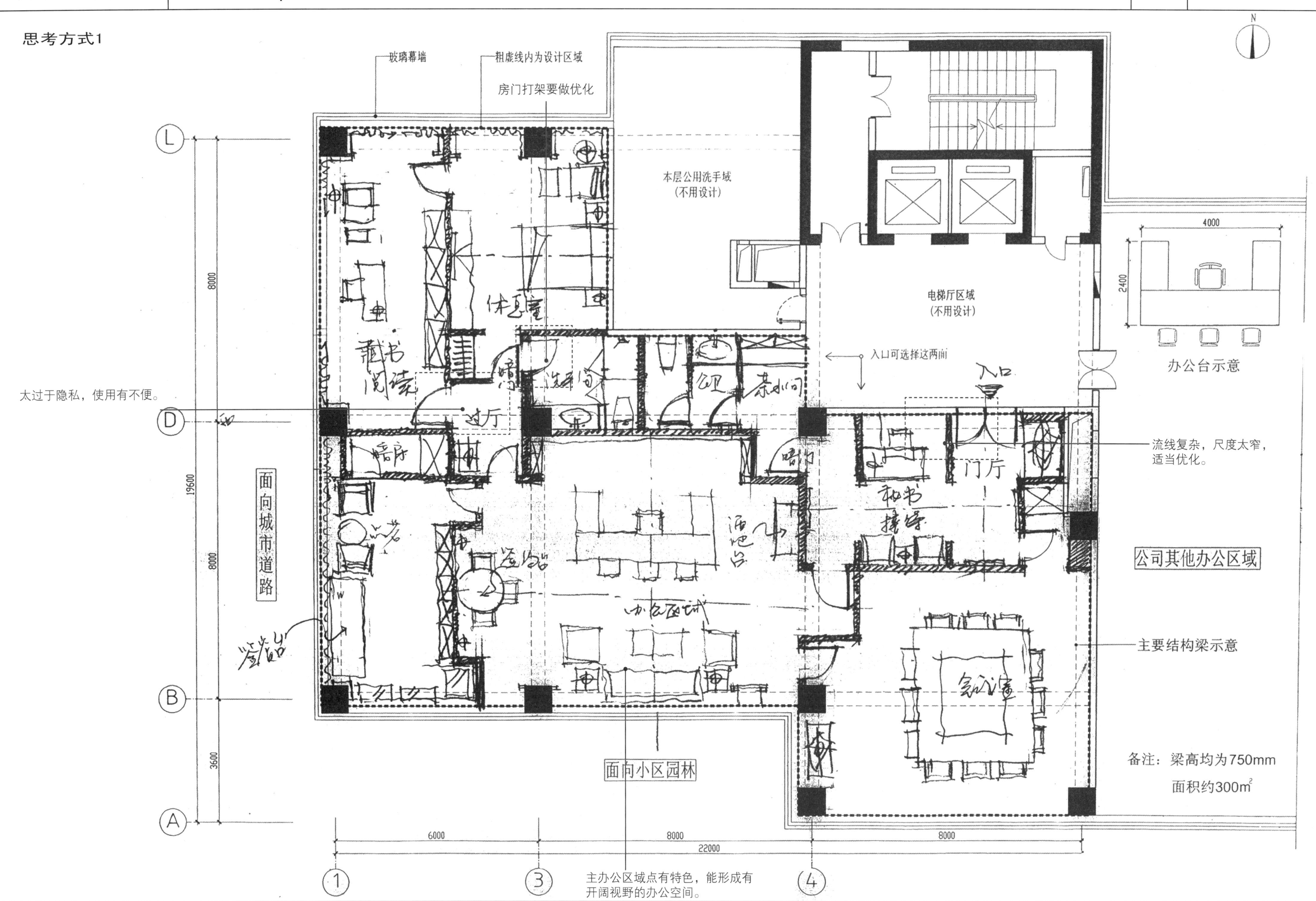
玻璃幕墙
粗虚线内为设计区域
房门打架要做优化
本层公用洗手域
(不用设计)
电梯厅区域
(不用设计)
入口可选择这两面
4000
2400
办公台示意
太过于隐私，使用有不便。
流线复杂，尺度太窄，
适当优化。
面向城市道路
公司其他办公区域
主要结构梁示意
备注：梁高均为750mm
面积约300m²
面向小区园林
主办公区域点有特色，能形成有
开阔视野的办公空间。
8000
19600
8000
3600
6000
8000
8000
22000
L
D
B
A
1
3
4

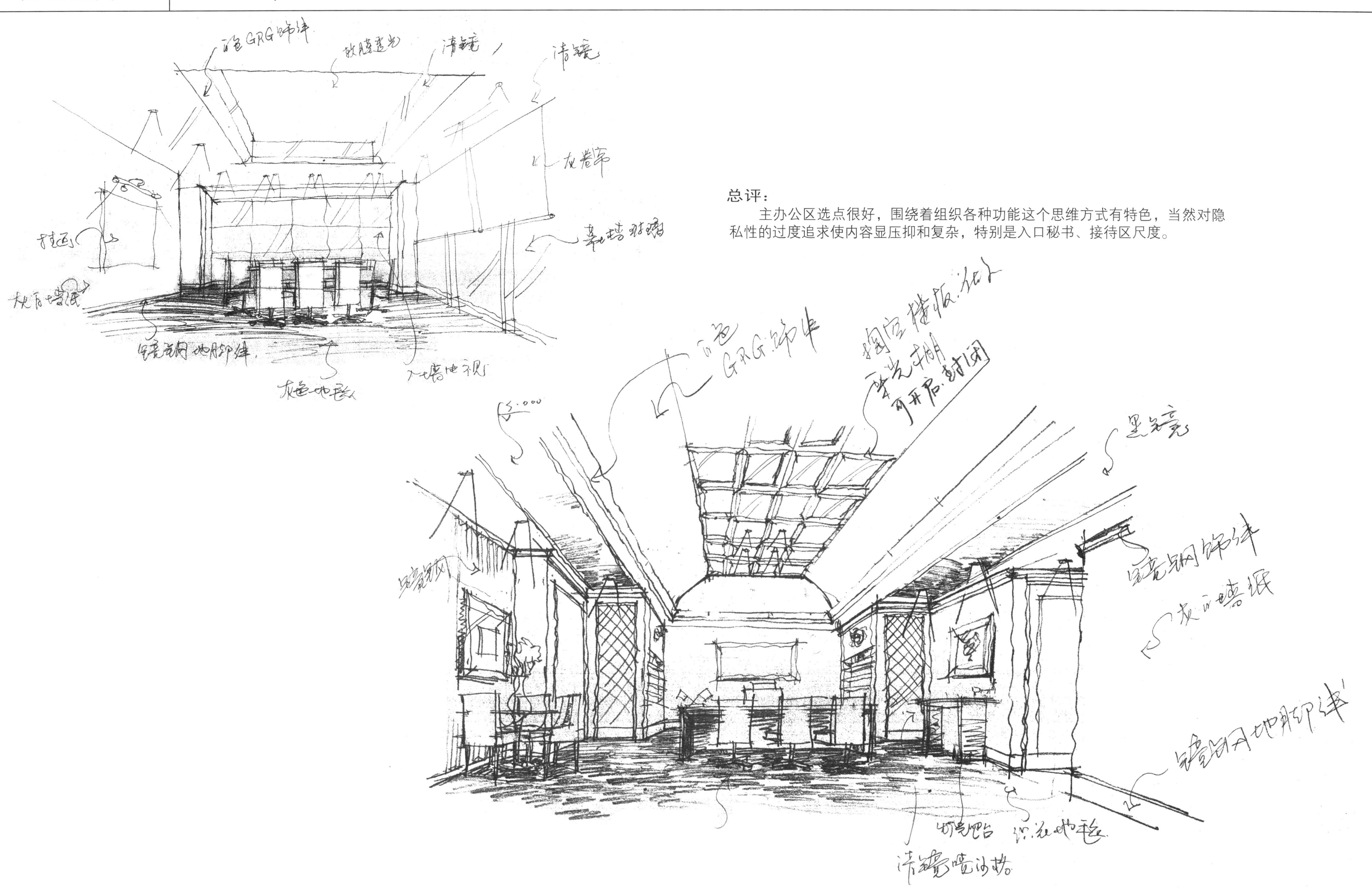

总评：

主办公区选点很好，围绕着组织各种功能这个思维方式有特色，当然对隐私性的过度追求使内容显压抑和复杂，特别是入口秘书、接待区尺度。

思考方式2

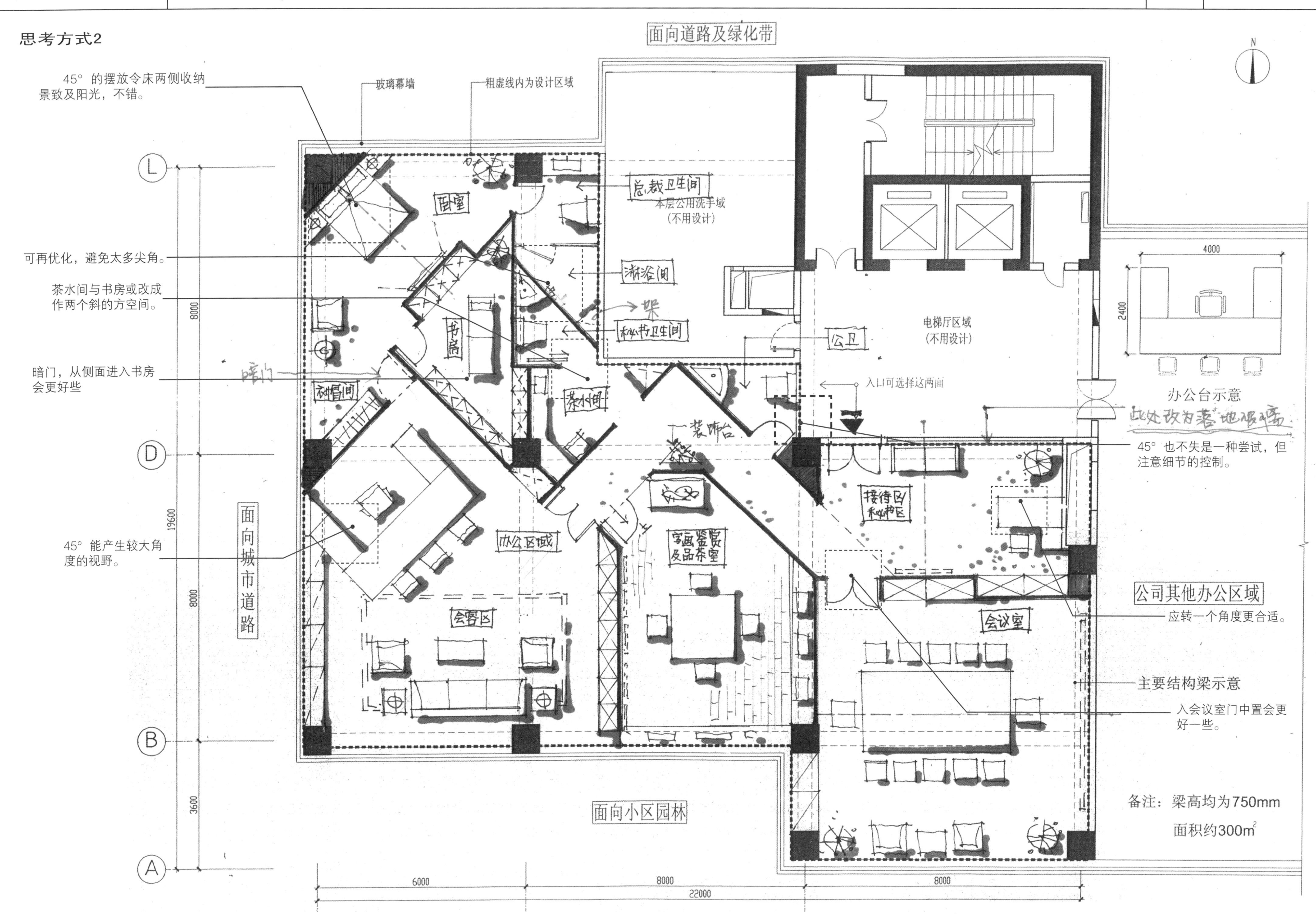
面向道路及绿化带
45°的摆放令床两侧收纳景致及阳光，不错。
玻璃幕墙
粗虚线内为设计区域
可再优化，避免太多尖角。
茶水间与书房或改成作两个斜的方空间。
暗门，从侧面进入书房会更好些
暗门
45°能产生较大角度的视野。
面向城市道路
卧室
总裁卫生间
本层公用洗手域
(不用设计)
淋浴间
书房
秘书卫生间
衣帽间
茶水间
装饰台
办公区域
会客区
字画鉴赏及品茶室
电梯厅区域
(不用设计)
公卫
入口可选择这两面
接待区 秘书区
会议室
公司其他办公区域
办公台示意
此处改为落地玻璃
45°也不失是一种尝试，但注意细节的控制。
应转一个角度更合适。
主要结构梁示意
入会议室门中置会更好一些。
面向小区园林
备注：梁高均为750mm
面积约300m²
4000
2400
8000
19600
8000
3600
6000
8000
8000
22000

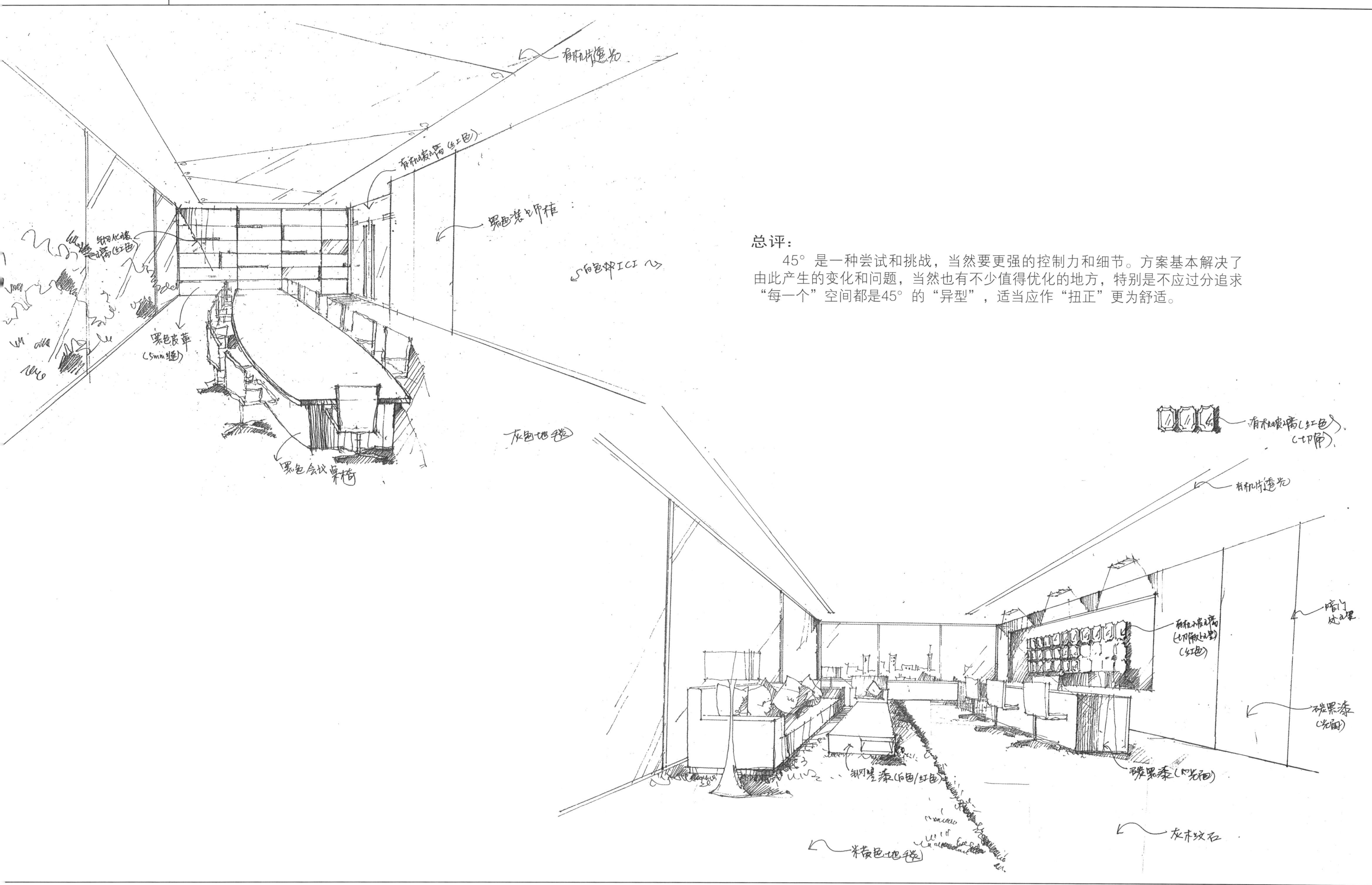

总评：

45° 是一种尝试和挑战，当然要更强的控制力和细节。方案基本解决了由此产生的变化和问题，当然也有不少值得优化的地方，特别是不应过分追求“每一个”空间都是45° 的“异型”，适当应作“扭正”更为舒适。

思考方式3

面向道路及绿化带
玻璃幕墙
粗虚线内为设计区域
过厅处理，艺术与功能的空间结合。
本层公用洗手域
(不用设计)
电梯厅区域
(不用设计)
入口可选择这两面
办公台示意
这个使用空间能分隔而又相关，便于使用而又有层次。
等候区设置巧妙。
面向城市道路
公司其他办公区域
主要结构梁示意
备注：梁高均为750mm
面积约300m²
适当的收纳空间有必要。
面向小区园林
4000
2400
8000
19600
3600
6000
22000

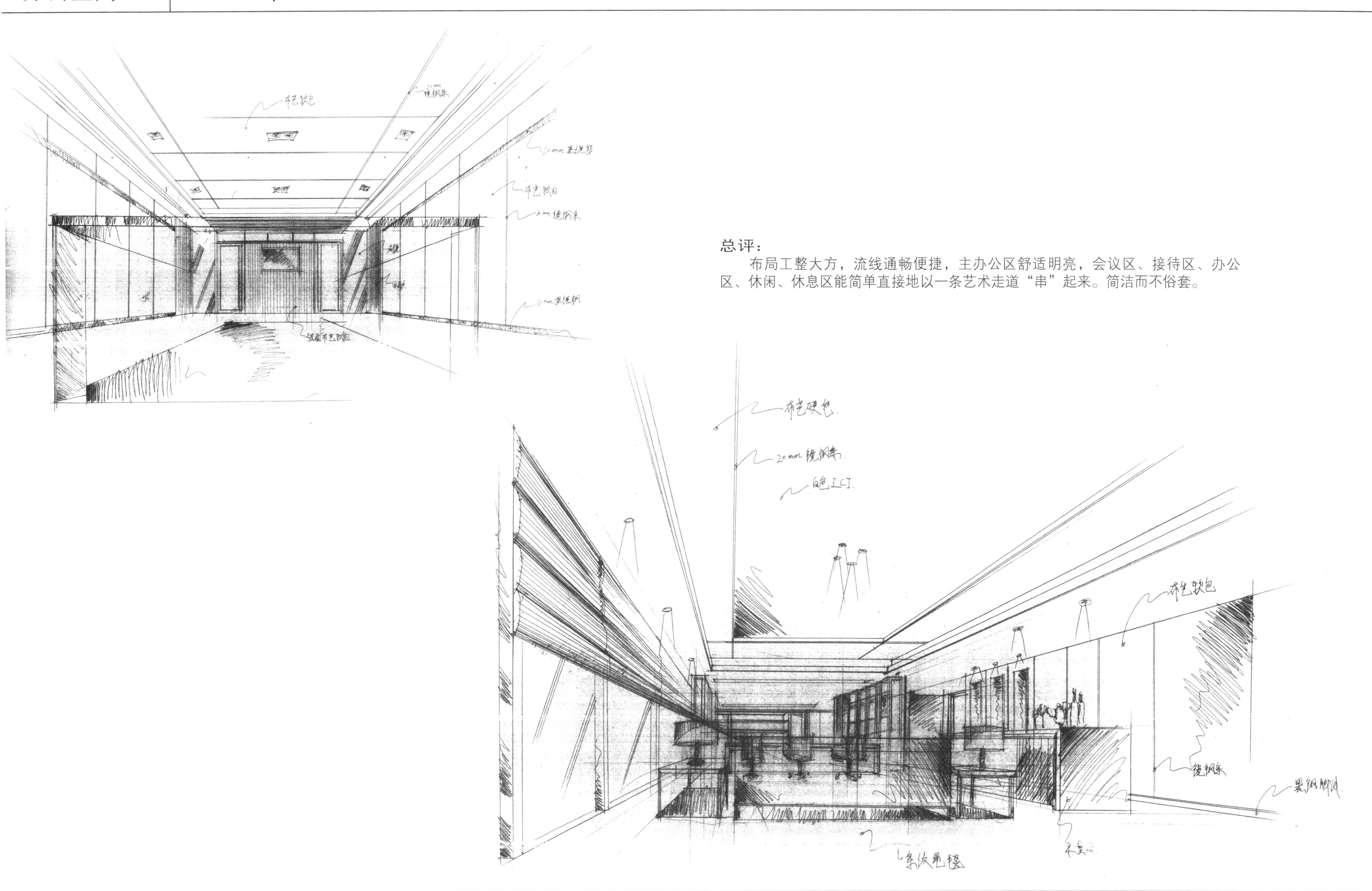

总评：

布局工整大方，流线通畅便捷，主办公区舒适明亮，会议区、接待区、办公区、休闲、休息区能简单直接地以一条艺术走道“串”起来。简洁而不俗套。

思考方式4

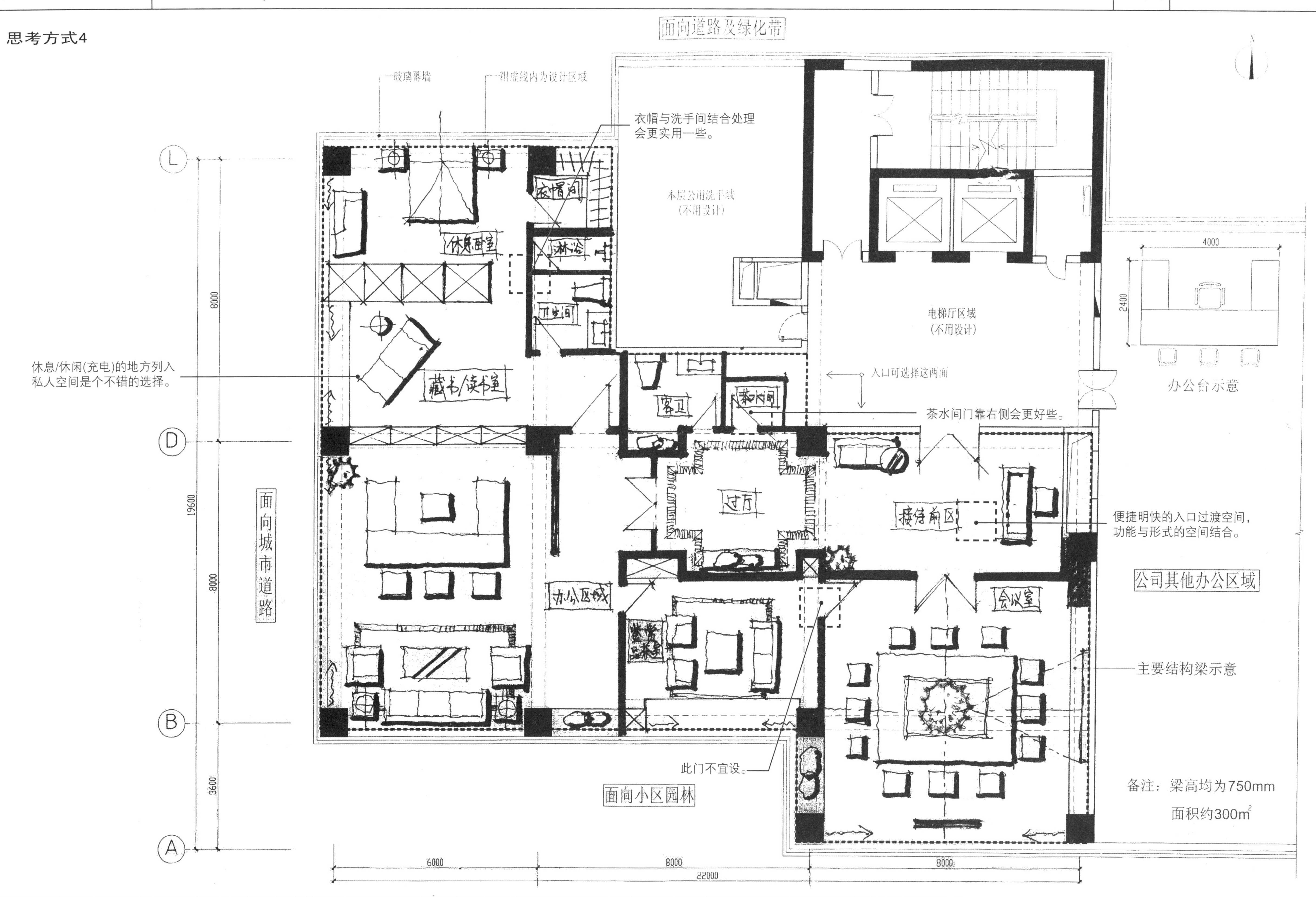
面向道路及绿化带
玻璃幕墙
粗虚线内为设计区域
衣帽与洗手间结合处理
会更实用一些。
本层公用洗手域
(不用设计)
衣帽间
休息室
淋浴
卫生间
电梯厅区域
(不用设计)
4000
2400
办公台示意
休息/休闲(充电)的地方列入
私人空间是个不错的选择。
藏书/读书室
入口可选择这两面
客卫
茶水间
茶水间门靠右侧会更好些。
过厅
接待前区
便捷明快的入口过渡空间，
功能与形式的空间结合。
公司其他办公区域
面向城市道路
办公区域
会议室
主要结构梁示意
此门不宜设。
面向小区园林
备注：梁高均为750mm
面积约300m²
8000
19600
8000
3600
6000
8000
8000
22000

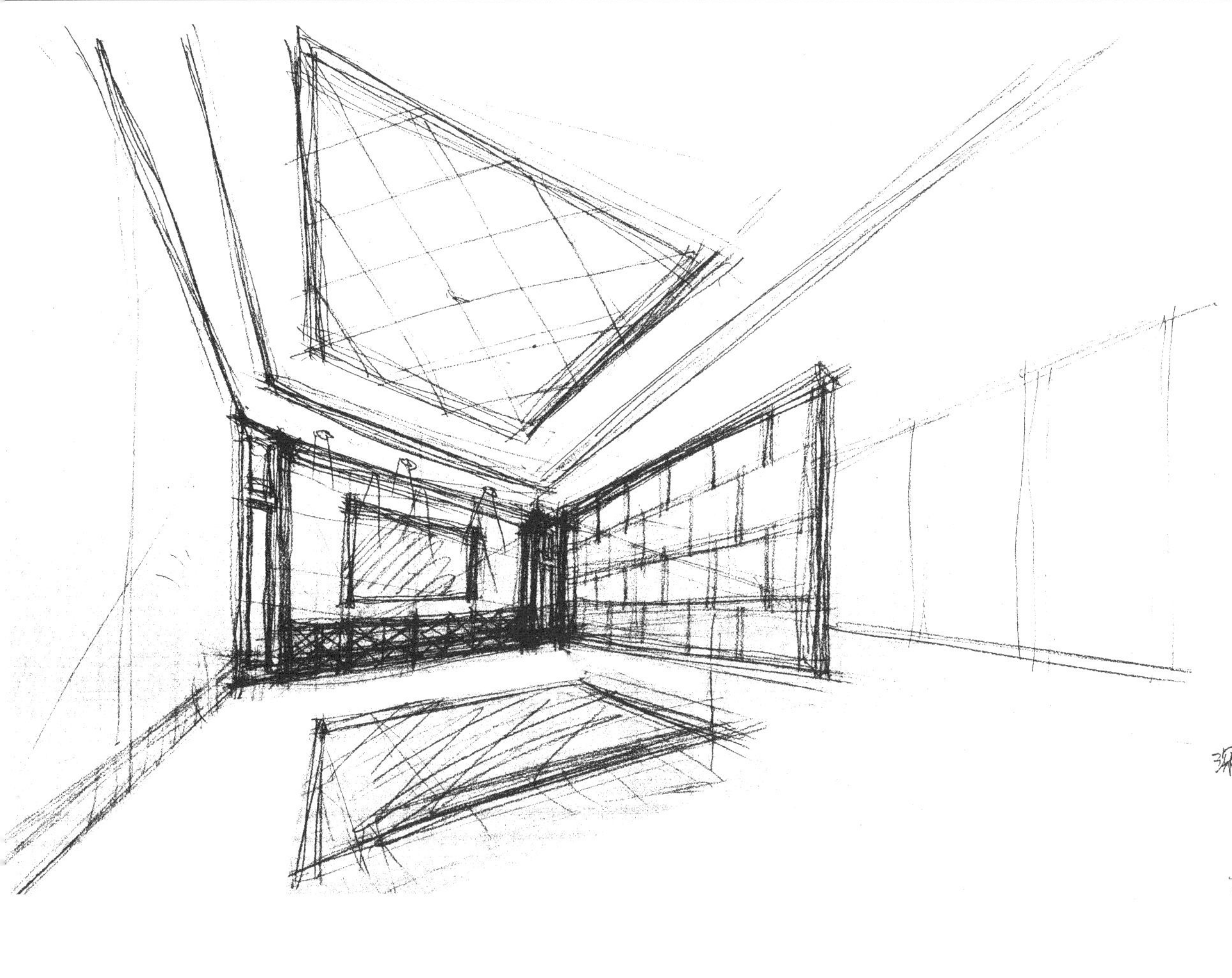

总评：

流线非常清晰便捷，各个功能都能充分利用外景资源。方正，宽敞，舒适，形成宜人的办公场所。

思考方式5

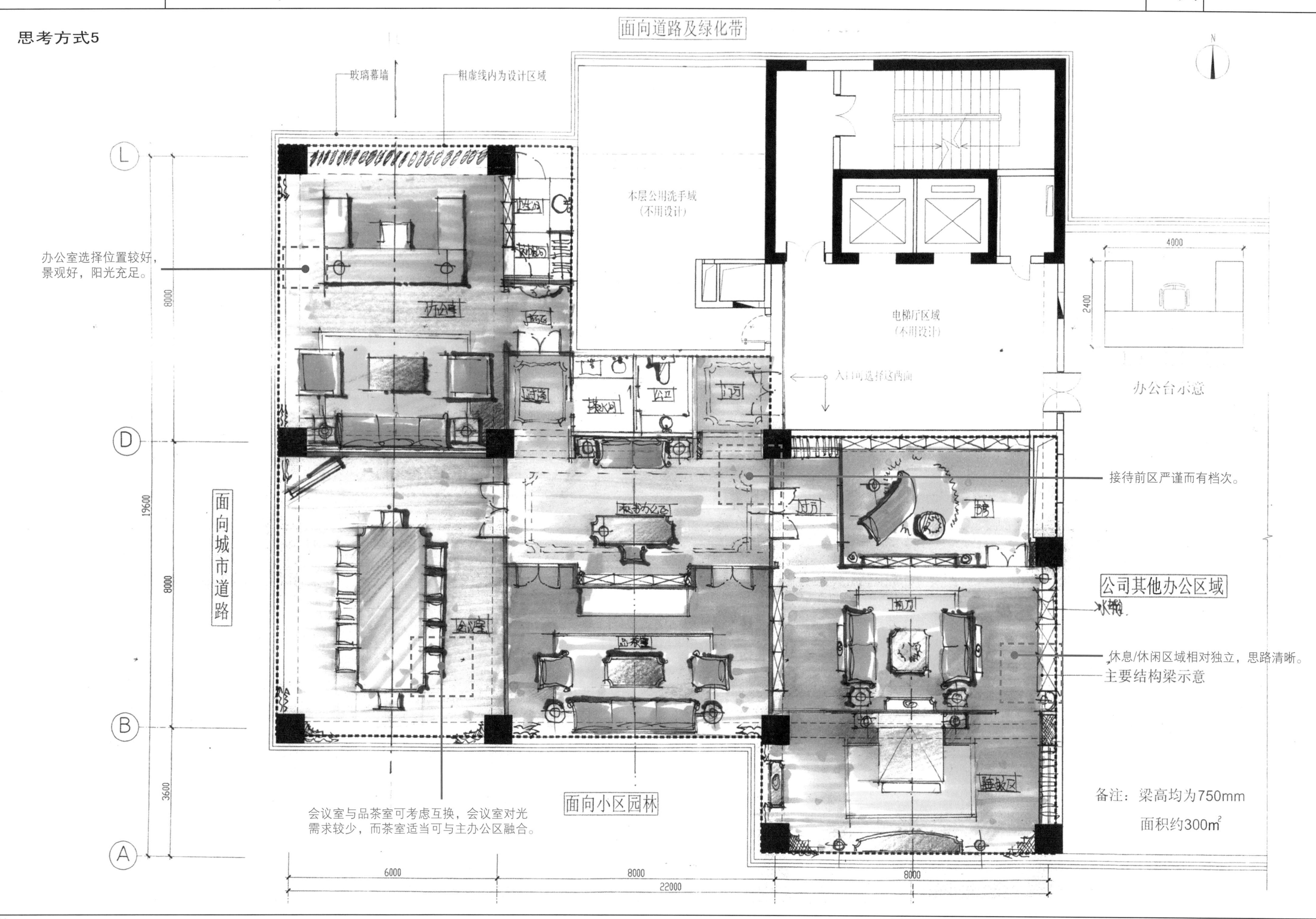
面向道路及绿化带
玻璃幕墙
粗虚线内为设计区域
本层公用洗手域
(不用设计)
电梯厅区域
(不用设计)
入口可选择这两面
办公台示意
4000
2400
办公室选择位置较好，
景观好，阳光充足。
接待前区严谨而有档次。
面向城市道路
公司其他办公区域
休息/休闲区域相对独立，思路清晰。
主要结构梁示意
备注：梁高均为750mm
面积约300m²
会议室与品茶室可考虑互换，会议室对光
需求较少，而茶室适当可与主办公区融合。
面向小区园林
6000
8000
8000
22000
8000
8000
3600
19600

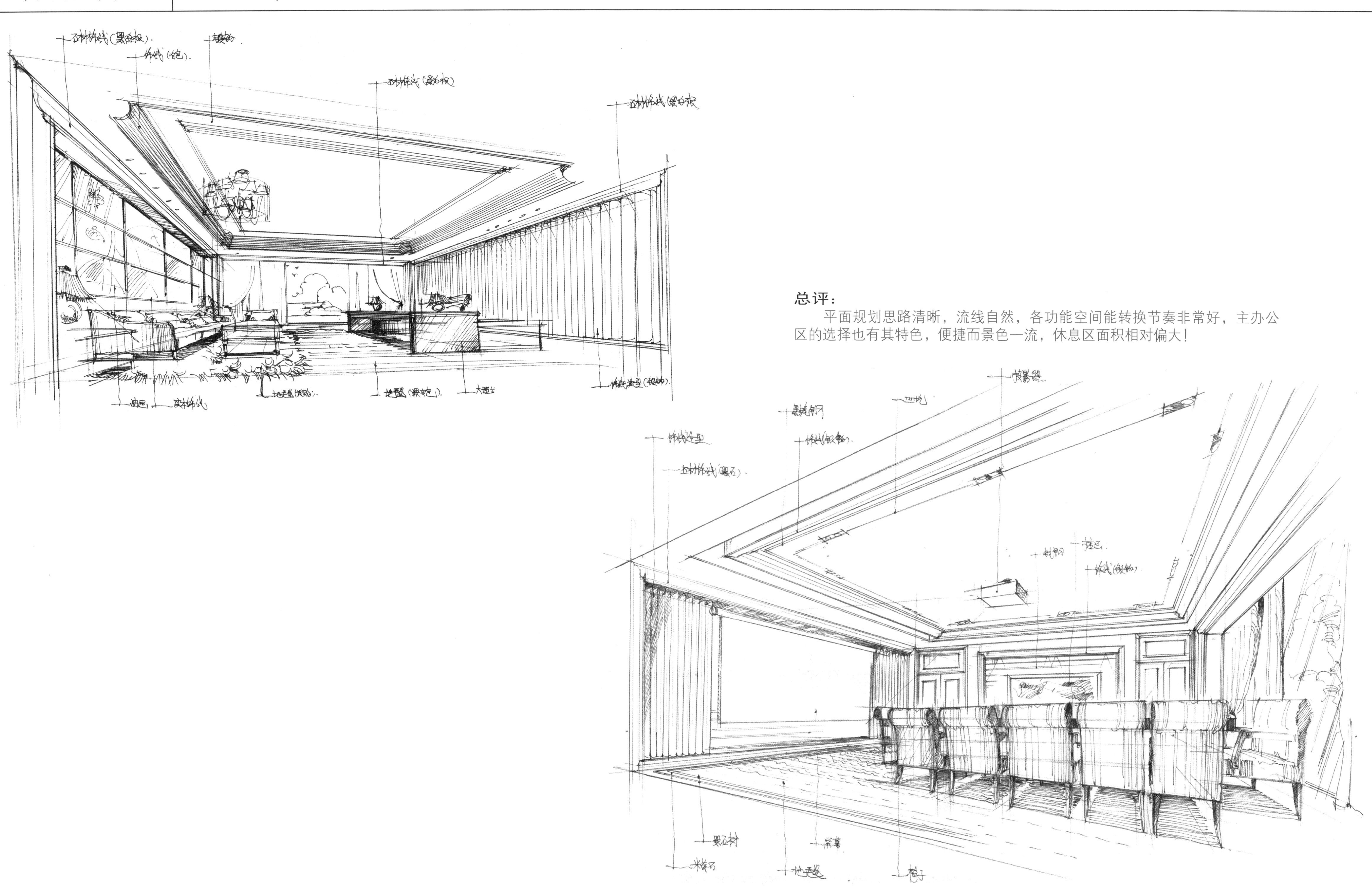

总评：

平面规划思路清晰，流线自然，各功能空间能转换节奏非常好，主办公区的选择也有其特色，便捷而景色一流，休息区面积相对偏大！

小型建筑事务所办公室设计（测试题）

建议测试时间：8小时

试题说明

一、基本条件

（1）某建筑事务所租下位于市内一个创意园的其中一幢建筑物的三、四两层楼，拟改造成复式办公空间。
（2）三、四层层高均为3.60m，梁位及尺寸见图示。
（3）在原三层、四层步行梯出入口基础上，正面（南面）增加一观光电梯（位置指引见附图），尺寸约2mX2m，是到访客人及员工的主要入口。
（4）可选择直接到达四层的入门方式。
（5）选用吊顶式的空调，机电布置暂不作为本次考核内容。

二、整体要求及定位

（1）形象时尚，不拘泥于传统办公空间；突出企业行业特色。
（2）追求个性，体现强烈创新理念。
（3）舒适、环保，公共区域适当引入水体和绿化。
（4）三、四层之间内部增加一步行梯，梯宽不少于1100mm，梯级尺寸建议280mmX165mm（如选用直跑梯，可不设中间休息平台），结构计算不用考虑（梁不可拆除）。
（5）建议部分挖空四层楼板，加强上下层空间的交流和联系，挖空的总面积不大于50㎡。
（6）走廊不少于1200mm净宽。

三、功能要求及说明：

1.接待前区：面积宽大，可设造景，并有一定尺度可满足小型活动之用。
A.接待台：设置2个文员，兼管复印、打印、文秘等工作。
B.等候接待区：适当放置一些特色的家具。
C.文印区、装订区（能装订简易标书及图纸）。
D.水吧区：可结合整体考虑，兼顾供应员工及客人的需要，适当靠近洗手间即可。

2.工作区域：每层适当位置设计一处输出及复印区，包括两台打印机、一台复印机。
A.方案组：设有6位方案建筑师，每人工作区域约为2.4mX2.4m，要考虑适当有放图纸的柜子和空间，并预留一定的空间讨论和交流方案（站立式亦可），工作模式为电脑加手绘。
B.效果图制作部：6人，可选取光线较暗的区域，形式不限。
C.施工图制作部：15人，每人工作区域尺寸约1.5mX1.5m，应考虑使用配套的输出设备和图纸存放柜的便利性。
D.图书资料区：采用全开放式，自由取阅、休闲享受的方式，柜总长度不少于6m，组合形式自定。

3.配套区域：包括材料展览区和工作模型研究及展览区，可与图书资料区混合设置。
A.材料展览区：方便建筑师工作配搭之用，可利用走廊来作设置，原则上不少于6延长米，形式不限。
B.工作模型陈列、研究区域，展示区域：一方面方便满足方案阶段的形体推敲和定案，二则作为对外宣传和陈列业绩及作品的窗口，展示形式及面积不限（模型制作为外判）。

4.会议区域：设置不少于2间（包括2间）的会议室，其中一间为大会议室，容纳不少于12人的会议室，其余的会议室可结合入口接待、办公室的使用灵活组合布置，形式不作限制。

5.后勤服务部分：
A.综合办公室：4人，包括行政部及客户部人员办公区域，个人尺寸约为1.5mX1.5m，靠近行政总监。
B.财务部：2人，个人区域约为1.5mX1.5m，靠近管理层办公区。
C.综合电脑技术部:包括设备房及配套办公室2人。

6.管理区域：
A.总经理（兼设计总监）室：包括办公区域，不少于3.0延长米的工作台，适当的文件柜、品茶、会客区，视布局允许可考虑设一间私人洗手间、衣柜等，总面积不少于25㎡。
B.行政总监兼副总办公室：不少于2.4延长米的工作台，适当的文件柜，总面积不少于15㎡。

7.洗手间设置在指定的区域内，非排污的区域可适当扩大：
每层设男女VIP式洗手间各一间，男的配有洗手盆、小便斗、坐厕，女的配有洗手盆、适当的梳妆台、坐厕，并设有适当的盥洗区、清洁用品储存区。
8.其他：充分利用空间适当的配套资料室，储物用房等。

四、成本控制

不作原则上的限制，但适应企业形象并合理。

五、评分标准

评分标准：本次分数由两部分组成（满分100分）：
A.方案创意及表达能力（指图纸表达）——占总分数75%；
绘制在提供的图纸上（共4张A3图纸），其中要绘图的3张。
可用徒手的形式表达（亦可用规尺），黑白即可。
设计提交的图纸内容、要求及比例如下：

序号	图纸内容	规格及比例	占该部分比例	备注
1	三层平面（标注各功能区域和必要的构思说明）	1:100	35%	该部分满分75分
2	四层平面（标注各功能区域和必要的构思说明）	1:100	35%	
3	自选一至两个角度的透视图（以利于表达设计构思和创意为原则）	不限	30%	

B、方案推销能力（指口述表达）——占总分数25%。

序号	表达方面	占该部分比例	备注
1	语言表达能力	40%	
2	推销条例能力	40%	
3	应变能力	20%	

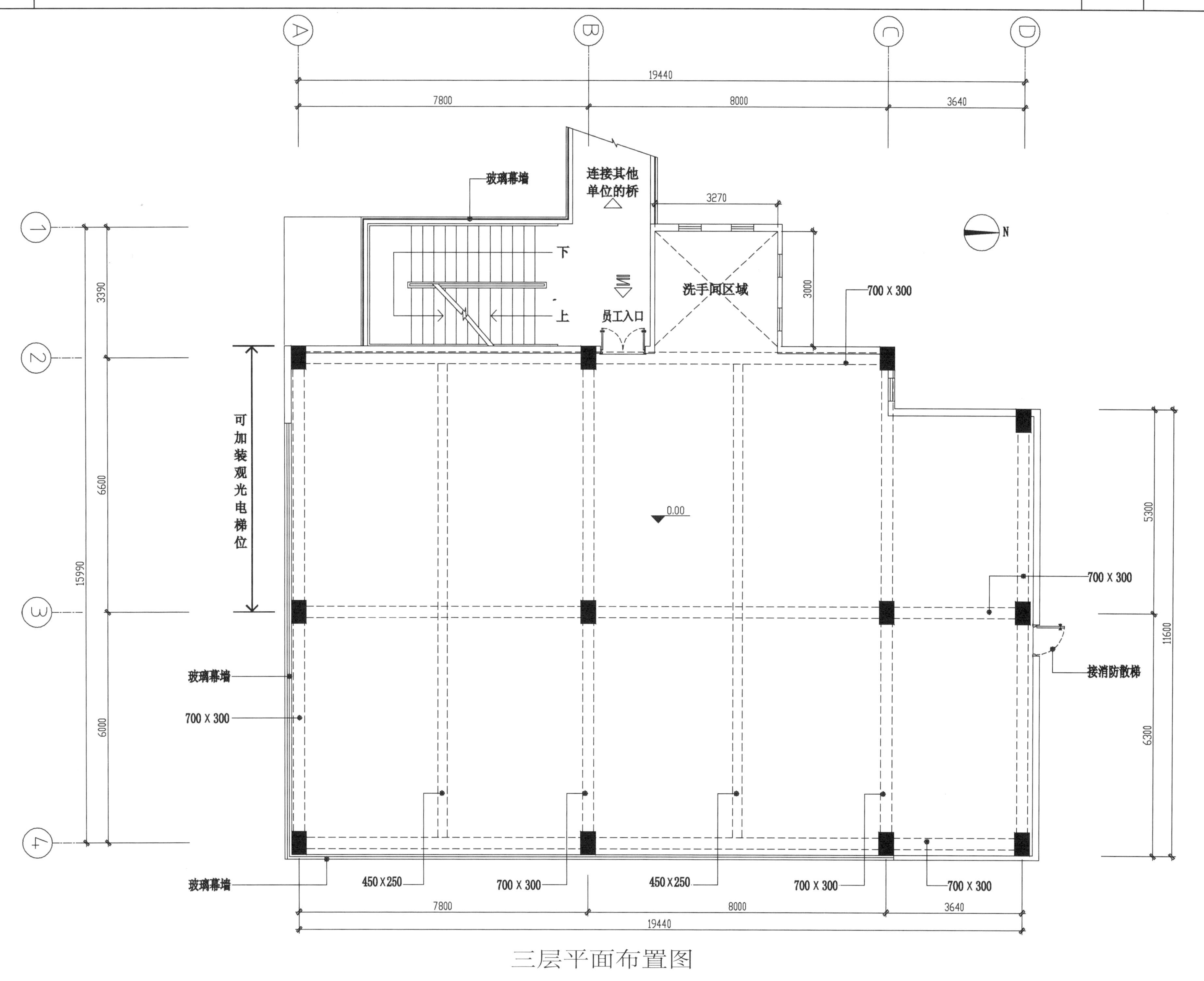
19440
7800
8000
3640
玻璃幕墙
连接其他单位的桥
3270
下
上
员工入口
洗手间区域
3000
700 X 300
N
3390
6600
15990
6000
可加装观光电梯位
0.00
5300
11600
6300
接消防散梯
玻璃幕墙
700 X 300
玻璃幕墙
450 X 250
700 X 300
450 X 250
700 X 300
700 X 300
7800
8000
3640
19440

三层平面布置图

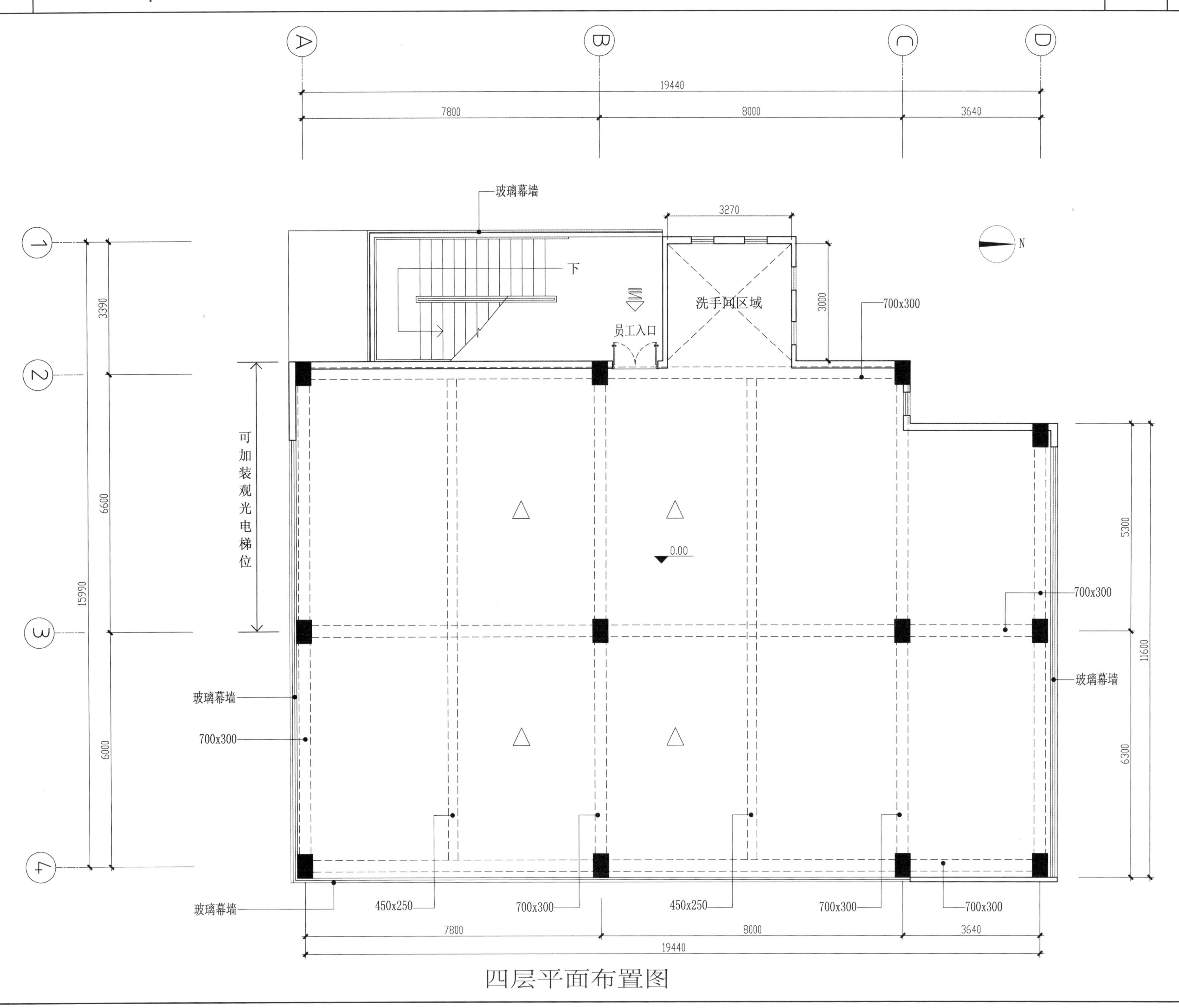
A
B
C
D
19440
7800
8000
3640
玻璃幕墙
3270
N
1
2
3
4
3390
6600
6000
15990
下
员工入口
洗手间区域
3000
700x300
可加装观光电梯位
0.00
5300
11600
6300
玻璃幕墙
700x300
450x250
700x300
450x250
700x300
700x300
7800
8000
3640
19440

四层平面布置图

思考方式1

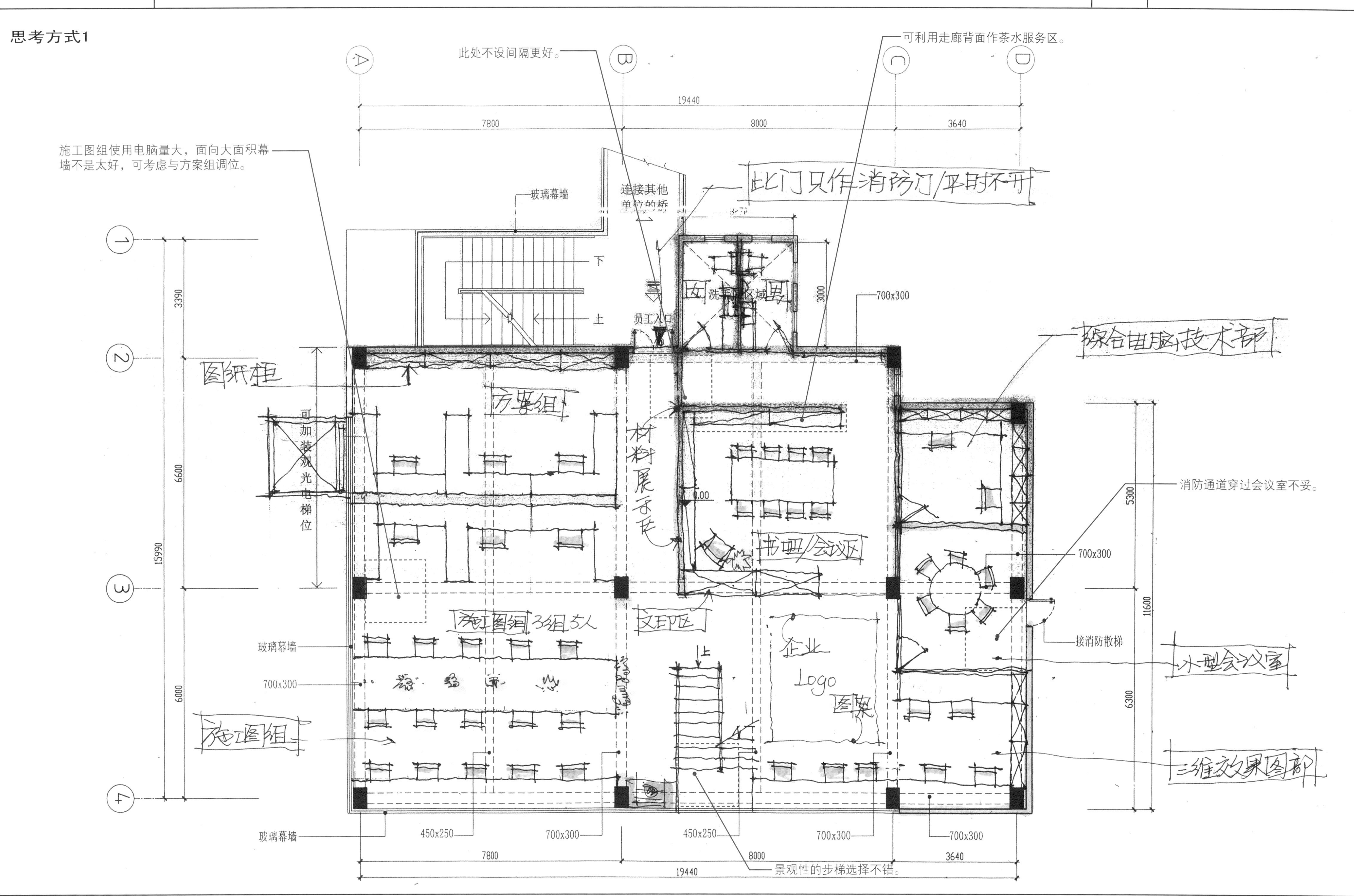
此处不设间隔更好。
可利用走廊背面作茶水服务区。
19440
7800
8000
3640
施工图组使用电脑量大，面向大面积幕墙不是太好，可考虑与方案组调位。
玻璃幕墙
连接其他单位的桥
比门只作消防门/平时不开
下
上
员工入口
洗手区域
3000
700x300
综合电脑技术部
3390
图纸柜
方案组
可加装观光电梯位
材料展示区
6600
15990
消防通道穿过会议室不妥。
5300
洽谈/会议区
700x300
施工图组 3组5人
文印区
11600
玻璃幕墙
企业 Logo 图案
接消防散梯
小型会议室
700x300
6000
6300
施工图组
三维效果图部
玻璃幕墙
450x250
700x300
450x250
700x300
700x300
7800
8000
3640
19440
景观性的步梯选择不错。

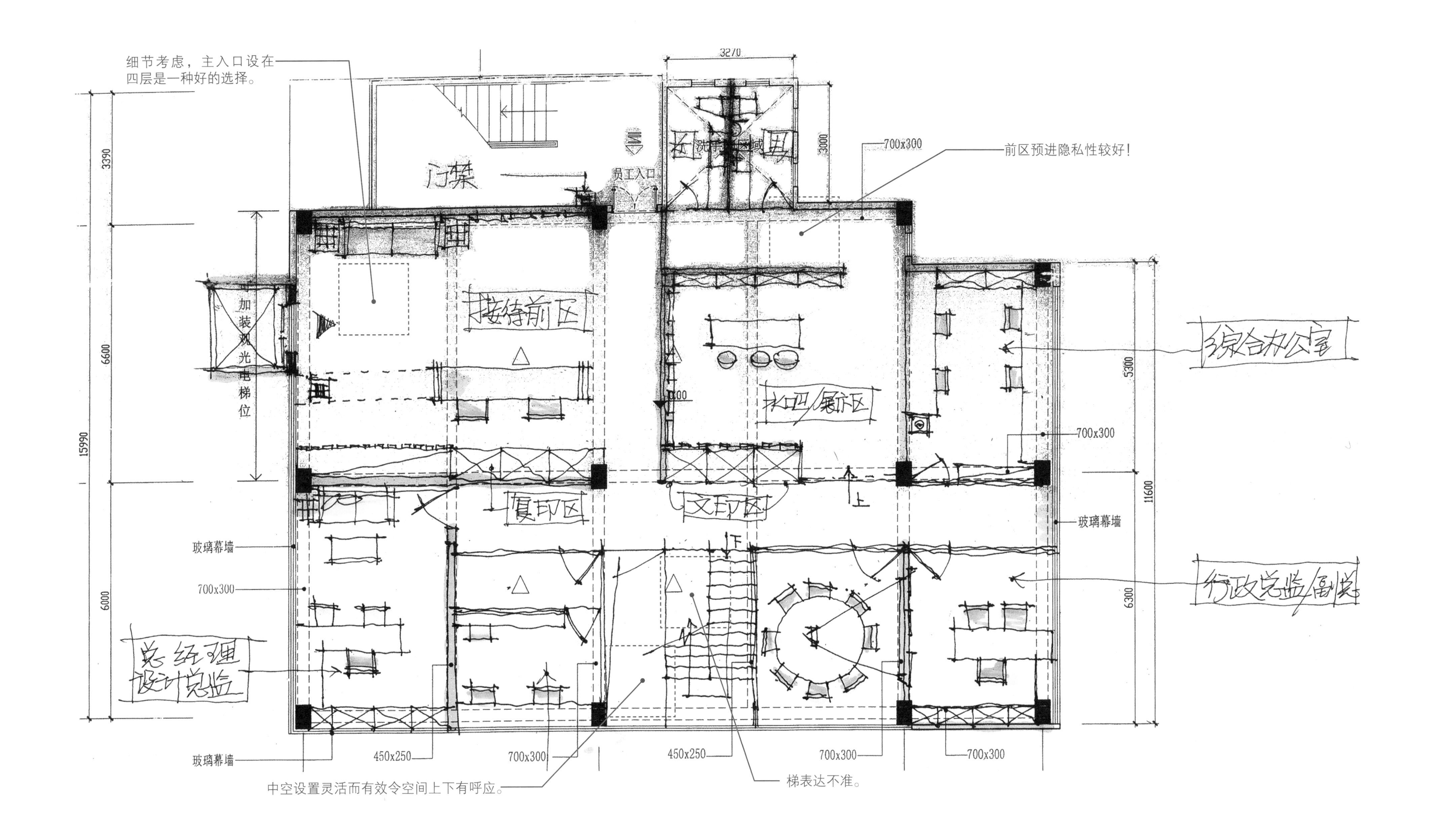
细节考虑，主入口设在四层是一种好的选择。
前区预进隐私性较好！
门禁
员工入口
3270
3000
3390
6600
6000
15990
5300
6300
11600
700x300
450x250
加装观光电梯位
接待前区
吧/展示区
综合办公室
复印区
文印区
上
下
玻璃幕墙
行政总监/副总
总经理
设计总监
中空设置灵活而有效令空间上下有呼应。
梯表达不准。

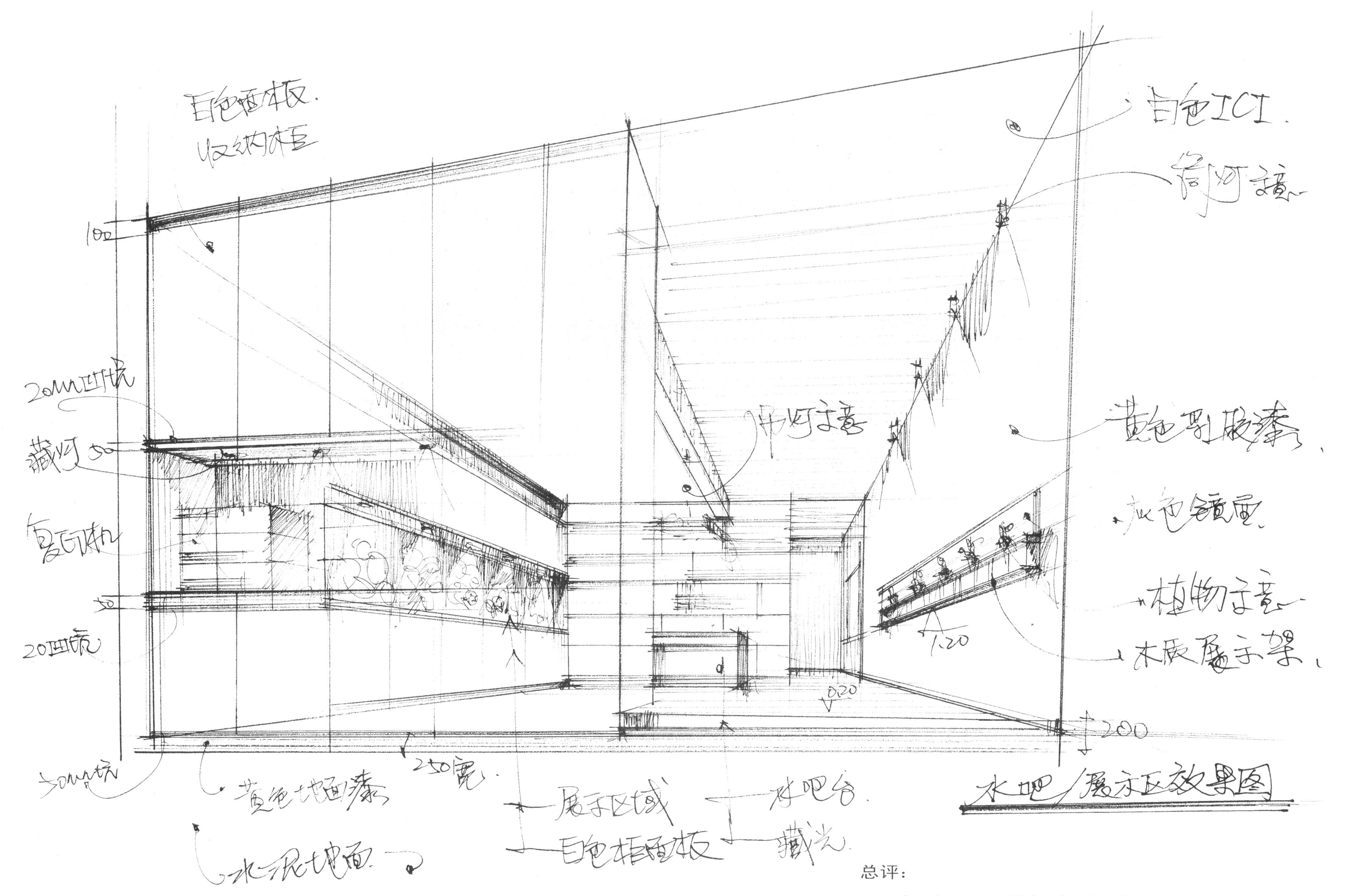

总评：

布局合理，分区准确，实用性较高，且不乏趣味空间，内部交通区设置位极佳。

思考方式2

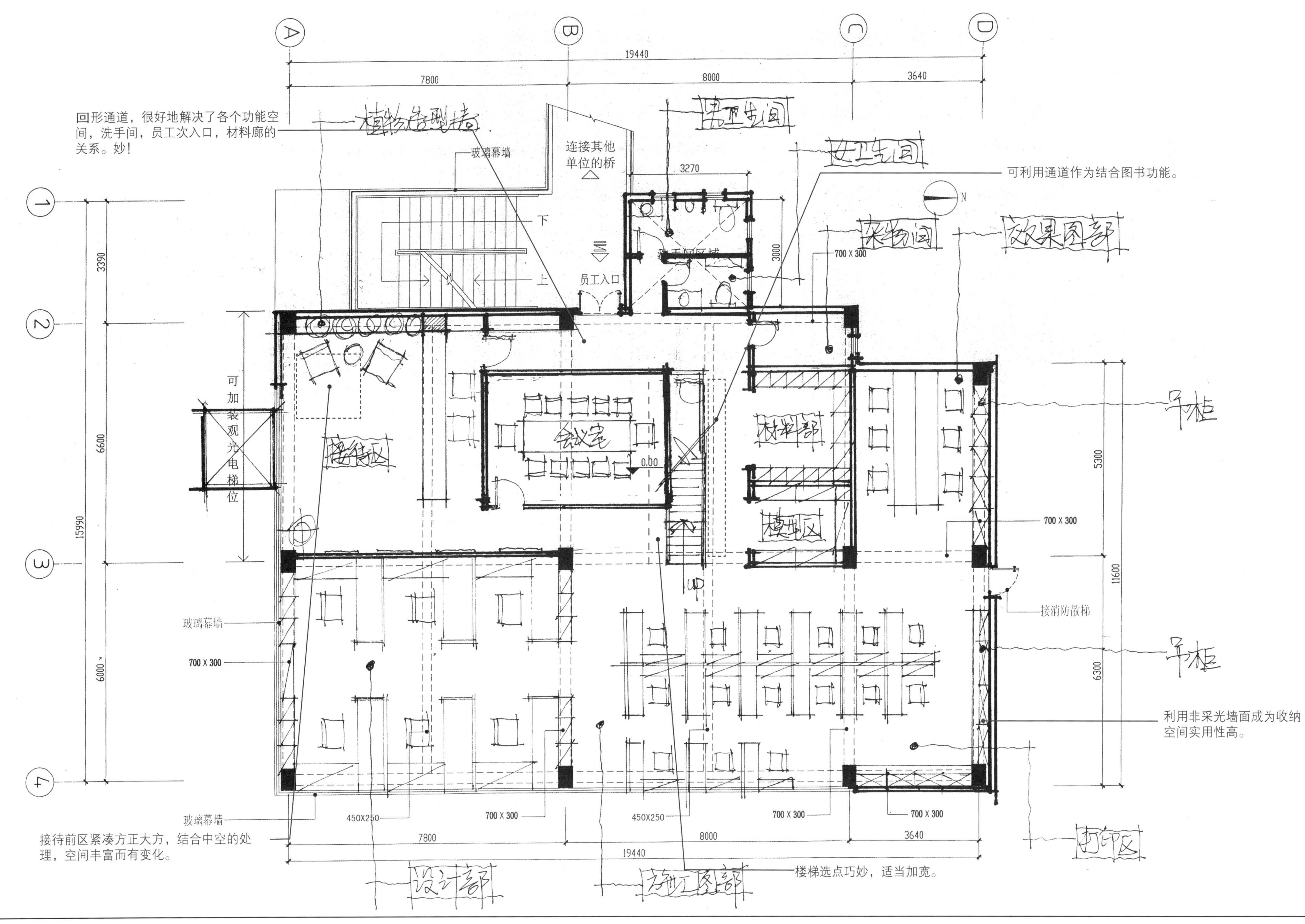

A
B
C
D
1
2
3
4
19440
7800
8000
3640
3270
3000
3390
6600
15990
6000
5300
11600
6300
回形通道，很好地解决了各个功能空间，洗手间，员工次入口，材料廊的关系。妙！
植物造型墙
男卫生间
女卫生间
玻璃幕墙
连接其他单位的桥
可利用通道作为结合图书功能。
下
上
员工入口
700 X 300
杂物间
效果图部
可加装观光电梯位
接待区
会议室
0.00
材料部
模型区
接消防散梯
玻璃幕墙
700 X 300
利用非采光墙面成为收纳空间实用性高。
玻璃幕墙
450X250
700 X 300
450X250
700 X 300
700 X 300
打印区
接待前区紧凑方正大方，结合中空的处理，空间丰富而有变化。
楼梯选点巧妙，适当加宽。
设计部
施工图部

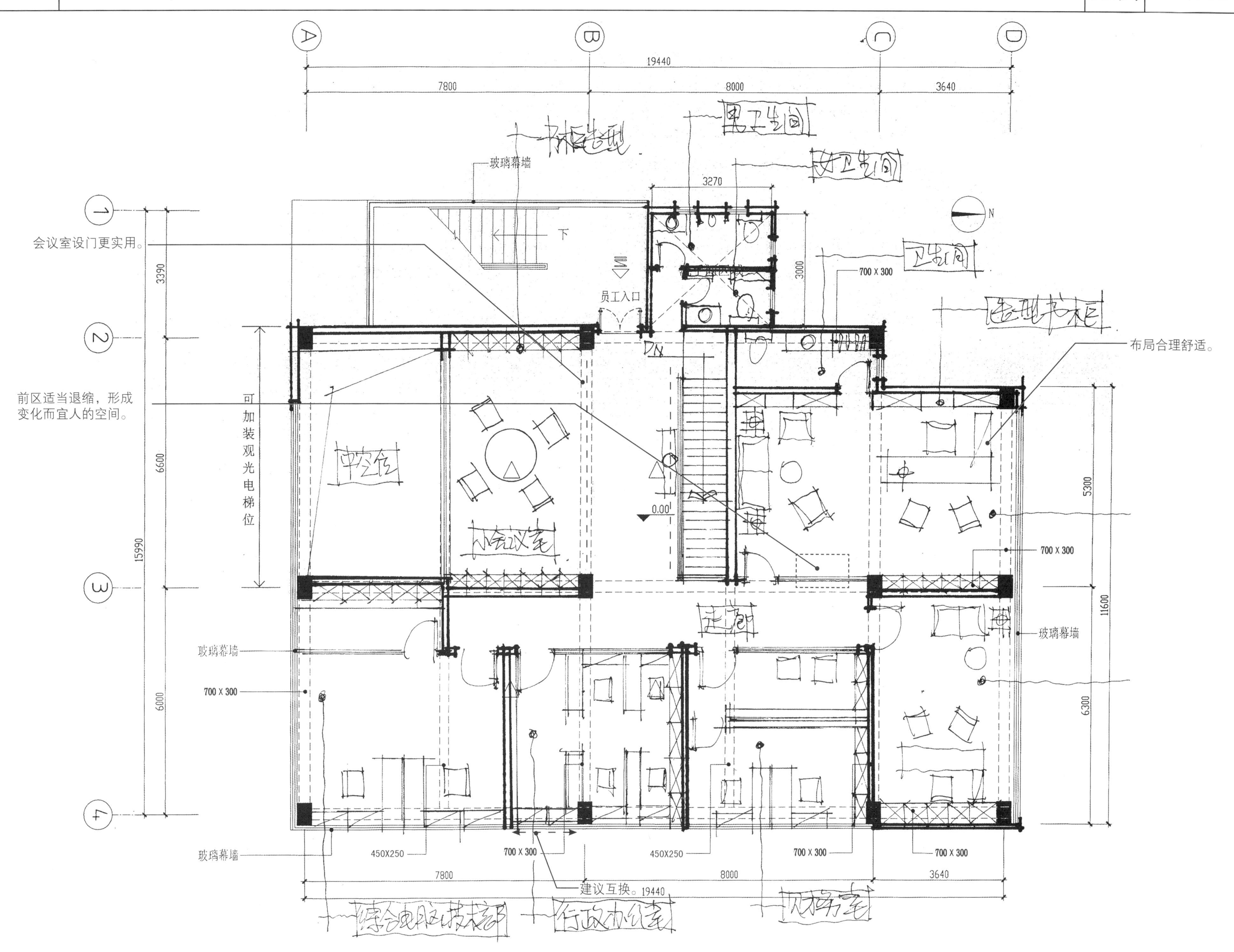
19440
7800
8000
3640
玻璃幕墙
3270
会议室设门更实用。
员工入口
3390
3000
700 X 300
布局合理舒适。
前区适当退缩，形成
变化而宜人的空间。
可加装观光电梯位
6600
15990
0.00
5300
700 X 300
11600
玻璃幕墙
玻璃幕墙
700 X 300
6000
6300
玻璃幕墙
450X250
700 X 300
450X250
700 X 300
700 X 300
7800
建议互换。
8000
3640
19440

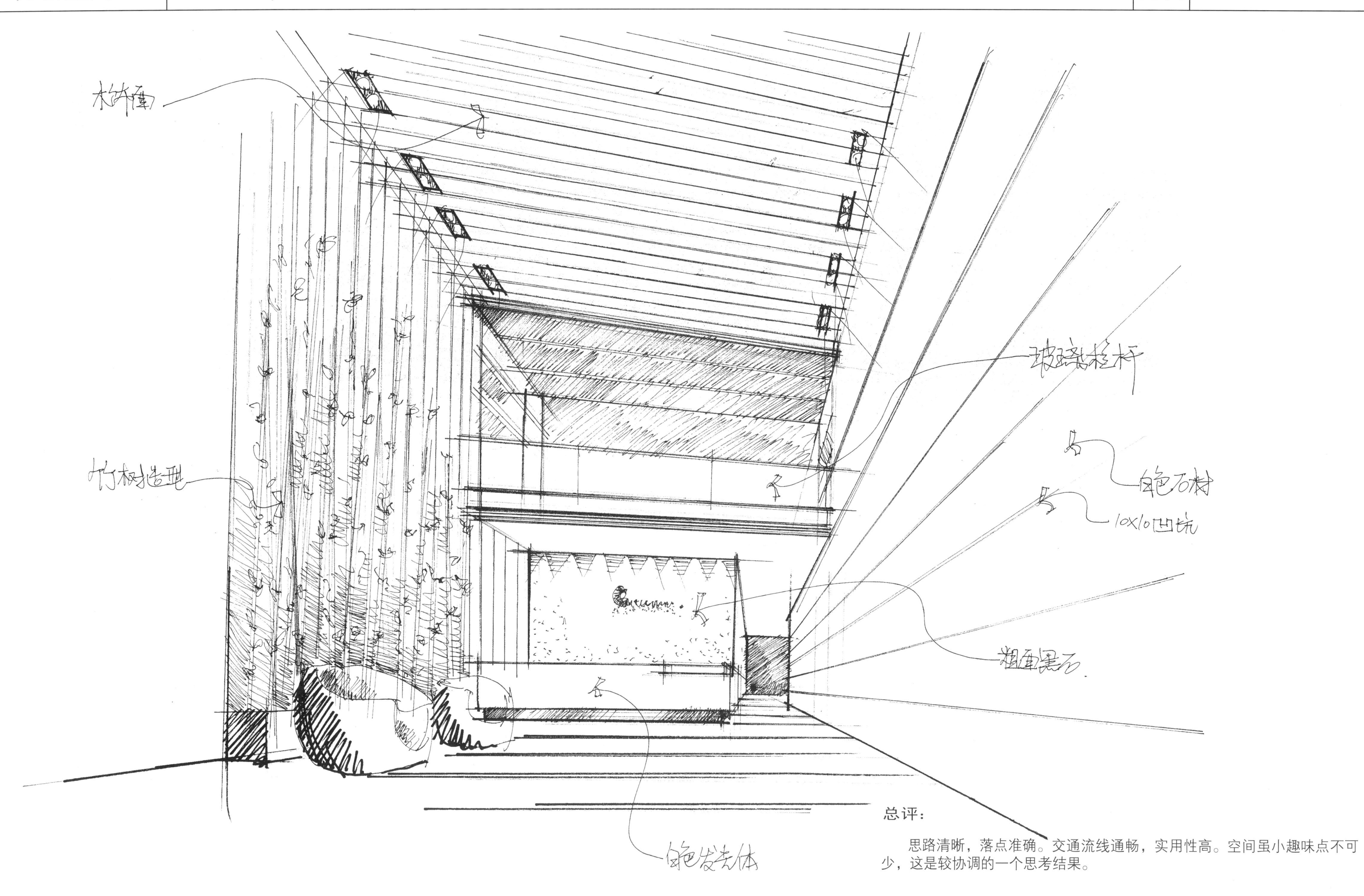

总评：

思路清晰，落点准确。交通流线通畅，实用性高。空间虽小趣味点不可少，这是较协调的一个思考结果。

思考方式3

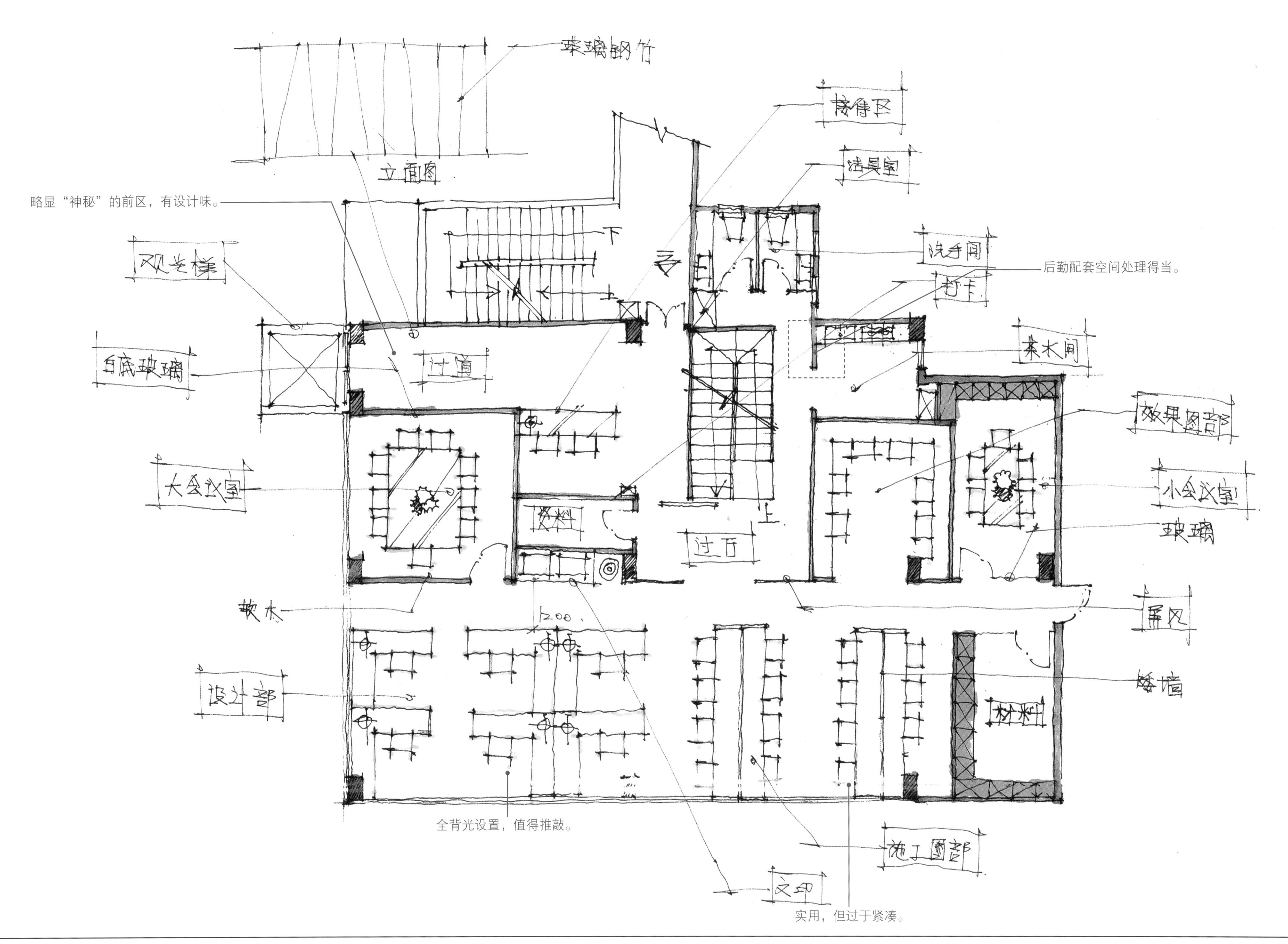
立面图
略显"神秘"的前区，有设计味。
观光梯
白底玻璃
过道
大会议室
资料
过厅
接待区
洁具室
洗手间
后勤配套空间处理得当。
打卡
茶水间
效果图部
小会议室
玻璃
屏风
隔墙
材料
设计部
施工图部
文印
全背光设置，值得推敲。
实用，但过于紧凑。

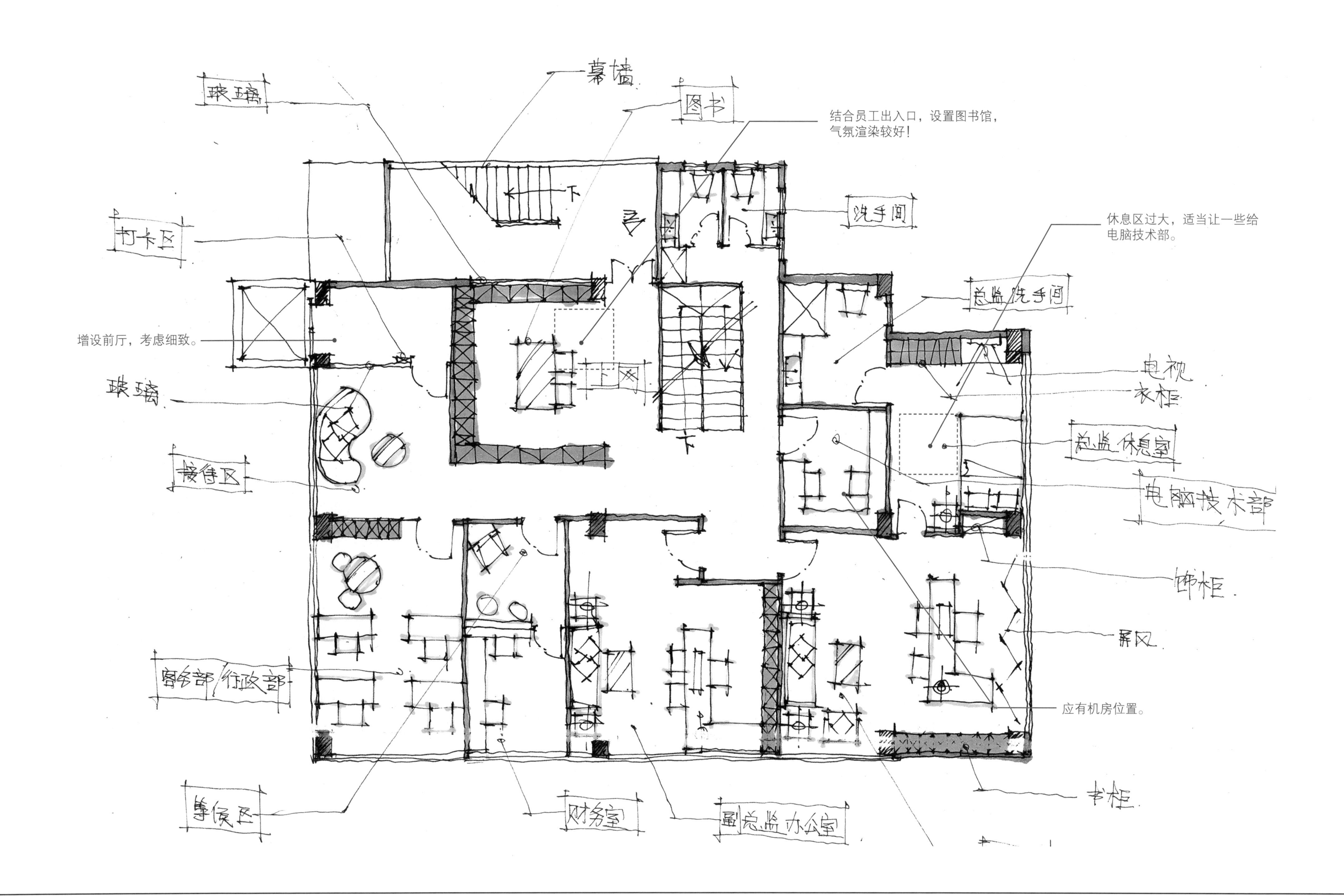
幕墙
玻璃
图书
结合员工出入口，设置图书馆，
气氛渲染较好！
洗手间
打卡区
休息区过大，适当让一些给
电脑技术部。
总监洗手间
增设前厅，考虑细致。
电视
玻璃
衣柜
总监休息室
接待区
电脑技术部
饰柜
屏风
商务部 行政部
应有机房位置。
等候区
财务室
副总监办公室
书柜

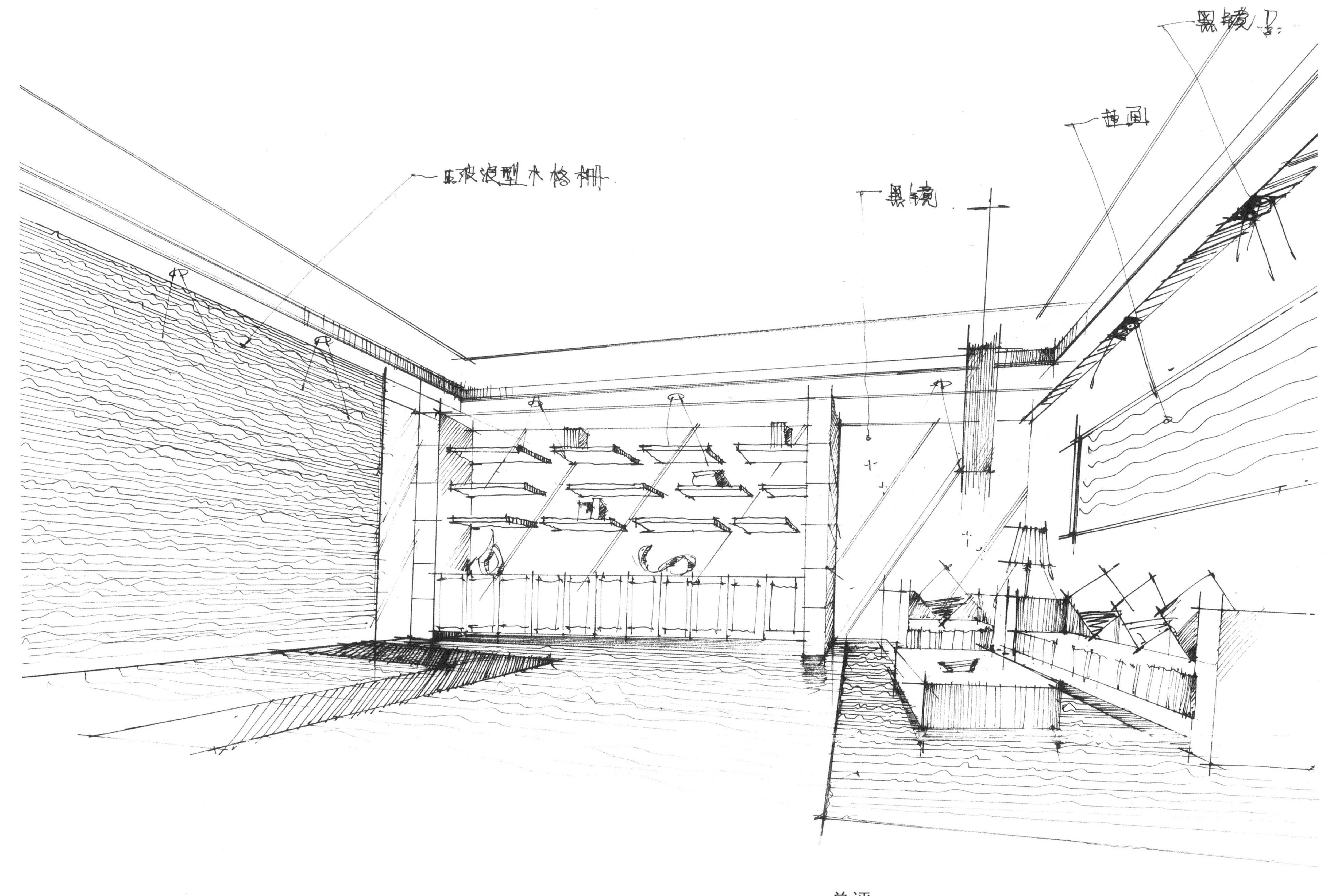

总评：

布局思维有想法，把握也算到位，细节空间富“设计味”。

思考方式4

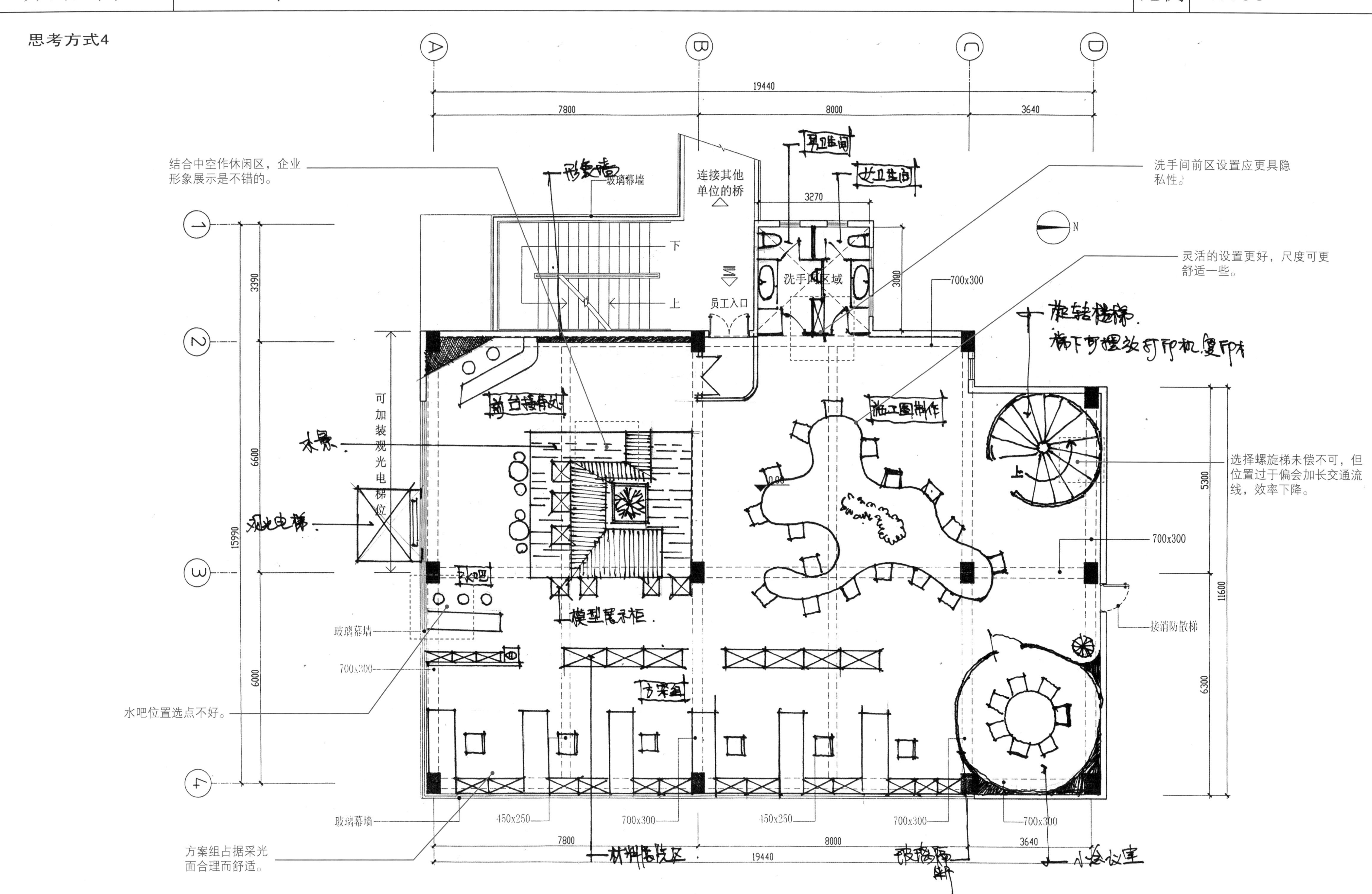

结合中空作休闲区，企业形象展示是不错的。
洗手间前区设置应更具隐私性。
灵活的设置更好，尺度可更舒适一些。
选择螺旋梯未偿不可，但位置过于偏会加长交通流线，效率下降。
水吧位置选点不好。
方案组占据采光面合理而舒适。
19440
7800
8000
3640
3270
3390
6600
6000
15990
5300
6300
11600
玻璃幕墙
连接其他单位的桥
男卫生间
女卫生间
洗手间区域
员工入口
下
上
700x300
450x250
可加装观光电梯位
观光电梯
接消防散梯

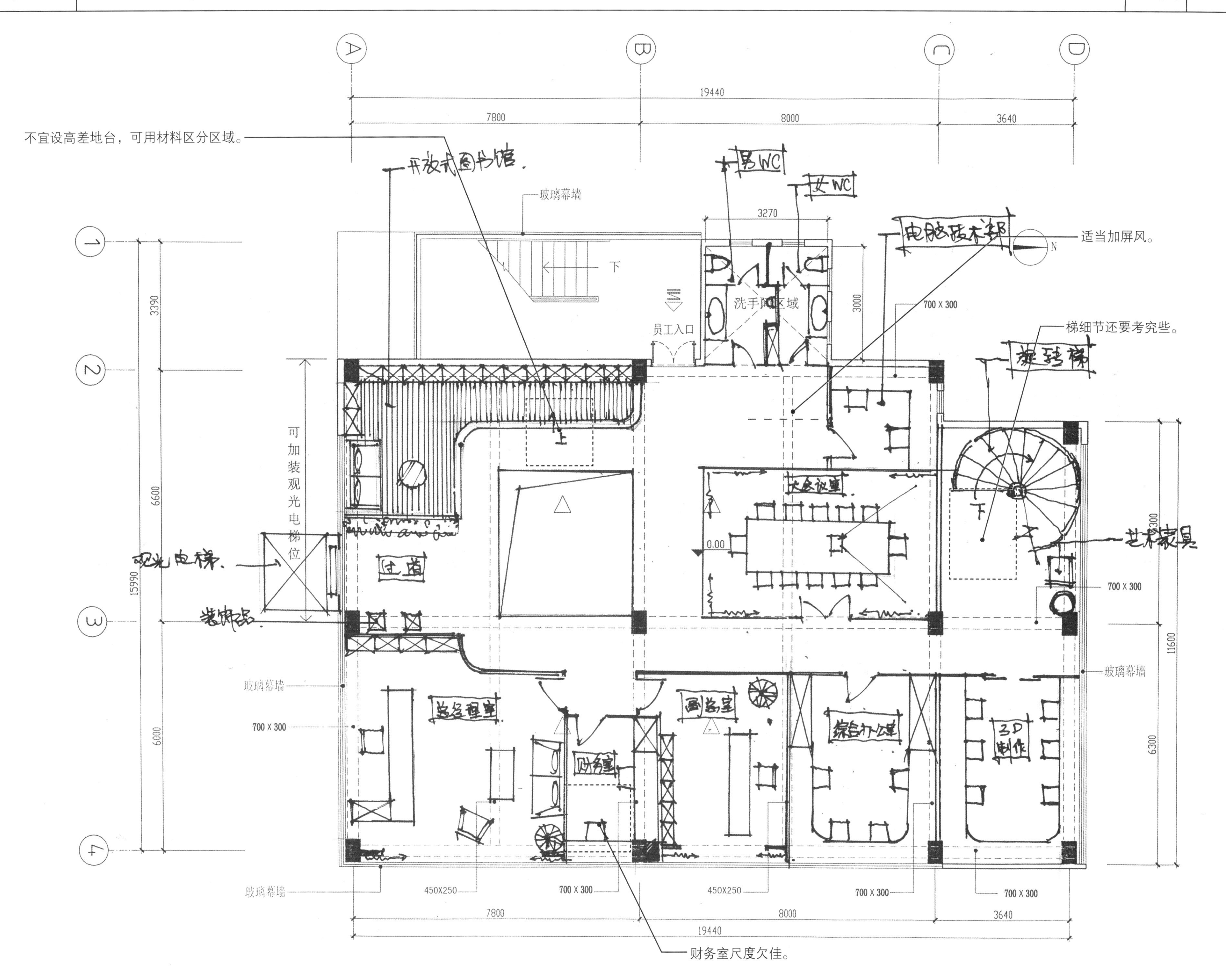
不宜设高差地台，可用材料区分区域。
玻璃幕墙
员工入口
洗手间区域
适当加屏风。
梯细节还要考究些。
可加装观光电梯位
财务室尺度欠佳。
19440
7800
8000
3640
3270
3000
3390
6600
6000
15990
11600
6300
700 X 300
450X250
0.00

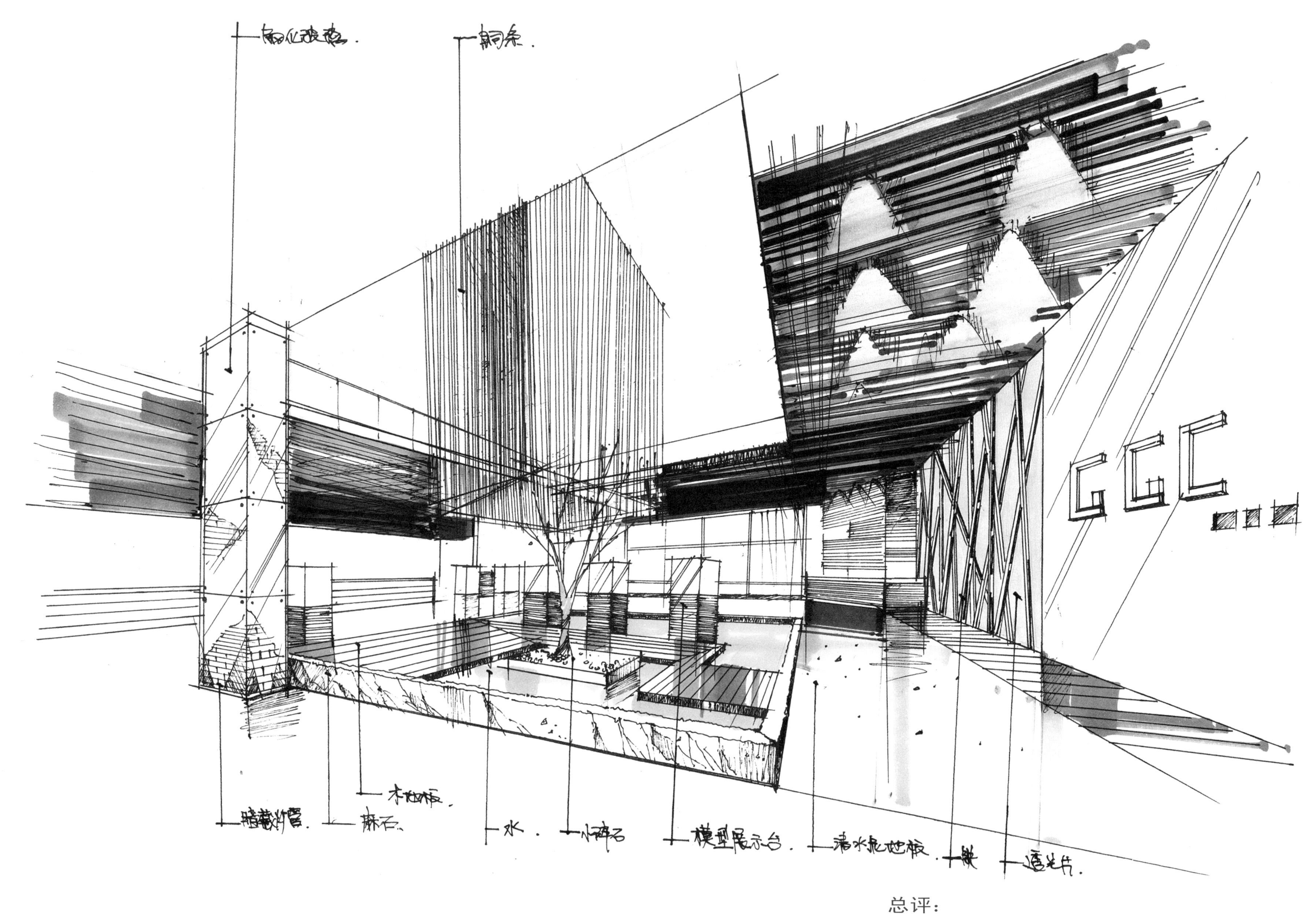

总评：

过分注重形象的塑造，造成使用率偏低，办公区域局部过于紧凑，舒适度下降。

思考方式5

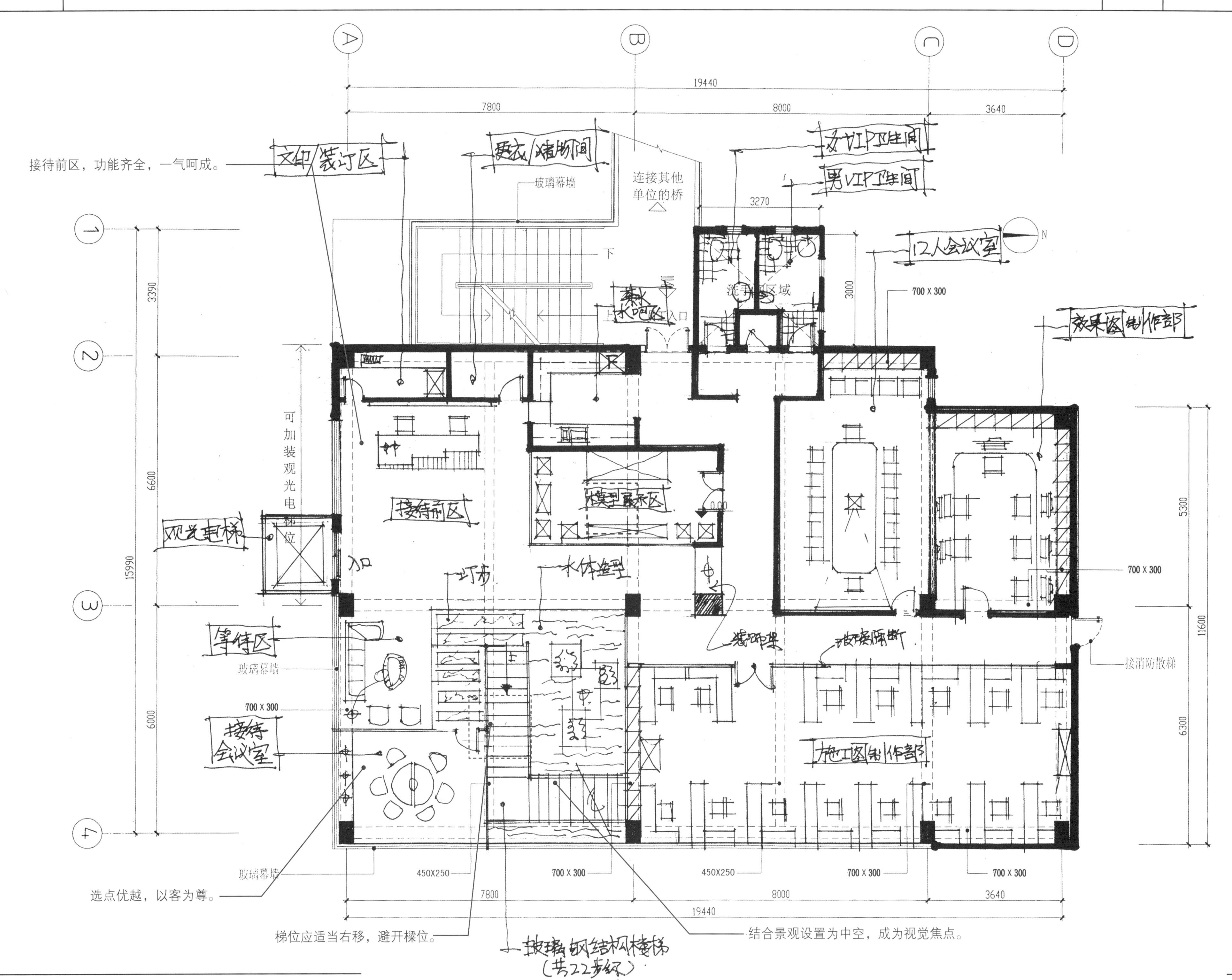
接待前区，功能齐全，一气呵成。
选点优越，以客为尊。
梯位应适当右移，避开梁位。
结合景观设置为中空，成为视觉焦点。
连接其他单位的桥
玻璃幕墙
可加装观光电梯位
接消防散梯
19440
7800
8000
3640
3270
3390
6600
6000
15990
3000
5300
11600
6300
700 X 300
450X250

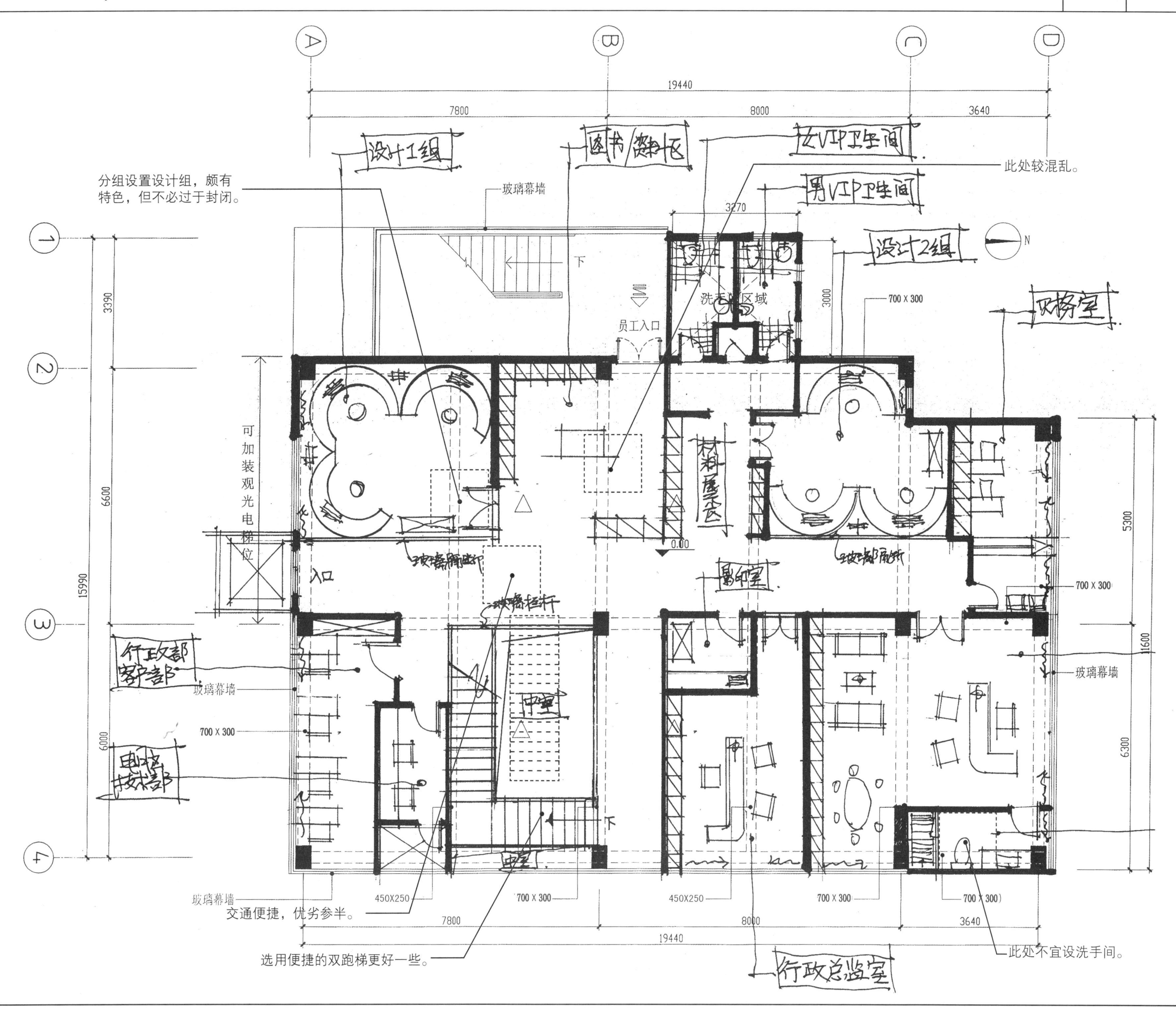
分组设置设计组，颇有特色，但不必过于封闭。
此处较混乱。
交通便捷，优劣参半。
选用便捷的双跑梯更好一些。
此处不宜设洗手间。
设计1组
图书/资料区
女VIP卫生间
男VIP卫生间
设计2组
财务室
行政部
客户部
电控
技术部
材料展示区
影印室
中庭
行政总监室
玻璃幕墙
员工入口
洗手区域
入口
可加装观光电梯位
700 X 300
450X250
19440
7800
8000
3640
3270
3390
6600
6000
15990
5300
11600
6300
3000

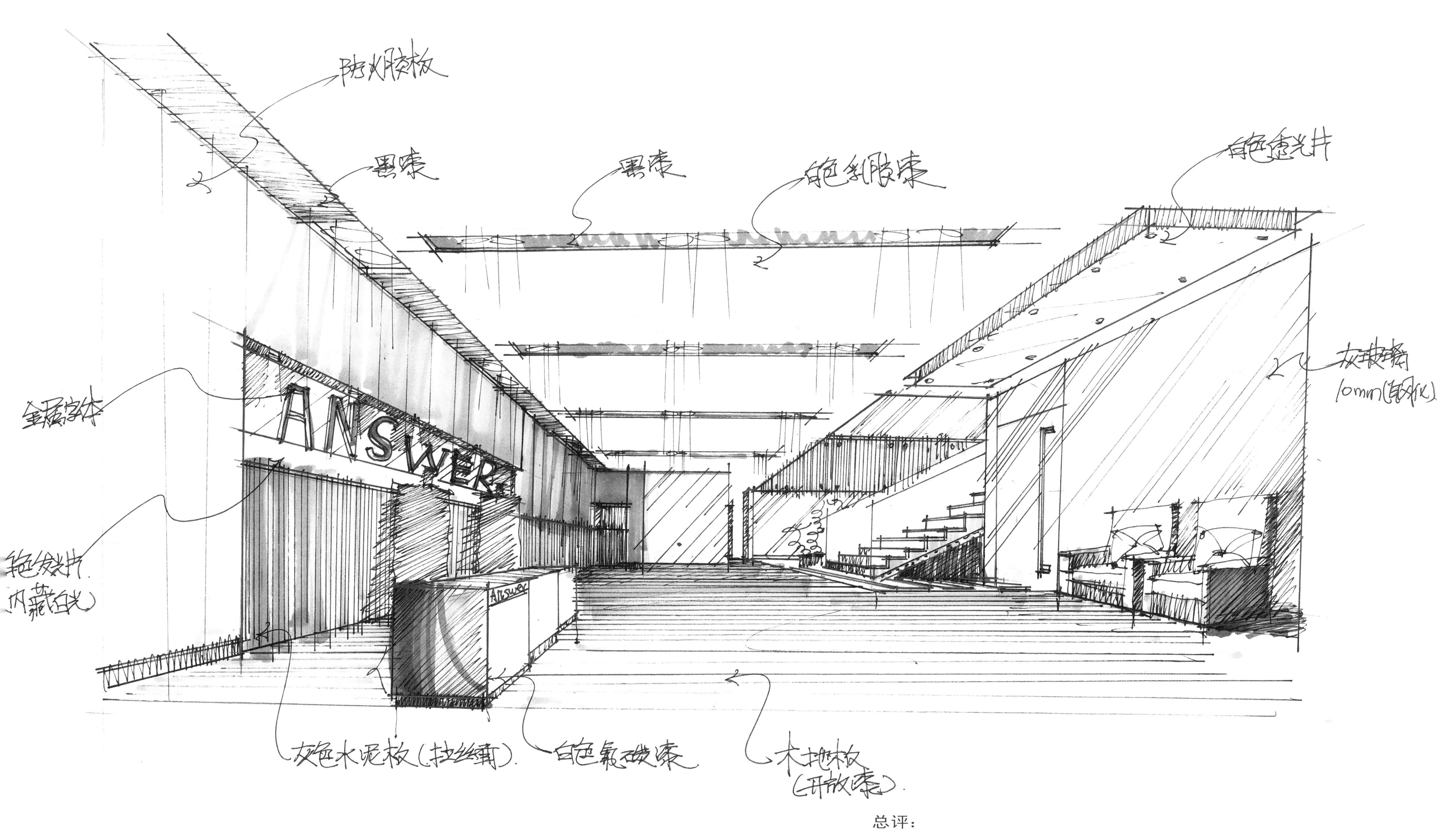

总评：

注重形象的塑造，景观性的交通梯运用得当，功能分区合理，自然流畅。

办公大楼首层大堂区域设计（测试题）

建议测试时间：8小时

试题说明

一、基本条件

（1）某知名发展商开发的22层高的甲级办公大楼（总平面见附图）。
（2）首层高5.1m，二层高4.5m，梁高800mm。
（3）部分位置考虑机电布置，预留顶棚高度约1300mm（见剖面图）。

二、整体定位

主楼外观设计为现代风格，室内设计要求稳重、高档，适应高端客户，贯彻“以人为本”的设计原则，选材要考虑日后维护的便捷性，可考虑以石材类（包括天然石、人造石、砖）、再造木、金属板等耐候性较好的材料为主。

三、功能要求，包括以下基本功能：

1.接待区：
A.接待台：考虑2名接待员（管理员）使用，设计形式不限，考虑有电脑、电话、收纳等使用功能。
B.保安值班室一间（约6㎡）。
C.日常用品储贮区域（约6㎡）。
D.适当位置考虑大楼客户铭牌（俗称“水牌”）的墙面。
E.考虑大楼的标志及名称张挂墙面（暂名为“创新大厦”）。

2.休息等候区：
沙发摆设形式和数量不限，结合适当的杂志阅读、艺术品陈列等考虑。

3.休闲咖啡、饮品区：
A.小型制作、售卖区：可用吧台形式，前售后加工的形式（半成品，物流式供应再加工销售，现场不设厨房），有给排水需要，建议接近洗手间区域。
B.5组左右的台椅（形式不限）。

4.洗手间区域：男女洗手间分别由南北入口进入（可北男南女或北女南男），南向入口要注意与大堂连接时的视线干扰问题，要求表达平面的细节（干手器、手纸盒、洗手液等）：
A.男洗手间：2厕（一坐一蹲），3个小便斗，2个洗手盆。
B.女洗手间：3厕（一坐两蹲），2个洗手盆。
C.清洁用品储放室，约0.6㎡。

四、成本控制

硬装修约为4000元/㎡（不含机电及活动家具）。

五、评分标准/程序/时间

评分标准：本次分数由两部分组成（满分100分）：
A.方案创意及表达能力（指图纸表达）——占总分数75%，绘制在提供的图纸上。（共4张A3图纸），其中要绘图的3张。可用徒手的形式表达（亦可用规尺），黑白即可。
设计提交的图纸内容、要求及比例如下：

序号	图纸内容	规格及比例	占该部分比例	备注
1	平面图（详细标注各功能区域及必要说明），适当表达地面拼法	1:300	45%	该部分满分75分
2	剖面图（表达主要用材、造法和尺寸）	1:150	20%	
3	效果图+设计说明（200字）	角度自选	35%	

B.方案推销能力（指口述表达）——占总分数25%。

序号	表达方面	占该部分比例	备注
1	语言表达能力	40%	
2	推销条例能力	40%	
3	应变能力	20%	

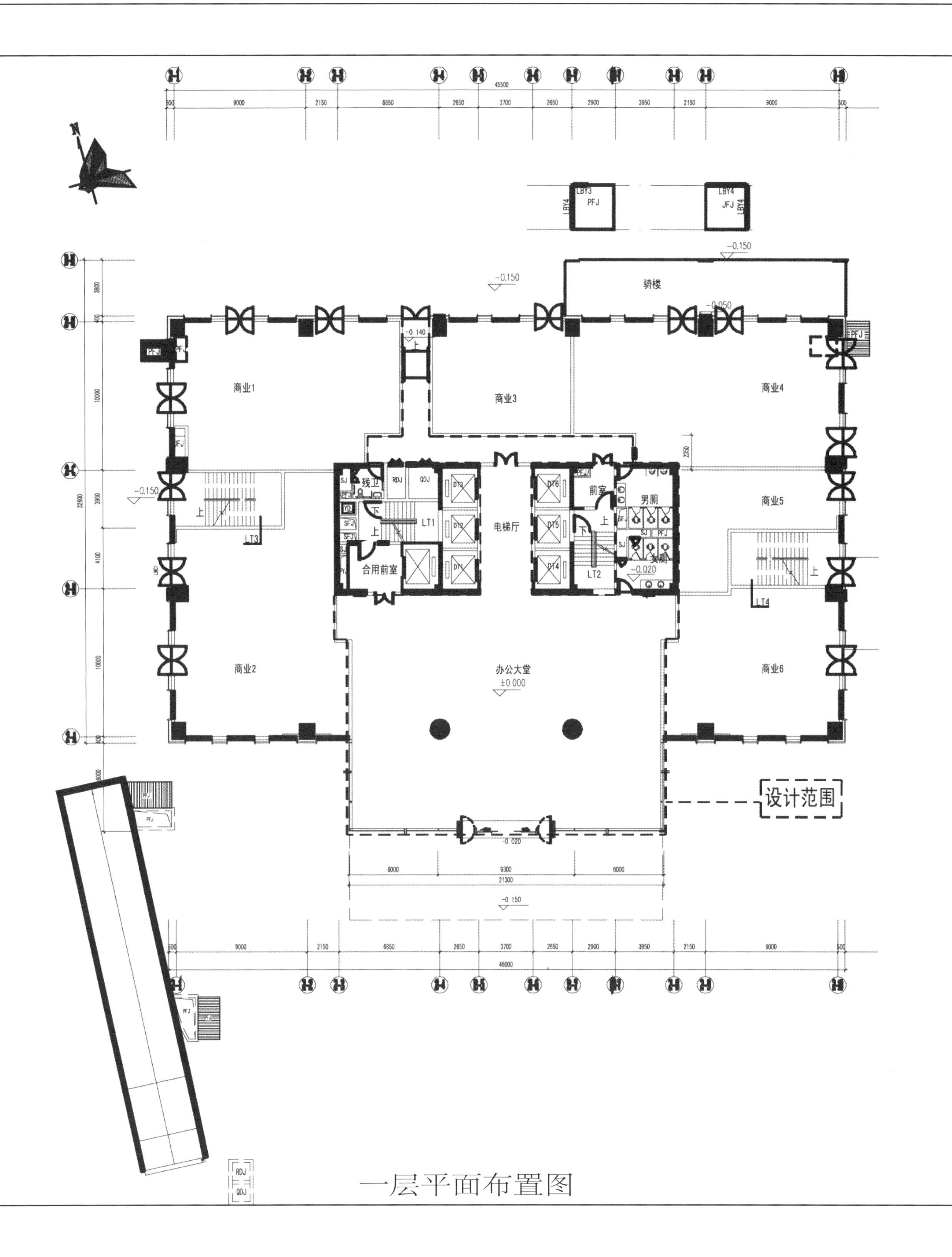

一层平面布置图

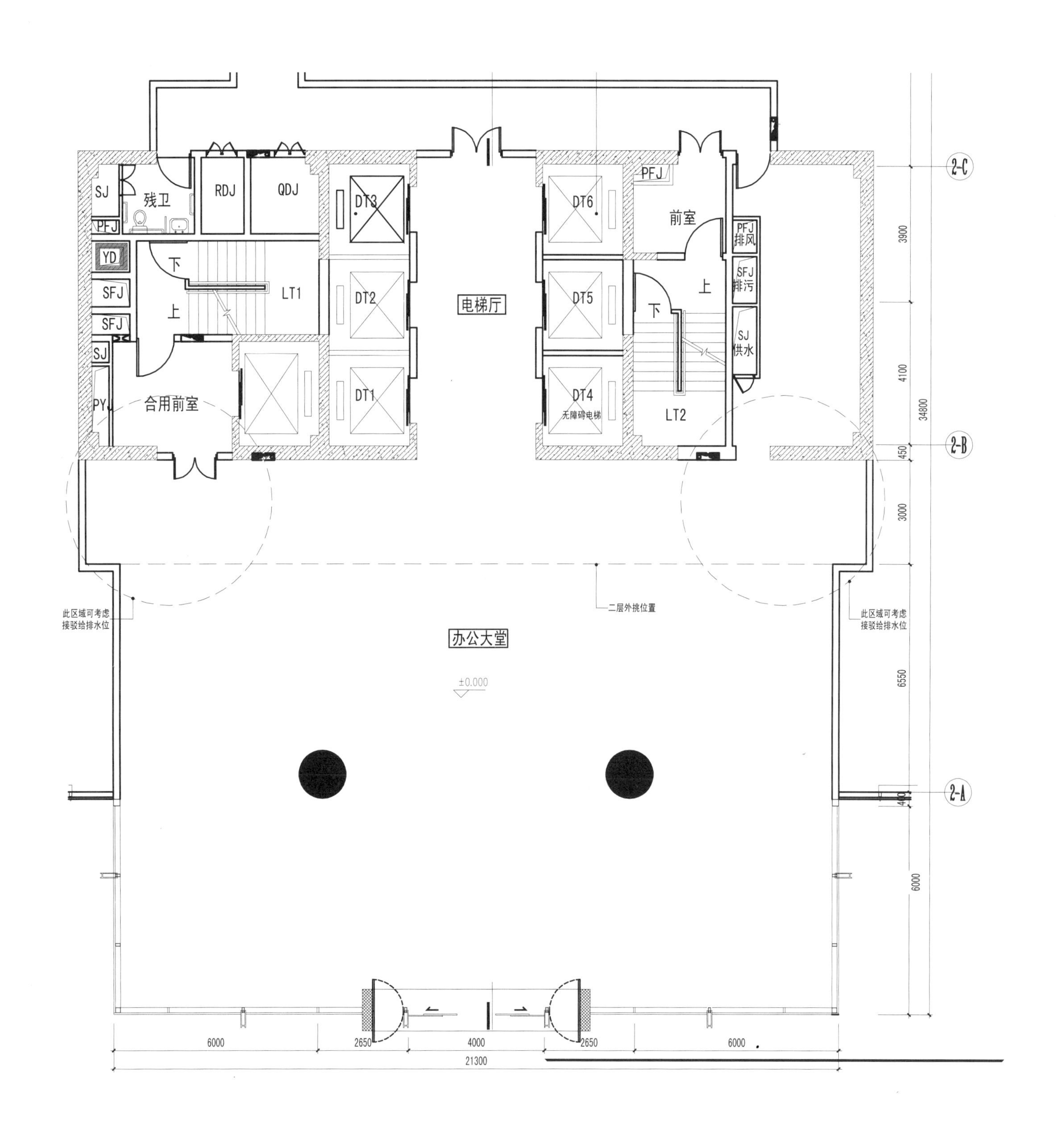
SJ
残卫
RDJ
QDJ
PFJ
YD
SFJ
SFJ
SJ
PYJ
下
上
LT1
合用前室
DT3
DT2
DT1
电梯厅
DT6
DT5
DT4
无障碍电梯
PFJ
前室
上
下
LT2
PFJ
排风
SFJ
排污
SJ
供水
2-C
2-B
2-A
此区域可考虑
接驳给排水位
二层外挑位置
办公大堂
±0.000
3900
4100
34800
450
3000
6550
6000
6000
2650
4000
2650
6000
21300

平面布置图

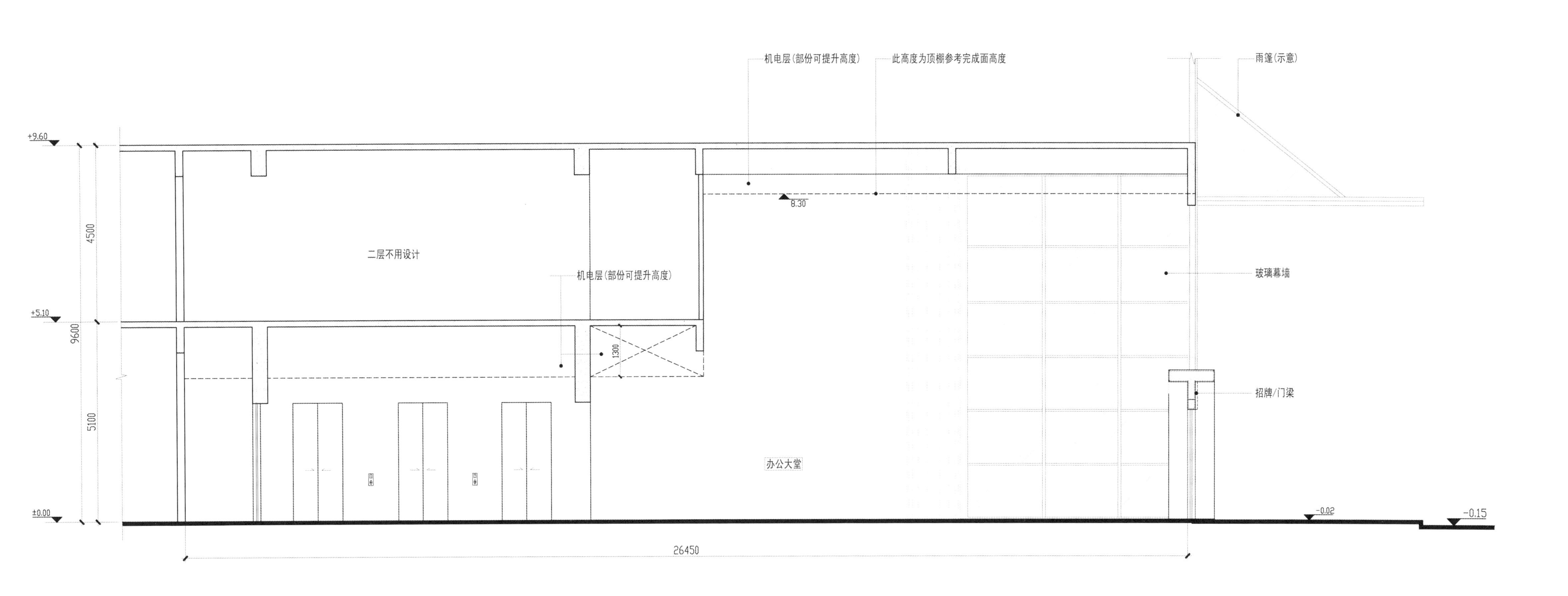

机电层(部份可提升高度)
此高度为顶棚参考完成面高度
雨篷(示意)
+9.60
4500
二层不用设计
8.30
机电层(部份可提升高度)
玻璃幕墙
+5.10
9600
1300
招牌/门梁
5100
办公大堂
±0.00
-0.02
-0.15
26450

剖面图

思考方式1

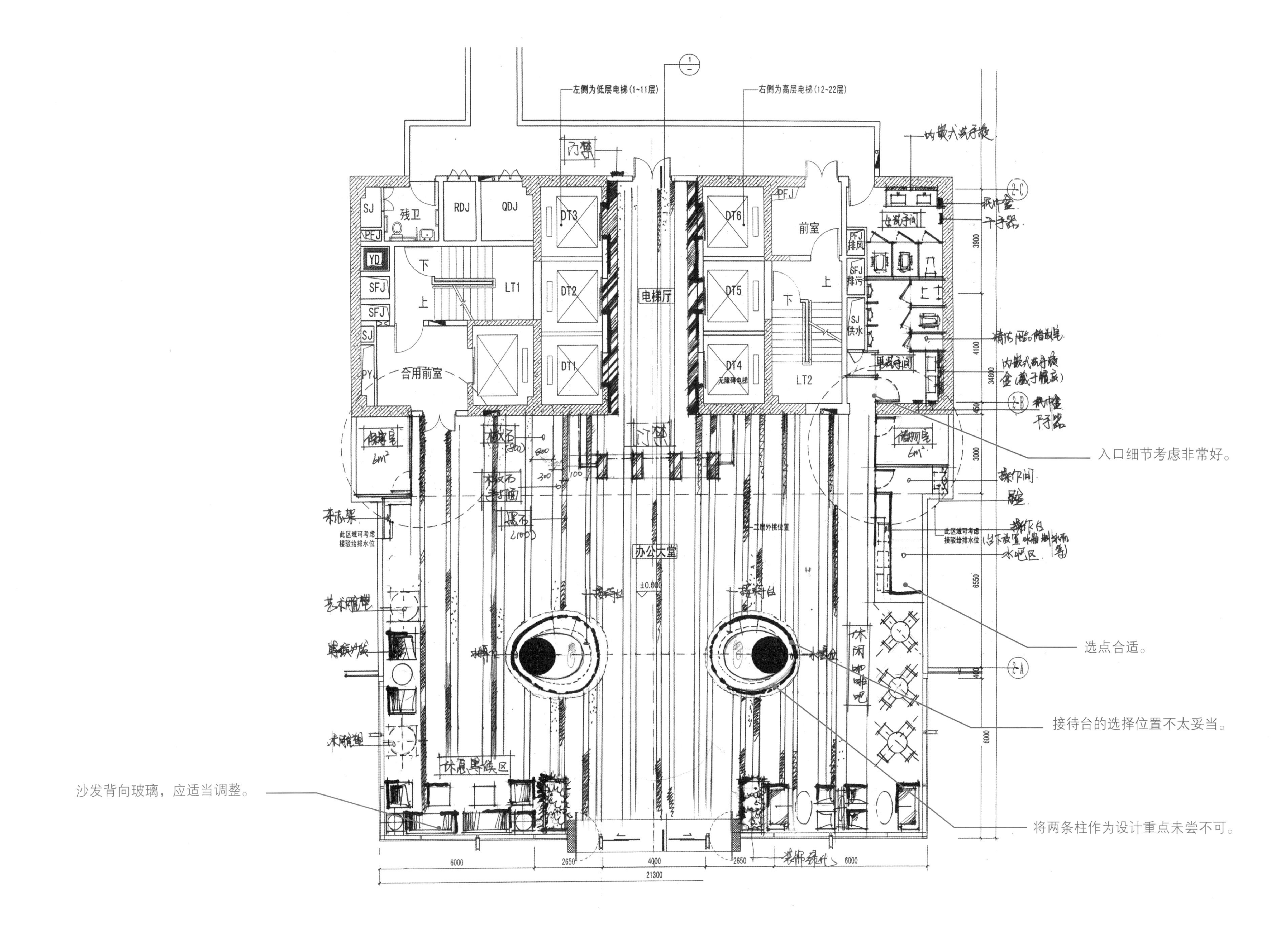
左侧为低层电梯(1~11层)
右侧为高层电梯(12~22层)
电梯厅
办公大堂
合用前室
前室
LT1
LT2
DT1
DT2
DT3
DT4
DT5
DT6
RDJ
QDJ
残卫
入口细节考虑非常好。
选点合适。
接待台的选择位置不太妥当。
将两条柱作为设计重点未尝不可。
沙发背向玻璃，应适当调整。
21300

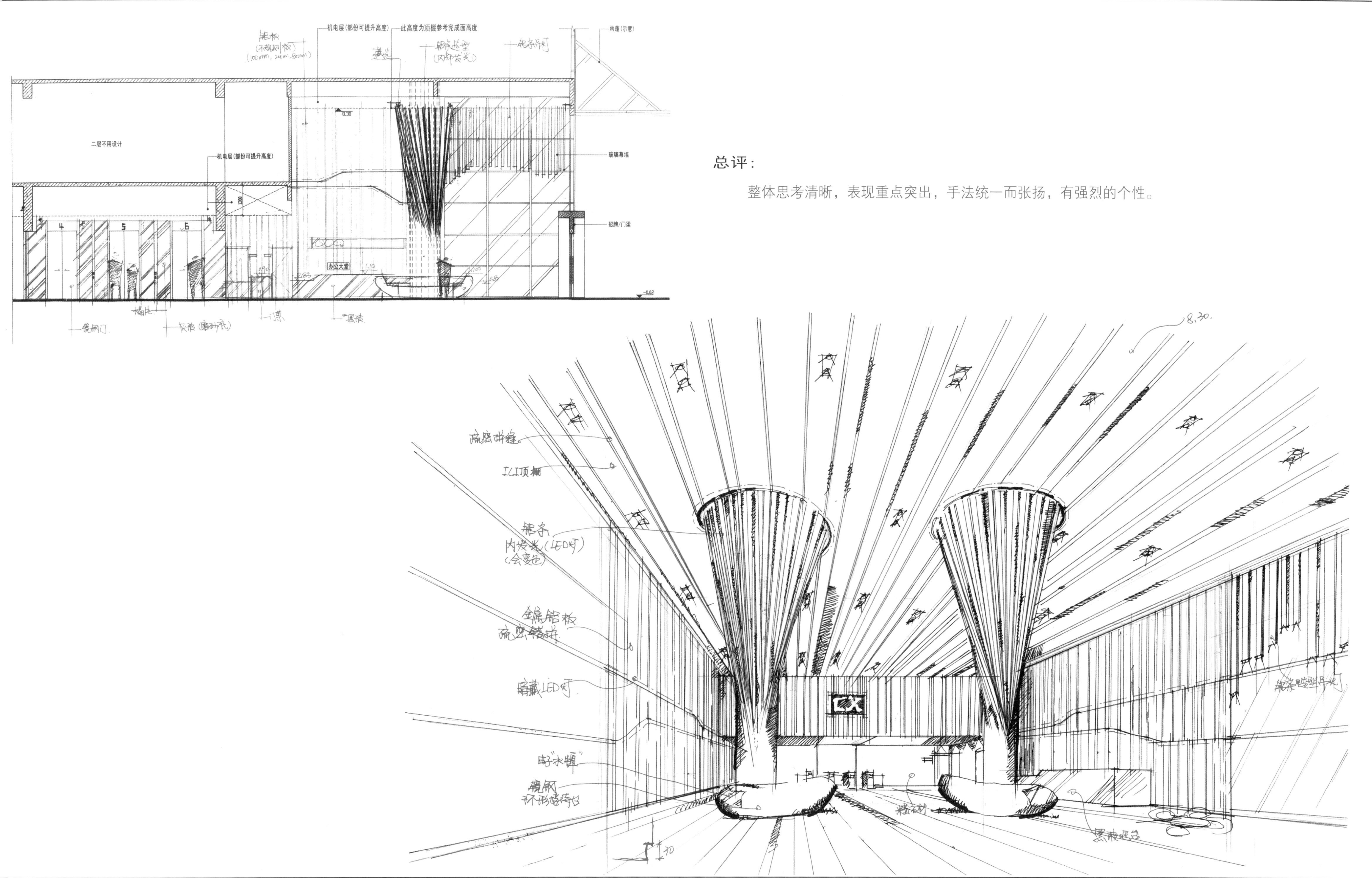

总评：

整体思考清晰，表现重点突出，手法统一而张扬，有强烈的个性。

思考方式2

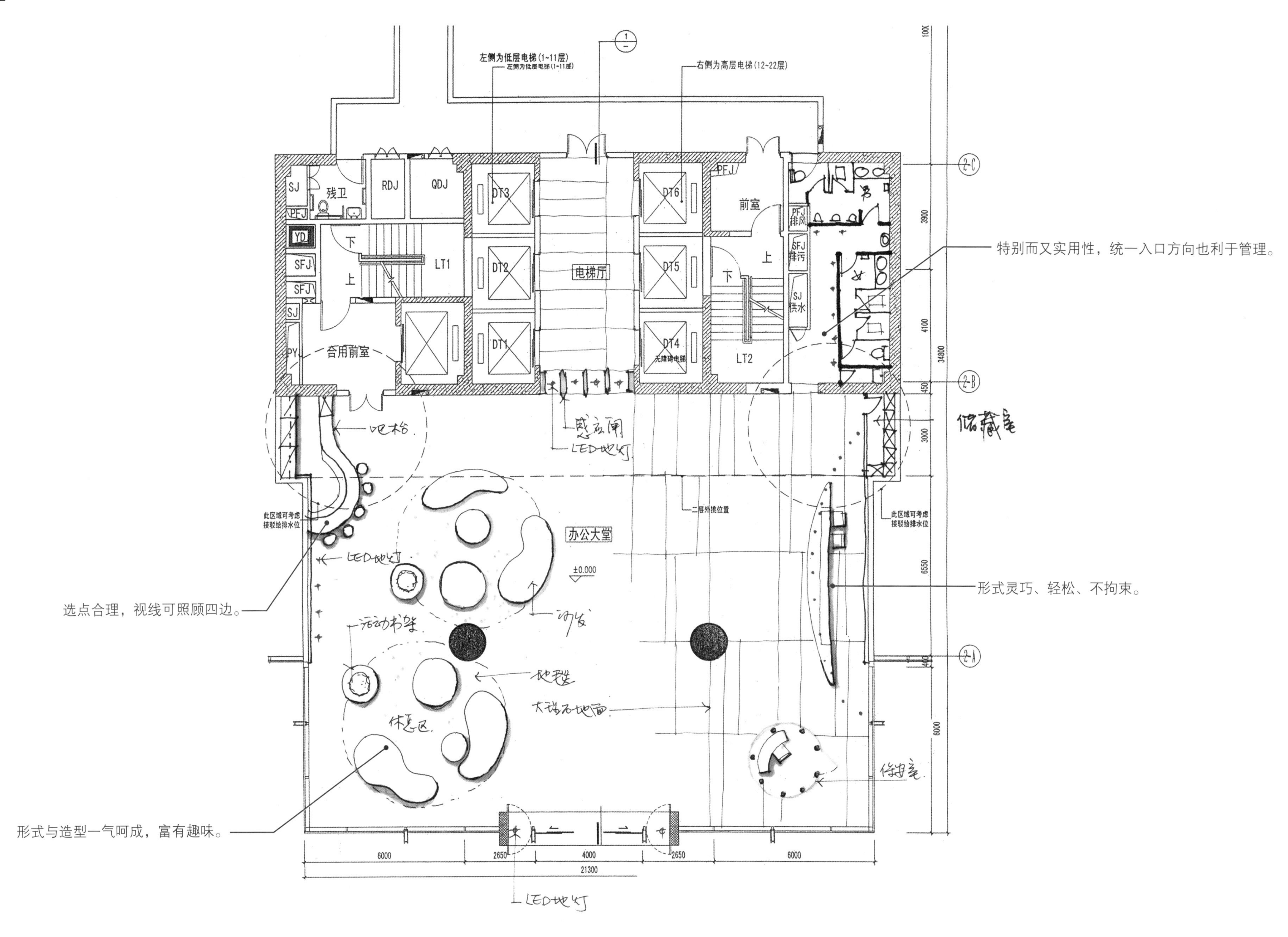

左侧为低层电梯（1~11层）
右侧为高层电梯（12~22层）
特别而又实用性，统一入口方向也利于管理。
电梯厅
前室
合用前室
残卫
办公大堂
选点合理，视线可照顾四边。
形式灵巧、轻松、不拘束。
形式与造型一气呵成，富有趣味。
LED地灯

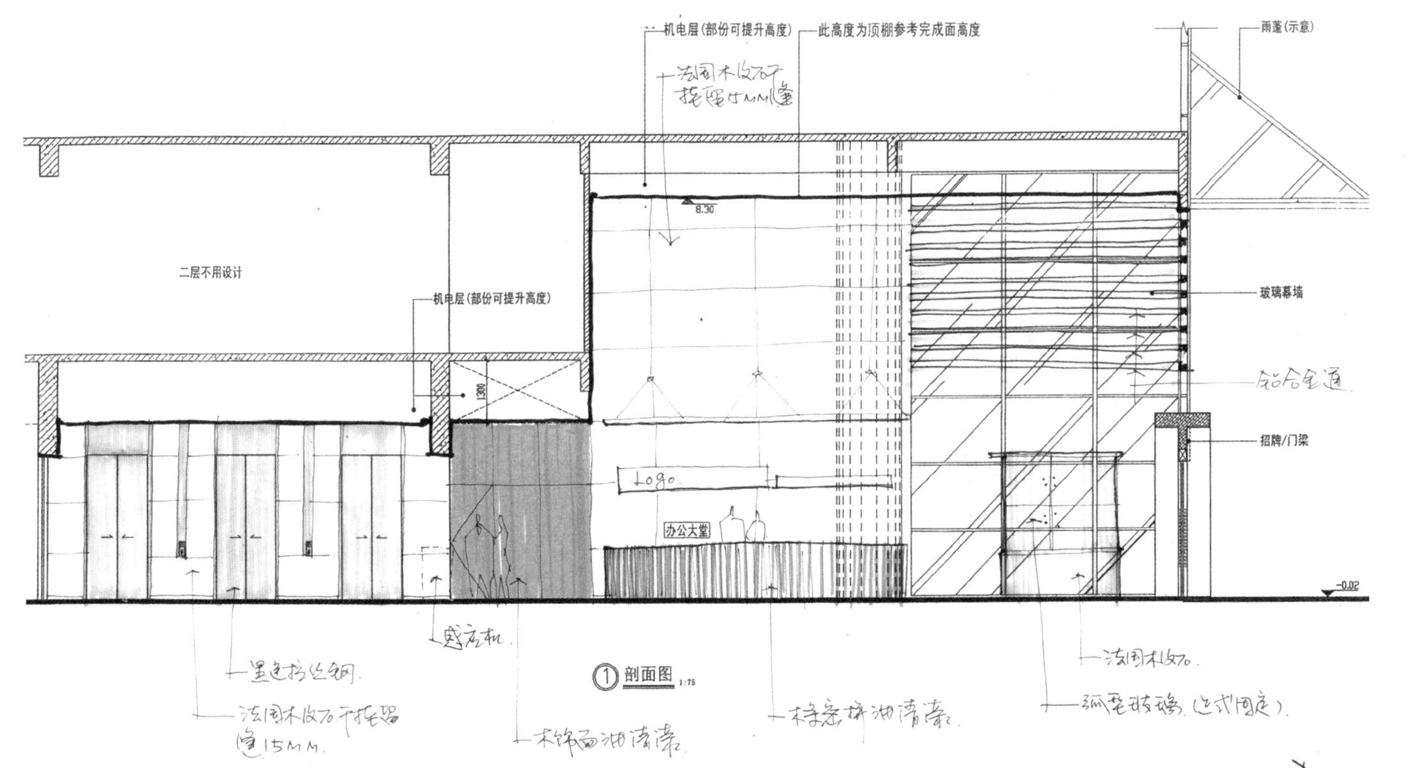

设计说明:

本设计主要表达现代办公室的高度智能化和新潮冷峻的美学特点，采取自由开放的空间布局，使空间更加开阔、宏伟。在材料运用上只选取简单的三种主材，目的是使色调更加统一和谐。在家具摆设上，使用抽象的现代家具，强调家具的形体和韵律感。在立面处理上，主要通过材质的不同比例分割而达到既统一又有节奏变化。

总评:

思维灵活，不拘于传统的手法和观念。布局新颖，材料及造型的运用老到，有相当的冲击力。

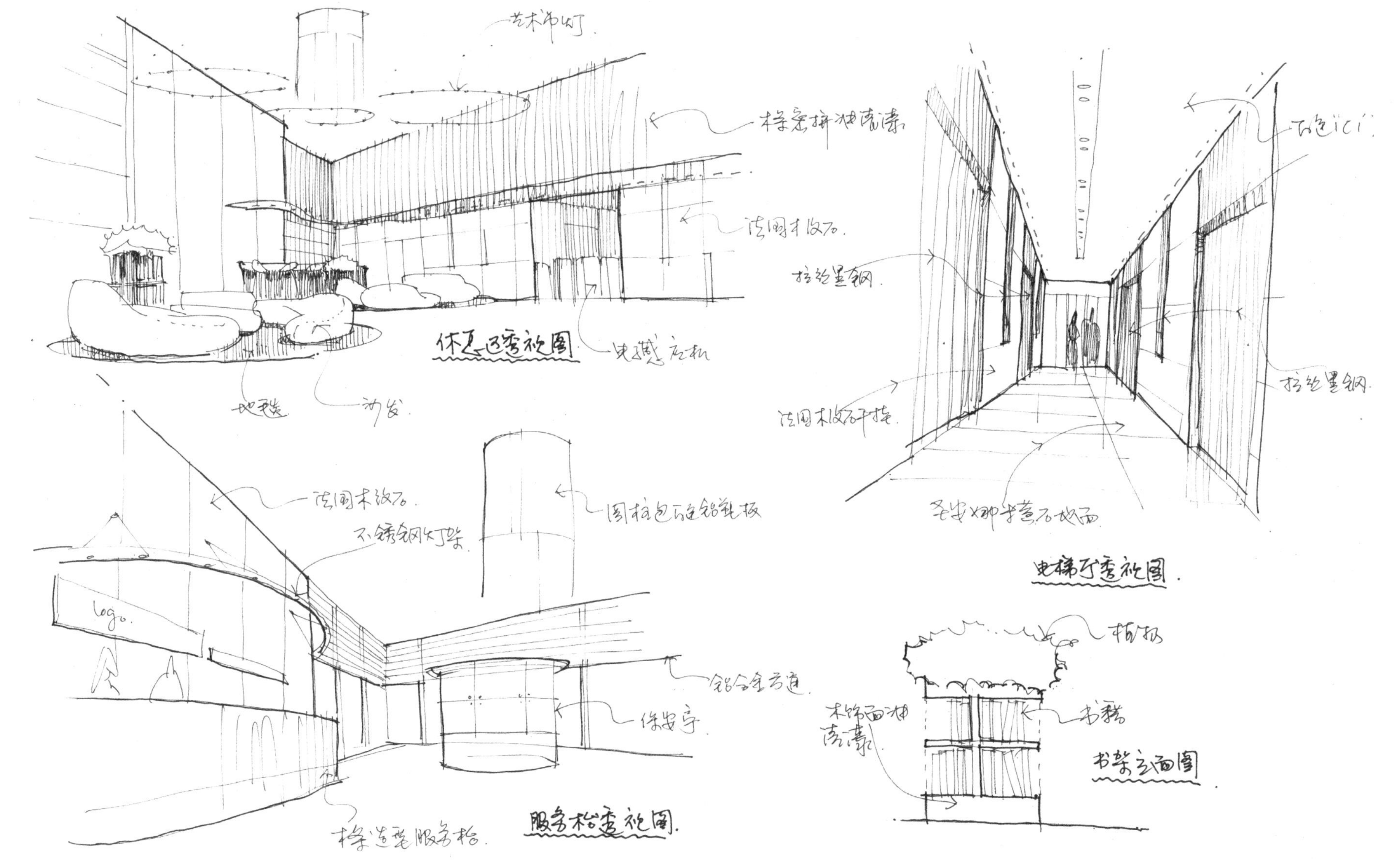

思考方式3

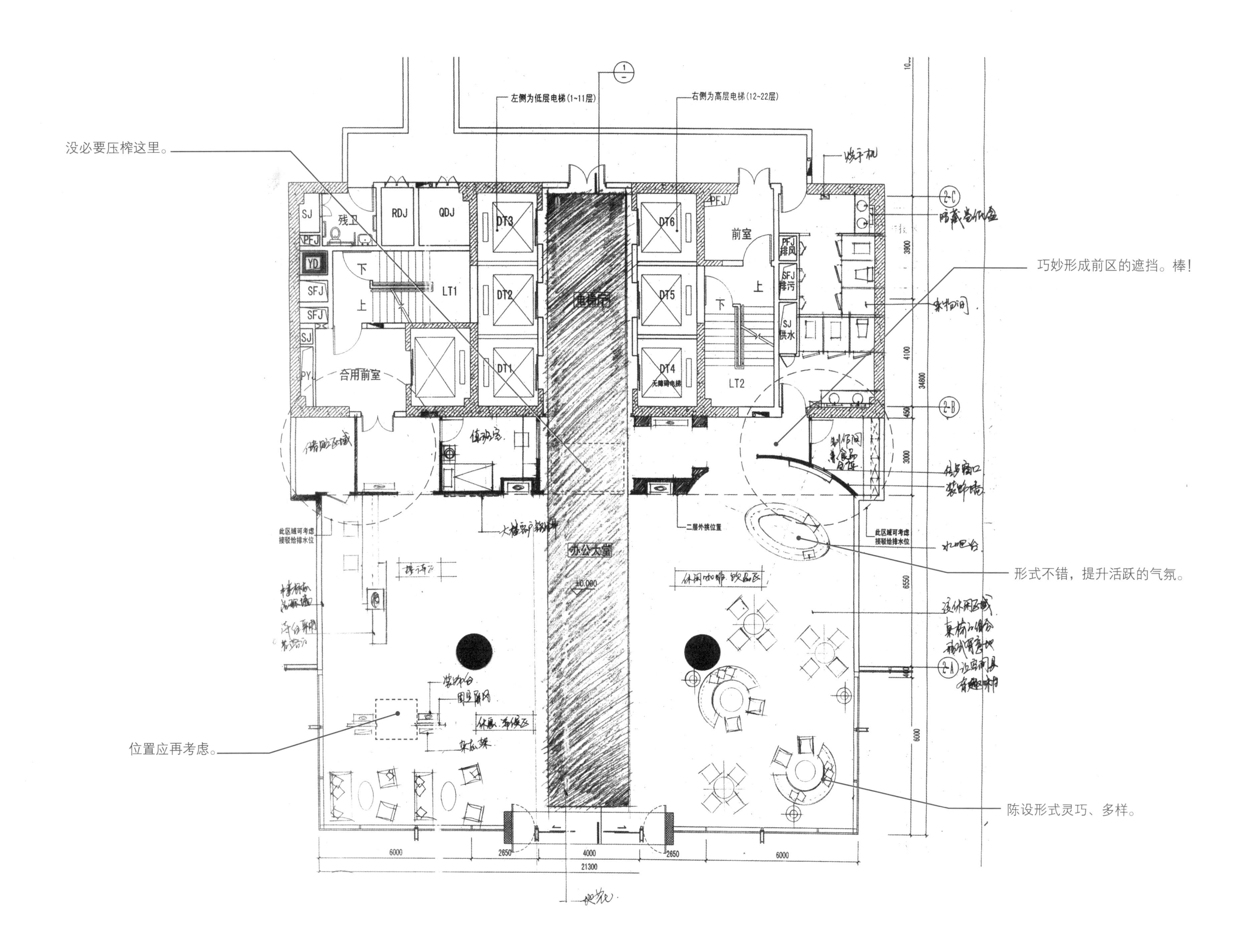
没必要压榨这里。
巧妙形成前区的遮挡。棒!
形式不错，提升活跃的气氛。
位置应再考虑。
陈设形式灵巧、多样。
左侧为低层电梯(1~11层)
右侧为高层电梯(12~22层)
RDJ
QDJ
DT3
DT2
DT1
DT6
DT5
DT4
LT1
LT2
前室
合用前室
电梯厅
办公大堂
二层外挑位置
6000
2850
4000
2850
6000
21300

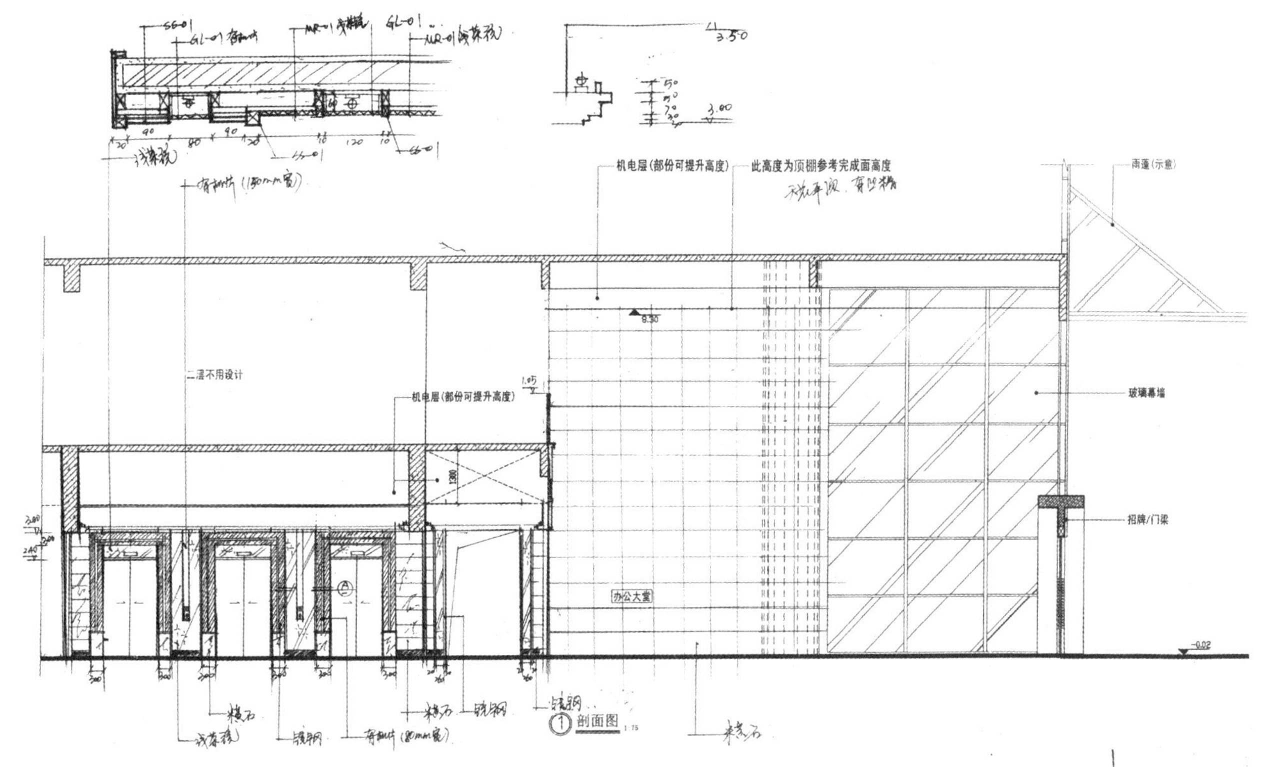

设计说明：

本案在平面布置上通过家具的有趣结合来体现空间的趣味性，同时将地花从入口到电梯间作延伸，使空间与空间之间的联系更强紧密。立面上通过大面积的石材体现空间的大气，小面积的镜面作出空间的点缀。水吧墙的凹凸与大面积的石材形成不同的视觉感受，使空间更加丰富。

总评:

立意清晰、简捷，元素丰富而不乱，庄重中有灵气，规划与空间营造能达到和谐的统一。

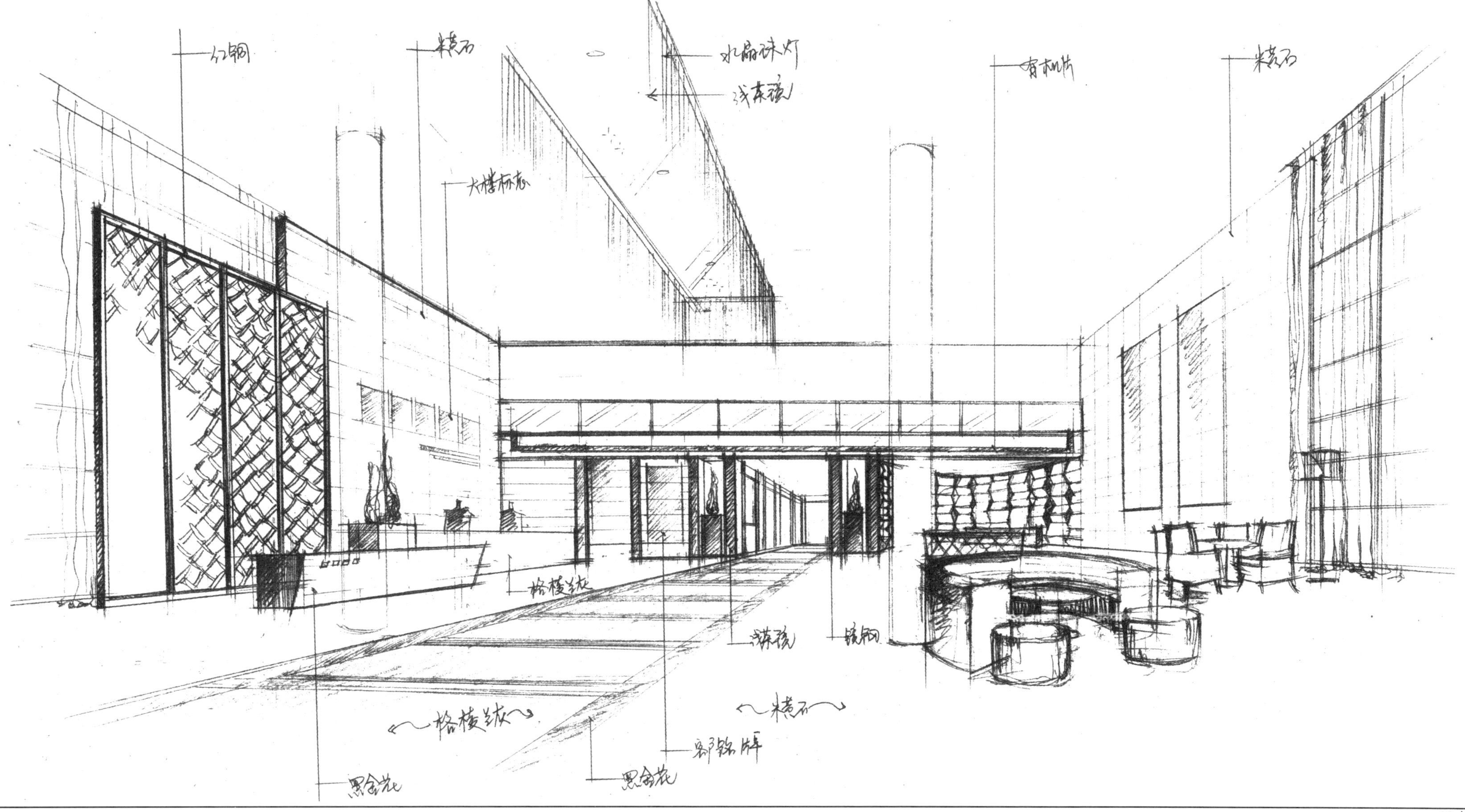

思考方式4

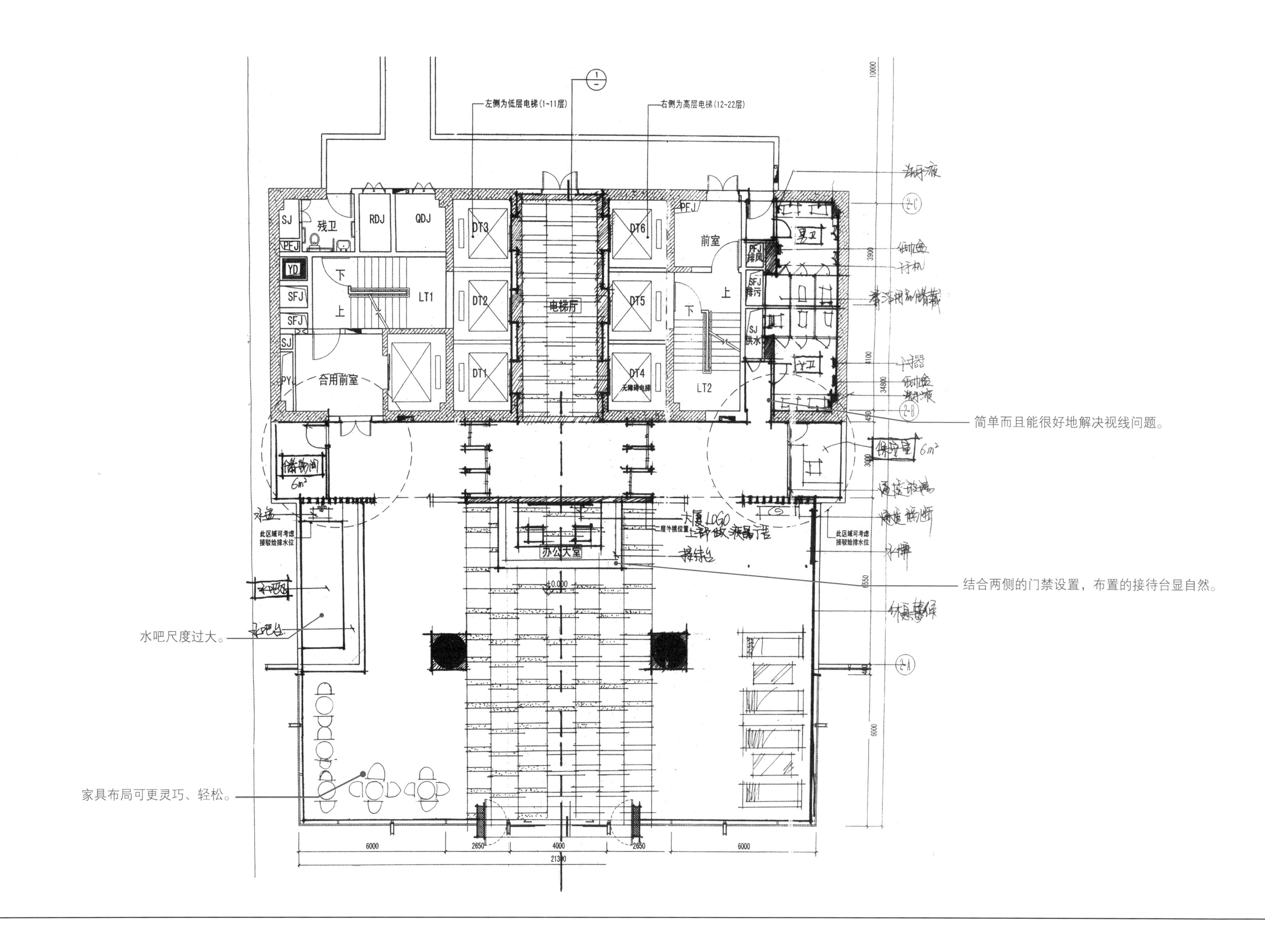
左侧为低层电梯（1~11层）
右侧为高层电梯（12~22层）
残卫
RDJ
QDJ
DT3
DT6
前室
DT2
电梯厅
DT5
LT1
LT2
DT1
DT4
合用前室
办公大堂
简单而且能很好地解决视线问题。
结合两侧的门禁设置，布置的接待台显自然。
水吧尺度过大。
家具布局可更灵巧、轻松。
6000
2650
4000
2650
6000

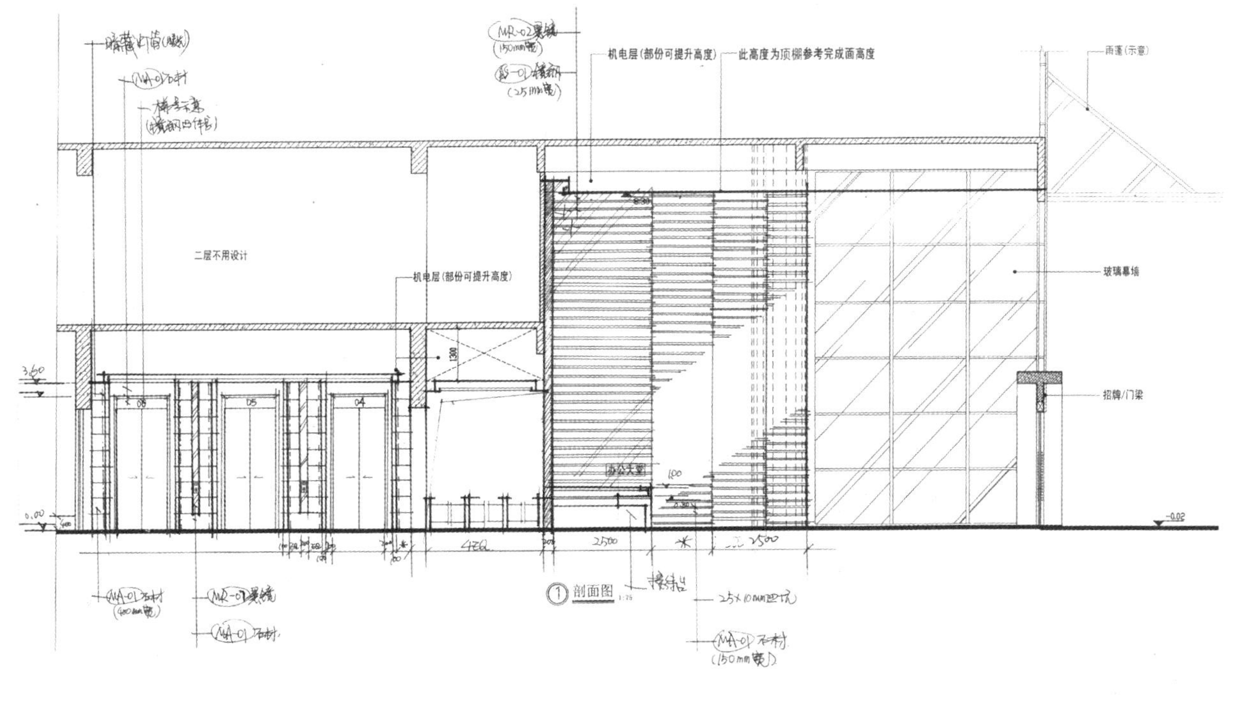

设计说明：

该大堂秉承环保的理念，在材料运用上采用绿可板等环保材料，大堂布局方正，因此在主入口正对面设置服务台及对景墙，对景墙一直延伸上二楼，给人大气的感觉。左右面分别是水吧台与休息等候区、布局工整，人流路线便捷。

总评:

平立布局、空间造型、材料运用都能和谐统一、自然成趣，设计师清晰地贯彻办公空间便捷的原则。

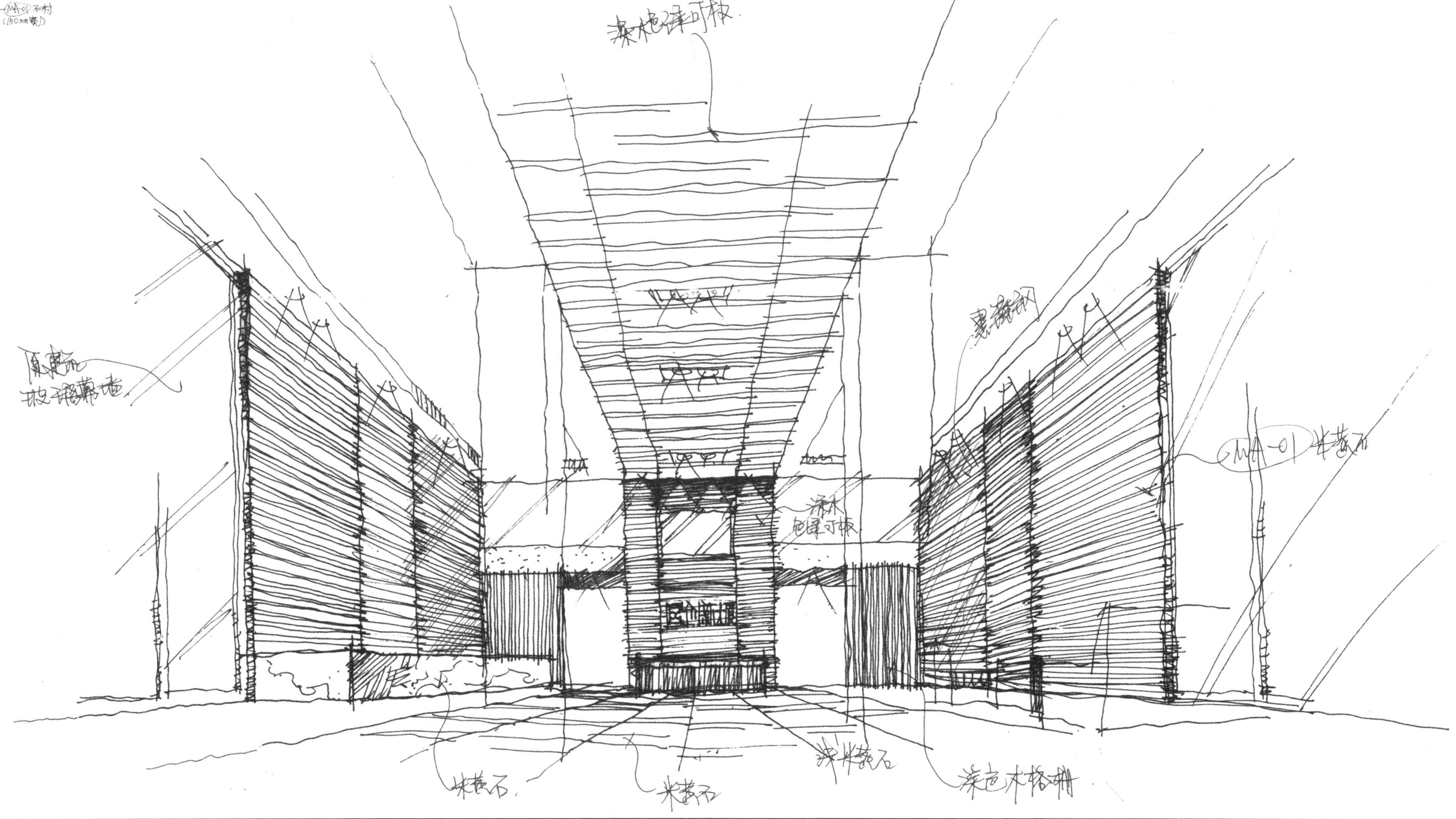

思考方式5

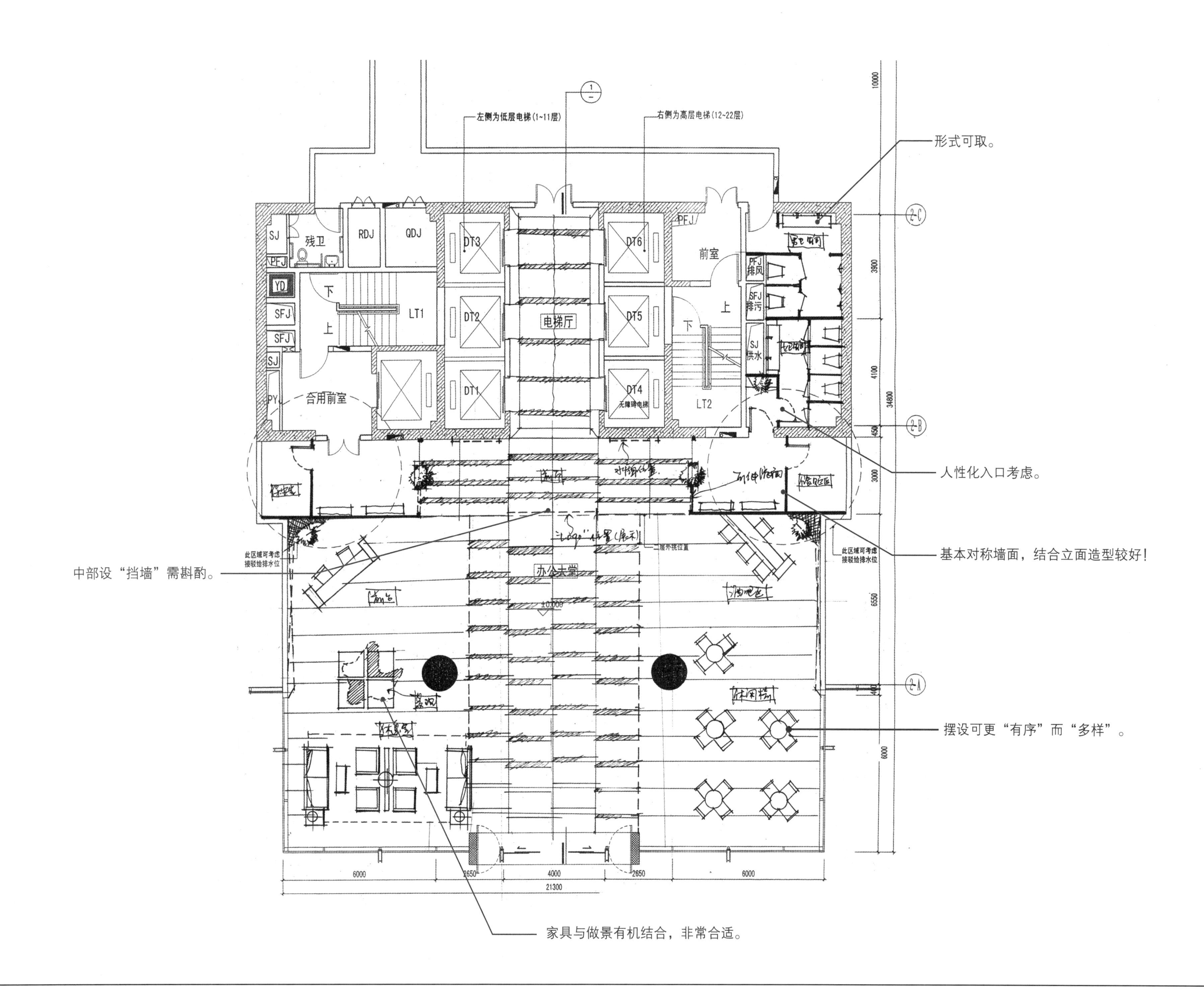
左侧为低层电梯(1~11层)
右侧为高层电梯(12~22层)
形式可取。
人性化入口考虑。
基本对称墙面，结合立面造型较好！
中部设“挡墙”需斟酌。
摆设可更“有序”而“多样”。
家具与做景有机结合，非常合适。
残卫
RDJ
QDJ
DT3
DT6
前室
DT2
电梯厅
DT5
LT1
LT2
DT1
DT4
合用前室
办公大堂
6000
2650
4000
2650
6000
21300

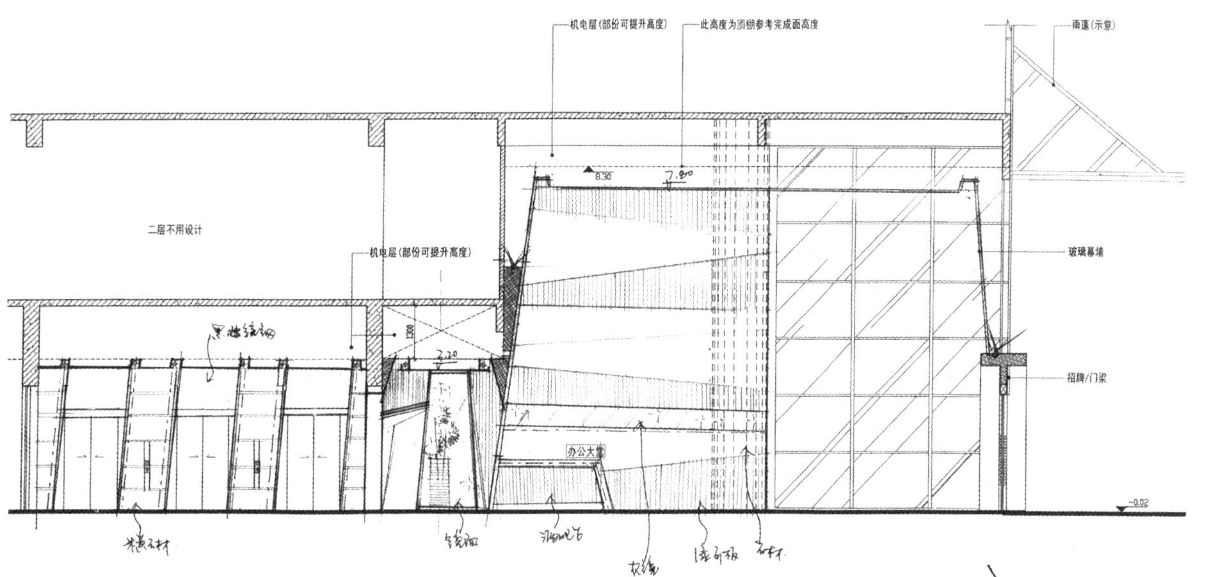

设计说明：

此空间为办公大楼大堂，以现代风格为主。斜形元素使空间视觉产生立体效果。拉开原来硬性的方形结构，利用石材、镜面、木地板、木饰面等材料表达空间层次，将现代元素带入办公空间。

总评:

立意清晰，主题性强，平面与空间一气呵成，布局细节考虑也充分。

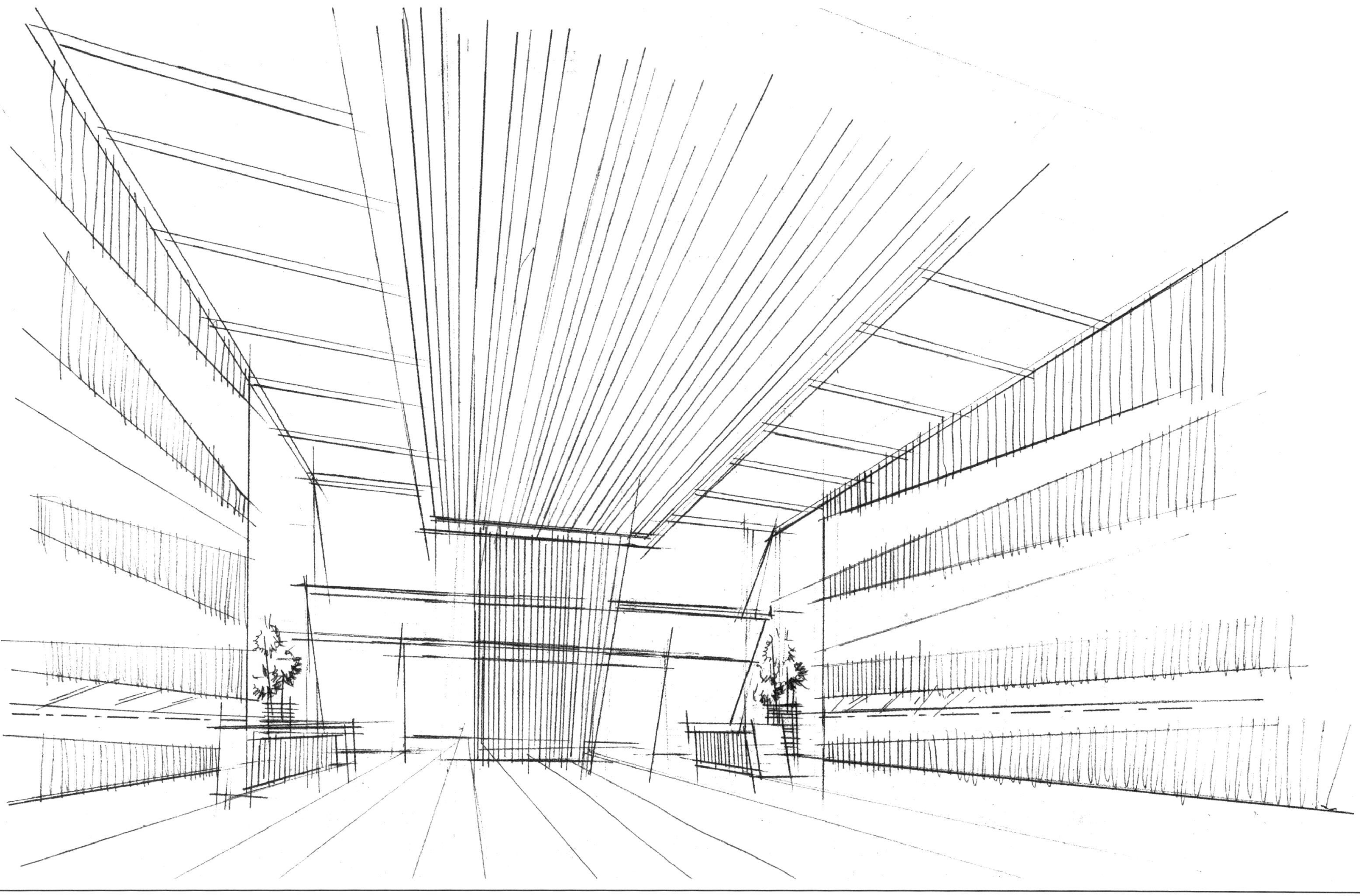

产品设计研发公司（测试题）

建议测试时间：8小时

试题说明

一、基本条件

（1）位于CBD区中心区，甲级写字楼20层的局部区域（见示意图）。
（2）带高级标准装修，顶棚为铝扣板，顶棚完成净空高度为2.6m，地面为架空式 高级方块地毯。
（3）员工使用公共洗手间（不在本次设计范围），经理新设私人洗手间。
（4）东北角留有给排水、排污接口。
（5）除照明专业外，其他机电工种暂不在设计考核范围。

二、整体定位

稳重、高档，面向高端客户，结合时尚办公理念，贯彻“以人为本”的设计原则。

三、功能要求

1.接待前区：
A.接待台：设置一个文员，兼管复印、打印区。
B.设置特色的公司主幅：篇幅及形式不限。
C.简单的等候区（2位），形式不限。
2.复印/打印区：
设置适当的储物文件柜，设可放2台打印机，1台复印机的操作台，可结合接待台，长度不少于3.6m（可折角式）。
3.会议室：
兼顾产品陈列功能，产品数量较多，尽量利用墙面，可不靠窗，约22㎡，可容纳10人开会，用大趟门式，平时可较大地开启与办公区相通，作为研究交流区域。
4.产品模型制作房：
要求较靠近东北角给排水位（内部可不作布置），约15㎡，内部作防尘隔声处理，要求入口设双门预进区域。
5.设计师区域：4名，每人工作区域不少于2400mmX1800mm，每个单元要求至少满足：
A.A3图幅手绘方案工作台，不少于1200mmX700mm。
B.手提电脑的工作区域不少于900mmX700mm。
C.A3规格图纸存放格（数量自定）。
D.常用手绘工具（笔、尺等）的存放区域。
E.私人物品存放区域。
F.注意人性化，要适合长时间工作的灯光环境（双光环境照明，即环境光+局部区域照明）。
G.设计师公共区域需考虑一定数量的文件矮柜。
6.经理办公区域：约30㎡，包括：
A.办公区域：配置高于设计师，功能类同。
B.贮物柜（文件、产品、奖项陈列、挂衣等等）。
C.会客区：兼作小会议（4人）。
D.简易休息室：1200mmX2000mm/床。
E.配套私人洗手间：配洗手盆及坐厕，贴近东北角给排水、排污井。
7.综合办公室约12㎡：行政与财务共一室（三人），每人办公区位置不少于1500mmX1500mm；作为公司内部日常管理，不对外。
8.贮物间：可灵活设置、方便使用，约3.0㎡。

四、成本控制

硬装修（主要是间隔墙）约为1000元/㎡，家具（连文件柜）约2000元㎡。

五、评分标准

评分标准：本次分数由两部分组成（满分100分）：
A.方案创意及表达能力（指图纸表达）——占总分数75%。
绘制在提供的图纸上（共4张A3图纸），可用徒手的形式表达（亦可用规尺），黑白即可。
设计提交的图纸内容、要求及比例如下：

序号	图纸内容	规格及比例	占该部分比例	备注
1	平面图（标注各功能区域）	1/100	55%	该部分满分75分
2	顶棚布置图（调整灯光布置方式及标注必要说明）	1/100	15%	
3	设计师工作单元设计：平面（1:10）、立面（1:10）、轴测图，并标注主要尺寸及用材	（2张）	30%	

B.方案推销能力（指口述表达）——占总分数25%。

序号	表达方面	占该部分比例	备注
1	语言表达能力	40%	
2	推销条例能力	40%	
3	应变能力	20%	

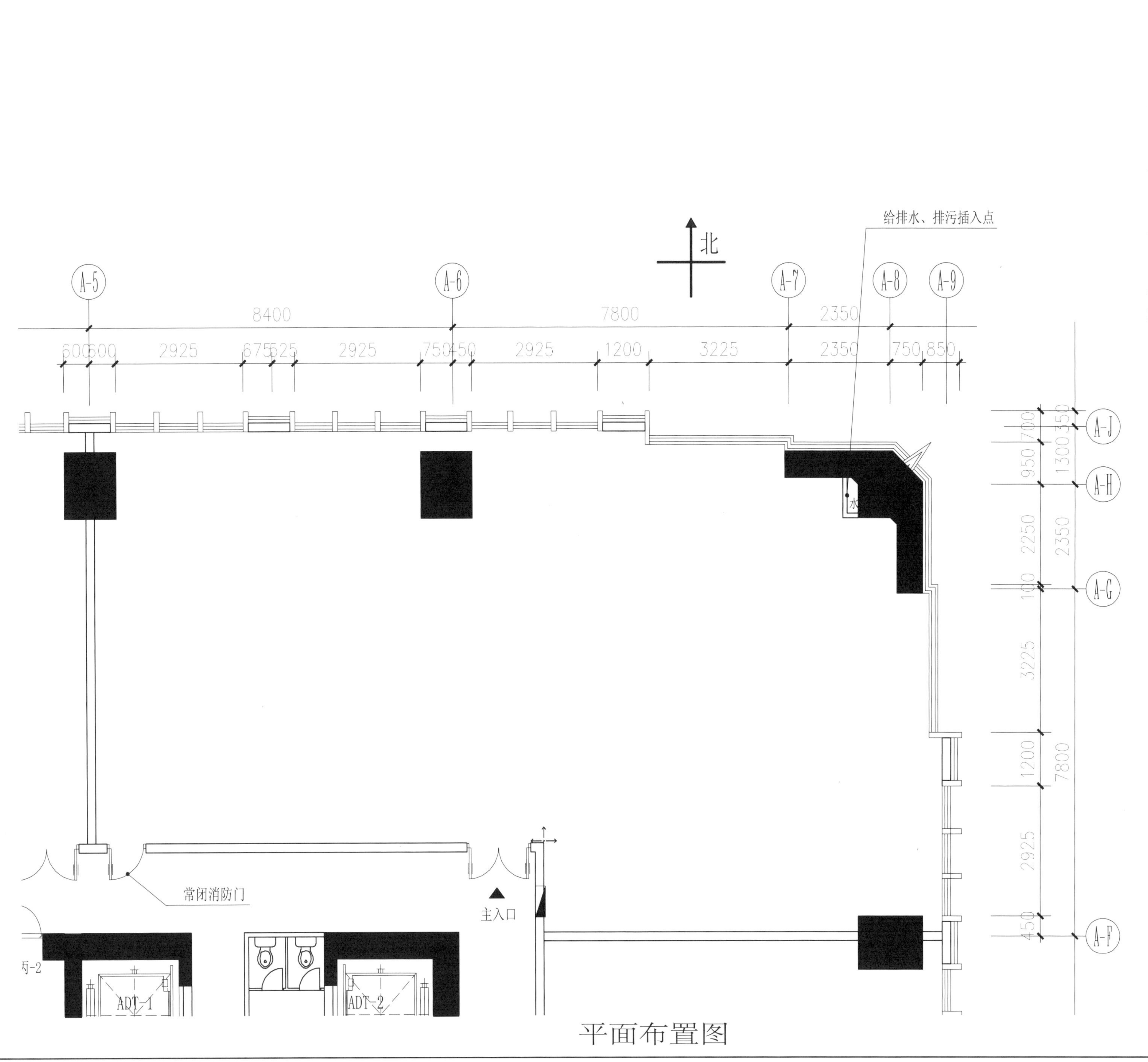

平面布置图

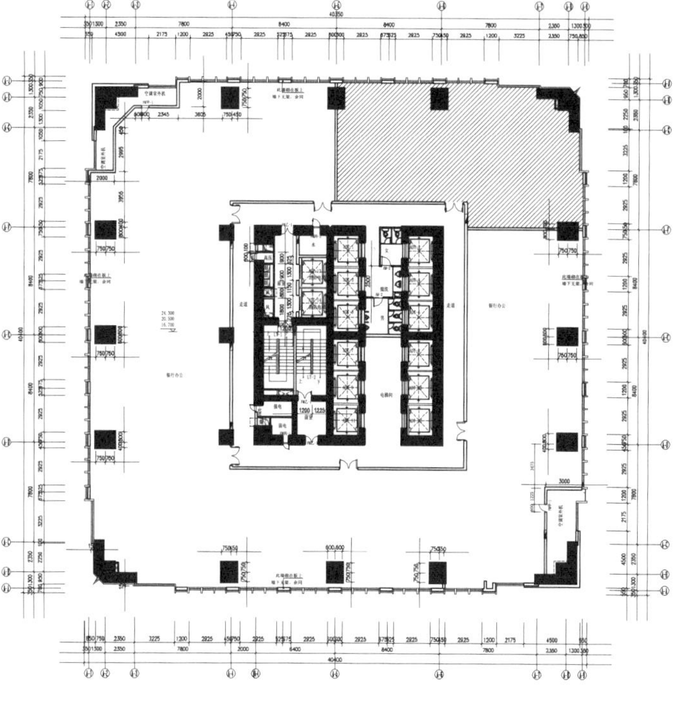

示意图 1:600

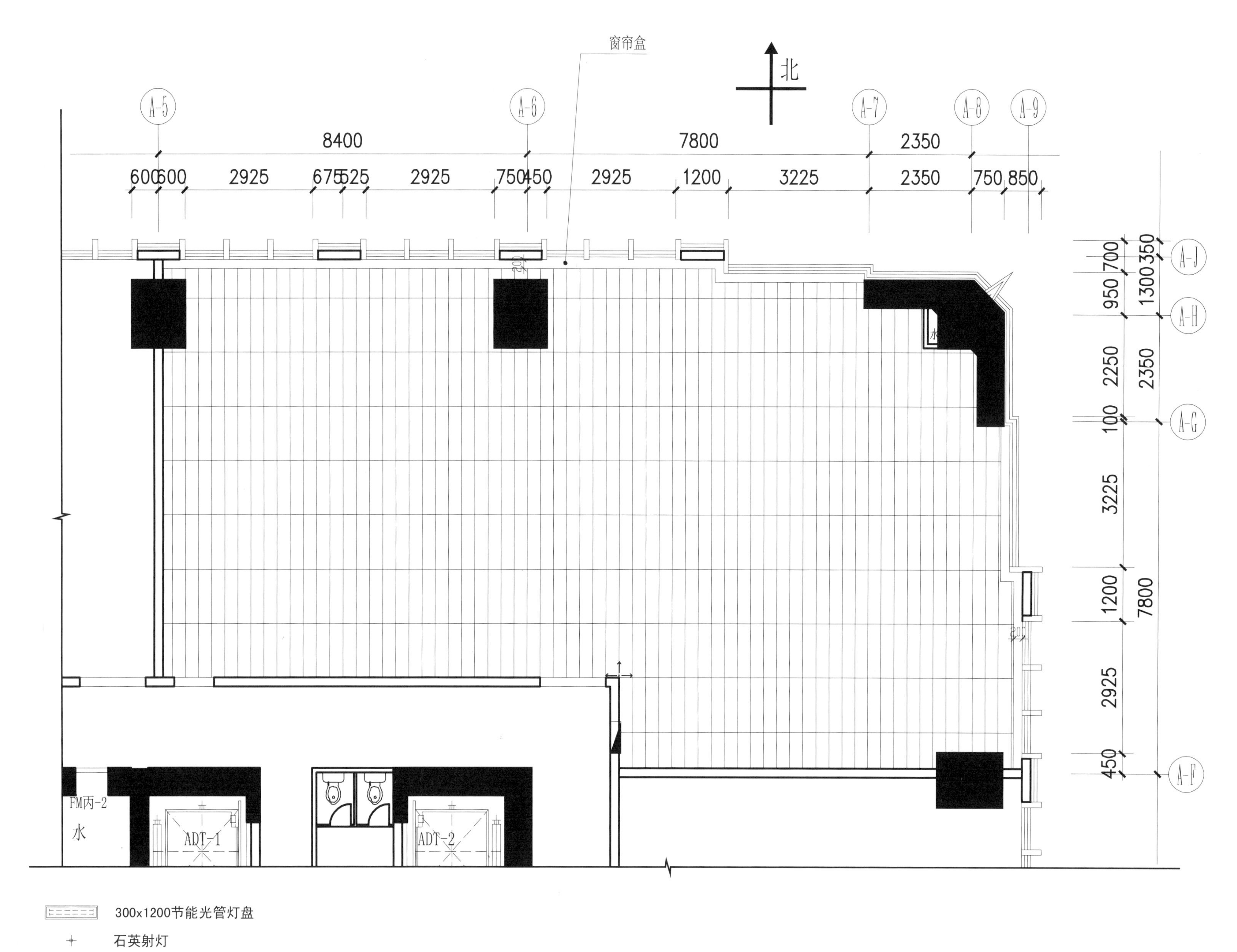

1200
1200
1200
1800~2100

灯盘布置示意

注：1. 平、立面 1:10
2. 轴测图自定
3. 根据平面功能布置节能光管灯盘及局部设置点光源：筒灯或石英射灯。

顶棚布置图

思考方式1

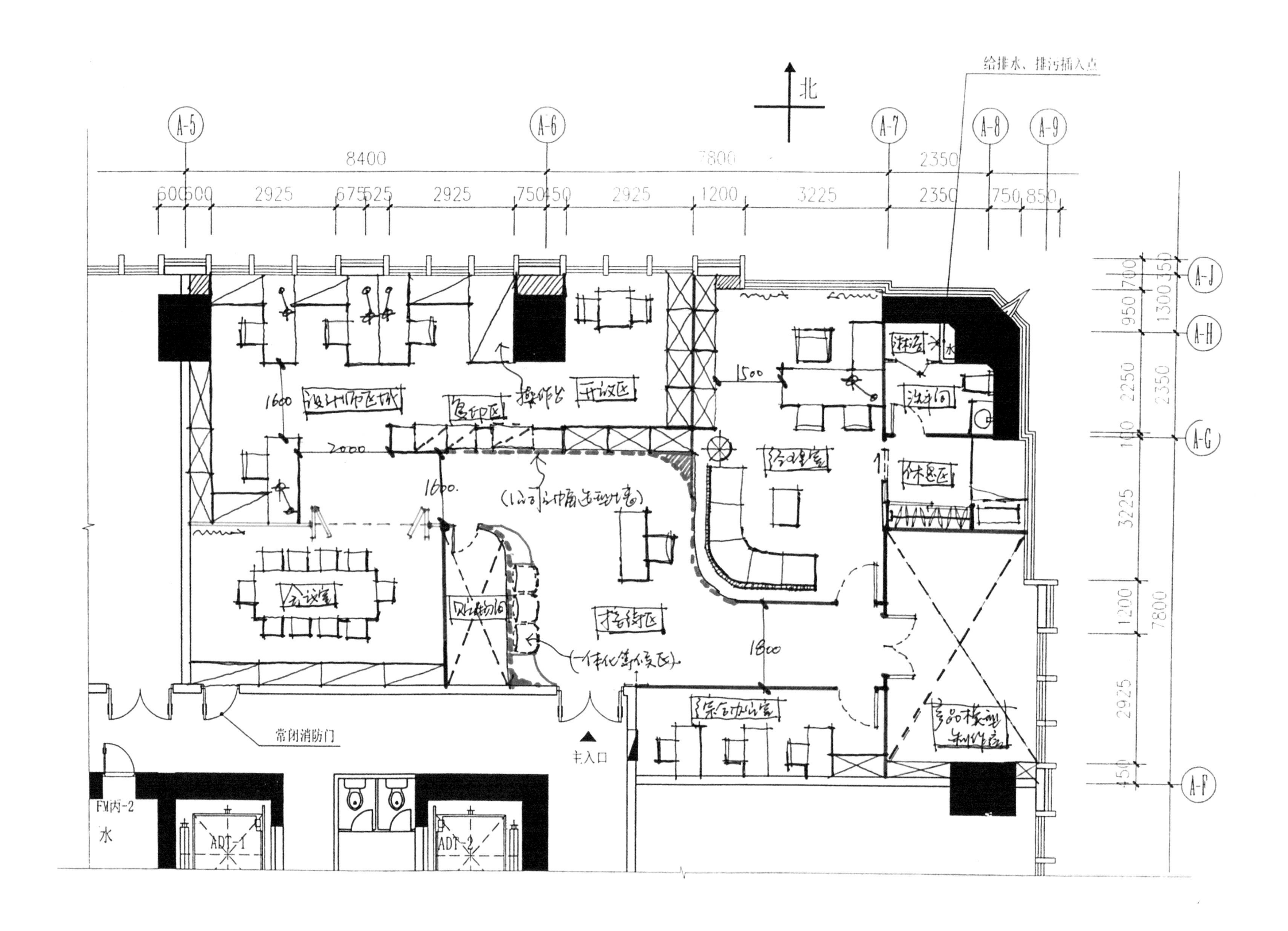

设计说明：

本案为甲级写字楼产品设计研发公司设计，结合“时尚的设计”意念，本设计主色调以深色为主，配以白色枫木（浅色），公司主幅造型设计配合造型墙流线型设计，以木肋条为元素，将动感、时尚带动了整个办公氛围。

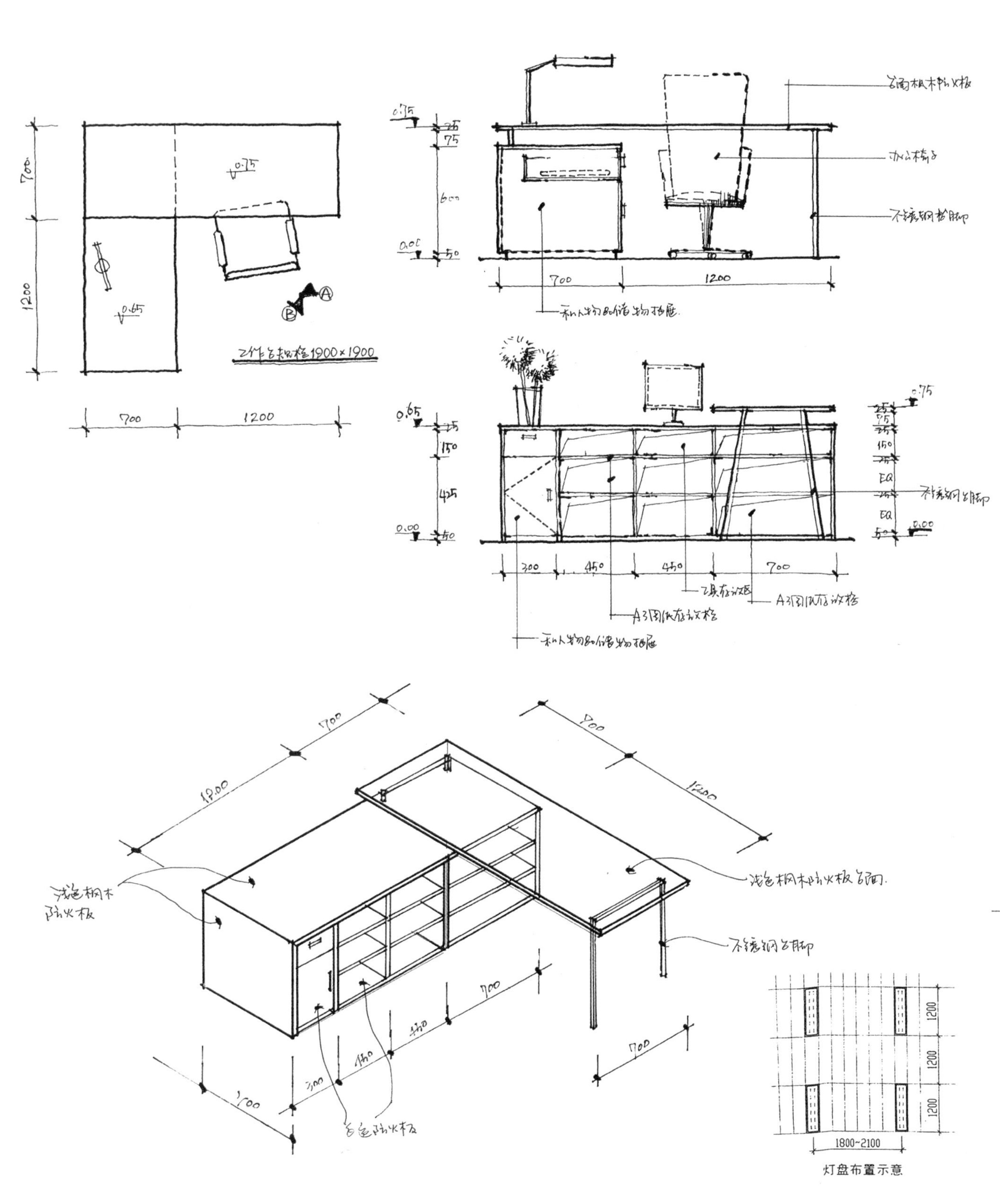

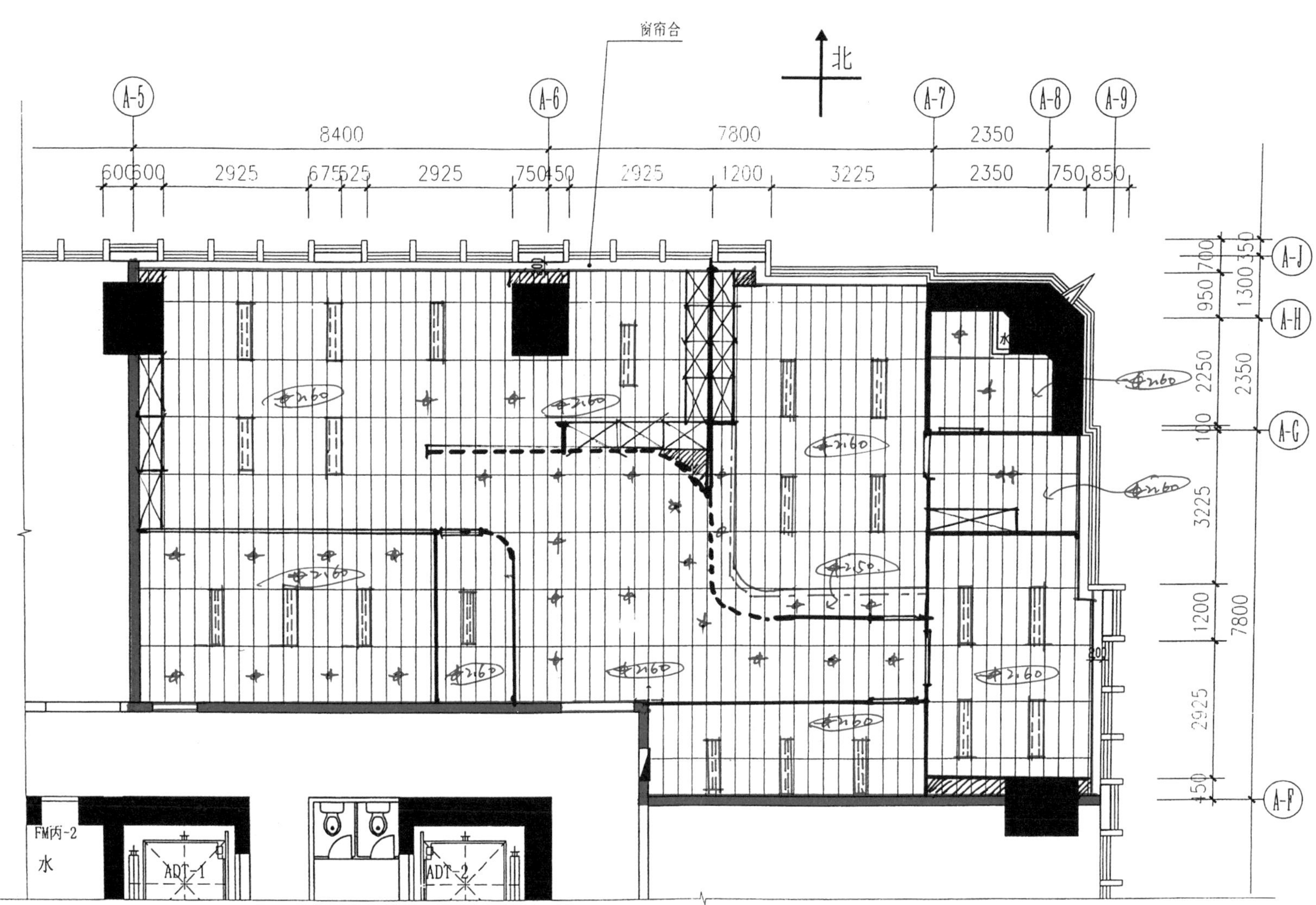

总评：

流畅而一气呵成的布局，小空间有趣。主要办公室朝向尽纳阳光，高效有序。综合办公室与产品模型制作室可适当调位，尽量避免暗房，设计师工作单元之设计稍平淡，欠亮点和特色。

思考方式2

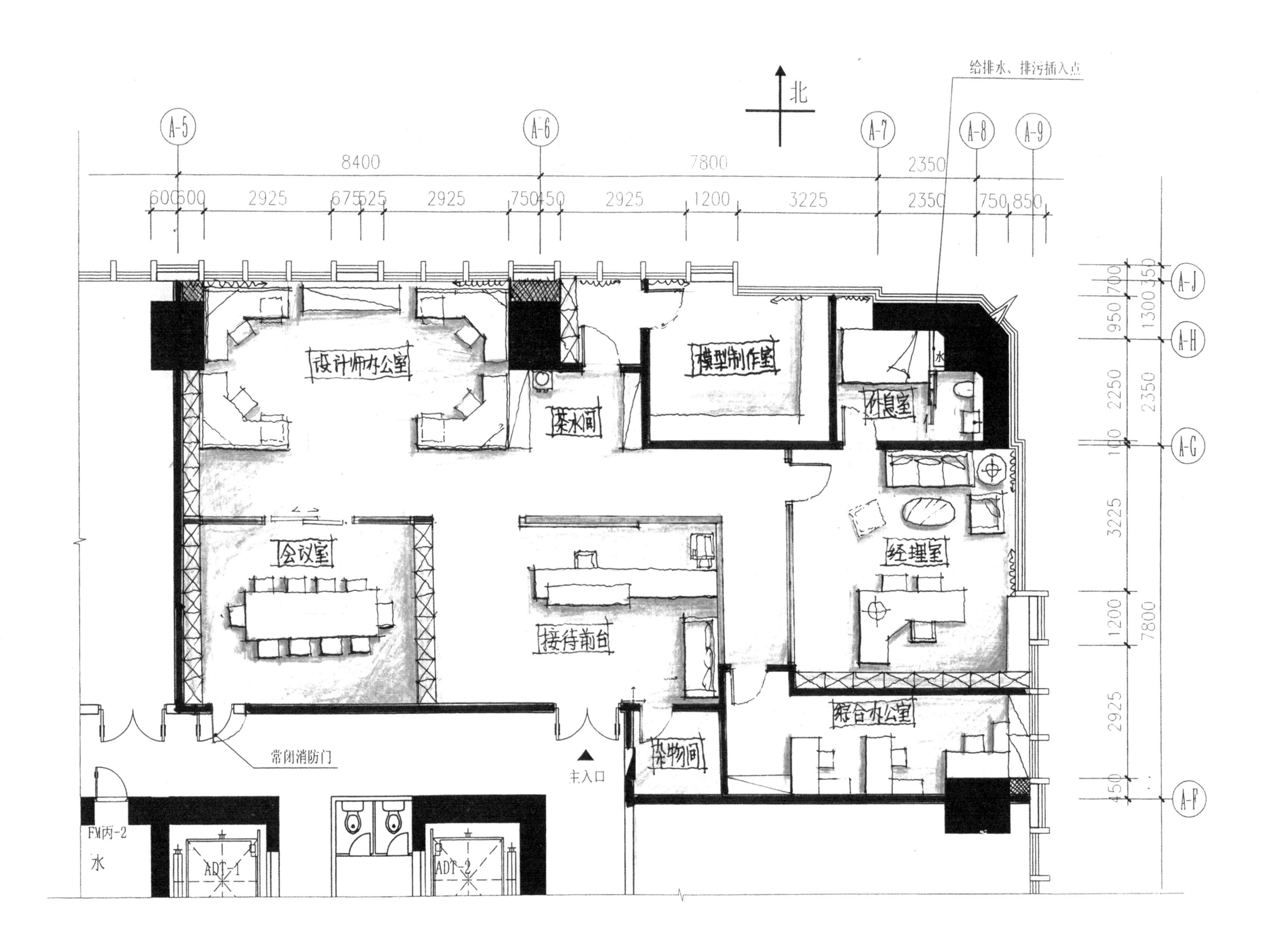
北
给排水、排污插入点
A-5
A-6
A-7
A-8
A-9
8400
7800
2350
600 600
2925
675 525
2925
750 450
2925
1200
3225
2350
750 850
A-J
A-H
A-G
A-F
设计师办公室
模型制作室
茶水间
休息室
经理室
会议室
接待前台
综合办公室
杂物间
常闭消防门
主入口
FM丙-2
水
ADT-1
ADT-2

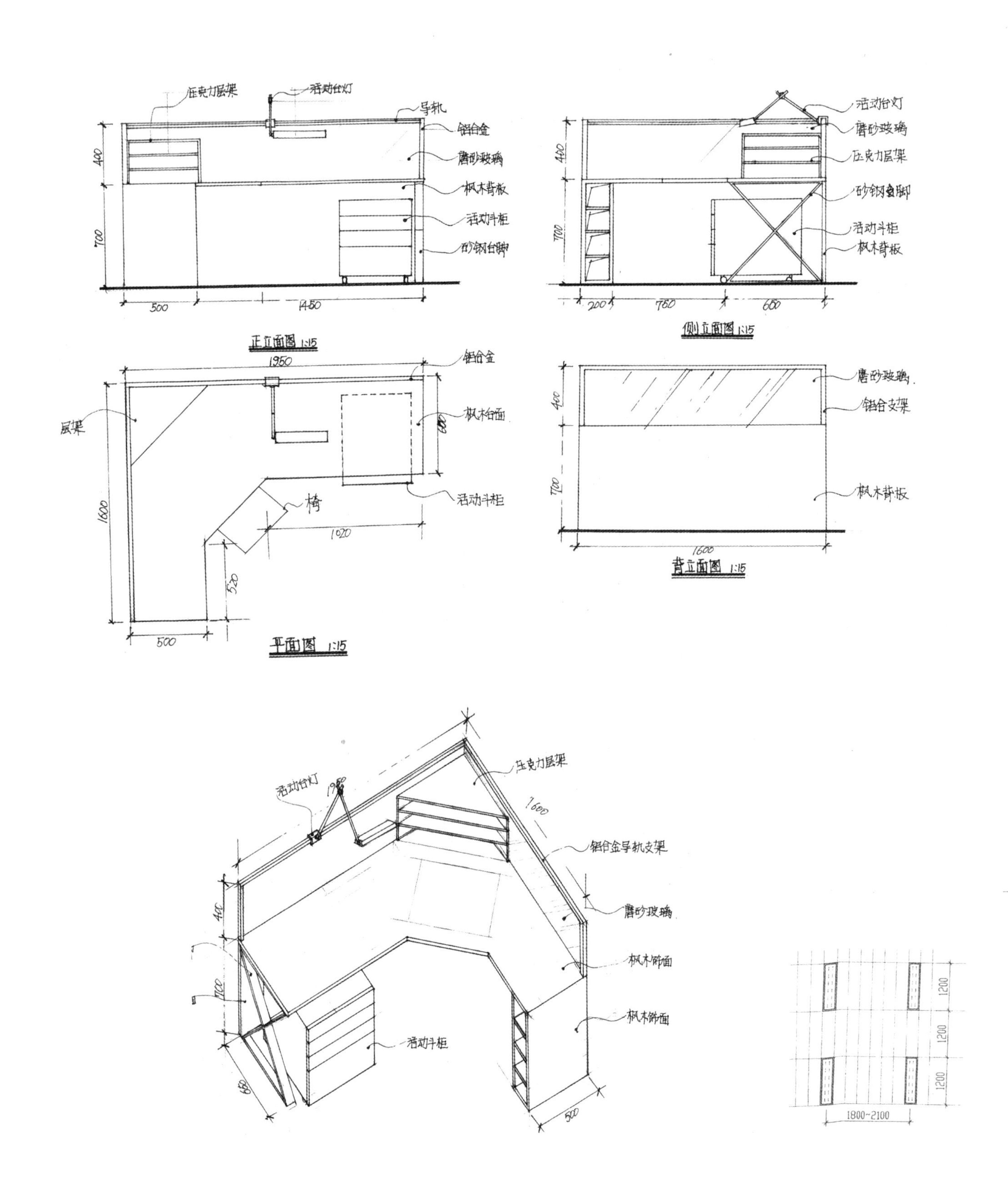

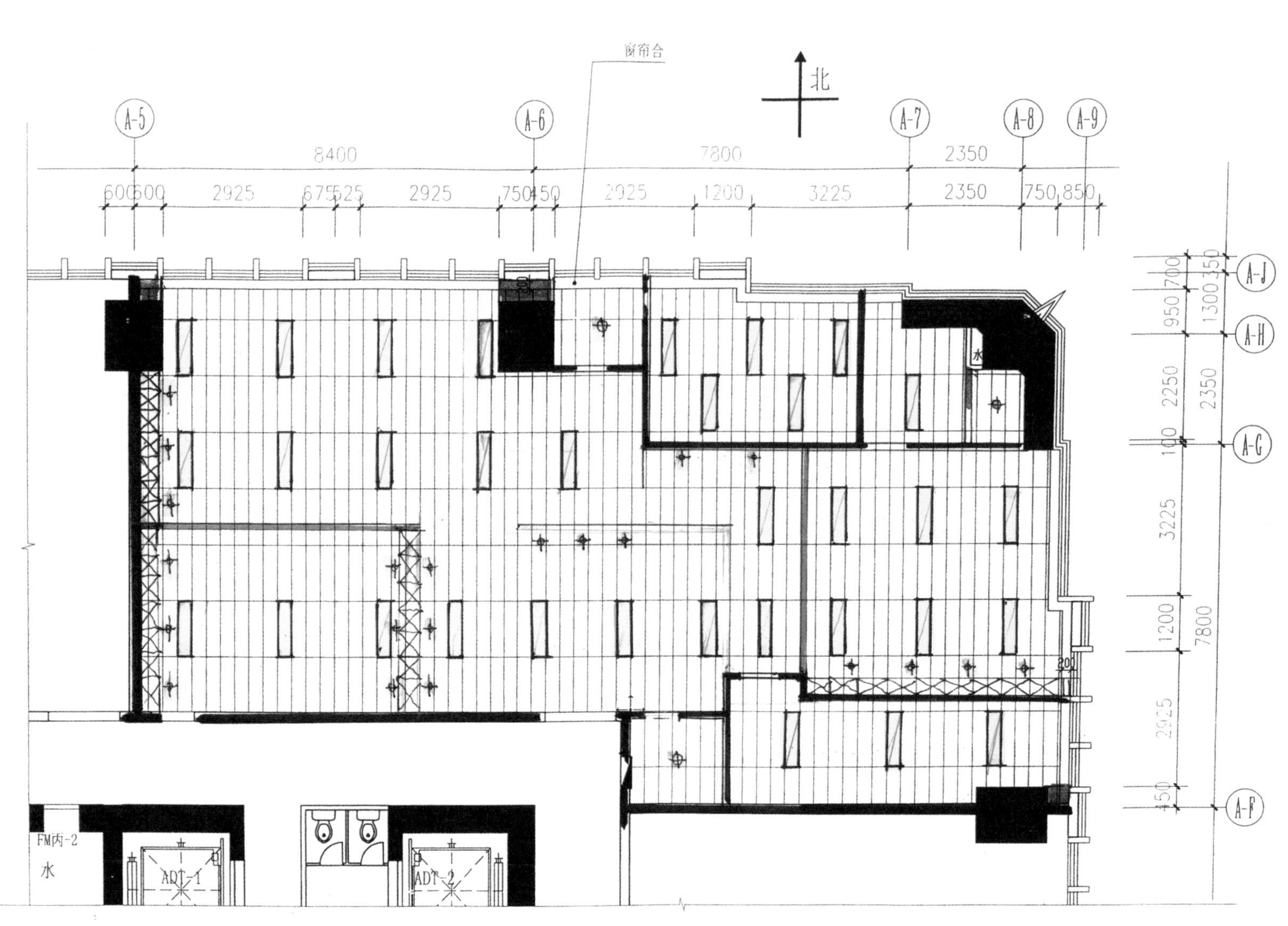

总评：

简单的原来是最好的，从这个方案可以看到最直白的答案，大方的前区，纳阳的设计区，宽敞的经理室、便捷的综合办公室，一切是这么平淡自然，当然空间上可以加入个性的设计。

思考方式3

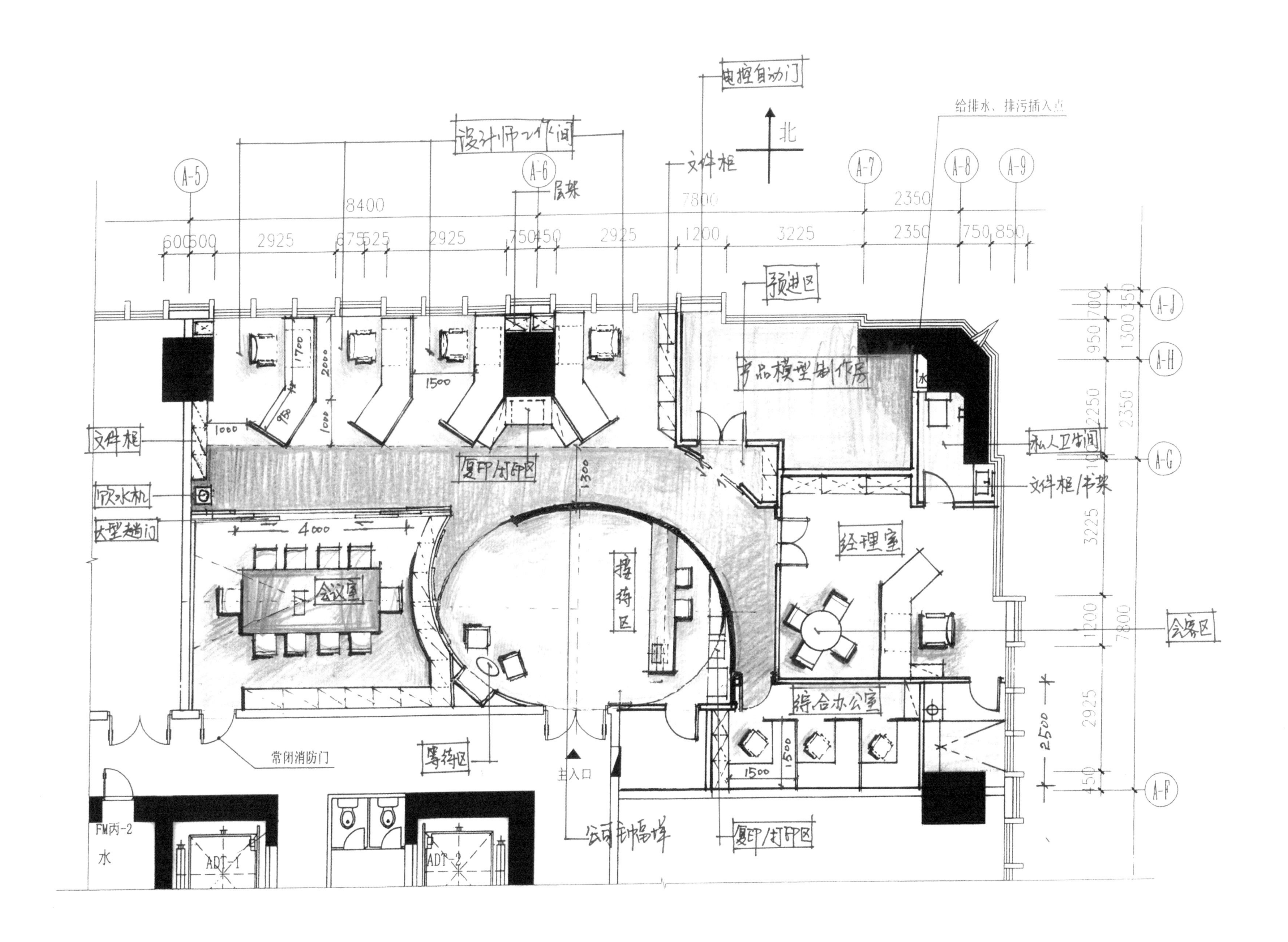
电控自动门
给排水、排污插入点
设计师工作间
北
文件柜
层架
8400
7800
2350
2925
2925
2925
1200
3225
750
850
预进区
产品模型制作房
私人卫生间
文件柜/书架
经理室
会客区
文件柜
饮水机
大型趟门
复印/打印区
4000
会议室
接待区
综合办公室
常闭消防门
等待区
主入口
公司形象墙
复印/打印区
FM丙-2
水
ADT-1
ADT-2

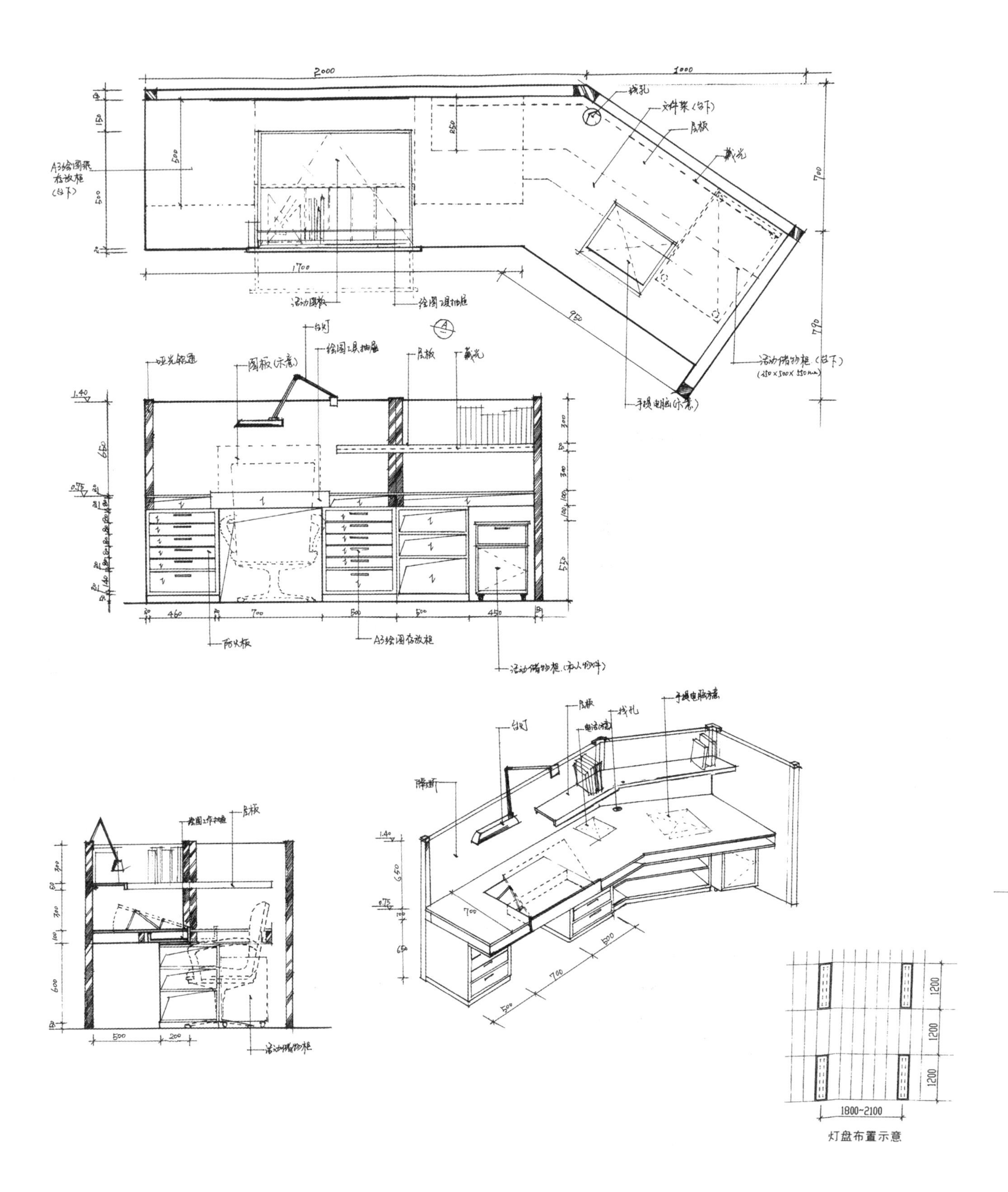

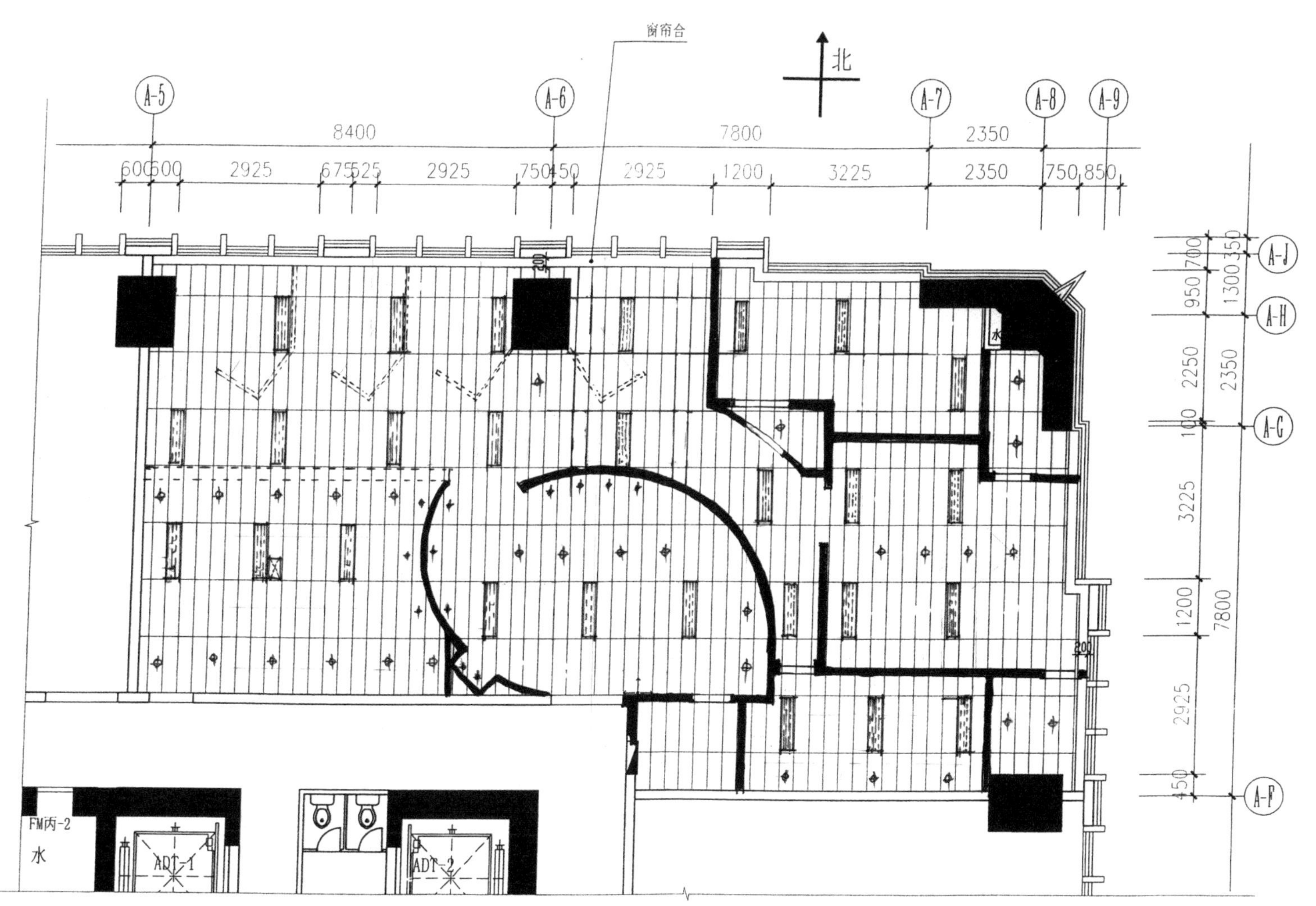

300×1200节能光管灯盘

石英射灯

节能筒灯

总评：

追求入口的形式，有利有弊，流线还算清晰明快，综合办公室非自然采光稍欠佳。

设计师单元详细而有很好的实用性，收纳空间也颇之多，工作的灯类环境也在考虑之内，显心思。

思考方式4

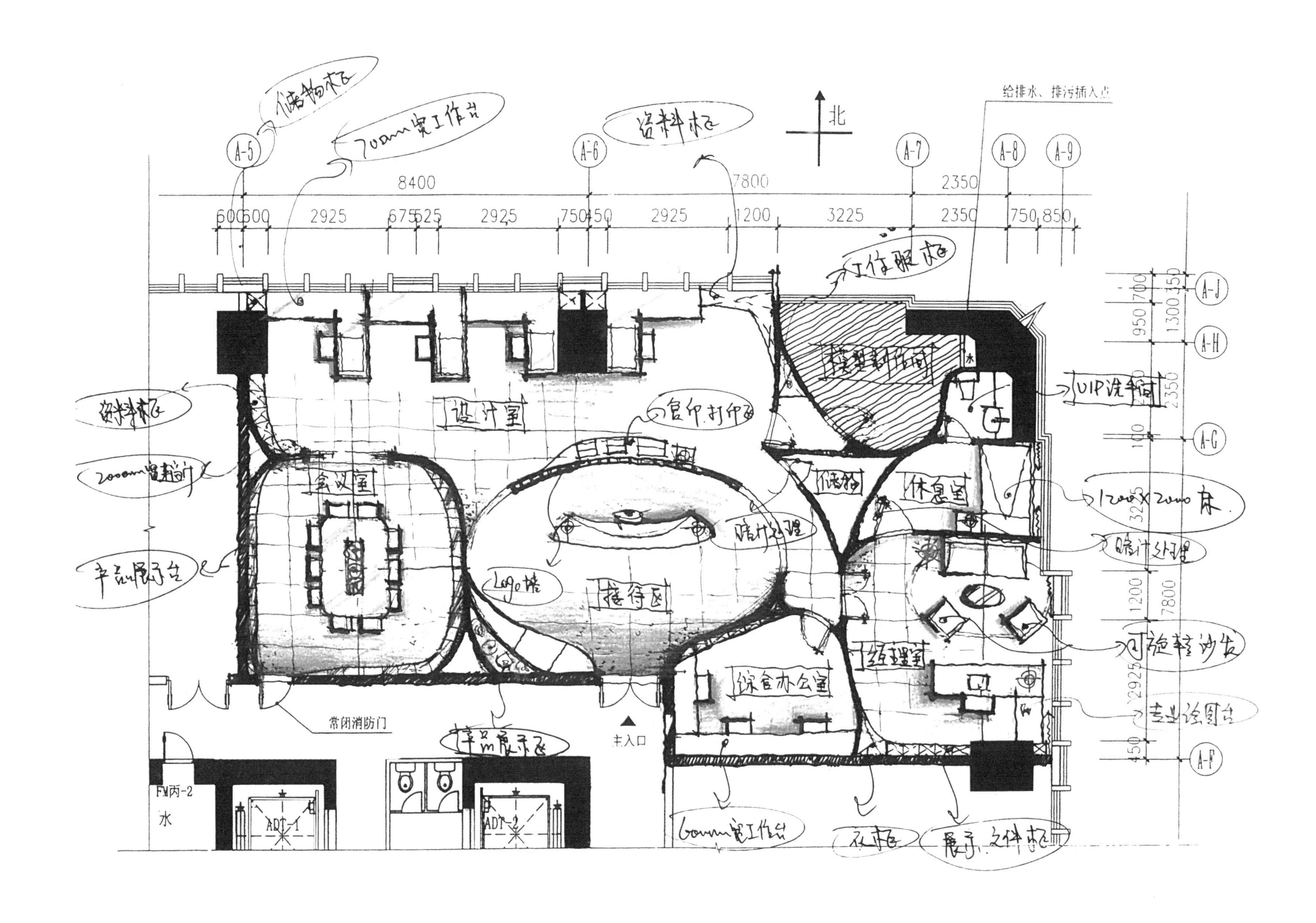

储物柜
700mm宽工作台
资料柜
北
给排水、排污插入点
A-5
A-6
A-7
A-8
A-9
8400
7800
2350
2925
3225
1200
工作服柜
模型制作间
A-J
A-H
A-G
A-F
VIP洗手间
设计室
复印打印
会议室
储物
休息室
1200×2000床
Logo墙
接待区
产品展示台
可旋转沙发
经理室
综合办公室
常闭消防门
产品展示柜
主入口
FM丙-2
水
ADT-1
ADT-2
600mm宽工作台
衣柜

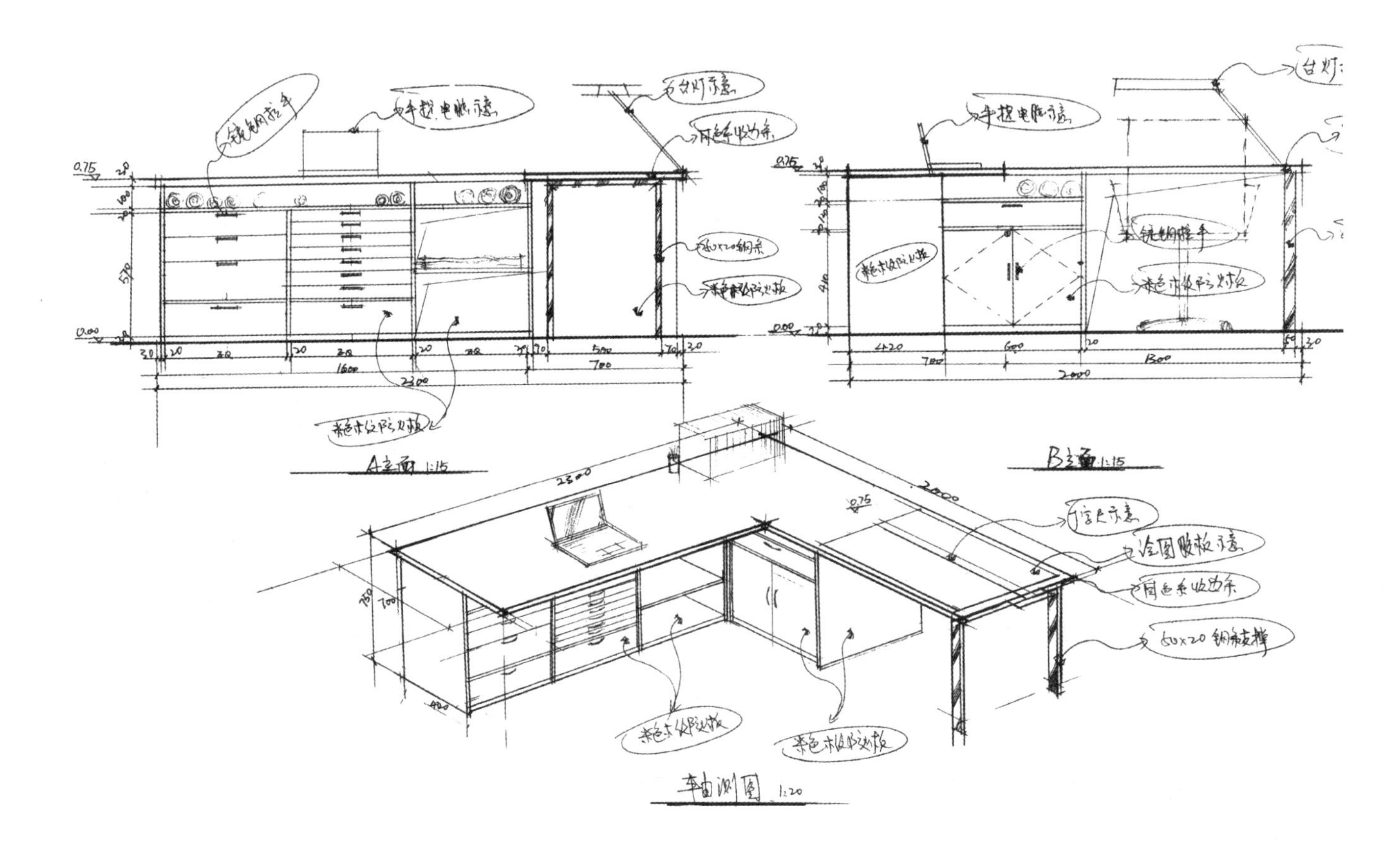

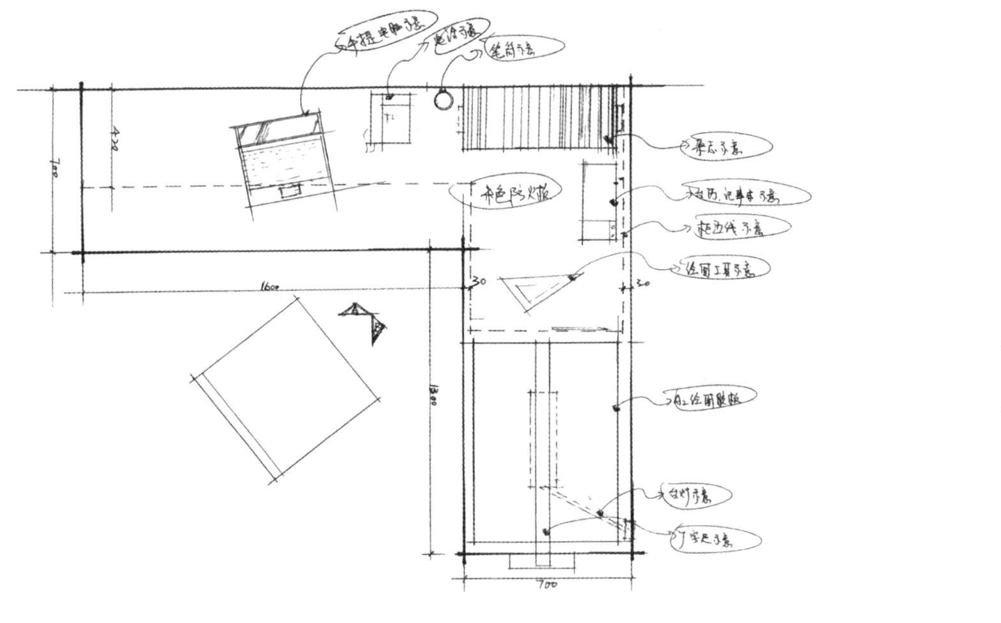

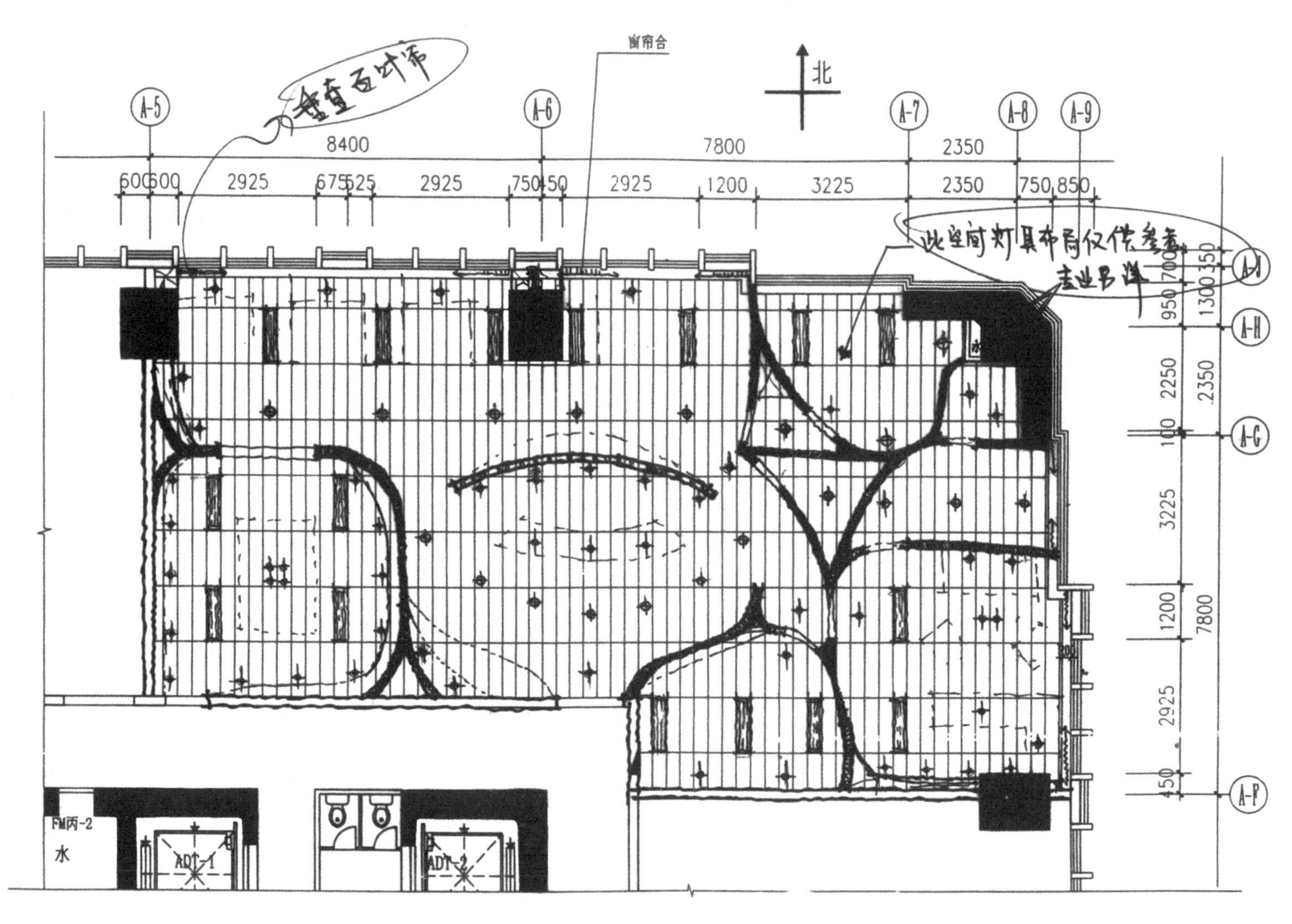

平面布置图 1:100

注：根据平面功能布置节能光管灯盘及局部设置点光源：筒灯或石英射灯。

300x1200节能光管灯盘
石英射灯
节能筒灯

总评：

布局灵巧，前区与设计师区域相融合，引入阳光，显大气、不拘束，而其他功能区紧凑实用，工整大方。综合办公室没有自然采光，值得斟酌，同样主入口侧移也不一定适合办公空间。设计师单元细节丰富而有想法，实施性颇高。

思考方式5

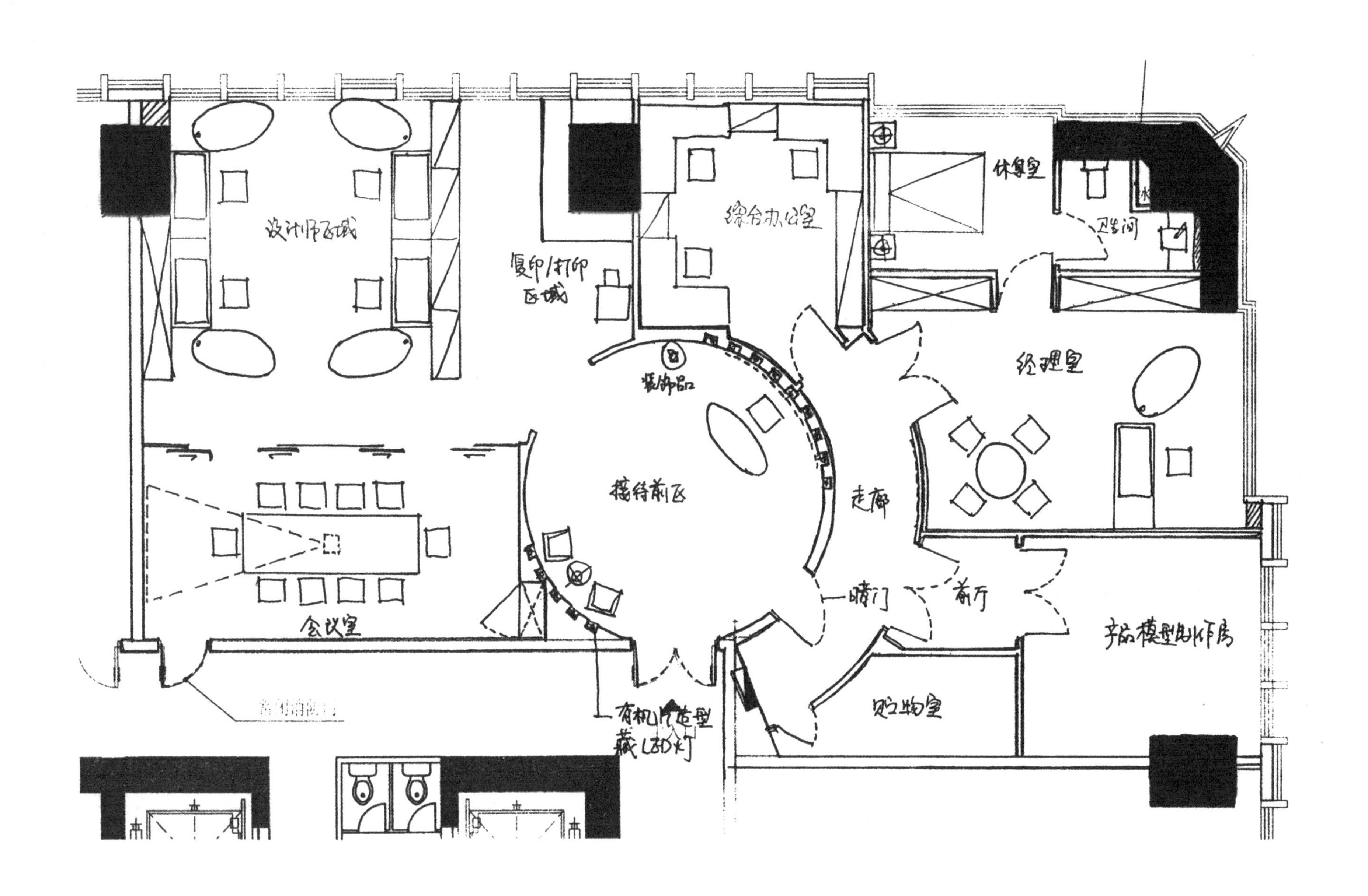
设计师区域
复印/打印区域
综合办公室
休息室
卫生间
经理室
装饰品
接待前区
走廊
会议室
暗门
前厅
产品模型制作房
贮物室
有机片造型
藏LED灯

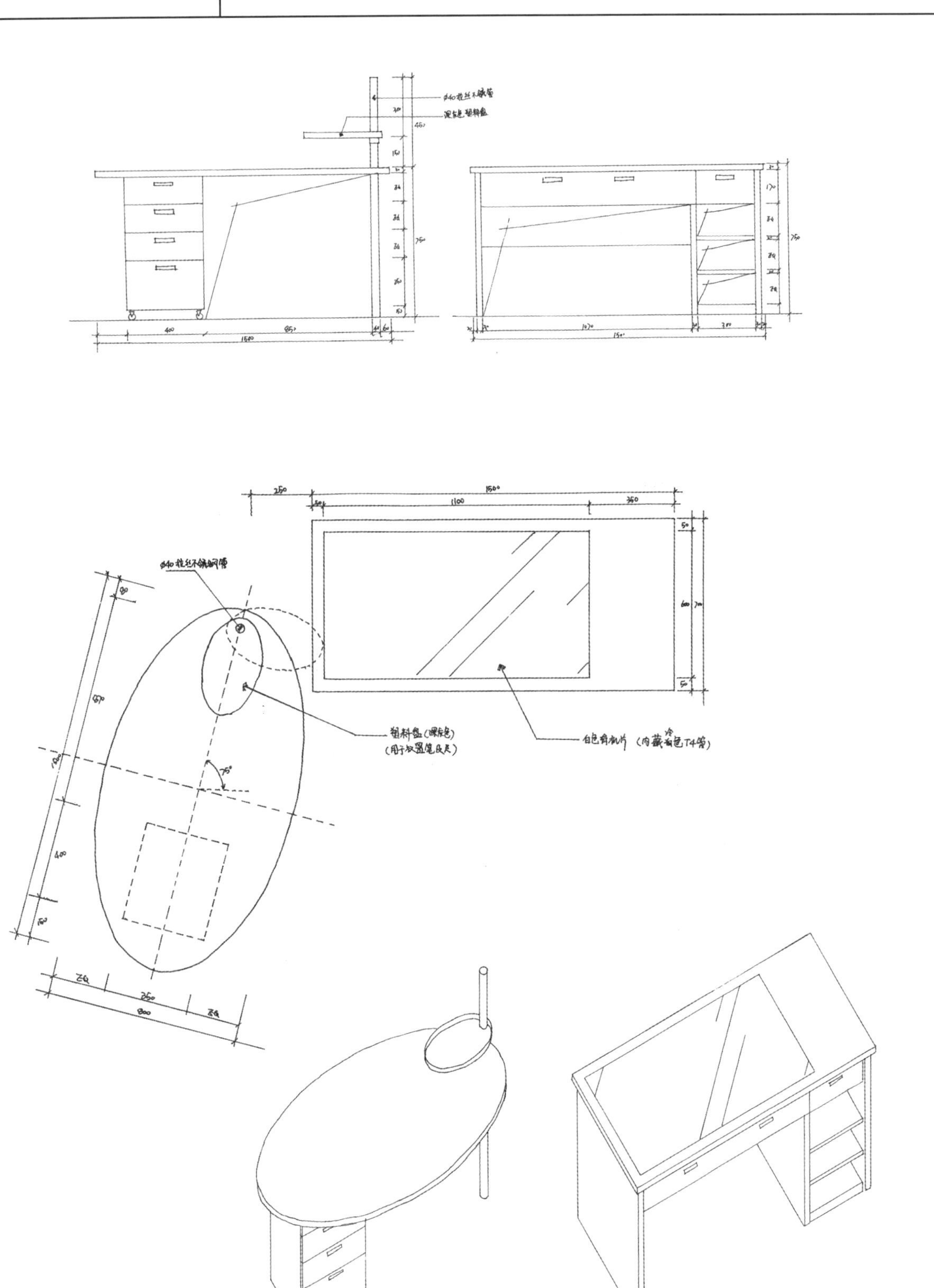

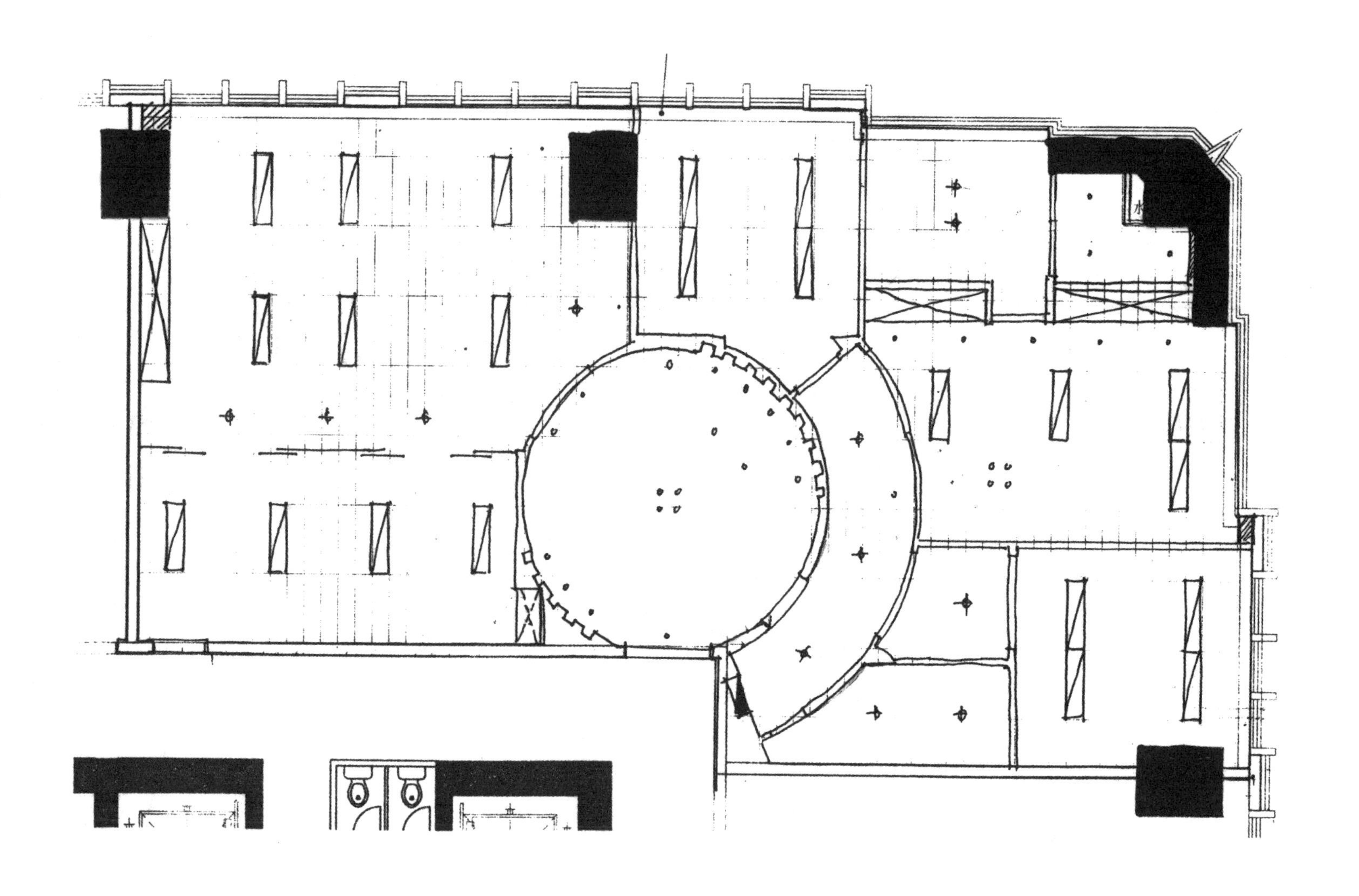

总评：

以一个圆作为接待大厅的主要元素，各种功能穿梭其中尽用采光面，各区域自然流畅，特别是设计师区域与会议交流占据左侧，实显产品设计公司对设计的尊重，而制作经理室、综合办公室归了另一则，更有利于内外管理。

简单而抓到了平面规划的特质，是个不错的方案，分散组合式的设计师家具，创意很好，有个性，但细节深度不够。

思考方式6

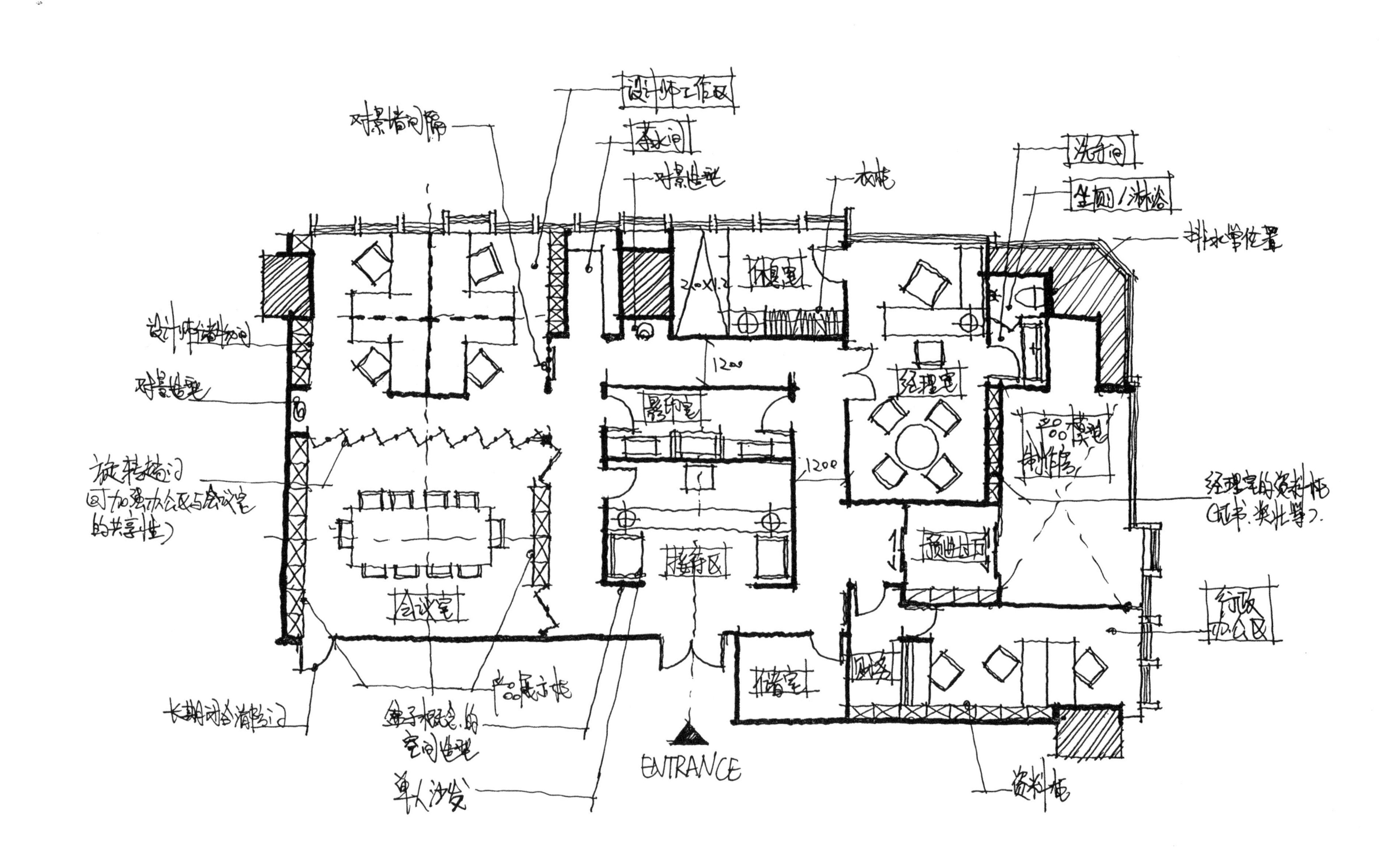

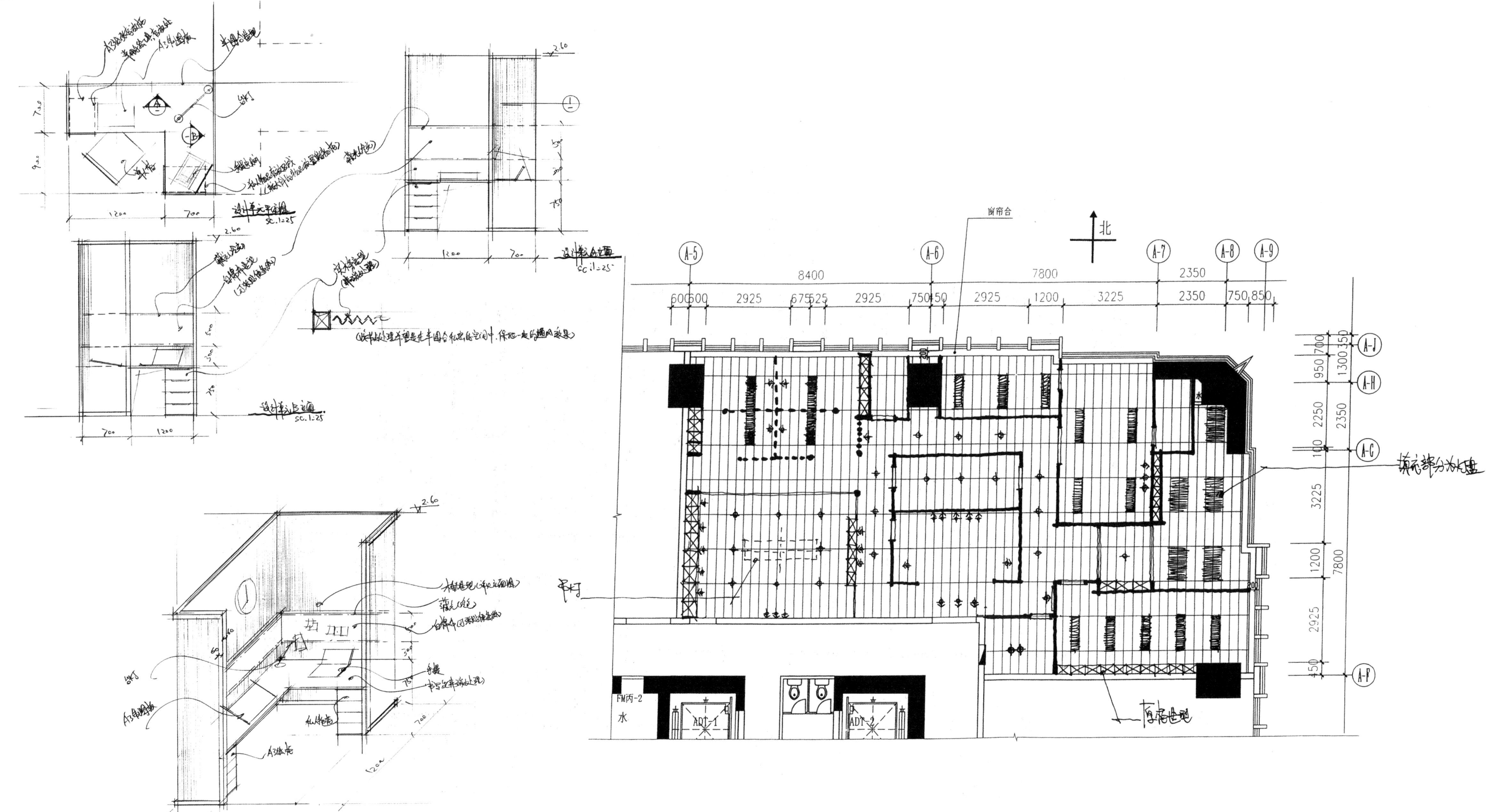

总评：

回廊式交通显浪费，但也有趣味，尺度应作优化。面积分配上经理室显局促，可适当压缩产品创作室，一体化的设计区与会议空间实用而富变化。

半闭合式的设计师单元有争议，但亦不失为一种创新的做法。

思考方式7

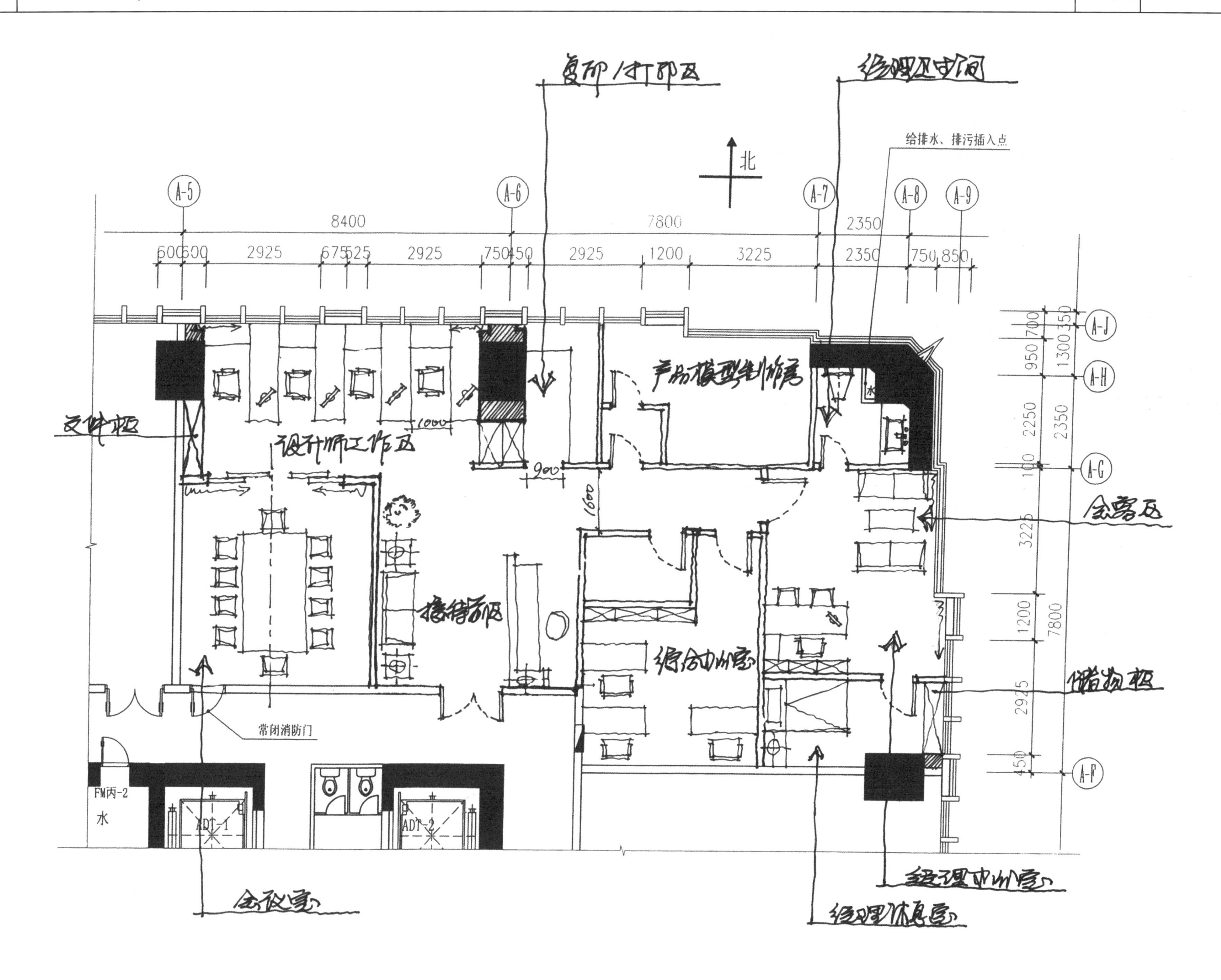
复印/打印区
经理卫生间
给排水、排污插入点
北
A-5
A-6
A-7
A-8
A-9
8400
7800
2350
600
600
2925
675
525
2925
750
450
2925
1200
3225
2350
750
850
A-J
A-H
A-G
A-F
700
350
950
1300
2250
2350
100
3225
1200
7800
2925
450
产品模型制作房
文件柜
设计师工作区
1000
900
1600
会客区
接待前区
综合办公室
储物柜
常闭消防门
FM丙-2
水
ADT-1
ADT-2
经理办公室
会议室
经理休息室

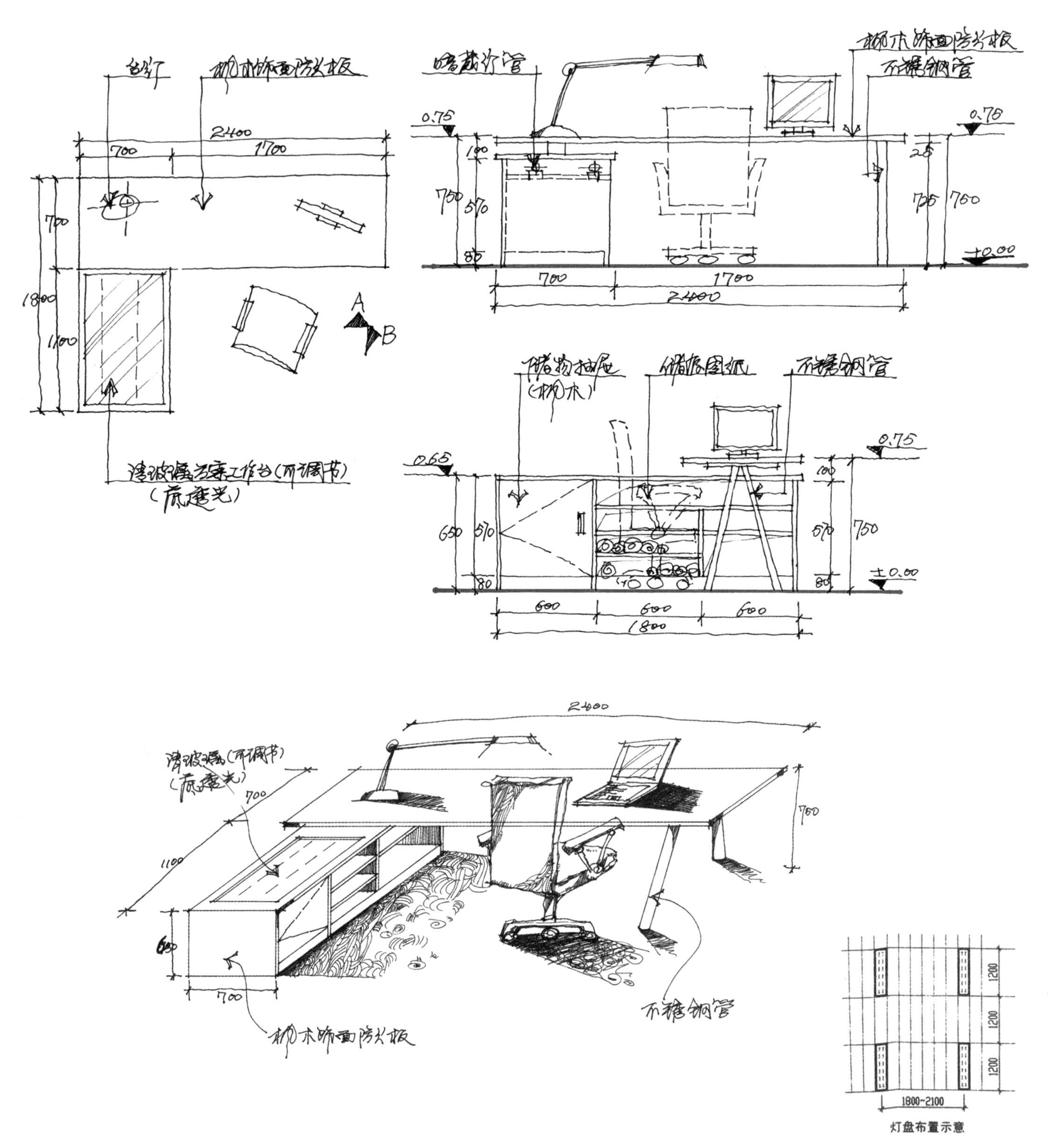

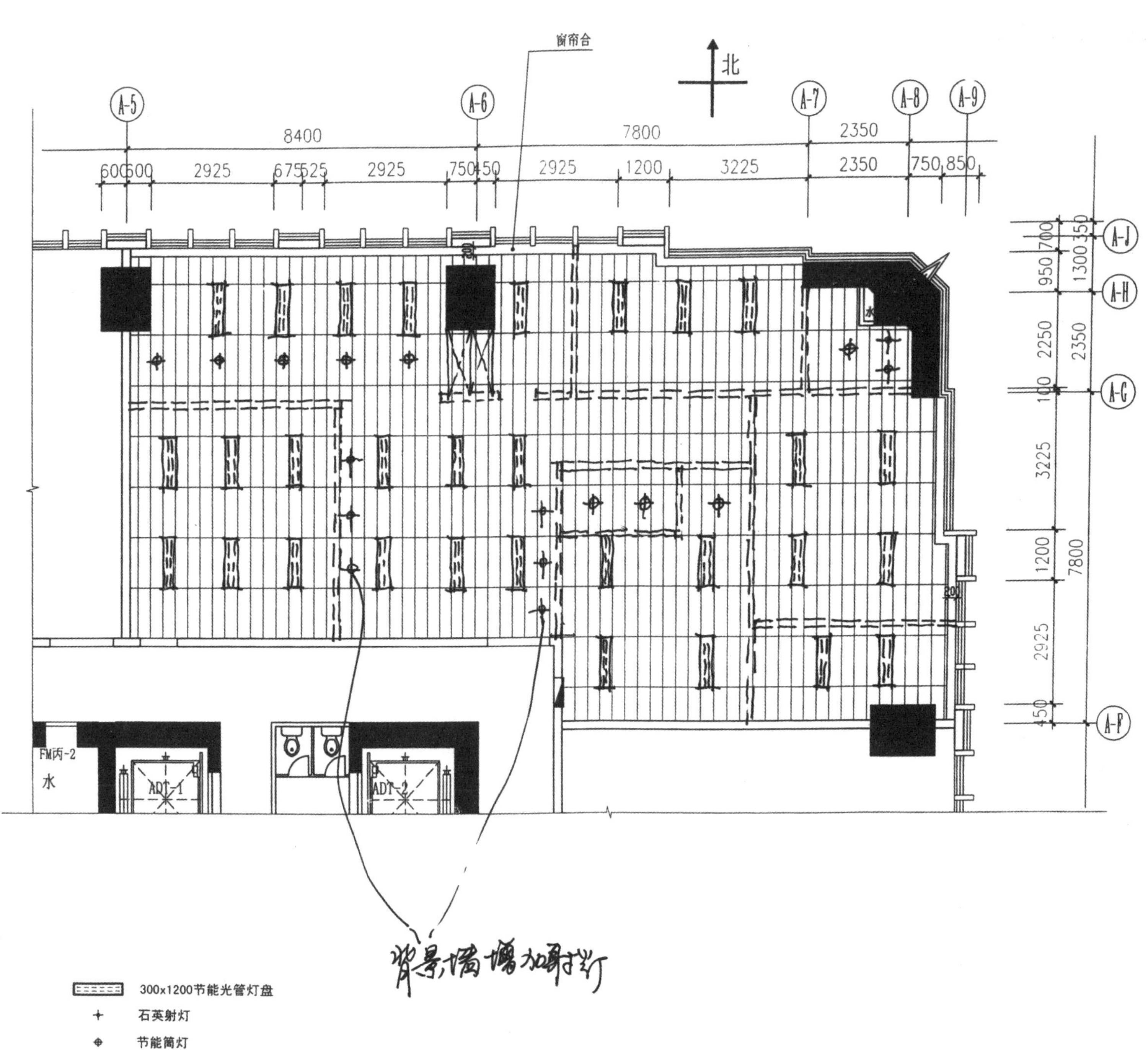

总评：

简单的空间规划，实用、紧凑、节约面积从而形成宽敞的办公区域，综合办公区可尽量利用走廊的玻璃间隔间接采光，入口改变稍欠周详会损失商业价值，单元设计平实大方，不花巧。

小型动漫制作公司办公室（测试题）

建议测试时间：8小时

试题说明

一、基本条件

（1）位于市中心的复式商住楼。
（2）层高5.0m：其中下层2.6m，上层2.4m（详见图纸）。
（3）已有洗手间、厨房区域，位置可适当调整，但不可扩大。
（4）连接上下层梯宽度700mm，梯级B×H约为240mm×220mm，形式及位置自定。

二、风格要求

结合平面功能的空间营造，以实用为主，整体形象雅致舒适、不过分张扬。

三、功能要求/分区

一间富有朝气的，年轻人为主的，精巧创意团队的“窝”。
（1）小型接待区域，可兼作小餐厅/会议室（6人）。
（2）小厨房：相对隔气味，聘请阿姨中午煮食（家庭式）。
（3）厕所：不分男女，带小便斗一个，带简单的沐浴。
（4）太空仓式休息室：可留宿4人，2.0m长×0.75m宽床，带简单衣柜。
（5）设计区（3人）：电脑＋设计台椅，方便与设计总监交流，人均不少于1.6m×1.4m区域。
（6）制作区（4人）：人均不少于1.4m×1.4m区域，电脑制作。
（7）后期处理区（2人）：电脑制作，不少于1.4m×1.4m区域。
（8）交流区：开放式，交流创意用，6~8人。
（9）财务/客户部（共2人）：相对封闭。
（10）设计总监兼经理室（1人）：带小型沙发或休息区域，兼作接待。
（11）文员/秘书（1人）：输出、打印、复印工作。
（12）输出打印、复印区域：可结合工作区域设置，方便使用。

四、成本控制

参考造价为1800元/m²，包括软硬装饰部分以及分体空调部分。

五、评分标准

评分标准：本次分数由两部分组成（满分100分）：
A.方案创意及表达能力（指图纸表达）——占总分数75%。
绘制在提供的图纸上（共7张A3图纸），尽可能用徒手的形式表达（亦可用规尺），黑白即可。

设计提交的图纸内容、要求及比例如下：

序号	图纸内容	规格及比例	占该部分比例	备注
1	平面图（上下层）	1:50	40%	该部分满分75分
2	简单的顶棚（主要对表达和构思理解有辅助的局部）	1:50	5%	
	设计说明（创意表达，含在其中一张天花图中）	(1/2) A3	5%	
3	主要立面（2个）	1:200	15%	
4	透视图（2个角度），标注基本材质和基本做法	A3	30%	
5	图面的工整性和完整性	/	5%	

B.方案推销能力（指口述表达）——占总分数25%。

序号	表达方面	占该部分比例	备注
1	语言表达能力	40%	
2	推销条例能力	40%	
3	应变能力	20%	

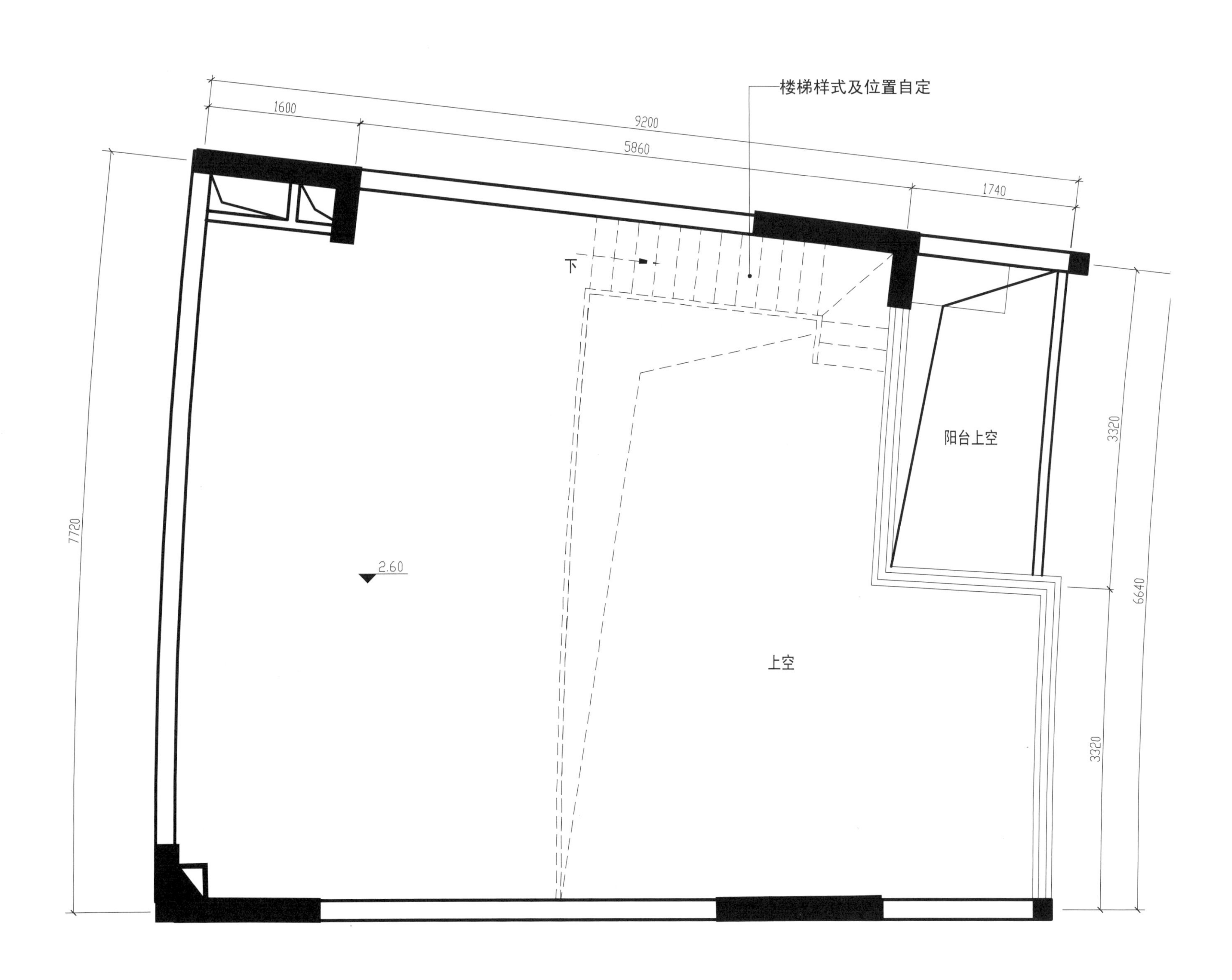

上层平面布置图

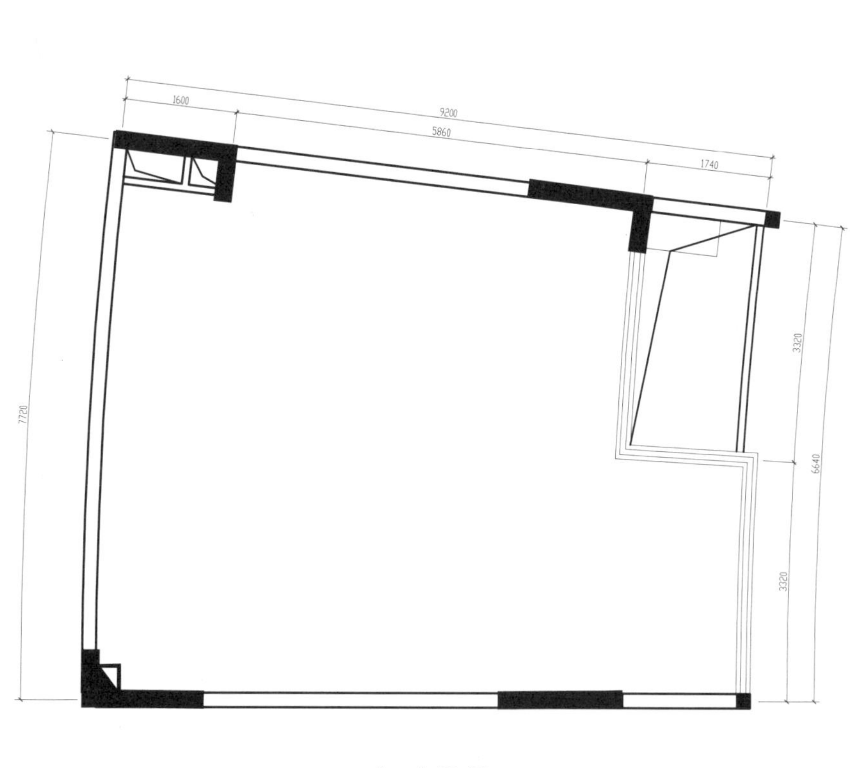

上层顶棚平面布置图

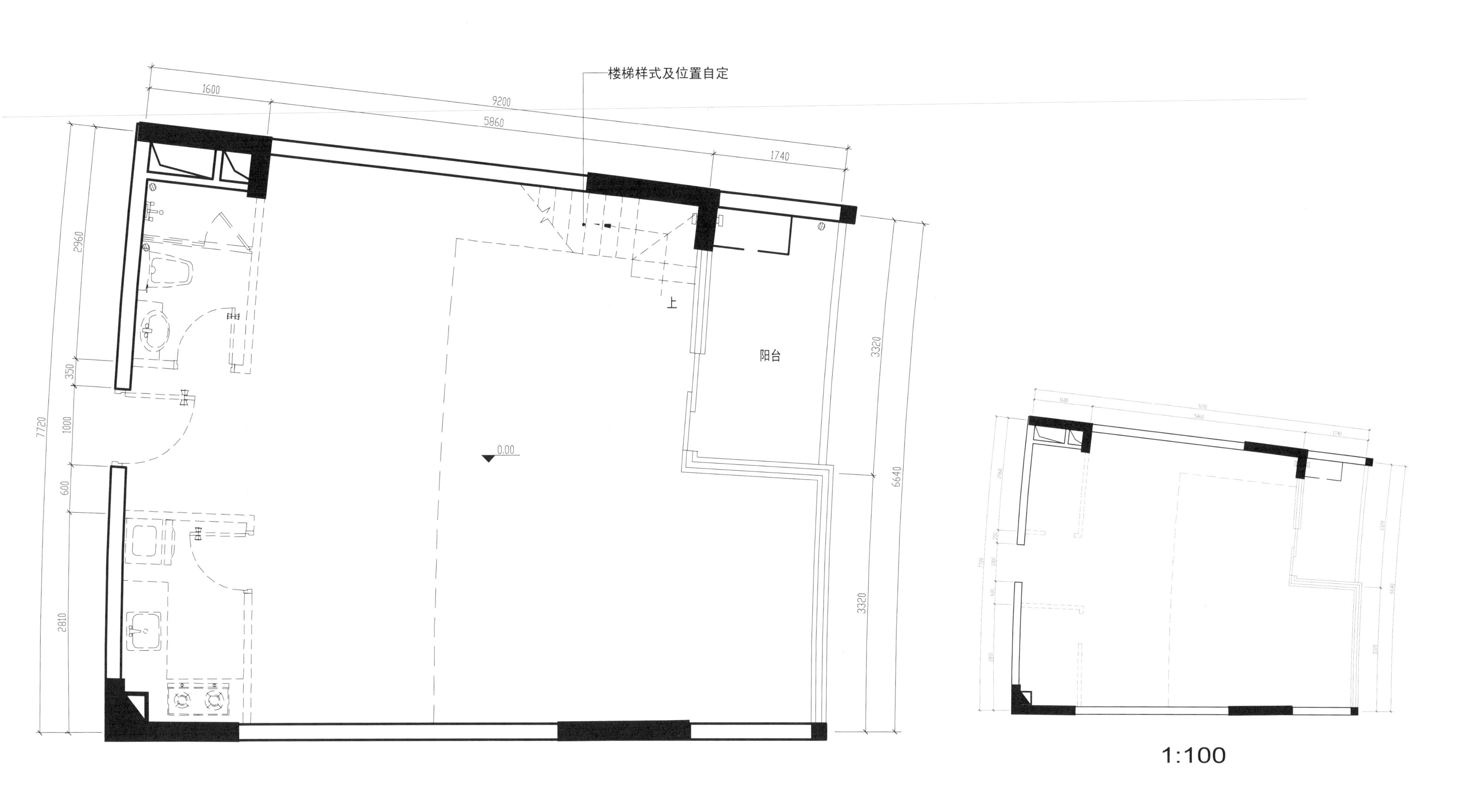

下层平面布置图

下层顶棚平面布置图

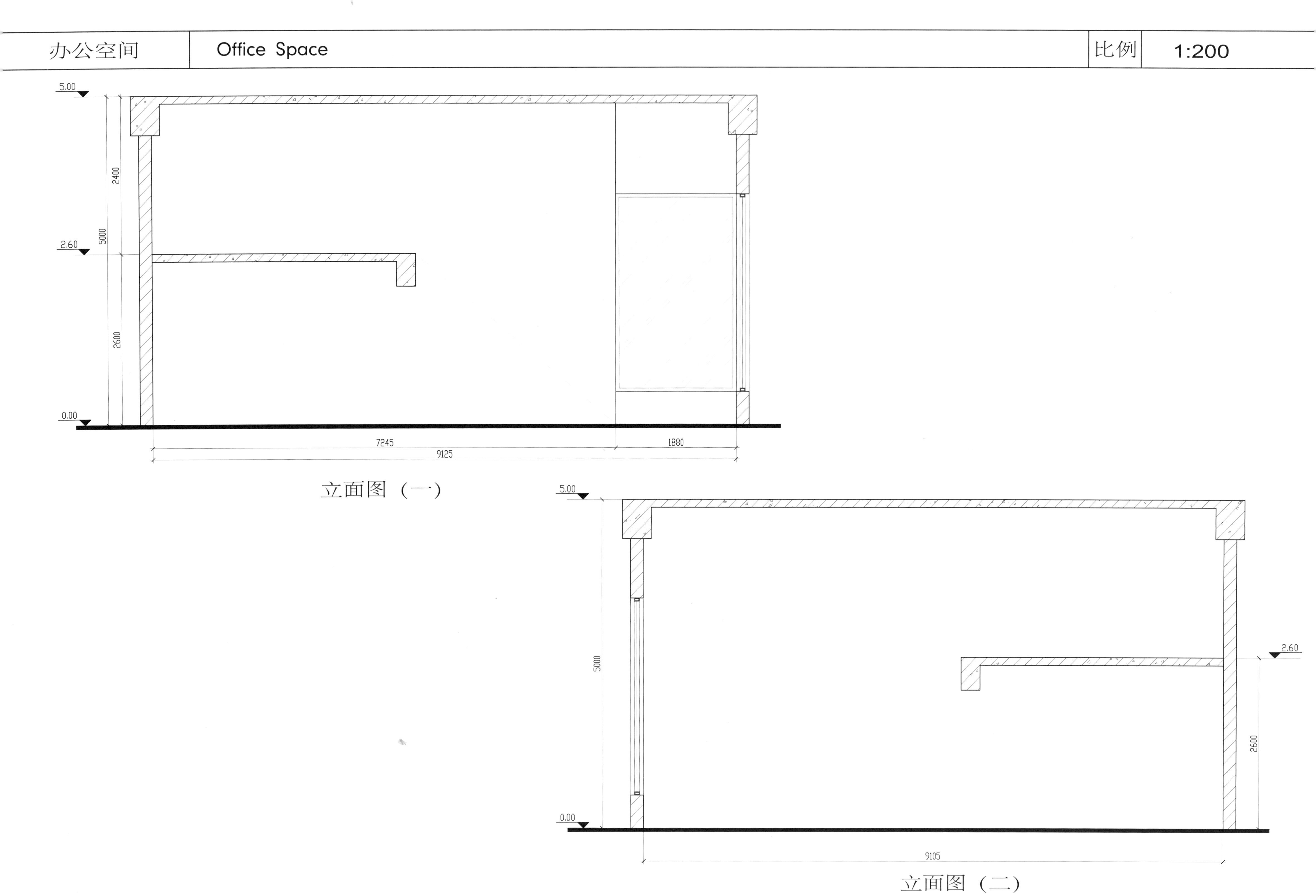
5.00
2.60
0.00
2400
5000
2600
7245
1880
9125
5.00
5000
2.60
2600
0.00
9105

立面图（一）

立面图（二）

思考方式1

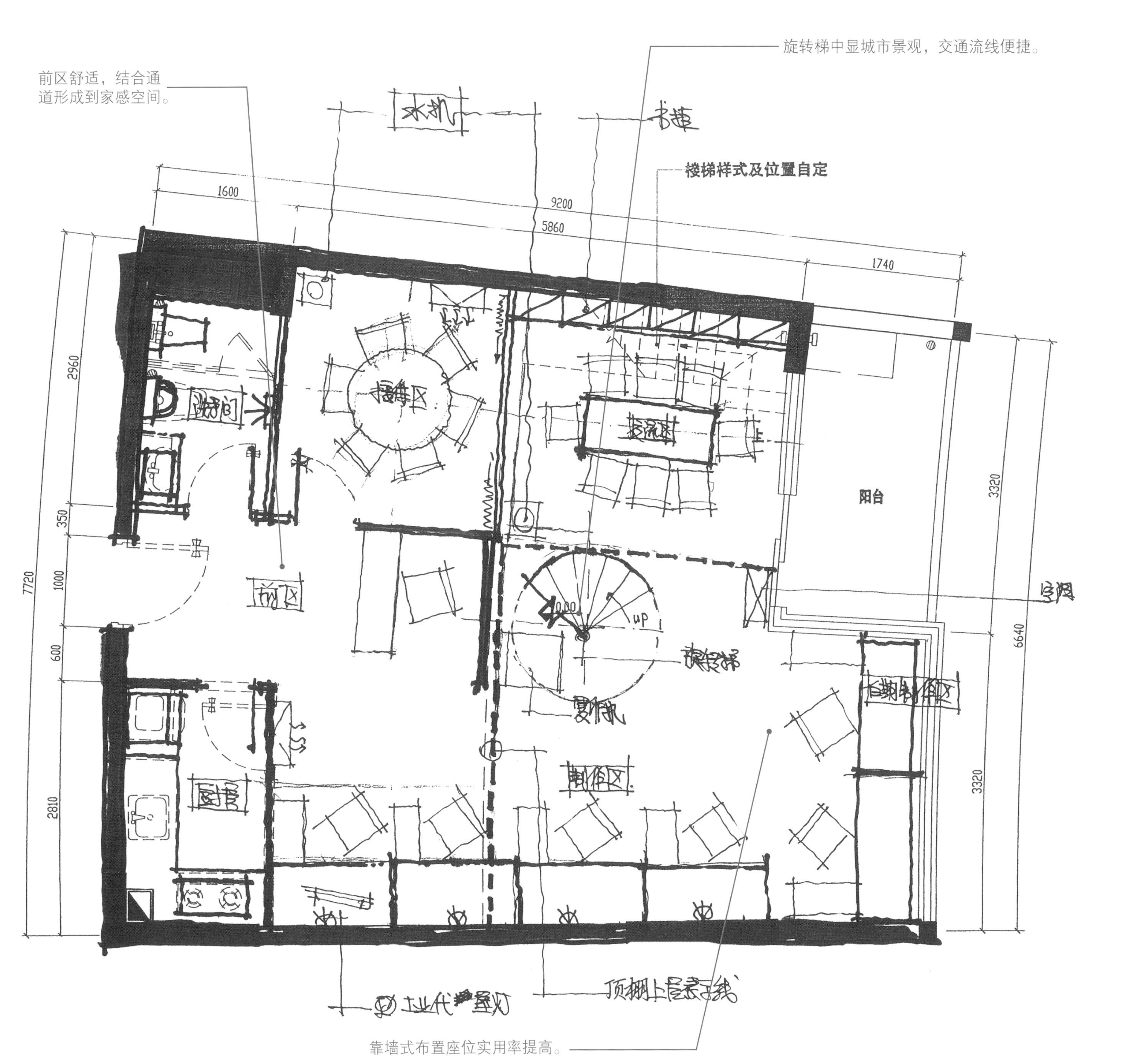
旋转梯中显城市景观，交通流线便捷。
前区舒适，结合通道形成到家感空间。
楼梯样式及位置自定
1600
9200
5860
1740
2960
350
1000
600
2810
7720
3320
6640
阳台
up
靠墙式布置座位实用率提高。

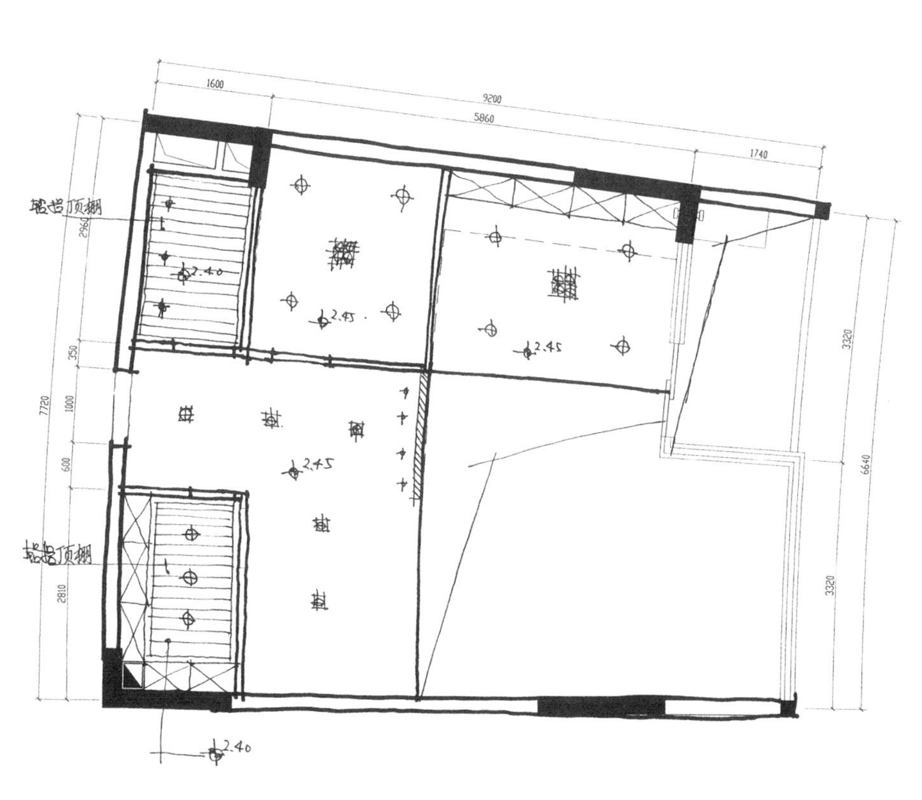
1600
9200
5860
1740
2.45
2.40

1:100

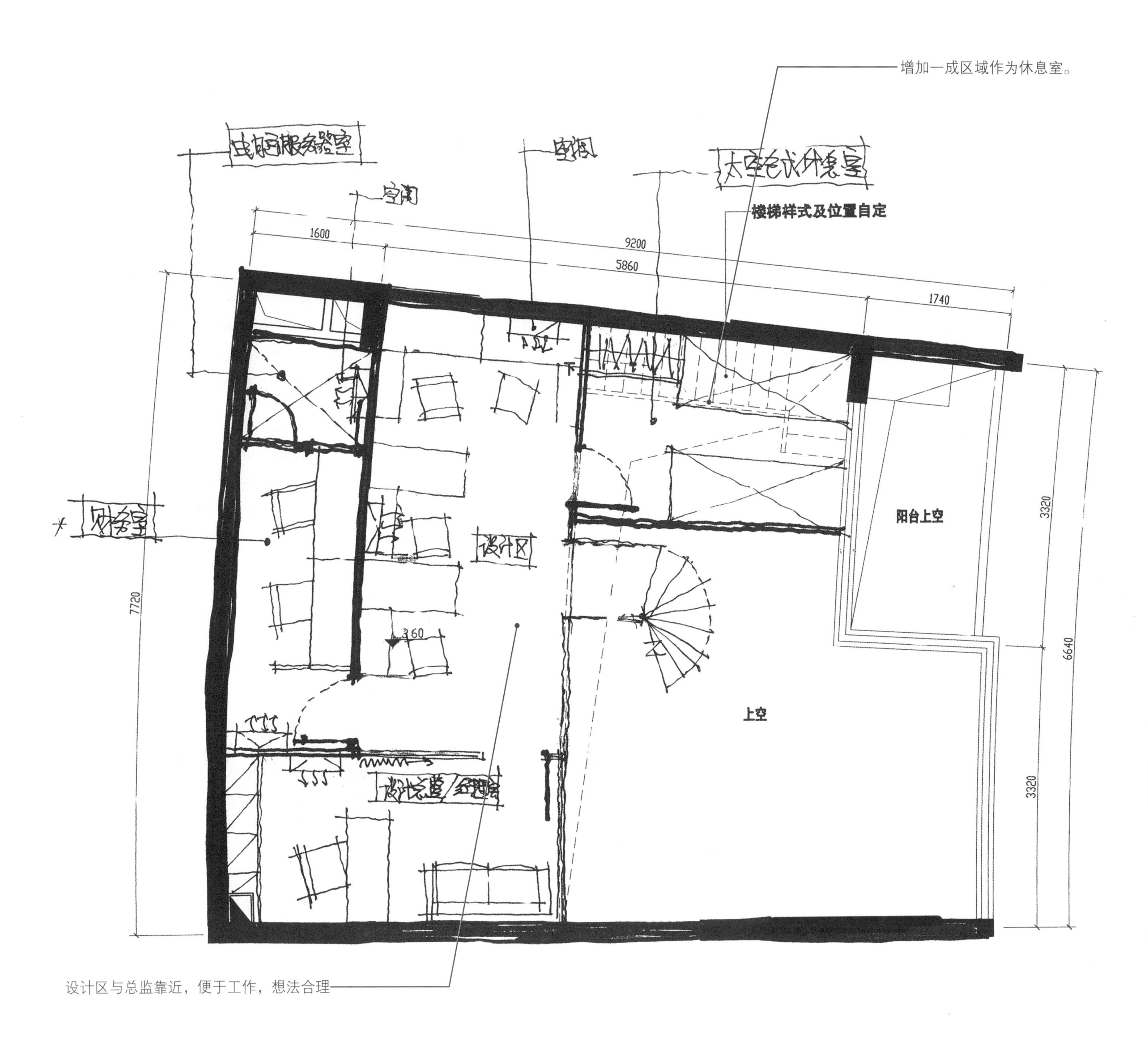
增加一成区域作为休息室。
楼梯样式及位置自定
1600
9200
5860
1740
阳台上空
3320
6640
7720
360
上空
设计区
3320
设计区与总监靠近，便于工作，想法合理

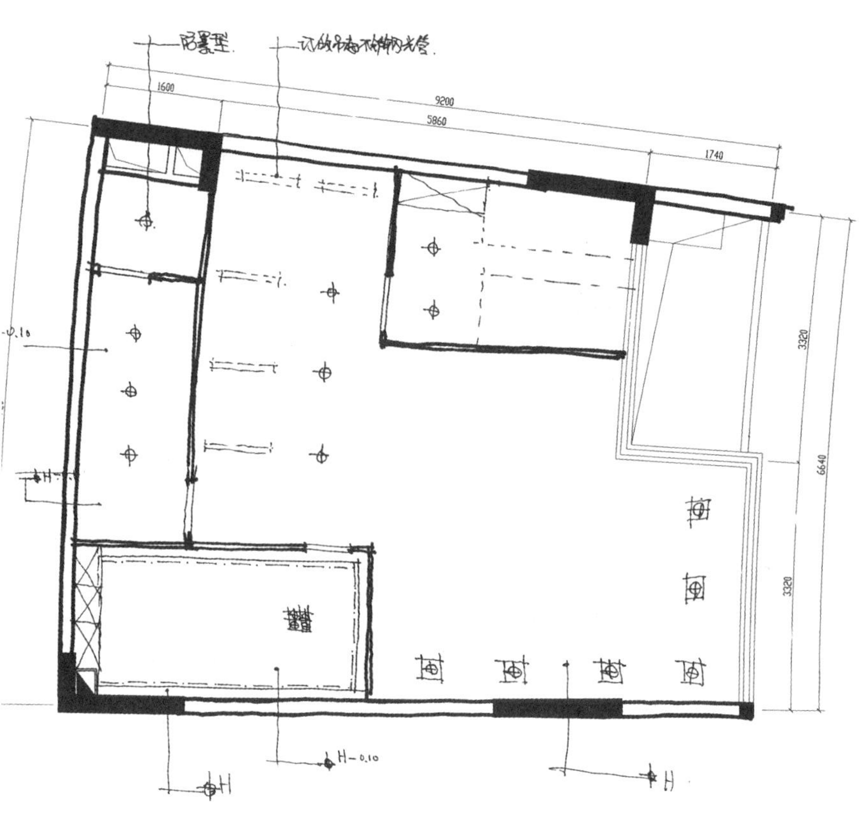
9200
5860
1740
3320
6640
3320

1:100

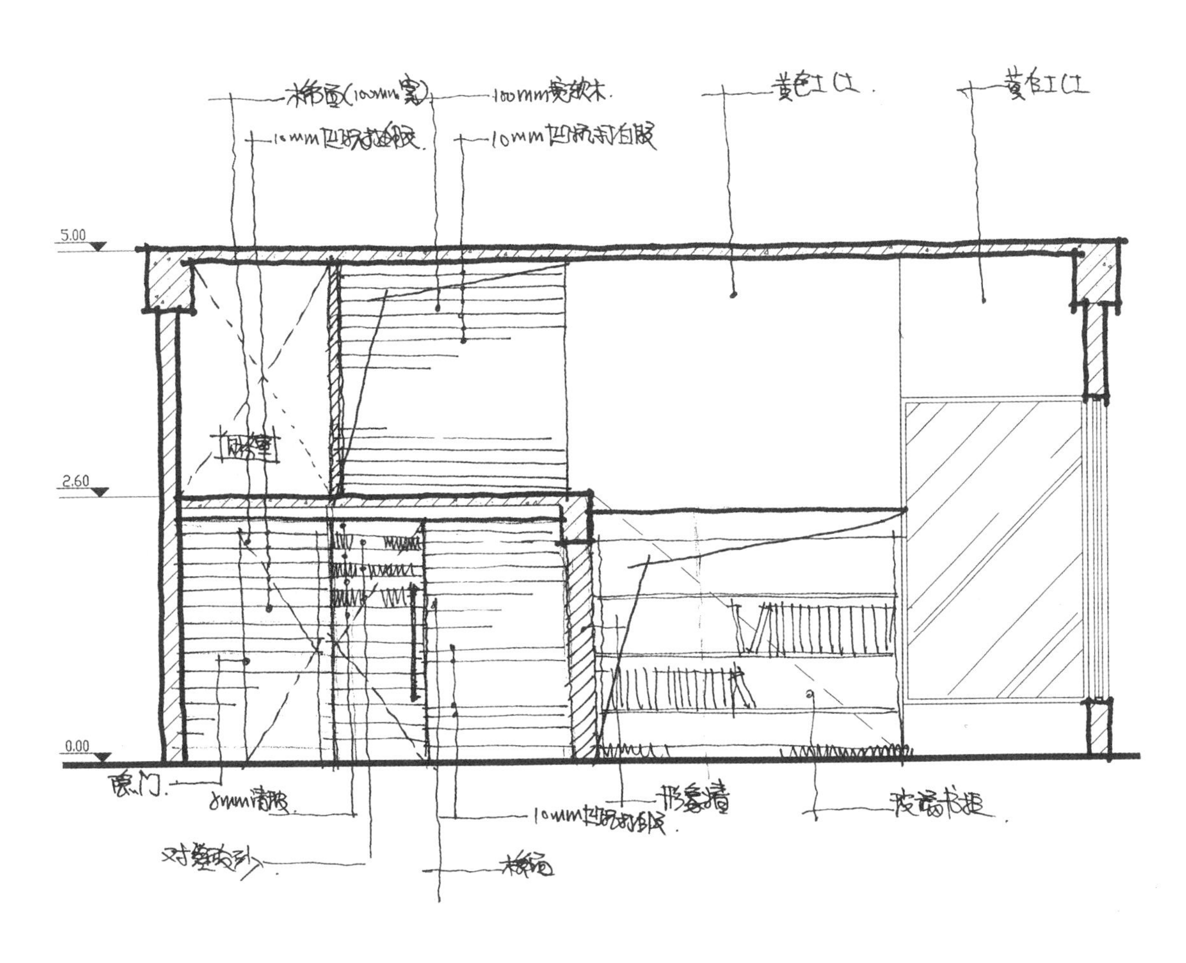

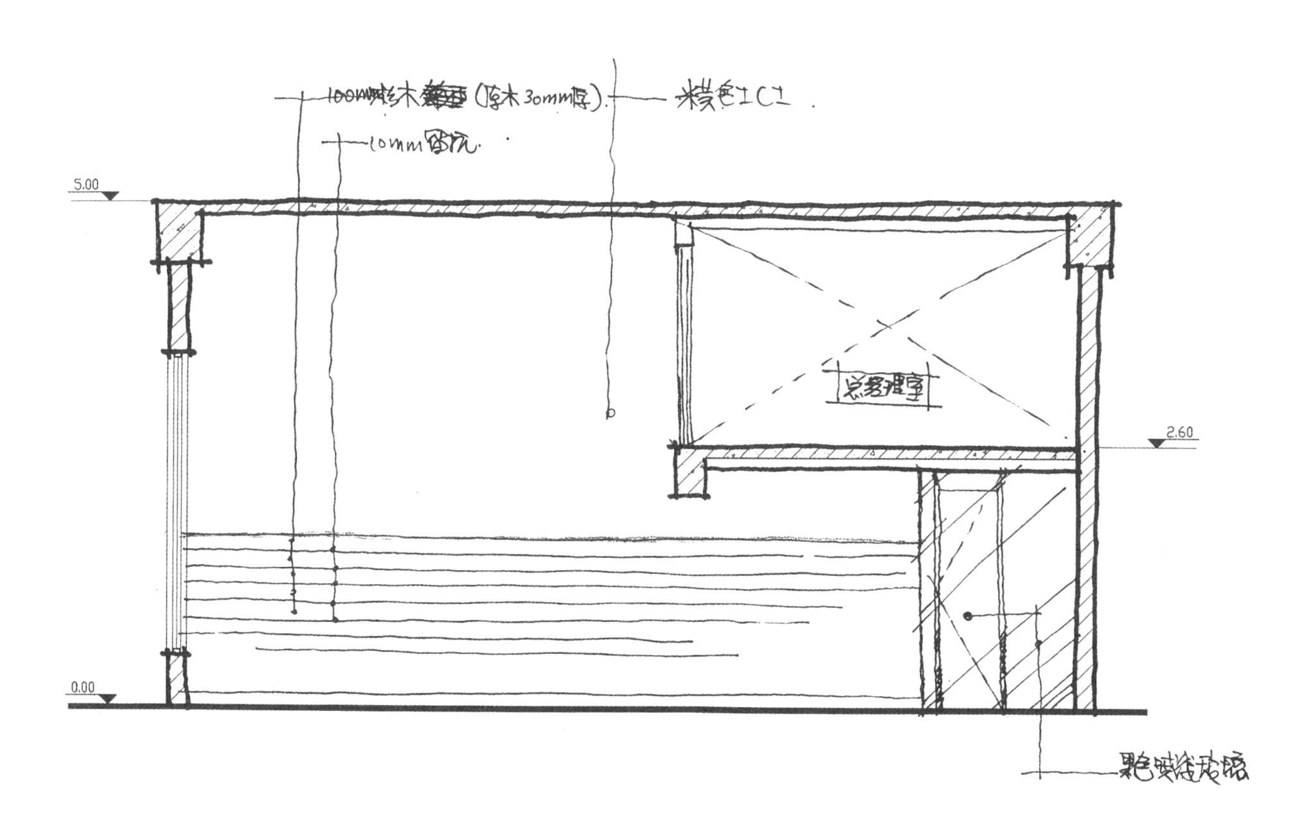

设计说明：

这是一个位于市中心的复式商住楼，而这个户型是一间小型动漫制作公司办公室。

这个户型的特点是复式，而在这个单位内要安放其公司必需的功能和人员，所以我利用了这个复式的高度在交流区的上空新加了一个区间使整个办公室的空间得到释放。

在整体的装饰手法是用大块面大色块的手法打造了一个实用、简约、整体的舒适办公空间。

总评：

布局流畅，功能上下层选配有独特的想法，非常好！

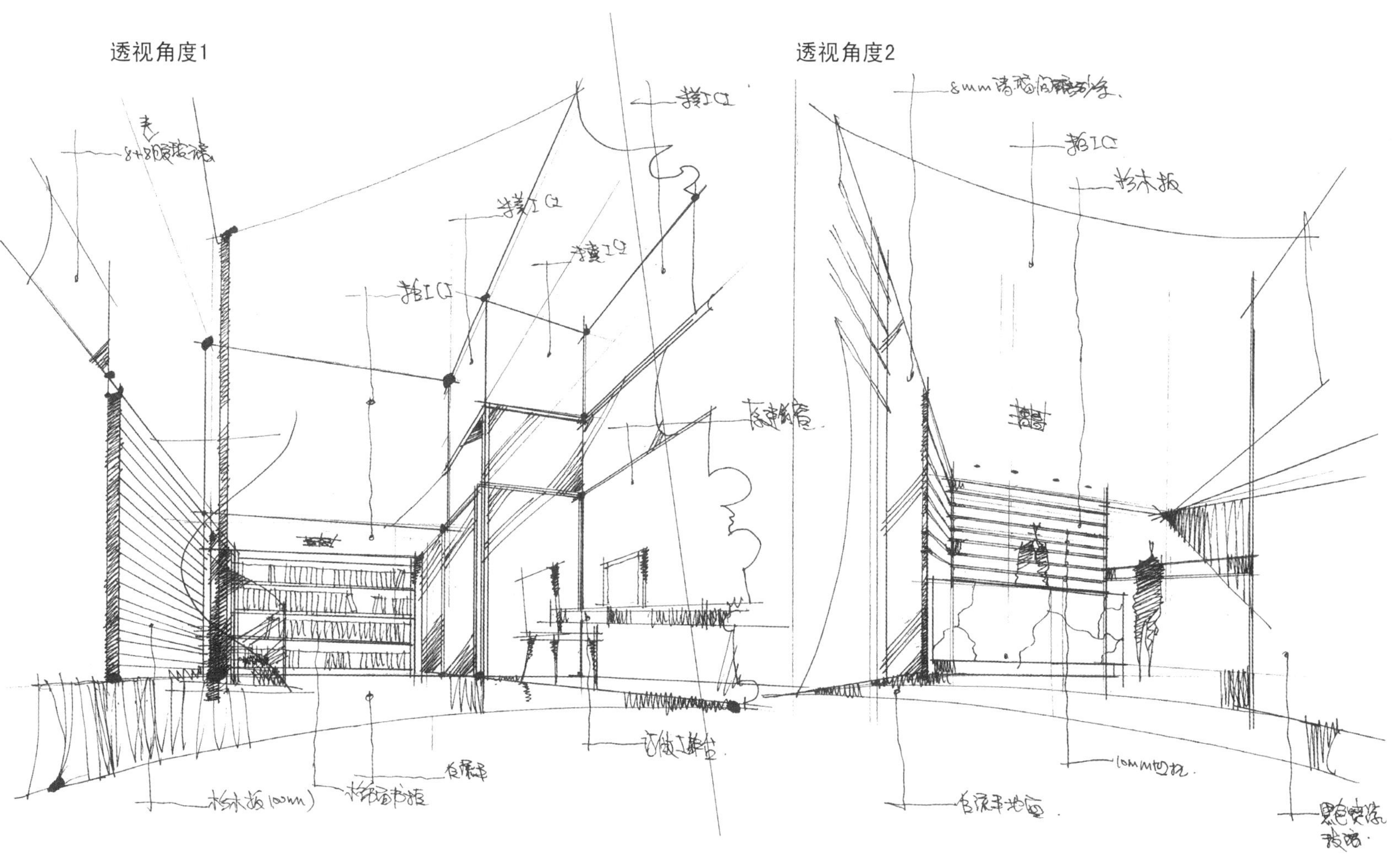

透视角度1　　透视角度2

思考方式2

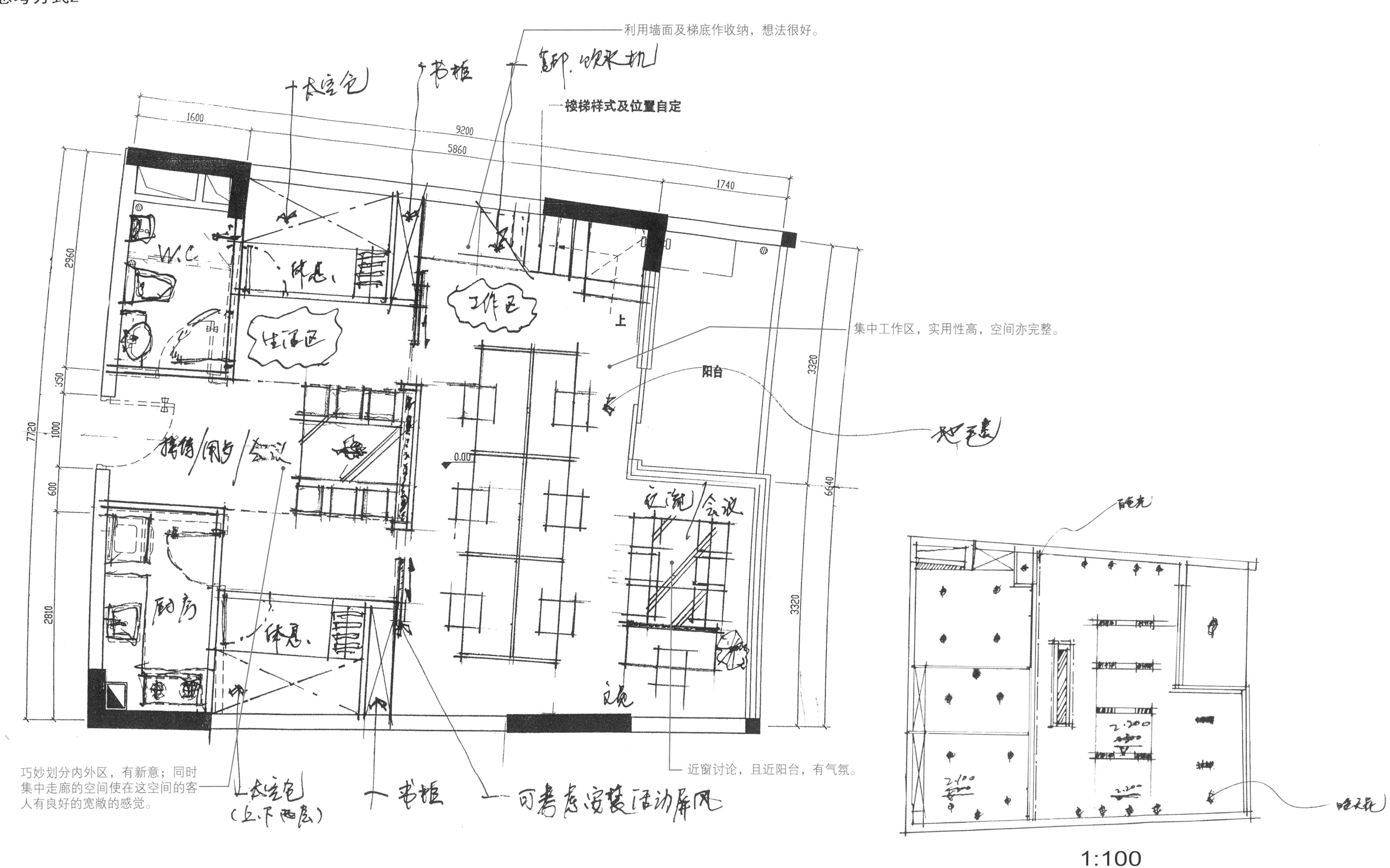
利用墙面及梯底作收纳，想法很好。
楼梯样式及位置自定
1600
9200
5860
1740
2960
350
1000
7720
600
2810
3320
6640
3320
W.C.
工作区
上
集中工作区，实用性高，空间亦完整。
阳台
0.00
近窗讨论，且近阳台，有气氛。
巧妙划分内外区，有新意；同时集中走廊的空间使在这空间的客人有良好的宽敞的感觉。
1:100

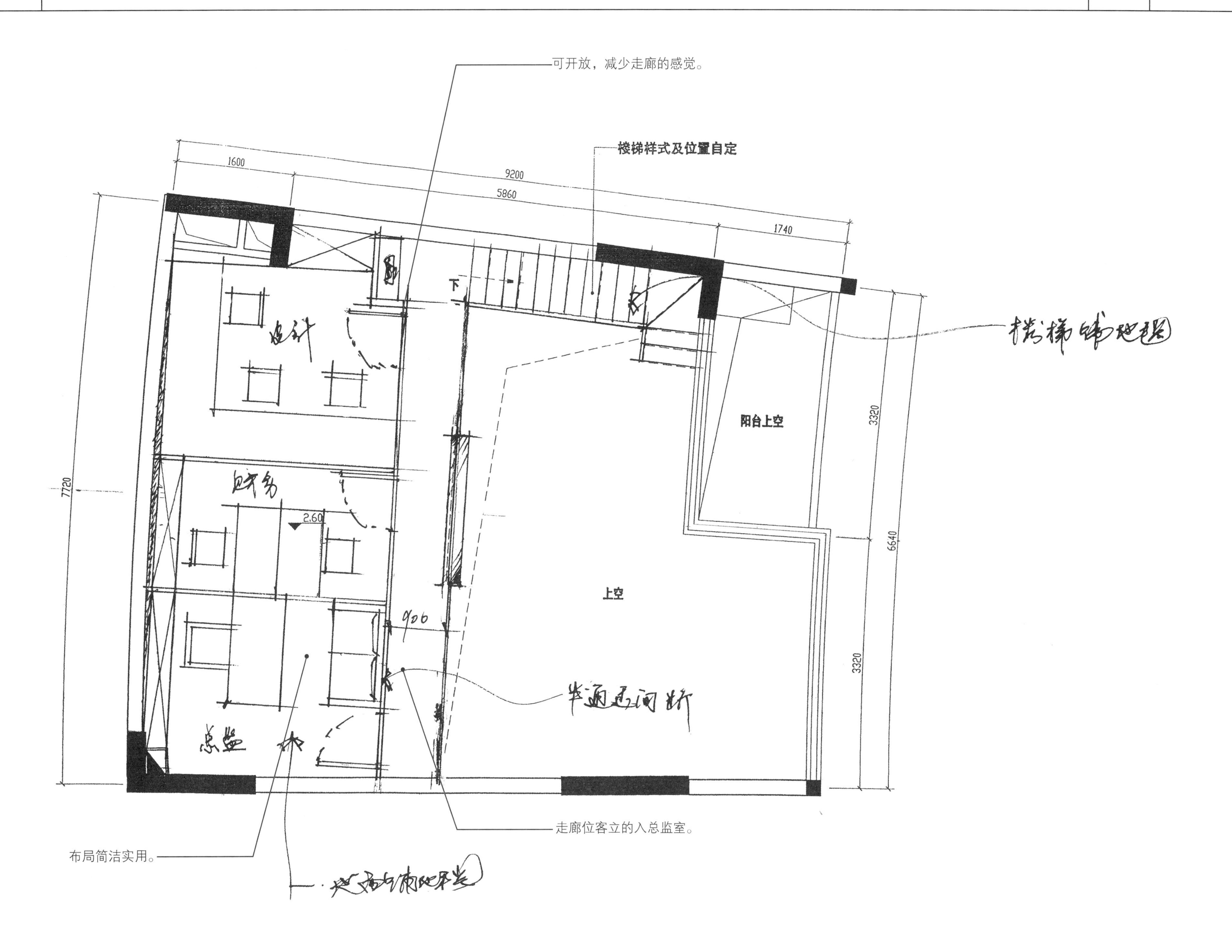
可开放，减少走廊的感觉。
楼梯样式及位置自定
9200
1600
5860
1740
下
阳台上空
3320
6640
3320
7720
2.60
上空
走廊位客立的入总监室。
布局简洁实用。

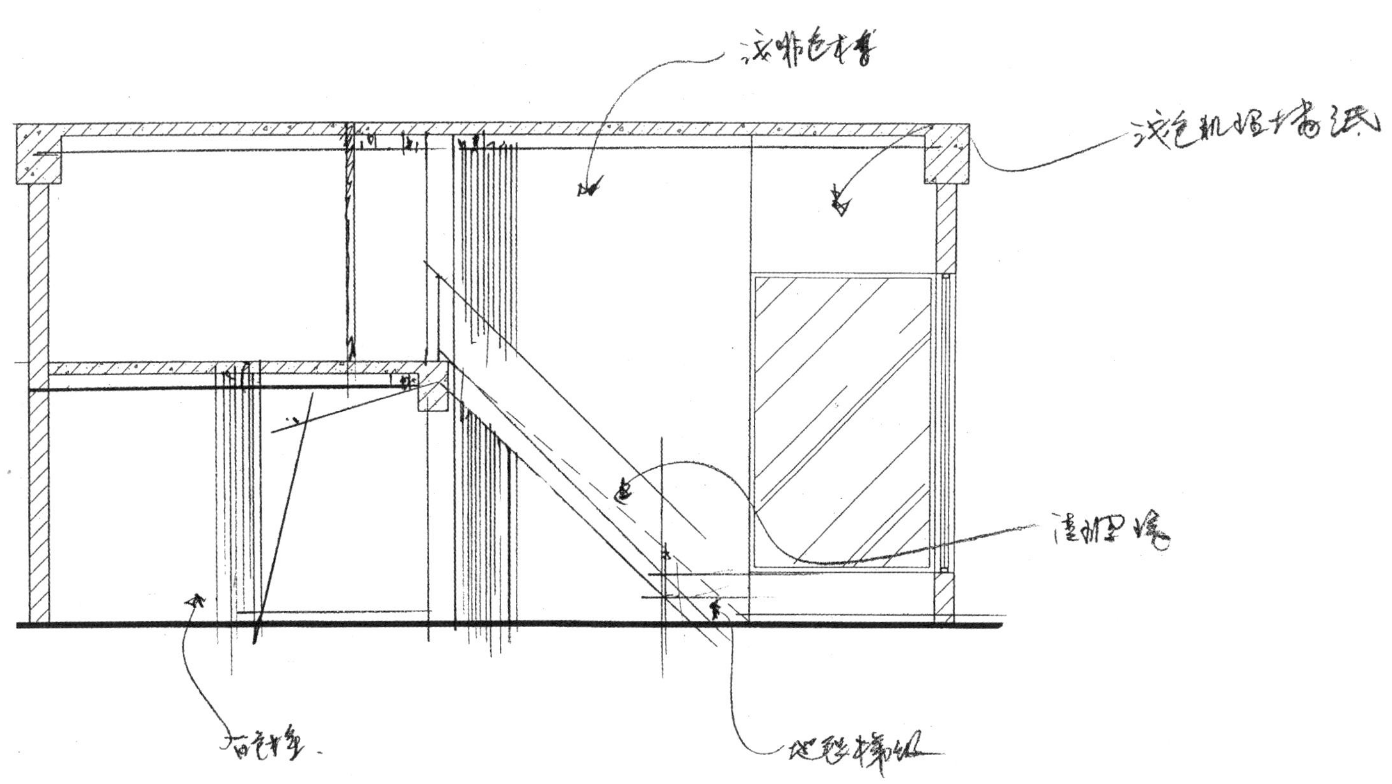

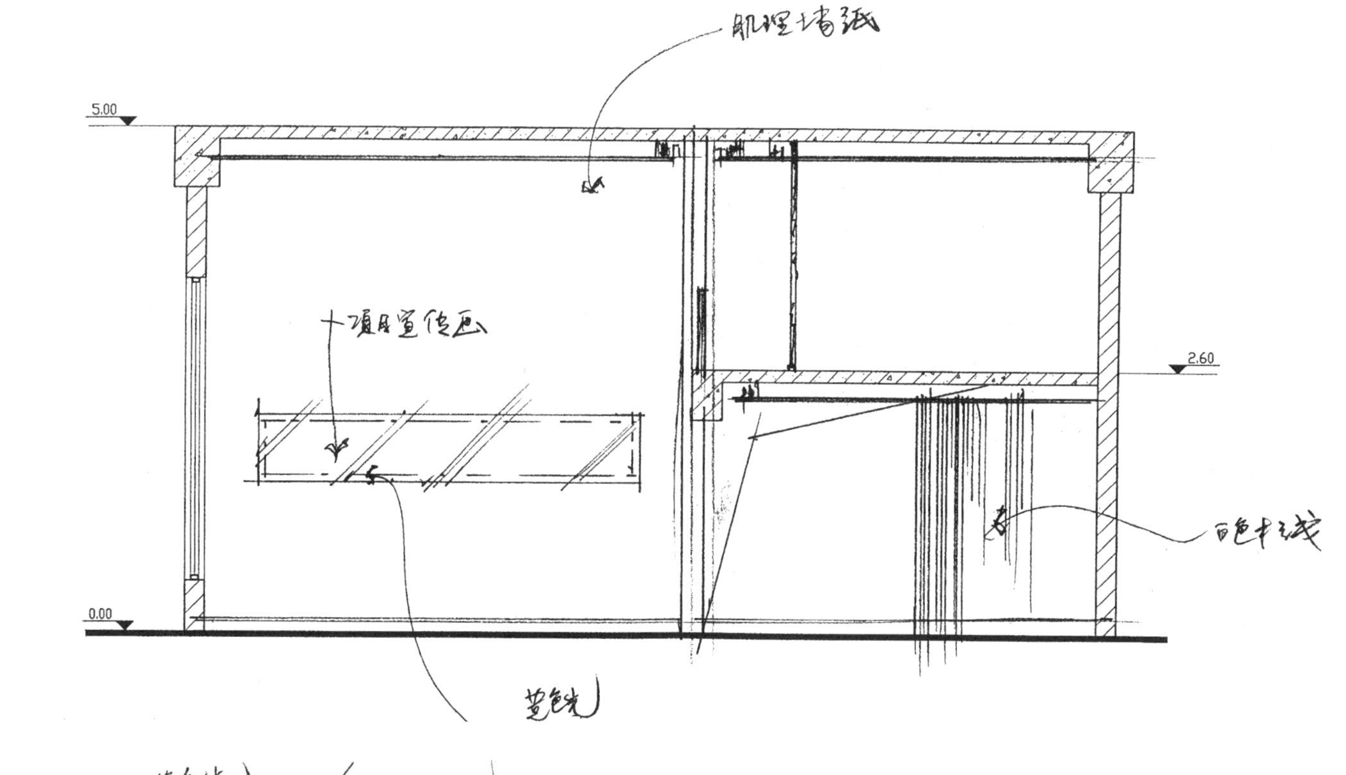

设计说明：

考虑到此项目为动漫制作公司，在工作模式上会日夜颠倒。员工对时常会以公司为家，所以在功能布局方面，主要划分了生活区与工作区，使紧张的工作得到最大程度的放松。

在满足使用功能的基础上布局尽量做到具有“流通”性，增大员工的活动空间并加强了空间感。

在色调方面主要以白色、啡色、浅紫色为主。

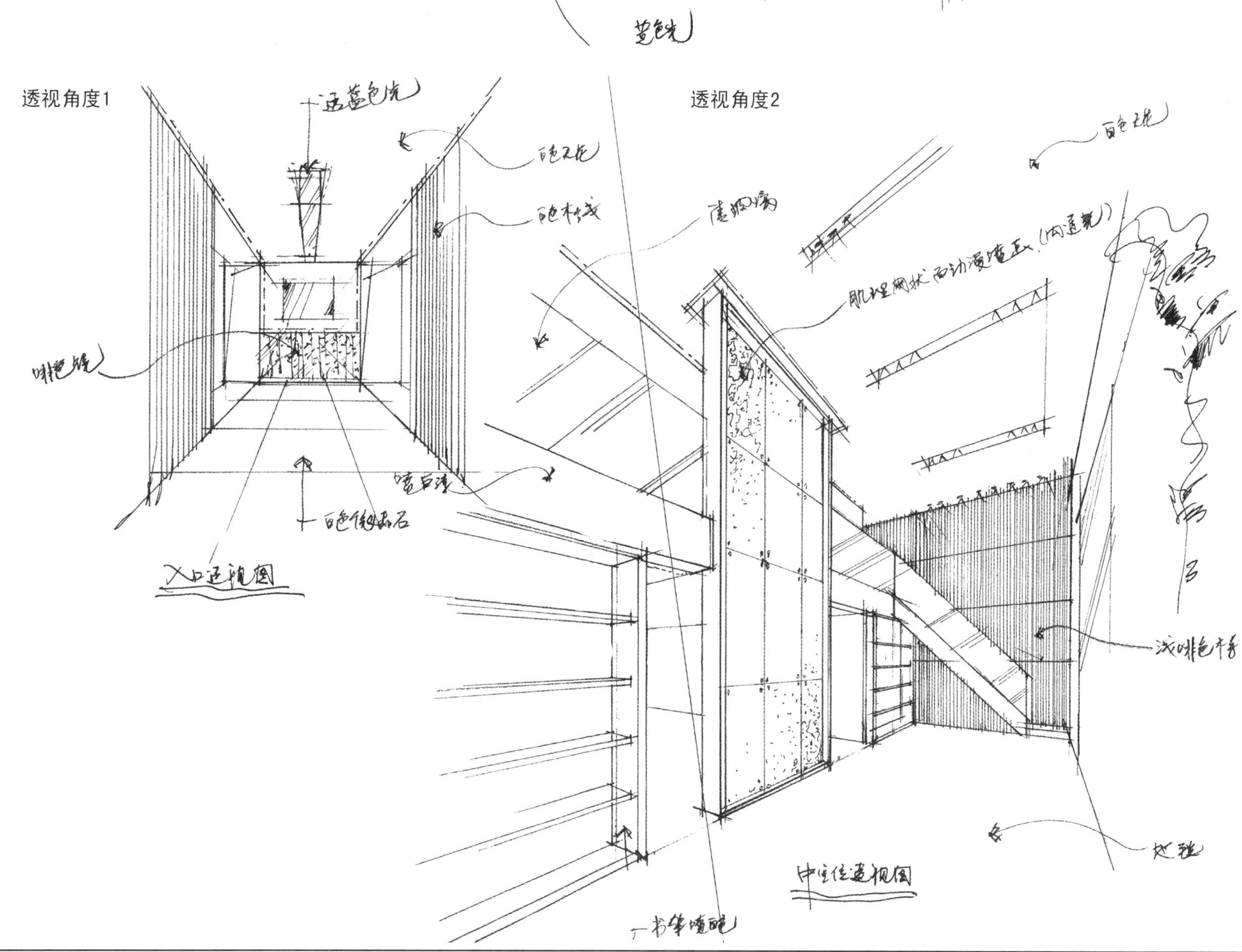

总评：

布局颇为新意，也尽用景观和功能的使用，相当不错！

思考方式3

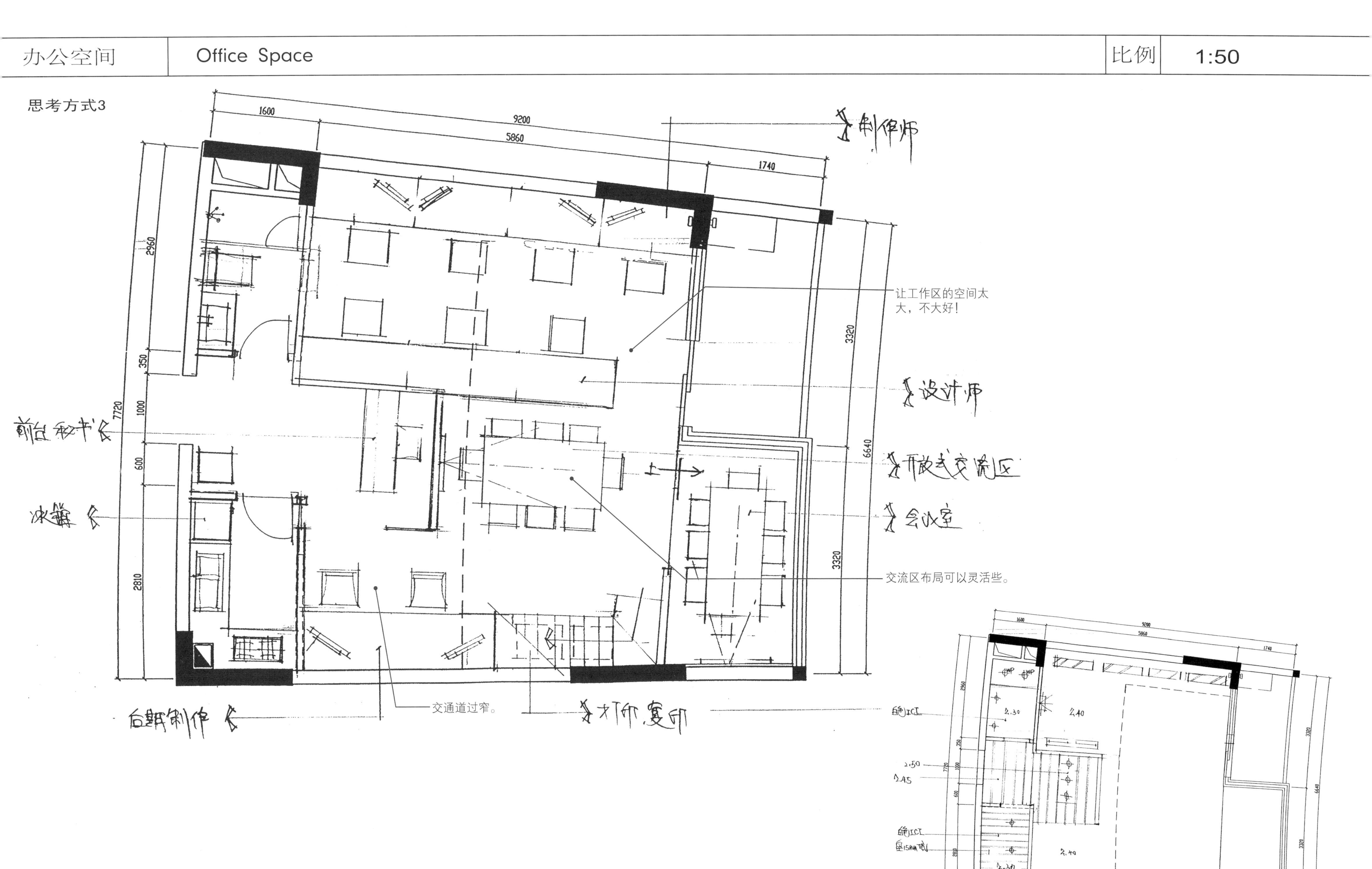

让工作区的空间太大，不大好！
交流区布局可以灵活些。
交通道过窄。
制作师
设计师
开放式交流区
会议室
打印复印
前台秘书
冰箱
后期制作
1600
9200
5860
1740
2960
350
1000
600
2810
7720
3320
6640

1:100

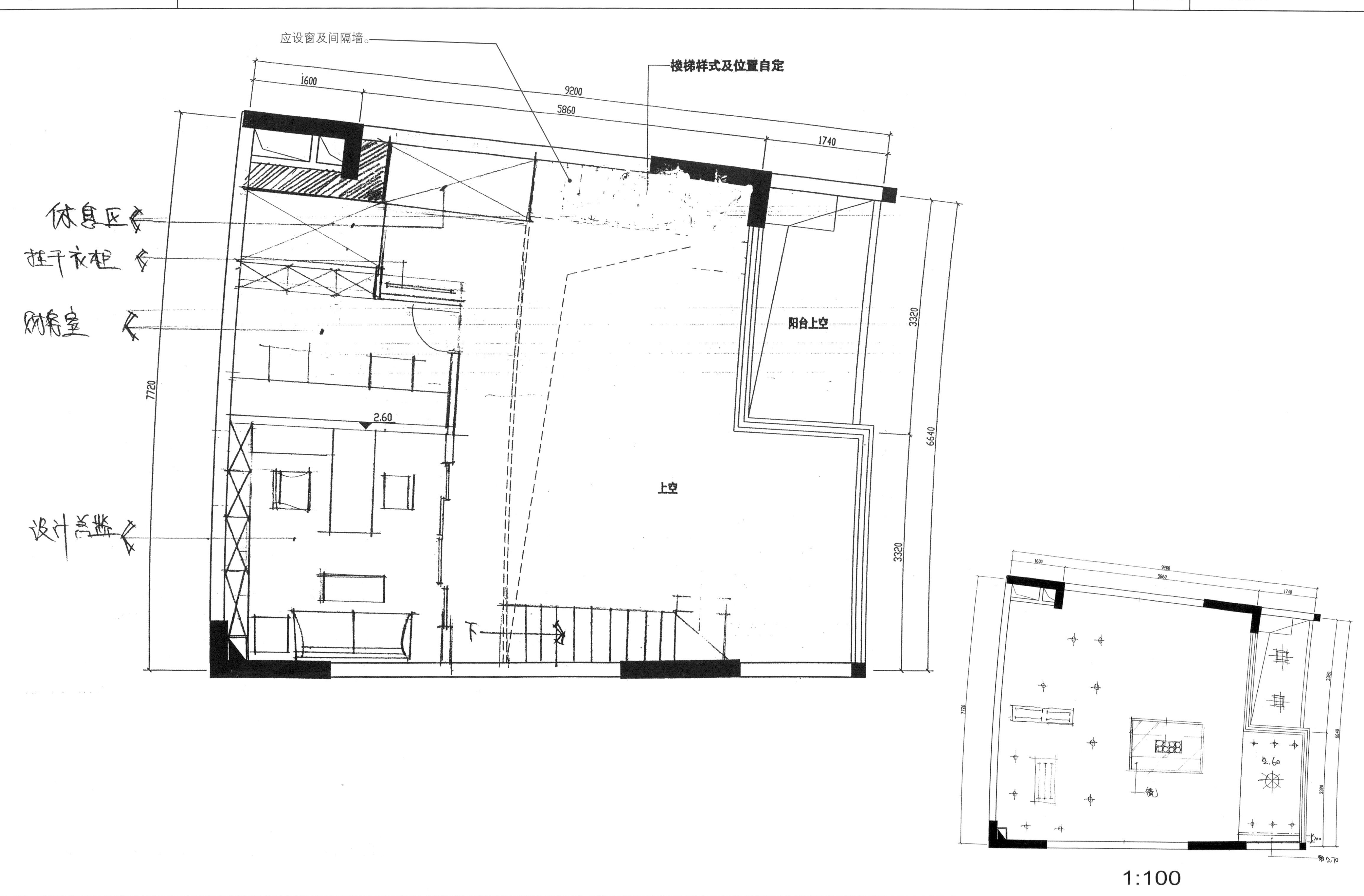
应设窗及间隔墙。
楼梯样式及位置自定
9200
1600
5860
1740
阳台上空
上空
3320
6640
3320
7720
2.60
休息区
挂衣柜
财务室
设计总监
下
1:100

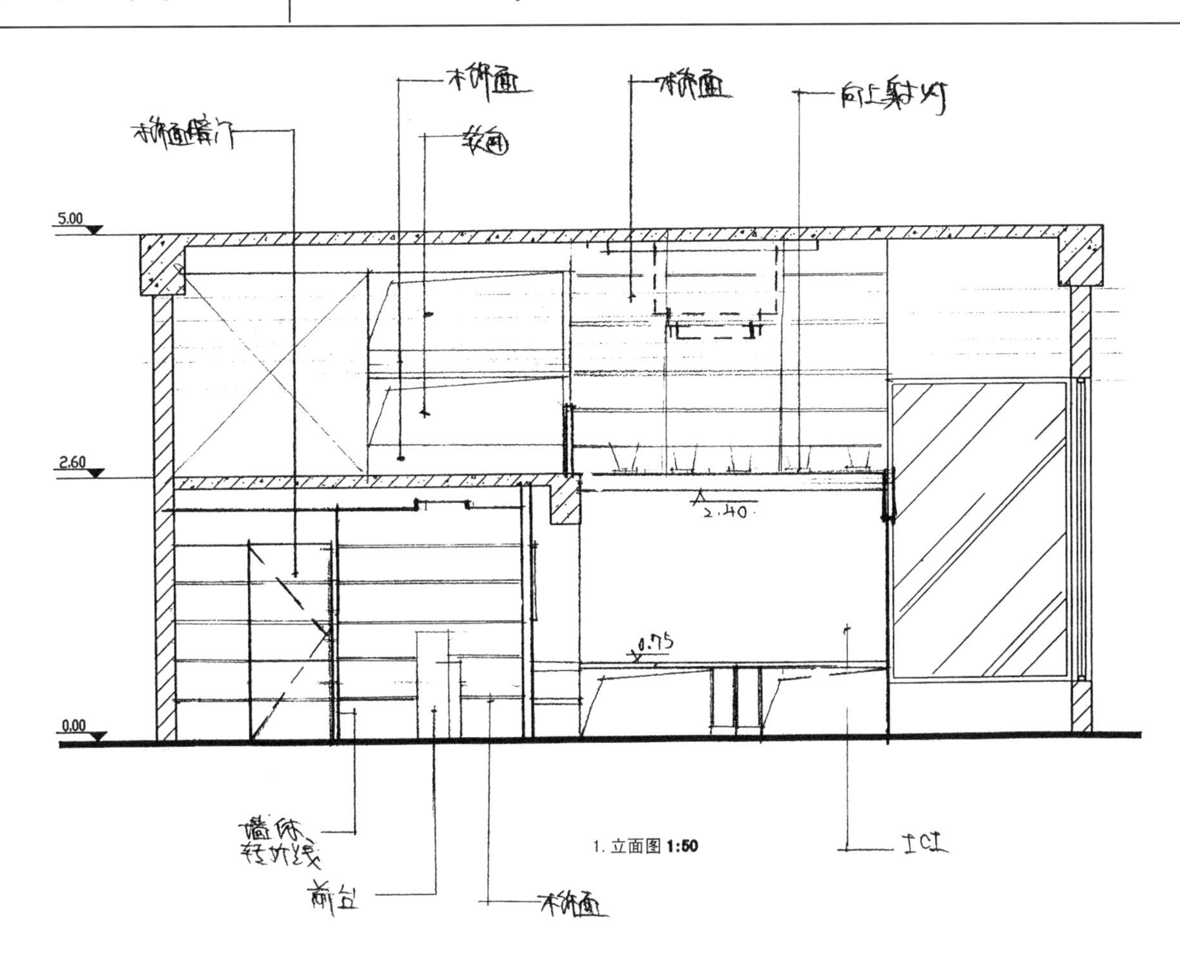

1. 立面图 1:50

2. 立面图 1:50

设计说明：

小型动漫制作公司的亮点为开敞式的交流区，动漫制作的灵感是通过交流与沟通产生更好的效果。因此平面布置上划分交流区为最大的面积，主要以玻璃为材料加上顶棚的镜与金属灯罩，使办公室气势更强。

同时办公室的色彩为灰色调系用玻璃镜，木饰面的材质互搭配。墙身以ARTDECO作为装饰，增添公司形象。

总评：

布局工整合理，平实。流线还需要进一步优化。

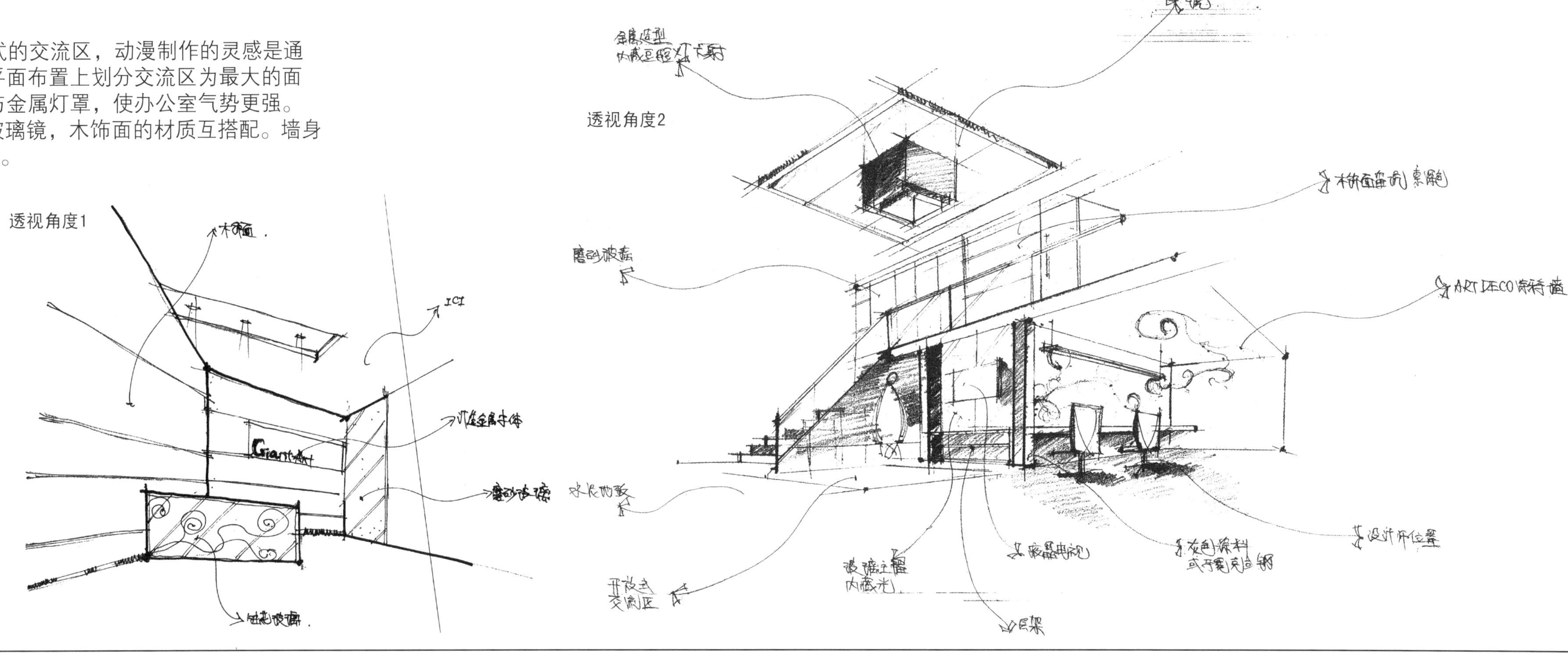

透视角度1

透视角度2

思考方式4

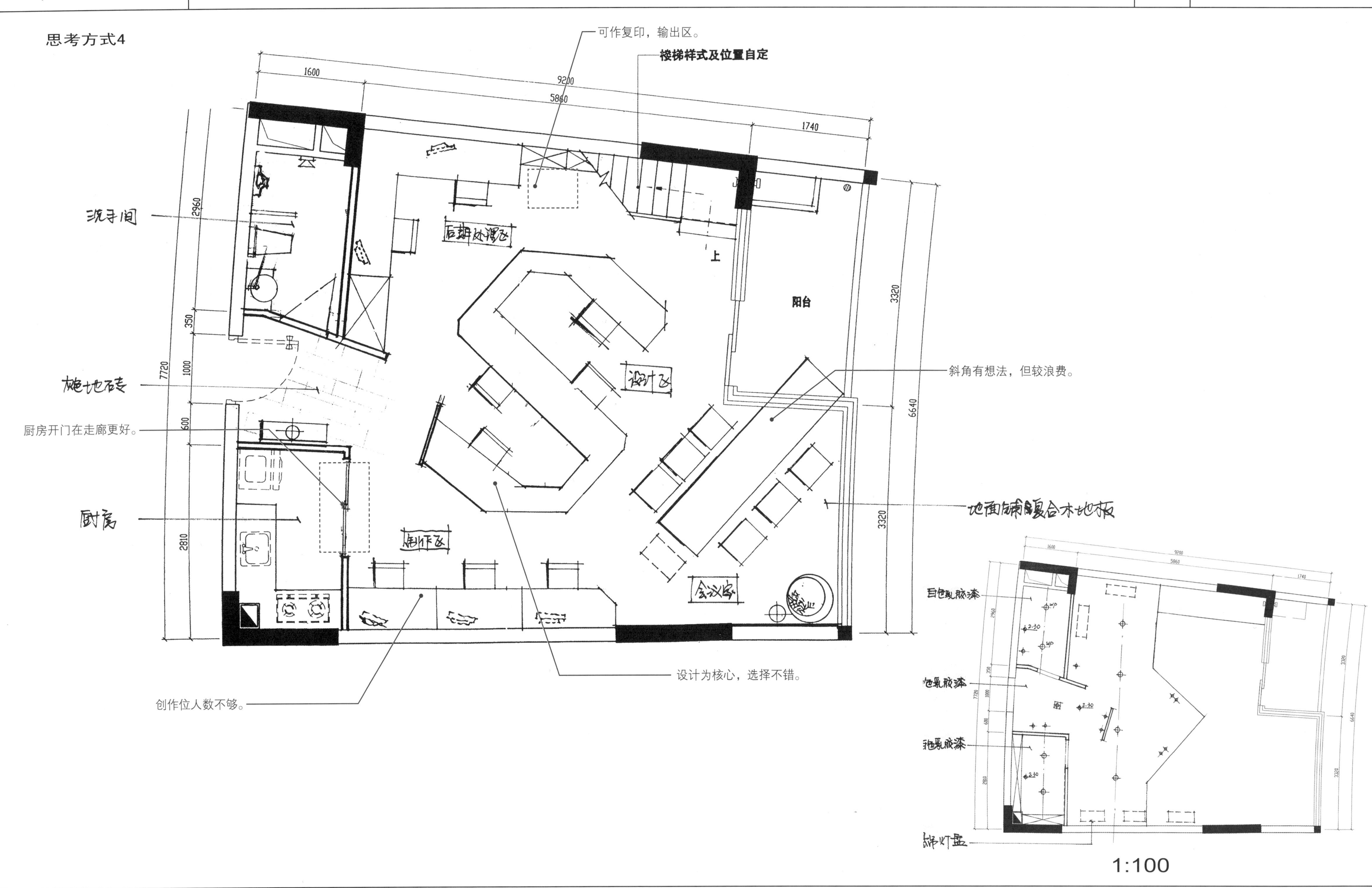
可作复印，输出区。
楼梯样式及位置自定
1600
9200
5860
1740
洗手间
2960
350
7720
1000
600
2810
厨房开门在走廊更好。
厨房
后期处理区
上
阳台
3320
6640
斜角有想法，但较浪费。
设计区
地面铺复合木地板
创作区
会议室
设计为核心，选择不错。
创作位人数不够。
1:100

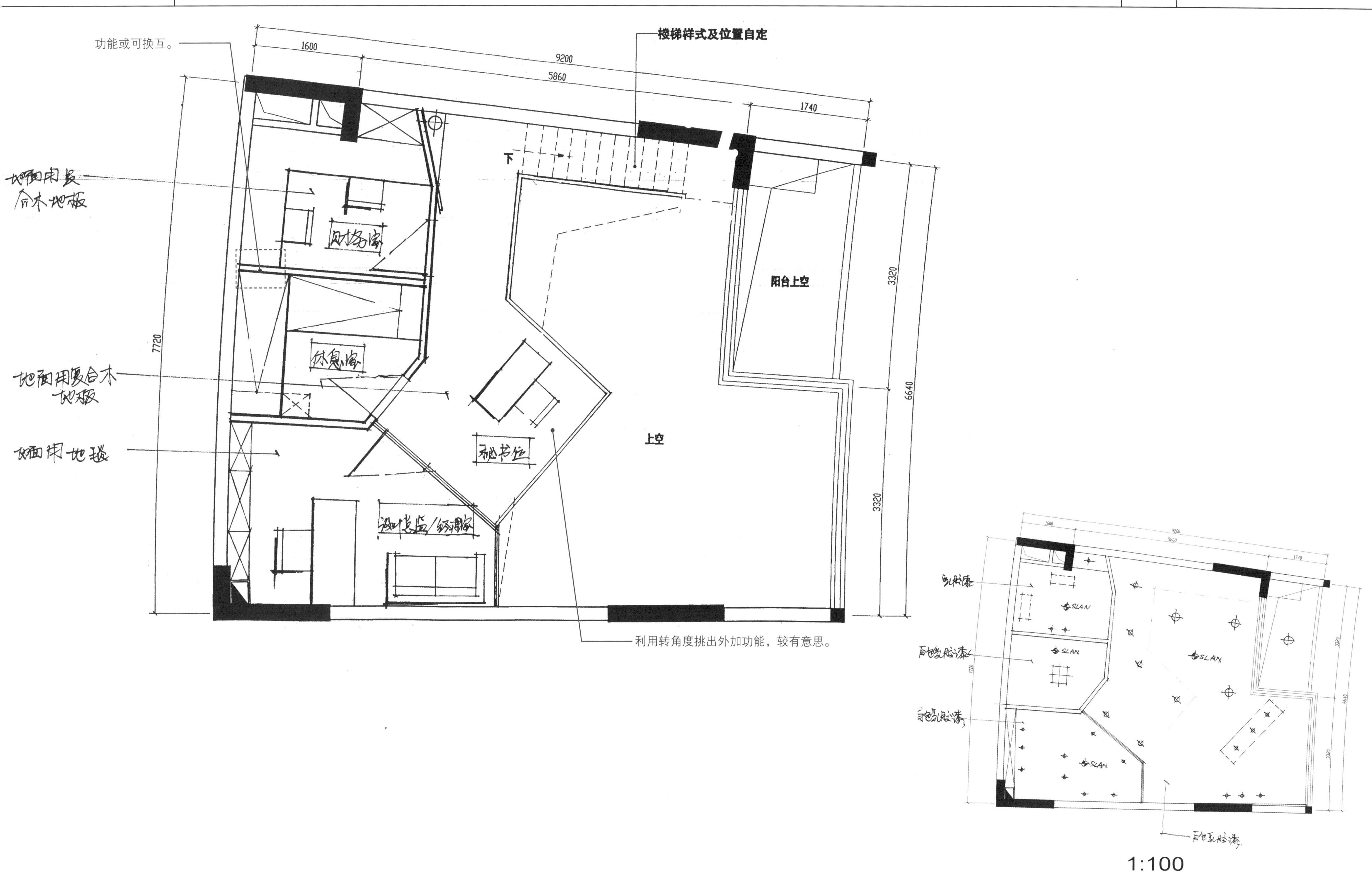
功能或可换互。
楼梯样式及位置自定
1600
9200
5860
1740
7720
3320
6640
3320
下
财务室
休息室
秘书位
上空
阳台上空
设计总监/经理室
利用转角度挑出外加功能，较有意思。
1:100

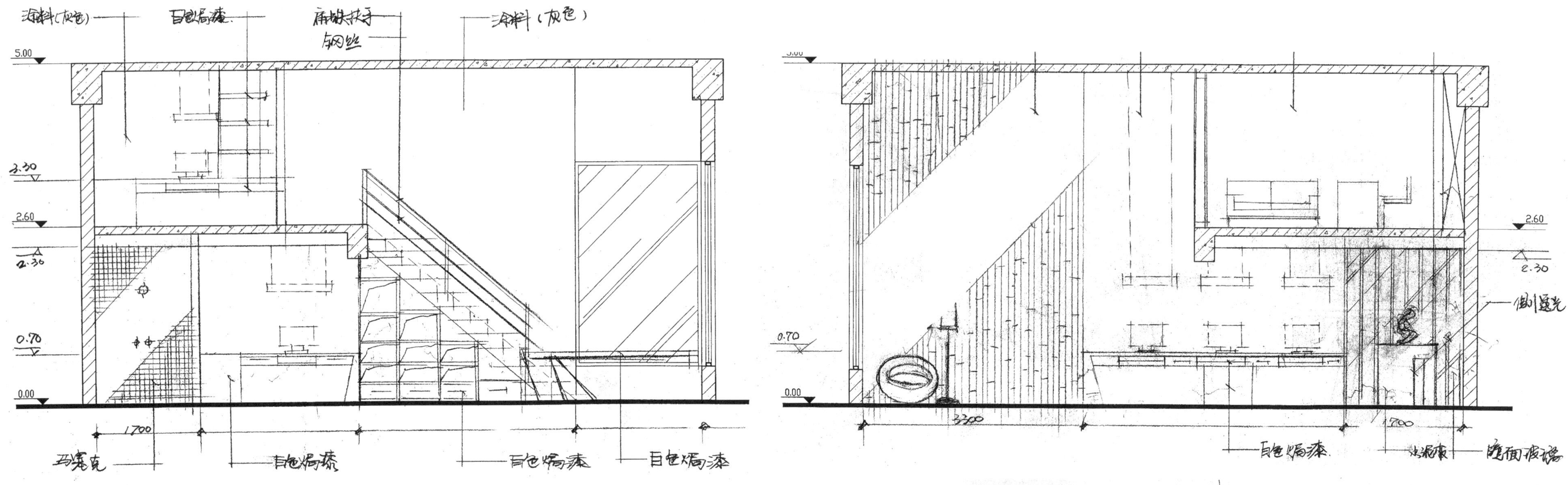

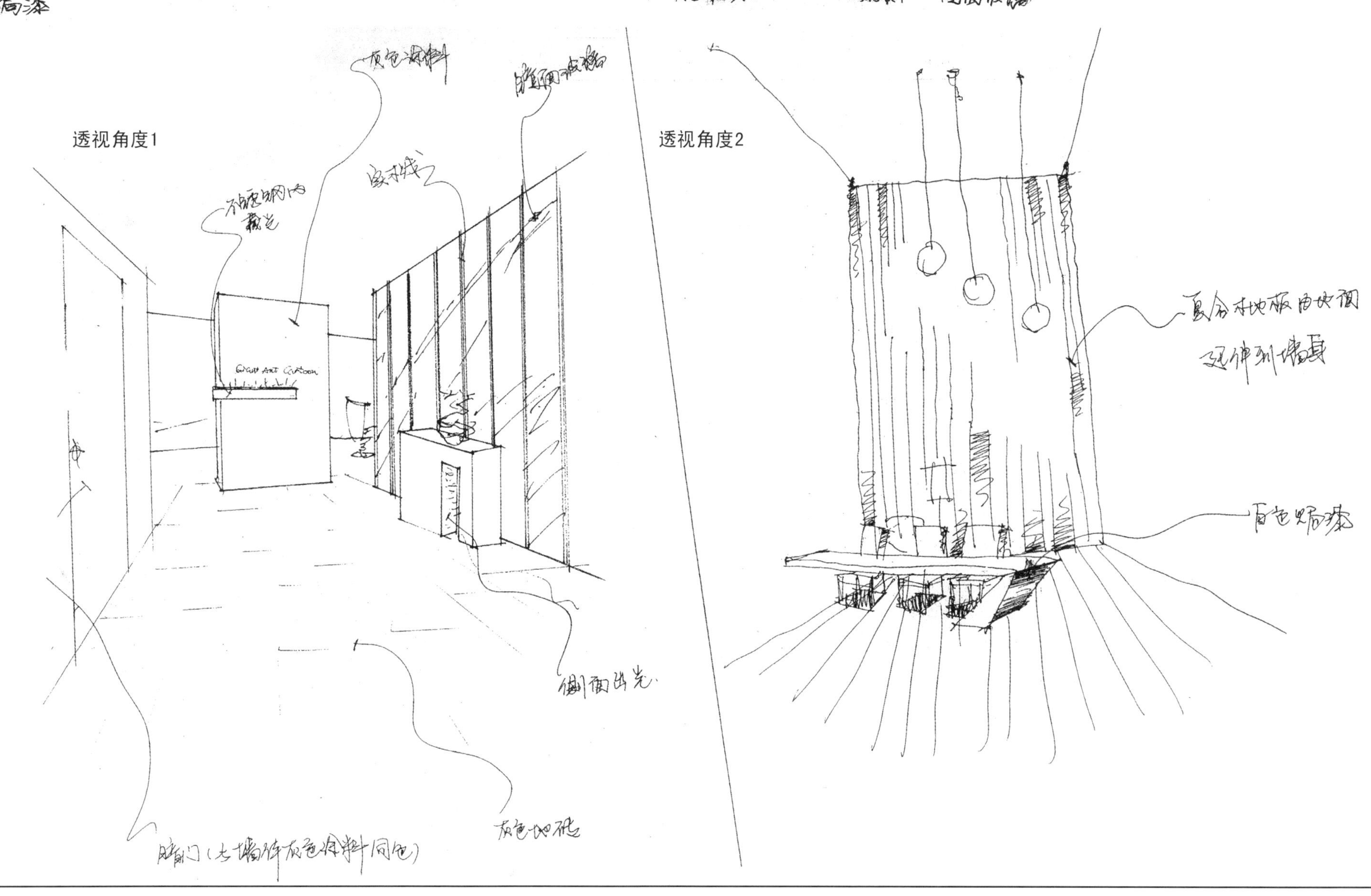

设计说明：

本设计是以年轻人为主的动漫公司办公室。主要以白色、灰色和木色为主调。动感澎湃体现了年轻工作的效率。

1.通过增加玄关，显示出公司的logo，从而达到宣传的目的。

2.动感的设计区工作台，让年轻人工作得更得心应手。

3.会议室台与阳台结合为一体。

总评：

整体布局思路清晰，转角度的应用令空间产生灵动，亦适合这类创作型公司的需求。

思考方式5

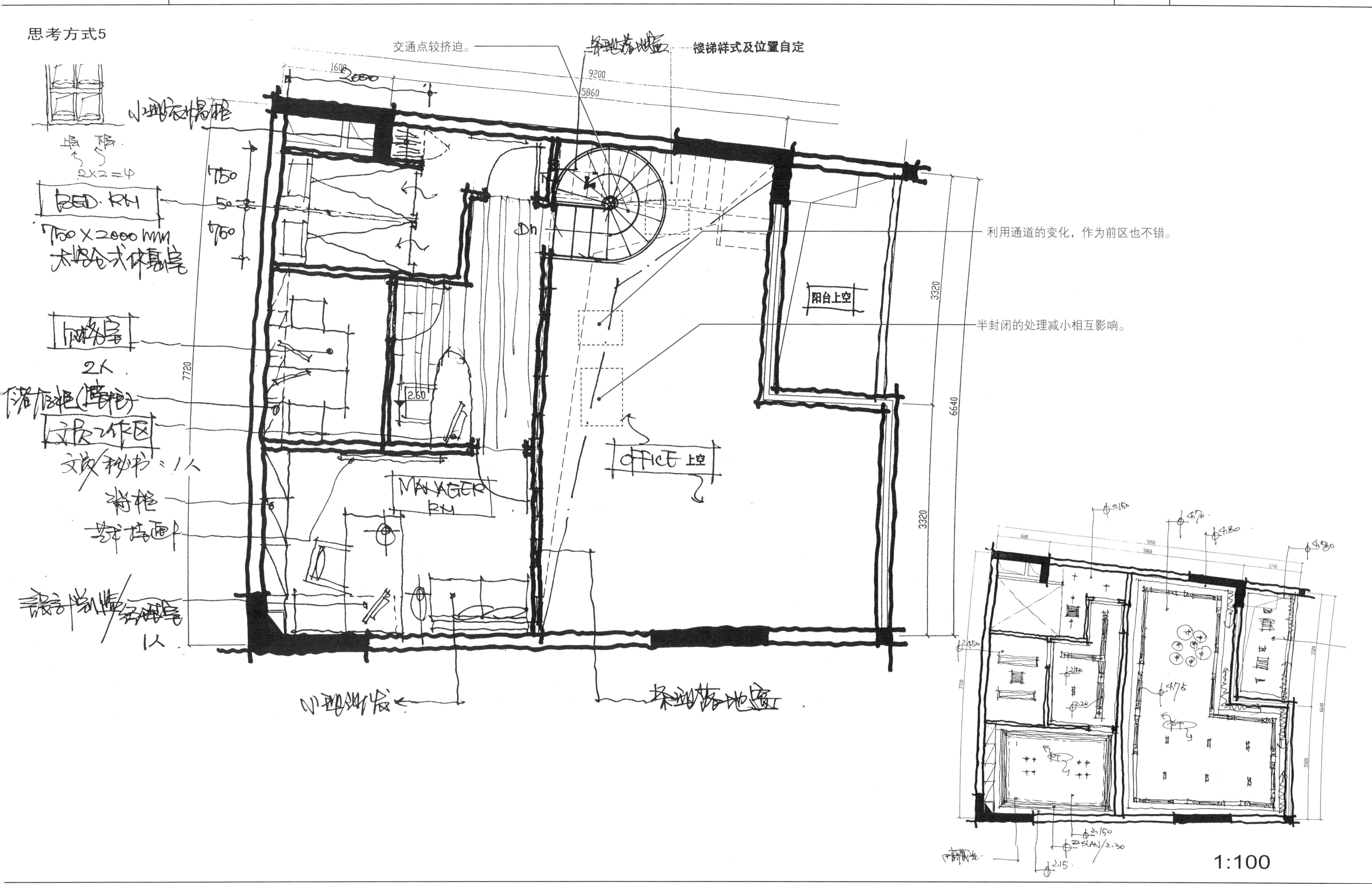
交通点较挤迫。
楼梯样式及位置自定
利用通道的变化，作为前区也不错。
半封闭的处理减小相互影响。
阳台上空
OFFICE 上空
MANAGER RM
BED RM
2.60
1600
9200
5860
3320
6640
7720
1:100

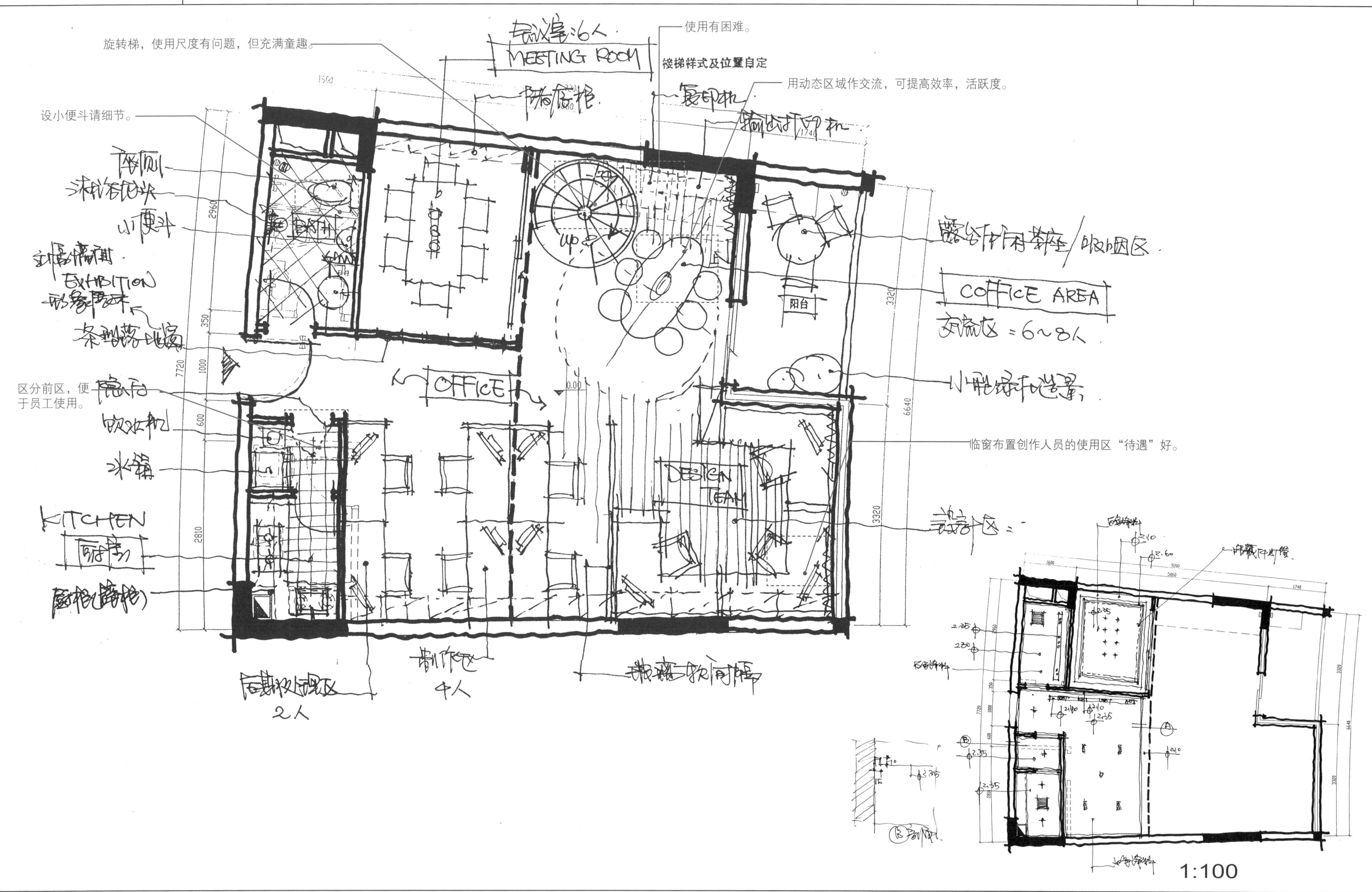
旋转梯，使用尺度有问题，但充满童趣。
使用有困难。
楼梯样式及位置自定
用动态区域作交流，可提高效率，活跃度。
设小便斗请细节。
MEETING ROOM
阳台
COFFICE AREA
临窗布置创作人员的使用区“待遇”好。
区分前区，便于员工使用。
OFFICE
DESIGN TEAM
KITCHEN
EXHIBITION
1:100

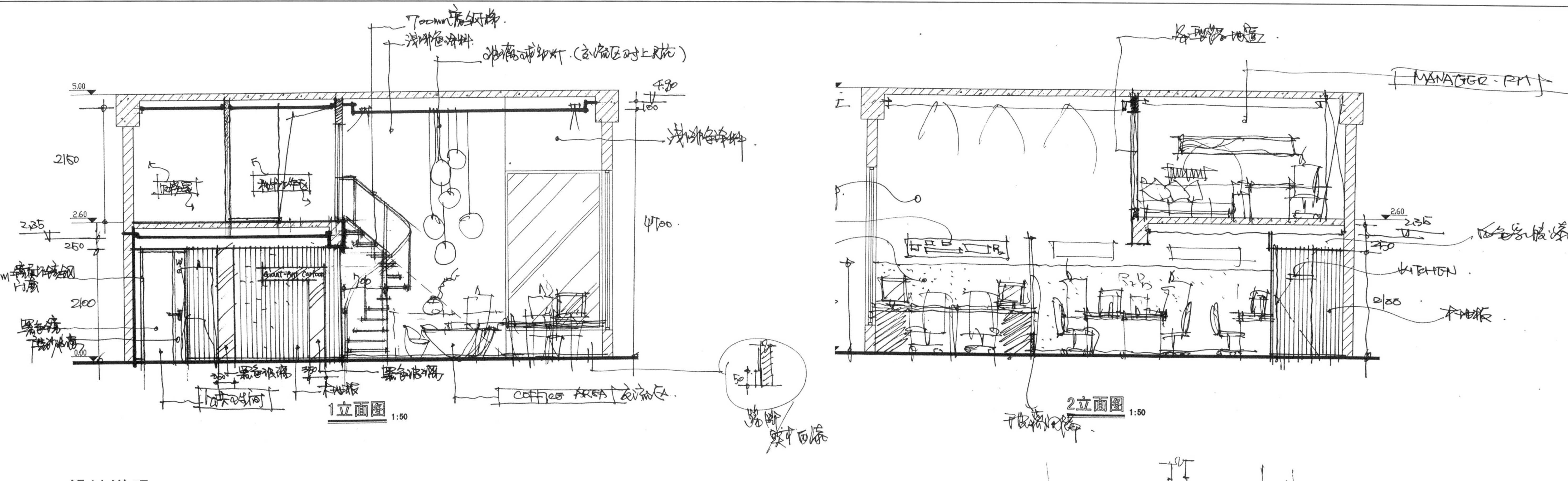

设计说明：

本案为一小型动漫制作公司办公室空间，设计力求制作一个简单有趣味且实用的空间，令设计师及动漫制作者可感受到设计师为他们带来的空间感受。

平面布局具趣味性，希望通过一些玻璃、软间隔的间断，使空间功能区分得较为含蓄。设计运用了许多木地板为立面上的主材于大空间中，希望用木地板的色差及竖线条的大量运用使其变得丰富而不复杂。材质单一，木地板及黑色的玻璃使动漫空间非常“酷”，加上一些形式夸张的休闲椅的摆设，使空间深受年轻一代动漫制作师喜爱。

总评：

下层选择功能准确，布局灵活，实用而不失活泼生动的空间。

Hotel and Resort Space

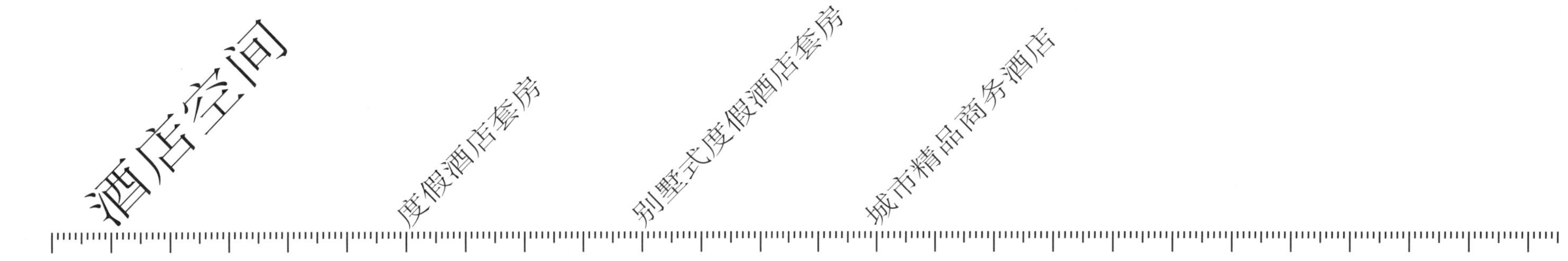

度假酒店套房（测试题）

建议测试时间：8小时

试题说明

一、基本条件及要求

（1）某品牌酒店集团收购了一家位于近郊山区的老式度假酒店，拟对其中客房进行改造。将原三间两开间房间改为两间三开间高档套房(如图示)，要求室内设计师从使用功能上作出平面布局和进行室内空间设计。
（2）改造楼层位于二楼，层高为3.30m,梁位置及高度见图。
（3）外立面/外门窗形式及位置可自行设计拟定。
（4）公共单边走廊最窄点不少于1500mm，房间入口位置可根据室内布局设定，并可适当向房间内退缩。
（5）外墙厚200mm，内墙厚100mm。
（6）卫、浴位置不作限定，但要满足使用要求，并在适当位置设置排污井及排气井（暗厕的时候）。
（7）选用中央空调，顶棚图标注出回风口位置，要求送/回风均匀、舒适。

二、风格要求

风格不限，以功能为出发点，体现有设计感的商务/度假两相宜的客房空间，可迎合建筑形体，适当引入弧线（曲线），令空间更灵活舒适。

三、功能要求

（1）入口区域：应考虑心理因素处理好入口的视线干扰问题和房间之间的隐私问题。大门可用单门（950mm宽）或双门（1200mm宽）。
（2）起居/休息区域：不要求硬性划分，可与睡眠区有机结合布置，但应满足以下使用需要：
A. 休闲沙发、观看电视区域。
B. 茶水柜（含小冰箱）。
C. 小件物品陈放台（可结合茶柜设置）。
D. 上网/写字区，尺度宜人，可灵活布置。
（3）睡眠区：此功能区包括床（2.0mX2.0m，床每侧不少于750mm宽的空间）、床头柜，床尾凳（450mmX1500mm）。
（4）梳洗/卫浴/衣帽行李收纳区域，这三个区域及内含的功能可相对独立设置，亦可按实际作组合式设置。
A.湿区功能应至少包括：一个浴缸（尺寸约1.7mX0.80m）、一个坐厕、一个洗手盆、一个淋浴间（不少于0.9mX1.0m）
B.衣帽间应该区分适当考虑度假较长时间居住的收纳需要，原则上柜的总长度不少于1.6m，并应考虑行李箱的方便开启和收放（可另行独立设行李架）。

四、造价控制：

室内装饰造价约为2500元/㎡，不包括活动家具及机电设备部分。

五、评分标准

评分标准：本次分数由两部分组成（满分100分）：

A.方案创意及表达能力（指图纸表达）——占总分数75%。
绘制在提供的图纸上（共3张A3图纸），可用徒手的形式表达（亦可用规尺），建议平面布置图部分上色。
设计提交的图纸内容、要求及比例如下：

序号	图纸内容	规格及比例	占该部分比例	备注
1	平面布置图（比例准确，要有详细的陈设和功能说明），建议局部上色	1:50	45%	该部分满分75分
2	顶棚布置图（标注顶棚高度，空调出回风口位置，灯具及类型，简单说明）	1:50	30%	
3	透视图（应尽量表达设计空间，并标注主材及主要做法）	(1张)	25%	

B.方案推销能力（指口述表达）——占总分数25%。

序号	表达方面	占该部分比例	备注
1	语言表达能力	40%	
2	推销条例能力	40%	
3	应变能力	20%	

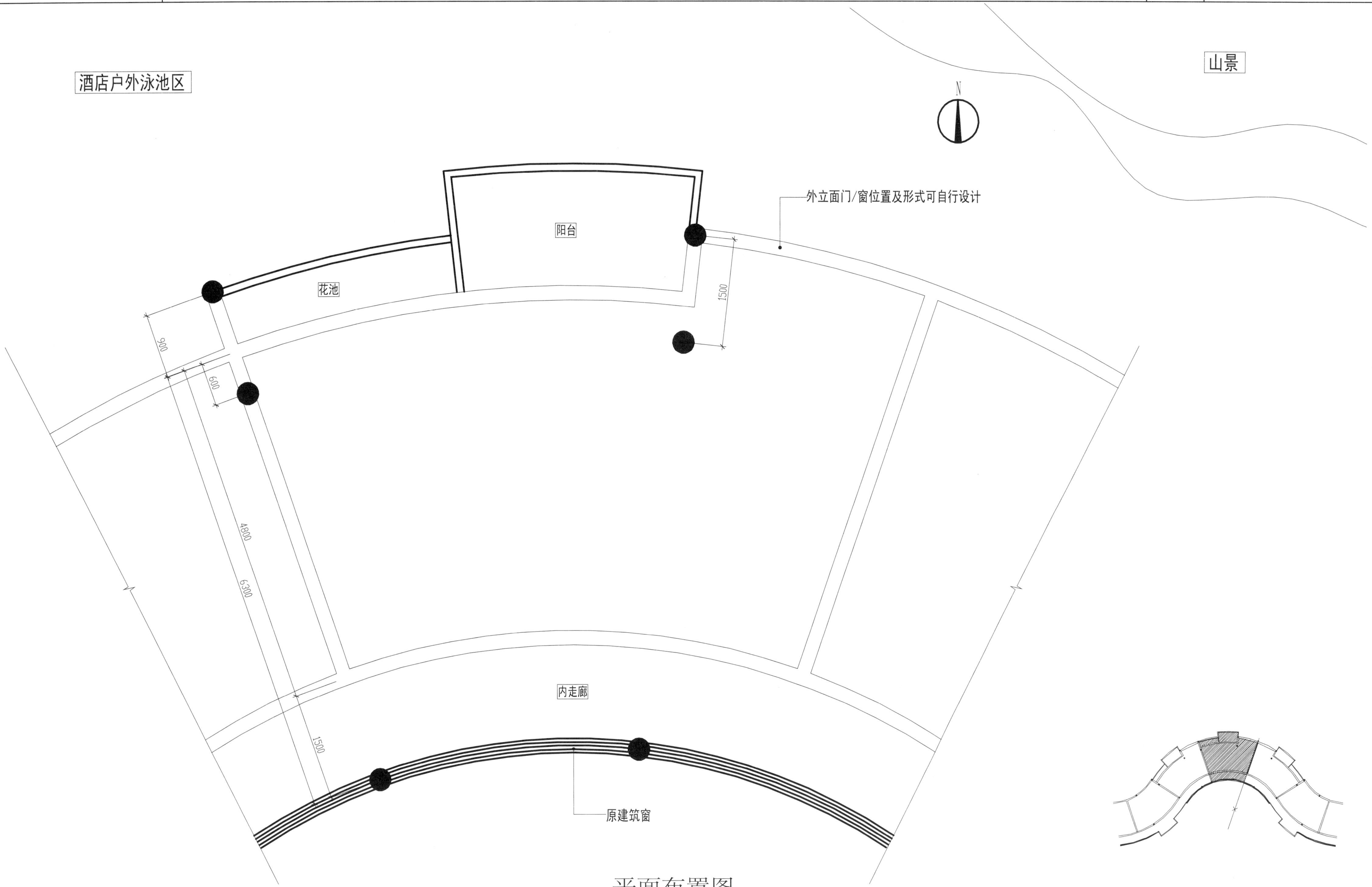

酒店户外泳池区
山景
N
外立面门/窗位置及形式可自行设计
阳台
花池
1500
900
600
4800
6300
内走廊
1500
原建筑窗

平面布置图

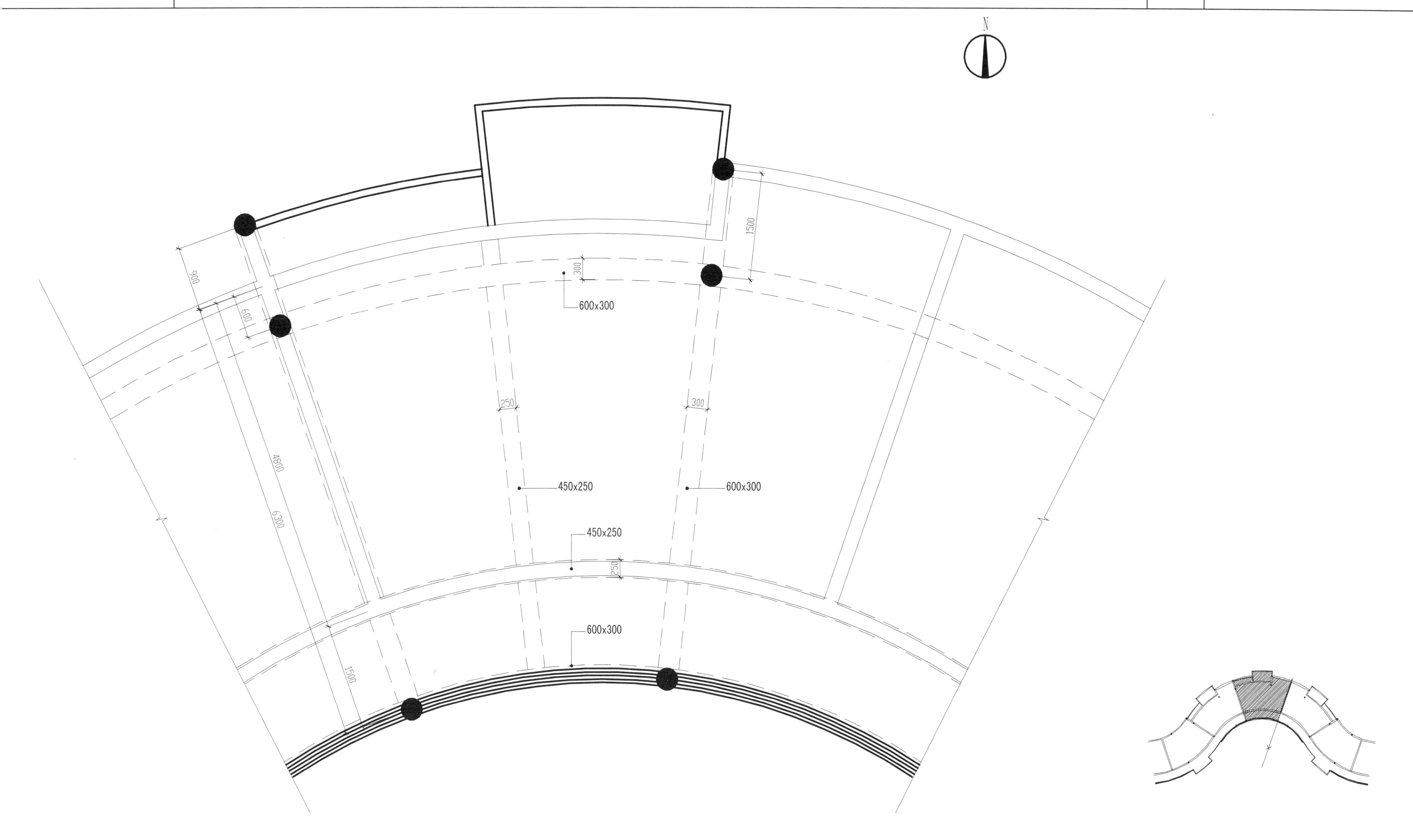
N
1500
300
600x300
900
600
250
300
4800
6300
450x250
600x300
450x250
250
600x300
1500

顶棚布置图

思考方式1

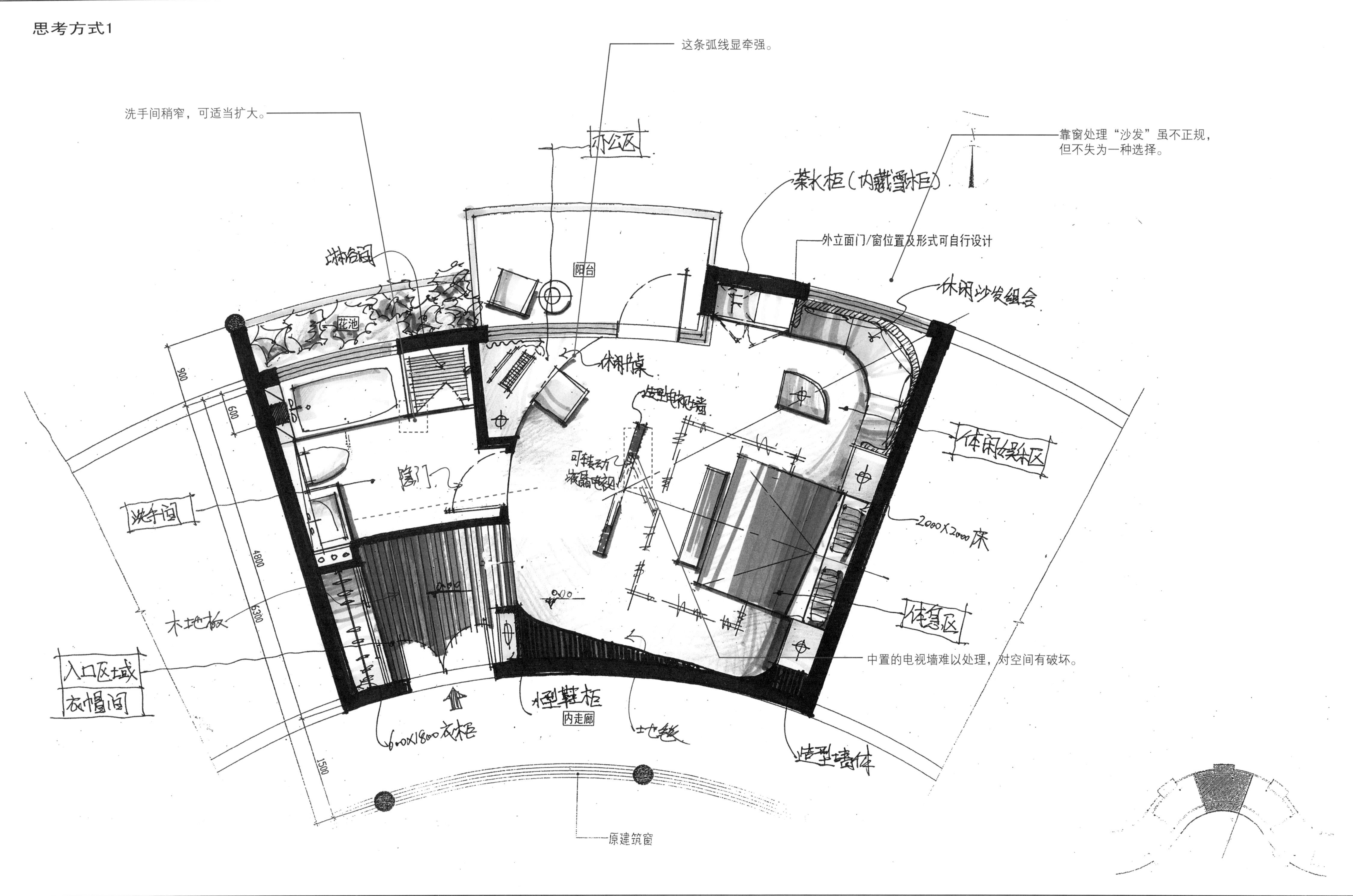
这条弧线显牵强。
洗手间稍窄，可适当扩大。
靠窗处理“沙发”虽不正规，
但不失为一种选择。
外立面门/窗位置及形式可自行设计
阳台
花池
中置的电视墙难以处理，对空间有破坏。
内走廊
原建筑窗
900
600
4800
6300
1500

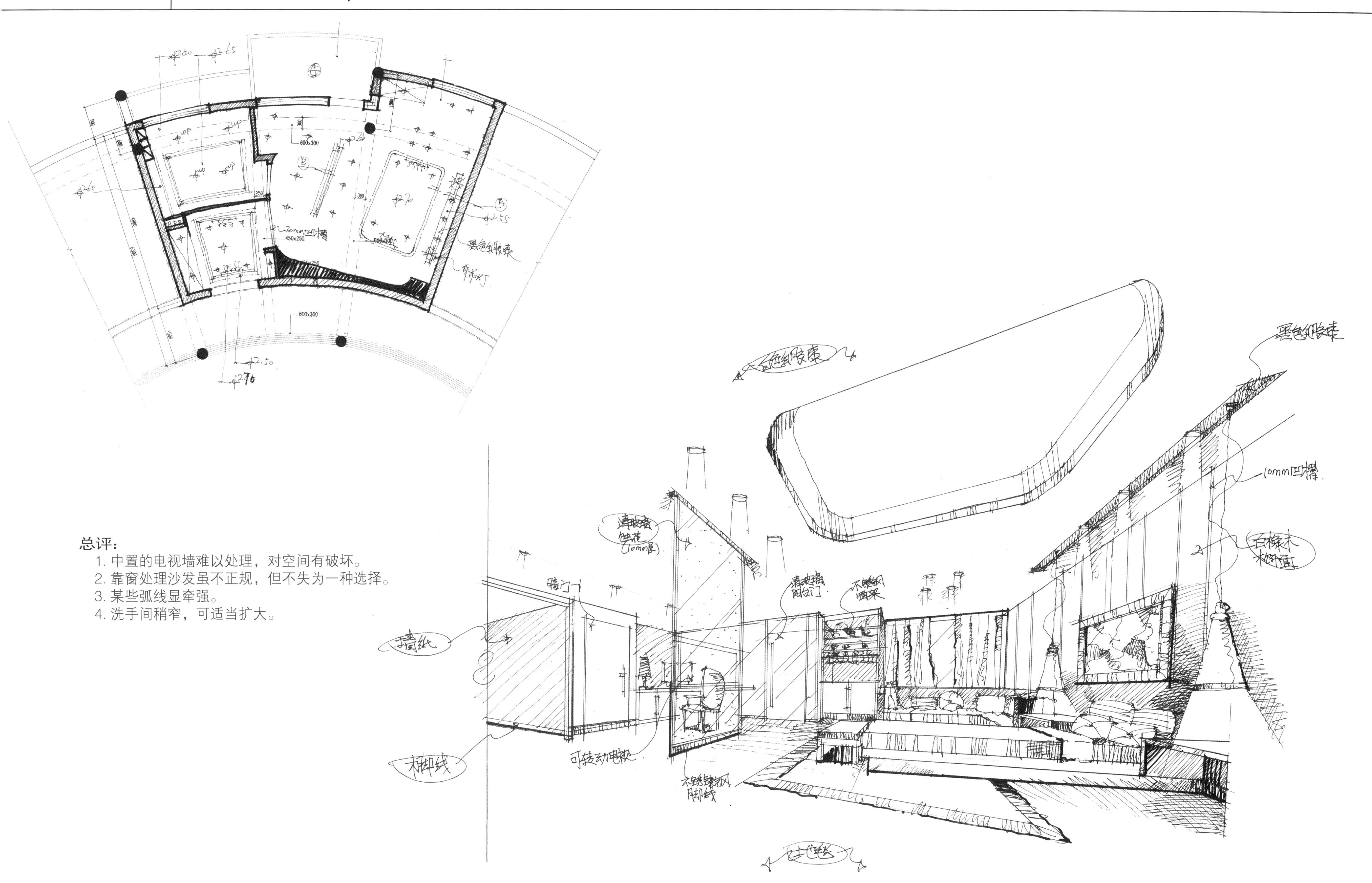

总评：

1. 中置的电视墙难以处理，对空间有破坏。
2. 靠窗处理沙发虽不正规，但不失为一种选择。
3. 某些弧线显牵强。
4. 洗手间稍窄，可适当扩大。

思考方式2

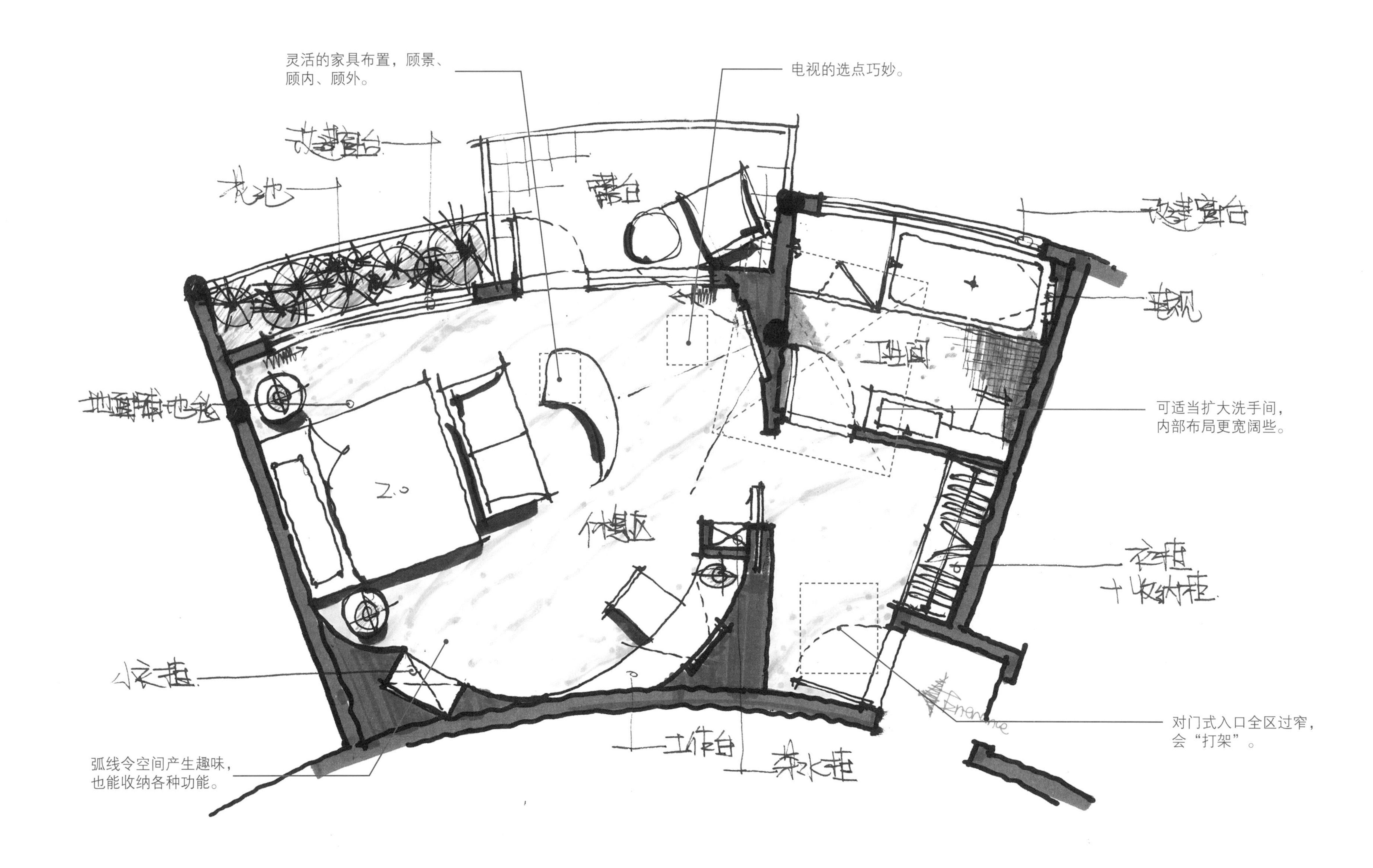
灵活的家具布置，顾景、
顾内、顾外。
电视的选点巧妙。
可适当扩大洗手间，
内部布局更宽阔些。
对门式入口全区过窄，
会“打架”。
弧线令空间产生趣味，
也能收纳各种功能。

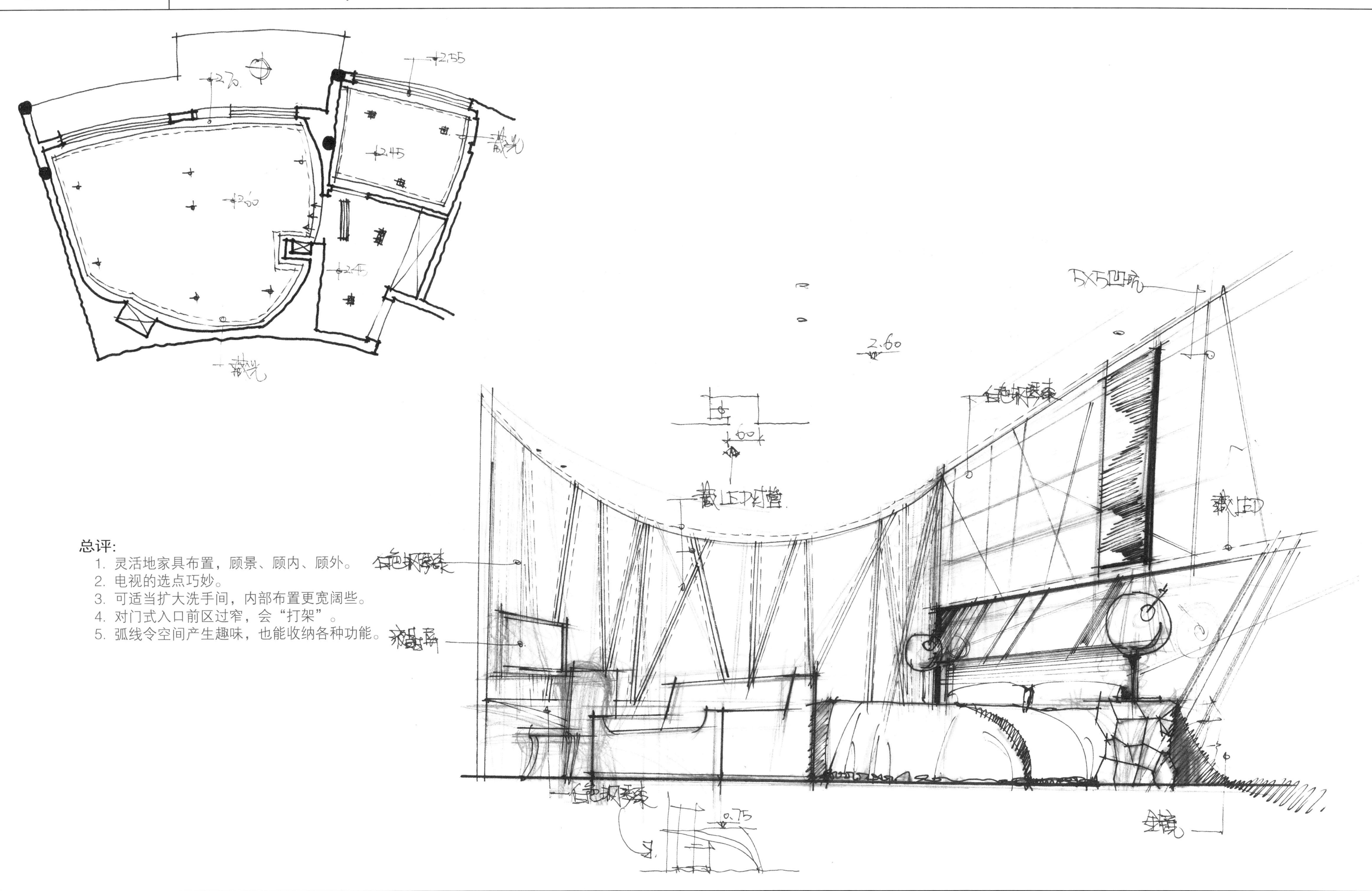

总评:

1. 灵活地家具布置，顾景、顾内、顾外。
2. 电视的选点巧妙。
3. 可适当扩大洗手间，内部布置更宽阔些。
4. 对门式入口前区过窄，会“打架”。
5. 弧线令空间产生趣味，也能收纳各种功能。

思考方式3

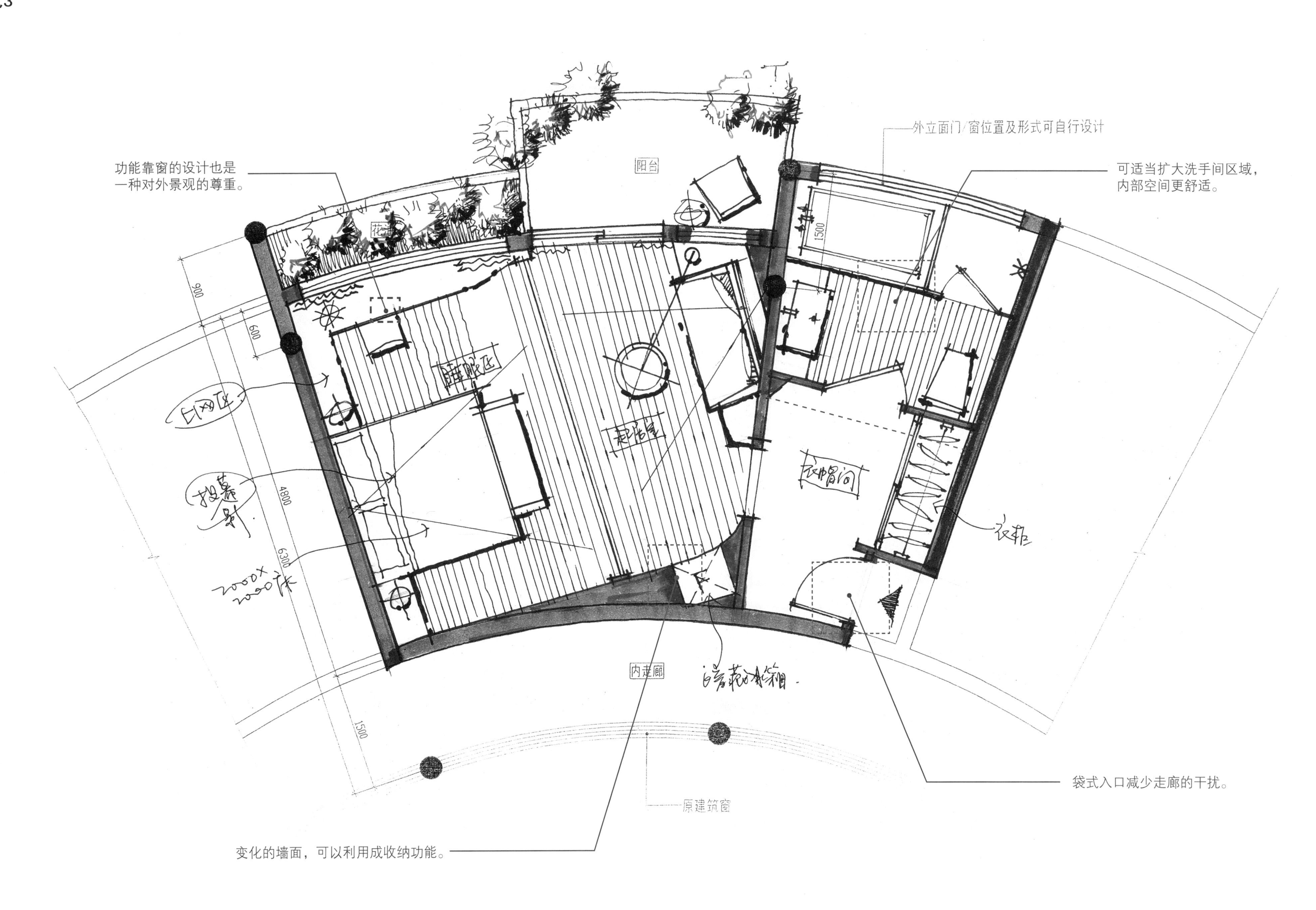
功能靠窗的设计也是
一种对外景观的尊重。
外立面门/窗位置及形式可自行设计
可适当扩大洗手间区域，
内部空间更舒适。
阳台
睡眠区
起居室
衣帽间
衣柜
内走廊
原建筑窗
袋式入口减少走廊的干扰。
变化的墙面，可以利用成收纳功能。
900
600
1500
4800
6300
1500

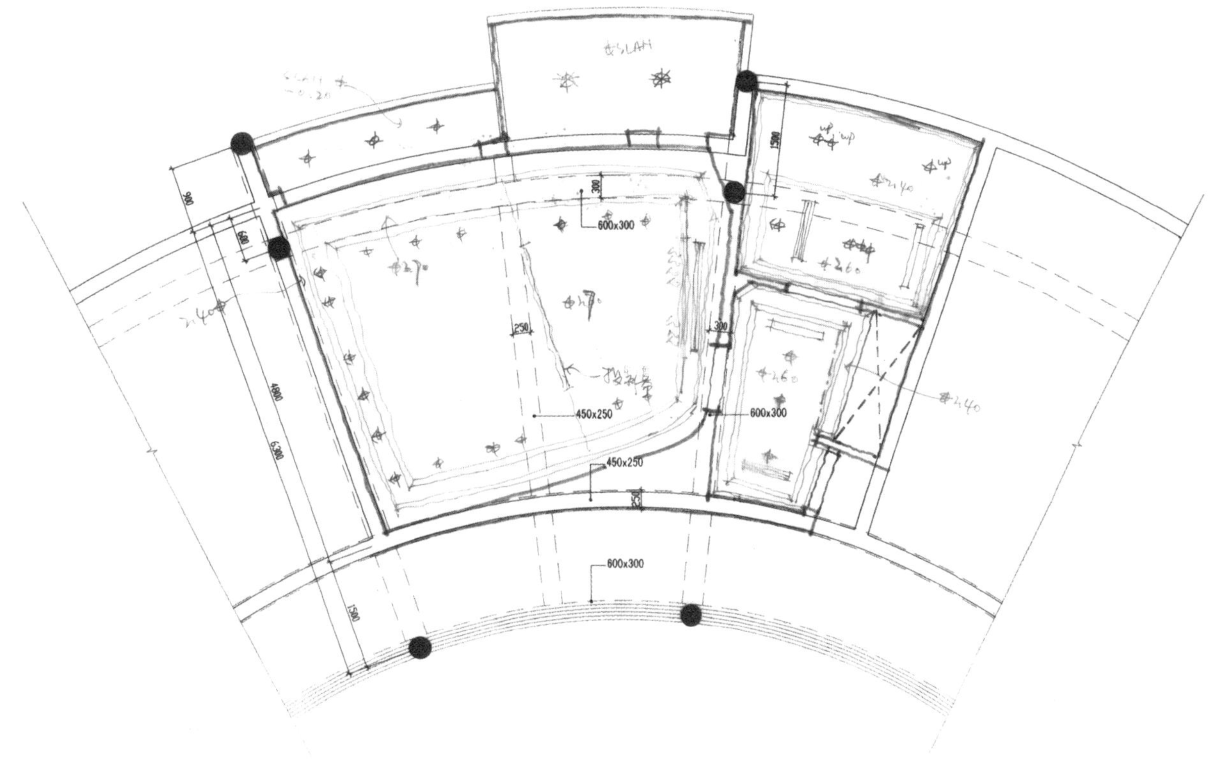

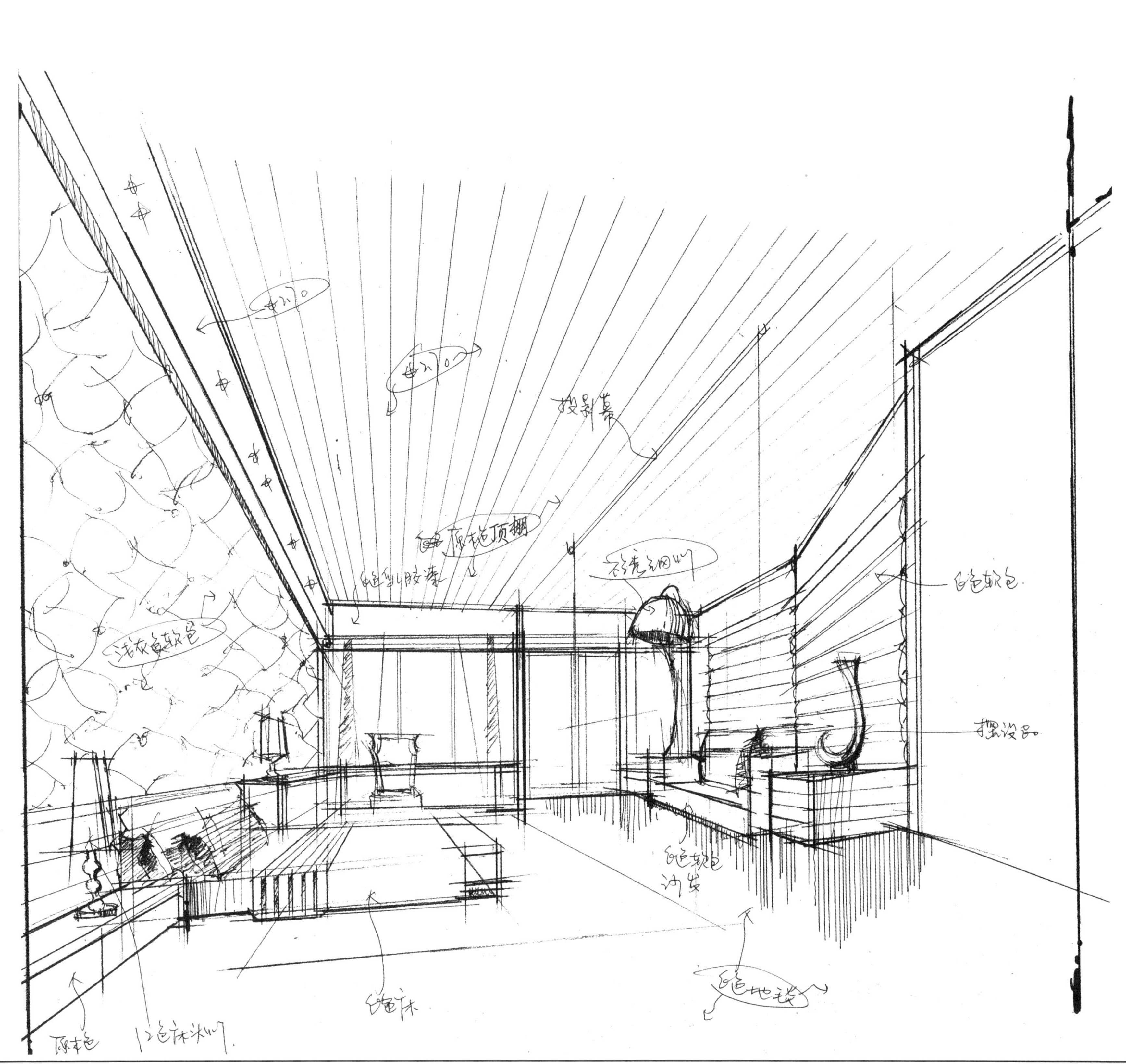

总评:

1. 可适当扩大洗手间内部空间更舒适。
2. 袋式入口减小走廊的干扰。
3. 变化的墙面可以利用成收纳功能。
4. 功能靠窗的设计也是一种对外景观的尊重。

思考方式4

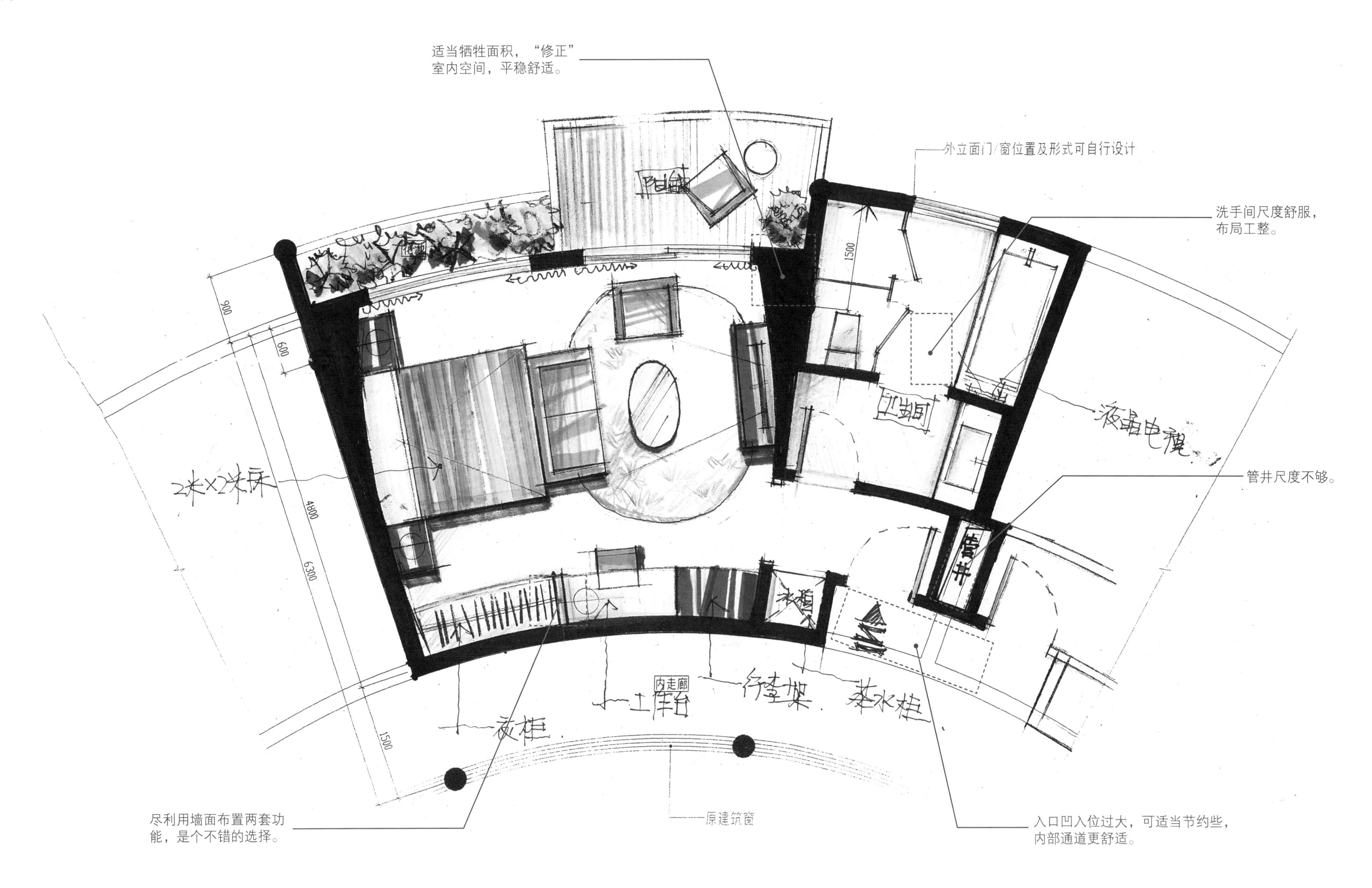
适当牺牲面积，“修正”室内空间，平稳舒适。
外立面门/窗位置及形式可自行设计
洗手间尺度舒服，布局工整。
液晶电视
管井尺度不够。
2米×2米床
阳台
卫生间
管井
衣柜
内走廊
工作台
行李架
茶水柜
尽利用墙面布置两套功能，是个不错的选择。
原建筑窗
入口凹入位过大，可适当节约些，内部通道更舒适。
900
600
4800
6300
1500
1500

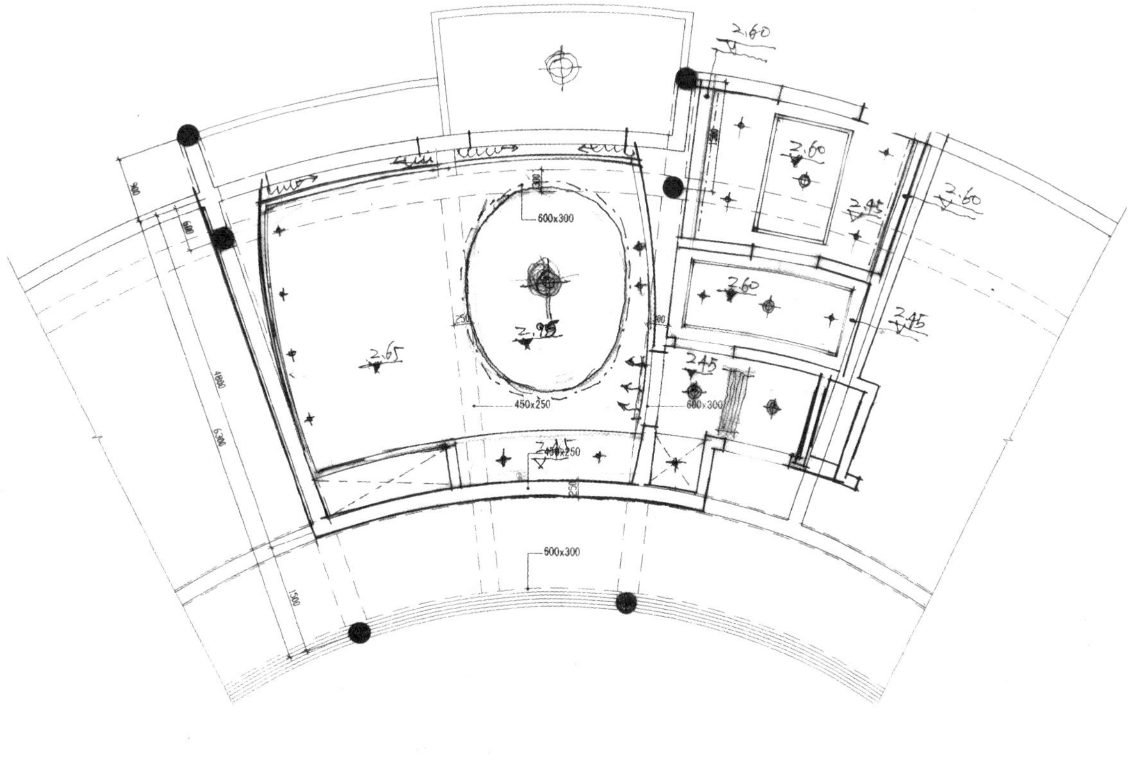

总评:

1. 适当牺牲面积"修正"室内空间，平稳舒适。
2. 洗手间尺度舒服布局工整。
3. 管井尺度不够。
4. 入口凹入位过大，可适当节约些。
5. 尽利用墙面布置两套功能，是个不错的选择。

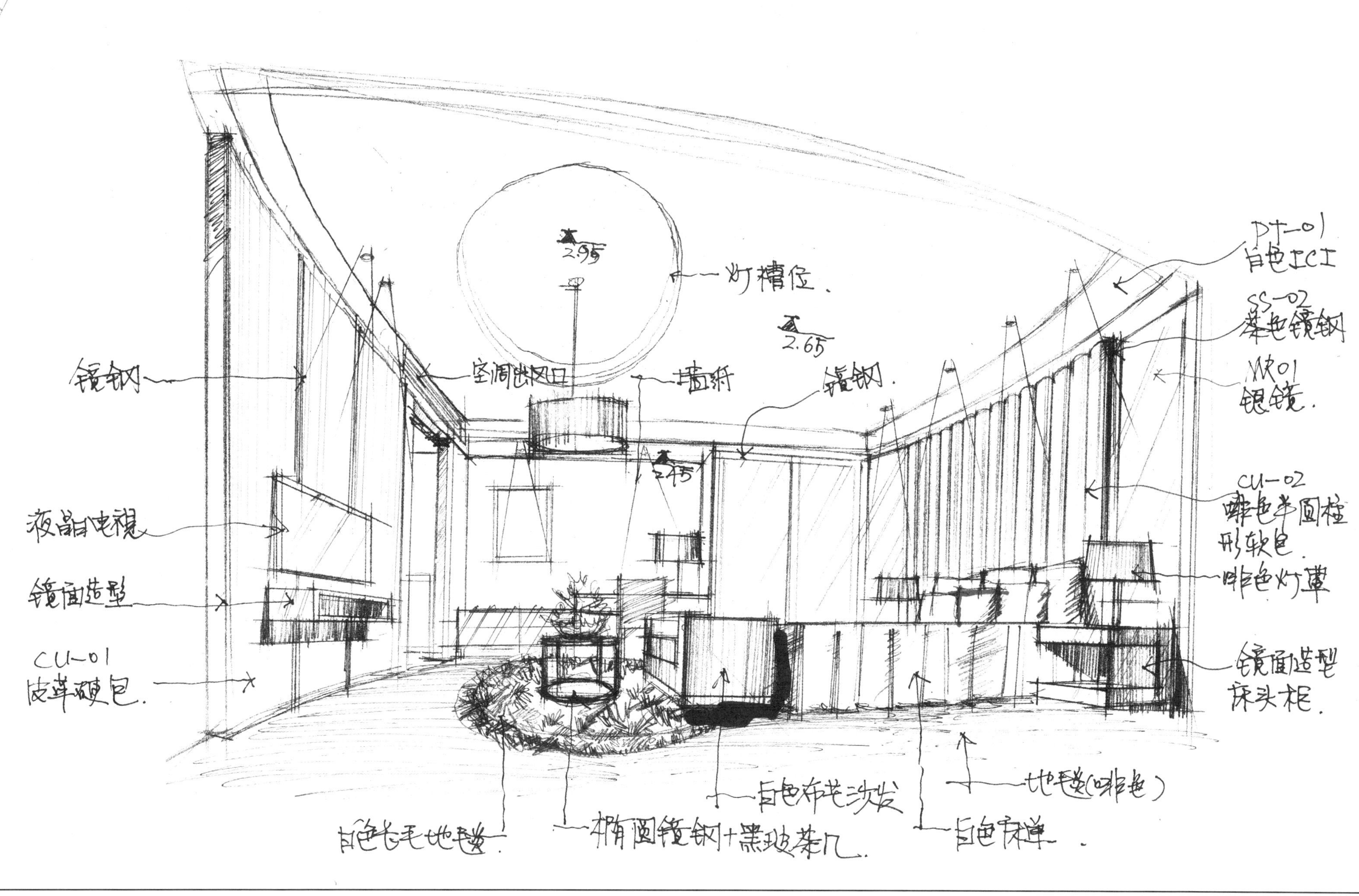

思考方式5

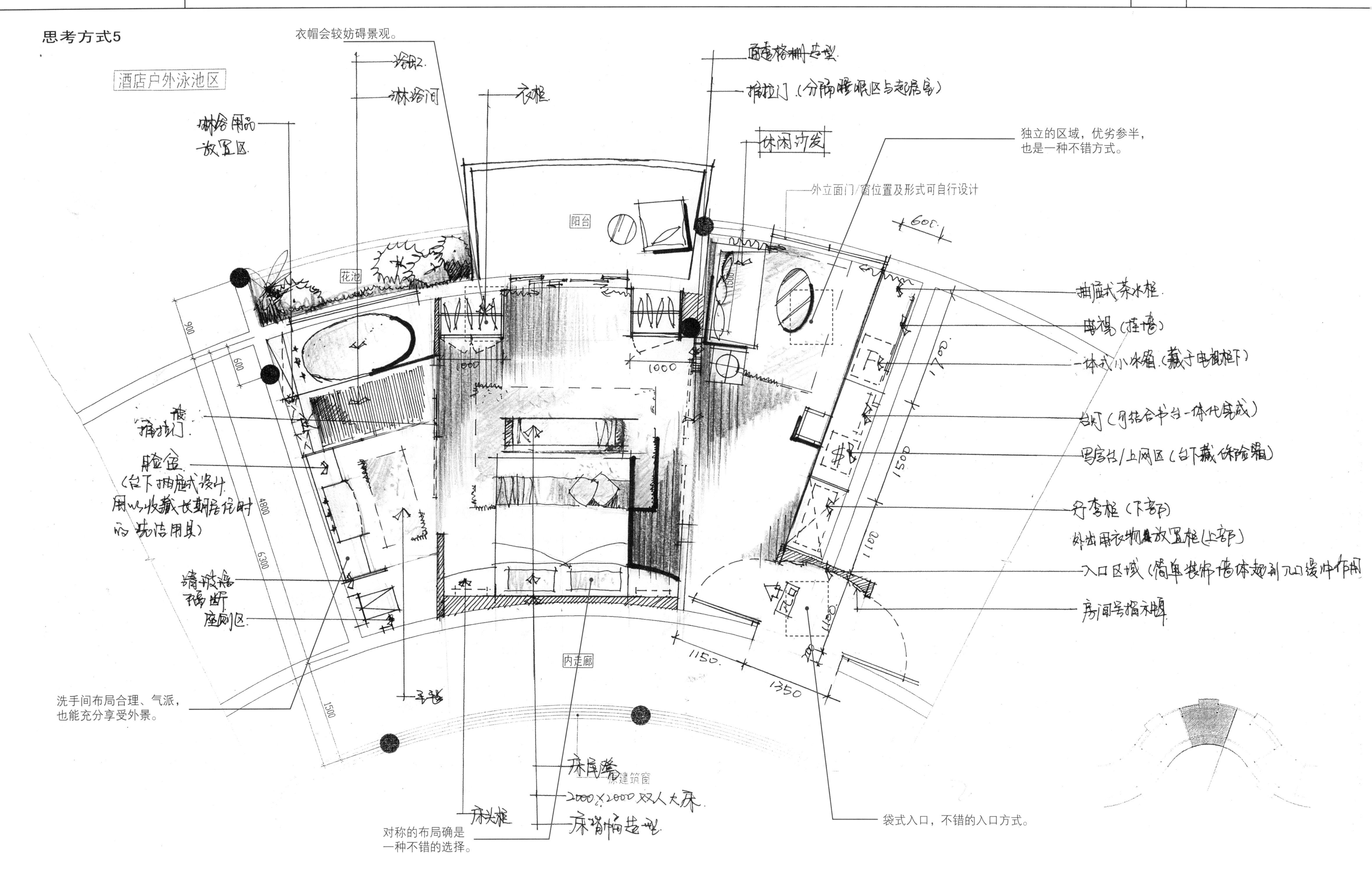

酒店户外泳池区
衣帽会较妨碍景观。
独立的区域，优劣参半，
也是一种不错方式。
外立面门/窗位置及形式可自行设计
阳台
花池
内走廊
原建筑窗
洗手间布局合理、气派，
也能充分享受外景。
对称的布局确是
一种不错的选择。
袋式入口，不错的入口方式。
600
900
600
1000
1000
1700
1500
1100
1150
1350
4800
6300
1500

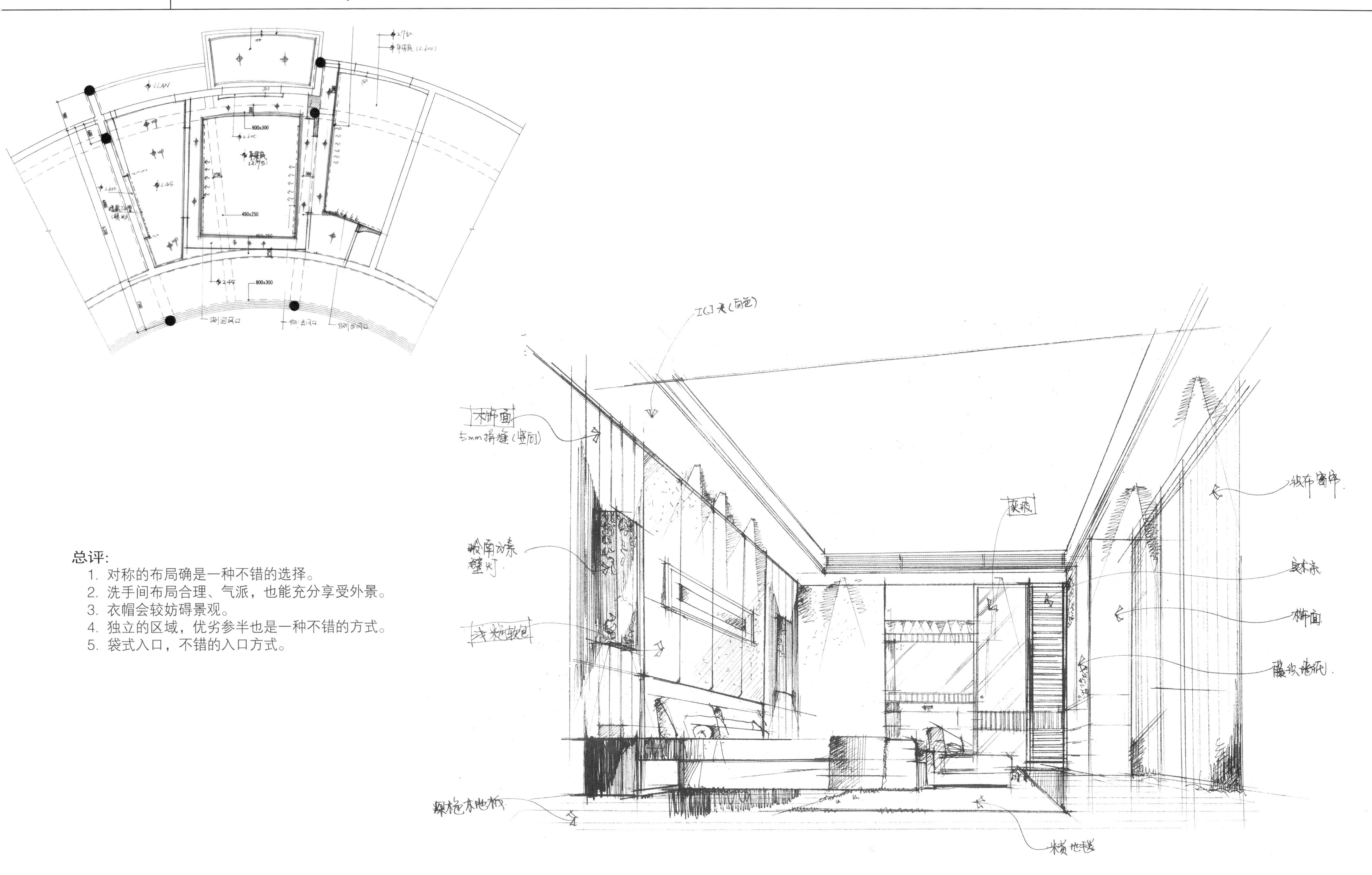

总评:

1. 对称的布局确是一种不错的选择。
2. 洗手间布局合理、气派，也能充分享受外景。
3. 衣帽会较妨碍景观。
4. 独立的区域，优劣参半也是一种不错的方式。
5. 袋式入口，不错的入口方式。

别墅式度假酒店套房（测试题）

建议测试时间：8小时

试题说明

一、基本条件

（1）某品牌酒店位于亚热带地区海边的度假酒店,建筑师对联排式别墅套房依现场地形作了初步的平面规划(如图示),要求室内设计师从使用功能上优化平面布局和进行室内空间设计,达到高级休闲度假产品的水平。
（2）本次设计中结构、排污系统及空调户外机组摆放位置暂不作详细考虑。
（3）不能破坏自然生态：
A. 原有石块不能移动，可保留在室外园林或围至室内；
B. 原有大树树冠范围内不能建建筑物，但可作花园园林及入口通道等功能使用。
（4）室内空间顶棚完成面高度最高点不能大于3.3m（建筑外立面最高点不高于4.8m）。
（5）外墙厚200mm，内墙厚100mm。

二、风格要求

风格不限，以功能为主，体现现代休闲度假主题。

三、功能要求

（1）花园园林区域：分为入口前花园和泳池区面海休闲花园区域。
1. 入口从北侧小路进入，花园开门位置根据设计构思自行确定。
2. 入口花园主要作为过渡空间，兼顾纳凉、喝茶功能，同时起到与小路分隔的作用，增加房间的宁静和隐私，功能分布不作硬性要求。
3. 泳池区面海休闲花园主要功能应有：
A. 不少于2.4 mX5.0 m的私人泳池(结构不用细究),形状不限。
B. 适当的休息区（可结合观海平台）。
C. 花卉绿树种植区域。
D. 观海平台兼顾按摩用，摆放1.9 mX0.8 m按摩床。
E. 以上功能可交叠或分设。
（2）起居/客厅区域：
此区域功能要求不强，可自行设计，但应满足以下使用需要，并充分利用原生态资源，入门位置结合前花园考虑。
A. 会客沙发、观看电视区域。
B. 茶水柜（含小冰箱）。
C. 入口小件物品陈放台。
D. 上网/写字区。
（3）睡眠区：此功能区包括床（2.0mX2.0m）、床头柜（一侧不少于750mm宽）、床正对面陈列柜（可不设电视），应与起居/客厅区域灵活分隔。
（4）梳洗/卫浴/衣帽行李收纳区域，这三个区域及内含的功能可相对独立设置，亦可按实际作组 合式设置。
A. 湿区功能应至少包括：一个浴缸（尺寸约1.8mX0.85m）、一个座厕、一组洗手盆、一个淋浴间（不少于0.9mX1.2m）
B. 衣帽间应该区分考虑度假较长时间居住的收纳需要，原则上柜的长度应该不少于2.4m，并应考虑行李箱的方便开启和收放（可独立设行李架）
（5）套房室内各使用功能面积自行配比，总面积控制在70m²左右。

四、评分标准

A. 评分标准：本次分数由两部分组成（满分100分）：
方案创意及表达能力（指图纸表达）–占总分数75%
绘制在提供的图纸上（共3张A3图纸），可用徒手的形式表达（亦可用规尺），建议平面布置图部分上色。
设计提交的图纸内容、要求及比例如下：

序号	图纸内容	规格及比例	占该部分比例	备注
1	平面布置图（要有详细的陈设和功能说明），建议局部上色	1:100	55%	该部分满分75分
2	睡眠区（连局部梳妆或其他区域相连接部分）效果图	（1张）	25%	
3	私家泳池及相关区域效果图（建筑外立面部分要适当表达），另要求书写整体设计说明，不少于150字	（1张）	20%	

B. 方案推销能力（指口述表达）–占总分数25%。

序号	表达方面	占该部分比例	备注
1	语言表达能力	40%	
2	推销条例能力	40%	
3	应变能力	20%	

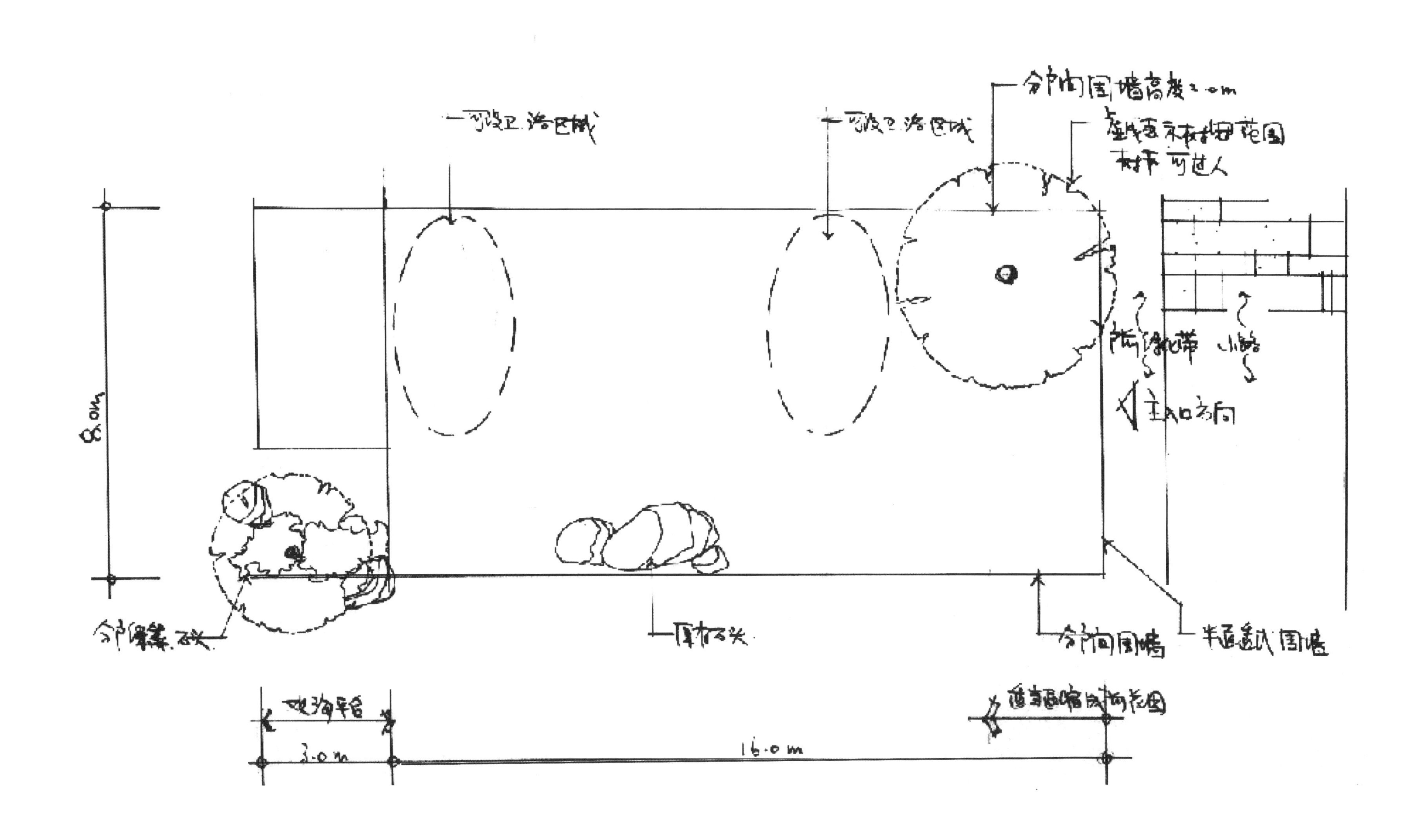
可设卫浴区域
可设卫浴区域
分户间围墙高度2.0m
树下可过人
小路
主入口方向
8.0m
分户间围墙
半通透式围墙
观海平台
3.0m
16.0m

思考方式1

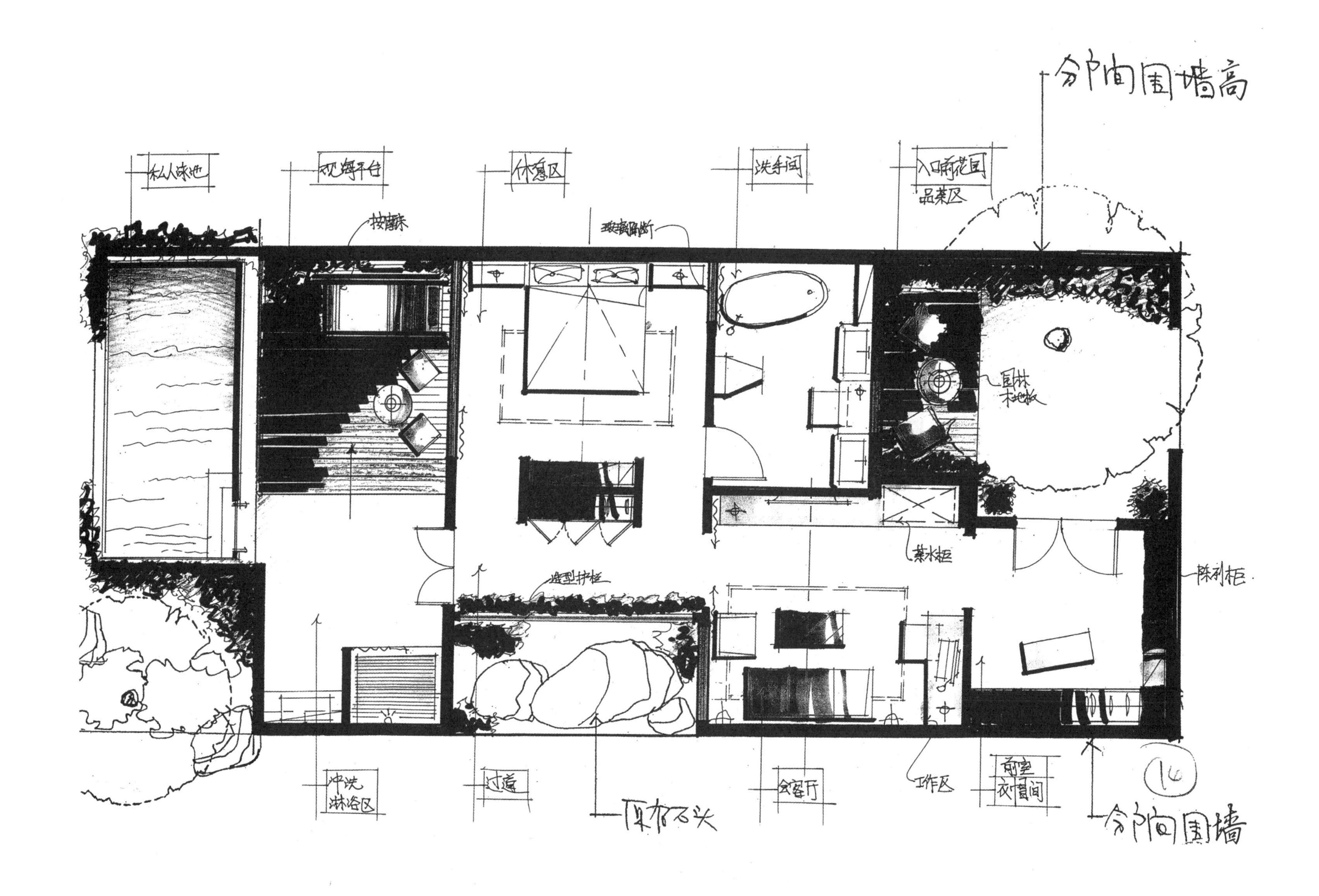

分户间围墙高
私人泳池
观海平台
休息区
洗手间
入口前花园
品茶区
按摩床
玻璃隔断
园林木地板
茶水柜
陈列柜
造型护栏
冲洗淋浴区
过道
原有石头
会客厅
工作区
前室衣帽间
分户间围墙
16

设计说明：

本案为亚热带地区海边酒店，定位为舒适，休闲的假日酒店，故给其定为东南亚风格。从平面的布局上，设置独立衣帽间，休息区设有衣柜，使客人随心所欲放置行李。其外设有较大的会客厅，配套入口花园，观海平台与私人泳池同一间内，工作娱乐两不误。装饰手法上室内运用实木、木地板、木格造型、木格窗、麻质软包等，营造东南亚色彩室。外运用马赛克砂岩雕塑与仿古砖等用材，彰显自然幽静，体现假日风情。

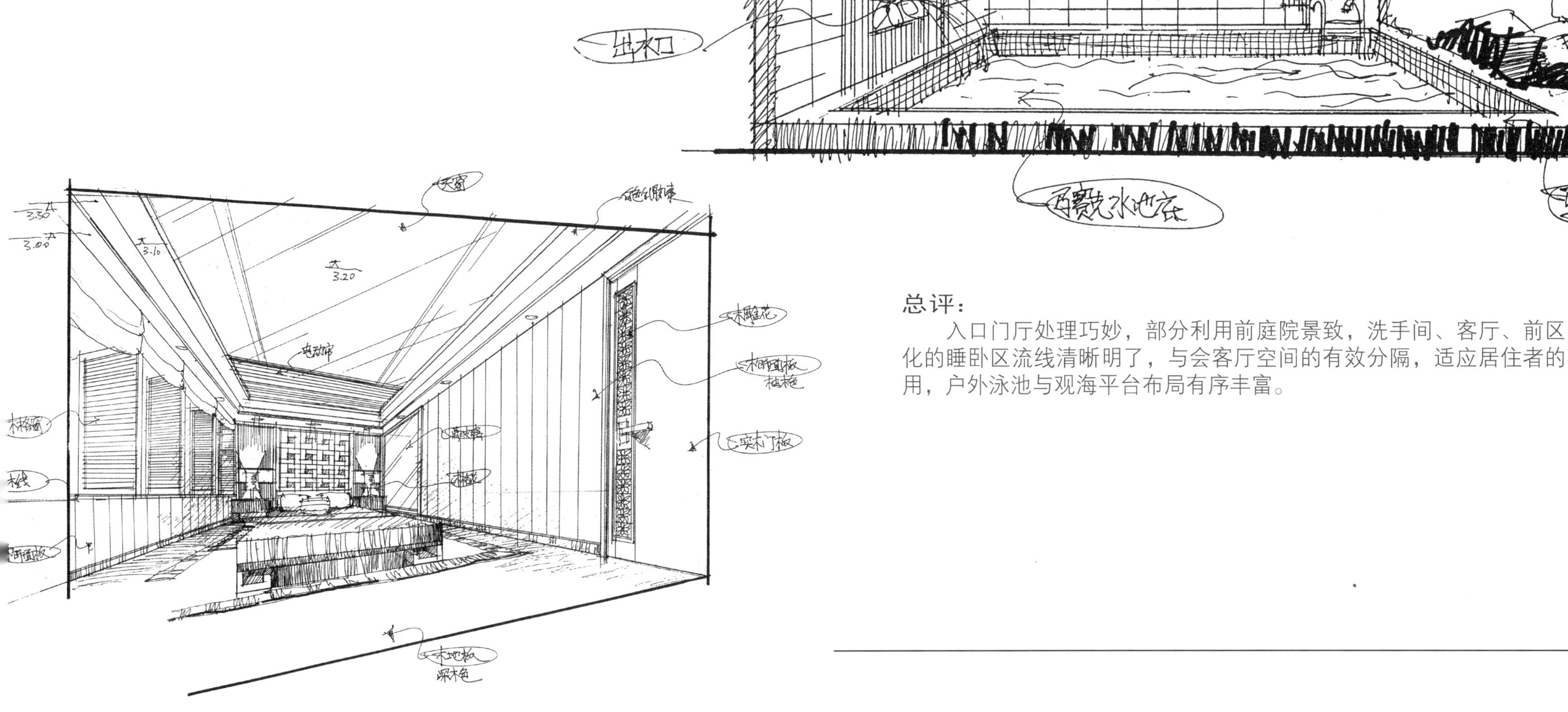

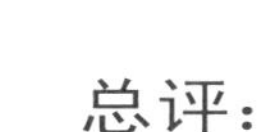

总评：

入口门厅处理巧妙，部分利用前庭院景致，洗手间、客厅、前区都能观景。一体化的睡卧区流线清晰明了，与会客厅空间的有效分隔，适应居住者的不同功能同时使用，户外泳池与观海平台布局有序丰富。

思考方式2

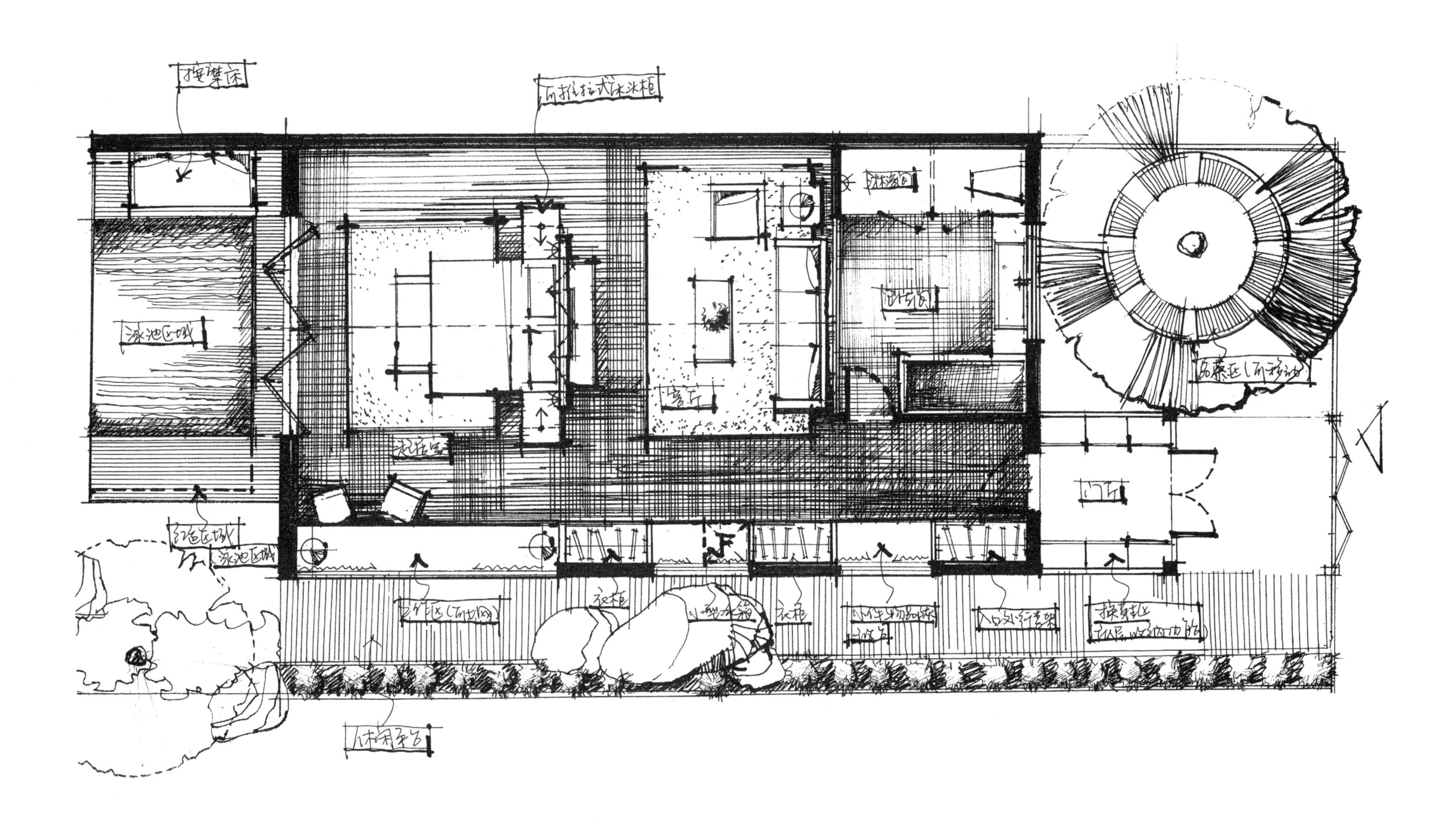

设计说明：

（一）本吧为休闲别墅度假酒店，以休闲式巴厘岛风情为主调，迎合花园园林的格调。室内装饰设计以浓厚的东南亚风格为主线，采用大量木肋，藤织软装材料，营造出新型的简约酒店色调。配合优越的园林及海滨等自然景色，增加了一种静秘的夏日风情。

（二）本案为亚热带海边联排式度假酒店套房设计，结合原有的自然生态，对园林室内建筑进行规划。沿海滨区域深入绿化园林设计，本身就为建筑打造了一个良好的环境，取于自然融入自然，室内整体风格以简约为主，设计运用，柚木色木肋，藤织品等原料，为东南亚热带风情产物，将休闲，静秘地东南亚巴厘岛风情展现于设计当中。泳池，观海台，按摩床等配套设施，打造了一个高级、休闲、时尚的空间。

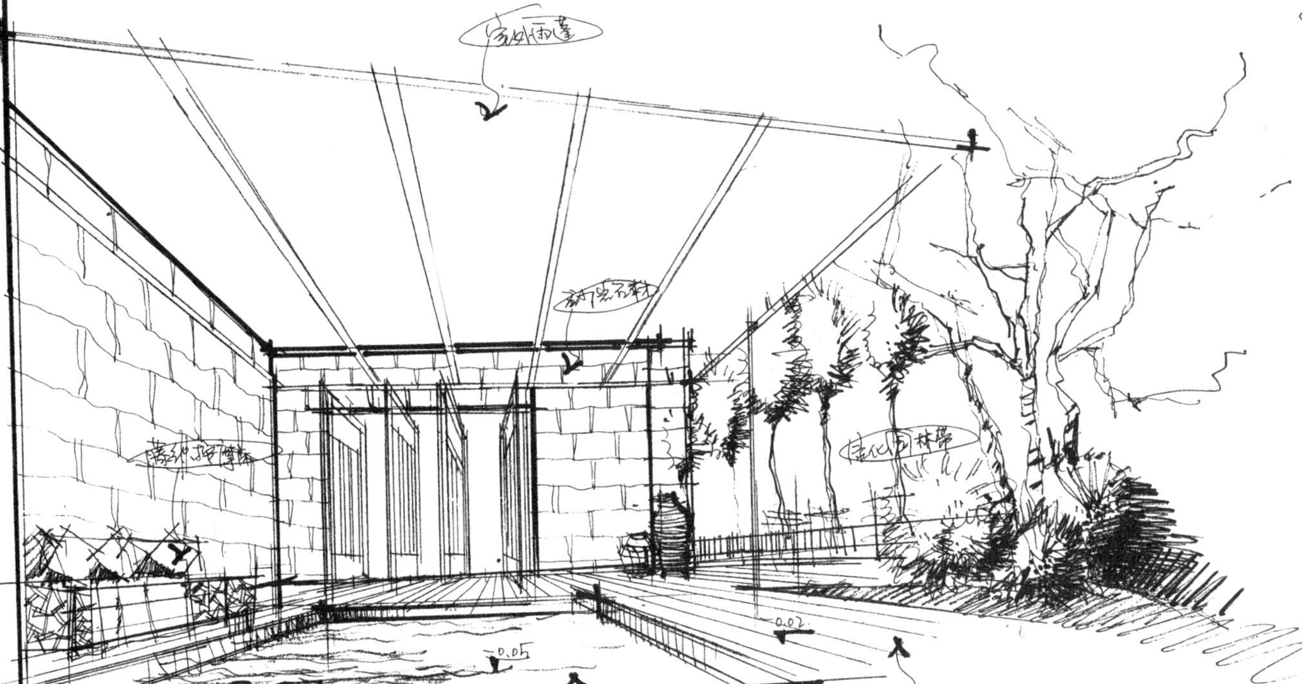

总评：

情如戏剧，你就是主角。整个房子从前到后，步移景换，不同的功能在此变换，前院、门厅、洗手间、休息区、泳池、观海台等一气呵成，简练而非常精彩。

思考方式3

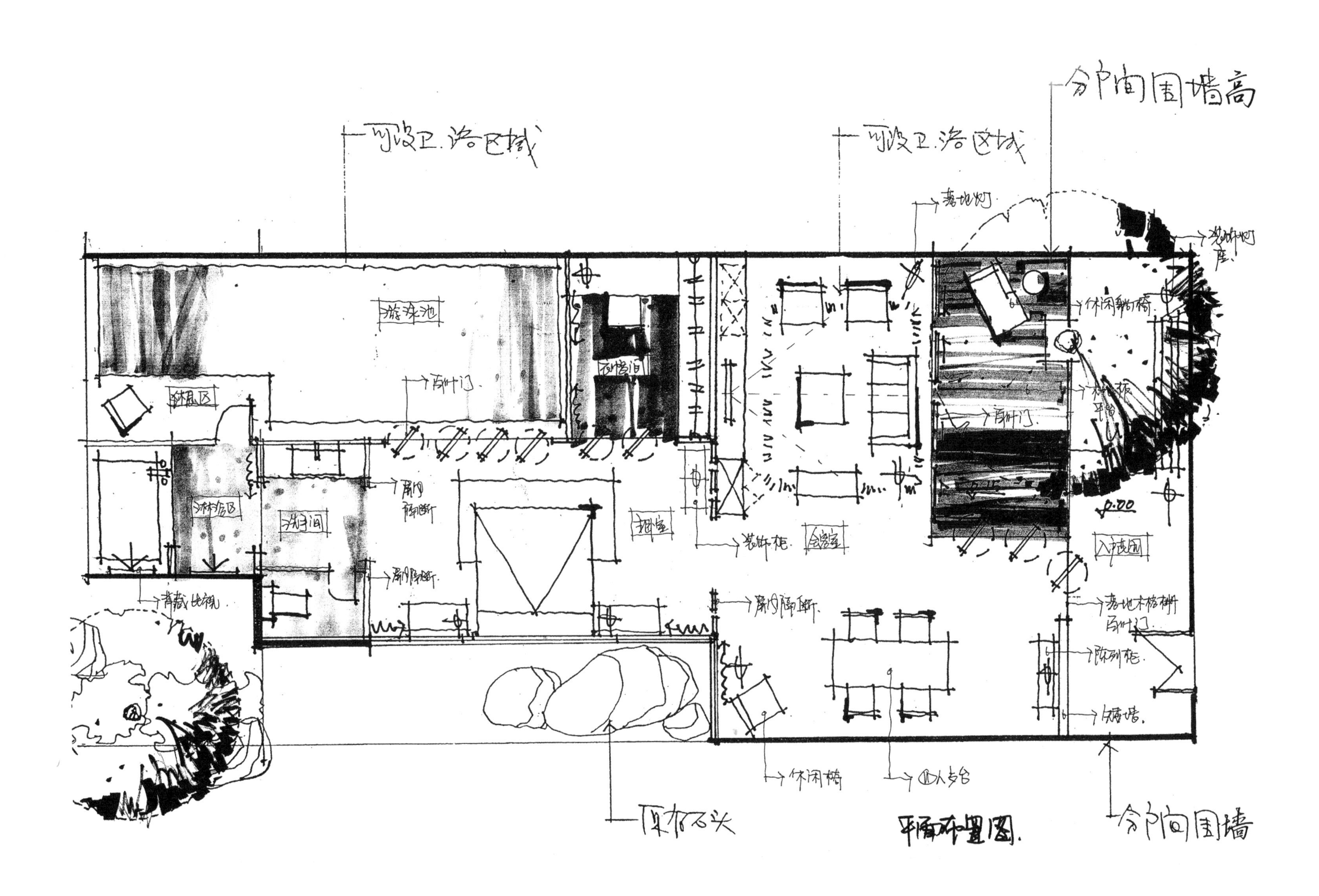

设计说明：

本酒店位于亚热带的度假酒店，酒店的建筑以现代风格为主，室内装饰为热带风情，巧妙地将现代与传统相结合。本方案最有特色的地方就是充分利用采光来营造空间气氛，室内空间基本上没有墙体，通过木格花隔断，灵活地将空间区分开，卧室的连体木格花旋转门，使人可以随时随地享受畅泳。

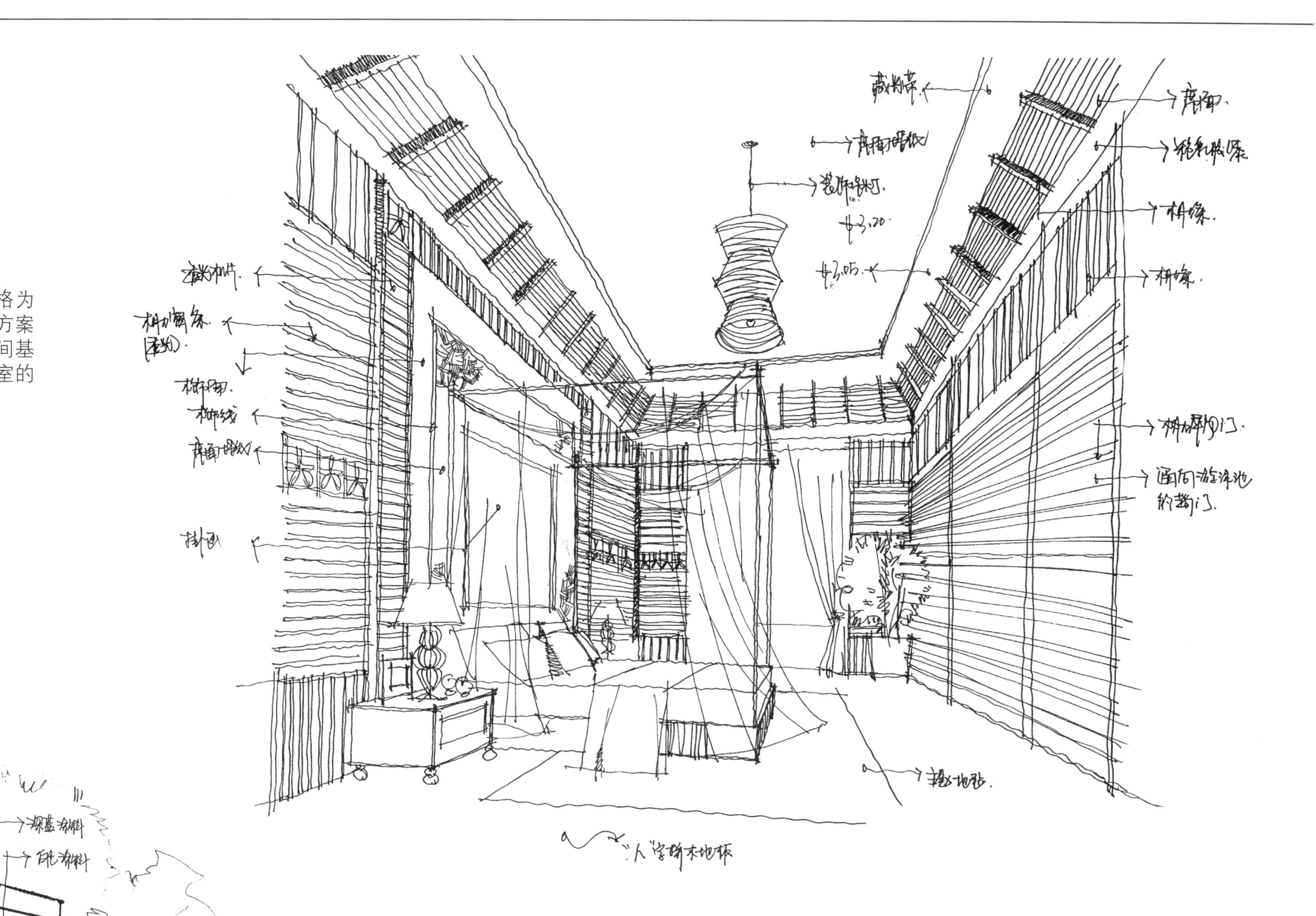

总评：

流动、包含、开放是这个方案的一大特色，也是其精彩独特之处，特别是泳池的“入侵”让身居其中的客人（特别是情侣）有一跃而下的冲动。开放的客房与前院、后院难分你我，十分精妙有趣。

思考方式4

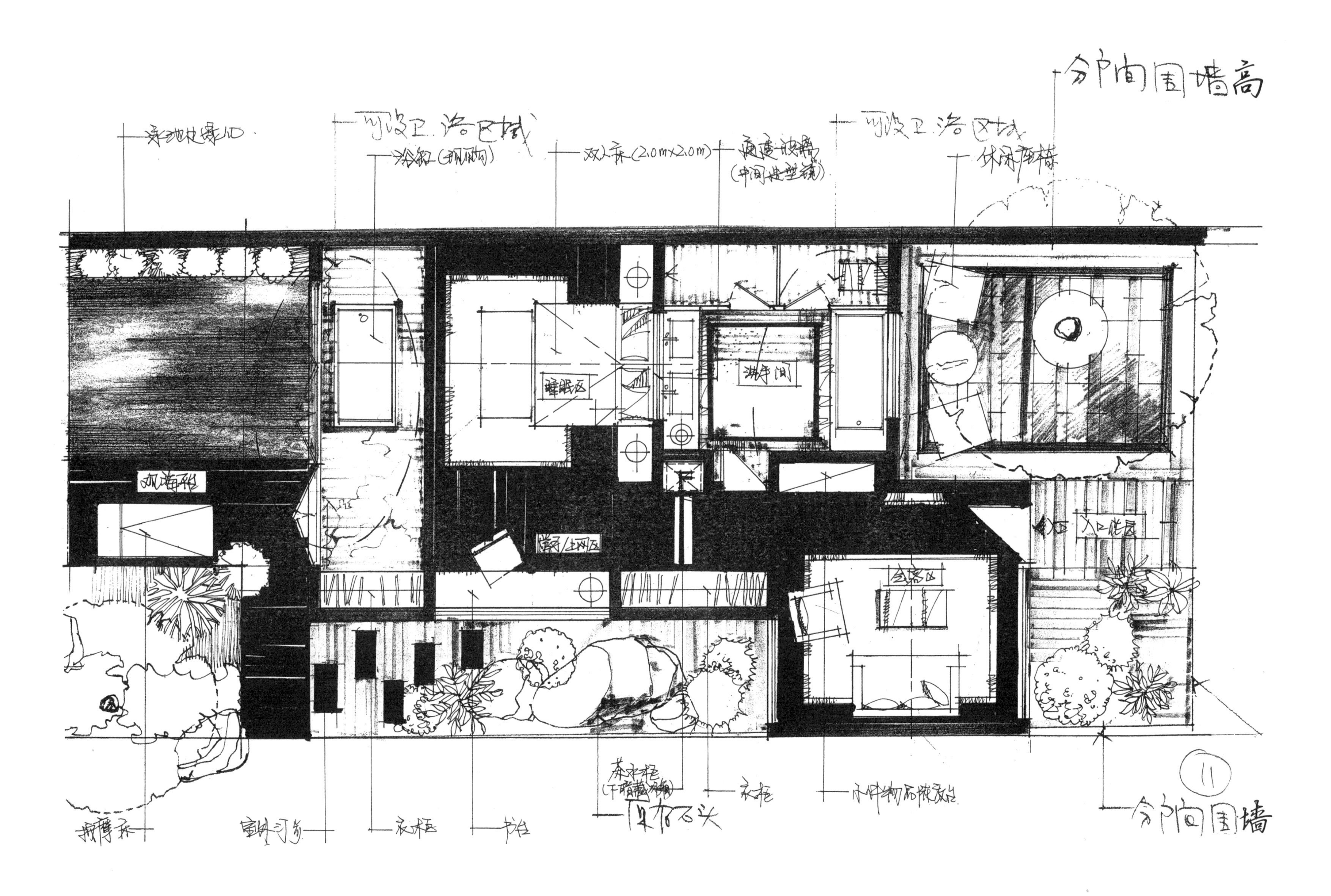

设计说明：

该酒店采用简约泰式风格，深棕色的基调纯手工制作的格栅窗格和柚木墙修边，也凸显了泰式味道，而睡眠区的芭蕉木雕造型更起到了画龙点睛的作用。整个空间通透贯穿。除纵向实墙风分隔外，纵向等为通透玻璃，使各个子空间既分隔又充满联系。在空间布局上，入口会客区使睡眠区具备一定的私密性。高级浴缸的独立放置使该空间有了一丝趣味性，让人在游完泳后可享受悠闲舒适的淋浴时光，充分体现该酒店现代、休闲、度假的初衷。

总评:

对外环境的利用充分，并能合理地控制整体面积。中部的设置方便联系和使用，也成为休息区与会客区的有机过渡，细节功能严谨而完善，建筑形态多变有趣！

思考方式5

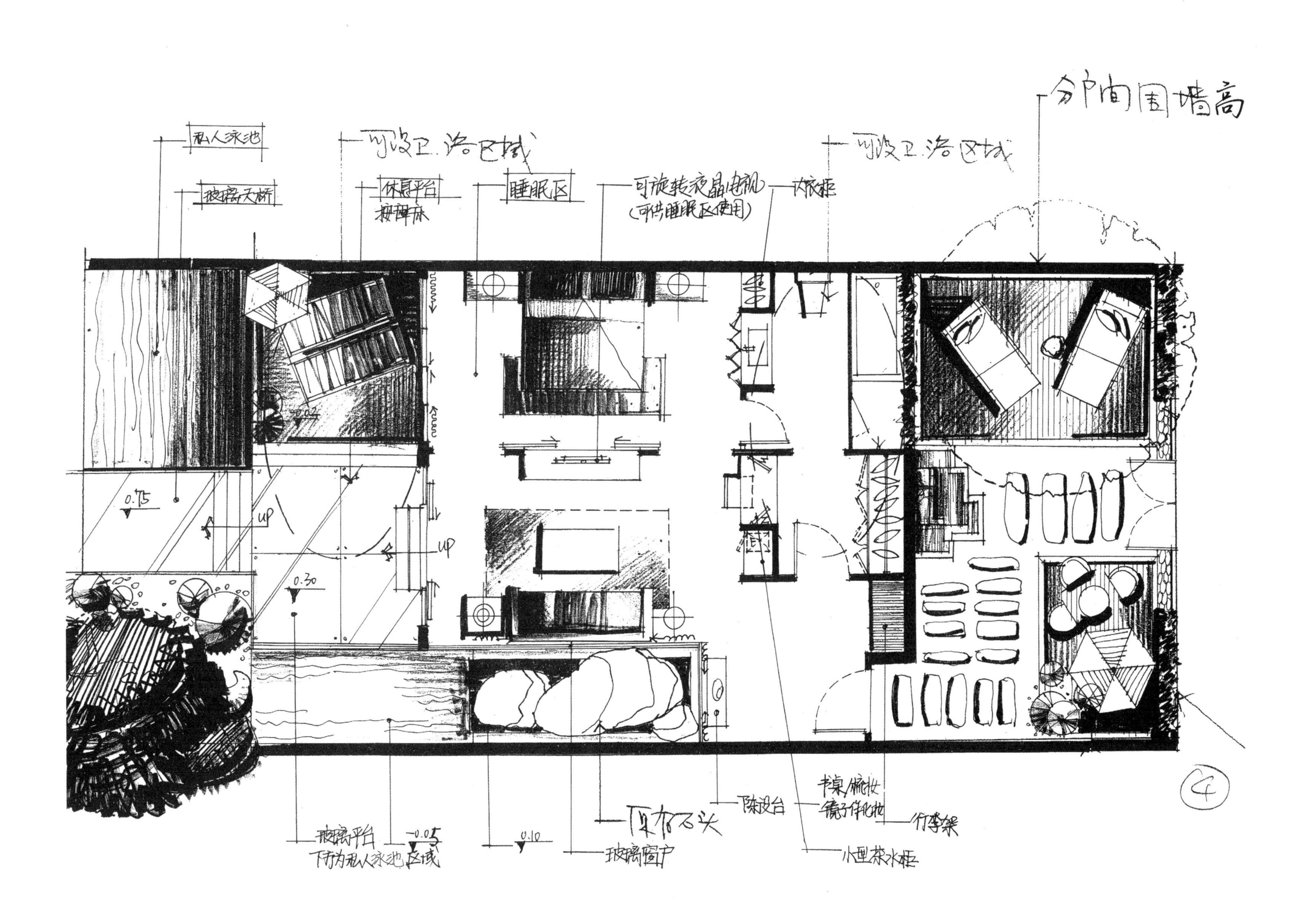
私人泳池
玻璃天桥
可设卫浴区域
休息平台
按摩床
睡眠区
可旋转液晶电视
(可供睡眠区使用)
衣柜
可设卫浴区域
分户间围墙高
0.75
UP
UP
0.30
玻璃平台
下方为私人泳池区域
-0.05
0.10
玻璃窗户
陈设台
书桌/梳妆
镜子作化妆
行李架
小型茶水柜
④

设计说明：

整间房子是以现代简约为设计基础，建筑以几何块体为元素进行设计，室内强调意境是“open”，以开放式设计为主题，使每个空间既独立又整体。强调空间穿插关系亦是本设计的亮点与趣味性所在。另外功能与建筑合二为一，运用“借景”手法，强调建筑室内外环境沟通。整体设计以白色为主调，以玻璃、白色木材、大理石等为主材料，延续该建筑简约设计主题。

私人泳池设计以天然石头为起点，水流顺池而下，以“z”形走通整个泳池，流出室外。当你站在飘出室外的玻璃天桥向外眺望日出时，仿佛置身于天蓝色海岸线边，带给人无限怡意暇想。

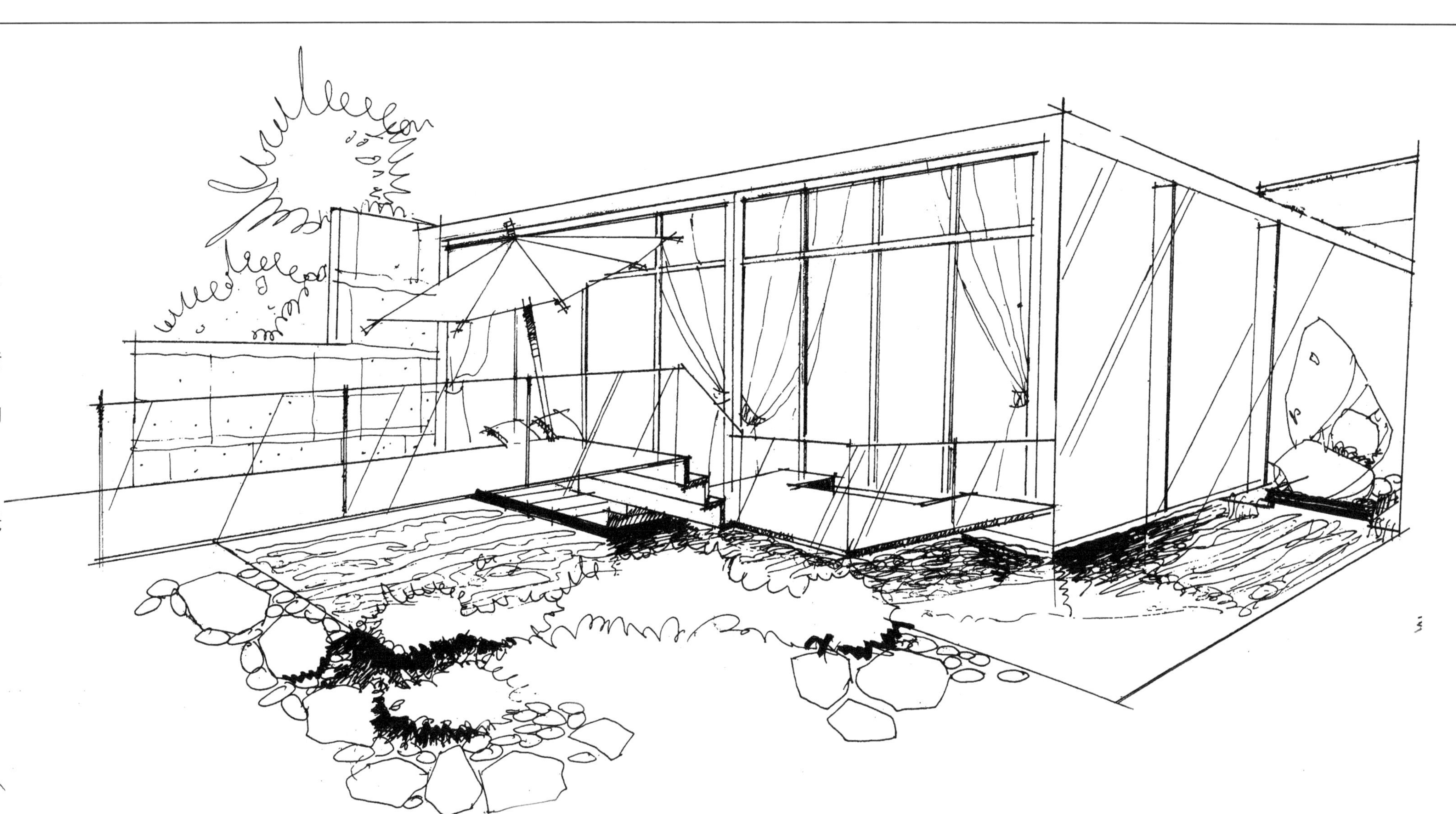

总评:

简捷的室内流线，宽敞的空间分合有序，迂回借景的入口方式巧妙有趣，而连通两个区域的泳池极具想法（当然也有实操风险）。

城市精品商务酒店（测试题）

建议测试时间：8小时

试题说明

一、基本条件

（1）位于CBD区周边的空中二层建筑(十、十一层)，部分二层中空，本次只设计十层。
（2）十层、十一层层高各为3.45m。
（3）洗手间设置区域已规定，不可作重大移位。
（4）管井位置不可改变。
（5）大空间选用小中央空调，客房区选用分体式空调，暗装式安装方法。

二、风格要求

国际风格，可适度体现岭南地域风情！

三、功能要求

（一）大堂区域：靠近电梯厅，尽量利用共享空间区域和室外景观，主要但不仅限于以下功能：

1. 接待区：
A. 不少于3.6m长的综合接待台，选用站立式服务。
B. 配套有2人的前台办公室一间。
C. 行李房，不少于4㎡一间。
D. 等候休息区：形式和人数不限。

2. 早餐间/coffee室，应从舒造角度兼顾两者的不同使用特征。
A. 厨房区设在左上侧区域，其延伸区域为自助早餐的小型自助区。
B. 厨房区域不少于30㎡，部分结合自助区，可用半开放式。
C. 用餐区不少于32人。
D. 简单的服务收款台（可结合茶水柜，长度不少于1350mm）。

3. 多功能会议室，可单独租赁
A. 不少于14人的会议室/培训时可容纳20人。
B. 靠墙柜式家具库，3.0m宽X0.8m深。
C. 靠墙柜式音响控制台，1.2m宽X0.8m深。
D. 入口选用1.5m双掩门一扇。

4. 公共洗手间，应靠近已有管井，选用VIP式单人用洗手间，男女各一间，其中男洗手间设小便斗，女洗手间内部适当考虑手袋物品摆放位置。

（二）客房区域：包括11间标准房（单人大床间）和1间豪华房（开放式会客区），画清晰走廊及房间门位置，室内只布置南、北各一间即可。

1. 标准房：包括但不仅限于以下功能：
A. 洗手间：4件配套，洗手盆、坐厕、沐浴间（不少于0.9mX1.2m）、浴缸（不少于1.5m长）。
B.配套区：衣柜、茶水柜、行李架，长度及形式自定。
C.休息区：1.8mx2.0m大床一张，组合式电视柜、冰箱柜，长度及形式自定。
D.休闲区：工作台（可上网），沙发区（可用单人式靠椅）。

2. 豪华房：开放式会客区，其余同标准房配置。

（三）布草房及服务员室：要设洗洁盆，简单蹲式洗手间，功能分配合理。

四、成本控制

参考造价为客房区1800元/㎡，其他区域2700元/㎡，不包括活动家具及饰品配置部分。

五、评分标准

评分标准：
本次分数由两部分组成（满分100分）：
A. 方案创意及表达能力（指图纸表达）——占总分数75%
绘制在提供的图纸上（共4张A3图纸），尽可能用徒手的形式表达（亦可用规尺），黑白即可。
设计提交的图纸内容、要求及比例如下：

序号	图纸内容	规格及比例	占该部分比例	备注
1	十层平面总图（仅表达走廊及分区情况）	1:200	5%	该部分满分75分
2	大堂区域平面（要有必要的陈设说明）	1:150	40%	
3	标准房①放大平面	1:50	20%	
4	标准房①效果图（角度自选，标注主要材质及做法）	A3	17.5%	
5	大堂区域效果图（角度自选，标注主要材质及做法）	A3	17.5%	

B. 方案推销能力（指口述表达）——占总分数25%。

序号	表达方面	占该部分比例	备注
1	语言表达能力	40%	
2	推销条例能力	40%	
3	应变能力	20%	

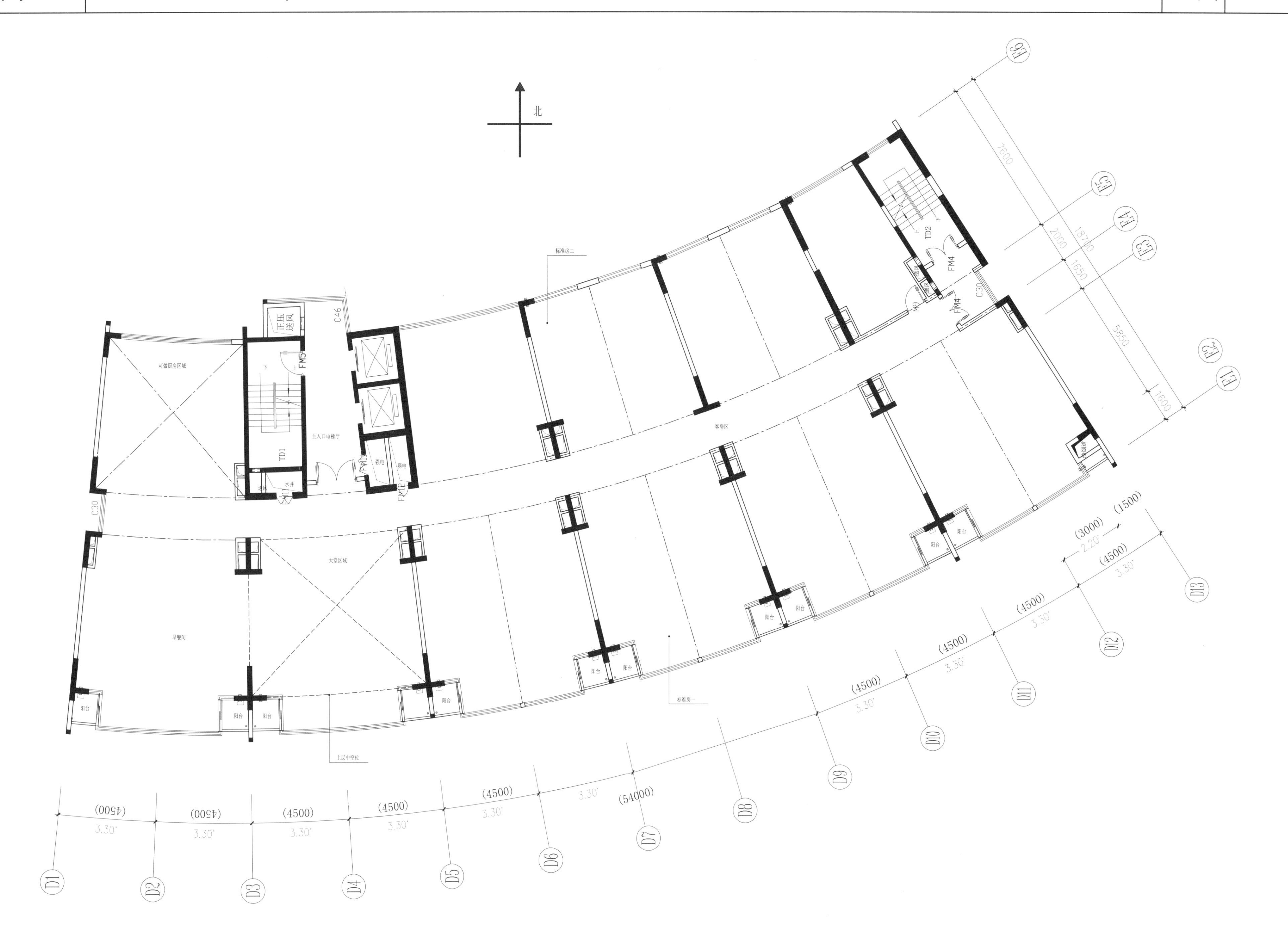

十层平面布置图

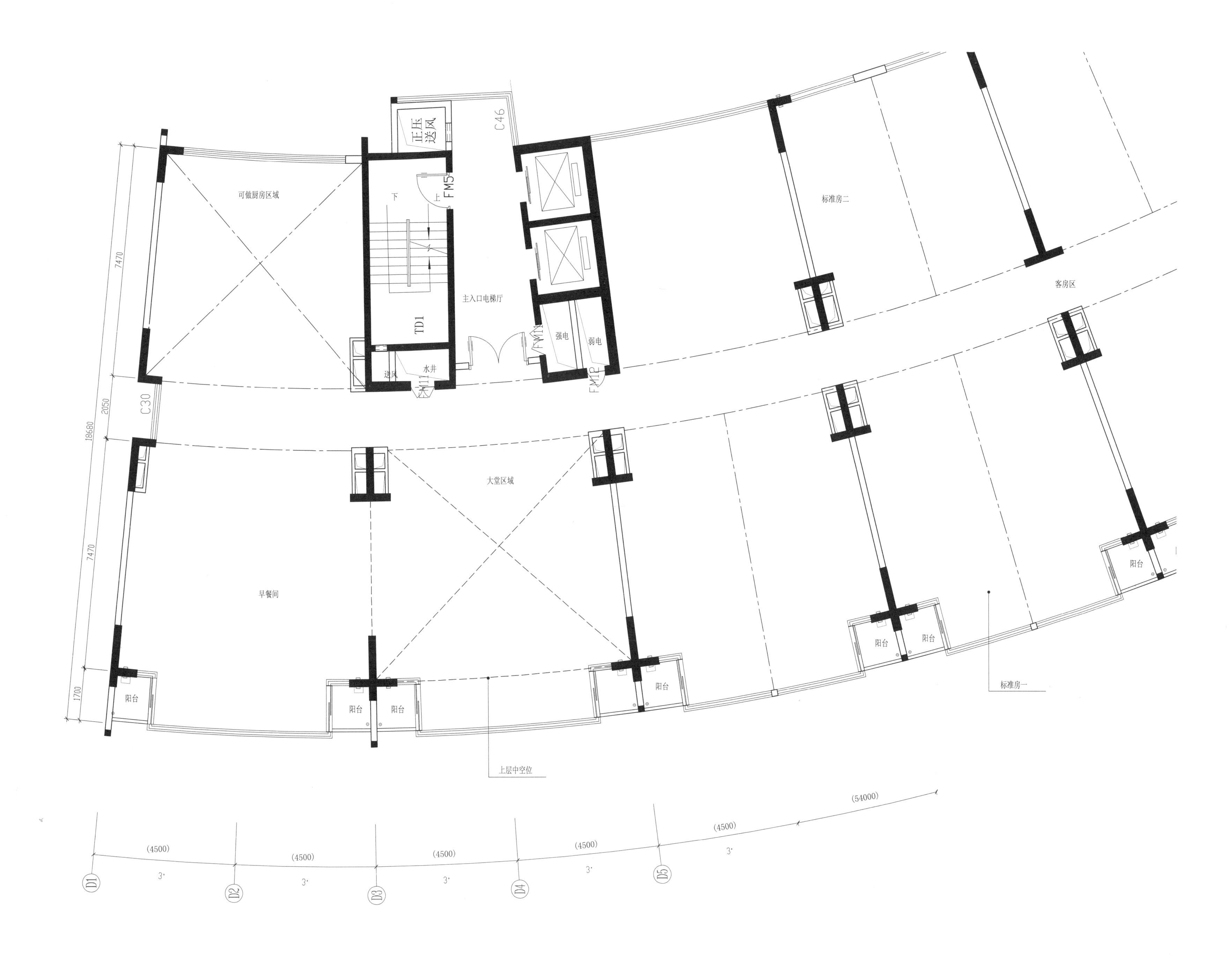
正压送风
C46
可做厨房区域
下
上
FM5
标准房二
主入口电梯厅
TD1
客房区
强电
弱电
水井
送风
C30
大堂区域
早餐间
阳台
标准房一
上层中空位
7470
2050
18680
7470
1700
(4500)
(54000)
D1
D2
D3
D4
D5

大堂区域平面布置图

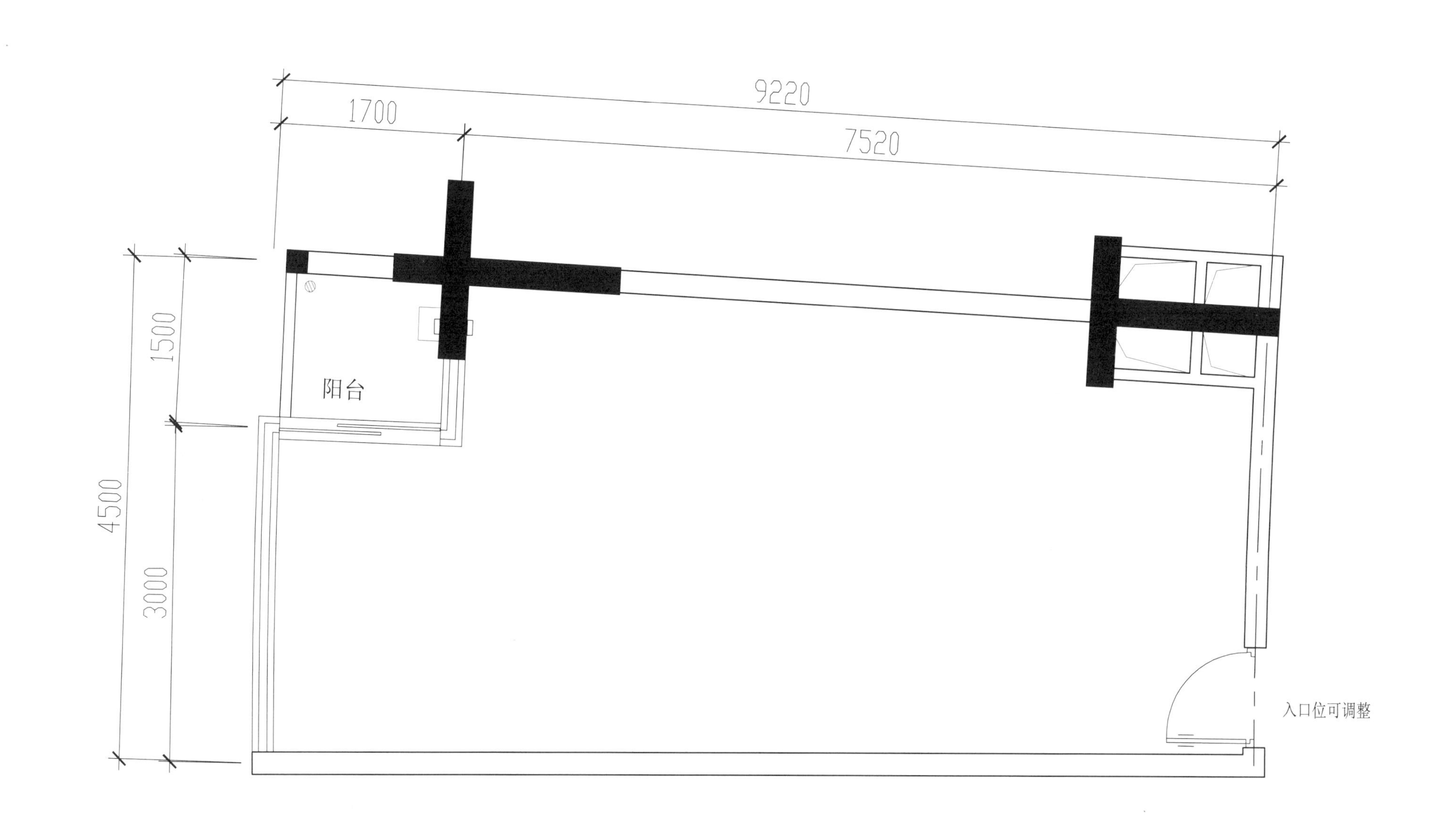

标准房一层平面布置图

思考方式1

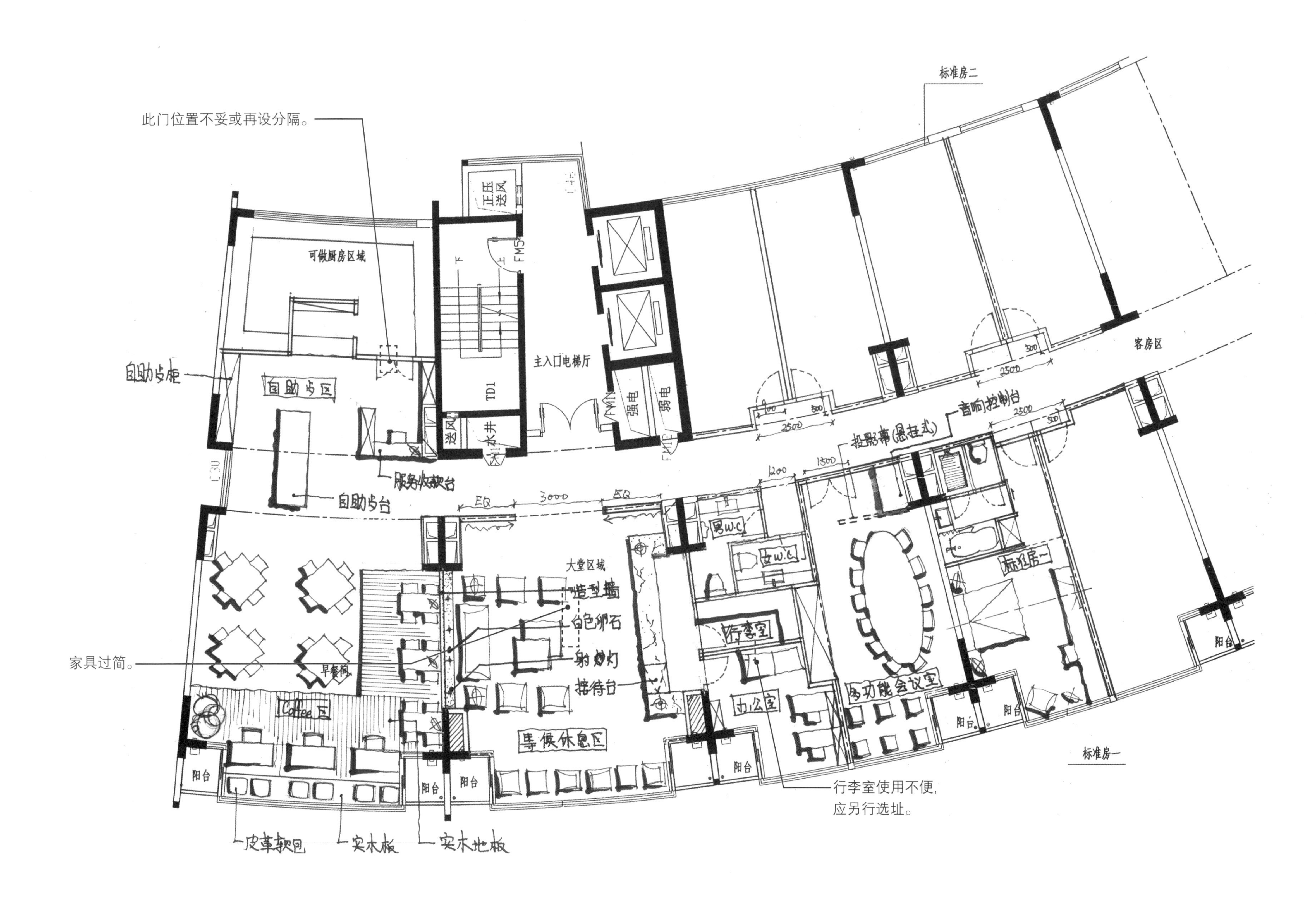
此门位置不妥或再设分隔。
标准房二
可做厨房区域
主入口电梯厅
客房区
自助餐区
自助餐台
大堂区域
造型墙
白色卵石
射灯
接待台
等候休息区
行李室
办公室
多功能会议室
标准房一
家具过简。
早餐区
Coffee区
阳台
皮革软包
实木板
实木地板
行李室使用不便，
应另行选址。

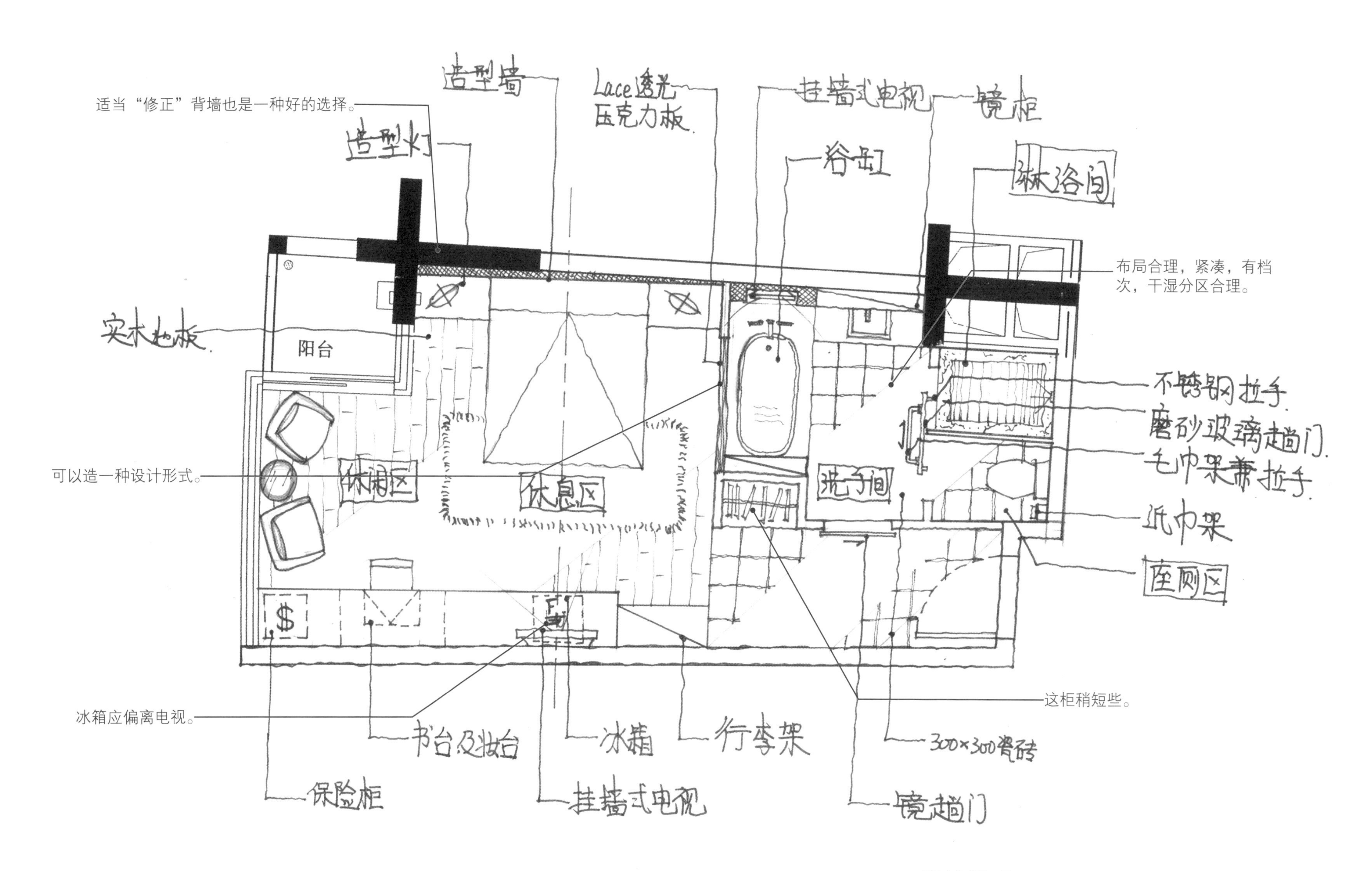

设计说明：

深褐色竖木纹凸显个性，体现睿智品位，再配合明快轻松的材质（镜钢及清镜），整体气氛逞现现代风格，温和色调的墙纸使客人有亲切感，减轻旅途孤独陌生感。

颜色面以淡色为主，凸显温暖亲切，主幅（床头位置）用深色调让房间有主次之分，视觉上不完全单一沉闷。

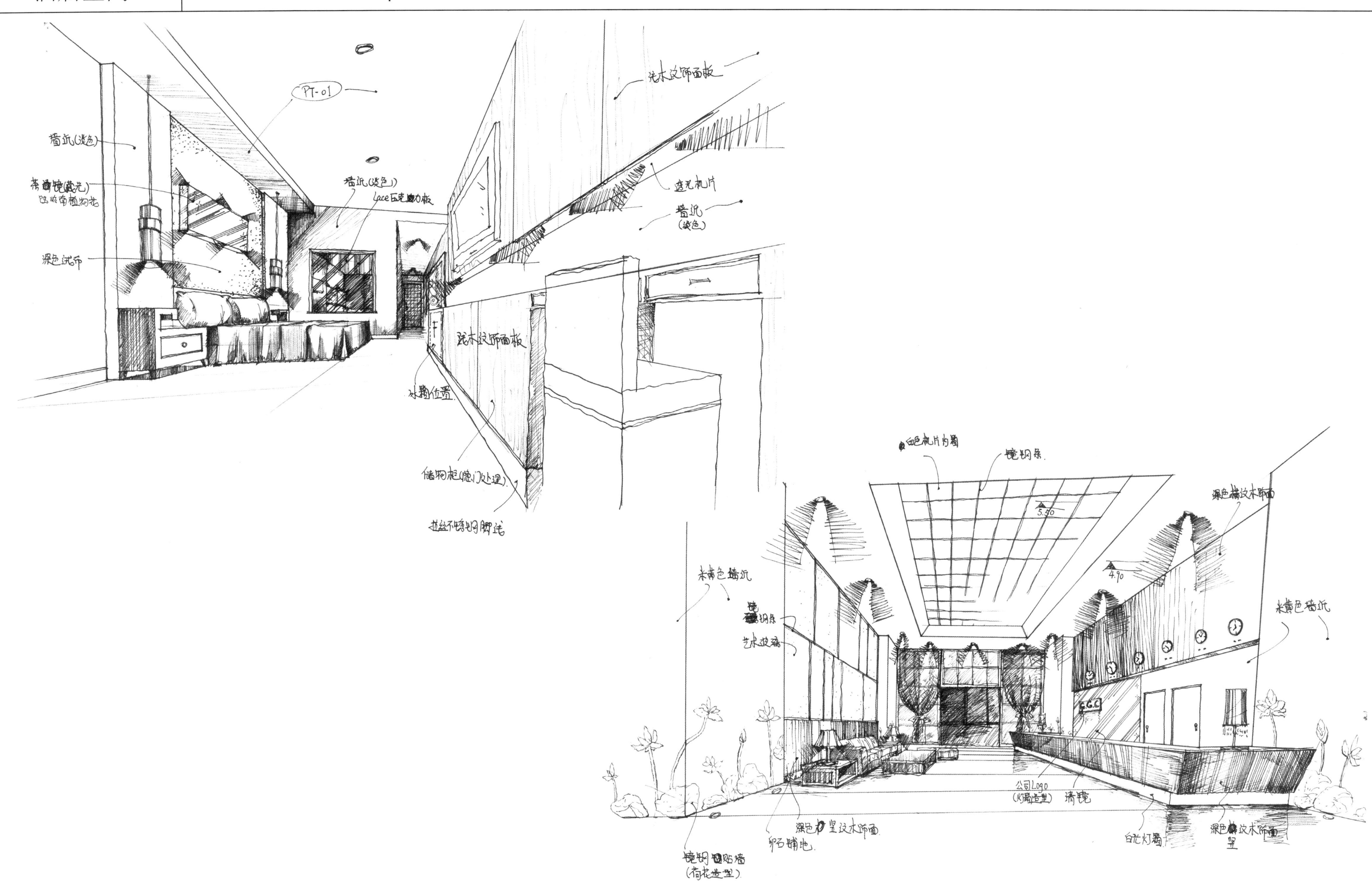

思考方式2

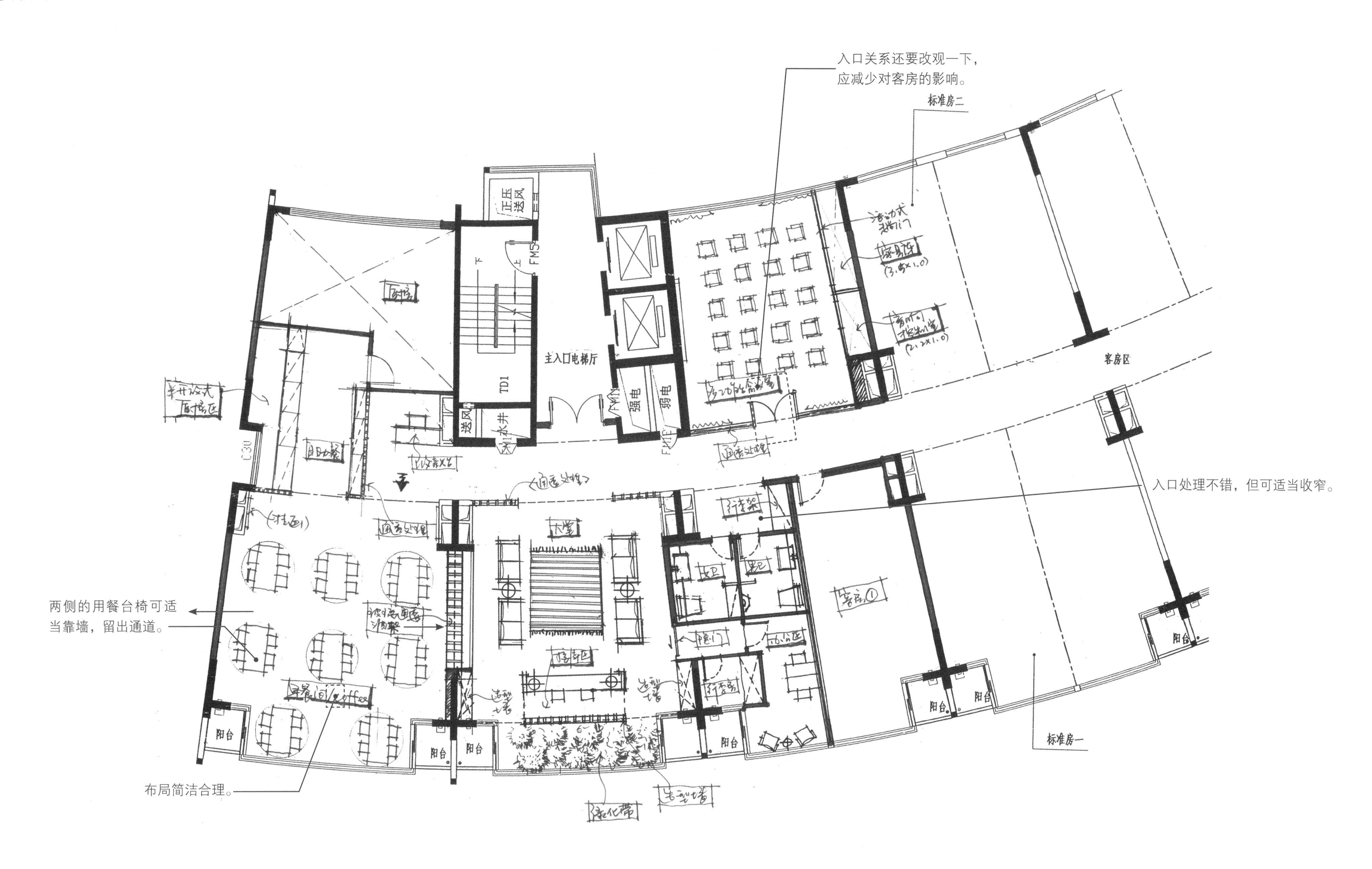
入口关系还要改观一下，
应减少对客房的影响。
标准房二
正压送风
TD1
送风
水井
主入口电梯厅
强电
弱电
客房区
入口处理不错，但可适当收窄。
两侧的用餐台椅可适
当靠墙，留出通道。
阳台
标准房一
布局简洁合理。

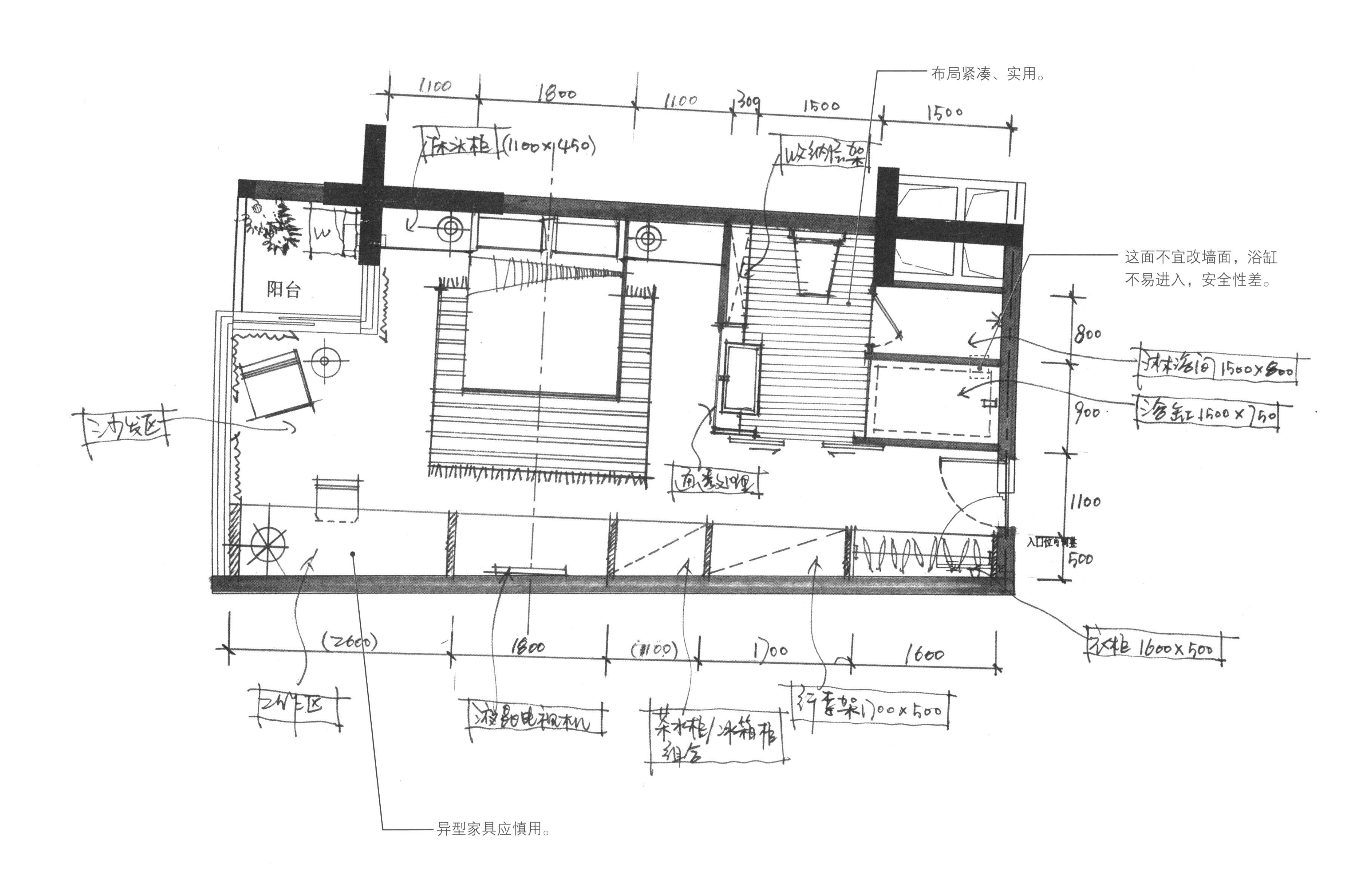
布局紧凑、实用。
这面不宜改墙面，浴缸不易进入，安全性差。
阳台
异型家具应慎用。
1100
1800
1100
1500
1500
800
900
1100
500
(2600)
1800
(1100)
1700
1600

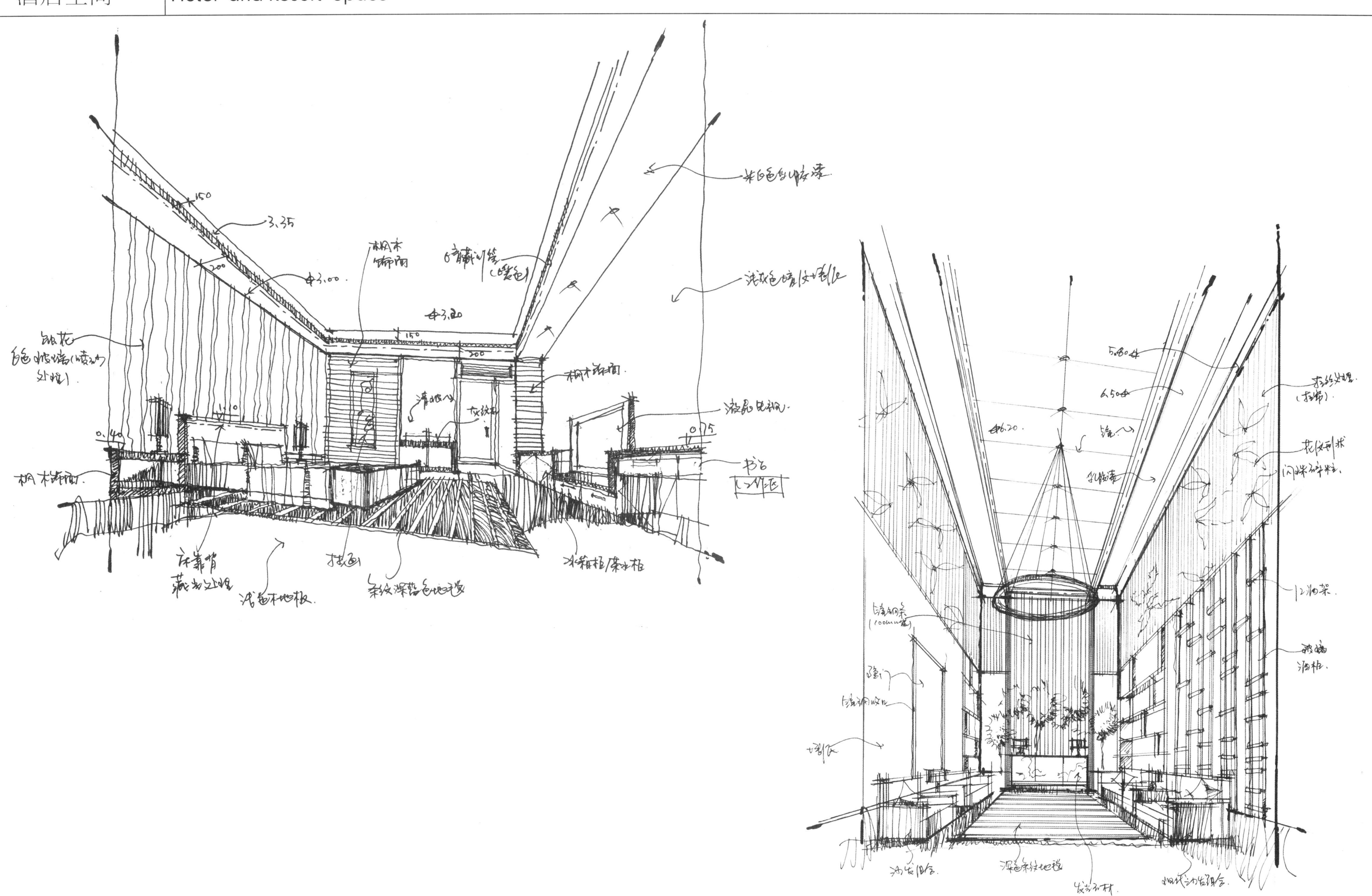
3.35
150
200
3.00
3.20
浅色木地板
深色条纹地毯

思考方式3

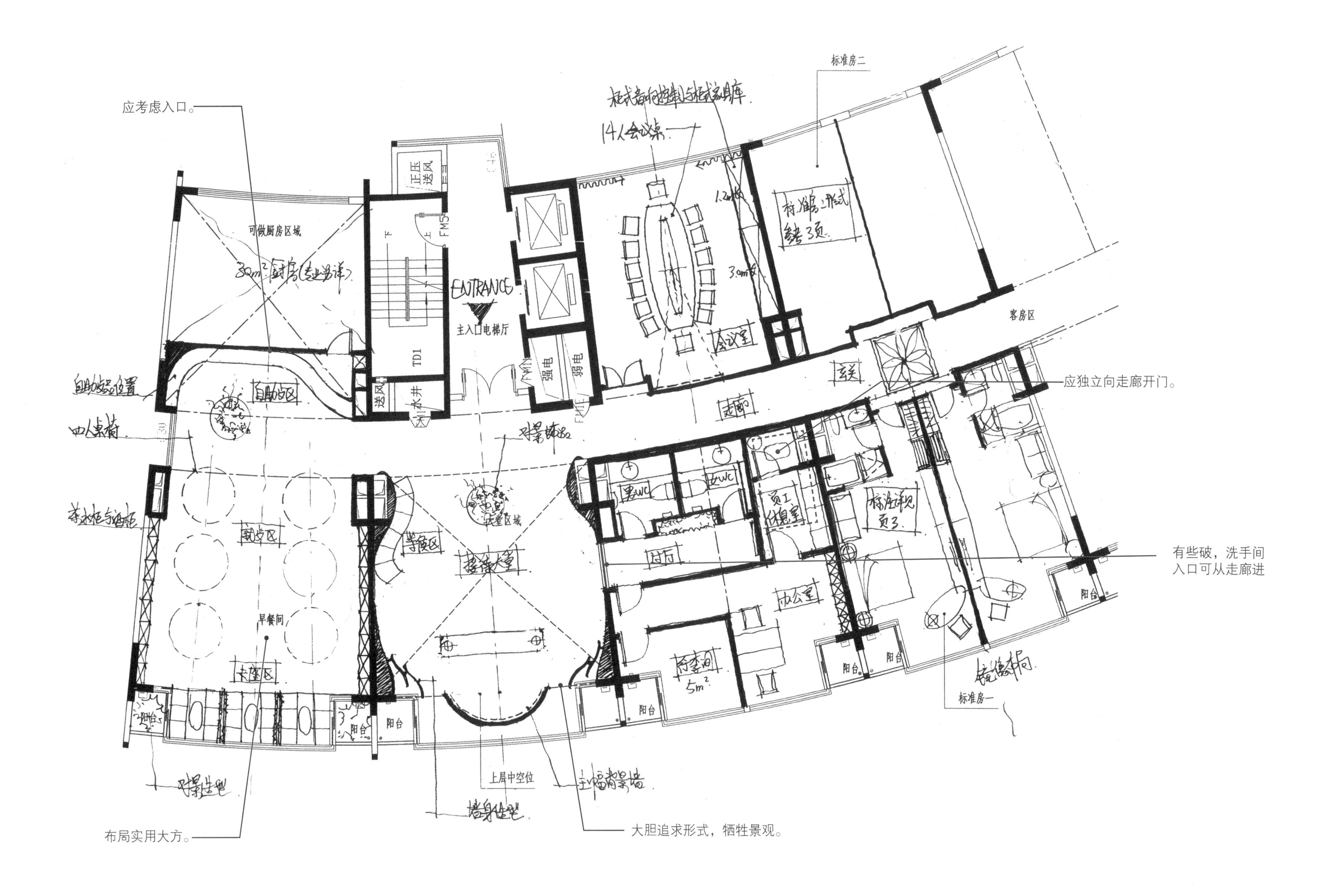
应考虑入口。
标准房二
14人会议桌
可做厨房区域
ENTRANCE
主入口电梯厅
正压送风
TD1
送风
水井
强电
弱电
会议室
客房区
应独立向走廊开门。
走廊
自助区
早餐区
早餐间
大堂区
等候区
接待大堂
大堂区域
男WC
女WC
员工休息室
办公室
标准间
有些破，洗手间
入口可从走廊进
阳台
上层中空位
标准房一
布局实用大方。
大胆追求形式，牺牲景观。

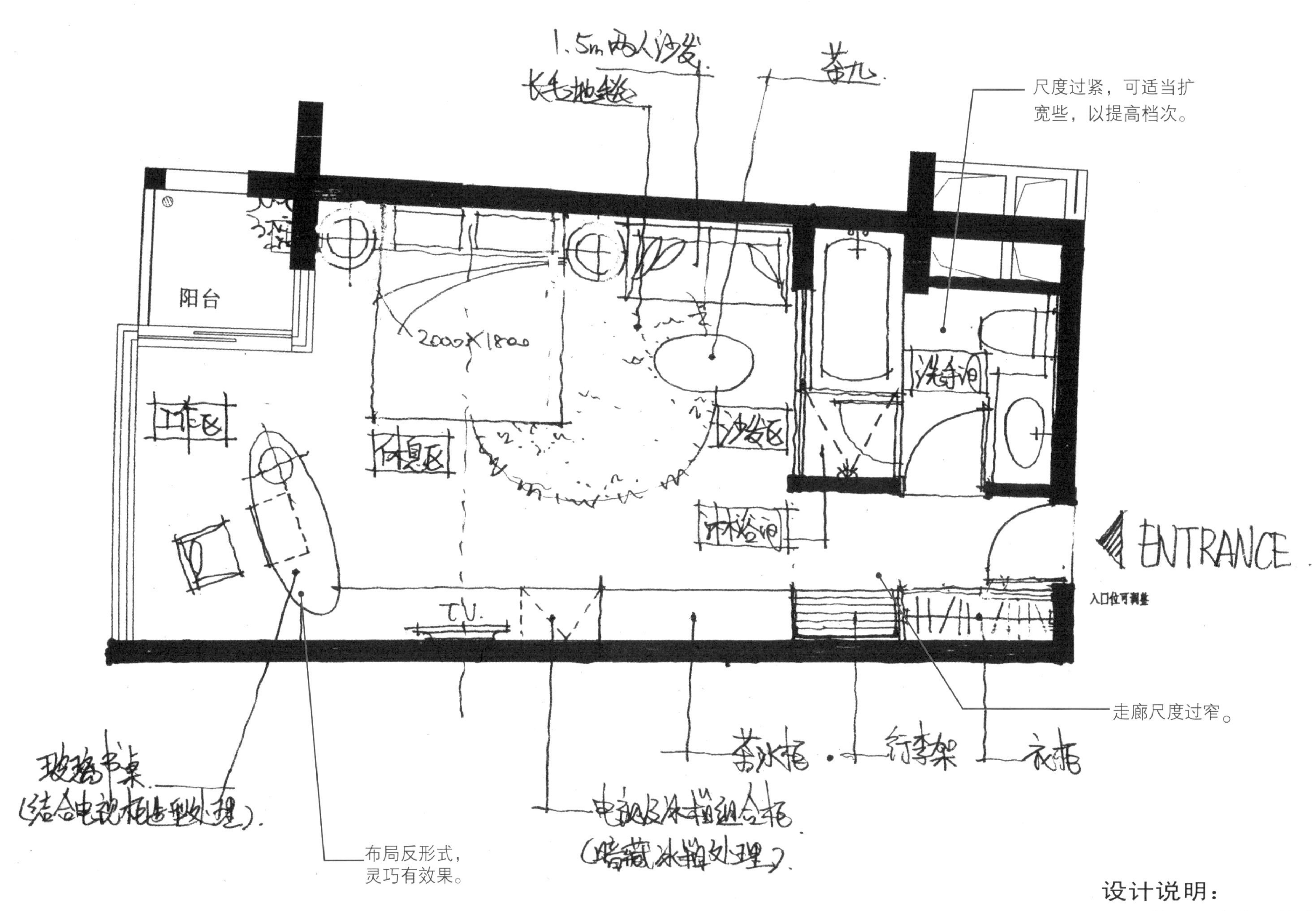

设计说明：

利用原建筑层楼中空的高度优势，以弧线作为主题，堆砌出华丽气魄的大空间，让每个客户踏入大堂的一刻都有为之惊叹的感觉。

用现代的手法界定空间的关系，以不同的材质营造空间的表情，加入丰富的软饰去引发空间的生活气息，令客户在商务旅程中有非凡的视觉与触觉的全新体验。

思考方式4

选址易形成低温区
标准房二
自助区过小，与厨房
再处理好交通关系。
可做厨房区域
主入口电梯厅
客房区
音响控制台
家具库
强电
弱电
女
男
送风
水井
顶
案几
自助餐台
收款台
暗门
大堂区域
行李房
酒柜
早餐间
办公室
阳台
上层中空位
标准房一
套入式安放不好，应
作相对于前台的考虑。
要注意尺度的安全感。
可先作景观性陈设
或使侧面开放。

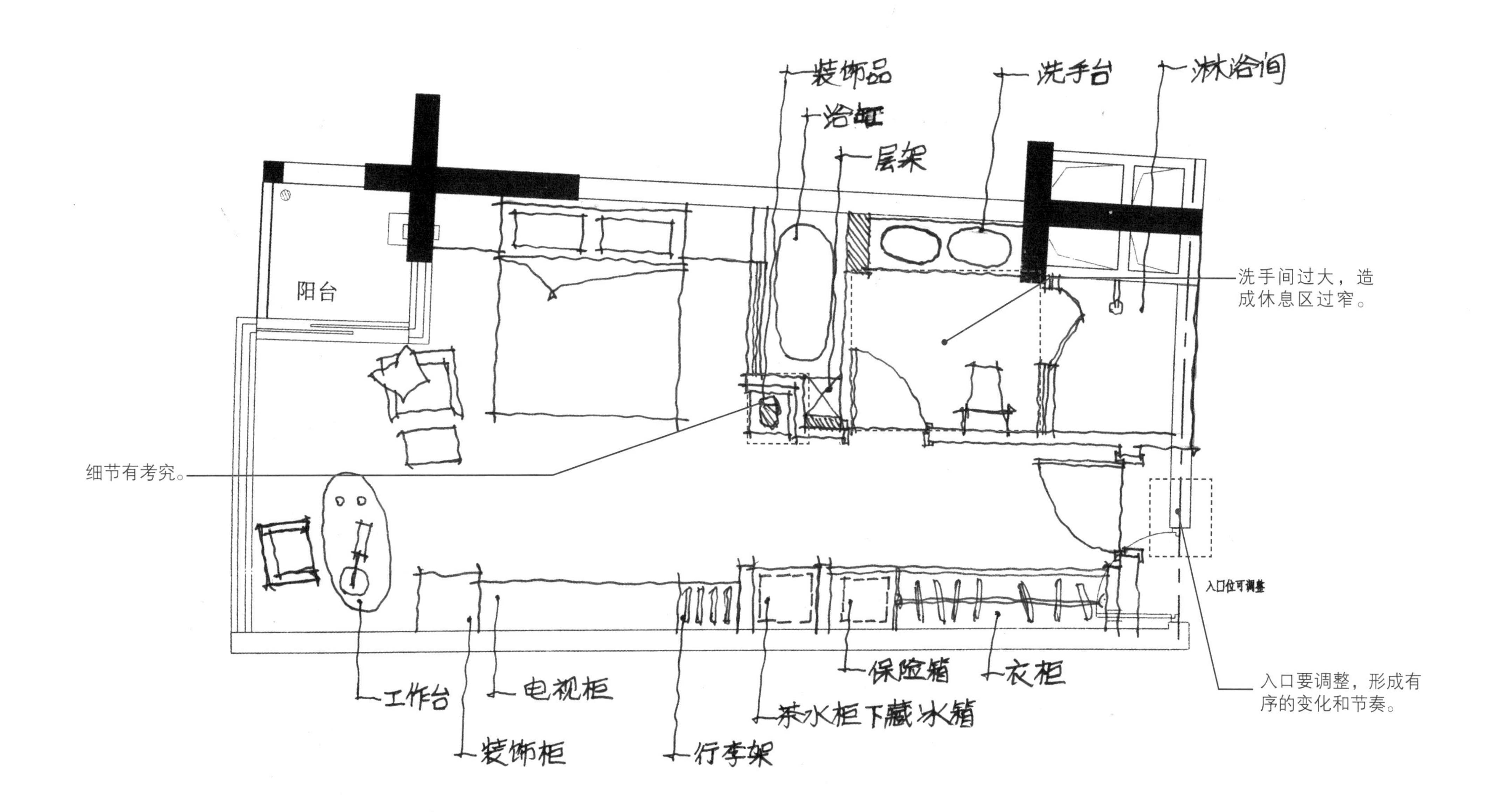
装饰品
浴缸
层架
洗手台
淋浴间
阳台
洗手间过大，造成休息区过窄。
细节有考究。
入口位可调整
入口要调整，形成有序的变化和节奏。
工作台
电视柜
装饰柜
行李架
茶水柜下藏冰箱
保险箱
衣柜

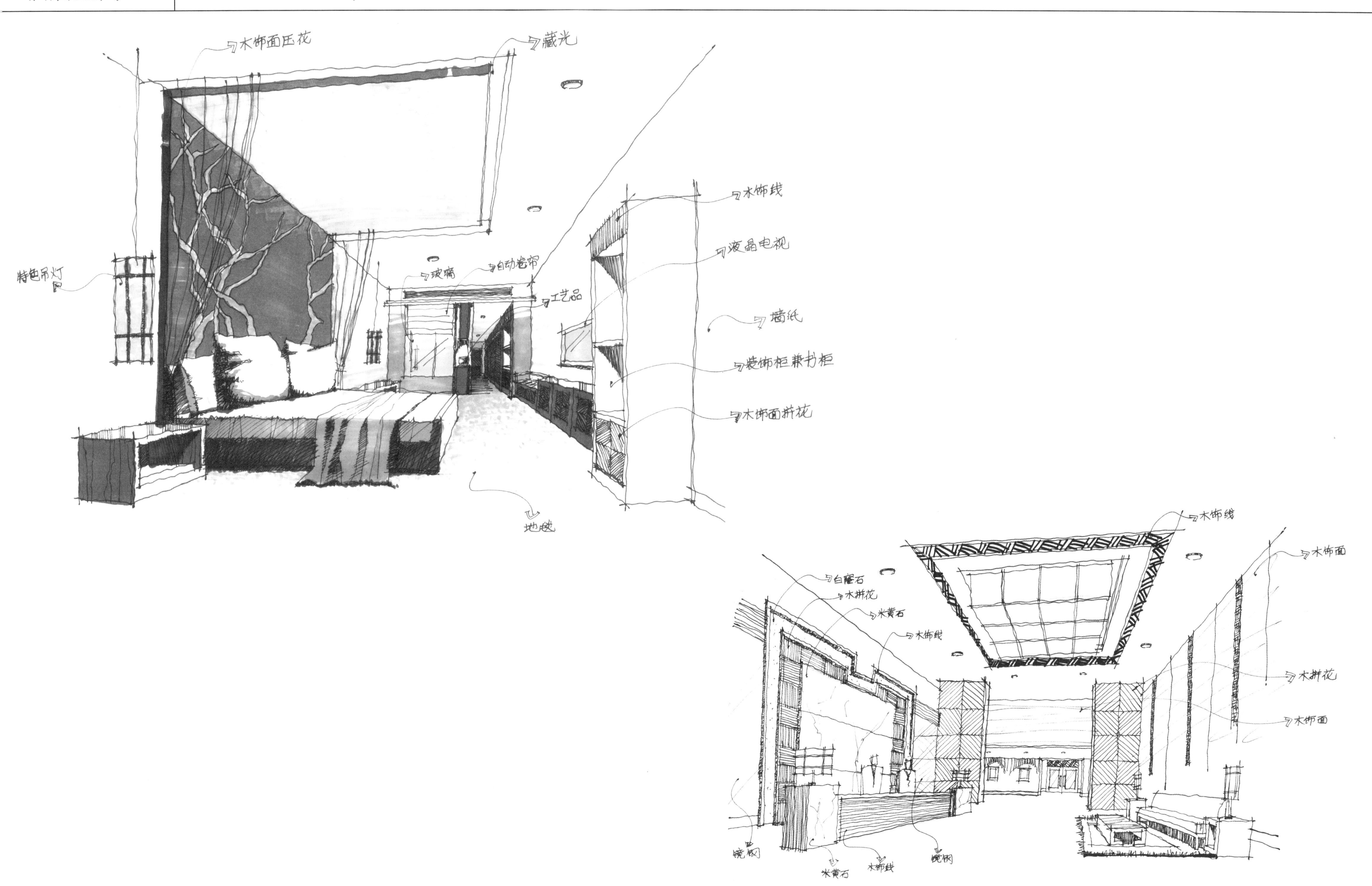
木饰面压花
藏光
特色吊灯
玻璃
自动卷帘
工艺品
木饰线
液晶电视
墙纸
装饰柜兼书柜
木饰面拼花
地毯
木饰线
白麻石
木拼花
米黄石
木饰线
木饰面
木拼花
木饰面
镜钢
米黄石
木饰线
镜钢

思考方式5

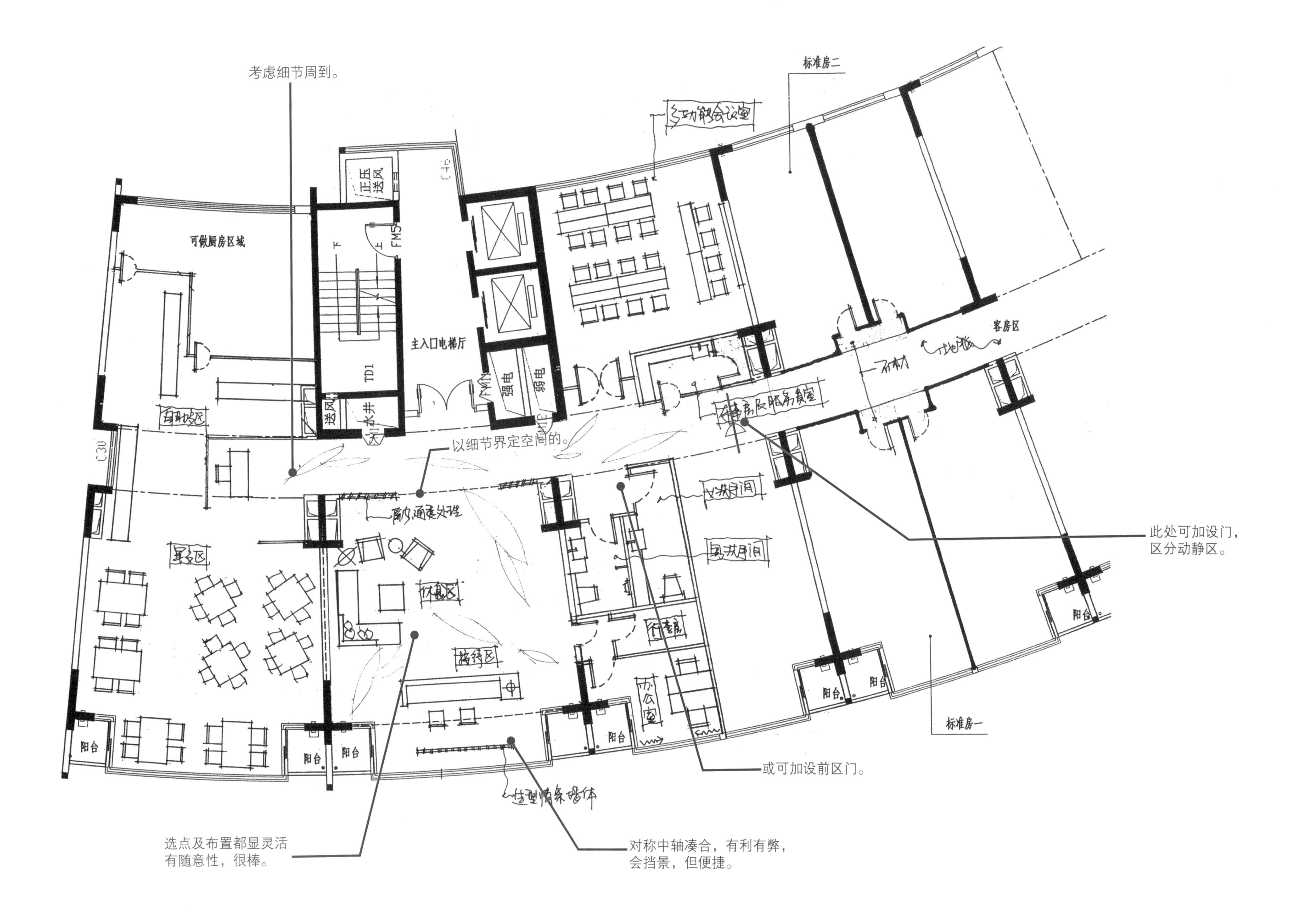
考虑细节周到。
以细节界定空间的。
此处可加设门，
区分动静区。
或可加设前区门。
选点及布置都显灵活
有随意性，很棒。
对称中轴凑合，有利有弊，
会挡景，但便捷。
可做厨房区域
主入口电梯厅
标准房二
标准房一
客房区
阳台
强电
弱电
正压送风
送风
办公室

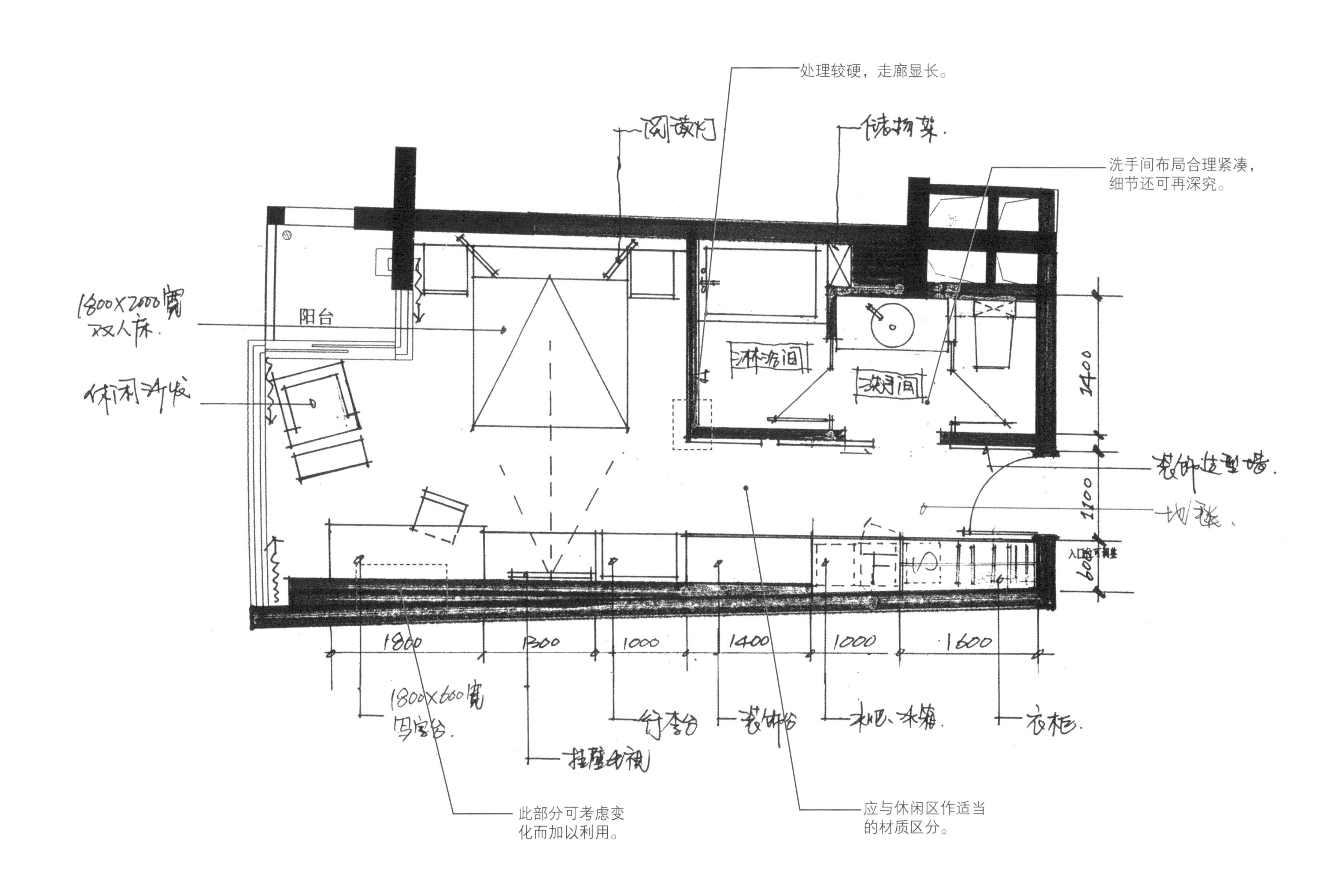
处理较硬，走廊显长。
阅读灯
储物架
洗手间布局合理紧凑，
细节还可再深究。
1800X2000宽
双人床
阳台
休闲沙发
淋浴间
洗手间
1400
装饰造型墙
1100
地毯
600
1800
1300
1000
1400
1000
1600
1800X600宽
写字台
挂壁电视
行李台
装饰台
吧、冰箱
衣柜
此部分可考虑变
化而加以利用。
应与休闲区作适当
的材质区分。

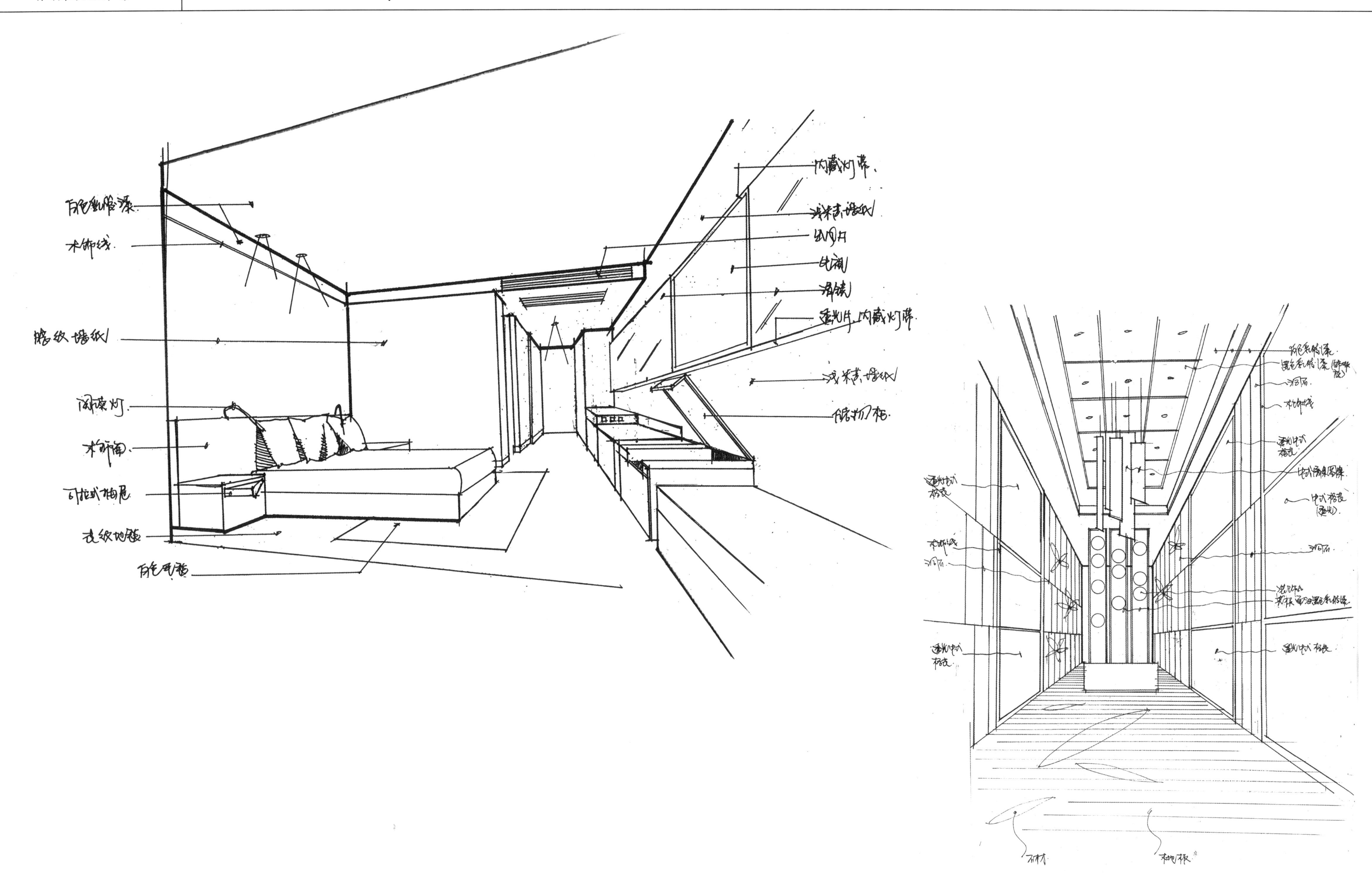

思考方式6

标准房二
视线上有遮挡。
可做厨房区域
尽端式陈设不方便，
应选择岛式的结合。
主入口电梯厅
强电
弱电
客房区
送风
早餐间
大堂区域
会议室
阳台
标准房一
办公室
选址形态有问题，
实用性比较低。
入口位置选择也不错！
上层中空位

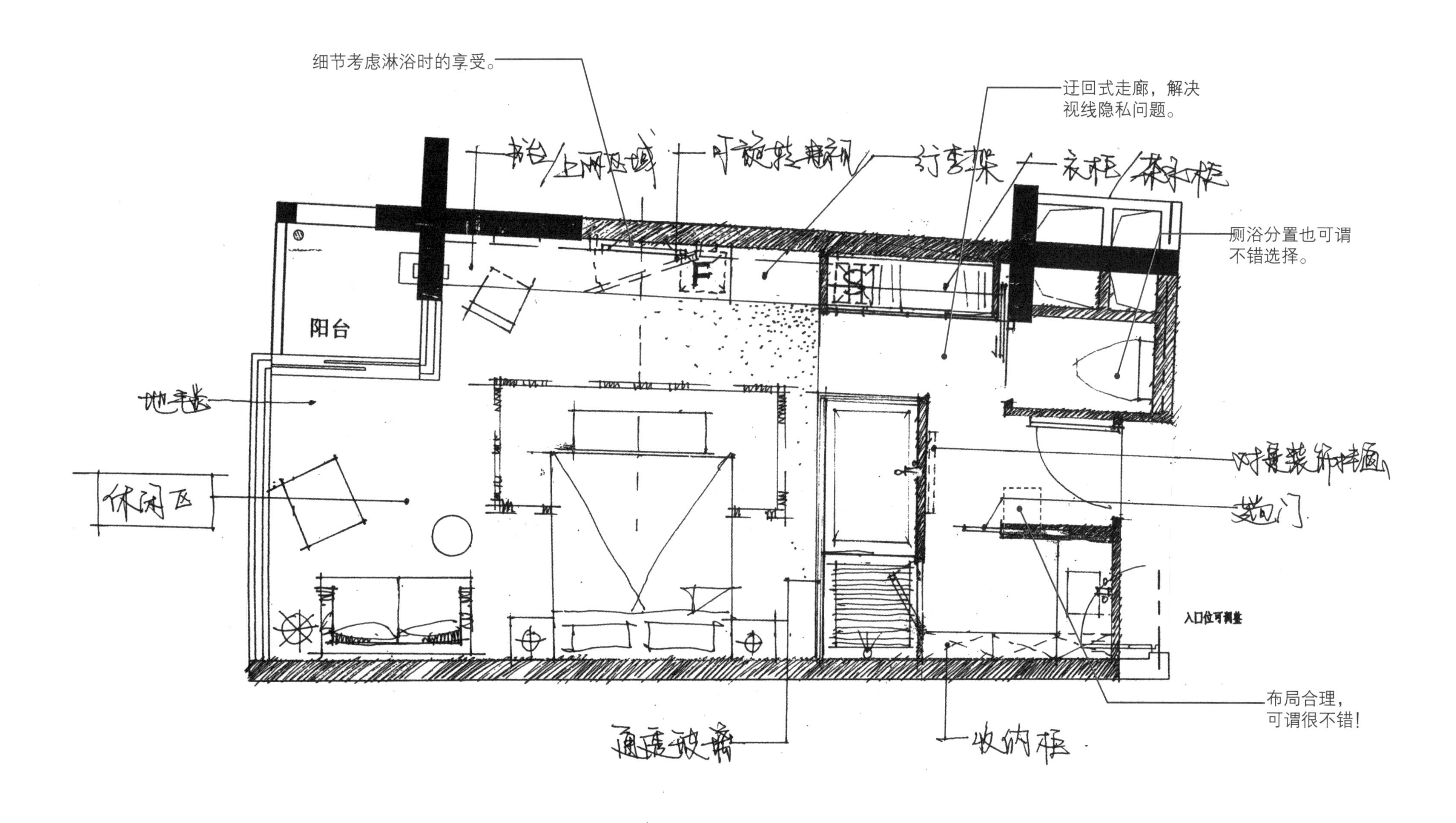
细节考虑淋浴时的享受。
迂回式走廊，解决视线隐私问题。
厕浴分置也可谓不错选择。
阳台
休闲区
入口位可调整
布局合理，可谓很不错!
收纳柜

Housing Space

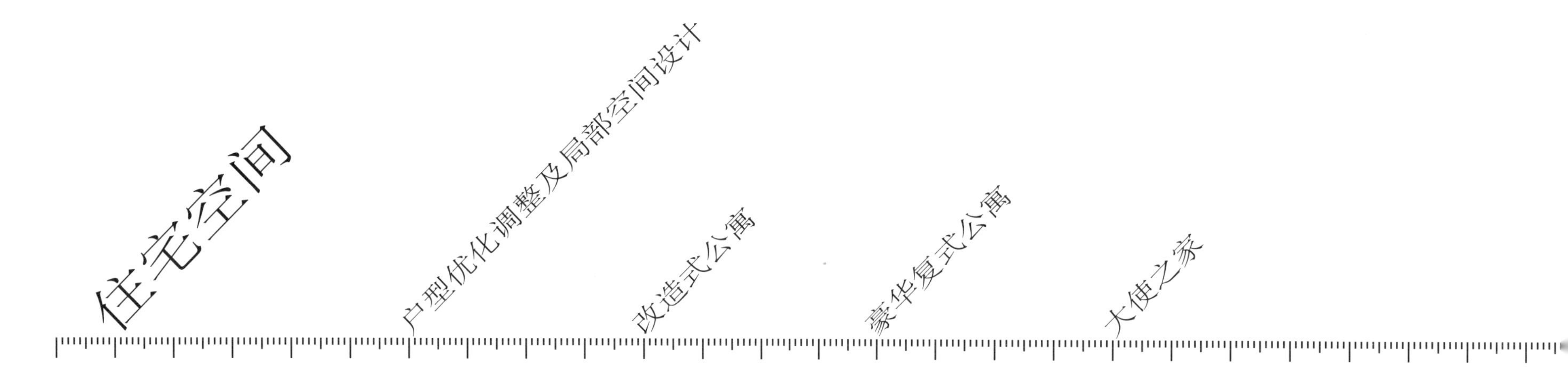

户型优化调整及局部空间设计（测试题）

建议测试时间：8小时

试题说明

一、基本条件

（1）位于天河住宅区内的某高层建筑，标准层见附图一（上北下南）。
（2）根据市场客户调研，需将原有两小户型合并为一个大三房大户型。
（3）暂不对建筑结构作深入考虑，包括洗手间的沉箱部分，暂不用细究。
（4）层高3.00m。

二、优化调整方向

实用性强，紧凑不浪费，合理，注重生活使用细节，功能齐全。

三、合并指引

（1）原建筑外轮廓不变，但外门、窗位置可相应平面功能作合理调整。
（2）内部墙体可任意改动，但要符合使用要求，避免过度不规则的墙体，造成结构专业的不合理。
（3）客厅向南。
（4）厨房与生活阳台可分设。
（5）其中一处厨房可设作为洗手间（公卫或套房洗手间），原烟道取消。
（6）洗衣机可与公卫或生活阳台统一布置。

四、平面功能要求

（1）客厅：轴线开间不少于3.90m。
（2）餐厅区域：6人餐台，不少于1800mmX800mm，适当考虑陈列柜。
（3）入户花园：满足换鞋及其他家政等活动的功能要求。
（4）卧室：
A. 双套房设计，三间洗手间（包括公共洗手间）均按三件套配套，即洗手盆、座厕、淋浴（不少于900mmX900mm）或1.5m浴缸。
B. 三间卧室床均按1500宽考虑（次要房可用靠墙式）。
C. 另设一间多功能房，可作书/客房使用。
（5）储物：充分利用空间设置一定的储物位置。

五、示范单位（局部区域）

（1）在已调整的合并户型基础上，设计客厅区域（或客厅连餐厅区域）的示范性效果，风格为现代港式，布局合理，时尚、舒适、明亮，注重材质的搭配和灯光的细节运用，区域造价（硬装）约2400元/m²，手绘效果图要求标注主要材料及必要的造法说明。

六、评分标准

本次分数由两部分组成（满分100分）：
A. 方案创意及表达能力（指图纸表达）—— 占总分数75%。
绘制在提供的图纸上（共3张A3图纸）可用徒手的形式表达（亦可用规尺），黑白即可。
设计提交的图纸内容、要求及比例如下：

序号	图纸内容	规格及比例	占该部分比例	备注
1	户型合并平面图（标注墙体及门窗调整的方法及必要尺寸）	1:75	35%	该部分满分75分
2	平面布置图（详细准确的家具布置及相关说明）	1:75	35%	
3	客厅（或客厅连餐厅）区域效果图（标注主要材料及做法说明）	（1张）	30%	

B. 方案推销能力（指口述表达）—— 占总分数25%。

序号	表达方面	占该部分比例	备注
1	语言表达能力	40%	
2	推销条例能力	40%	
3	应变能力	20%	

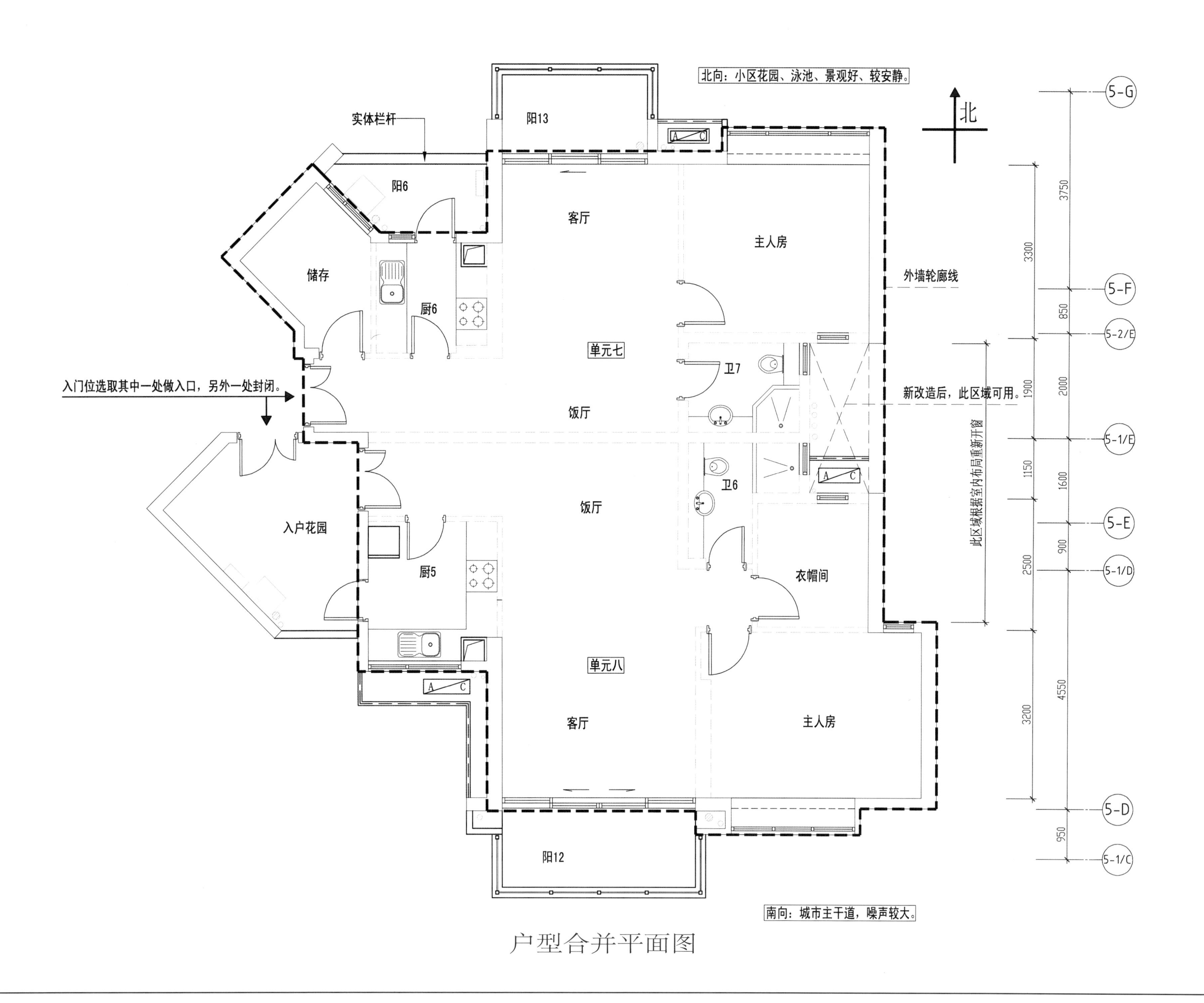
北向：小区花园、泳池、景观好、较安静。
北
实体栏杆
阳13
阳6
客厅
主人房
储存
厨6
外墙轮廓线
单元七
卫7
入门位选取其中一处做入口，另外一处封闭。
饭厅
新改造后，此区域可用。
此区域根据室内布局重新开窗
卫6
饭厅
入户花园
厨5
衣帽间
单元八
客厅
主人房
阳12
南向：城市主干道，噪声较大。
3750
3300
850
1900
2000
1150
1600
900
2500
4550
3200
950
5-G
5-F
5-2/E
5-1/E
5-E
5-1/D
5-D
5-1/C

户型合并平面图

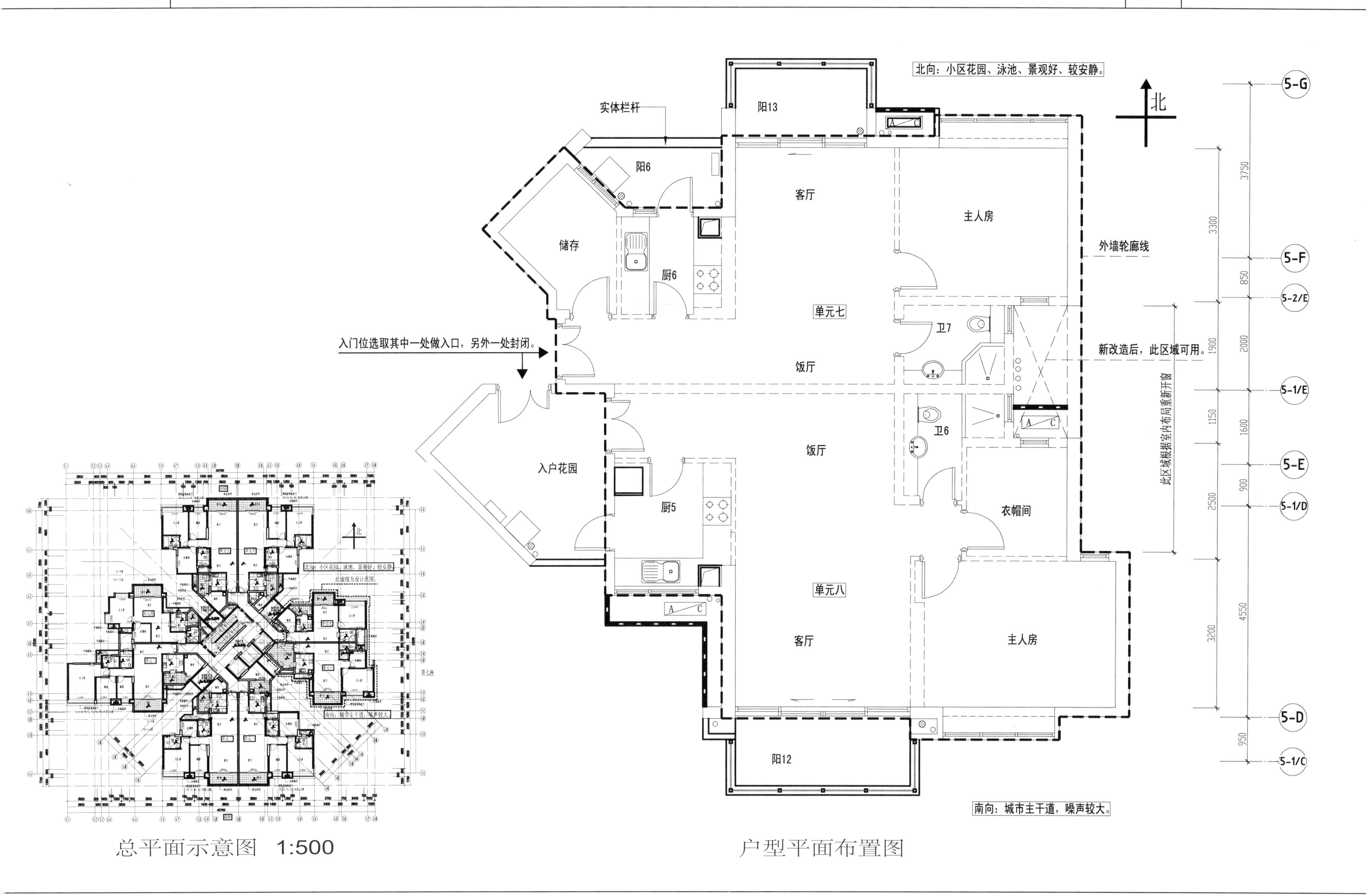

总平面示意图 1:500

户型平面布置图

思考方式1

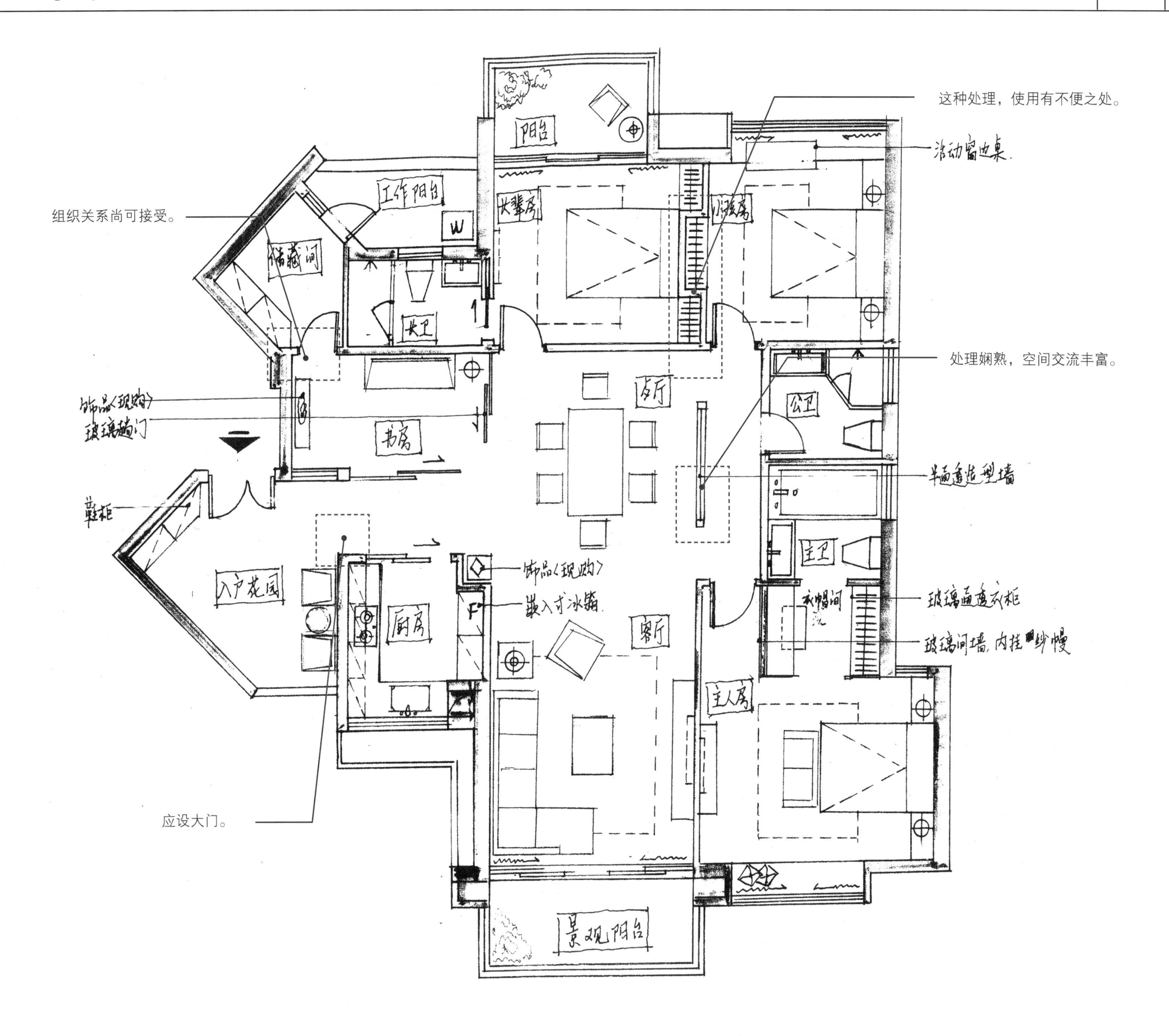
这种处理，使用有不便之处。
组织关系尚可接受。
处理娴熟，空间交流丰富。
应设大门。
阳台
工作阳台
大睡房
小睡房
储藏间
长卫
书房
餐厅
公卫
主卫
入户花园
厨房
客厅
主人房
景观阳台
饰品（现购）
玻璃趟门
鞋柜
滑动窗边桌
半通透造型墙
玻璃通透衣柜
玻璃间墙，内挂纱幔
嵌入式冰箱

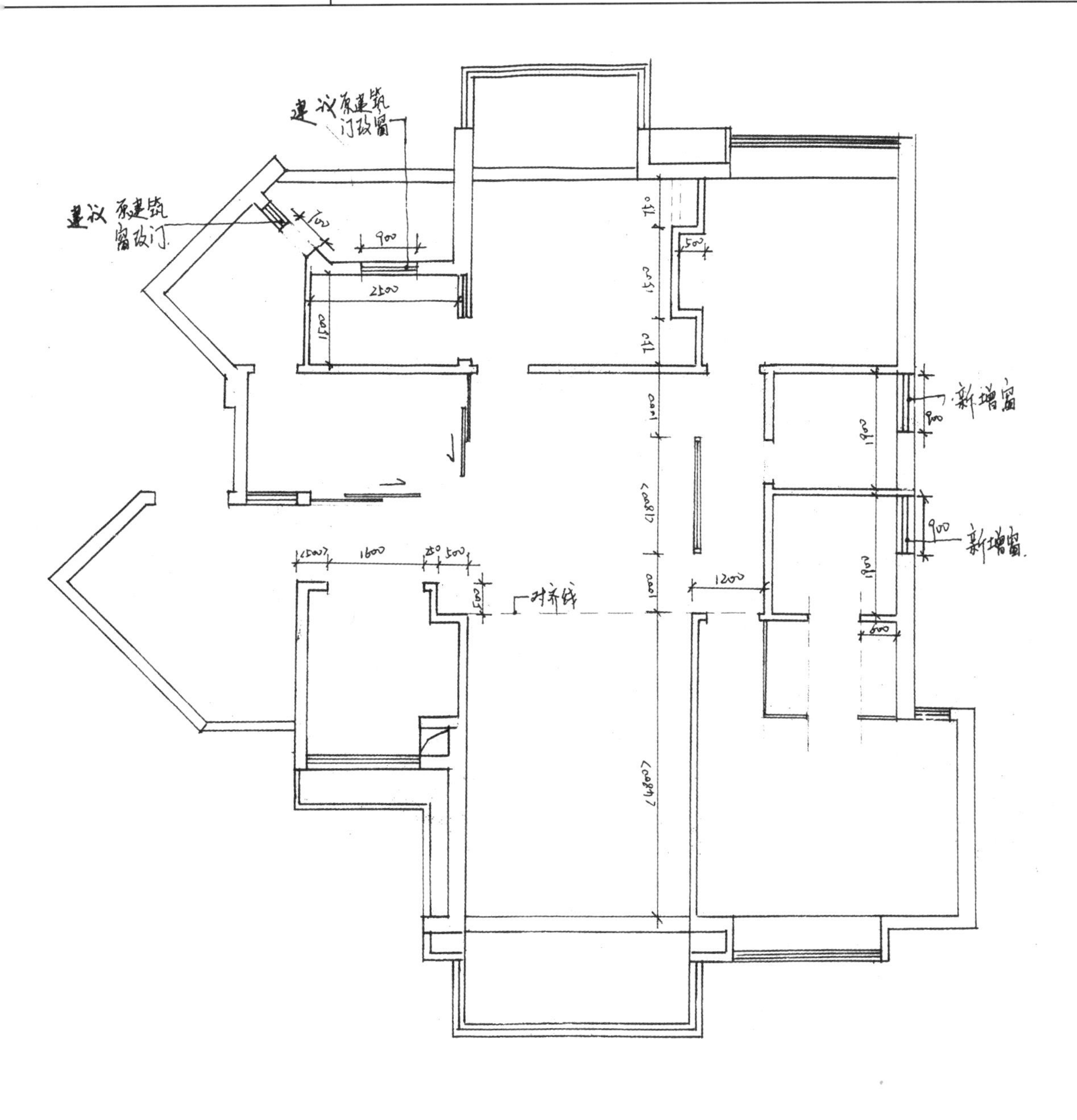

总评：

思路清晰，分区明确合理，空间营造也较丰富。

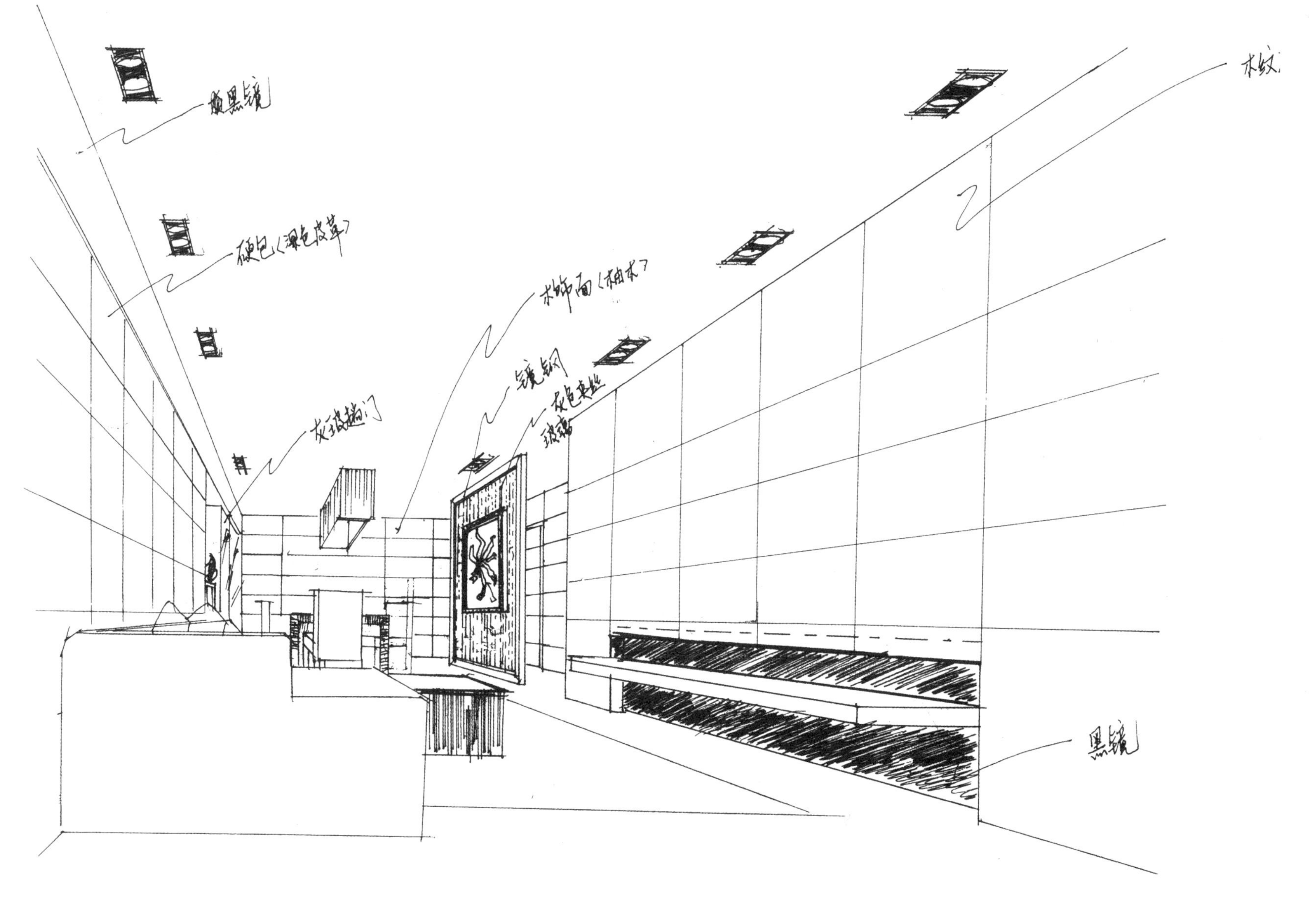

思考方式2

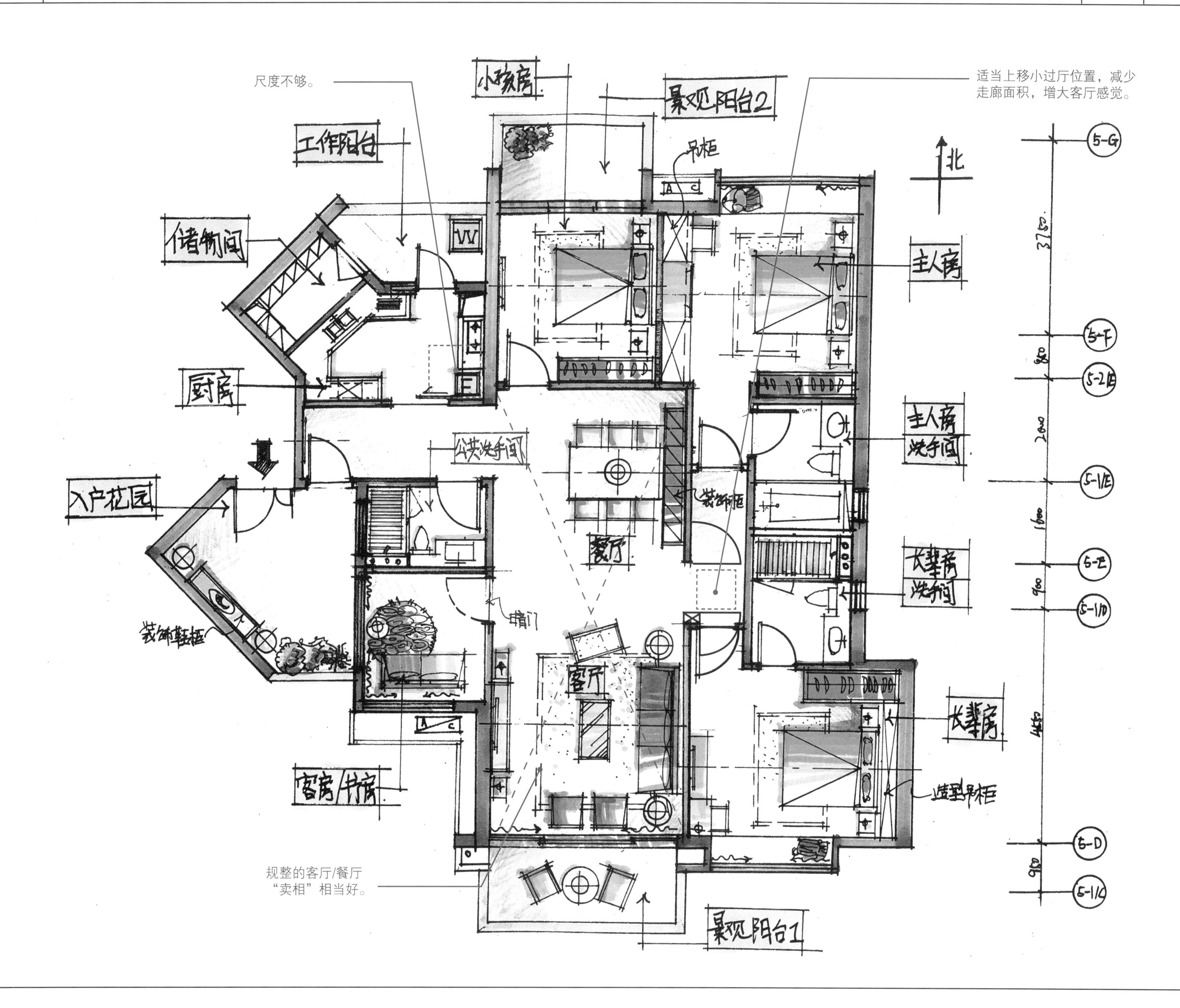
尺度不够。
适当上移小过厅位置，减少
走廊面积，增大客厅感觉。
小孩房
景观阳台2
工作阳台
储物间
吊柜
北
主人房
厨房
主人房
洗手间
公共洗手间
装饰柜
入户花园
餐厅
长辈房
洗手间
暗门
装饰鞋柜
客厅
长辈房
造型吊柜
客房/书房
规整的客厅/餐厅
“卖相”相当好。
景观阳台1
5-G
5-F
5-2/E
5-1/E
5-E
5-1/D
5-D
5-1/C

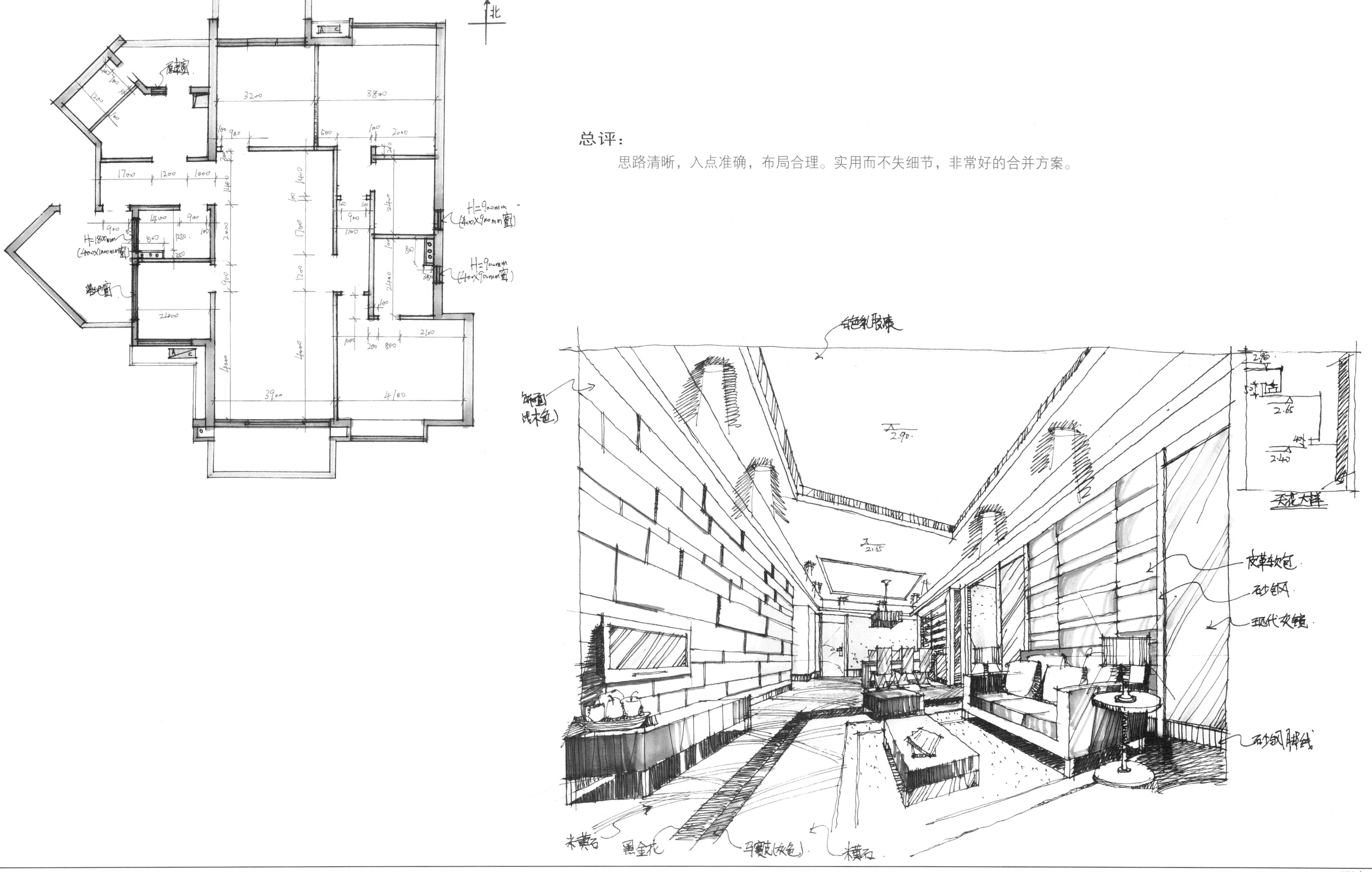

总评：

思路清晰，入点准确，布局合理。实用而不失细节，非常好的合并方案。

思考方式3

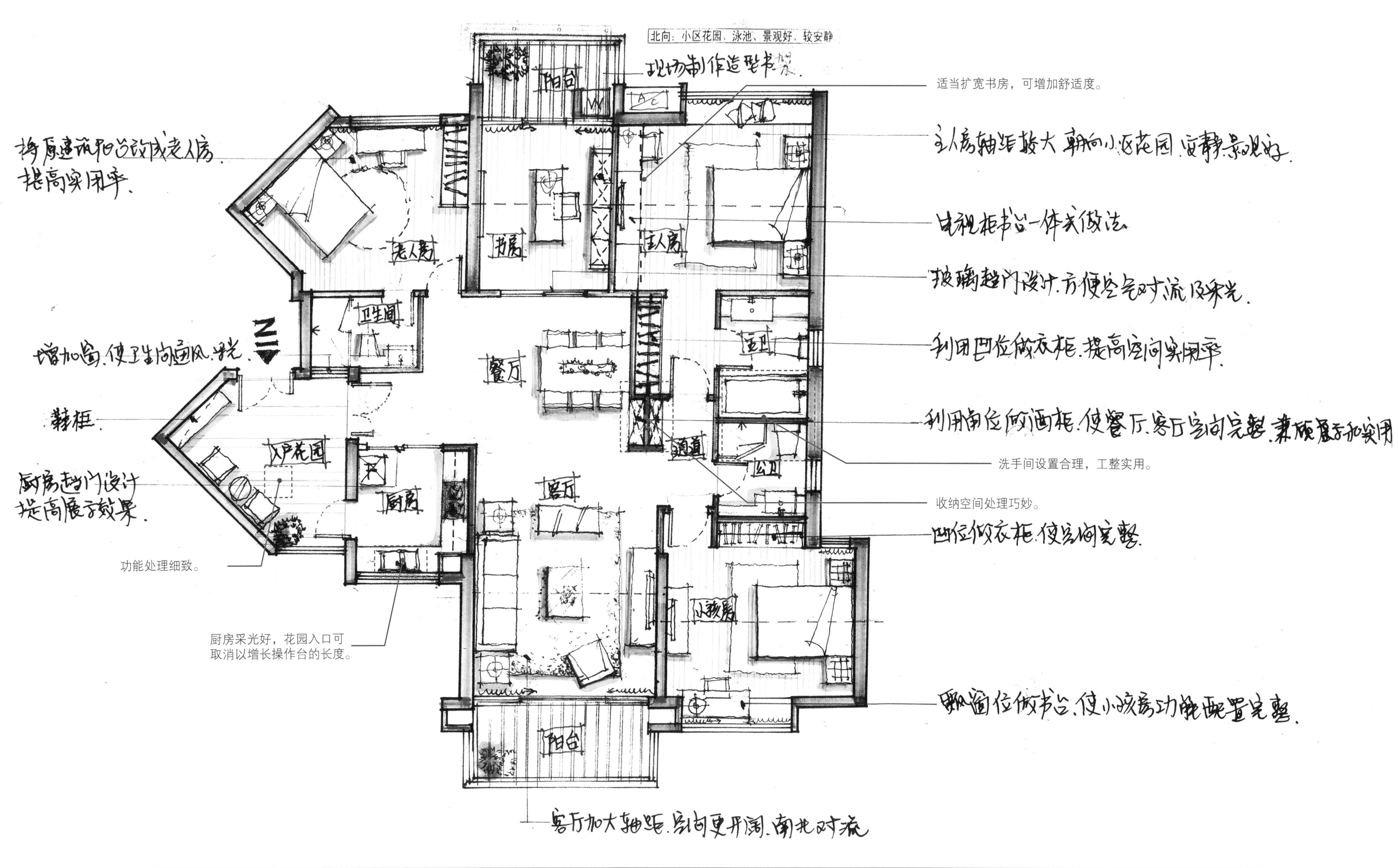
北向：小区花园、泳池、景观好、较安静
现场制作造型书架
适当扩宽书房，可增加舒适度。
主人房轴距较大 朝向小区花园 安静景观好
电视柜书台一体式做法
玻璃趟门设计 方便空气对流及采光
利用凹位做衣柜 提高空间实用率
利用角位做酒柜 使餐厅客厅空间完整 兼顾展示加实用
洗手间设置合理，工整实用。
收纳空间处理巧妙。
凹位做衣柜 使空间完整
飘窗位做书台 使小孩房功能配置完整
客厅加大轴距 空间更开阔 南北对流
将原建筑阳台改成老人房
提高实用率
增加窗 使卫生间通风 采光
鞋柜
厨房趟门设计
提高展示效果
功能处理细致。
厨房采光好，花园入口可
取消以增长操作台的长度。
阳台
老人房
书房
主人房
卫生间
餐厅
主卫
入户花园
厨房
客厅
公卫
小孩房
阳台

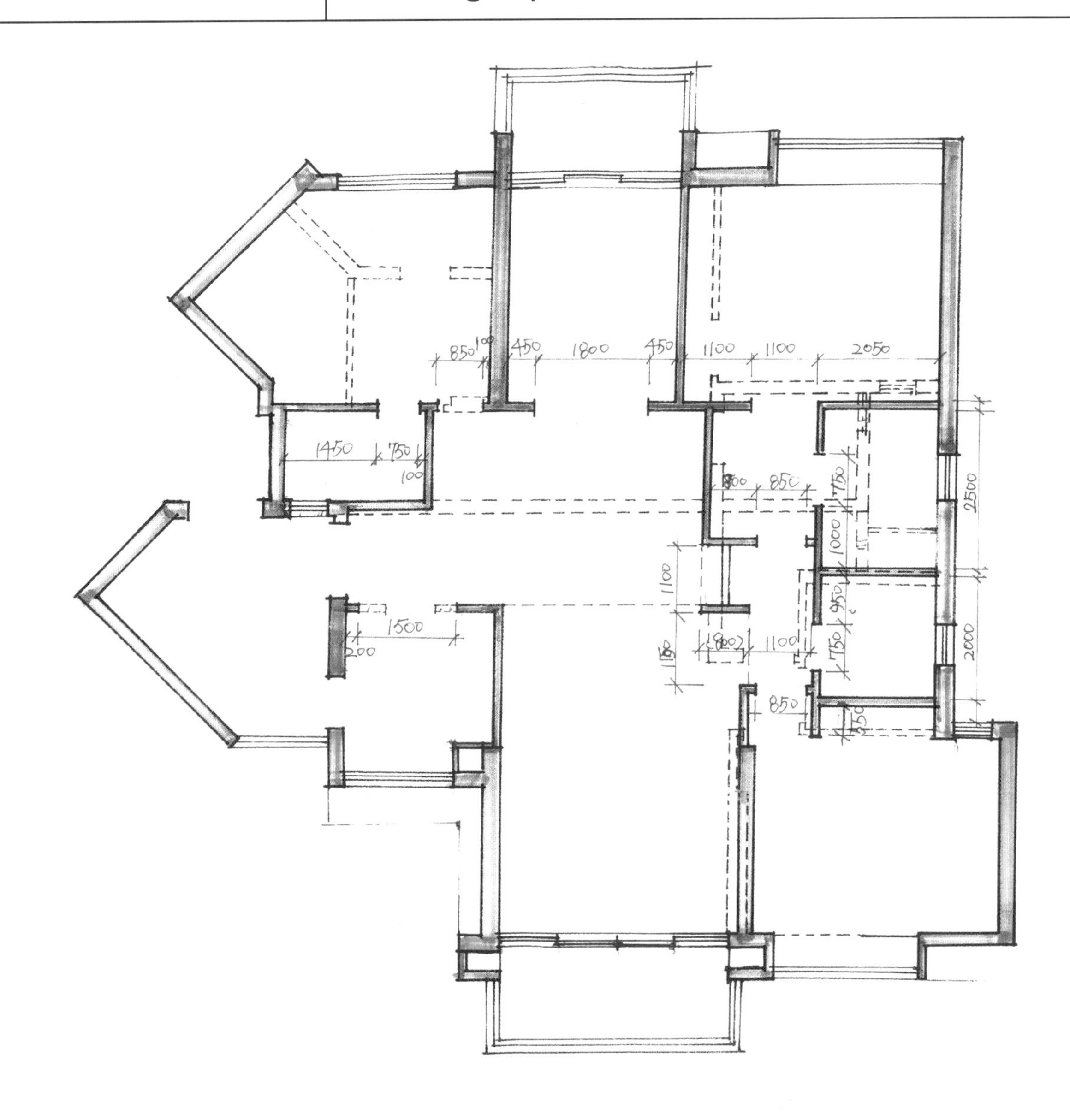

总评：

选择有新鲜感，注重趣味性和实用性的结合，布局较为完善。

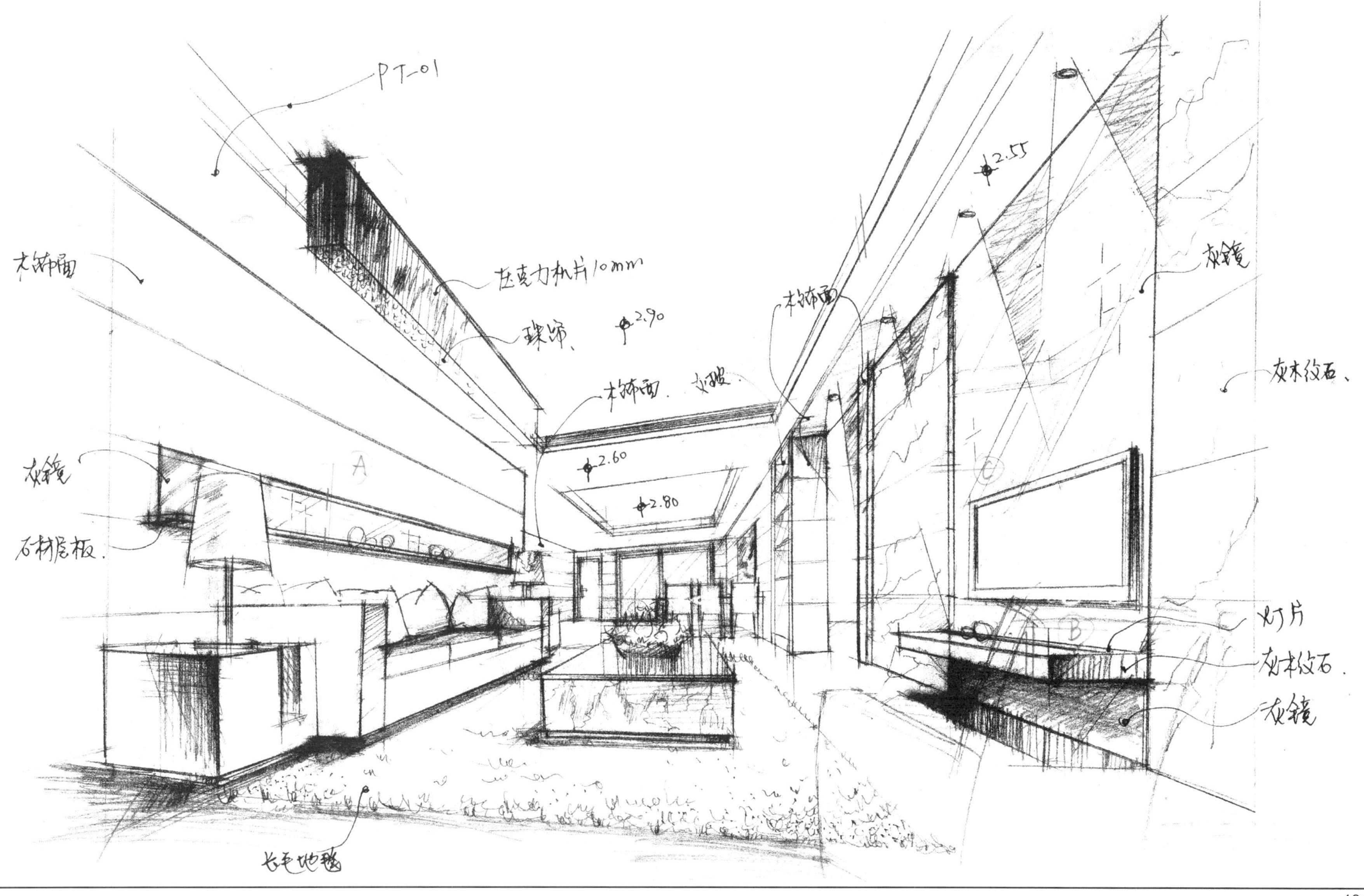

思考方式4

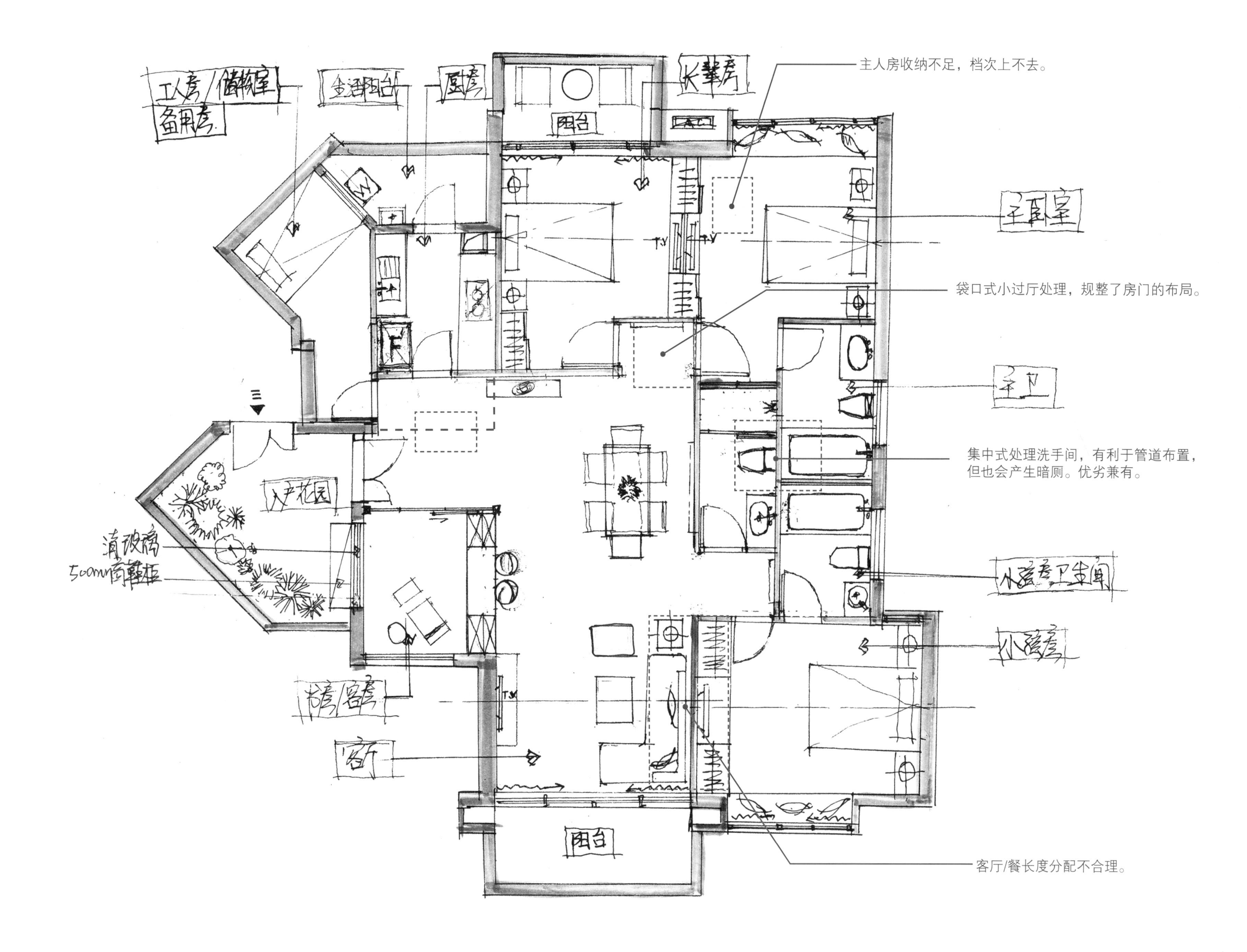
主人房收纳不足，档次上不去。
袋口式小过厅处理，规整了房门的布局。
集中式处理洗手间，有利于管道布置，
但也会产生暗厕。优劣兼有。
客厅/餐长度分配不合理。

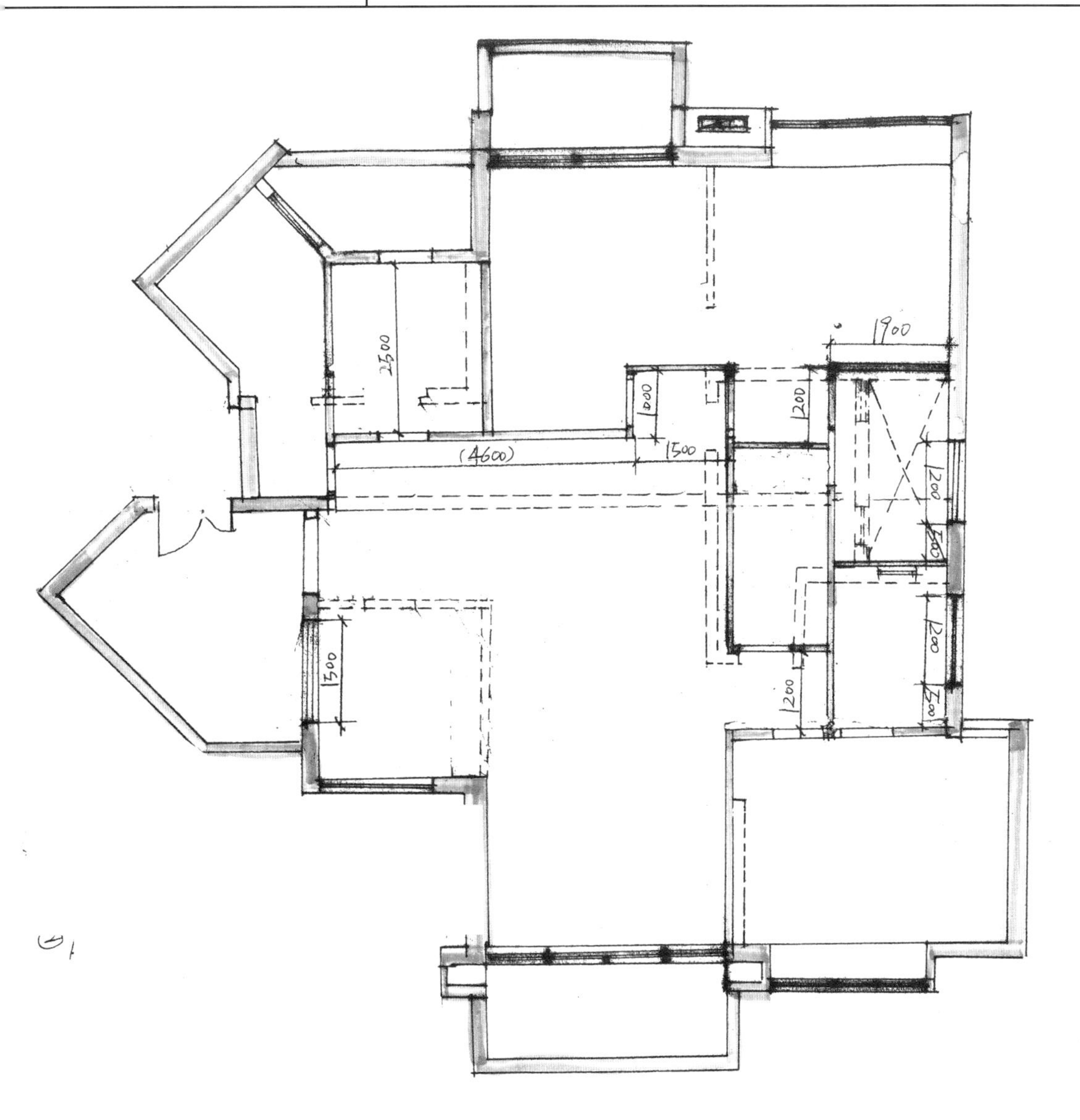

总评：

布局上有些新尝试，但同时带来了相当的问题。有些解决了，但像主人房尺度功能配套，客厅墙面过短等主要问题处理不了，应重新细究和定位。

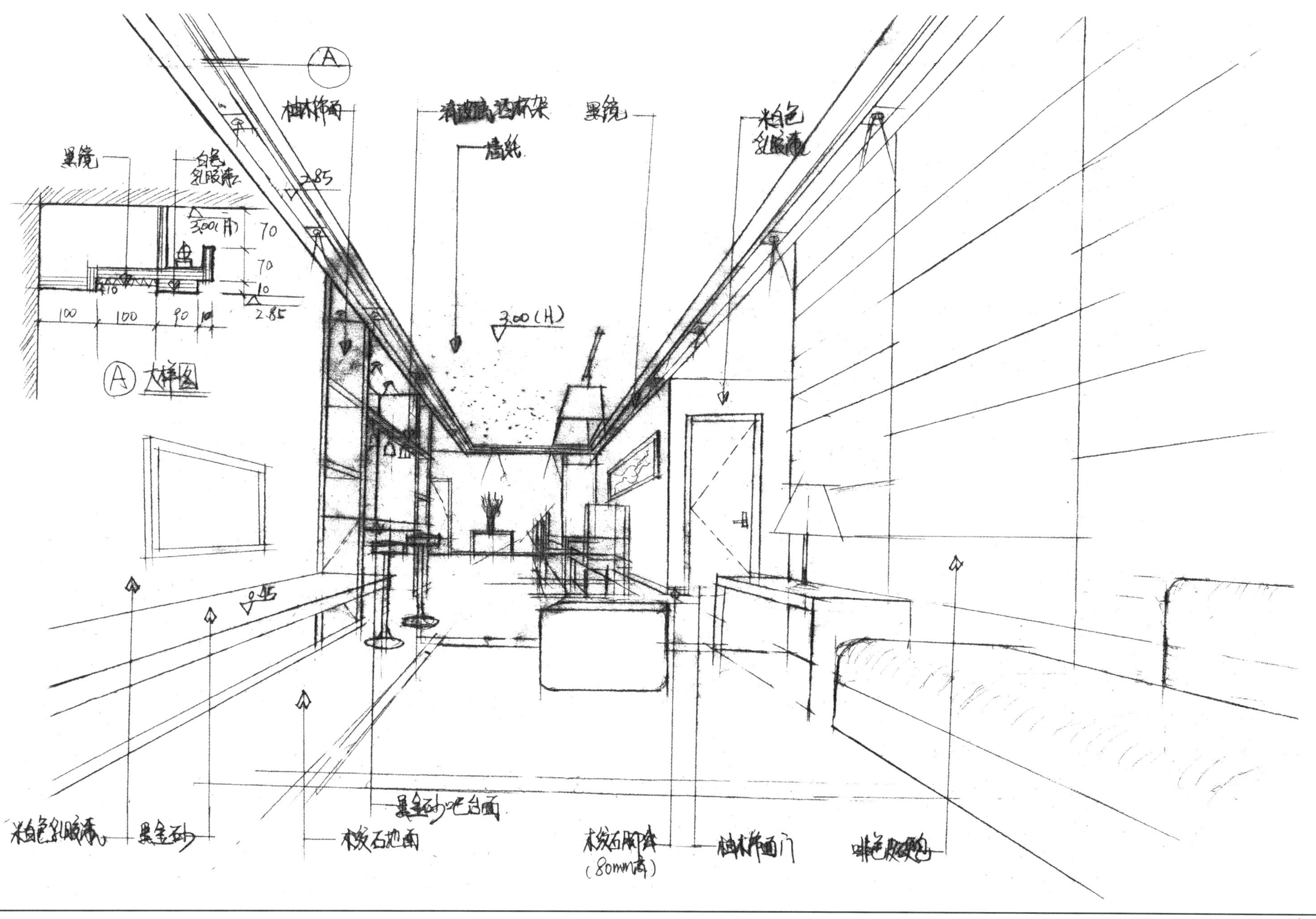

思考方式5

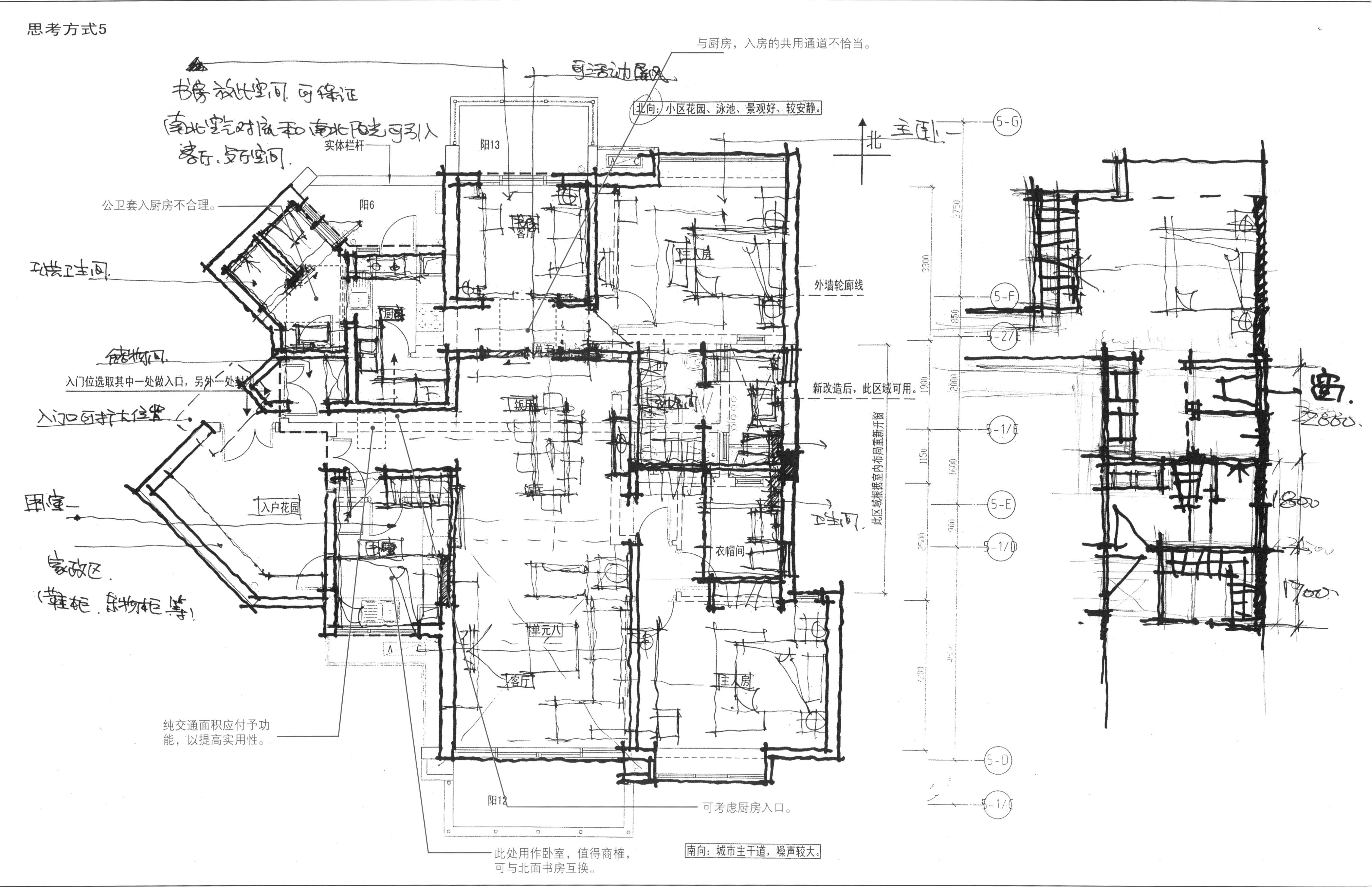
与厨房，入房的共用通道不恰当。
北向：小区花园、泳池、景观好、较安静。
实体栏杆
阳13
公卫套入厨房不合理。
阳6
客厅
主人房
外墙轮廓线
厨房
入门位选取其中一处做入口，另外一处封
新改造后，此区域可用。
此区域根据室内布局重新开窗
饭厅
入户花园
衣帽间
单元八
客厅
主人房
纯交通面积应付予功能，以提高实用性。
阳12
可考虑厨房入口。
此处用作卧室，值得商榷，可与北面书房互换。
南向：城市主干道，噪声较大。
北
3750
3300
850
1900
2000
1150
1500
900
2500
5-G
5-F
5-2/E
5-1/E
5-E
5-1/D
5-D
5-1/C

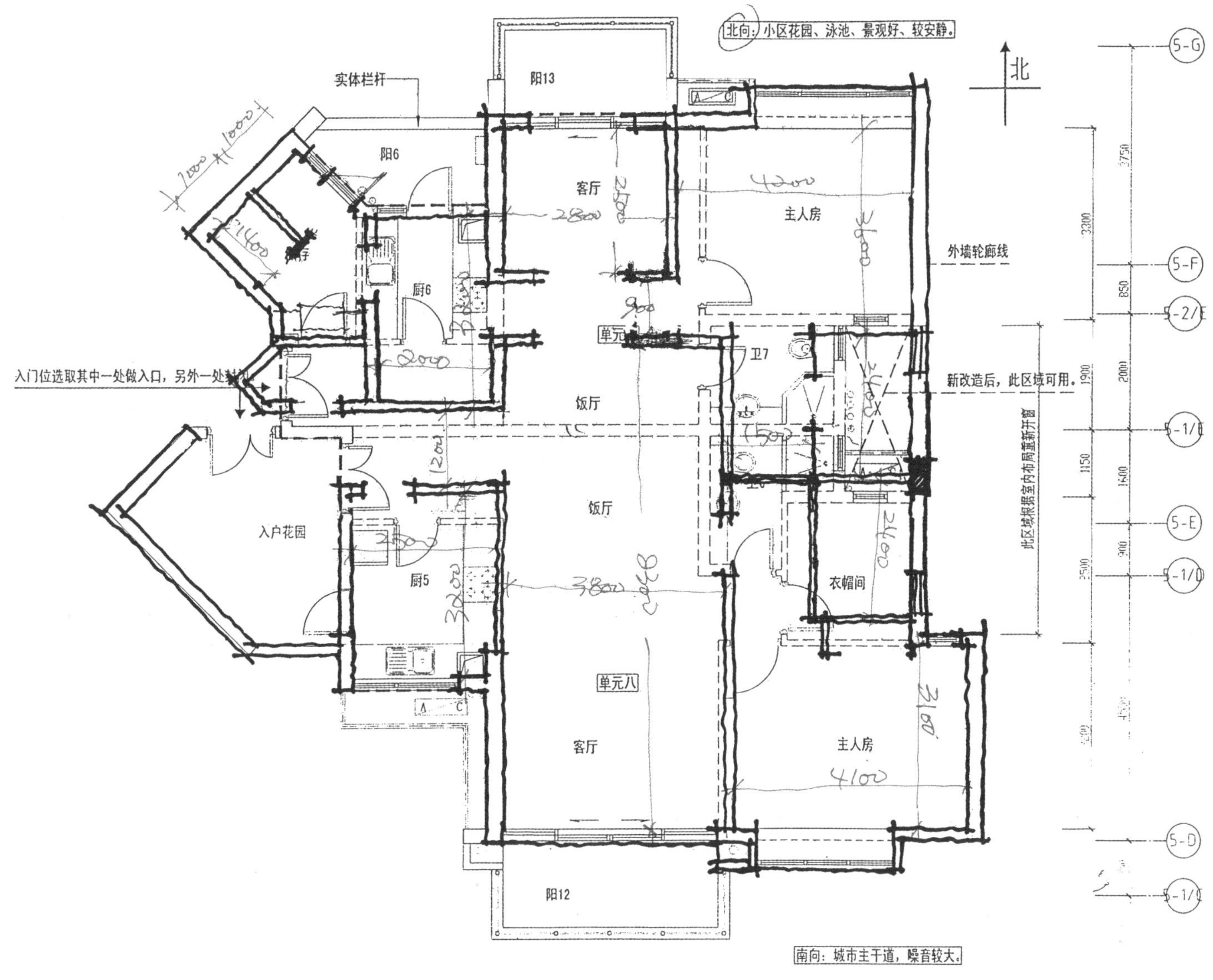

总评：

思维较乱，未能把握主次。交流路线交叉严重，应作适当调整和优化。

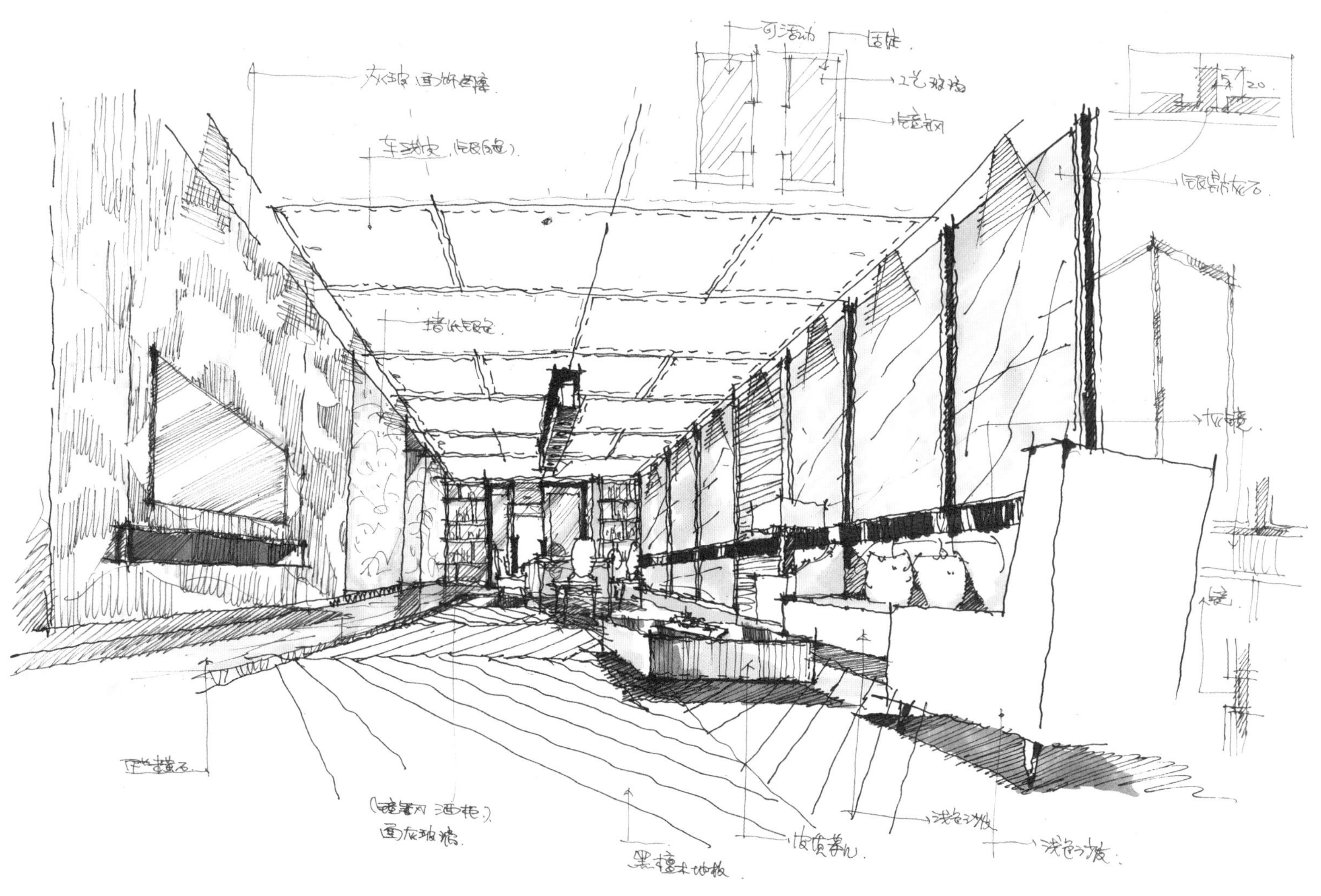

改造式公寓（测试题）

建议测试时间：8小时

试题说明

一、基本条件

（1）科技园内收购改造项目，原为每层四单元住宅改为每层16套的针对科技企业的中层管理人员的公寓式住所。改造初步框架如图，进一步完善室内设计。

（2）层高3.15m，板底3m。户间间墙200mm厚，单元内间墙100mm厚。

（3）层数11层，双电梯。

二、风格及造价要求

（1）设计风格：时尚、现代、明快，选用浅色调。

（2）单方总造价3000元左右，包括：分体空调、活动家具。

三、考点

（1）针对室内空间的使用确定外墙窗的位置、形式，室外空调机位置的设置，并标注必要尺寸及说明空调室外机位（900mm宽X500mm深，可两间房上下叠放）。

（2）室内布局：

A. 合理布置管道，包括净空650mmX200mm的洗手间给排水管道（每间一管井）及净空400mmX400mm的烟管（每间一管井）。

B. 室内的布局：

① 洗手间区域没有自然采光，三件套；淋浴间不少于900mmX900mm；坐厕；洗手盆：台面不少于1200mm长，可选用半挂盆。充分考虑日常使用的储物功能，并设洗衣机位置（600mmX600mmX900mm），门宽700mm。

② 无烟煮食柜台：不少于1500mmX480mm，设一个洗菜盆，设储物吊柜。

③ 不少于1200mmX600mm的到顶衣柜。

④ 设双人床一张1500mmX2000mm。

⑤ 简单会客功能兼作用餐功能的厅。

⑥ 充分利用空间设置上网写字区域（设置一定的书架或书柜）。

⑦ 预留一定的行李箱摆放位置。

⑧ 单元内走廊宽不小于950mm。

⑨ 选用柜内式的小冰箱，约600mmX600mmX600mm。

（3）单元大样及效果设计

A. 选取A单元放大平面布置，标注详细的尺寸及文字说明（1:30）。

B. 洗手间、会客区主要立面图，标注尺寸及材料（1:30）。

C. 选取单一角度的效果图表达，并标注主要的材料及做法。

四、评分标准

评分标准：本次分数由两部分组成（满分100分）：

A.方案创意及表达能力（指图纸表达）—— 总分数75%。
绘制在提供的图纸上（共4张A3图纸），可用规尺形式，
A单元平面图要求上色，其他黑白即可
设计提交的图纸内容、要求及比例如下：

序号	图纸内容	规格及比例	占该部分比例	备注
1	总平面图（详细体现风格及陈设说明）	1/200 A3	30%	该部分满分75分
2	单元平面大样图	1/100 A3	30%	
3	主要立面图	1/50 A3	15%	
4	效果图	1/30 A3	25%	

B.方案推销能力（指口述表达）—— 占总分数25%。

序号	表达方面	占该部分比例	备注
1	语言表达能力	40%	
2	推销条例能力	40%	
3	应变能力	20%	

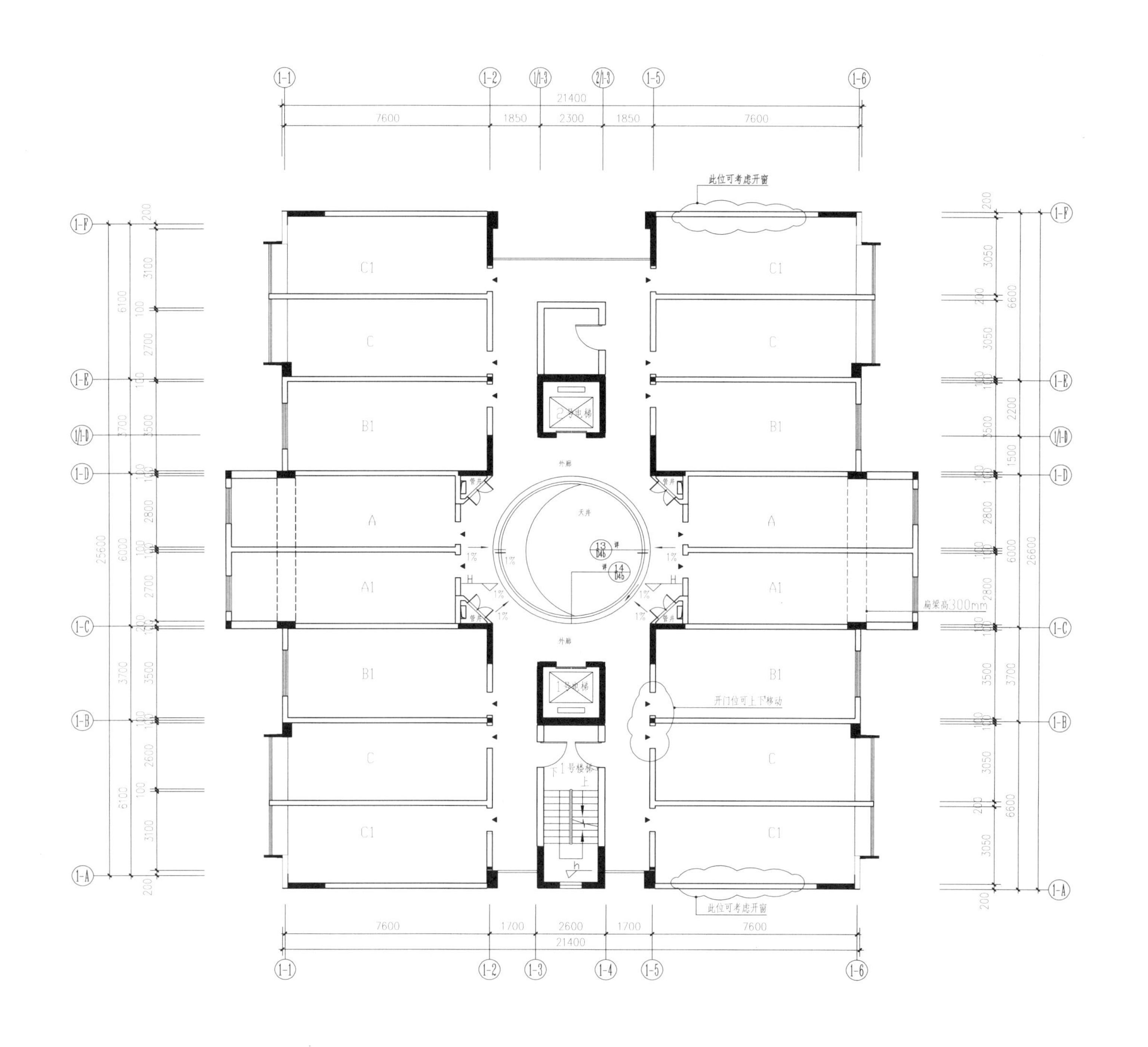

标准层平面布置图

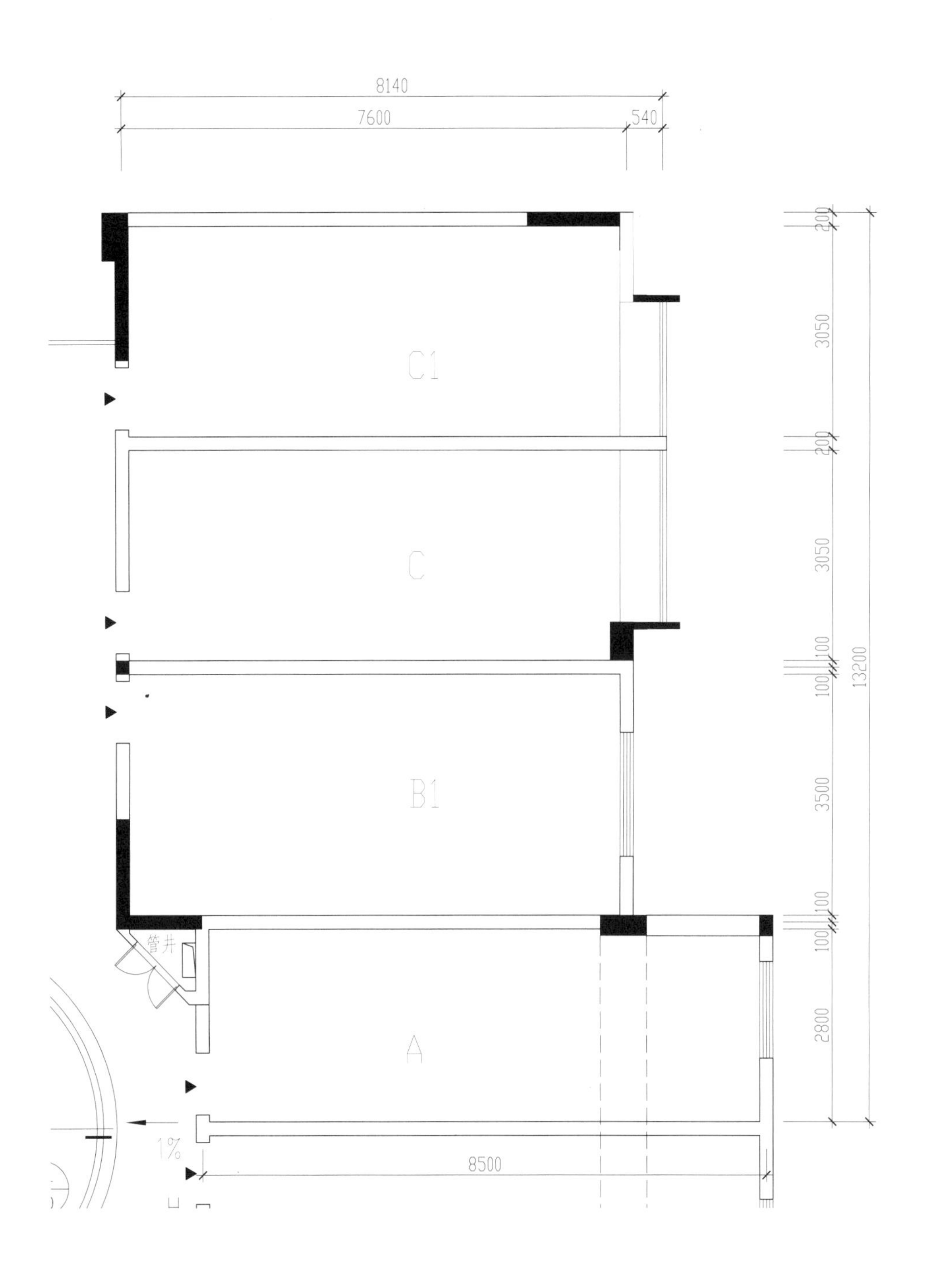
8140
7600
540
C1
C
B1
A
管井
1%
8500
200
3050
200
3050
100
100
3500
100
2800
13200

户型平面布置图

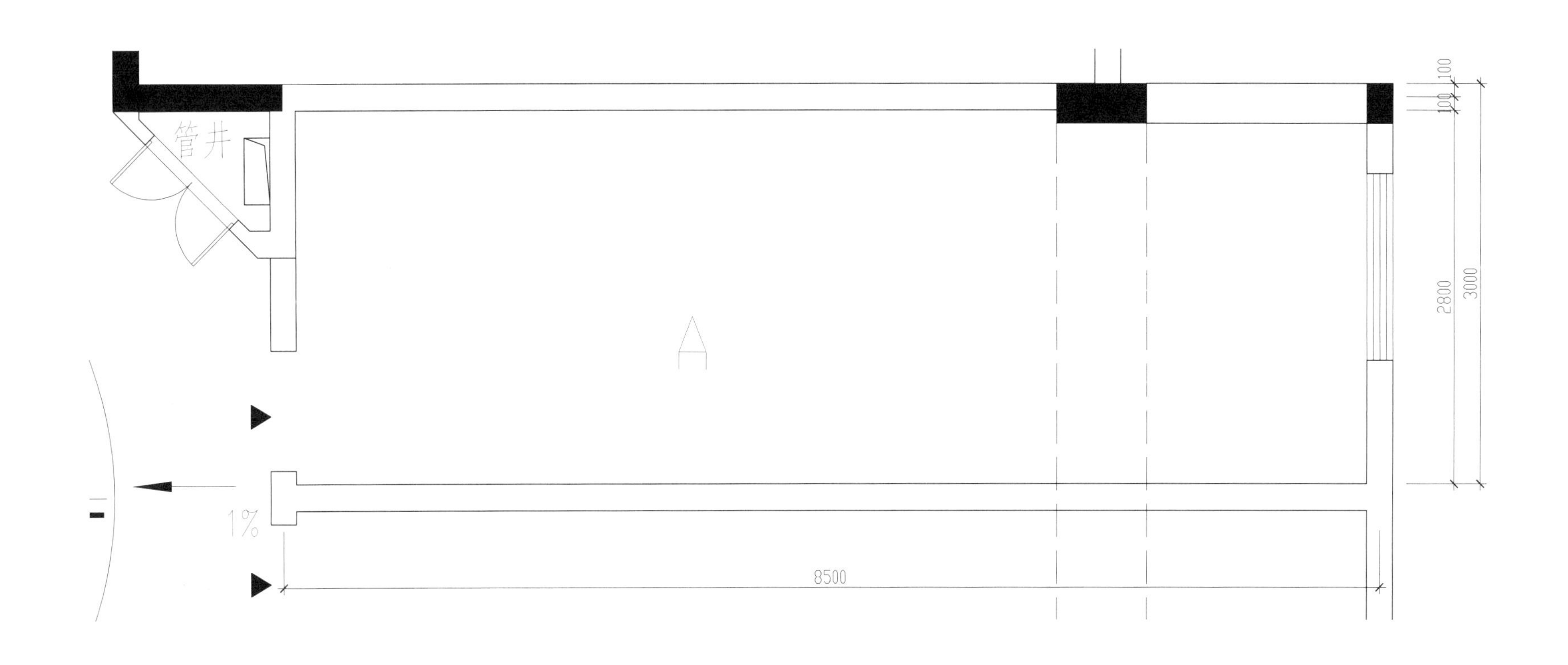

A户型平面布置图

思考方式1

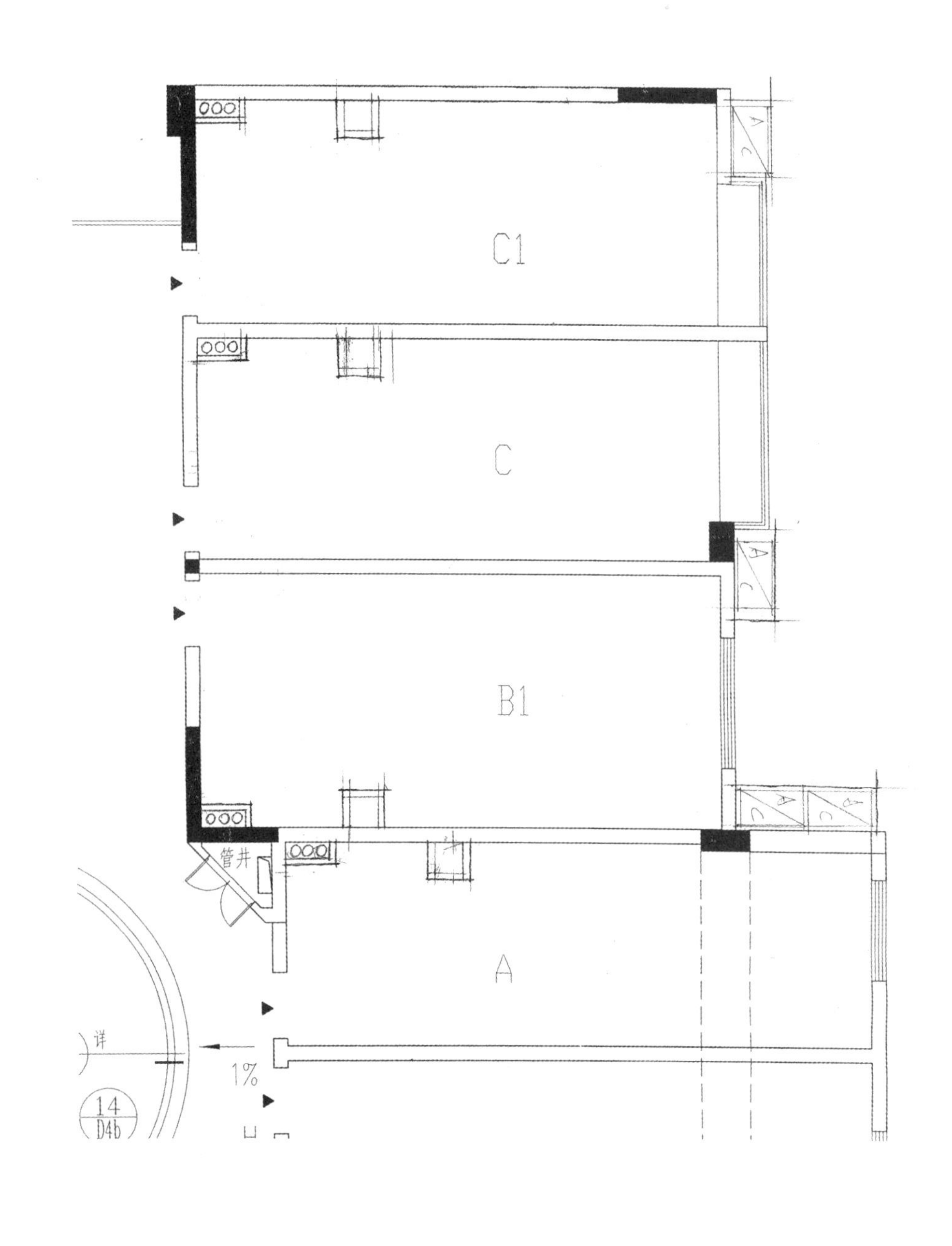

1:100

1:50

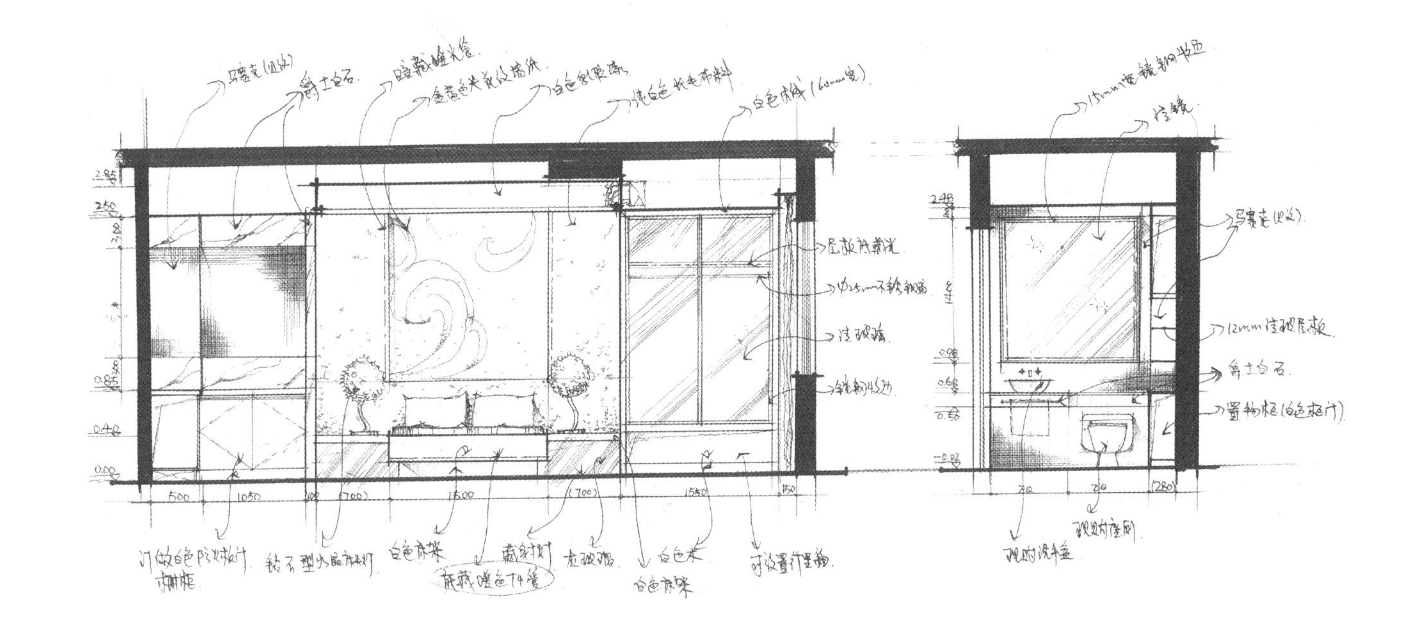

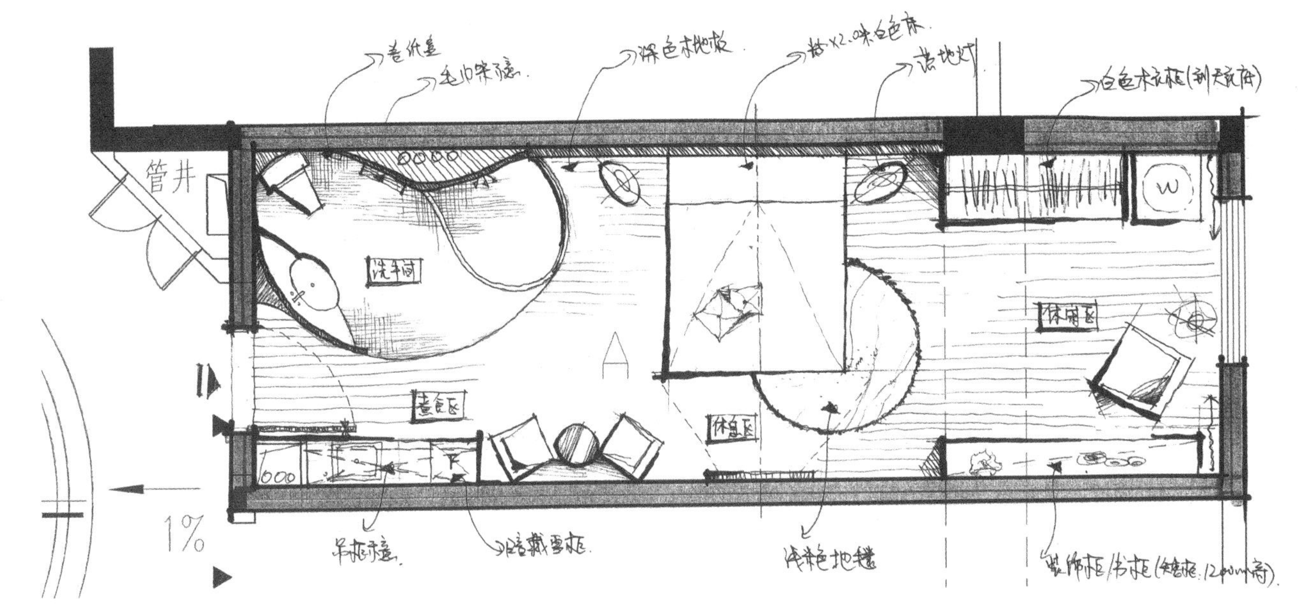

1:50

总评：

设计师对A户型的不同布局的设计，反应了不同的思维方法，但利弊参半。方正布局实用性高，空间营造余地大，而弧形洗手间明显灵活，但会产生空间牵强，与环境包括家具的不和谐性，应再作细节考虑。

思考方式2

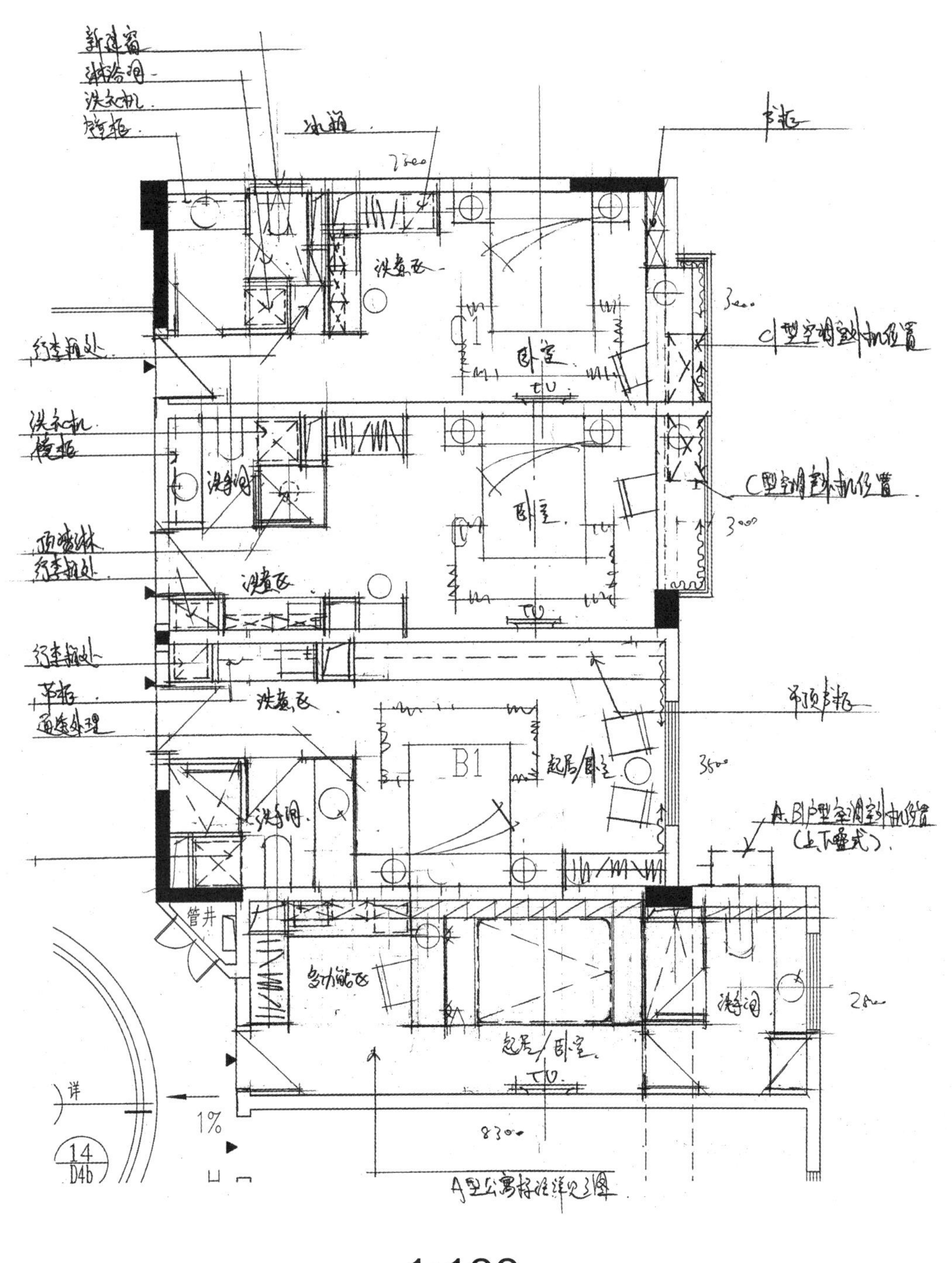

1:100

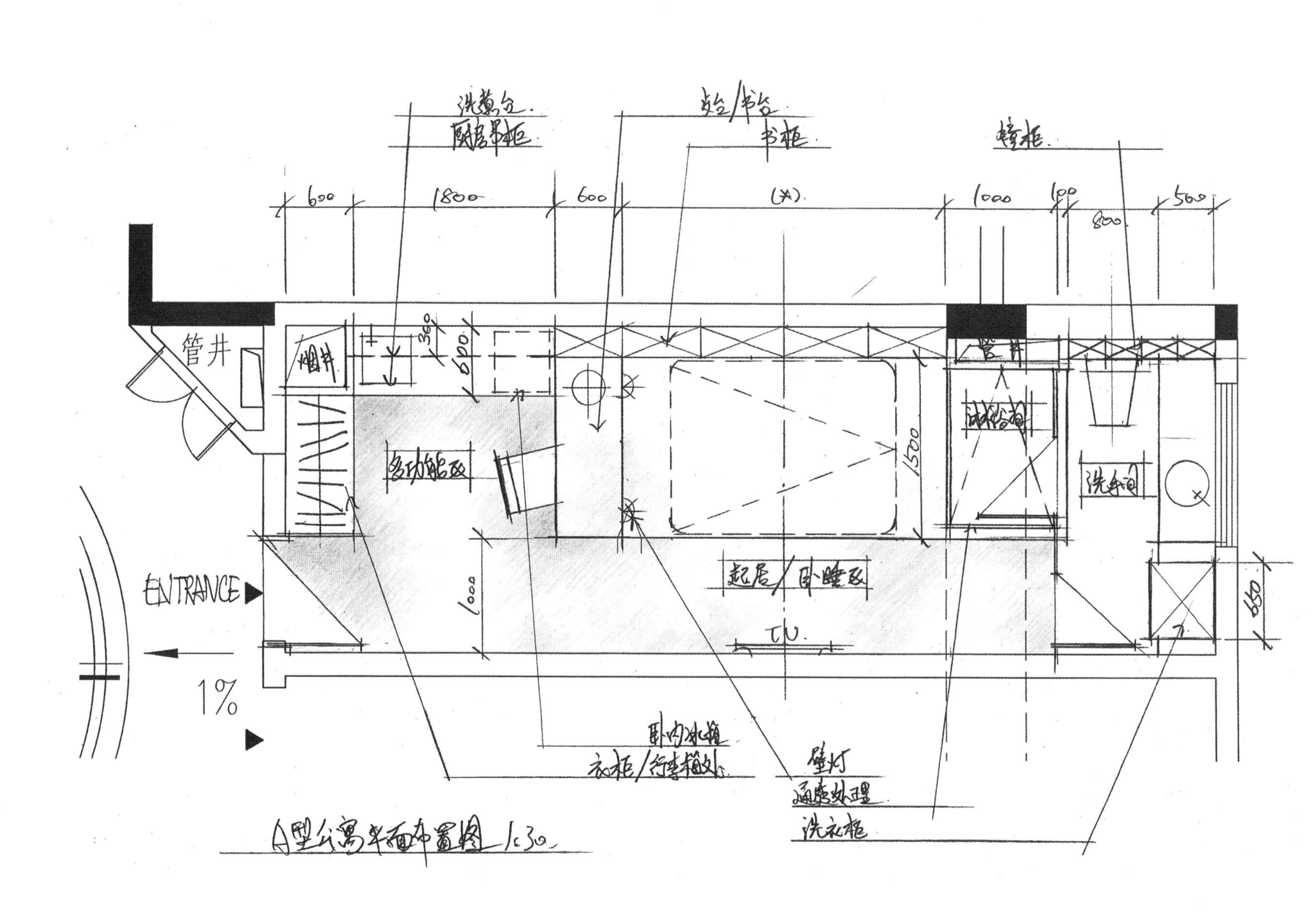

1:50

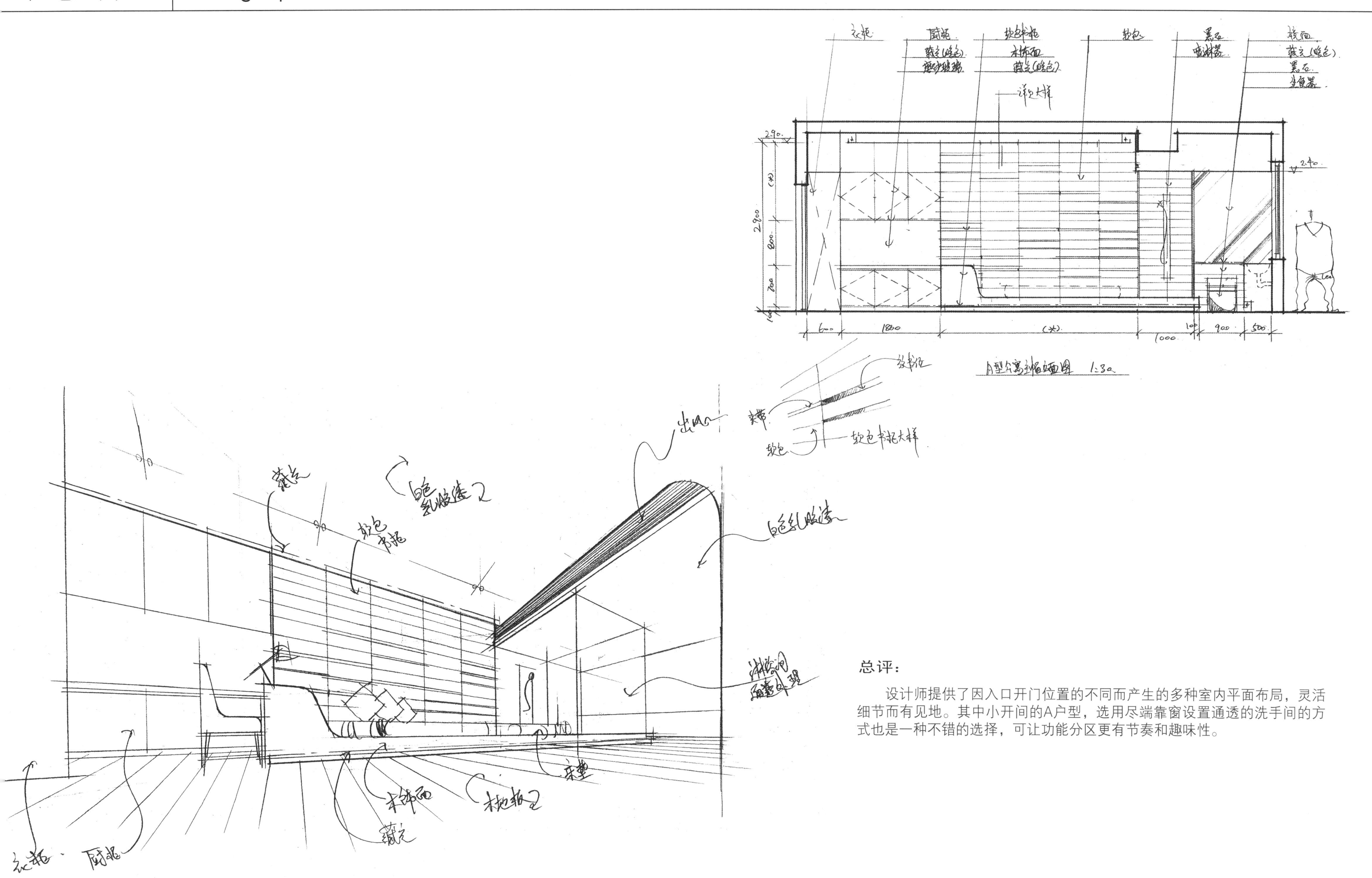

总评：

设计师提供了因入口开门位置的不同而产生的多种室内平面布局，灵活细节而有见地。其中小开间的A户型，选用尽端靠窗设置通透的洗手间的方式也是一种不错的选择，可让功能分区更有节奏和趣味性。

思考方式3

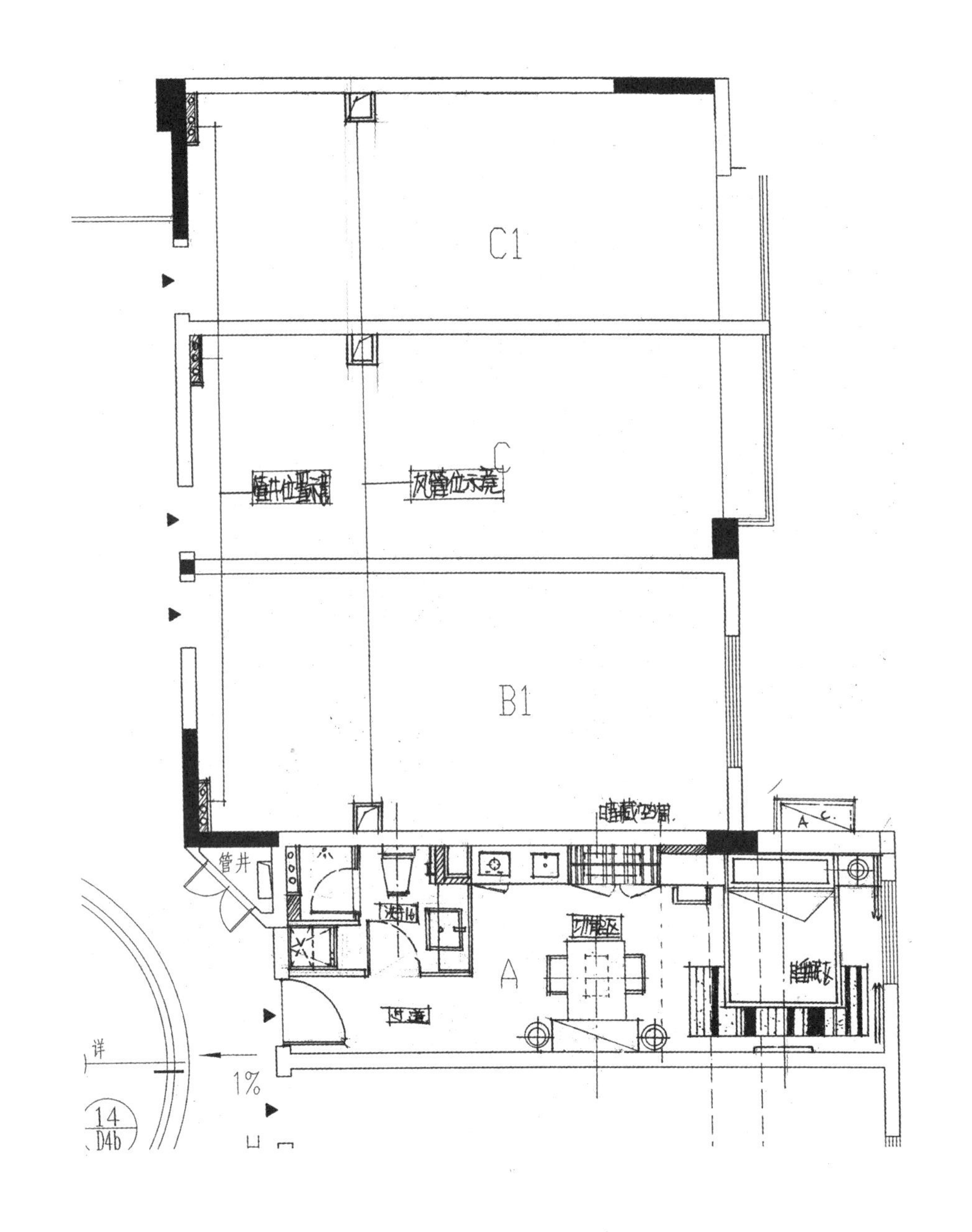

1:100

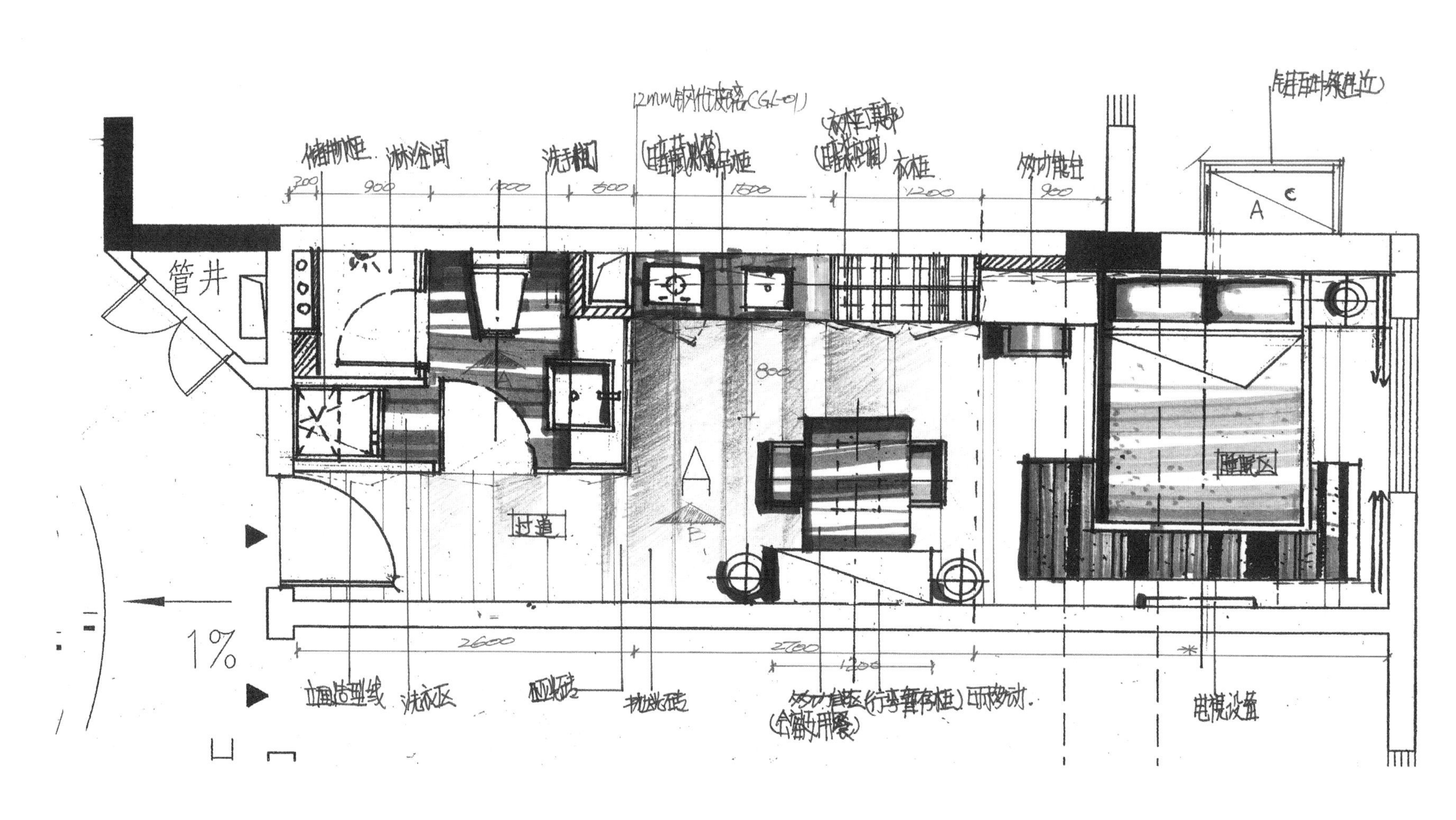

1:50

2.40
2.10
0.90
1.20
0.80
白色乳胶漆(PT-02)
镜钢(SS-01)
[illegible]
毛巾架
暗藏式[illegible]
洗手台(MA-01)
纸盒
洗手台底(储物柜)
洗手间A立面图 1:30

2750
白色乳胶漆(PT-01)
出风口(暗藏空调)
木饰面亮白(亮光面)(WD-01)
2.70
2.20
1.0
0.45
200
30
地坑
镜钢拉手(SS-01)
12mm钢化玻璃门(GL-01)
暗藏冰箱
黑镜钢(SS-02)
洗手盆位
木门(WD-01)
镜钢(SS-01)
黑镜钢(SS-02)
床垫位
暗藏T4灯管(暖光)
镜钢(SS-01)

材料编号	名称
PT-01	白色乳胶漆
PT-02	[illegible]
WD-01	木饰面亮白(亮面)
SS-01	镜钢
SS-02	黑镜钢
MA-01	黑石[illegible]
GL-01	12MM钢化清玻

设计说明：

本案定位为现代时尚的设计风格，以立面中不规则而富有动感的造型来打破空间的沉闷感。为了凸显时光空间的明快感，室内中运用了单纯的色系（黑、白）；两者的关系相互对比穿插带出了空间的独特内涵，再介入一些金属质感的造型，使其空间结构性得到有力的强化。

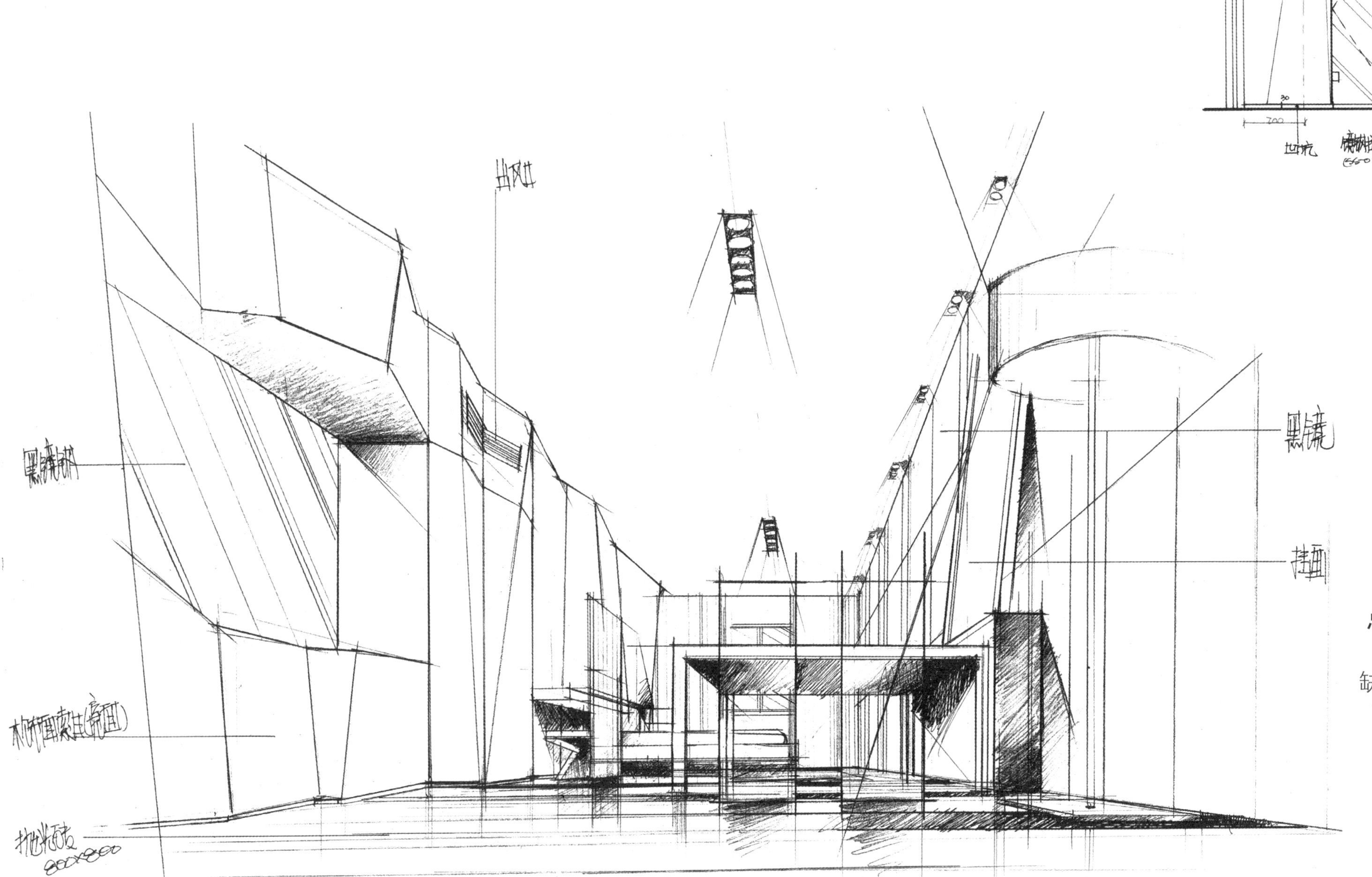

总评：

A户型布局选用常用的方式也是一种挑战。餐厅、厨房过于“奢侈”，缺少概念性的会客区，亦会令睡眠区过于局促。同时，应适当考虑“厅”、“房”间的灵活间隔。

思考方式4

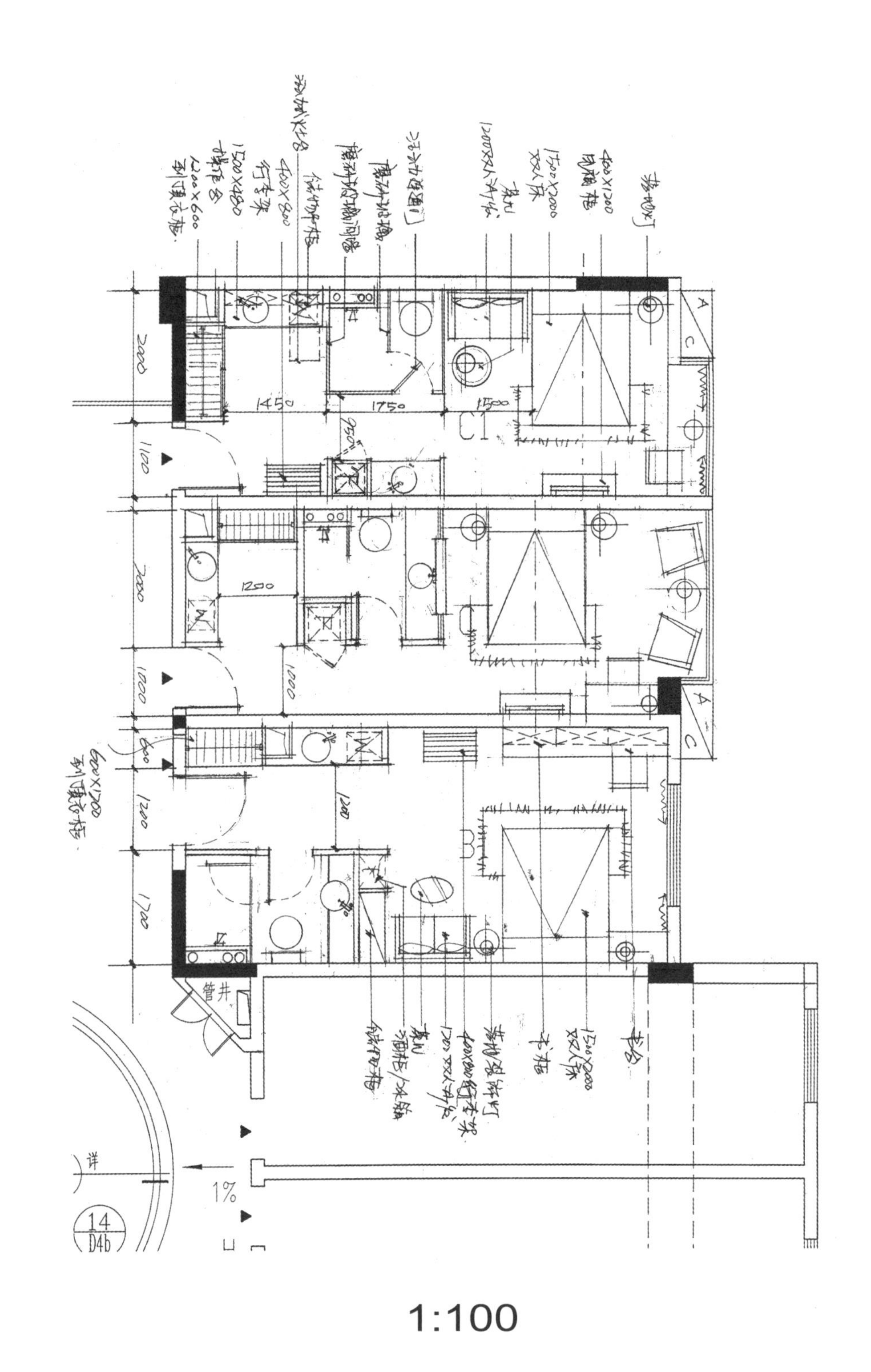

1:100

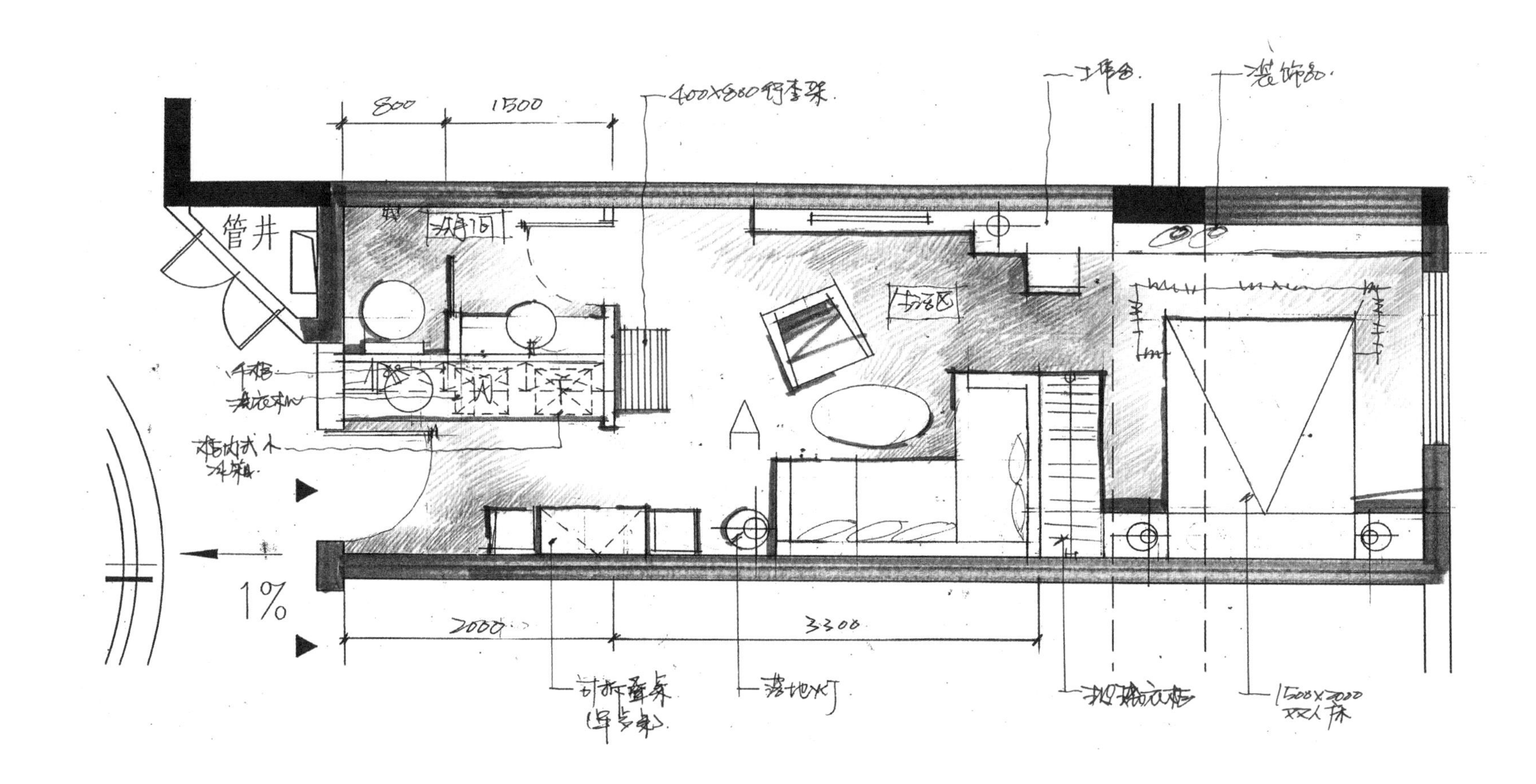

1:50

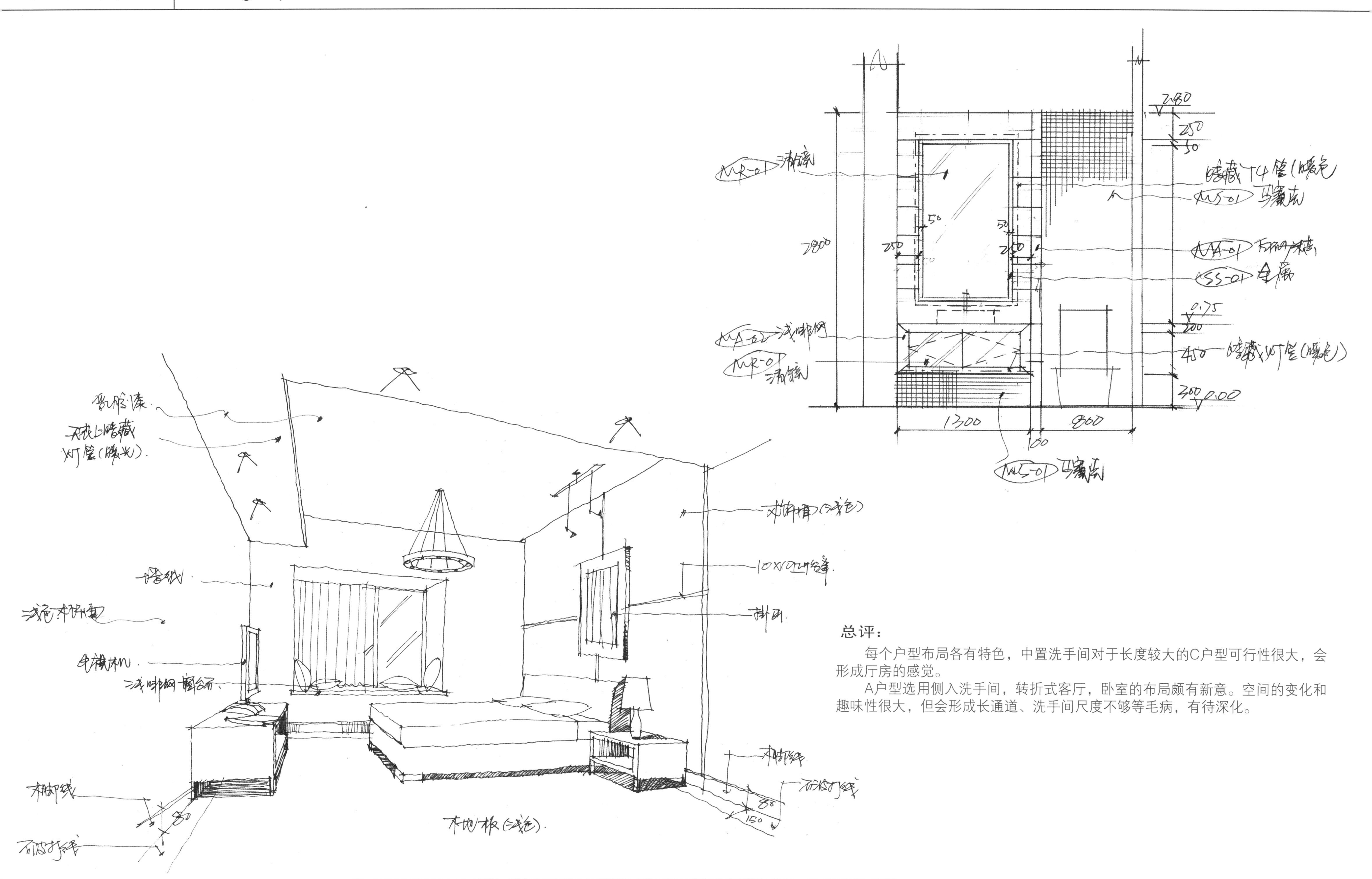

总评：

每个户型布局各有特色，中置洗手间对于长度较大的C户型可行性很大，会形成厅房的感觉。

A户型选用侧入洗手间，转折式客厅，卧室的布局颇有新意。空间的变化和趣味性很大，但会形成长通道、洗手间尺度不够等毛病，有待深化。

思考方式5

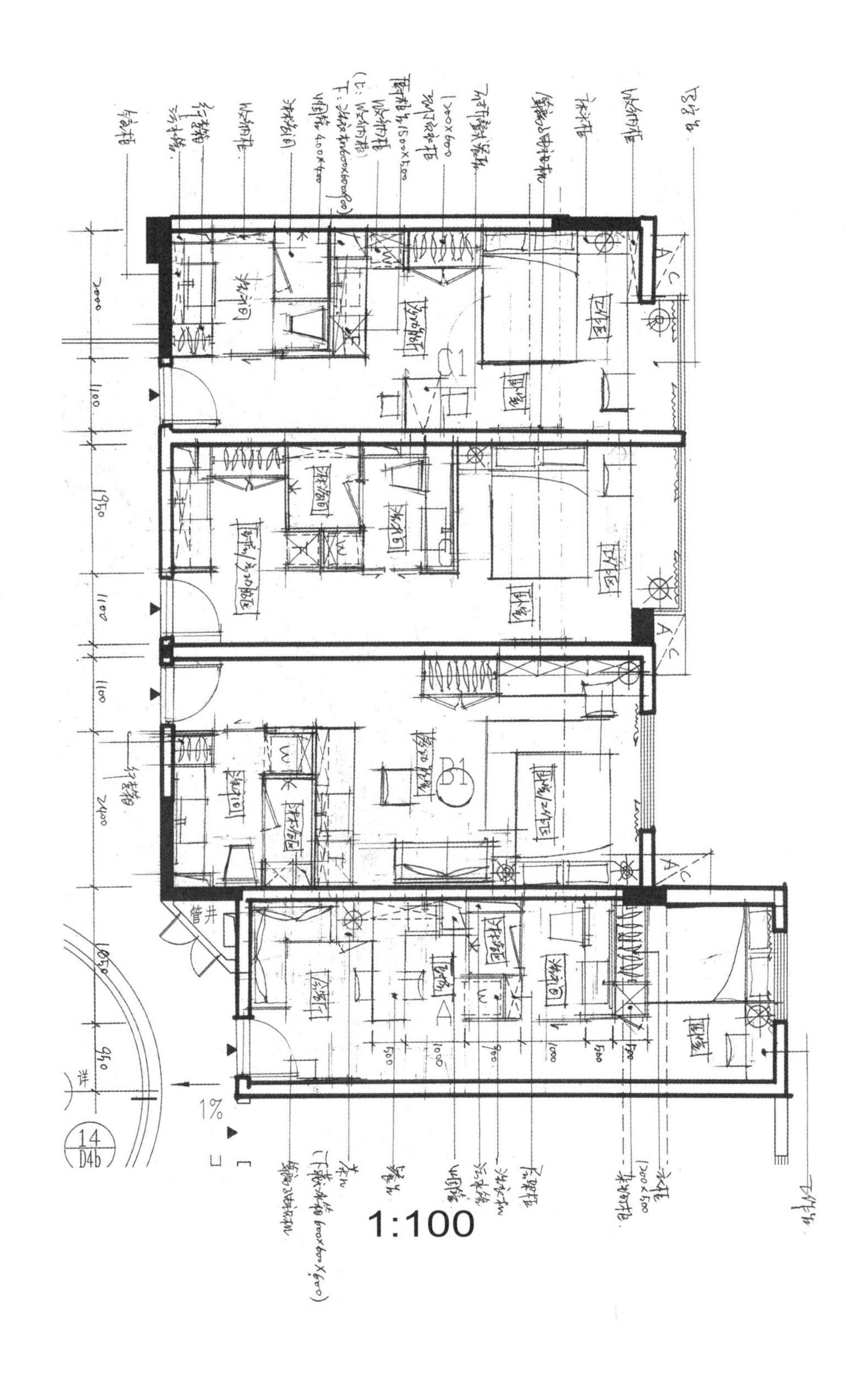

1:100

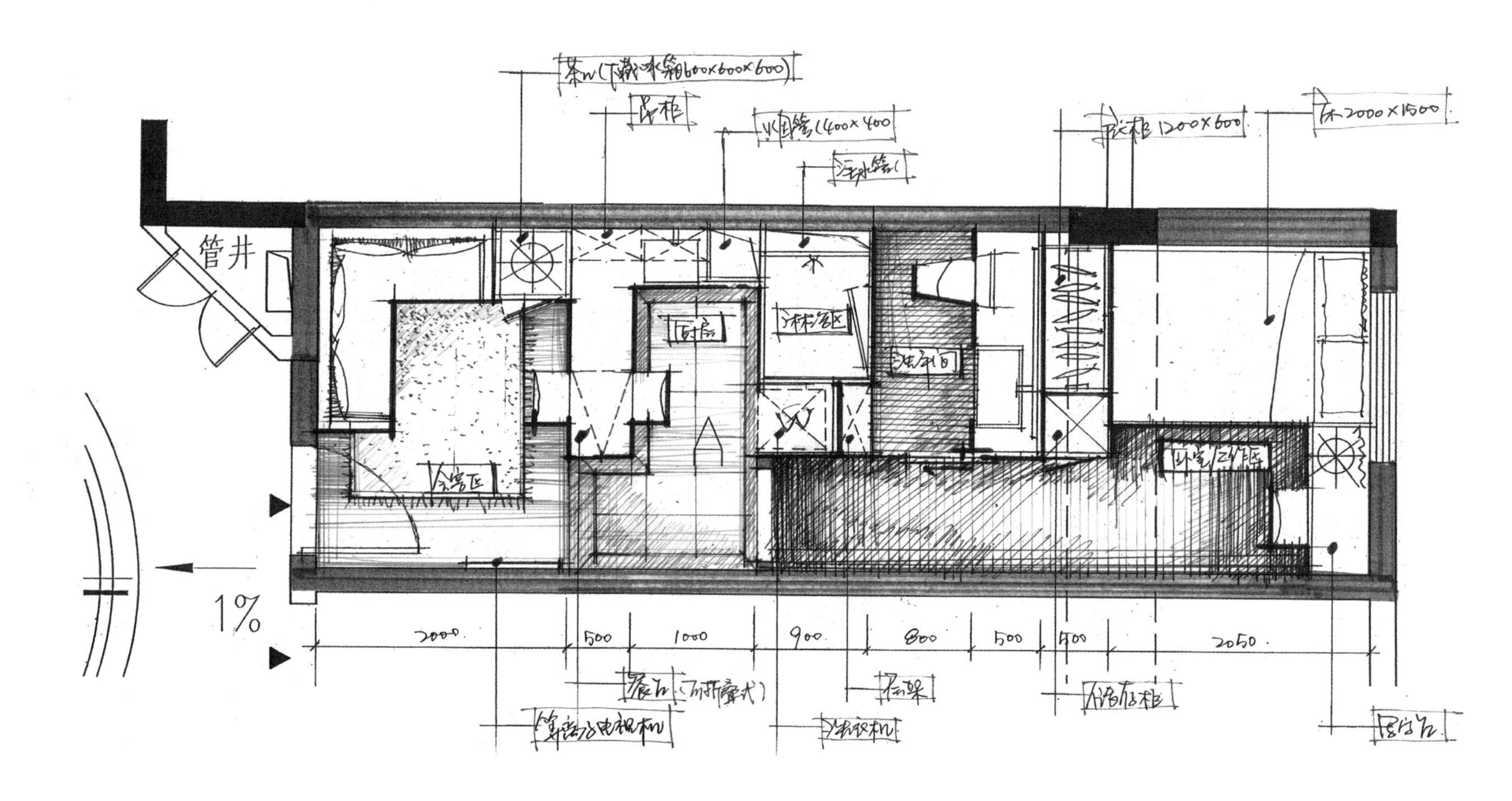

1:50

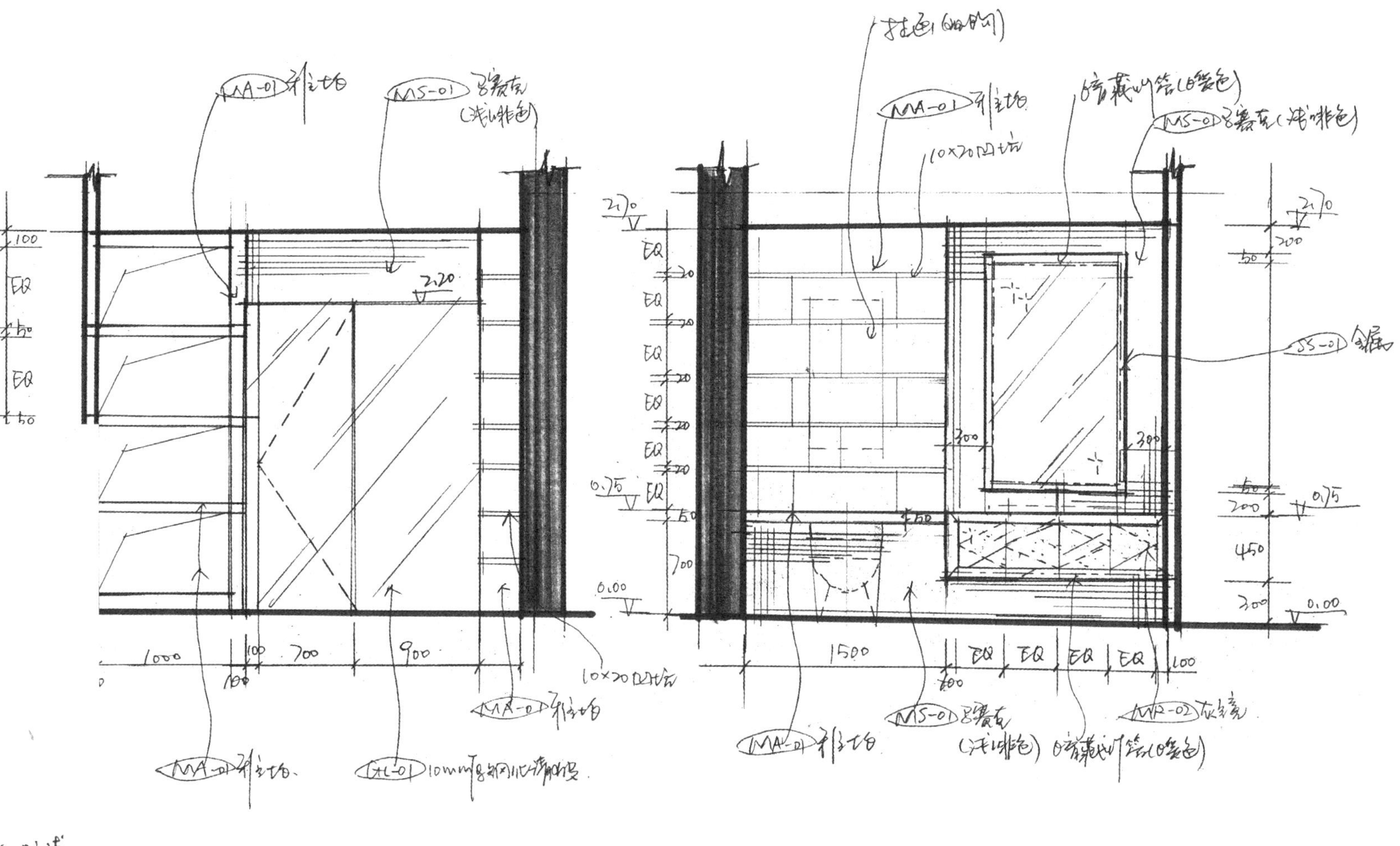

设计说明：

开放式厨房、可折叠餐厅设计，可以让本案狭窄的会客区变得开阔而明亮。2800mmX8450mm的改造式公寓，空间细小而狭长，收纳空间的设计是本案的设计重点。

在会客区，厨房与洗手间和卧室三件设置门套，可将四个空间变成两个独立空间处理，削弱了走廊的长度。

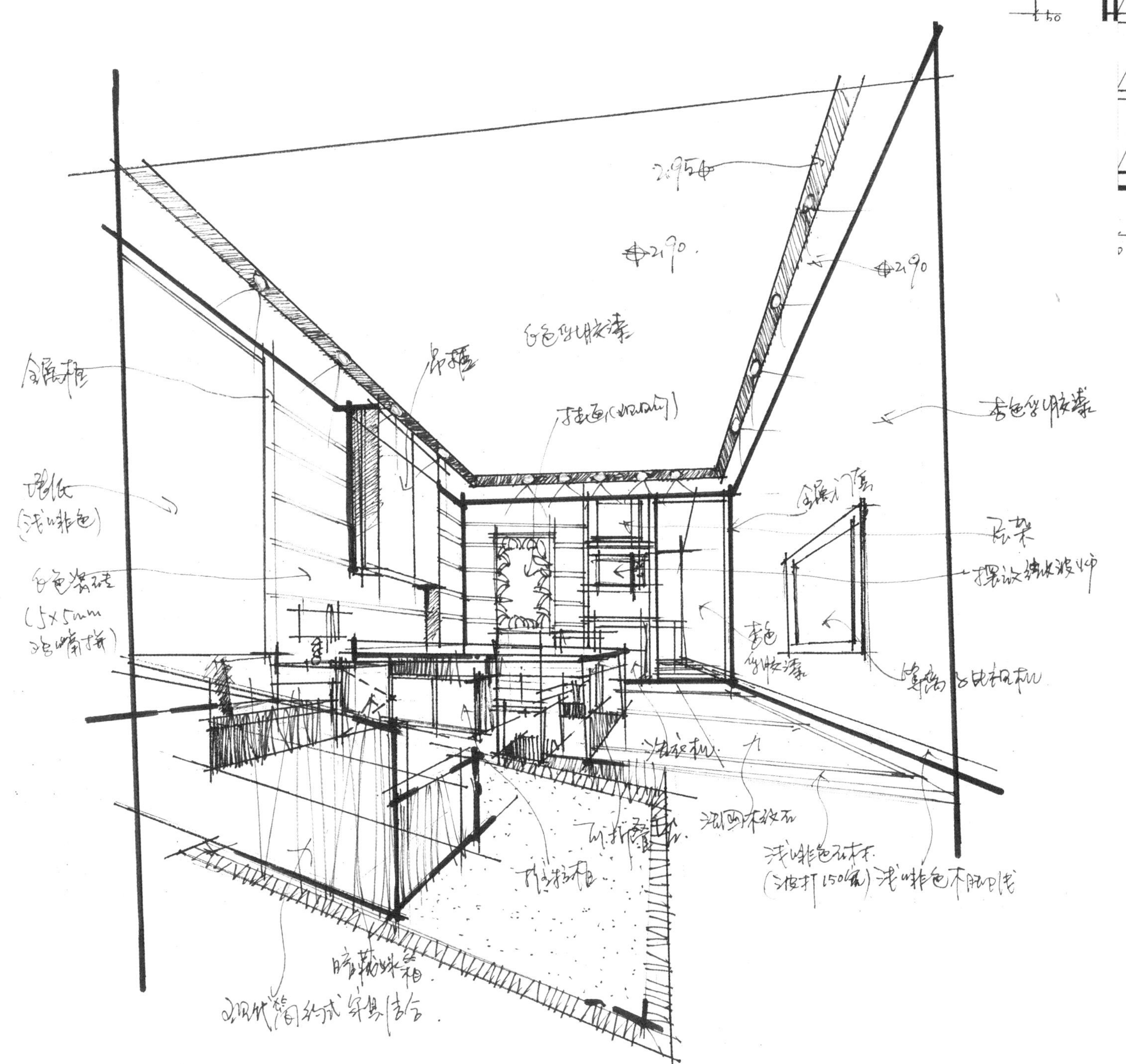

总评：

各户型布局，C户型的布置方式不可取，洗手间占用空间过大，形成很不好的切割方式。

小户型的这套A户型选用三段式是可行的，同时应将客厅厨房适当压缩；洗手间左移，让睡眠区域更舒适，宽敞。

豪华复式公寓（测试题）

建议测试时间：8小时

试题说明

一、基本条件
1.一对高级白领的爱巢。
2.位于CBD区的豪华公寓楼层（详见图纸）。
3.层高4.95m：其中下层2.76m，上层2.19m，板厚均为150mm。

二、风格及经济指标要求
现代时尚，色调温馨雅致的交楼标准，每平方约900元的装修标准，不包括加建楼梯、分体空调、活动家具及饰品配置部分。

三、考点
1.加建连接上下层的楼梯，满足以下条件：
（1）均分十三级，踏步宽不少于250mm。
（2）梯宽750mm。
（3）舒适实用，转角可用附图形式。
（4）结构形式可忽略。
（5）扶手形式自定。

2.平面布置，上下两层平面图，满足以下条件：
（1）满足舒适都市生活功能需要，900元/㎡的交楼标准。
（2）注重实用性和合理性。
（3）细节（特别是厨房、厕所）体现人文关怀、满足生活需要、体现生活素质。

1）下层平面功能要求：
A.入口前区：到顶鞋柜、杂物柜，长1.5m，另可利用梯底式的储物空间（不计入交标成本内）。
B.会客电视区：1.8m长3人休闲沙发，一位休闲椅，1200mm×750mm椭圆茶几，40'等离子电视（可接手提电脑作为上网及工作之用）。
C.厨房及用餐区：2人餐台，开放式厨房，不少于2.0m操作台长，单头煤气炉，单头洗菜盆。另要求摆放600mm×600mm×1500(H)mm小冰箱。
D.生活阳台区：洗衣、干衣、晾衣服之用（洗衣机带干衣功能）。

2）表达深度要求
i.详细标注新加楼梯的尺寸。
ii.除功能及家具的标注外，还要标注地面材质名称（家具可徒手表达）。
iii.标注厨房内配套生活设备的摆放（包括微波炉、消毒碗柜）。

3）上层平面功能要求：
A.主睡眠区：1.8m×2.0m的双人大床，床头柜750mm×450mm×450(H)mm，不考虑布置电视。
B.储衣柜：男女衣服考虑合或分设，共计长度不少于3.6m。
C.洗手间：设置沐浴（带400mm宽的可坐浴位），坐厕，洗面台（形式不限），并考虑充足的收纳空间和简单的梳妆功能。
4）表达深度要求:
A.详细标准新加楼梯的尺寸。
B.除功能及家具的标注外，还要标注地面材质名称（家具可徒手表达）。
C.标注洗手间内配套生活使用要求的细节说明（面巾架、浴巾架、手纸架、洗面镜、梳妆镜等）。

3.顶棚图
简单绘制顶棚图，主要表明照明方式及灯具名称。
要求除厨房、洗手间外其他区域不吊顶，下层厨房大面吊顶参考高度为离地2350mm，可作适当造型藏光。上层洗手间吊顶大面参考高度离地2.00m，只能作壁灯及吸顶式灯具，上层其他区域不作顶棚灯具布置，以梯间区域壁灯解决日常环境照明，床头式灯光作为主光源（楼板厚150mm）。

4.透视图
对交楼标准式的厨房、洗手间作设计表达，并配以简单的设计说明（每幅60字左右），材质说明及主要构造的表述（文字或附图）。

四、评分标准
评分标准：
A. 指图纸表——占总分数75%
绘制在提供的图纸上（共6张A3图纸），
可用徒手或规尺的形式表达，黑白即可。
设计提交的图纸内容、要求如下：

序号	图纸内容	规格及比例	占该部分比例	备注
1	下层平面图	A3	22.5%	
2	下层顶棚图	A3	5%	
3	上层平面图	A3	22.5%	
4	上层顶棚图	A3	5%	
5	厨房设计图（透视图）	A3	22.5%	
6	洗手间设计图（透视图）	A3	22.5%	

B.方案推销能力（指口述表达）——占总分数25%。

序号	表达方面	占该部分比例	备注
1	语言表达能力	40%	
2	推销条例能力	40%	
3	应变能力	20%	

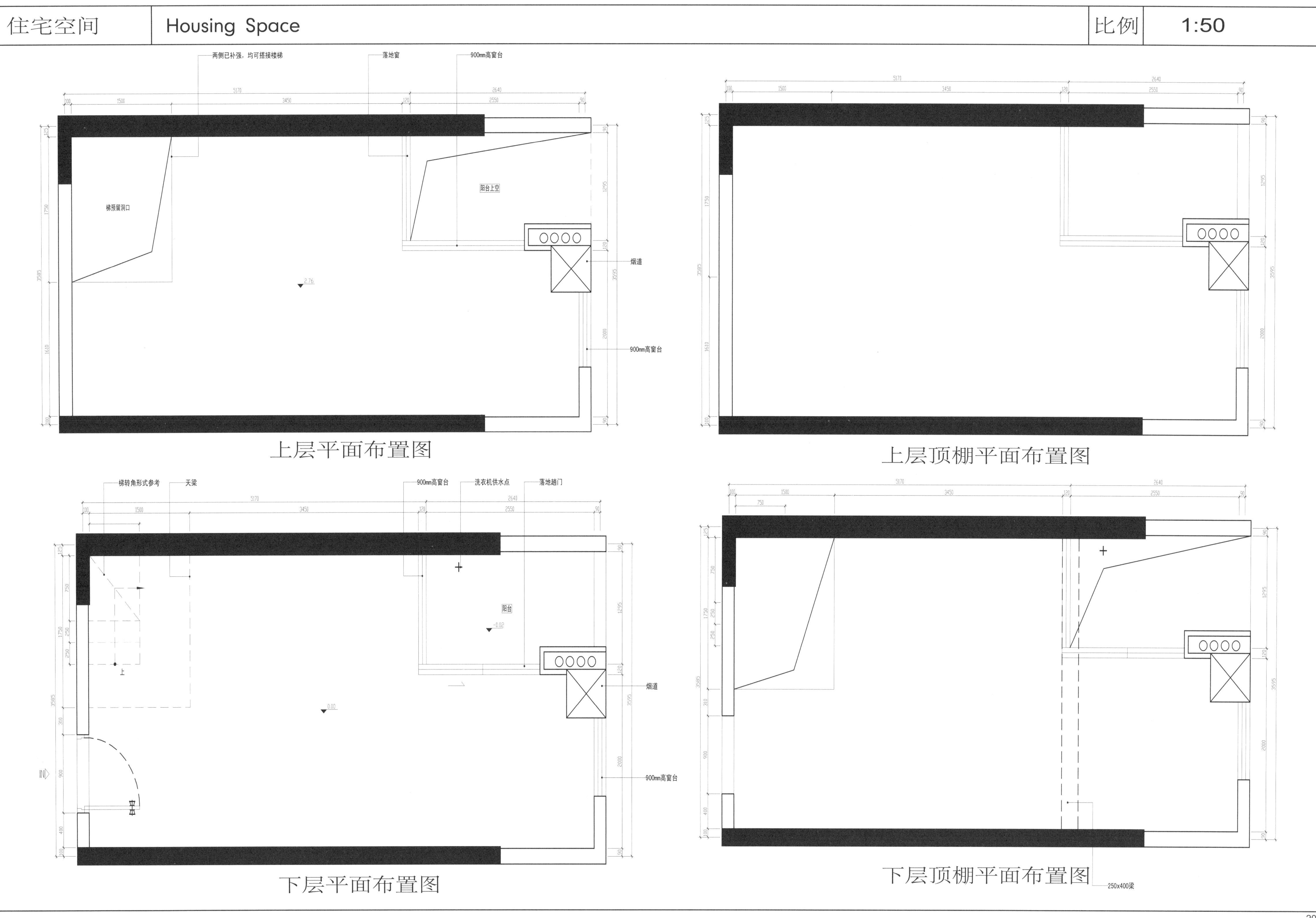

上层平面布置图

上层顶棚平面布置图

下层平面布置图

下层顶棚平面布置图

思考方式1

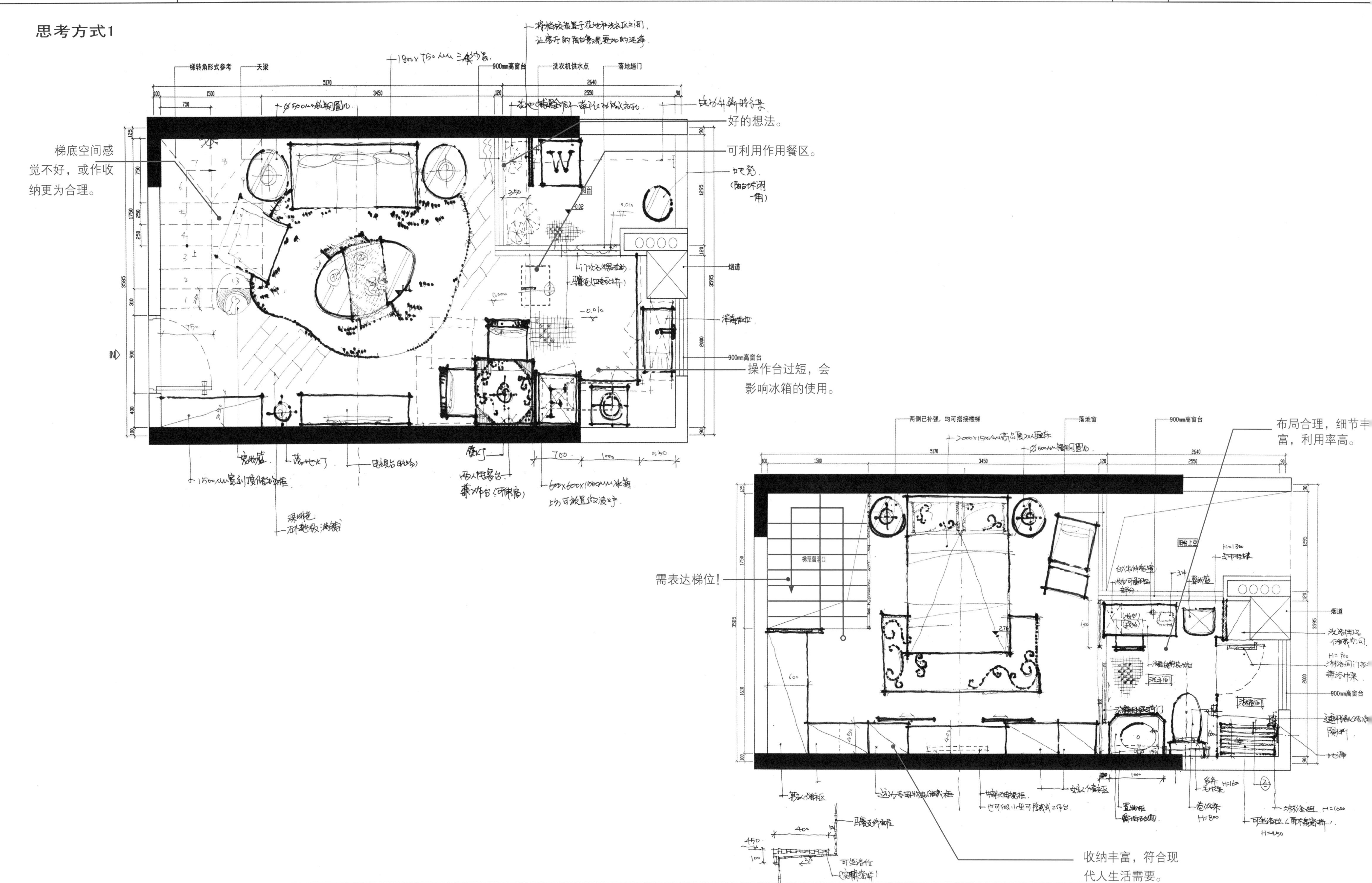
梯底空间感觉不好，或作收纳更为合理。
好的想法。
可利用作用餐区。
操作台过短，会影响冰箱的使用。
布局合理，细节丰富，利用率高。
需表达梯位！
收纳丰富，符合现代人生活需要。
梯转角形式参考
天梁
900mm高窗台
洗衣机供水点
落地趟门
烟道
900mm高窗台
两侧已补强，均可搭接楼梯
落地窗
900mm高窗台
烟道
900mm高窗台

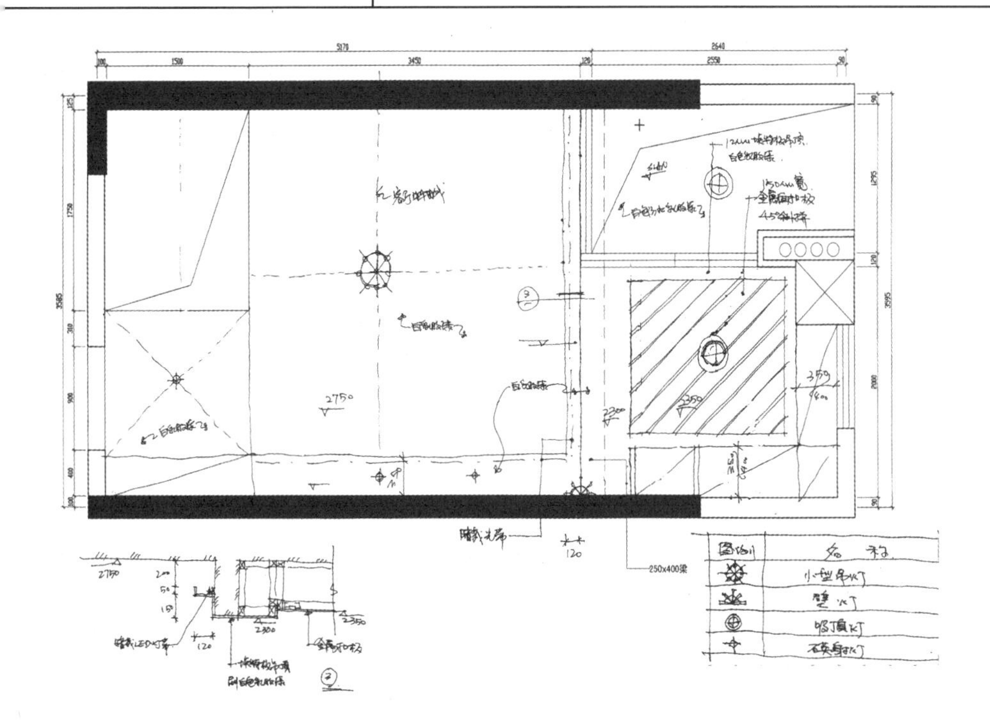

设计说明：

这是一套为25~35岁白领阶层设计的交楼标准方案，以900元/㎡的装修标准，我们可以得到更多的选择，在满足日常生活需要的基础上，让空间更加的舒适，明亮。

在交楼标准的设计项目中，厨房和卫生间是整个设计的重点，如何将资金投入得恰当好处则是设计的难点，在资金充裕的条件下，可以选择进口品牌的配套，电器设备，给住户享受到看得见的实惠，主要墙面用装饰材料突出出来。适当用设计元素能得到事半功倍的效果。

卫生间的交标设计主要体现在储物空间的设计和材料的运用加上人性化的思路，现代人特别是年轻的人们对于卫生间的需求是很高的，要实用，美观，时尚，种种条件的约束下，只能舍弃，又有所保留。这套方案中洗手台的储物柜的设置借鉴了某楼盘的设计，我想说的是，洗手台的储物区是非常重要的，但很多交标中却缺少这个空间的设置，有时更应该预留一些空位给住户们日后增添储物等家私提供可能，像置物篮，垃圾桶等小件的设置则更能体现设计师的人性化追求。

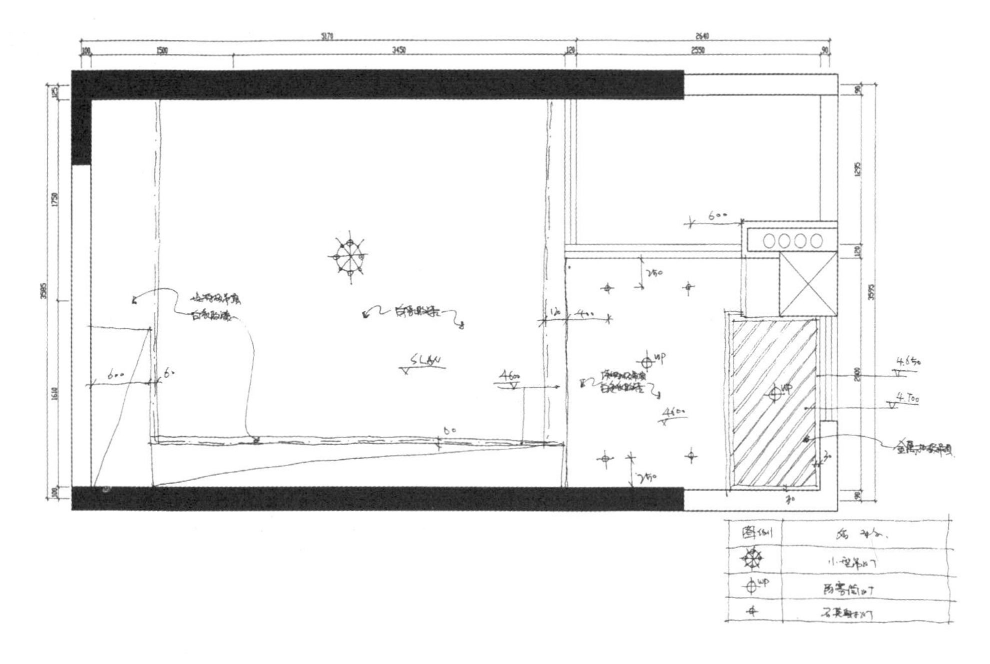

总评：

思路清晰，布局精细。充分考虑生活的细节实用需要，体现追求精致生活的设计理想。

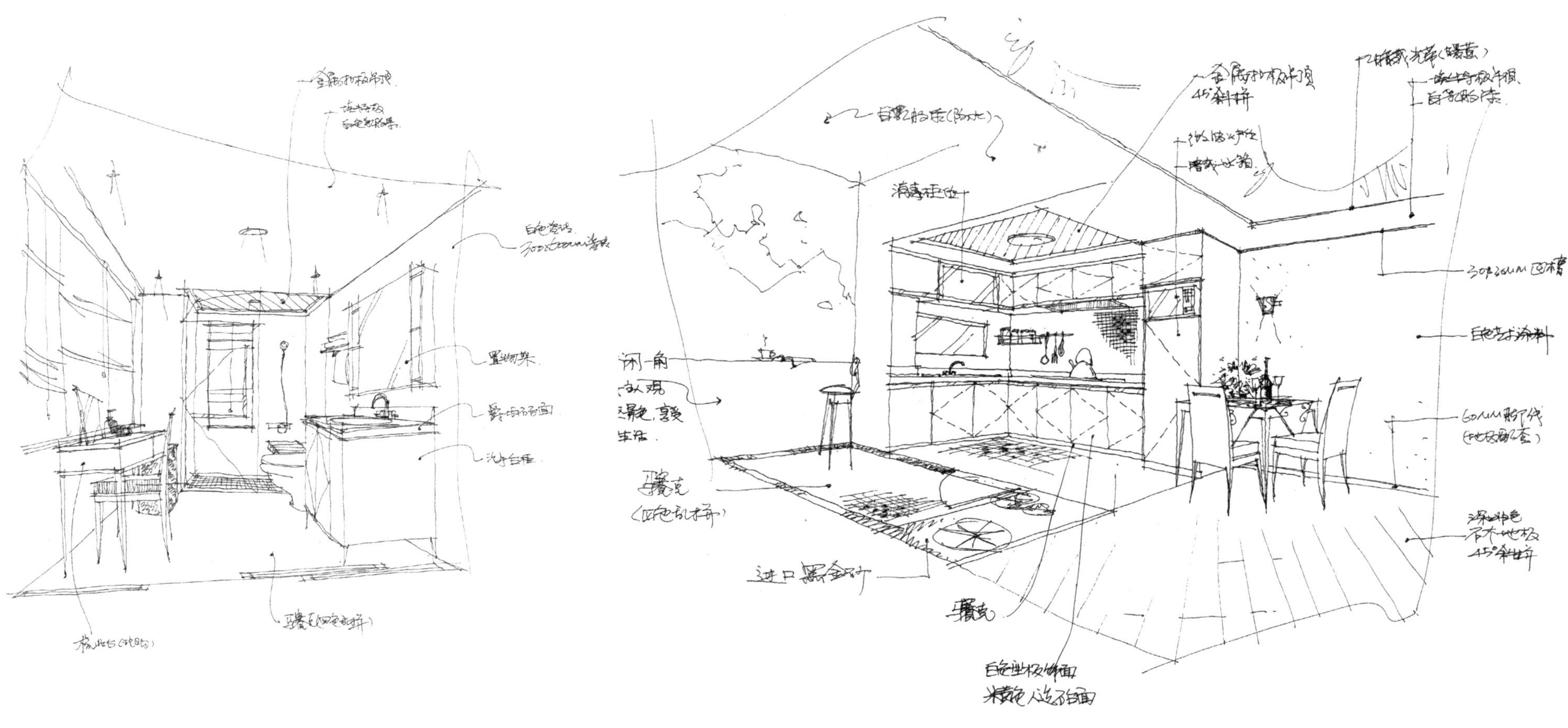

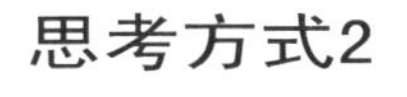
思考方式2

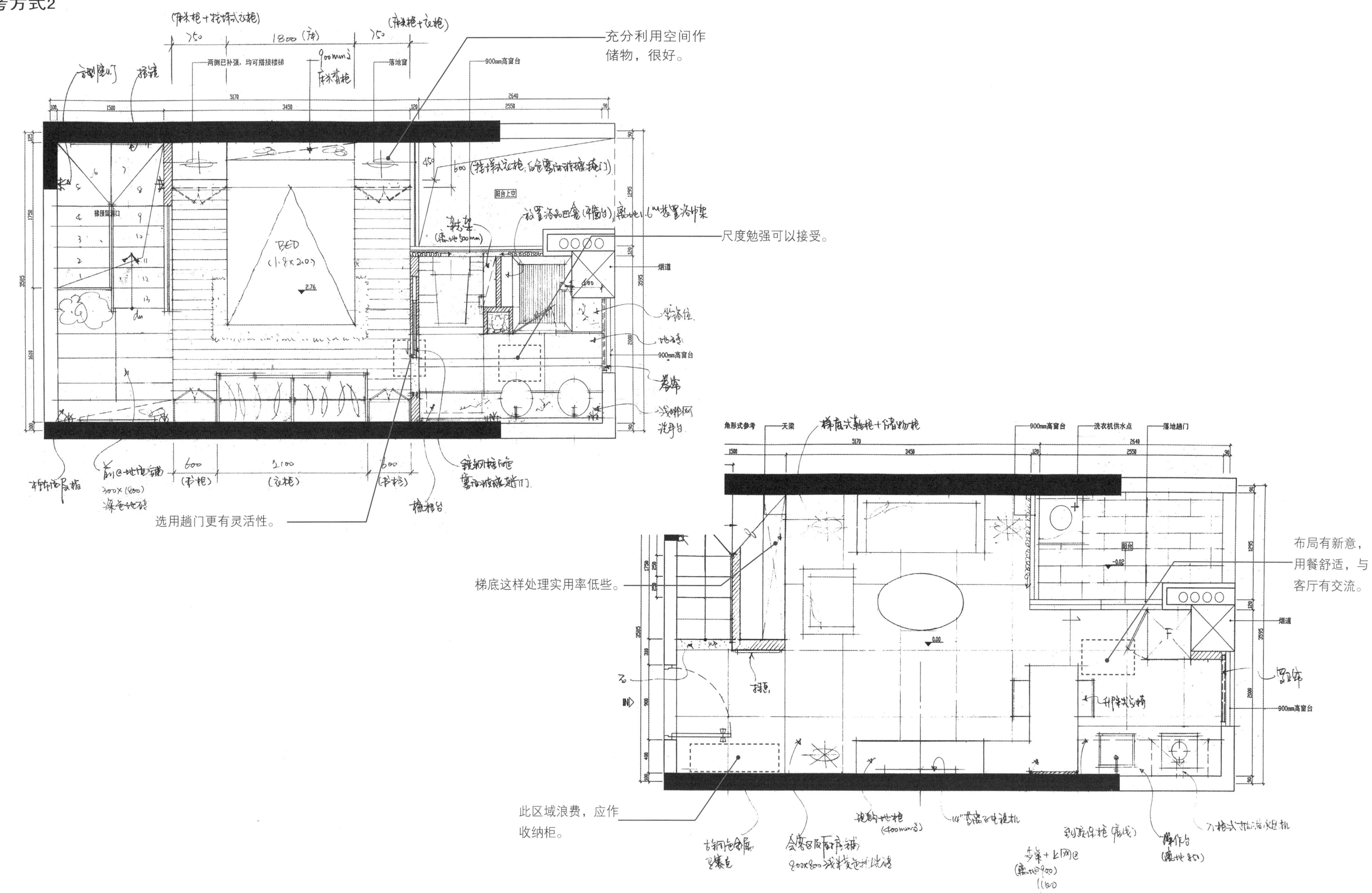
充分利用空间作储物，很好。
尺度勉强可以接受。
选用趟门更有灵活性。
梯底这样处理实用率低些。
布局有新意，用餐舒适，与客厅有交流。
此区域浪费，应作收纳柜。
两侧已补强，均可搭接楼梯
落地窗
900mm高窗台
阳台上空
烟道
角形式参考
天梁
洗衣机供水点
落地趟门
阳台
5170
1500
3450
2640
2550
BED
(1.8×2.0)

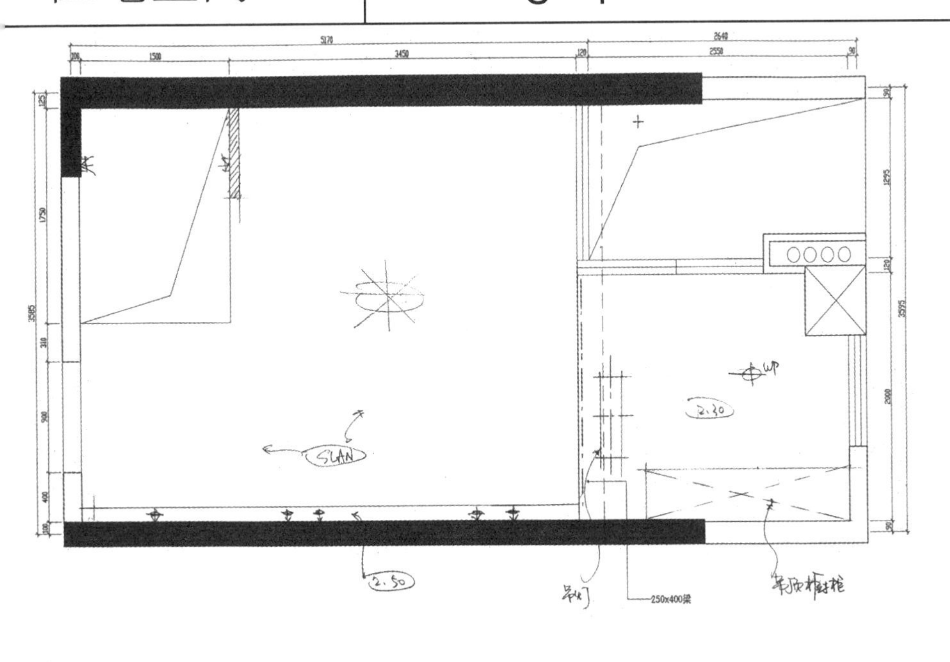

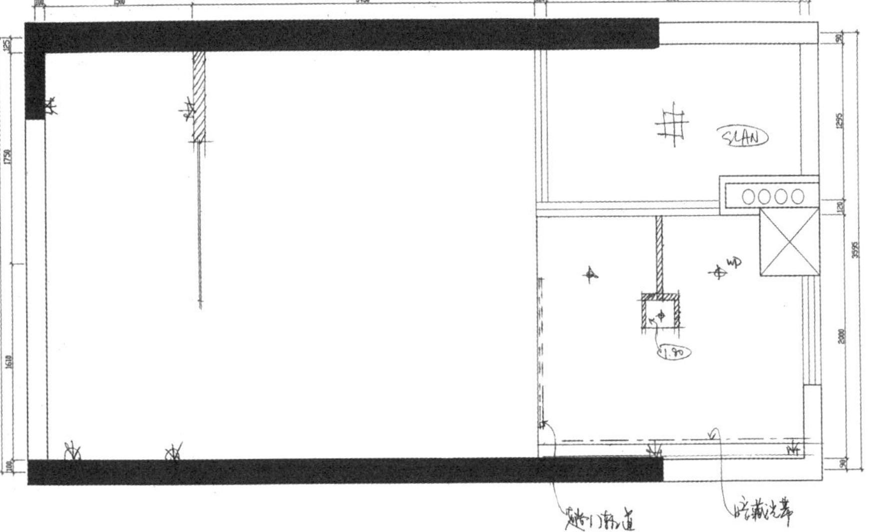

设计说明：

（1）整个洗手间以营造浅米黄色的空间气氛为主调。
（2）利用淋浴间与坐厕间的间墙设计了三个区域的储物位置或装饰位置。
（3）厨房及用餐区用时尚，简洁的设计手法结合设计。2.0m长的操作台把厨具集中起来，整洁不凌乱，抽油烟机暗 藏于吊柜内，使墙身色以突出橱柜(地柜和吊柜)的时尚饰面为主。
（4）餐台与工作结合设计，符合高级白领人士的工作需要，亦节省了室内空间。

总评：

很有想法，也十分注重细节和创新，是个不错的设计。

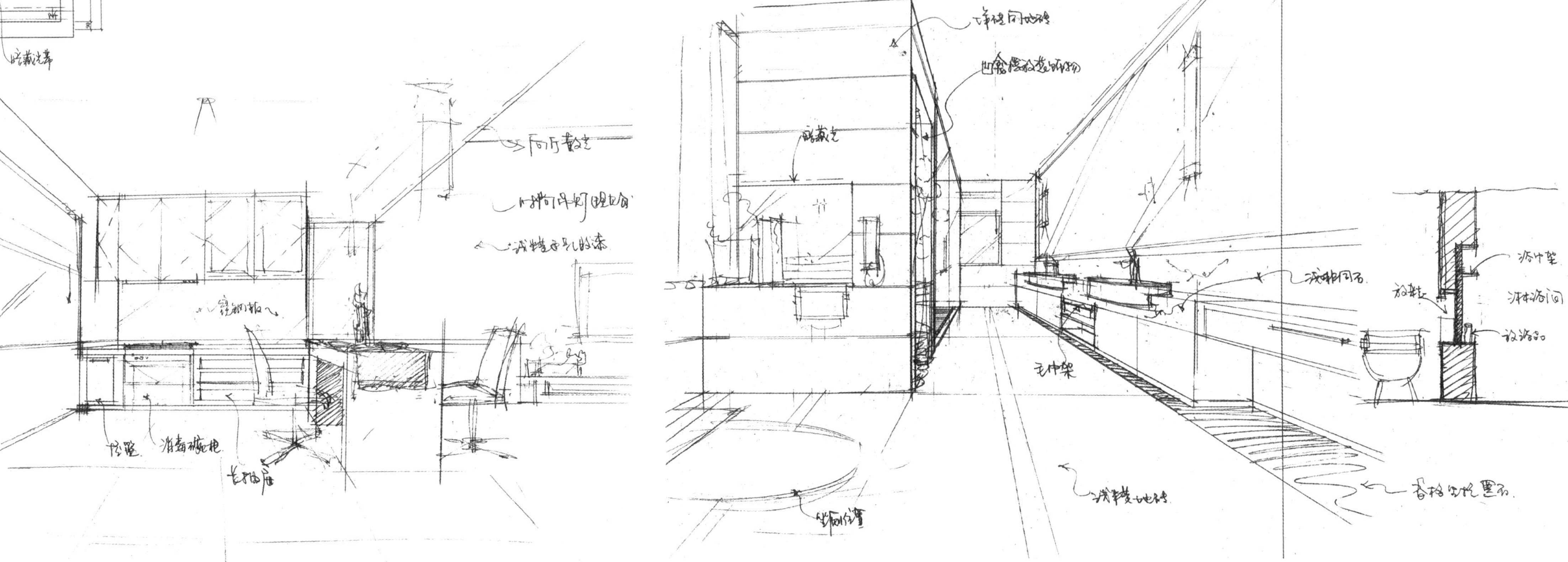

思考方式3

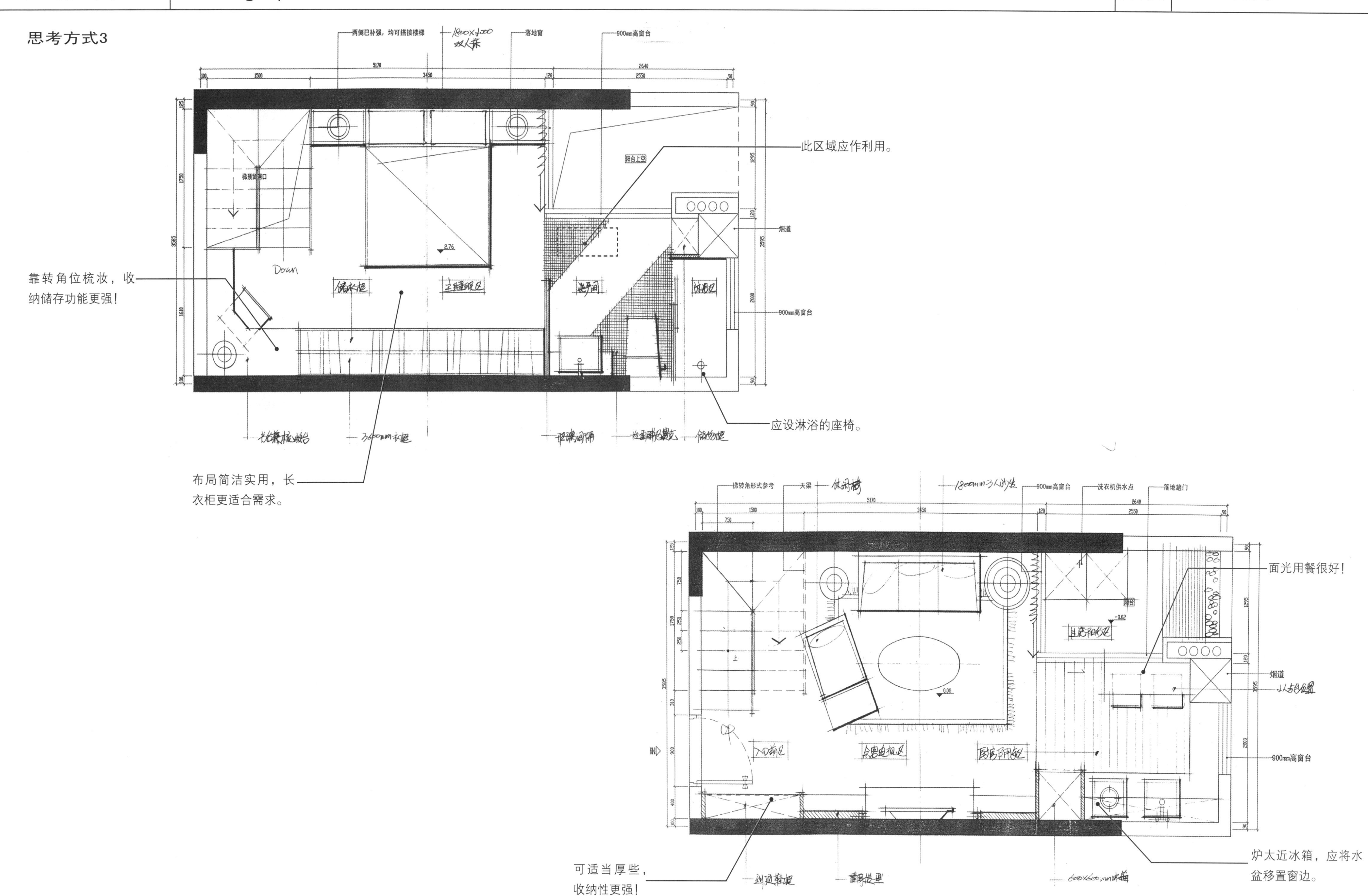
此区域应作利用。
靠转角位梳妆，收纳储存功能更强！
应设淋浴的座椅。
布局简洁实用，长衣柜更适合需求。
面光用餐很好！
可适当厚些，收纳性更强！
炉太近冰箱，应将水盆移置窗边。
900mm高窗台
落地窗
两侧已补强，均可搭接楼梯
烟道
落地趟门
洗衣机供水点
天梁
梯转角形式参考

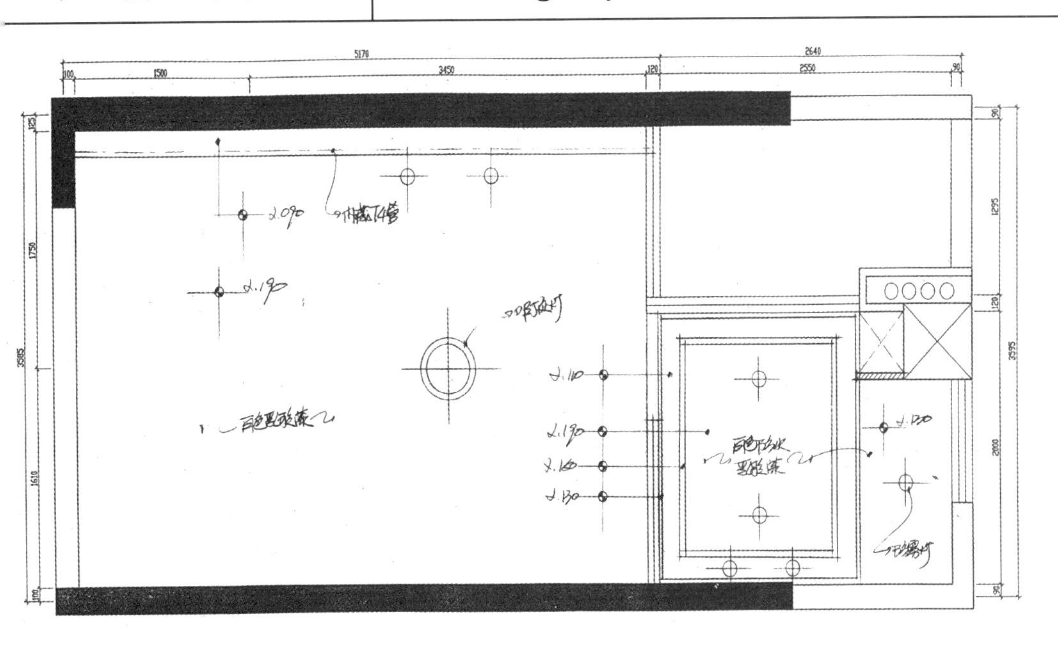

总评：

布局精细，有一定的创意想法追求。生活品质适合现代人的需要！

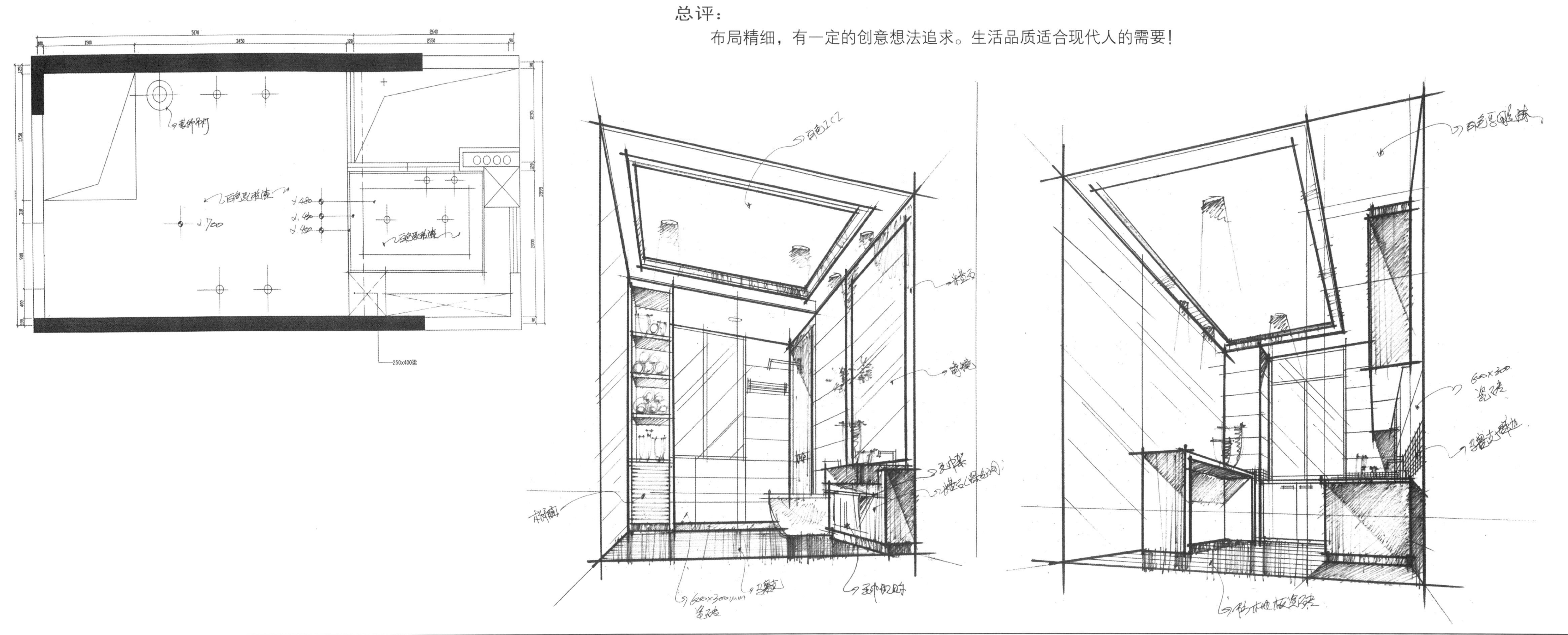

思考方式4

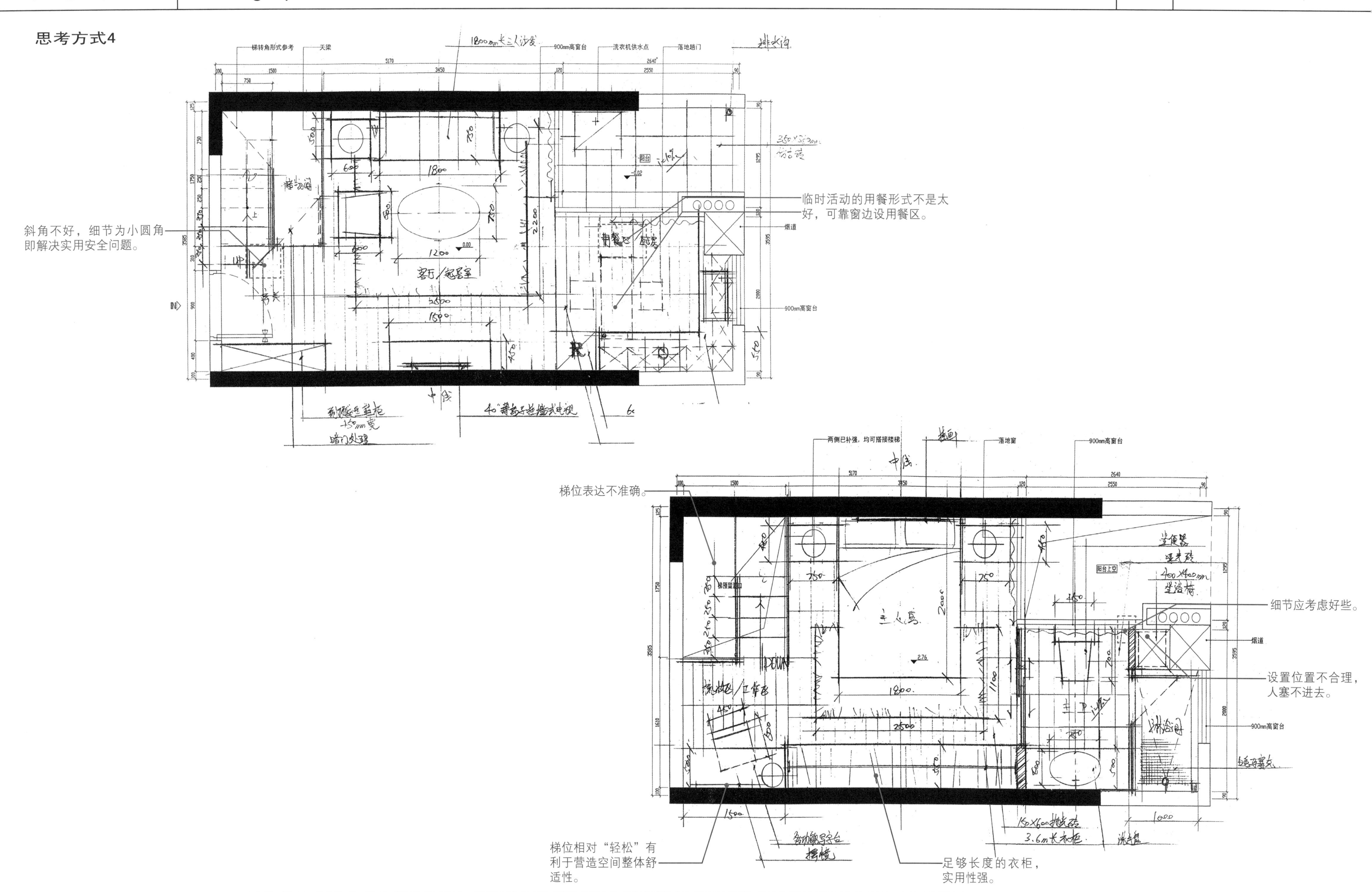
斜角不好，细节为小圆角
即解决实用安全问题。
临时活动的用餐形式不是太
好，可靠窗边设用餐区。
梯位表达不准确。
细节应考虑好些。
设置位置不合理，
人塞不进去。
梯位相对“轻松”有
利于营造空间整体舒
适性。
足够长度的衣柜，
实用性强。

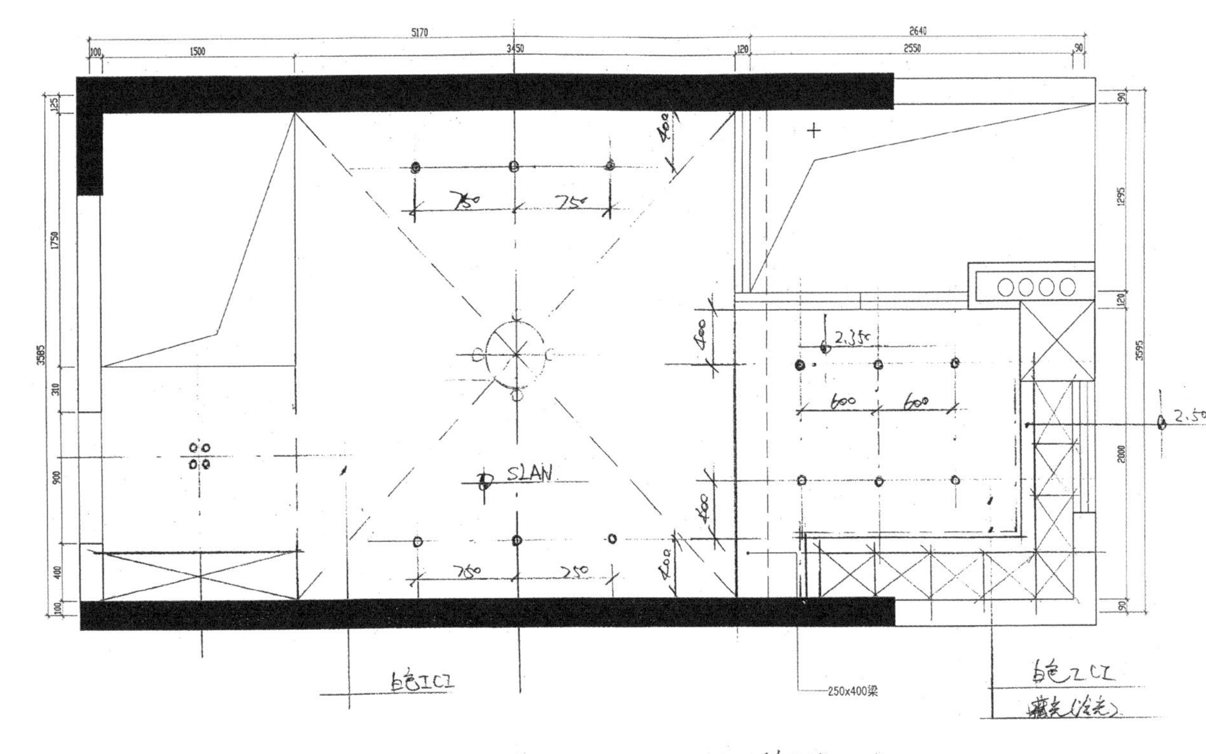

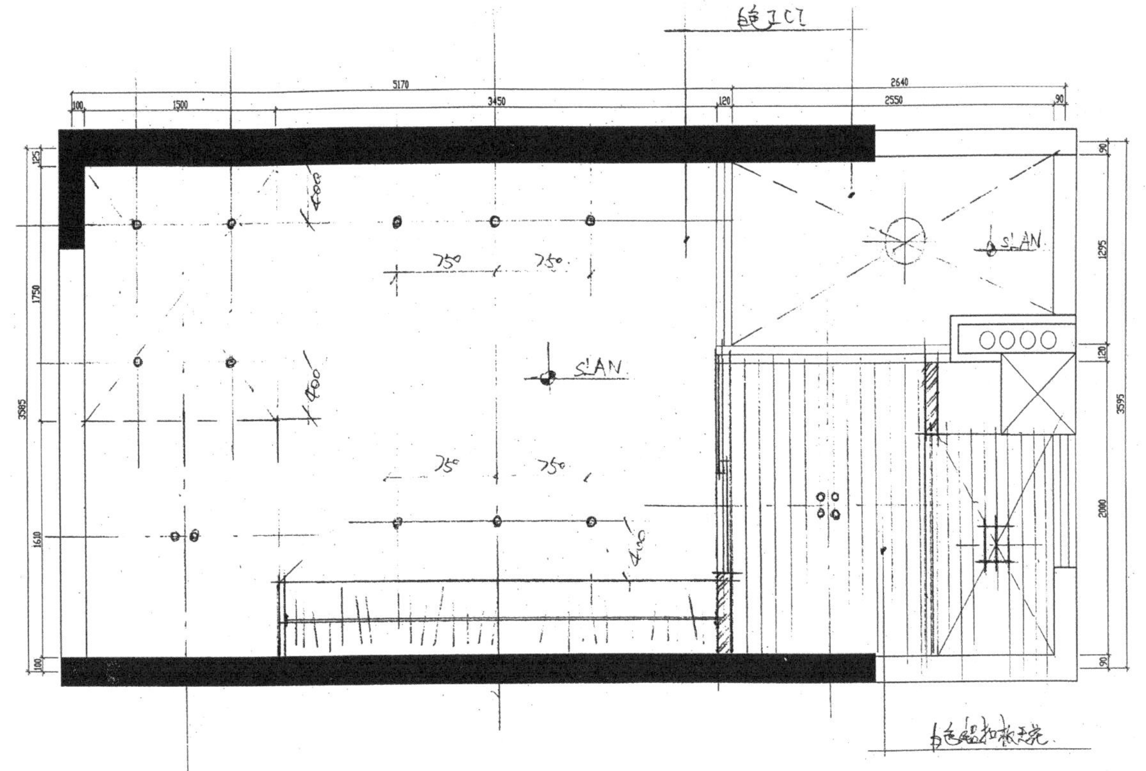

设计说明：

以现代西式风格为蓝本展开设计的主卫，地面与墙身材质，陶瓷锦砖与表材比例关系的把握，加上砂钢镜框与细部西式的点缀，在使用尺度合理的大原则下更添一份主人对居住要求的品位的体现，令生活带有多一份雅致。

总评：

看似简单的设计，想法较多。当然细节上还有不少值得斟酌的地方！

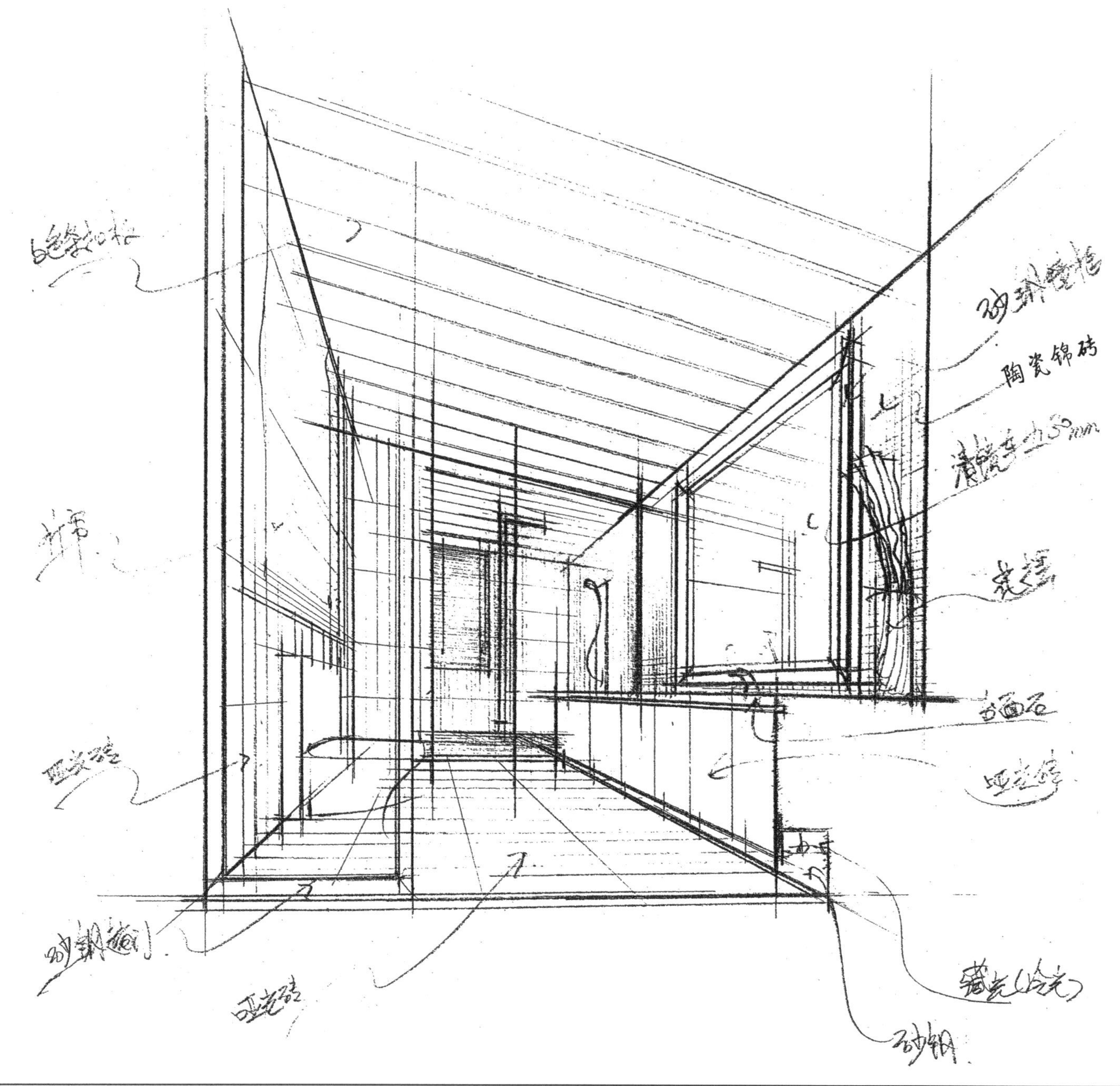

思考方式5

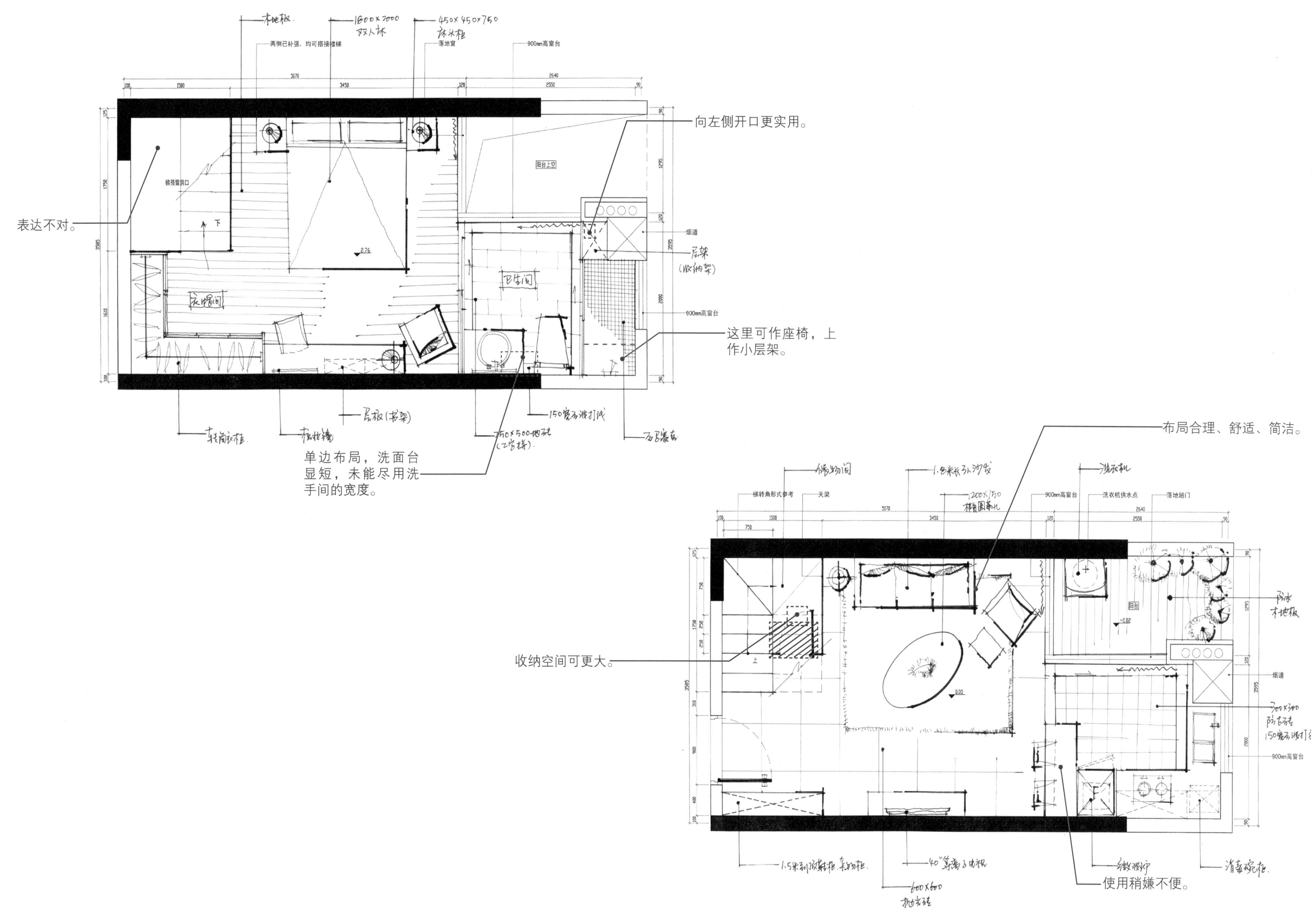
向左侧开口更实用。
表达不对。
这里可作座椅，上作小层架。
单边布局，洗面台显短，未能尽用洗手间的宽度。
布局合理、舒适、简洁。
收纳空间可更大。
使用稍嫌不便。

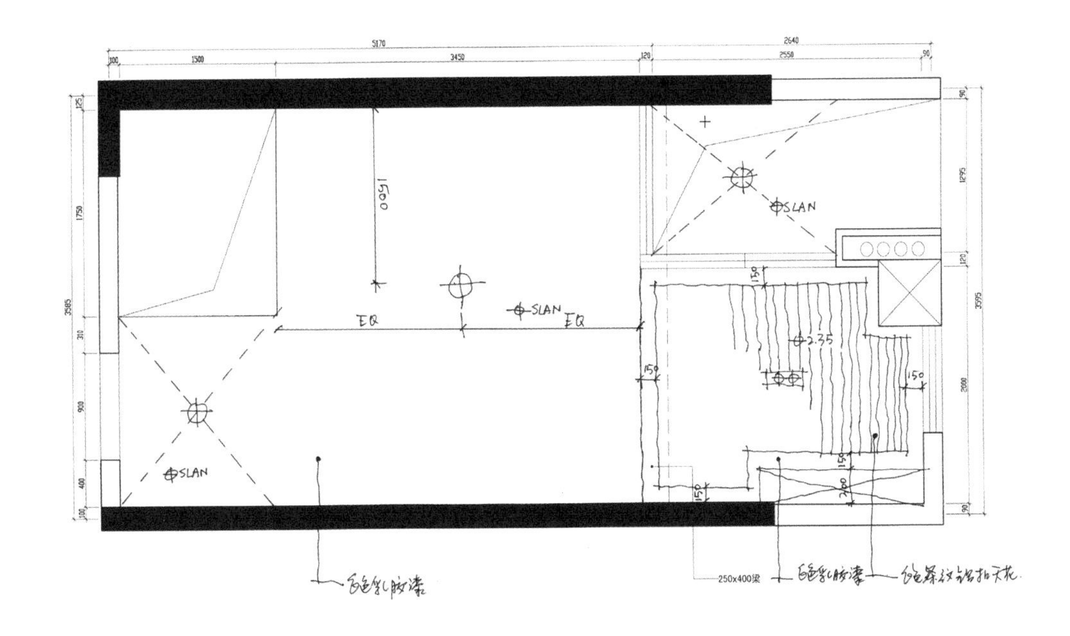

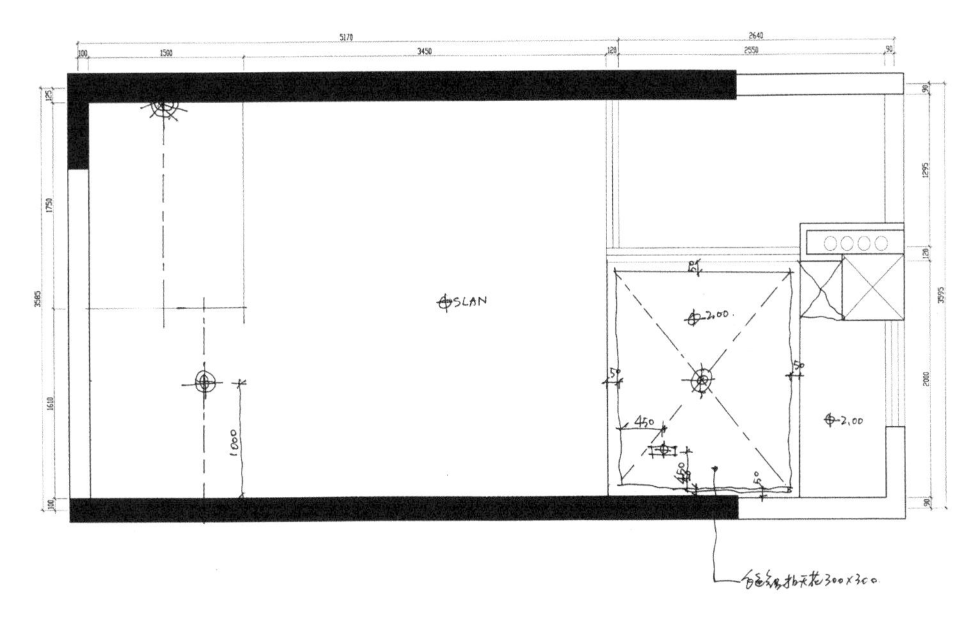

设计说明：

本案设计为豪华复式公寓下层厨房透视图，根据楼高2.76m设计，厨房设计采用白色系列为主，白色瓷砖和白色橱柜系列，配以浅色系列的仿古地砖，满足舒适都市生活的要求。本案利用采光极为丰富的大露台，尽可能将绿色自然和阳光引入室内，给紧张的都市生活中的高级白领们带来一个新的享受。

本案设计豪华复式公寓上层卫生间透视图，顺应简洁的设计风格。卫生间的设计沿用白色的风格，采用白色墙砖和清玻璃淋浴趟门。白色爵士白石砌成的洗手盘，黑色贴花镜，尽可能地营造一个宁静的生活区所。舒适而悠闲的环境，在白色系列的环境中再配以色彩丰富的鲜花，SPA等，活泼了整个空间，同时也为紧张的高级白领们减压。豪华不代表奢华，而简单的生活才是人们所追求的另一种境界。

总评：

平实的布局，讲求实用与舒适，但细节上更应进一步推敲。

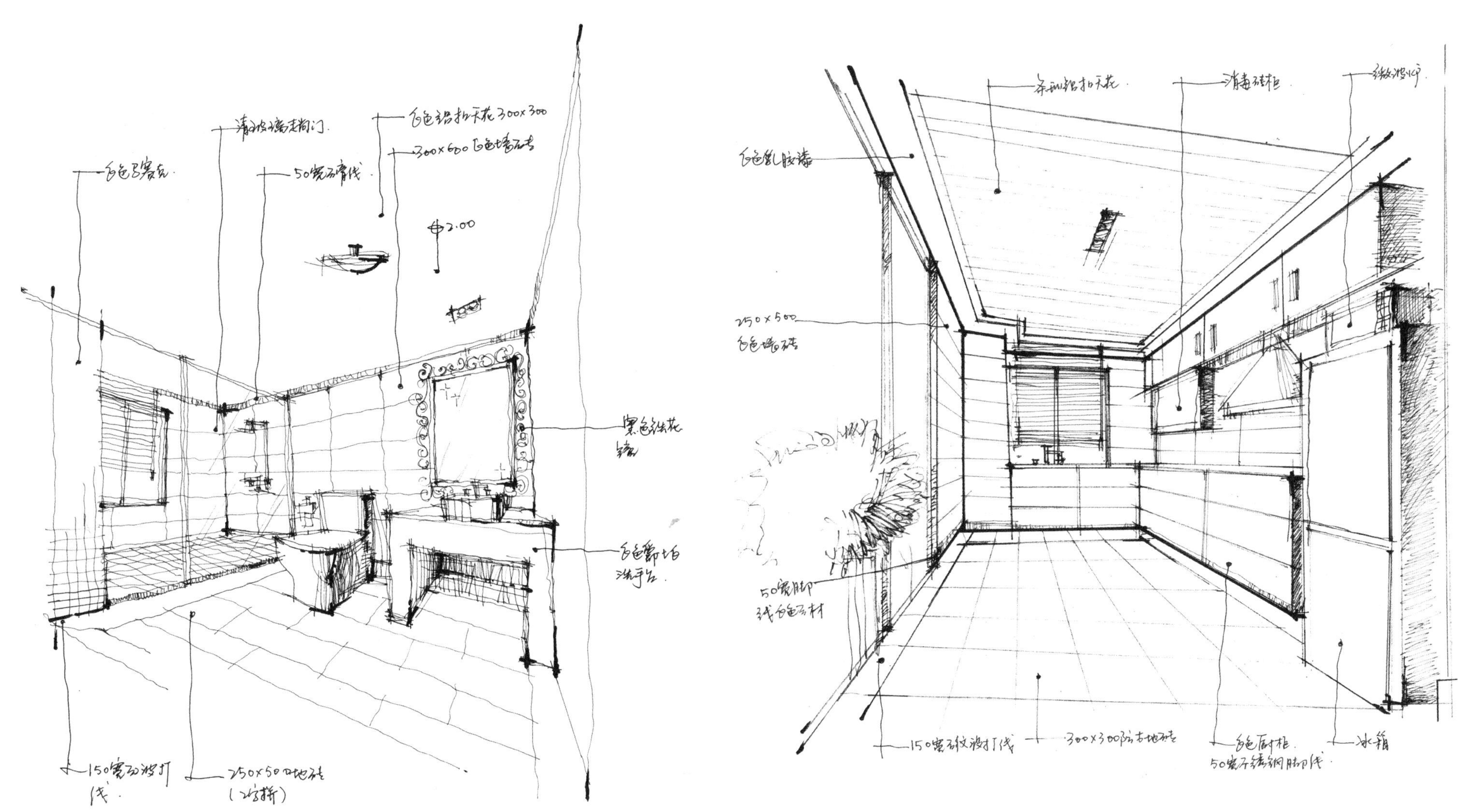

思考方式6

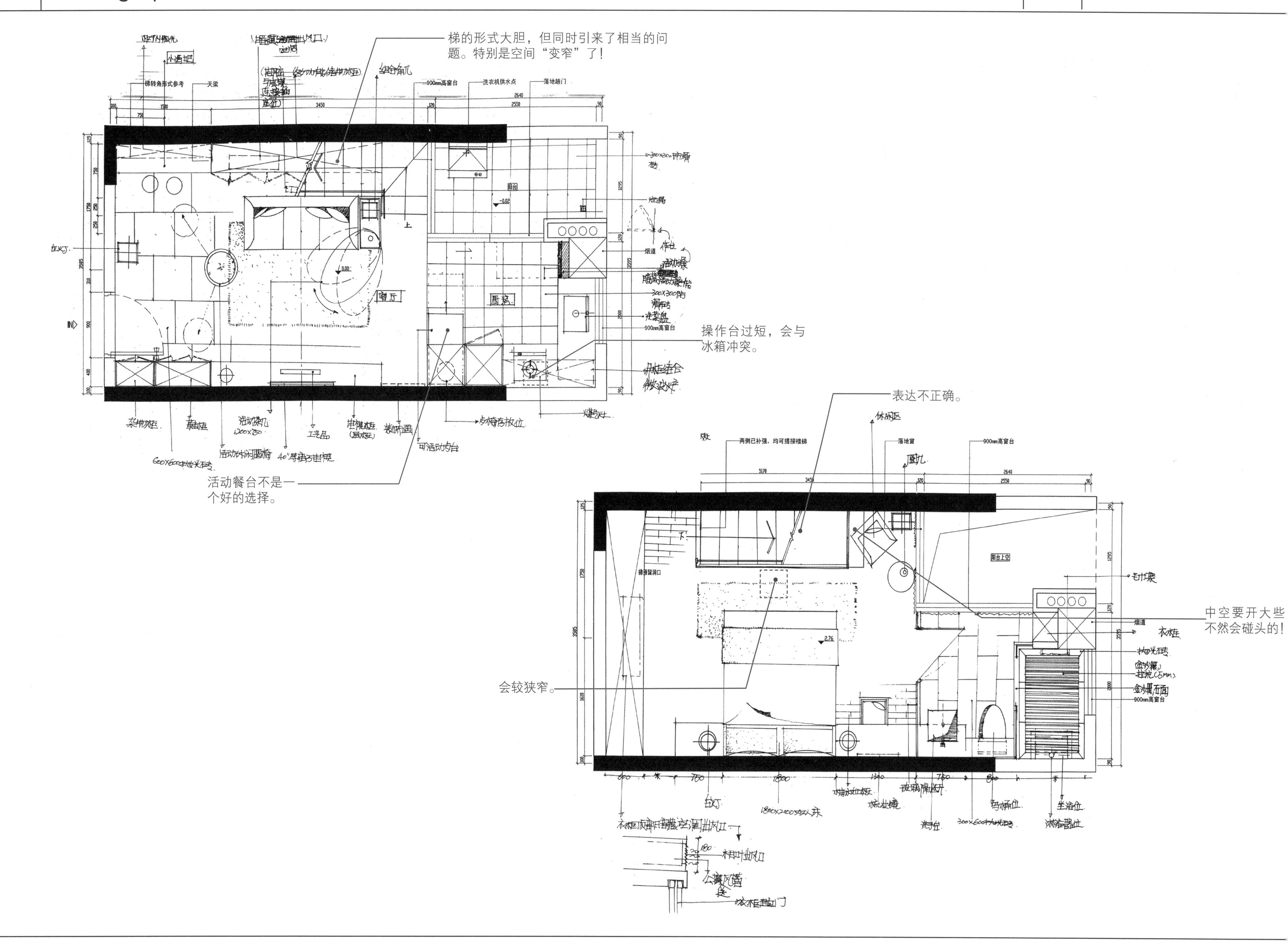

梯的形式大胆，但同时引来了相当的问题。特别是空间“变窄”了！
操作台过短，会与冰箱冲突。
活动餐台不是一个好的选择。
表达不正确。
中空要开大些不然会碰头的！
会较狭窄。

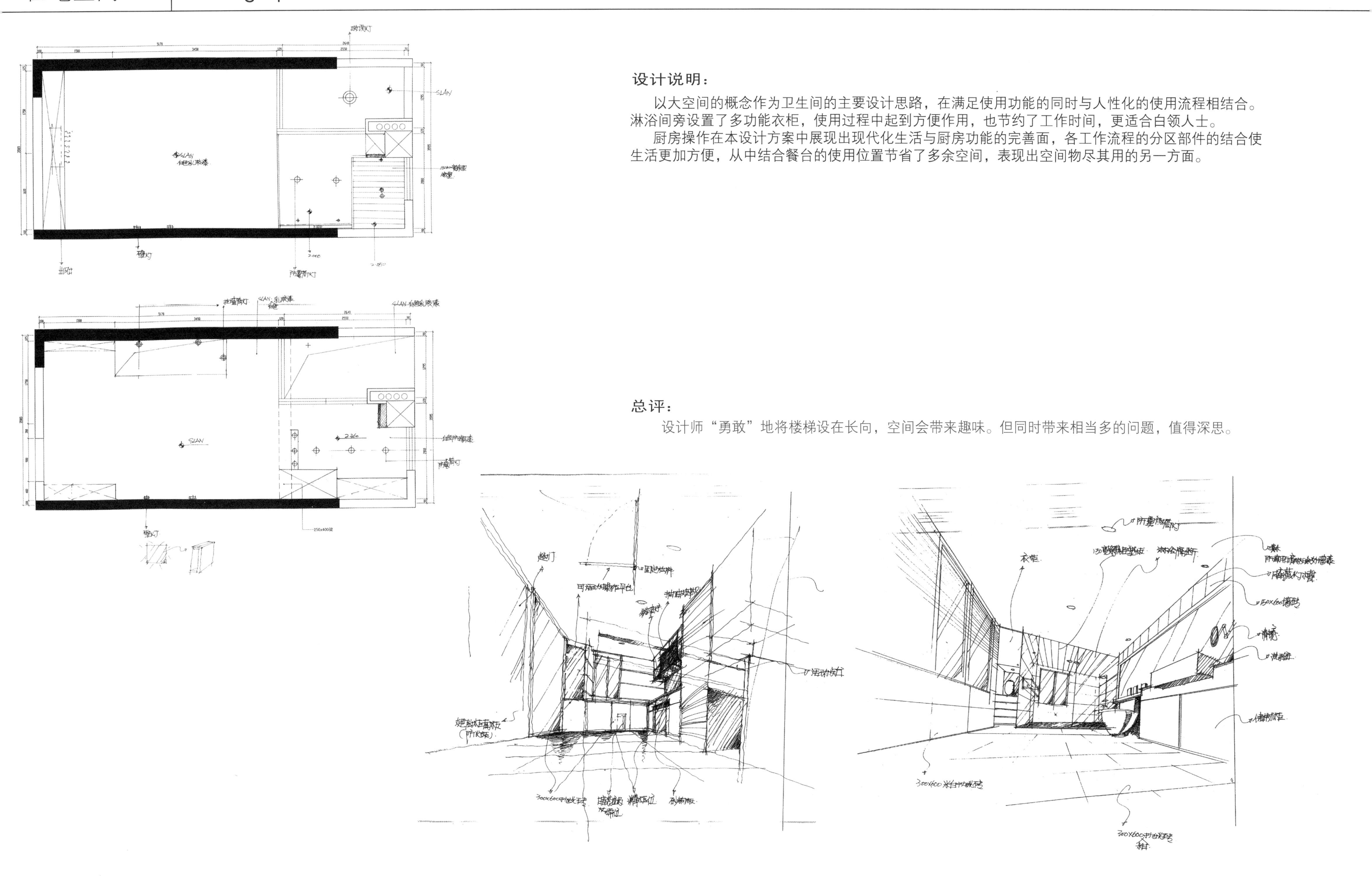

设计说明：

以大空间的概念作为卫生间的主要设计思路，在满足使用功能的同时与人性化的使用流程相结合。淋浴间旁设置了多功能衣柜，使用过程中起到方便作用，也节约了工作时间，更适合白领人士。

厨房操作在本设计方案中展现出现代化生活与厨房功能的完善面，各工作流程的分区部件的结合使生活更加方便，从中结合餐台的使用位置节省了多余空间，表现出空间物尽其用的另一方面。

总评：

设计师“勇敢”地将楼梯设在长向，空间会带来趣味。但同时带来相当多的问题，值得深思。

大使之家（测试题）

建议测试时间：8小时

试题说明

一、基本条件

（1）英国驻华大使夫妇的居所。
（2）位于CBD区的酒店式公寓楼层尽端（详见图纸）。
（3）层高3.36m。
（4）洗手间设置区域已规定，但可不尽满。
（5）管井位及其开门不可改变。
（6）共用酒店中央空调（盘管风机式空调）。

二、风格要求

简约西式，色调温馨雅致。

三、功能要求/分区

（1）基本功能分区包括：
A.客用洗手间（洗手盆、座厕）。
B.客人用挂衣柜，大于600mm。
C.4人用餐区（配有酒柜）。
D.简单洗煮功能台（无烟煮食）。
E.工作区（可上网、书写、小型交流，工作台大于1350mm，文件柜不少于900mm）。
F.会客区（包括沙发及靠椅的配搭，具会客、看电视的功能）选用42寸挂墙式电视。
G.主睡眠区（2m×2m的大床，配有42寸挂墙式电视），休息区（休闲看书的功能）。
H.衣帽间（可包括：储衣、行李、鞋、保险箱功能）。
I.梳妆区可结合衣帽间或单独设置。
（2）分区要求合理，符合生活需要。
（3）布局应充分考虑景观和朝向因素。

四、成本控制

参考造价为2400元㎡，不包括活动家具及饰品配置部分。

五、评分标准

评分标准：本次分数由两部分组成（满分100分）：
A.方案创意及表达能力（指图纸表达）——占总分数75%。
绘制在提供的图纸上（共3张A3图纸），尽可能用徒手的形式表达（亦可用规尺），黑白即可。
设计提交的图纸内容、要求及比例如下：

序号	图纸内容	规格及比例	占该部分比例	备注
1	平面图（详细体现风格及陈设说明）	1:50	60%	该部分满分75分
2	顶棚图（包含表达空间的位置及方式）	1:50	10%	
3	主洗手间透视图，标注基本材质和基本做法	A3	30%	

B.方案推销能力（指口述表达）——占总分数25%。

序号	表达方面	占该部分比例	备注
1	语言表达能力	40%	
2	推销条例能力	40%	
3	应变能力	20%	

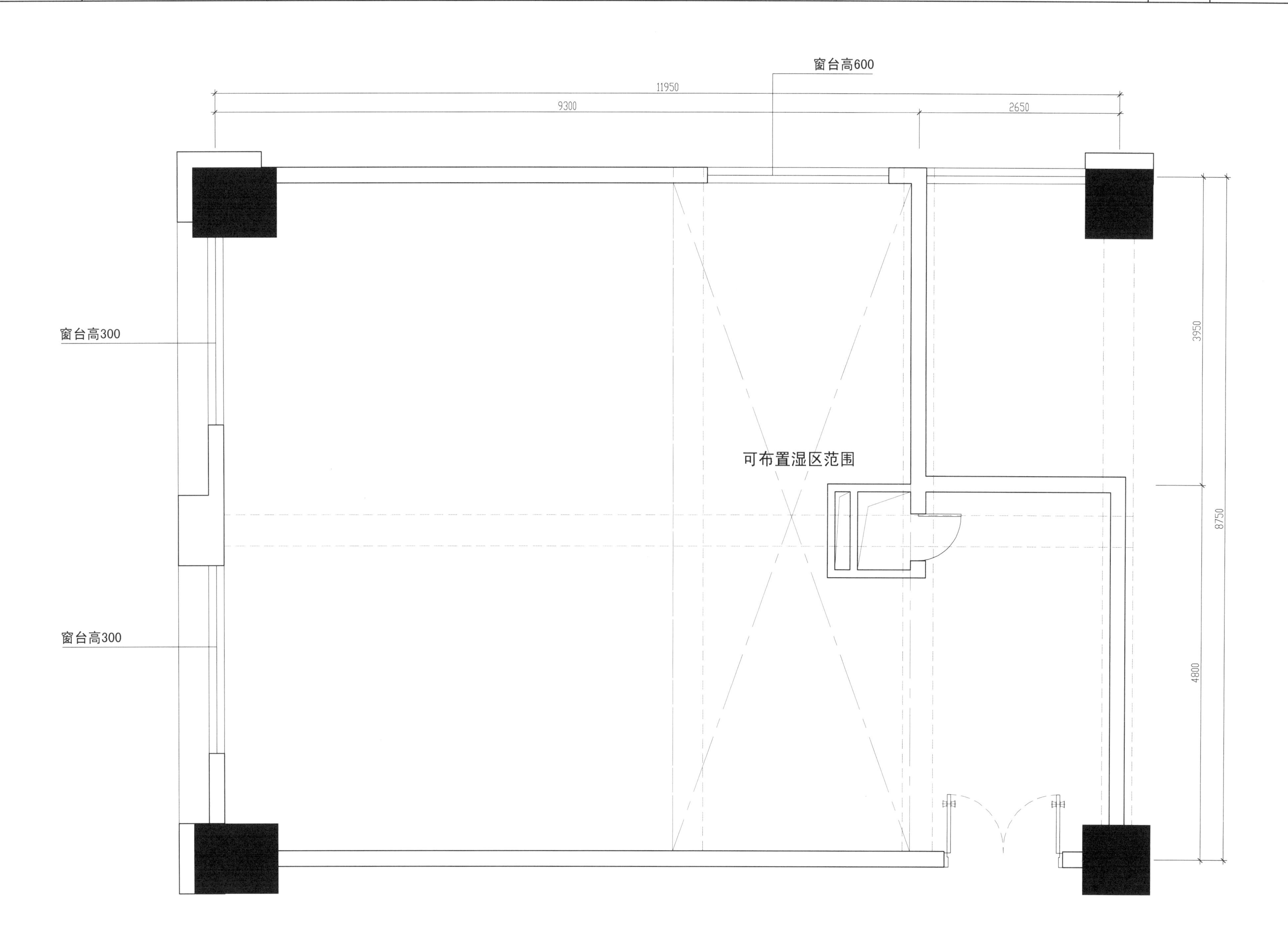
窗台高600
11950
9300
2650
窗台高300
窗台高300
可布置湿区范围
3950
8750
4800

平面布置图

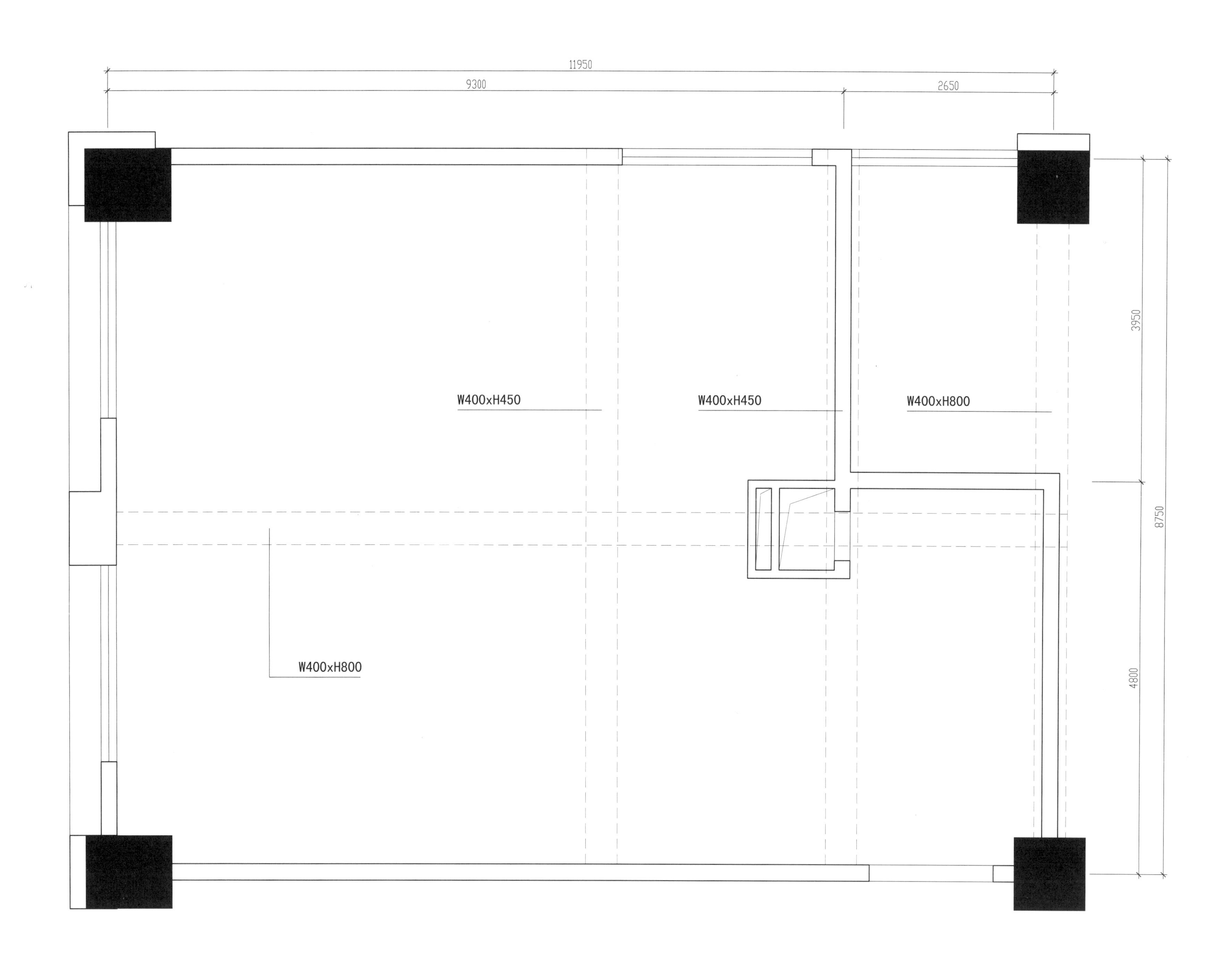

11950
9300
2650
3950
8750
4800
W400xH450
W400xH450
W400xH800
W400xH800

顶棚布置图

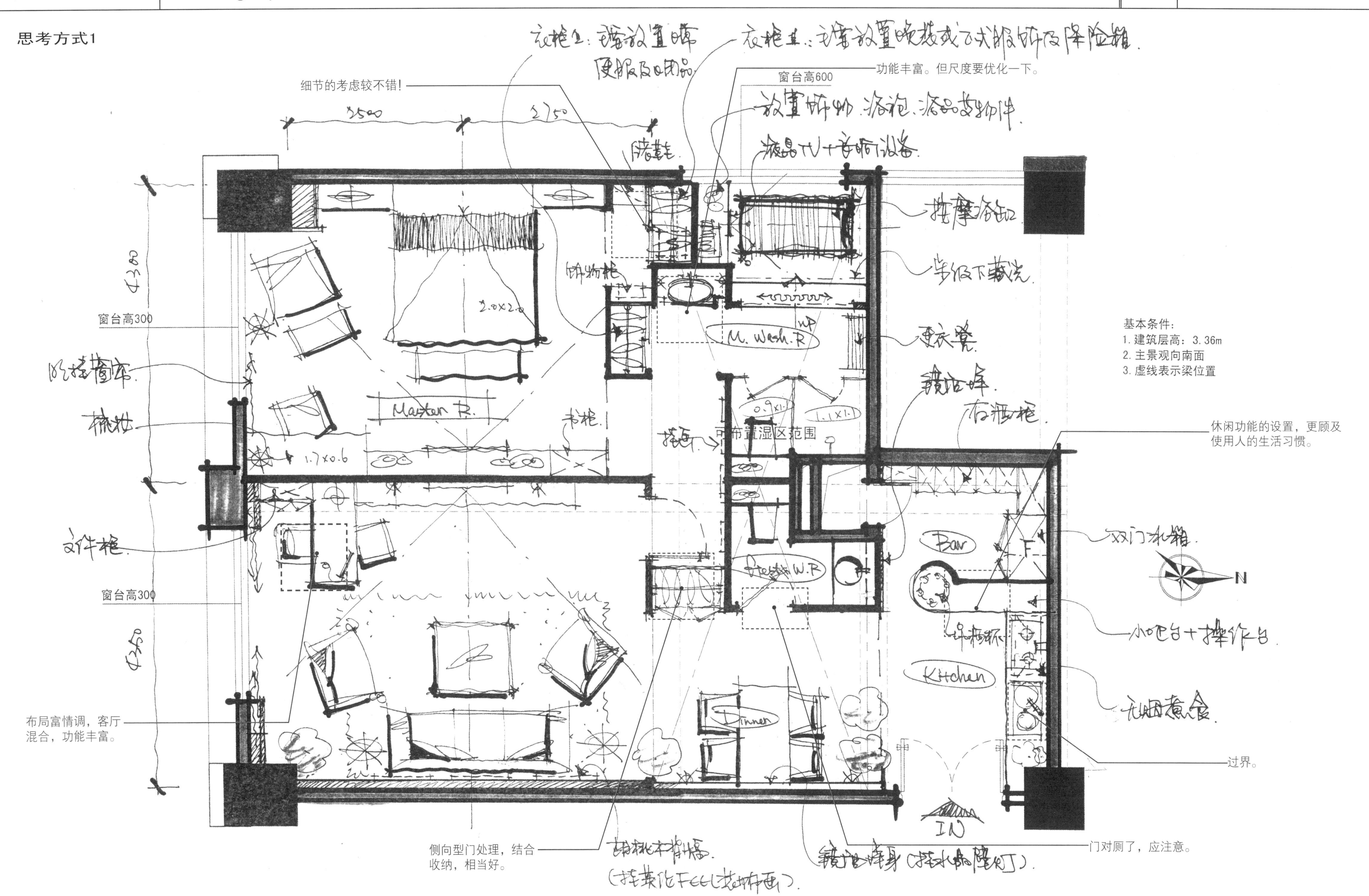
思考方式1
细节的考虑较不错!
功能丰富。但尺度要优化一下。
窗台高600
窗台高300
窗台高300
可布置湿区范围
基本条件：
1. 建筑层高：3.36m
2. 主景观向南面
3. 虚线表示梁位置
休闲功能的设置，更顾及使用人的生活习惯。
布局富情调，客厅混合，功能丰富。
侧向型门处理，结合收纳，相当好。
门对厕了，应注意。
过界。
Master R.
M. Wash. R
Bar
Kitchen
Dinner
IN
N

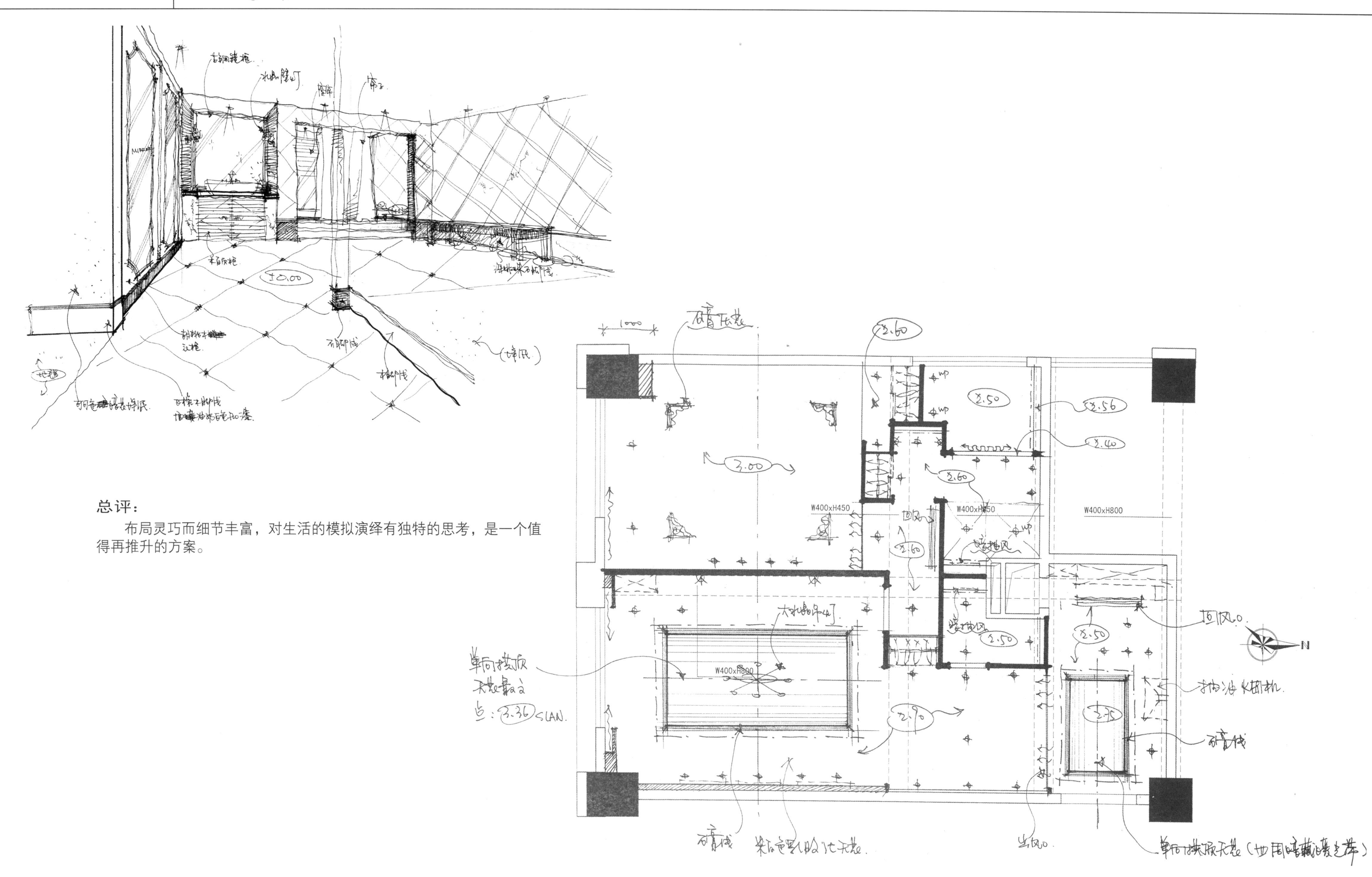

总评：

布局灵巧而细节丰富，对生活的模拟演绎有独特的思考，是一个值得再推升的方案。

思考方式2

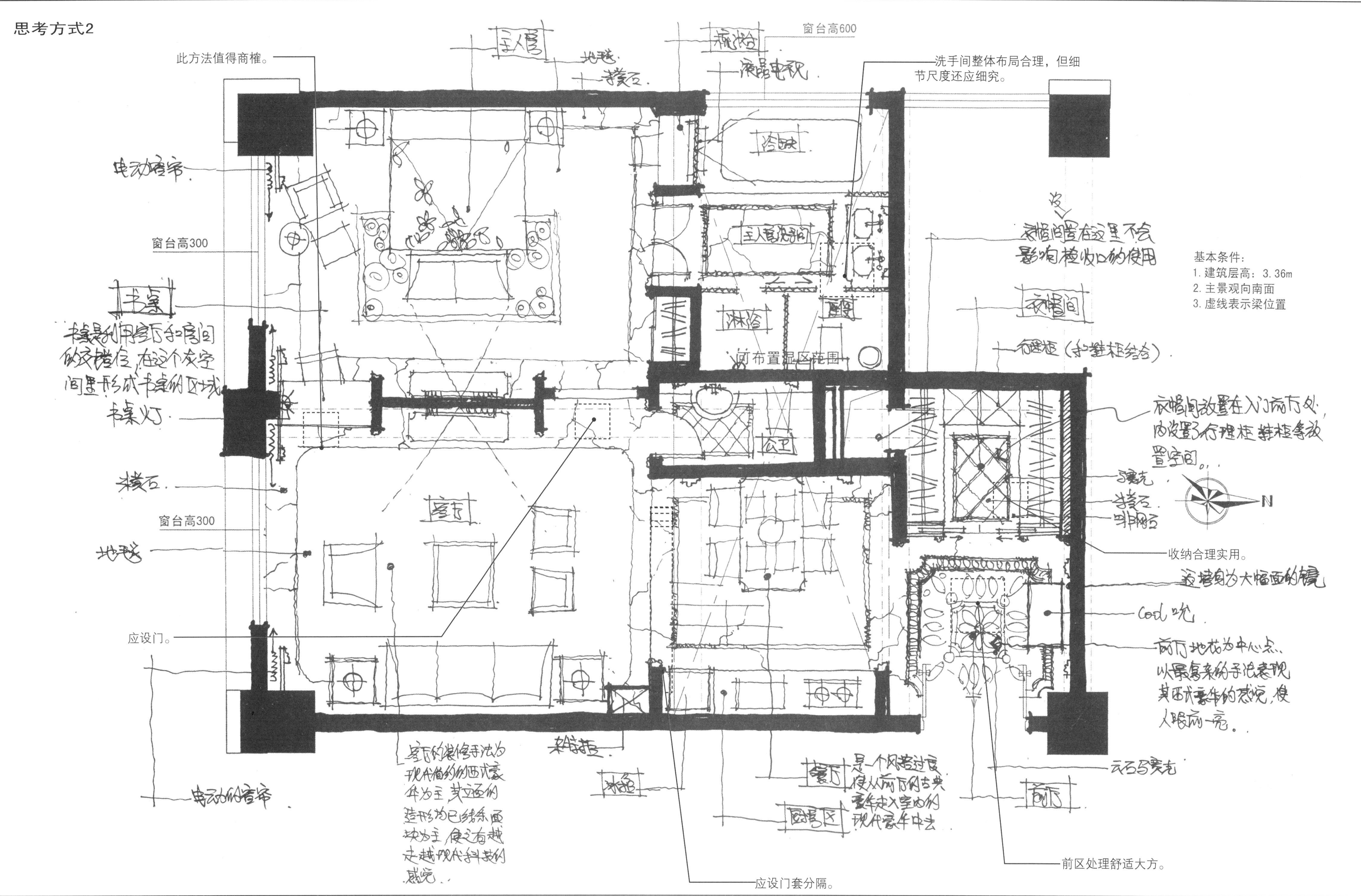
此方法值得商榷。
窗台高600
洗手间整体布局合理，但细节尺度还应细究。
窗台高300
基本条件：
1. 建筑层高：3.36m
2. 主景观向南面
3. 虚线表示梁位置
窗台高300
收纳合理实用。
应设门。
前区处理舒适大方。
应设门套分隔。

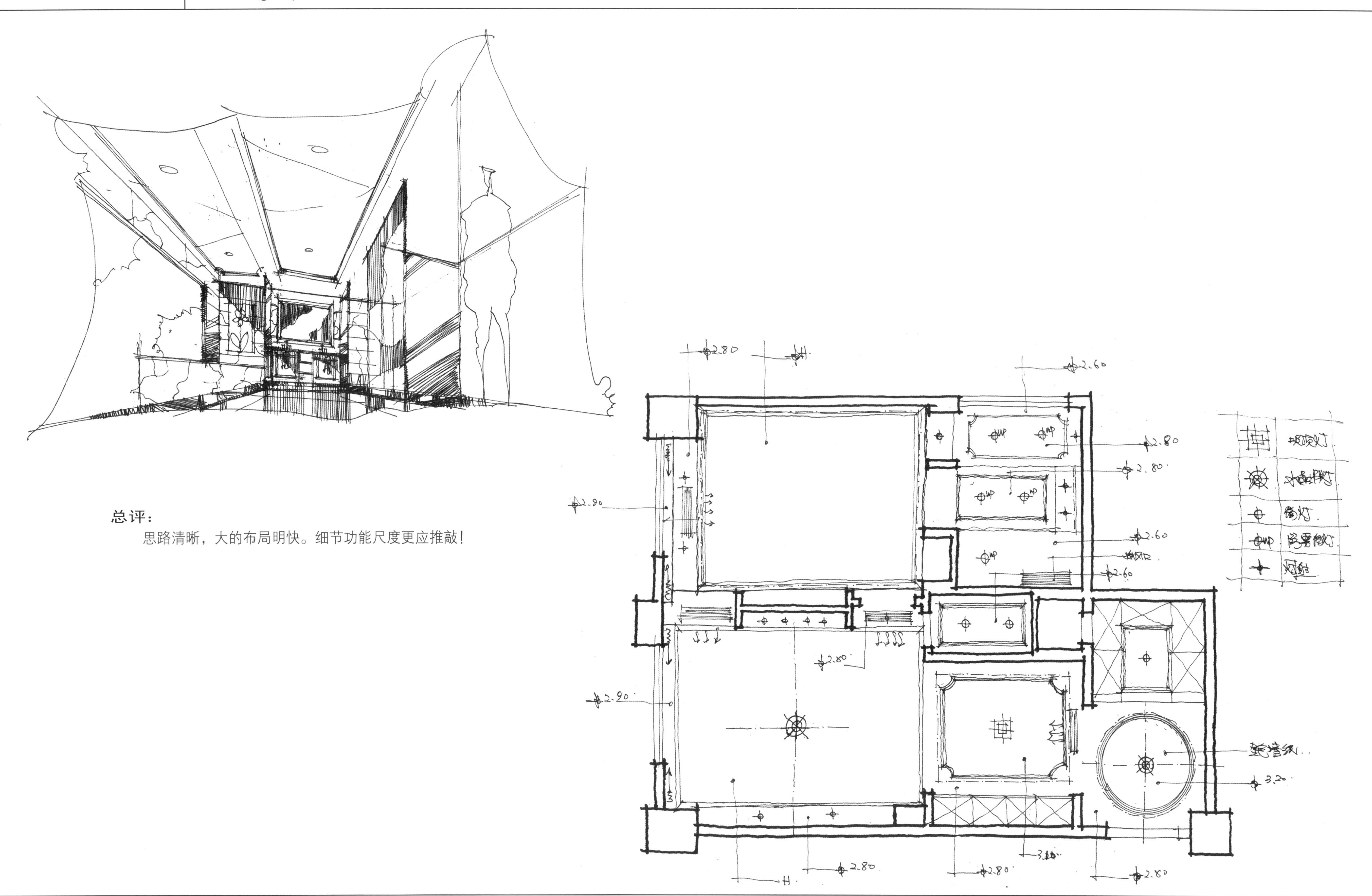

总评：

思路清晰，大的布局明快。细节功能尺度更应推敲！

思考方式3

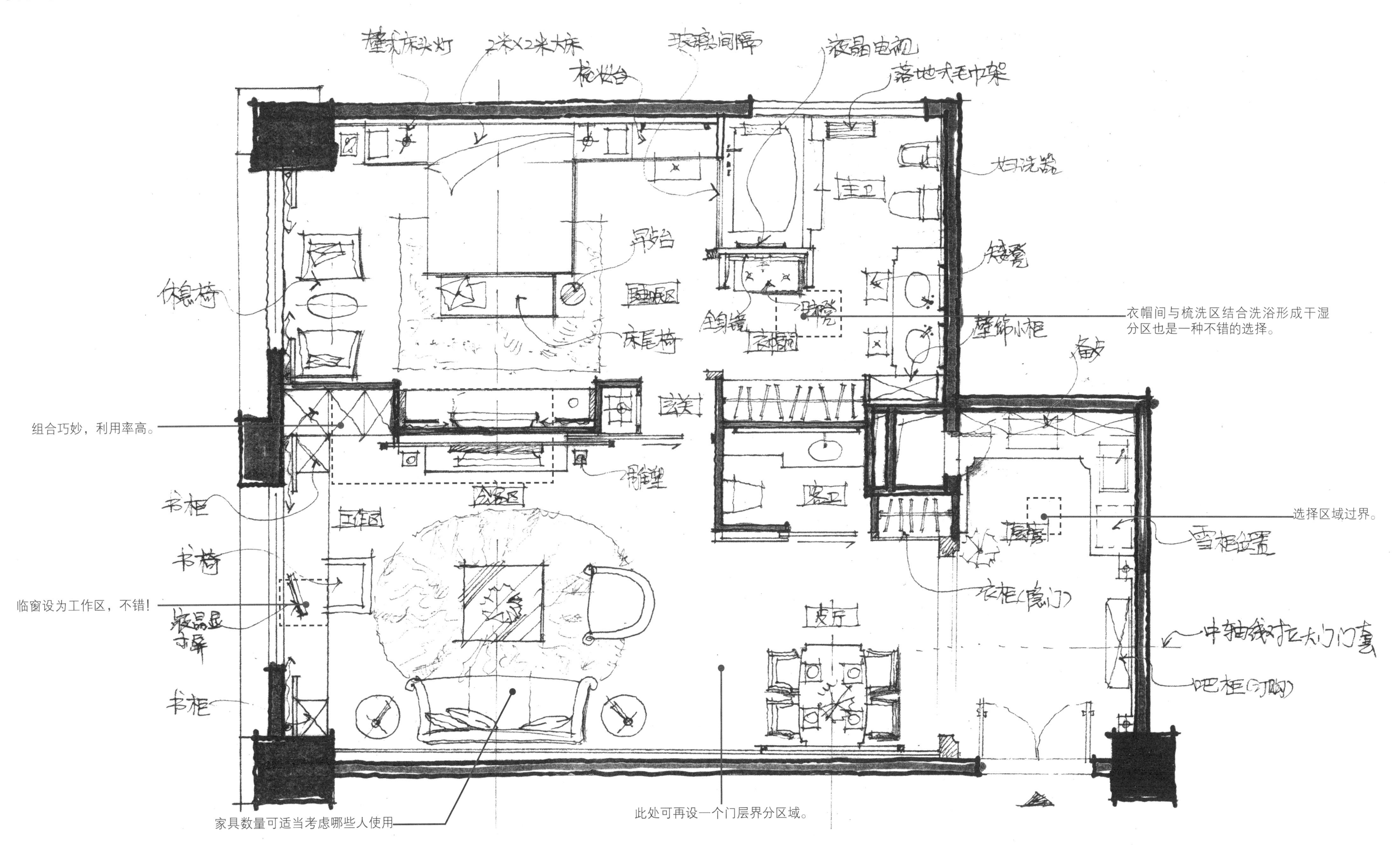
2米X2米大床
液晶电视
落地式毛巾架
妇洗器
主卫
睡眠区
床尾椅
休息椅
玄关
衣帽间与梳洗区结合洗浴形成干湿
分区也是一种不错的选择。
组合巧妙，利用率高。
客卫
书柜
工作区
书椅
临窗设为工作区，不错！
选择区域过界。
雪柜位置
衣柜(趟门)
餐厅
吧柜(门购)
家具数量可适当考虑哪些人使用
此处可再设一个门层界分区域。

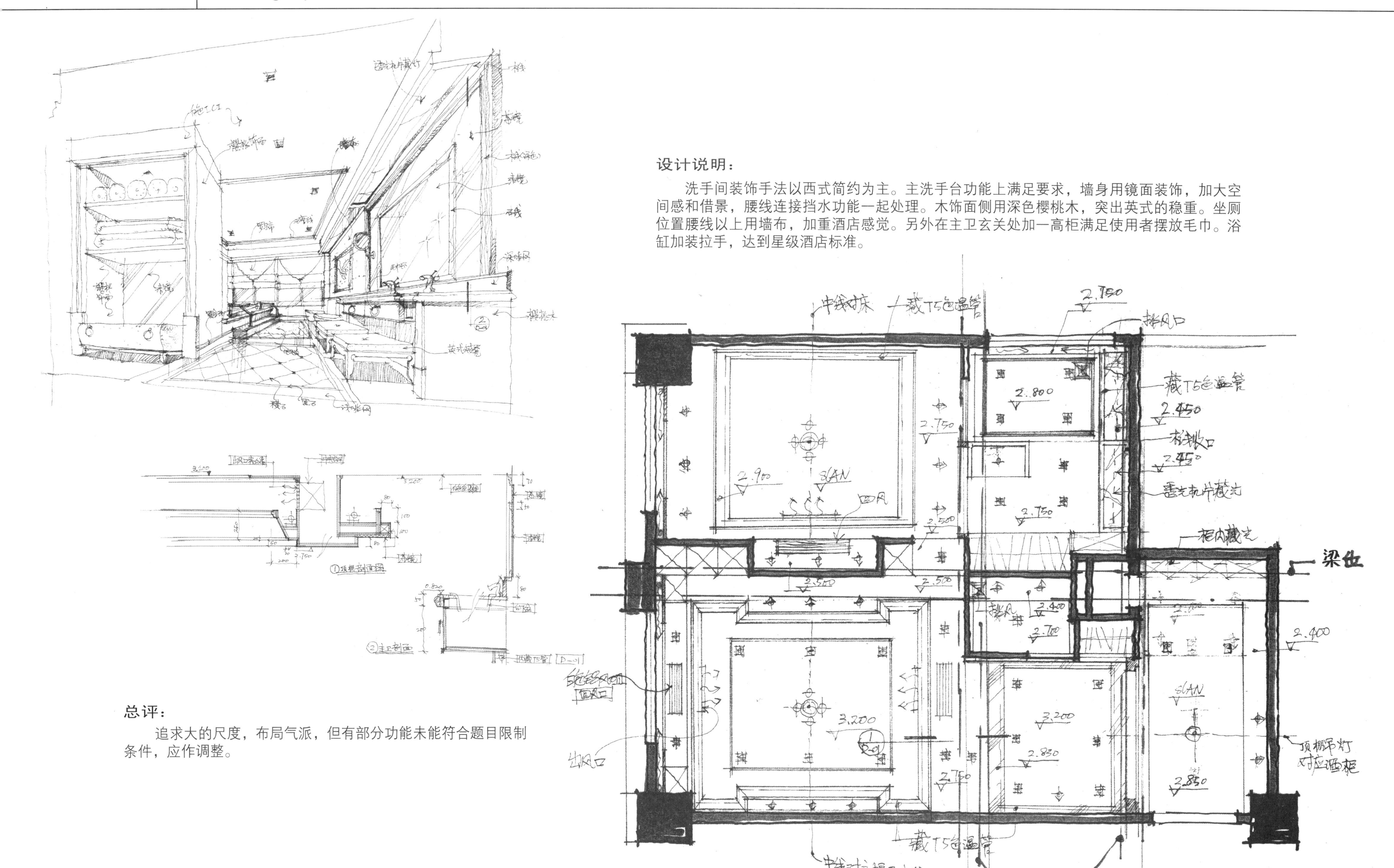

设计说明：

洗手间装饰手法以西式简约为主。主洗手台功能上满足要求，墙身用镜面装饰，加大空间感和借景，腰线连接挡水功能一起处理。木饰面侧用深色樱桃木，突出英式的稳重。坐厕位置腰线以上用墙布，加重酒店感觉。另外在主卫玄关处加一高柜满足使用者摆放毛巾。浴缸加装拉手，达到星级酒店标准。

总评：

追求大的尺度，布局气派，但有部分功能未能符合题目限制条件，应作调整。

思考方式4

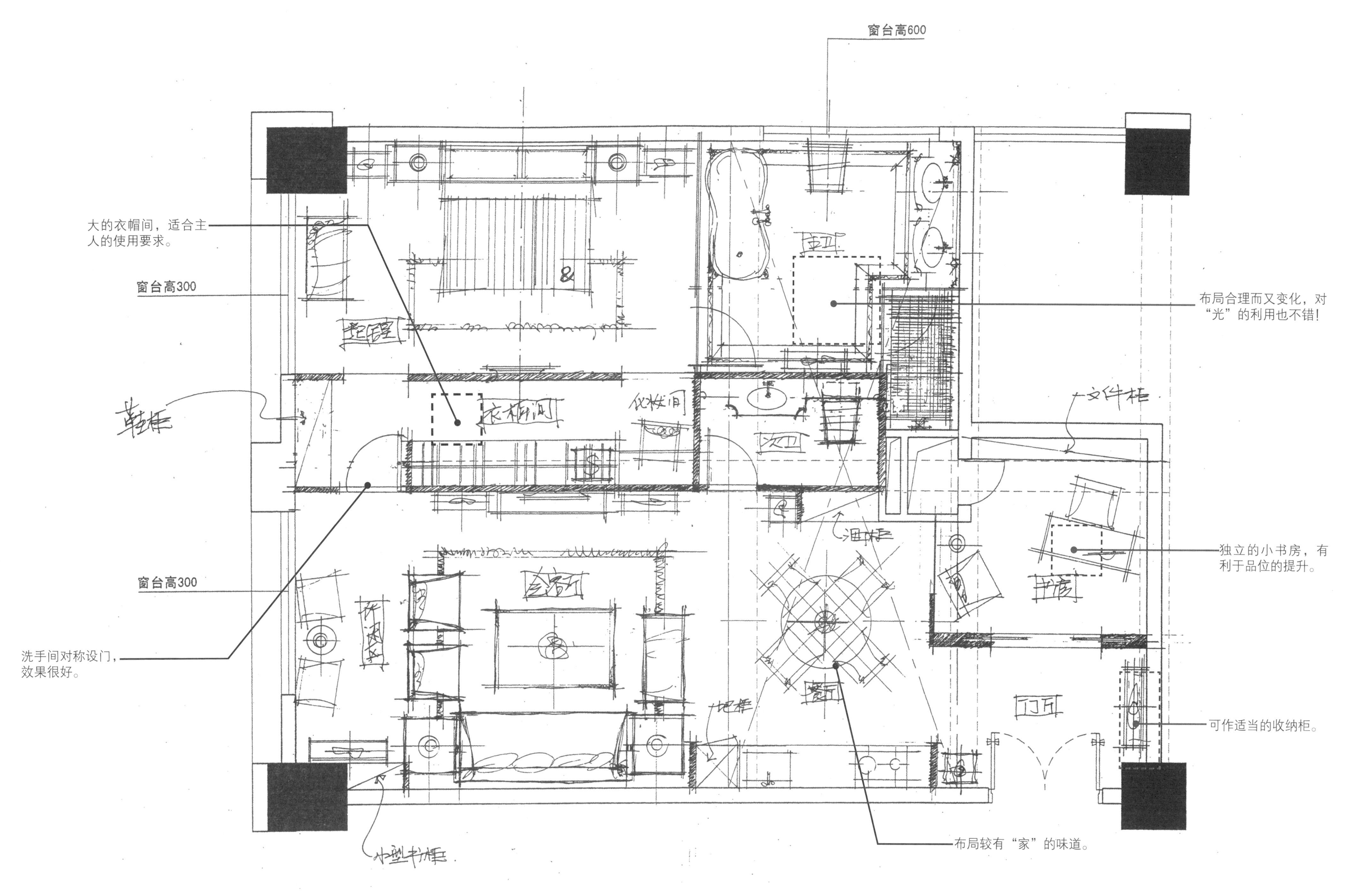
窗台高600
大的衣帽间，适合主人的使用要求。
窗台高300
布局合理而又变化，对“光”的利用也不错！
窗台高300
独立的小书房，有利于品位的提升。
洗手间对称设门，效果很好。
可作适当的收纳柜。
布局较有“家”的味道。

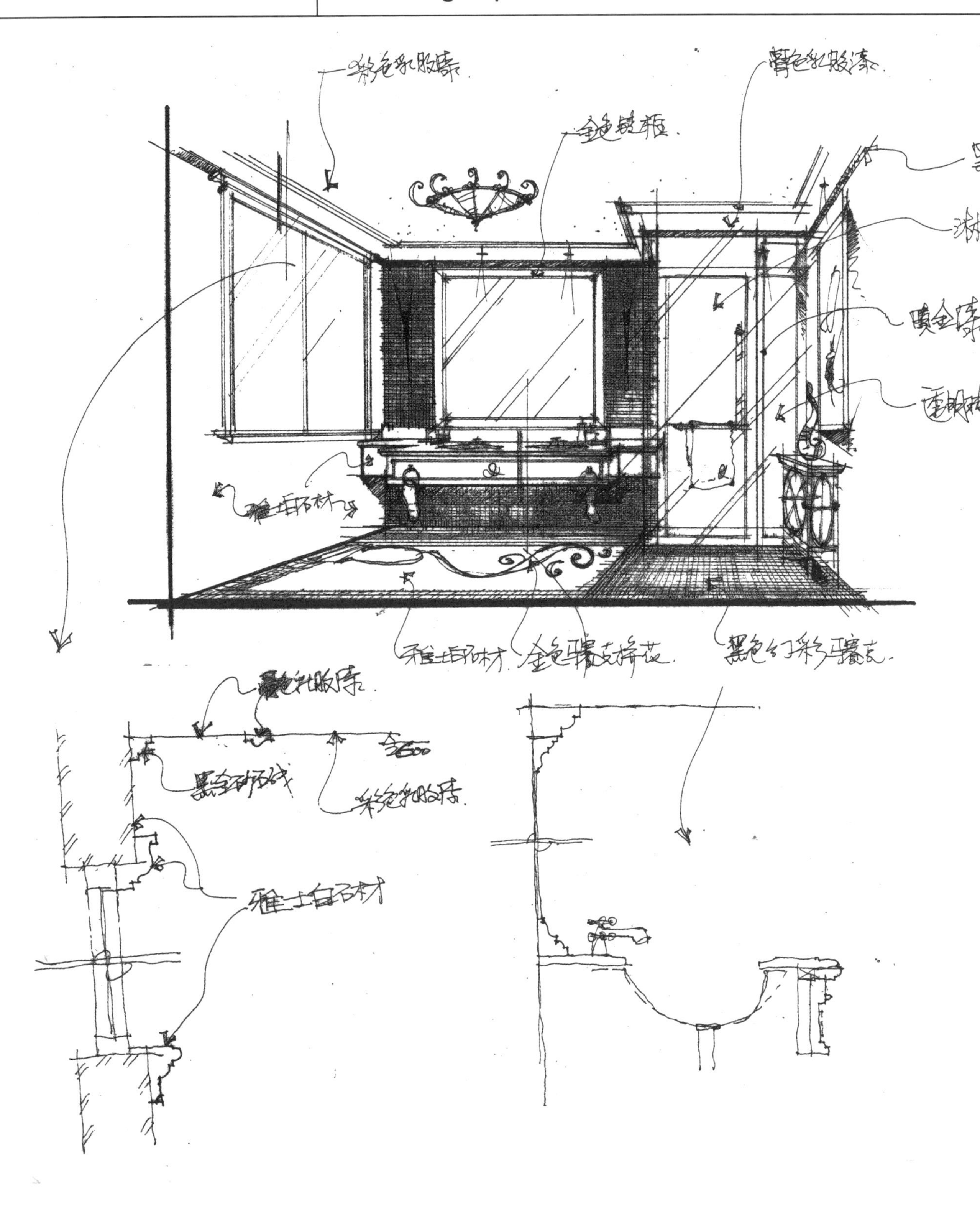

设计说明：

这是一间为驻华大使夫妇设计的居所，这对驻华大使来自一个英国的古老家族，因此在设计风格上为求华丽、高贵，多采用金色，同时用黑色与之搭配。相互对比，在局部显眼处特意设置其家族的徽标，以特出身份的特殊。

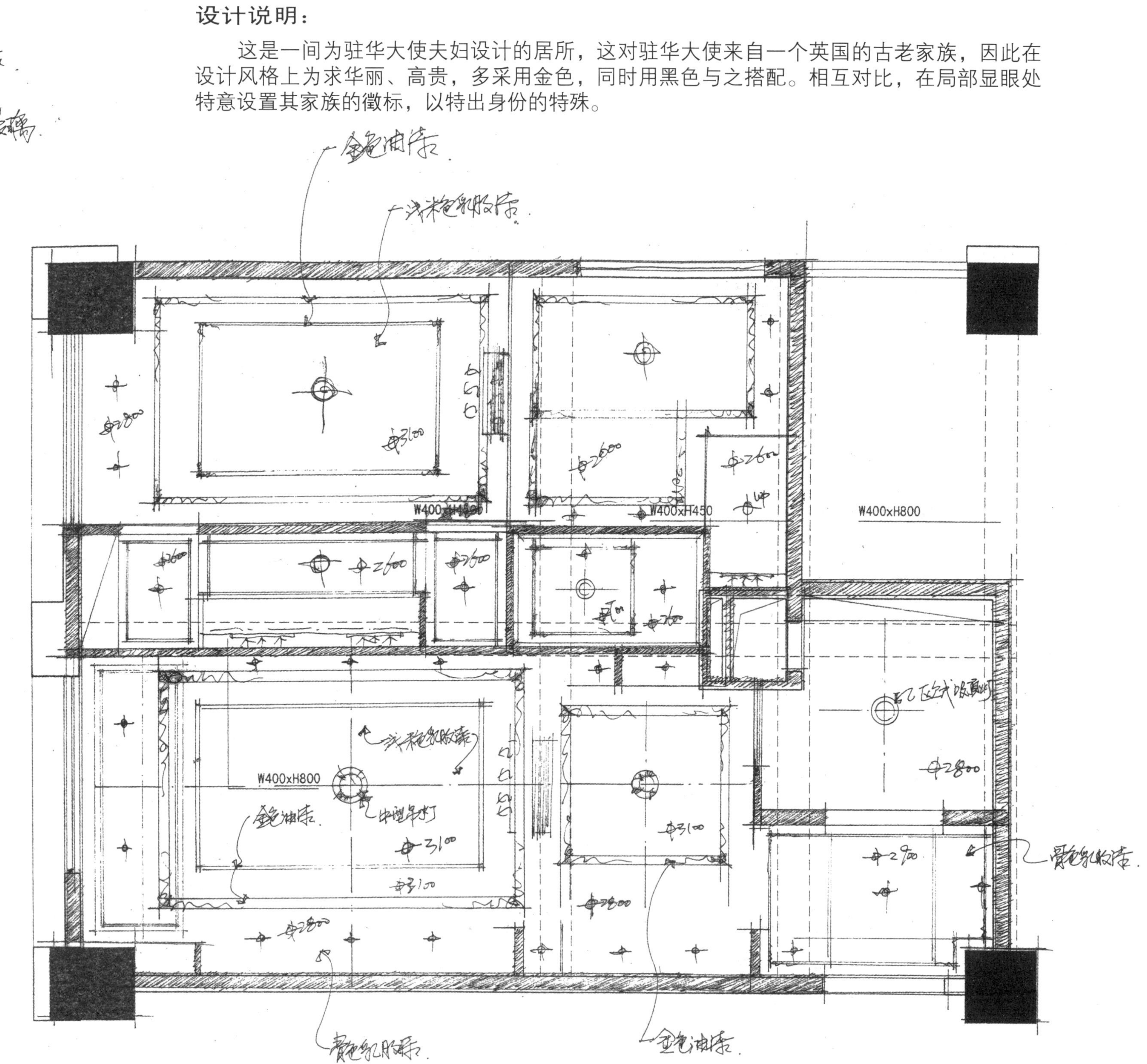

总评：

思维细腻，手法娴熟有特色。关注生活细节的需求。非常好！

思考方式5

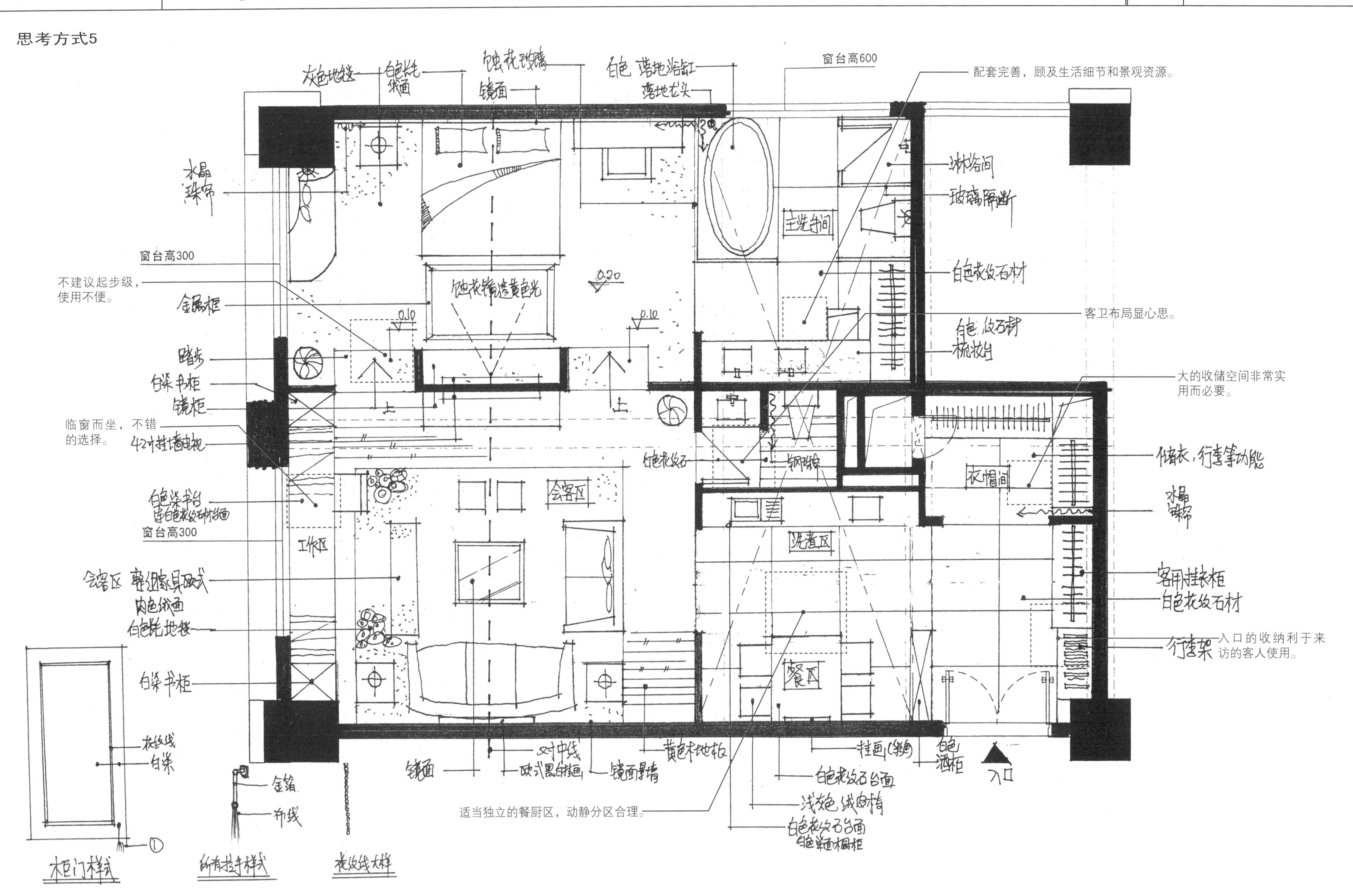
窗台高600
配套完善，顾及生活细节和景观资源。
淋浴间
玻璃隔断
主洗手间
白色花纹石材
客卫布局显心思。
窗台高300
不建议起步级，使用不便。
踏步
镜柜
临窗而坐，不错的选择。
大的收储空间非常实用而必要。
衣帽间
窗台高300
工作区
会客区
客用挂衣柜
白色花纹石材
行李架
入口的收纳利于来访的客人使用。
餐区
入口
适当独立的餐厨区，动静分区合理。
柜门样式
所有拉手样式
花纹线大样

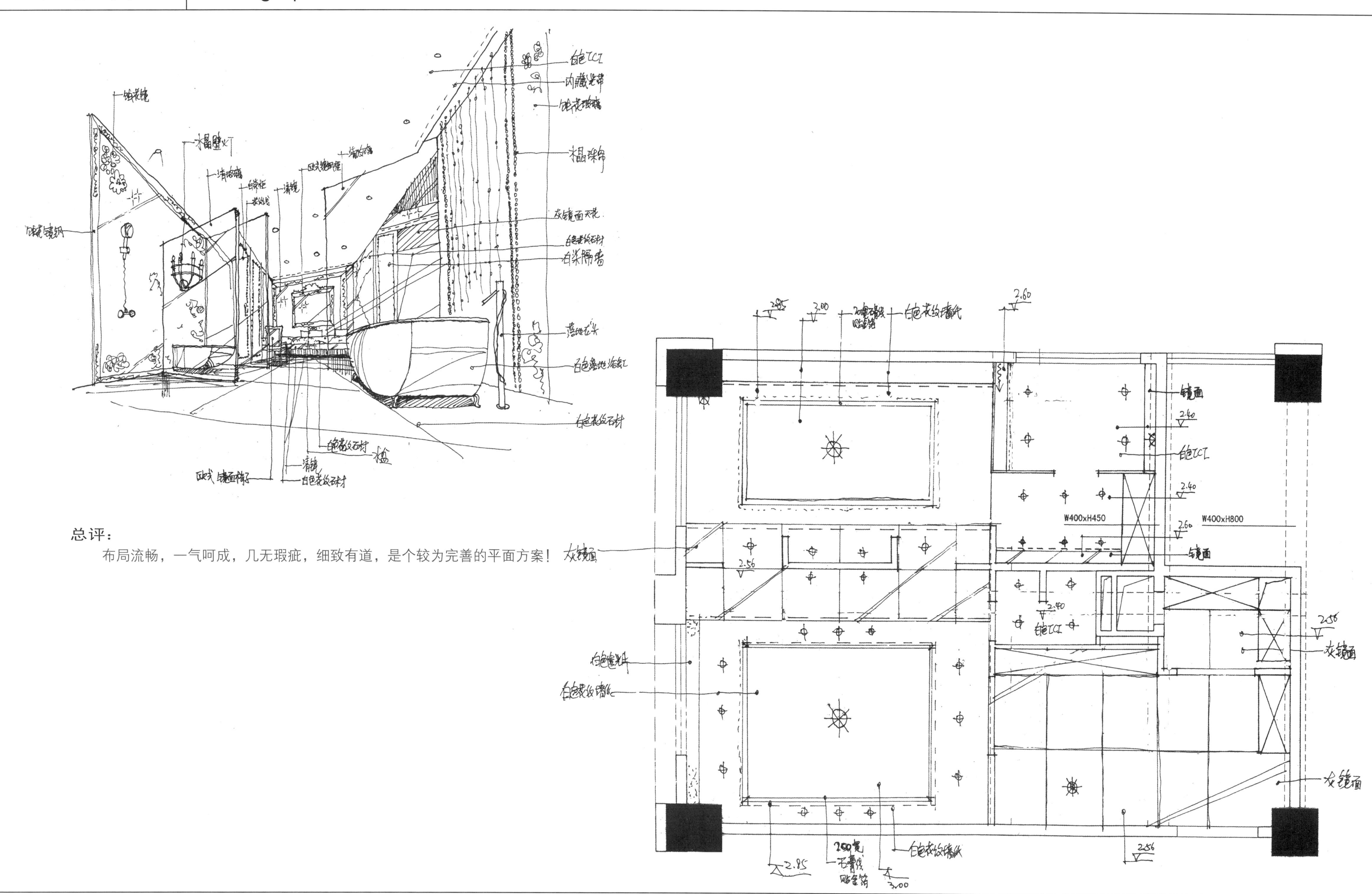

总评：

布局流畅，一气呵成，几无瑕疵，细致有道，是个较为完善的平面方案！

思考方式6

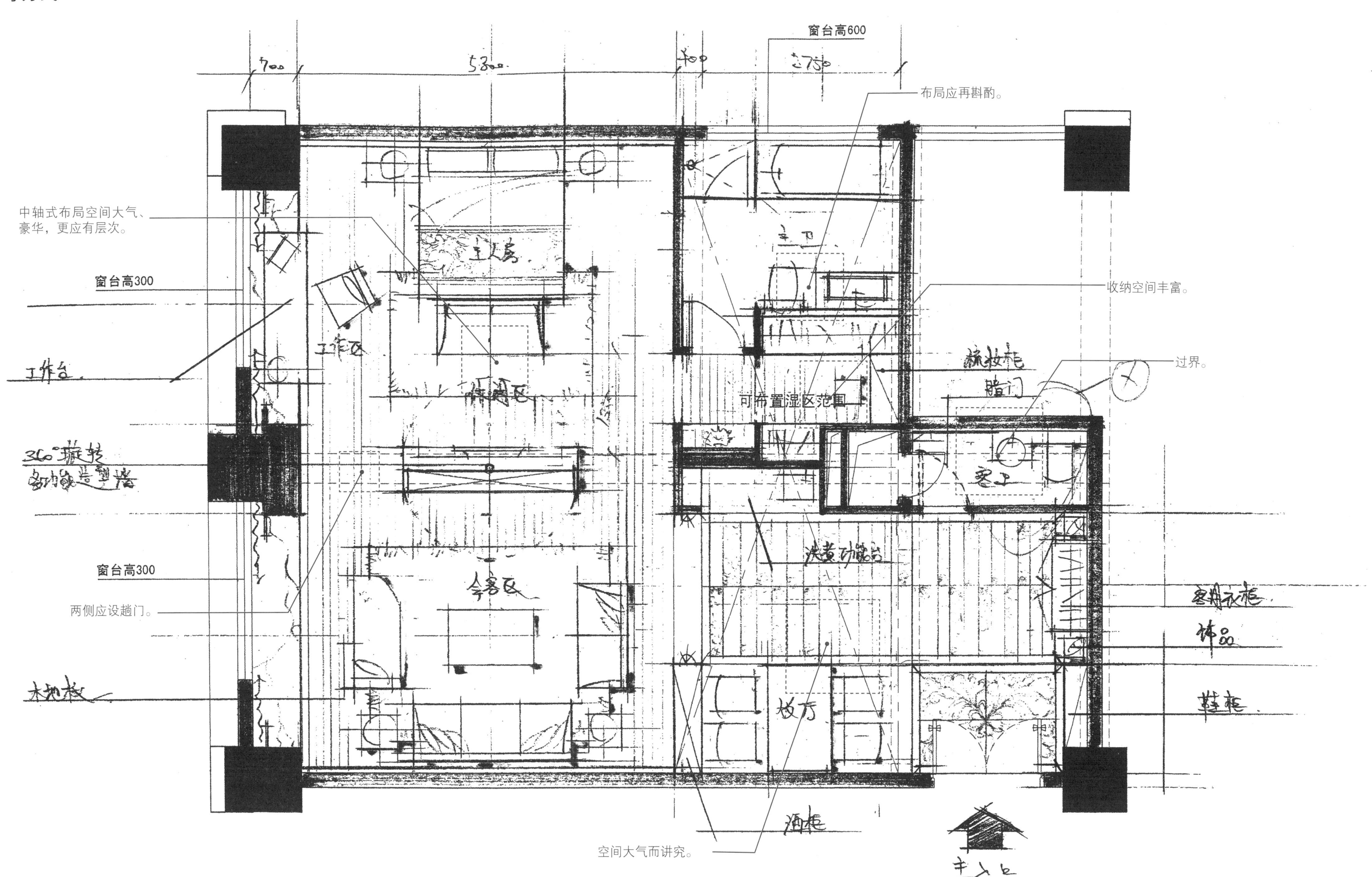
窗台高600
布局应再斟酌。
中轴式布局空间大气、
豪华，更应有层次。
窗台高300
收纳空间丰富。
过界。
可布置湿区范围
窗台高300
两侧应设趟门。
空间大气而讲究。

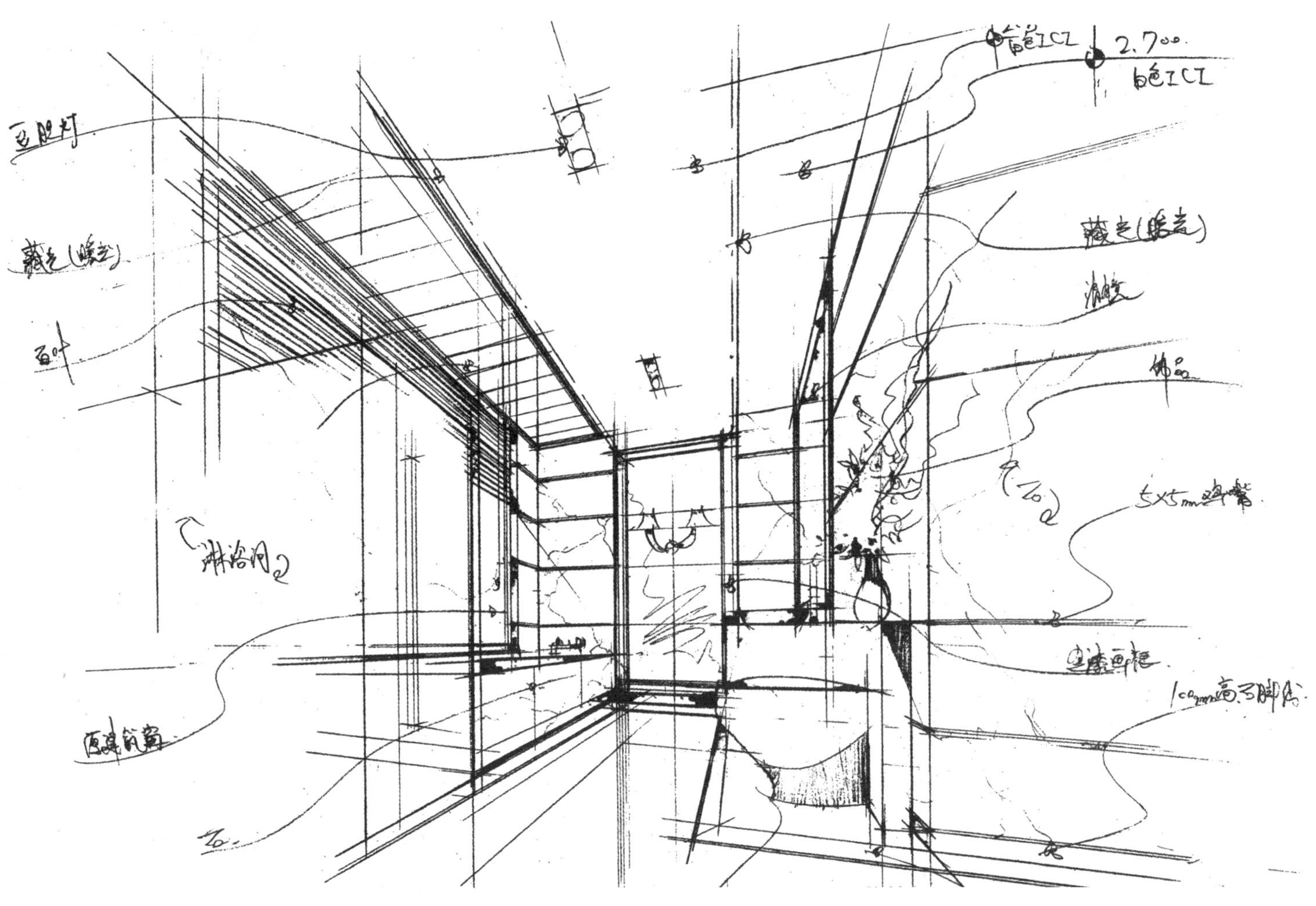

总评：

简化的思维，追求大气、豪华，思维方向非常好！同时应更推深细节的处理！

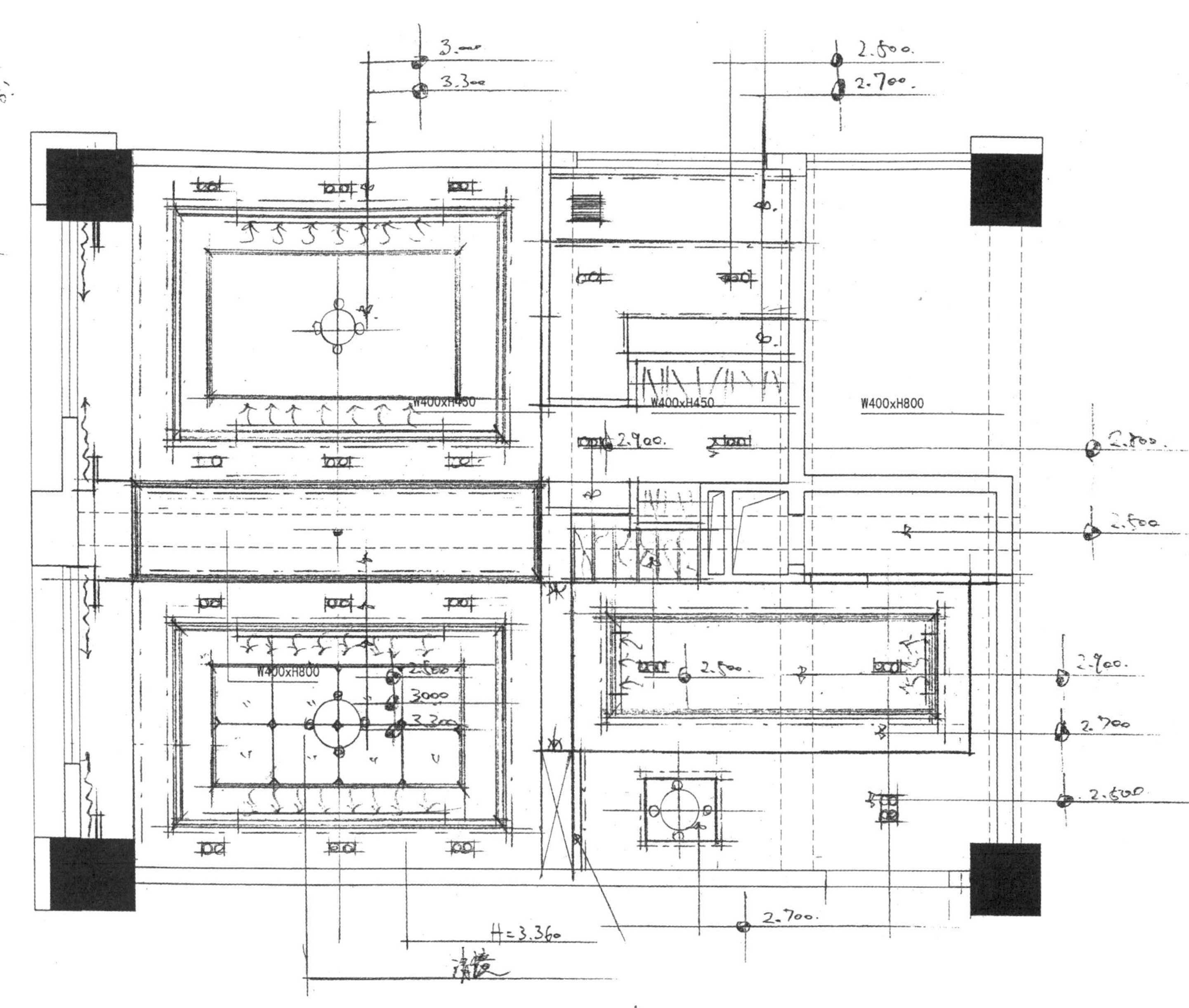

Club Space

会所空间

休闲综合空间

社区配套会所

山顶会所

休闲综合空间（测试题）

建议测试时间：8小时

试题说明

一、基本条件及要求

（1）CBD中心区的高层建筑中，连锁休闲品牌集团新开的一间综合休闲中心，本次设计的是其中的一间贵宾房，可供情侣二人使用。
（2）建筑条件如图所示，层高3.3m，梁位及尺寸见附图标注。
（3）沿用大厦的中央空调，顶棚图标注出回风口位置，要求送回风均匀、舒适，并考虑空间特色进行设计。
（4）厕所位置作位置限定，其余湿区位置不作限制，可自由发挥。
（5）入口位置可选择在靠走廊的墙的任何位置。
（6）不考虑技师物料的准备区域、收纳区域。

二、风格要求

高档定位，风格不限，要求有200字左右的设计说明。

三、功能要求

（1）入口区域：可选用单门（950mm宽）或双门（1200mm宽）的方式；考虑走廊的视线干扰，功能可考虑：
A.换鞋位置
B.挂衣、放手袋位置
（2）洗手间：
A.洗手盆
B.坐厕
C.更衣
（3）水疗区：
A.洗手盆（兼配技师的用水及过程小清洗工作）
B.淋浴间（尺寸及形式自定，有条件可考虑双人淋浴间）
C.大按摩浴缸（约1800mmX800mm）
（4）剪发区：一位，方式及位置自定，周边预留不少于800mm发型师工作空间。
（5）洗头区：选用躺式洗头方式方式：躺椅尺寸约1600mmX700mm，选用专业立式洗头盆（约600mmX600mm）。
（6）美容区：美容床800mmX2000mm一张，不少于三边离墙（包括两个长边），应考虑技师操作空间及设备摆放位置。

另：适当位置设一台电视机（约46寸），各区域不作机械划分，但应作适当分区，并考虑各功能不同的使用影响。

四、造价控制：

室内装饰造价约为3000元/㎡，不包括活动家具及机电设备部分。

五、评分标准

评分标准：本次分数由两部分组成（满分100分）：

A. 方案创意及表达能力（指图纸表达）——占总分数75%。

绘制在提供的图纸上（共3张A3图纸），可用徒手的形式表达（亦可用规尺），建议平面布置图部分上色。

设计提交的图纸内容、要求及比例如下：

序号	图纸内容	规格及比例	占该部分比例	备注
1	平面布置图（比例准确，要有详细的陈设和功能说明），建议局部上色，另附200字左右的设计说明	1:50	45%	该部分满分75分
2	天花布置图（标注顶棚高度，空调出回风口位置，灯具及类型，简单说明）	1:50	25%	
3	透视图角度自选（应尽量表达设计空间，并标注主材及主要做法）	(1张)	30%	

B. 方案推销能力（指口述表达）——占总分数25%。

序号	表达方面	占该部分比例	备注
1	语言表达能力	40%	
2	推销条例能力	40%	
3	应变能力	20%	

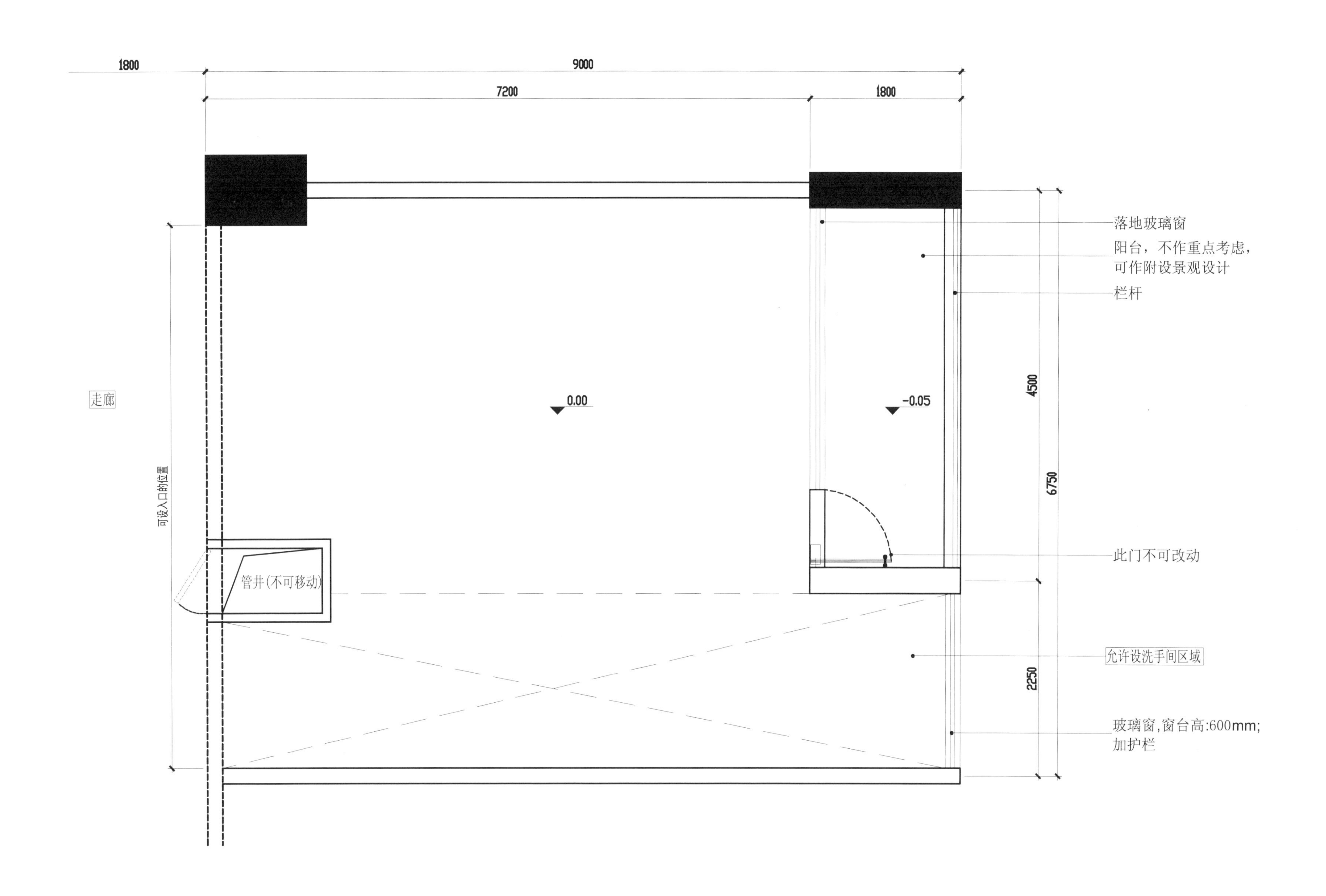
1800
9000
7200
1800
落地玻璃窗
阳台，不作重点考虑，
可作附设景观设计
栏杆
走廊
0.00
-0.05
4500
6750
可设入口的位置
管井(不可移动)
此门不可改动
允许设洗手间区域
2250
玻璃窗,窗台高:600mm;
加护栏

平面布置图

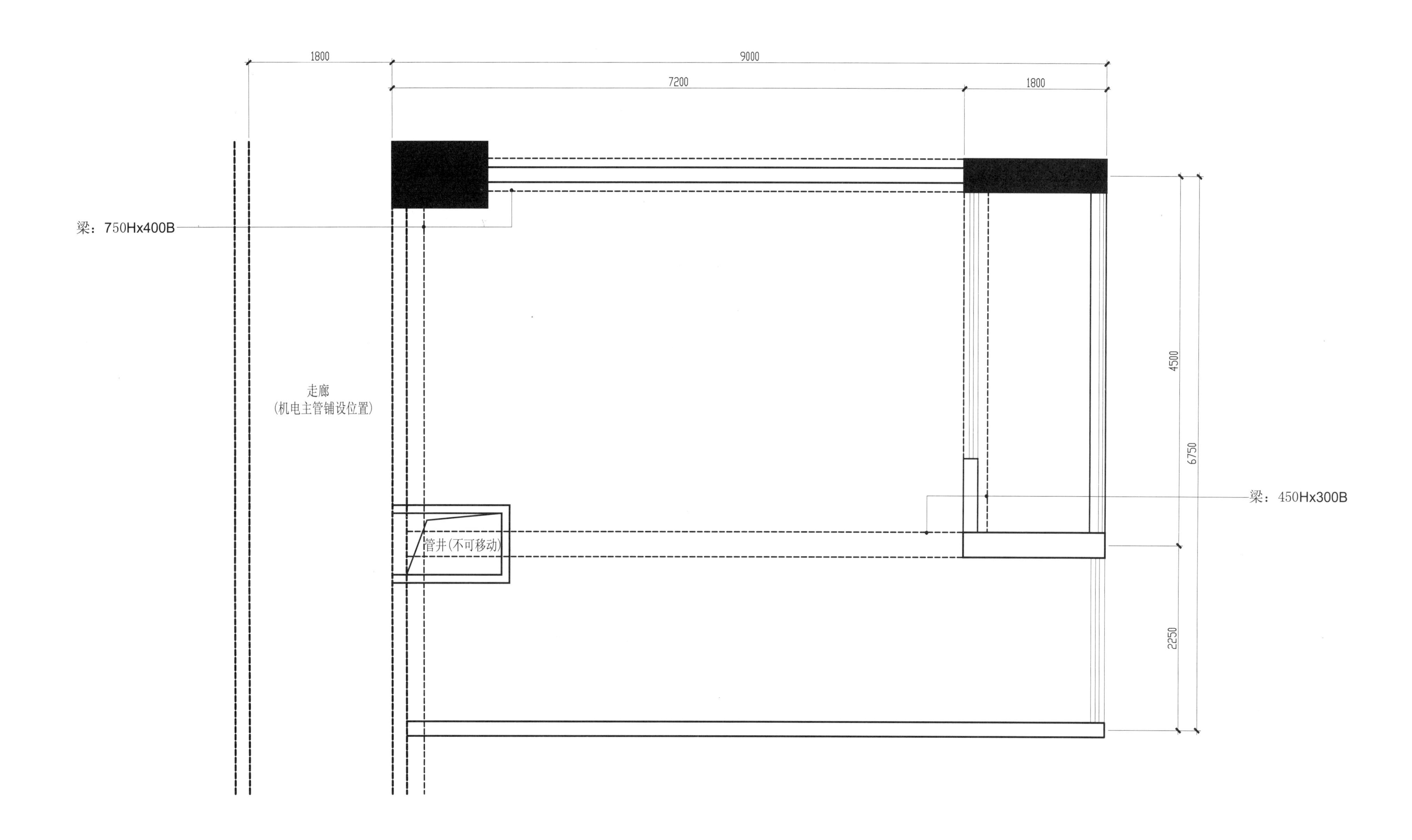
1800
9000
7200
1800
梁：750Hx400B
走廊
(机电主管铺设位置)
4500
6750
梁：450Hx300B
管井(不可移动)
2250

顶棚布置图

思考方式1

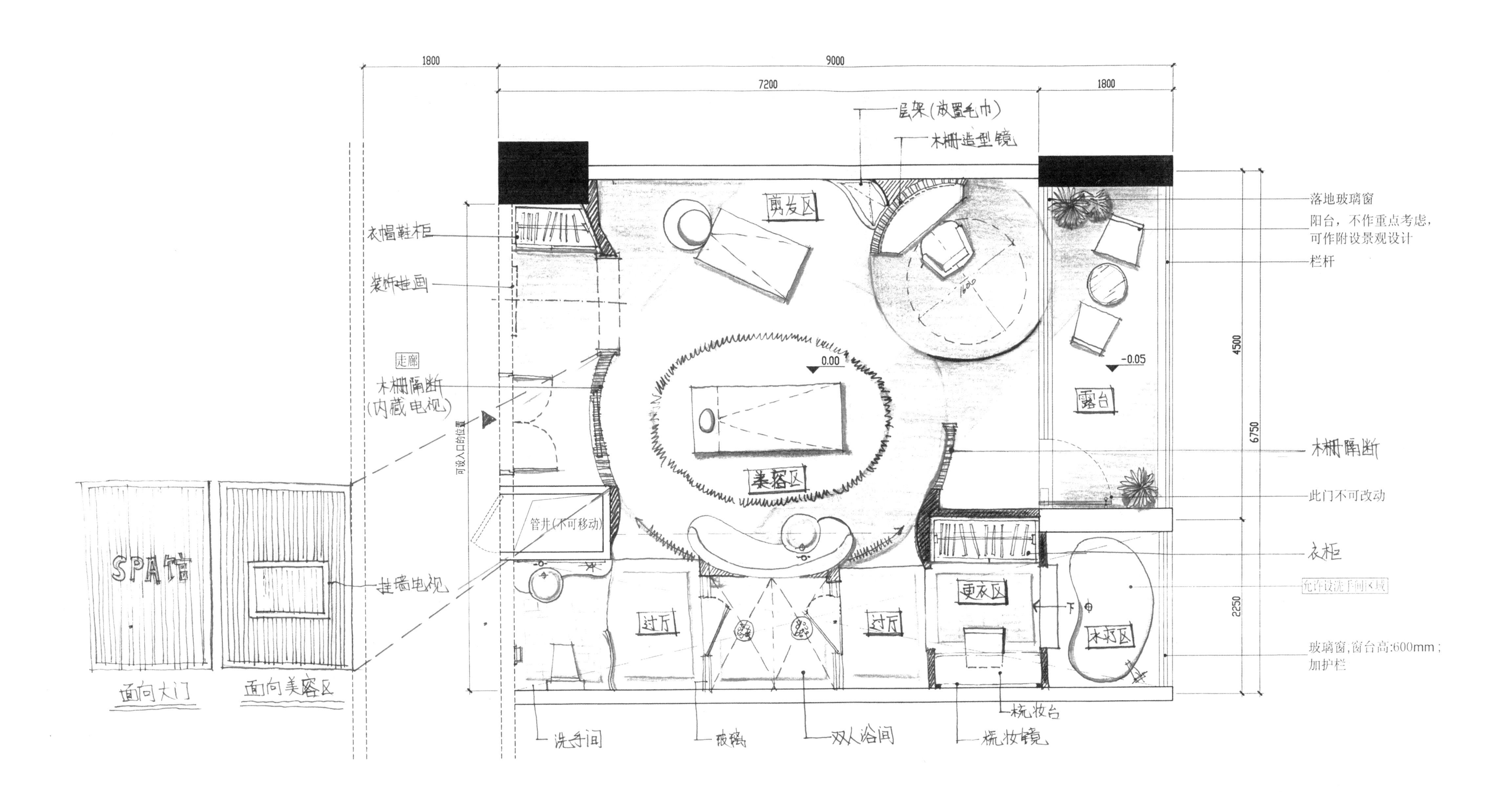
1800
9000
7200
1800
层架(放置毛巾)
木栅造型镜
衣帽鞋柜
装饰挂画
走廊
木栅隔断
(内藏电视)
可设入口的位置
剪发区
落地玻璃窗
阳台，不作重点考虑，
可作附设景观设计
栏杆
0.00
-0.05
露台
4500
6750
木栅隔断
美容区
此门不可改动
管井(不可移动)
衣柜
允许设洗手间区域
更衣区
淋浴区
过厅
过厅
2250
玻璃窗,窗台高:600mm；
加护栏
SPA馆
面向大门
面向美容区
挂墙电视
洗手间
玻璃
双人浴间
梳妆台
梳妆镜

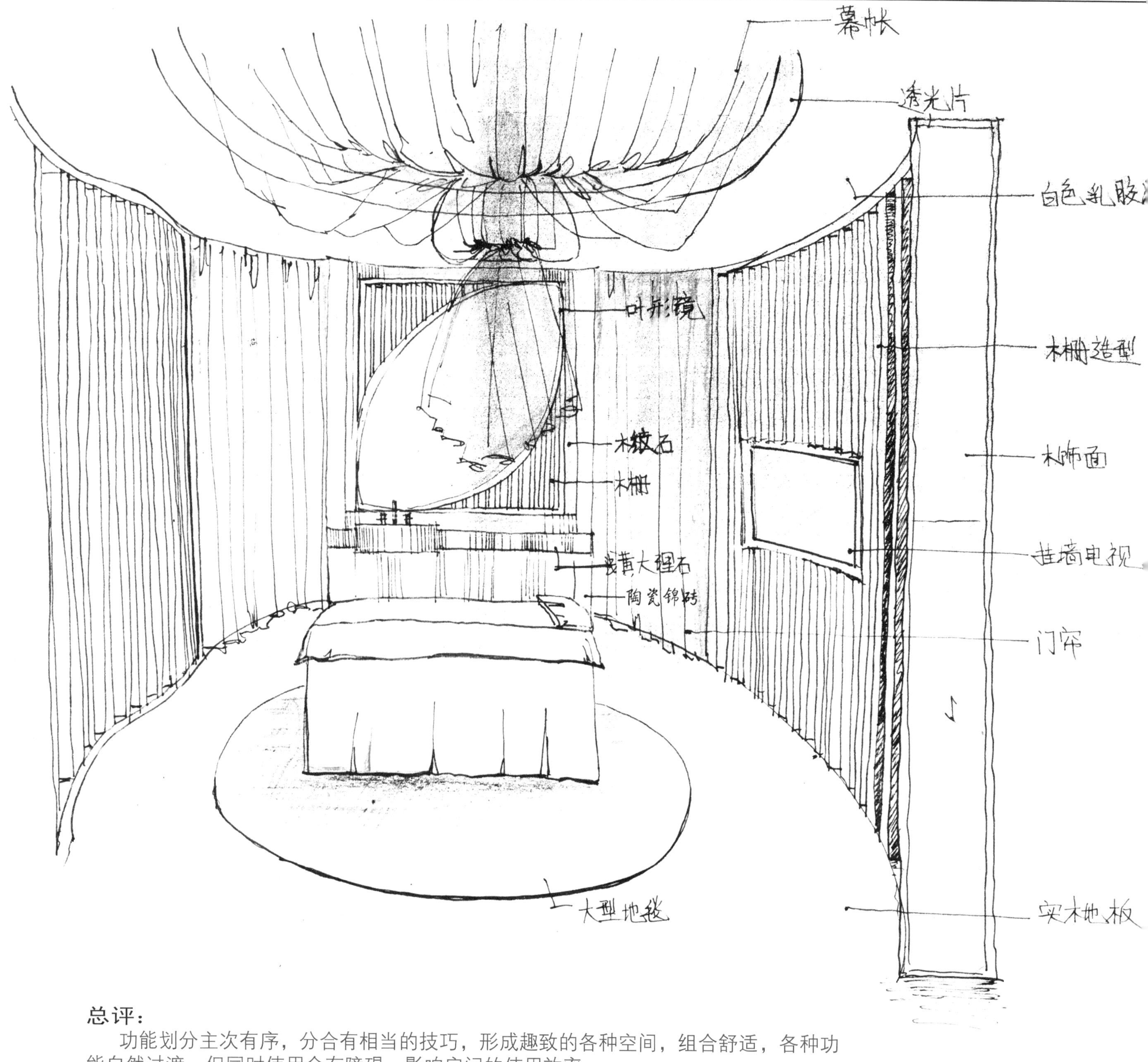

设计说明：

本次设计是为了一家品牌连锁集团而打造的高尚综合中心，所以在设计上，运用了亲近大自然的木材与少量石材，而在空间营造上，没有刻意地把美容区和剪发区严格区分，而用了通透的木栅把两个空间来了个阻隔，让整个空间更加通透与开放。另外用幕帐吊顶，来打造美容区的私密性，是本案一大特色。本案以人为主，着重亲近自然，但有不失其尊贵。

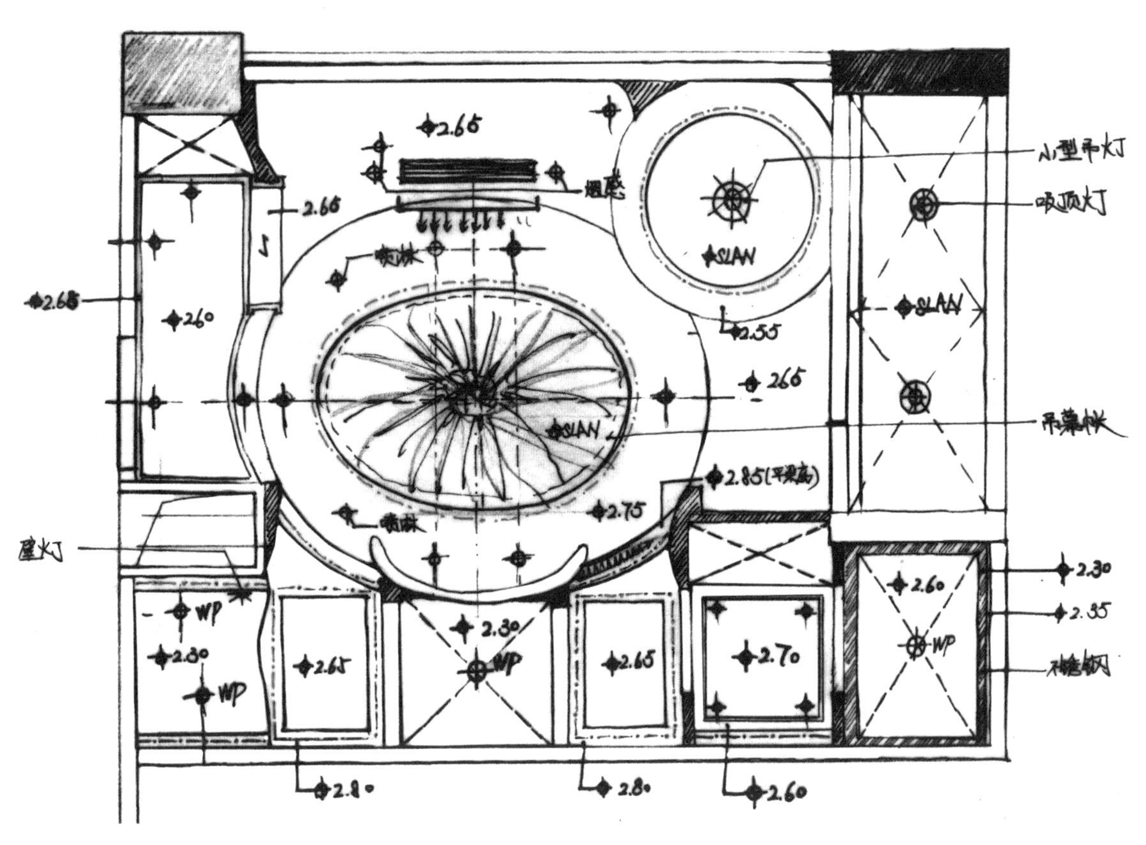

总评：

功能划分主次有序，分合有相当的技巧，形成趣致的各种空间，组合舒适，各种功能自然过渡，但同时使用会有障碍，影响房间的使用效率。

思考方式2

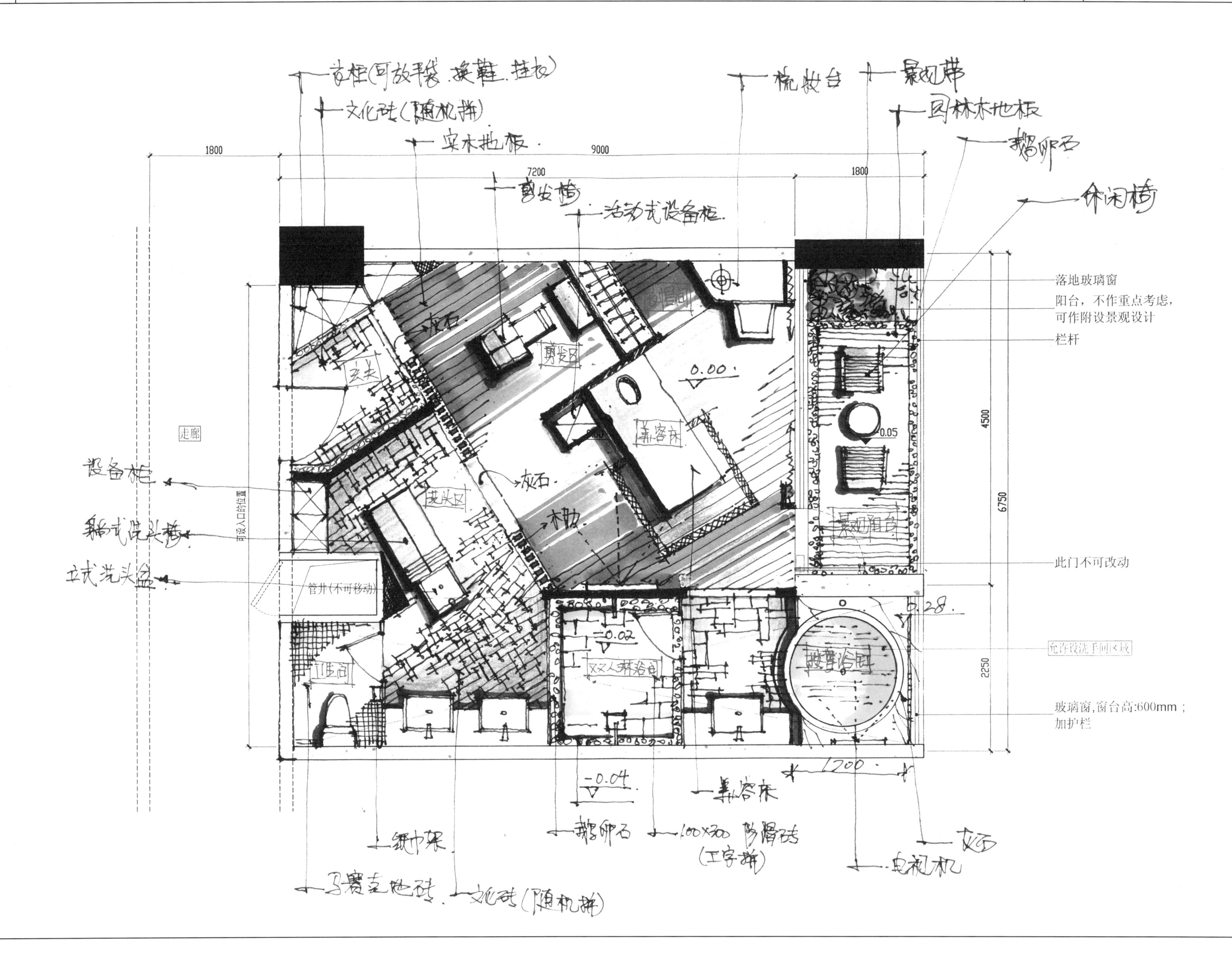
落地玻璃窗
阳台，不作重点考虑，
可作附设景观设计
栏杆
此门不可改动
允许设洗手间区域
玻璃窗，窗台高:600mm；
加护栏
管井(不可移动)
走廊
可设入口的位置
1800
9000
7200
1800
4500
6750
2250

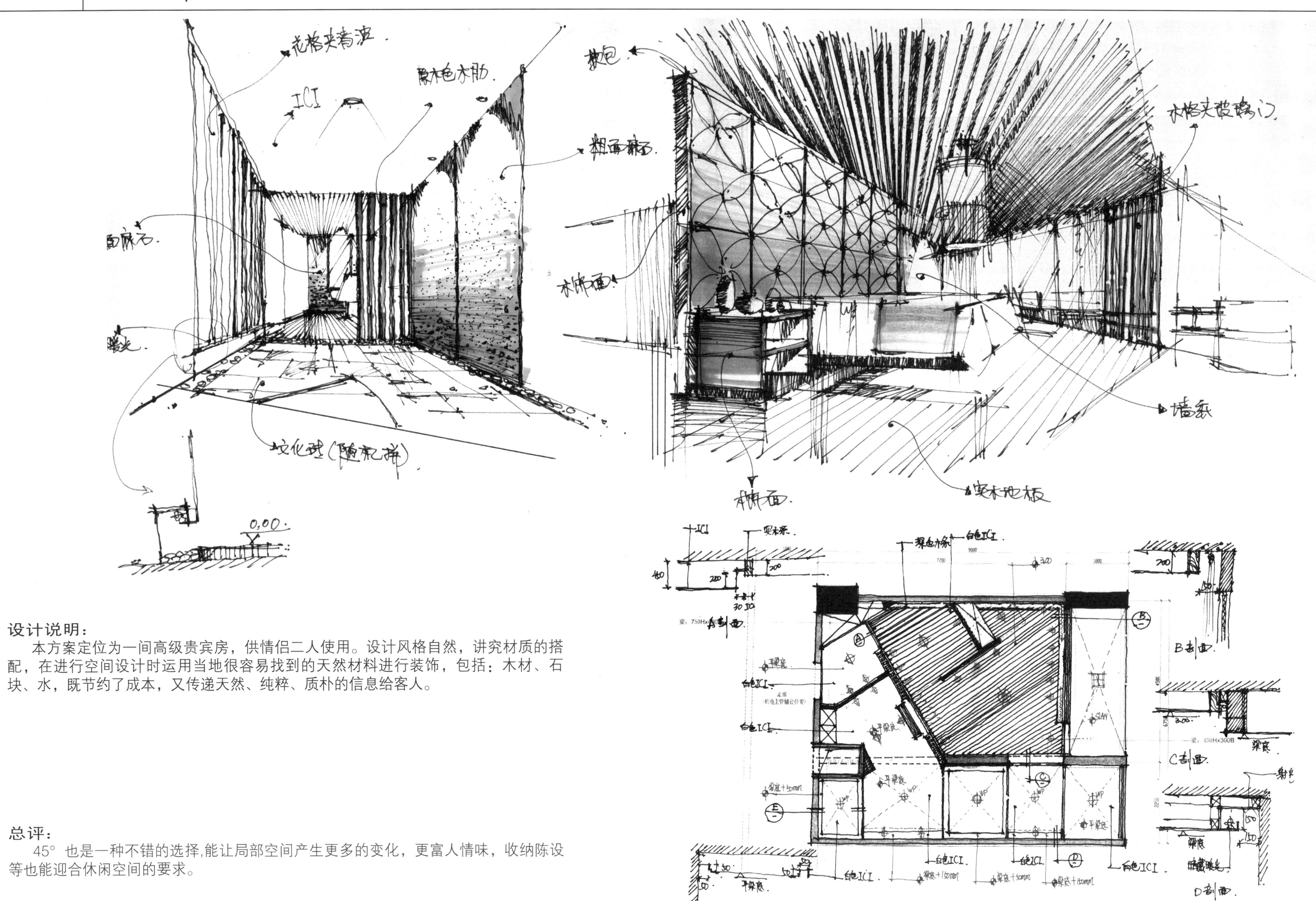

设计说明：

本方案定位为一间高级贵宾房，供情侣二人使用。设计风格自然，讲究材质的搭配，在进行空间设计时运用当地很容易找到的天然材料进行装饰，包括：木材、石块、水，既节约了成本，又传递天然、纯粹、质朴的信息给客人。

总评：

45° 也是一种不错的选择,能让局部空间产生更多的变化，更富人情味，收纳陈设等也能迎合休闲空间的要求。

思考方式3

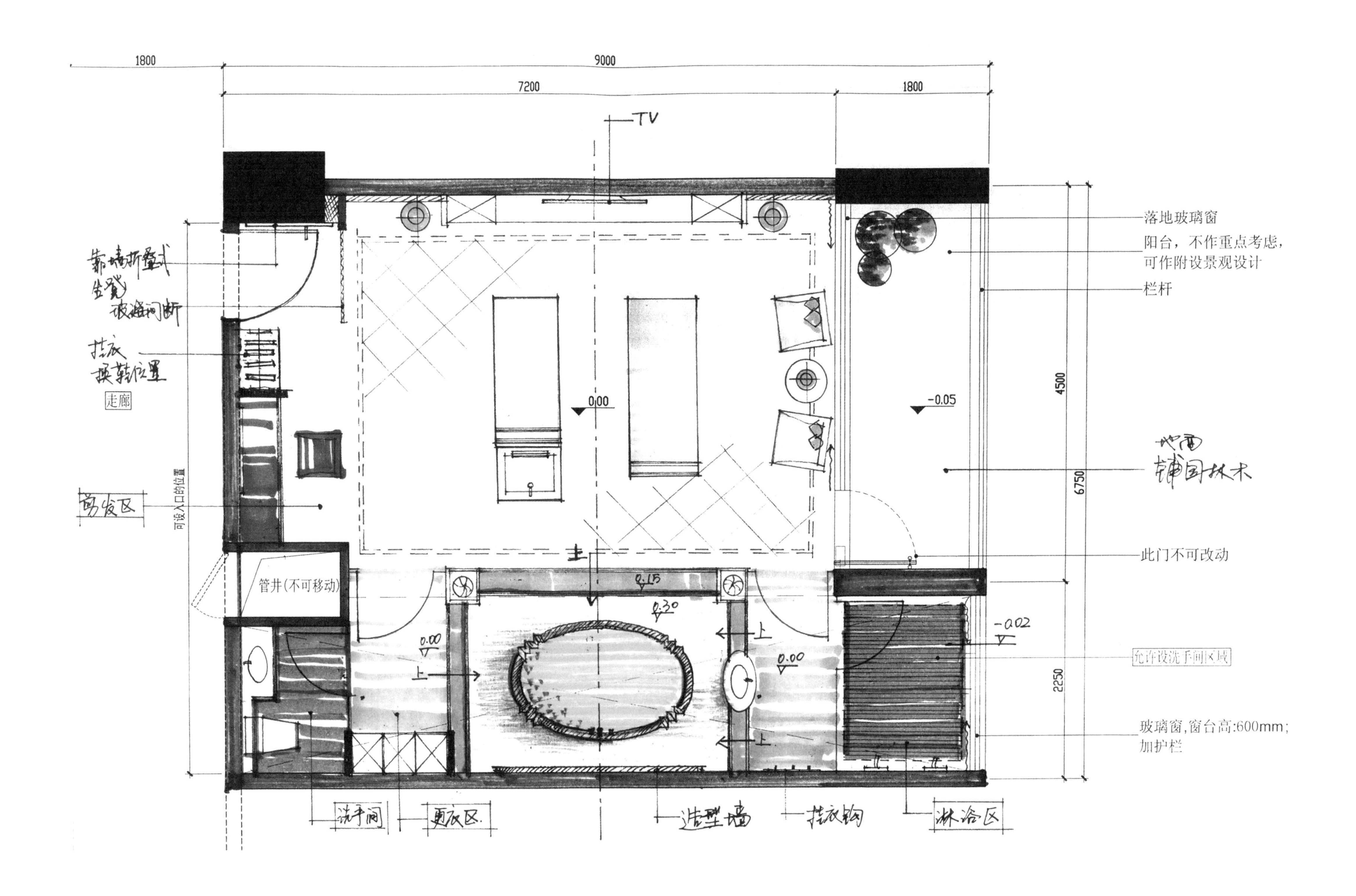
1800
9000
7200
1800
TV
落地玻璃窗
阳台，不作重点考虑，
可作附设景观设计
栏杆
4500
6750
-0.05
0.00
走廊
可设入口的位置
管井(不可移动)
此门不可改动
-0.02
允许设洗手间区域
2250
玻璃窗,窗台高:600mm;
加护栏
0.00
0.00
洗手间
更衣区
造型墙
挂衣钩
淋浴区

设计说明：

本案风格定位为东南亚风格，平面布置上追求休闲、舒适的同时，也更加注重空间的采光性和路线流畅性。

在材质运用上，采用了柚木、米黄石材、仿古砖、马赛克等天然材料，利用材质本身的朴素性来打造东南亚风格的经典元素。通过各元素的相互搭配，营造一种清新、休闲、舒适的室内环境。

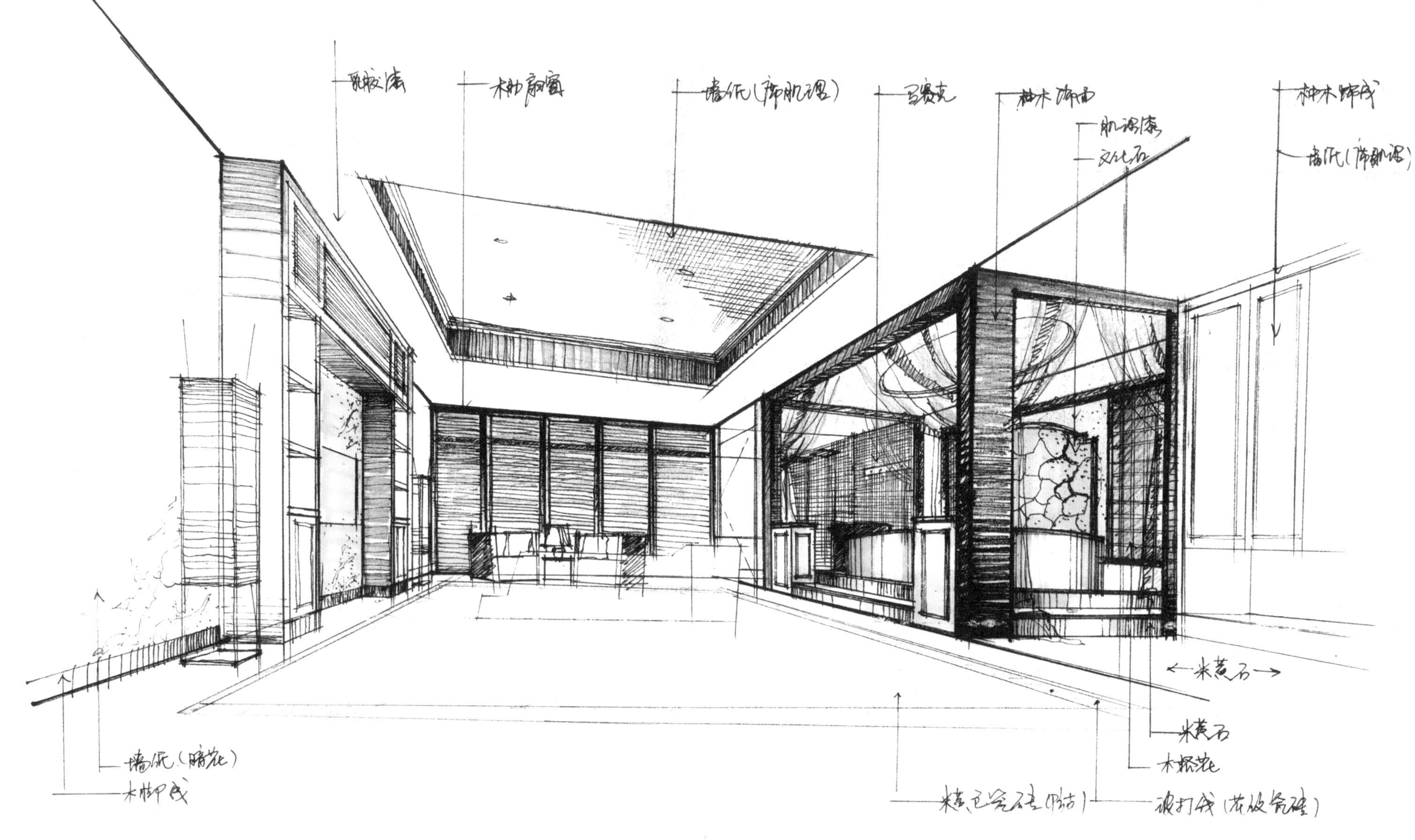

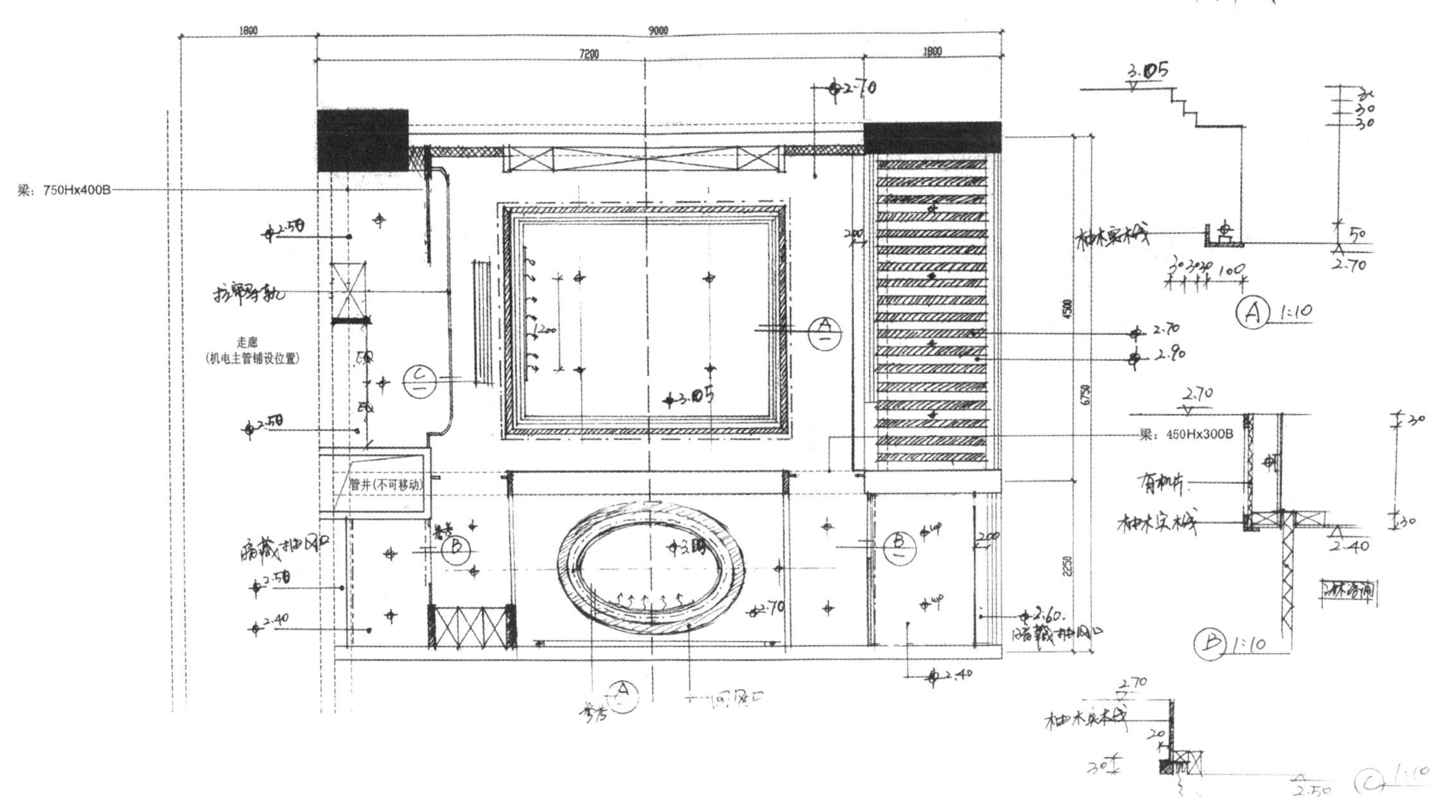

总评：

平面上的节奏把握具有一定的自我特色，大空间有气派，对称的双人按摩池成为主角，简单的厕、浴，左右分布实用而合理，尺度也相当宜人，空间设计因平面而加以提升，典雅尽显。

思考方式4

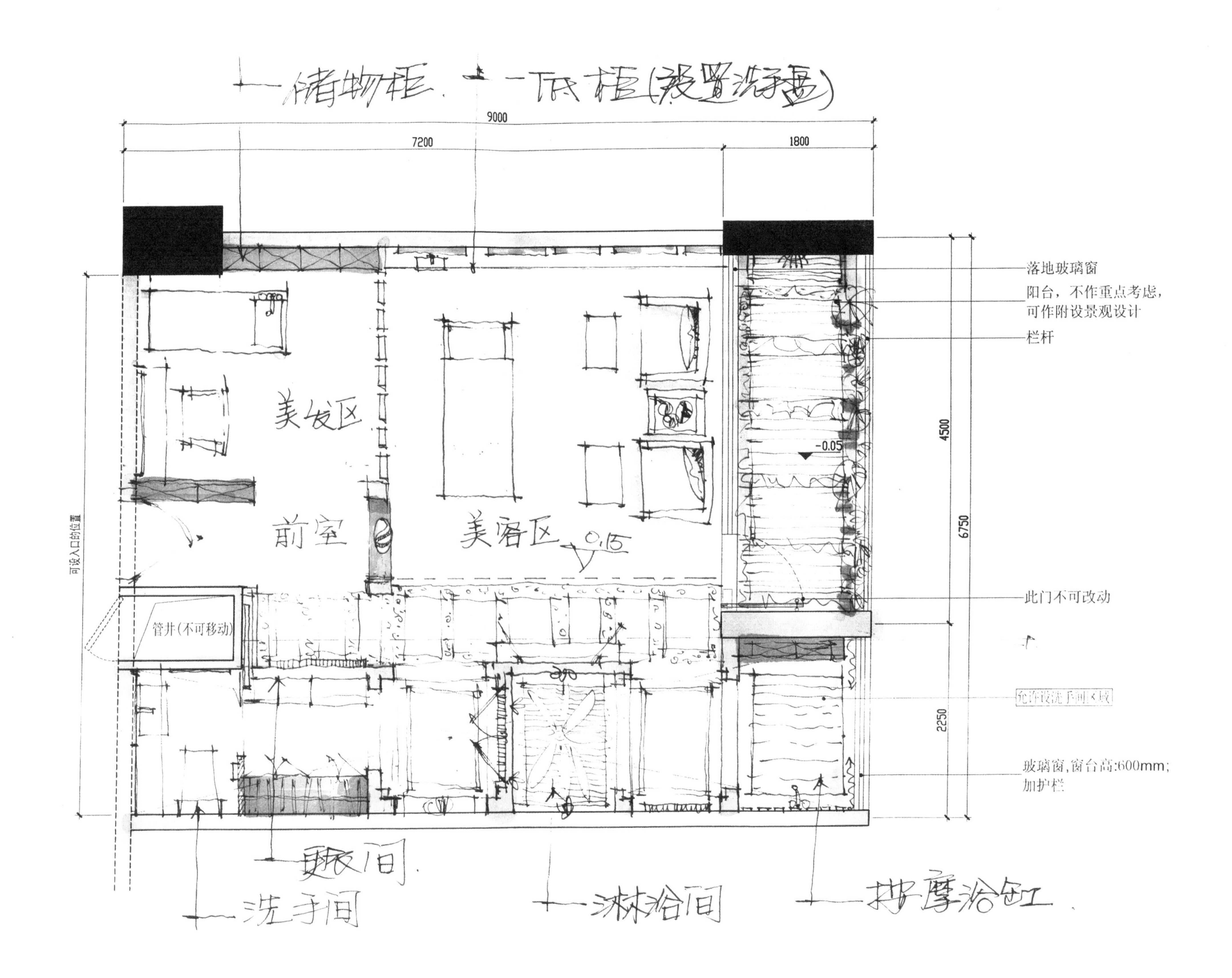
储物柜
9000
7200
1800
落地玻璃窗
阳台，不作重点考虑，可作附设景观设计
栏杆
美发区
美容区
前室
-0.05
4500
6750
此门不可改动
管井(不可移动)
2250
玻璃窗,窗台高:600mm;加护栏
更衣间
洗手间
淋浴间
按摩浴缸

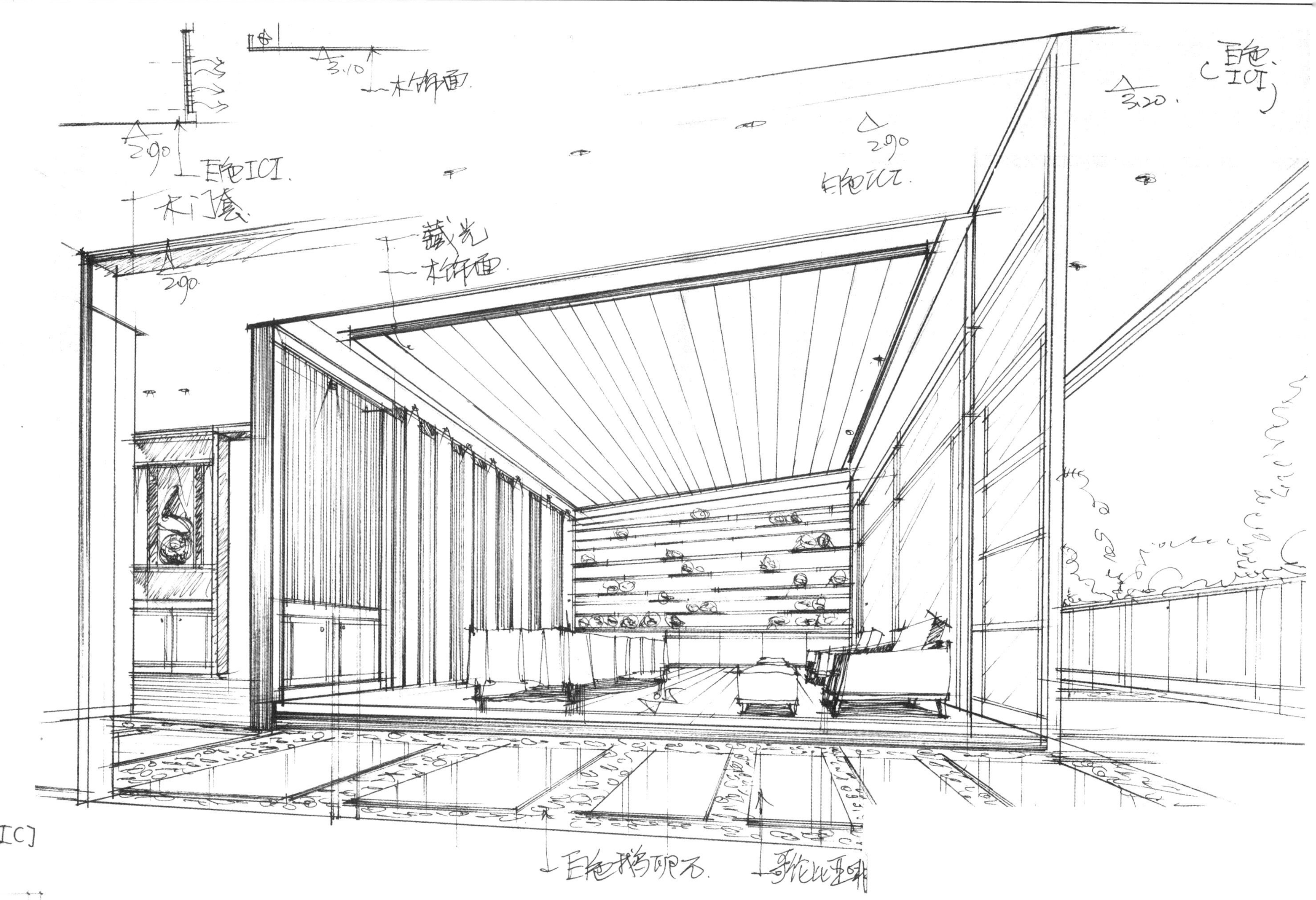

设计说明：

本方案位于CBD中心区高层建筑中，面对消费人群主要为情侣或夫妇为主。该方案设置美发区、更衣间、淋浴间、美容区、泡浴区。美发区运用木肋造型将其与美容区空间分隔，透过过道，可以进入更衣间、洗手间，进而客人可以往右进入淋浴间洗浴，靠窗边的是一个按摩浴缸，窗外风景饱览眼中。进入美容区，设置800mmX2000mm美容床一张及两张休闲沙发，供沐足，美甲等功能，其主幅墙身设有流线型层板来放香薰灯，既满足要求功能，又营造温馨的气氛，使人得到心情的放松。主要材料为白色鹅卵石、木饰面、木地板、木纹石、粗面米黄石等。

总评：

分区合理，有相当不错的流线安排，湿区双向进出更为方便和实用，亦不失乐趣，整体收放自如，非常棒！

思考方式5

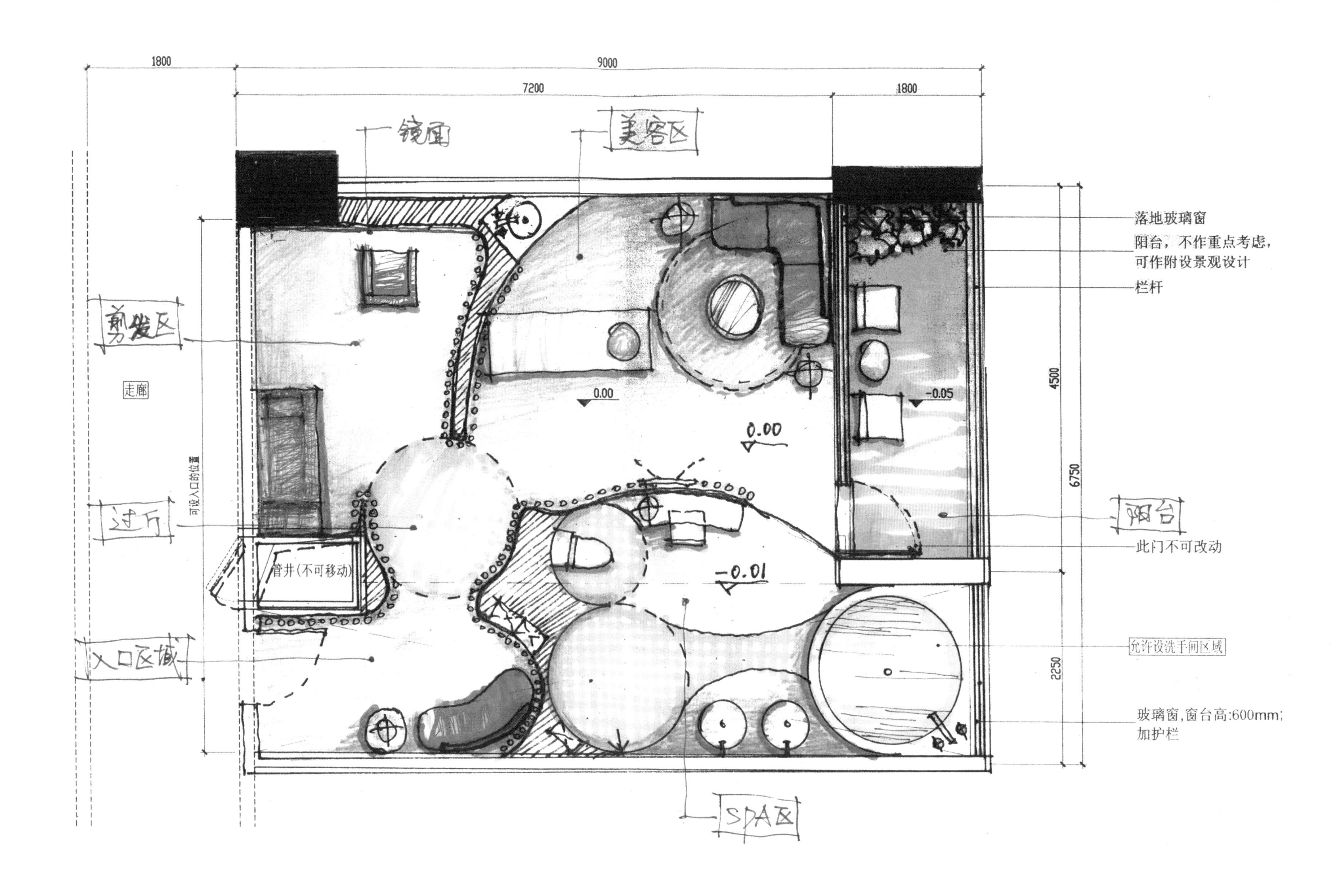
1800
9000
7200
1800
镜面
美容区
落地玻璃窗
阳台，不作重点考虑，
可作附设景观设计
栏杆
剪发区
走廊
0.00
-0.05
4500
0.00
6750
可设入口的位置
过厅
阳台
此门不可改动
管井(不可移动)
-0.01
允许设洗手间区域
入口区域
2250
玻璃窗,窗台高:600mm;
加护栏
SPA区

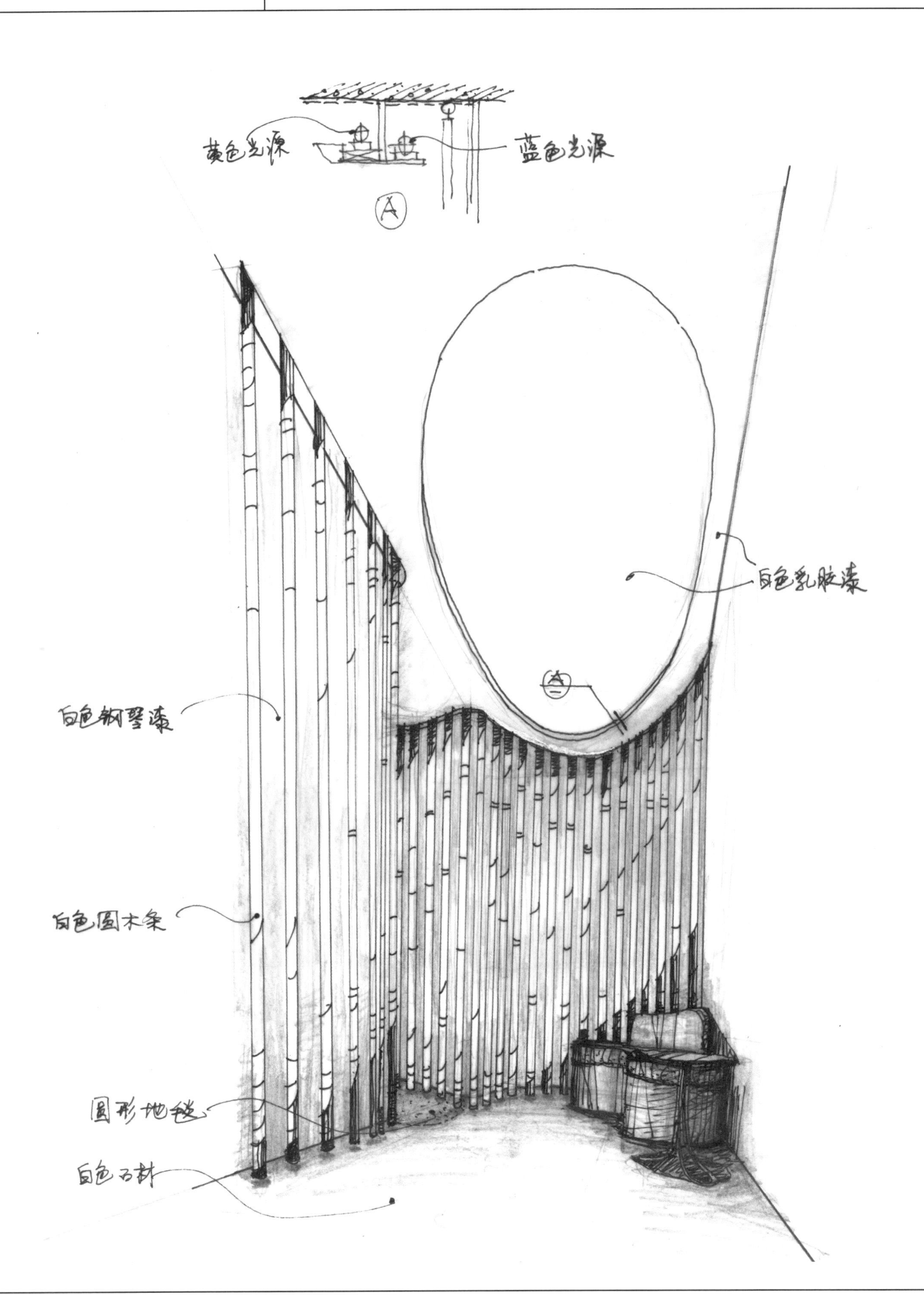

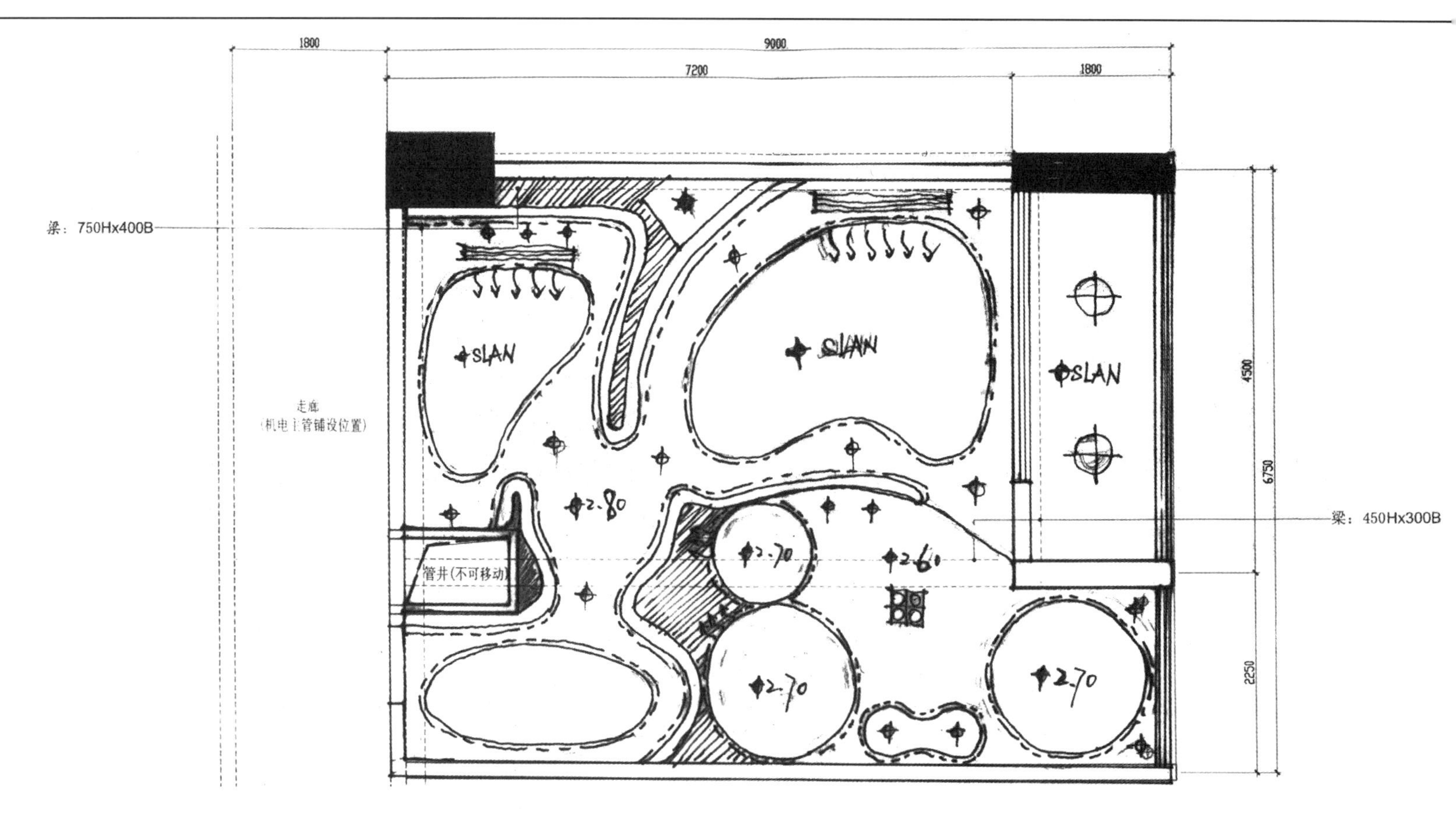

设计说明：

本贵宾SPA室在形态和功能设计上采用了动态理念，自然流畅的流线，让客人在各空间行走时，更加能体验到SPA功能空间的休闲和舒适。动态的流线结合静态的白色调，让整体气氛得到动与静的平衡，圆形及不规则曲线面的形态，让空间更具趣味性。简单的材料运用，让整体气氛更自然优雅。

总评：

流线的设计也是一种不错的形式与手法，能很好地解决各种功能分区的连接和分区，也能很好地运用材料。丰富的变化形成休闲，舒适的效果，细节还是相当精彩的！

思考方式6

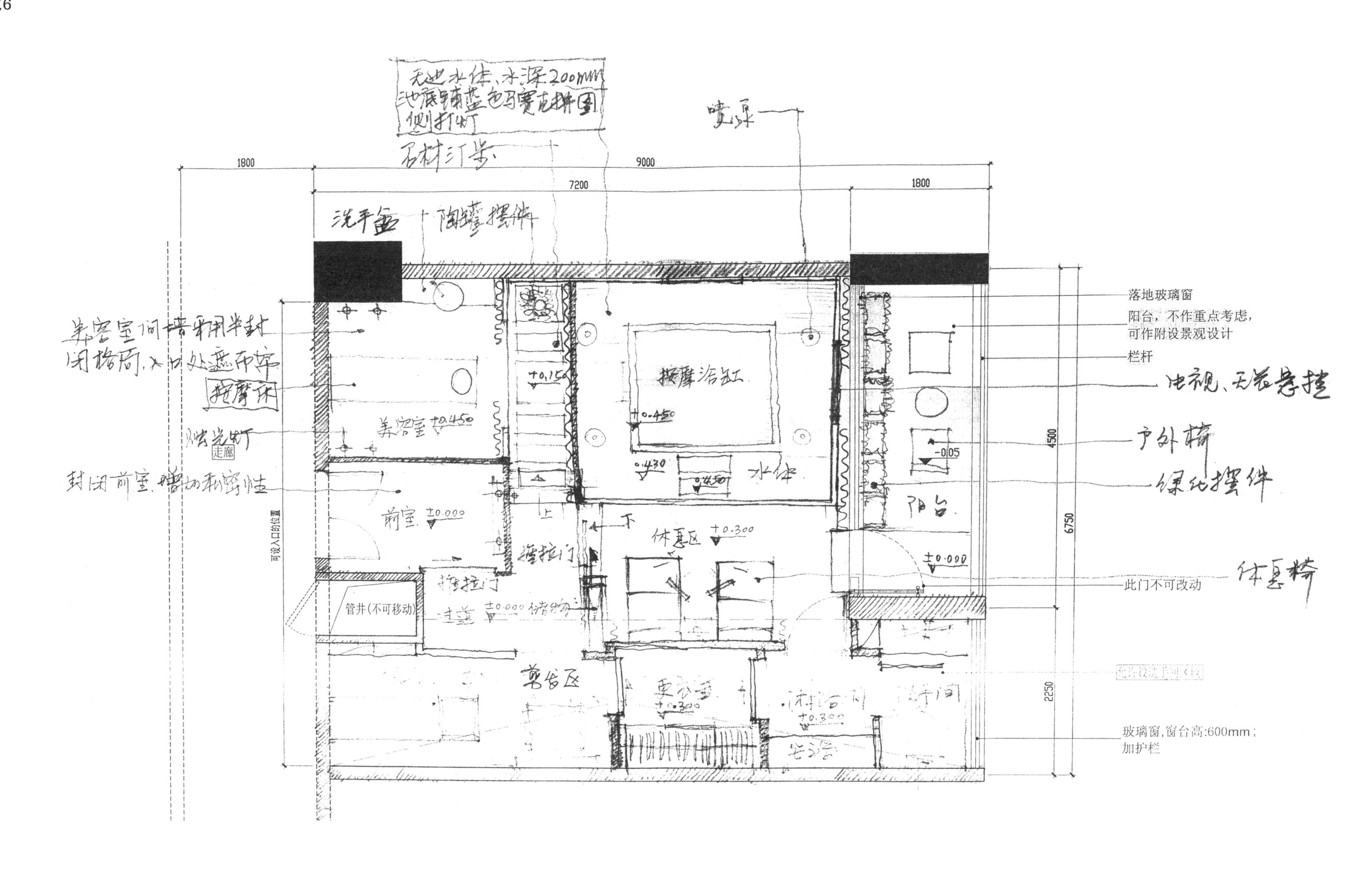
1800
9000
7200
1800
落地玻璃窗
阳台，不作重点考虑，
可作附设景观设计
栏杆
此门不可改动
玻璃窗,窗台高:600mm；
加护栏
管井(不可移动)
走廊
可设入口的位置
4500
6750
2250
按摩浴缸
休息区
前室
美容室
阳台
喷泉
洗手盆
陶瓷摆件
户外椅
绿化摆件
休息椅

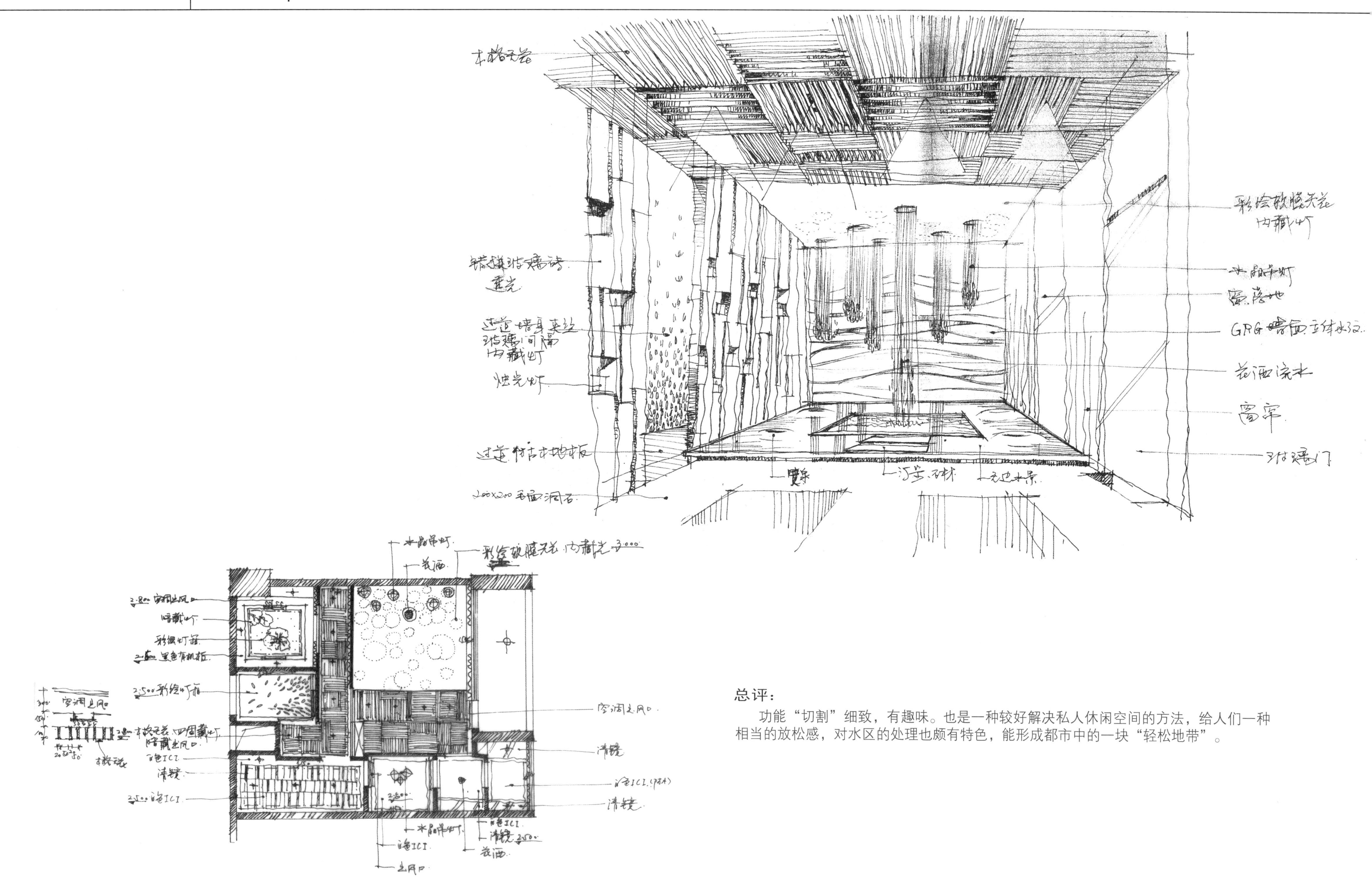

总评：

功能“切割”细致，有趣味。也是一种较好解决私人休闲空间的方法，给人们一种相当的放松感，对水区的处理也颇有特色，能形成都市中的一块“轻松地带”。

思考方式7

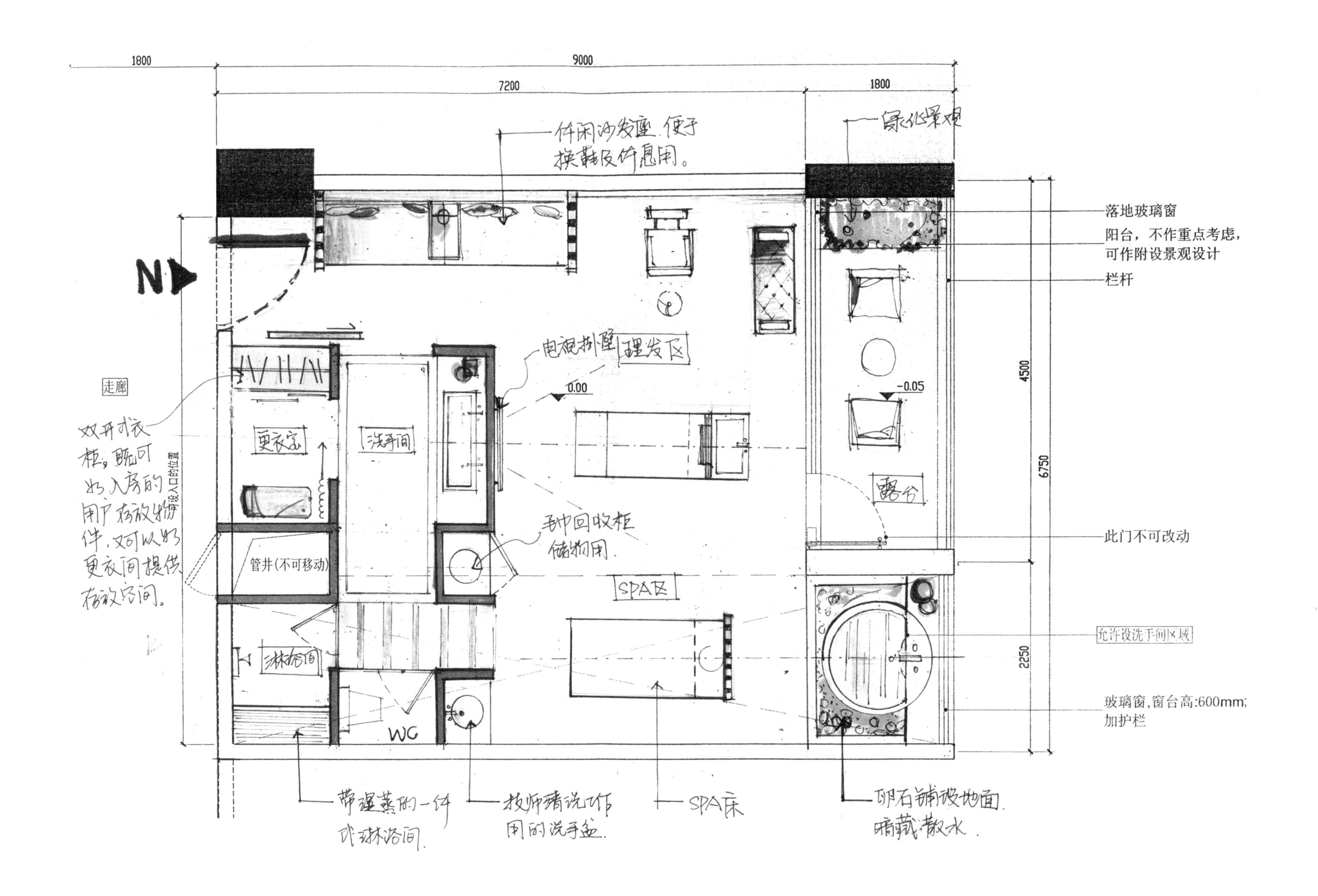
1800
9000
7200
1800
落地玻璃窗
阳台，不作重点考虑，
可作附设景观设计
栏杆
走廊
可设入口的位置
管井(不可移动)
4500
6750
此门不可改动
允许设洗手间区域
2250
玻璃窗，窗台高:600mm;
加护栏
0.00
-0.05
WC

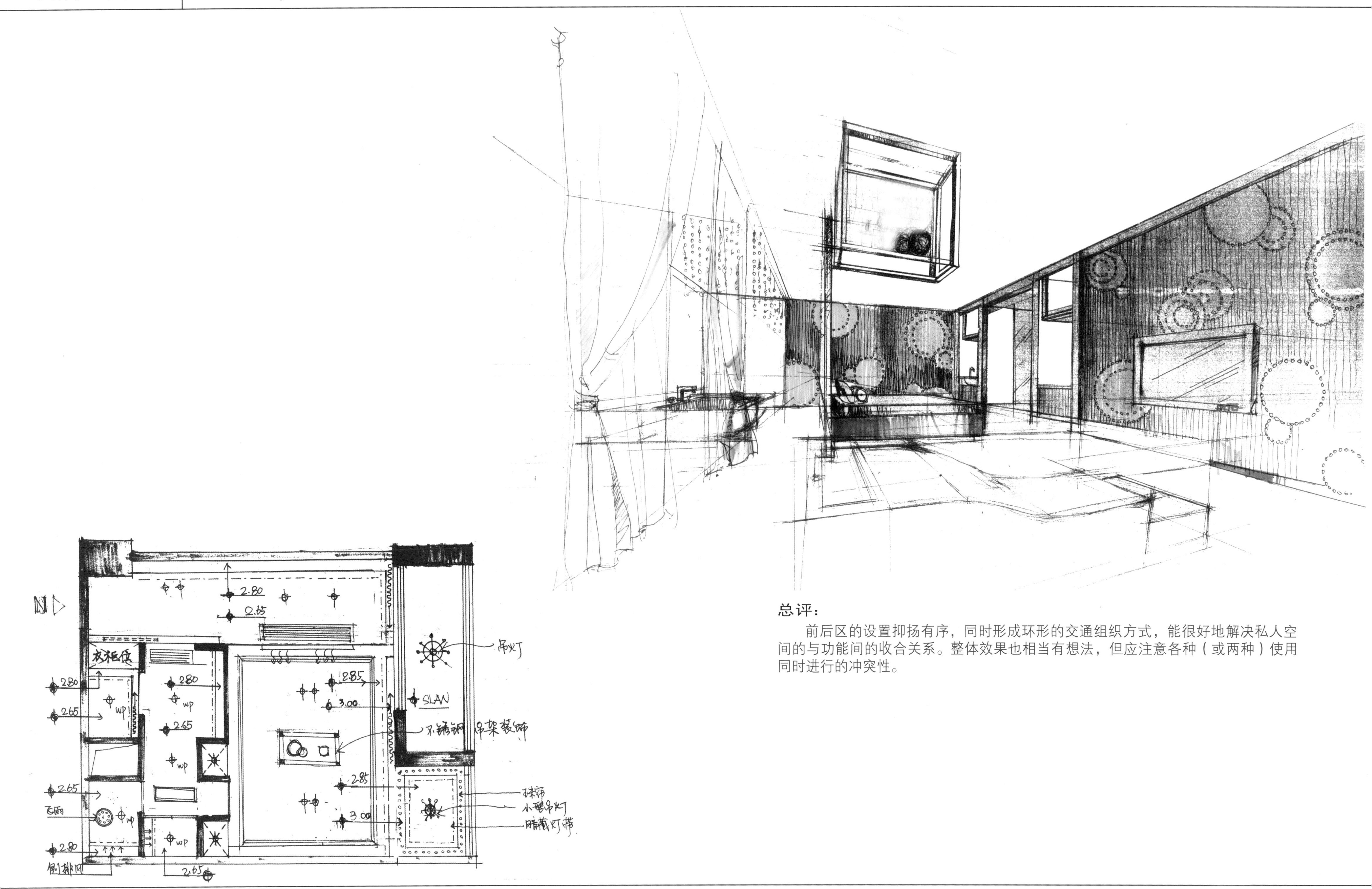

总评：

前后区的设置抑扬有序，同时形成环形的交通组织方式，能很好地解决私人空间的与功能间的收合关系。整体效果也相当有想法，但应注意各种（或两种）使用同时进行的冲突性。

社区配套会所（测试题）

建议测试时间：8小时

试题说明

一、基本条件
（1）位于市区内小区的配套会所，面积约为 850㎡。
（2）只设计室内部分，架空层不在本次考核范围。
（3）层高4.5m，梁底高3.6m。
（4）外围出入口及门窗位置、部分可变，详见图纸中说明。
（5）采用分体式空调，户外机暂不考虑安装位置。

二、总体要求
（1）选用现代风格，讲求舒适明快。
（2）动静相对分区，布局合理。
（3）面积超过50㎡的功能房需两处开门，或其中一处与另一功能房相通。
（4）主通道走廊净空不少于1600mm。
（5）所有功能房门需布置。

三、功能要求/分区
基本功能分区：
A.康体运动区域：
a.乒乓球室：2张球台，两台有效活动区域共计不少于8.0mX8.0m。
b.沙狐球室：1张球台，每台有效活动区域不少于9.3mX3.6m。
c.健身室：约90㎡，面向泳池方向。
d.瑜珈/舞蹈室：约60㎡，不用自然采光。
e.棋牌室：2~3间，每间有活动区域不少于2.4mX3.6m，不用自然采光。

B.儿童活动区：
a. 培训室：可作阅读、陶艺等艺术班培训之用，面积约24㎡。
b. 钢琴房：3间，每间有效面积不少于3.0mX2.4 m(可不用自然采光)，选用靠墙式钢琴。
C.配套服务区域：
a. 接待大厅：接待台，管理办公室一间（2人），休息等候区。
b. 水吧:(不提供热食)，水吧台长度自定。
c. 阅读/上网区域：自由式，位置可利用过道或边角位置，8人。建议靠近儿童活动区。
d.洗手间：在原有区域优化调整，可与泳池配套更衣沐浴区域连通考虑。
男宾：不少于2个厕格（座厕、900mm×1250mm），3个小便斗，两个洗手盆。
女宾：不少于3个厕格（座厕、900mm×1250mm），两个洗手盆。
e.杂物间一间：6㎡。
f.男女更衣沐浴配套区。

男　宾	女　宾
入口设门，并采用迂回式设计解决视线问题	入口设门，并且采用迂回式设计解决视线问题
更衣柜按400mm×500mm×1100mm高设计，上下双层布置，不少于 40 人	更衣柜按400mm宽×500mm×1100mm高设计，上下双层布置，不少于 40 人
要求干湿相对分区	要求干湿相对分区
沐浴区设计沐浴间不少于8间，尺寸不少于900mm宽×1200mm深。	沐浴区设计沐浴间不少于6间，尺寸不少于900mm宽×1200mm深。
设双人吹头梳妆台，长度不少于1500mm	设双人吹头梳妆台，长度不少于1500mm
内部廊宽度净空不少于1200mm	内部走廊宽度净空不少于1200mm
设双人吹头梳妆台，长度不少于1500mm	设双人吹头梳妆台，长度不少于1500mm
内部廊宽度净空不少于1200mm	内部廊宽度净空不少于1200mm

四、成本控制
综合投资（硬装修、机电）合计约1500元/㎡，选用分区域式空调（室外不用 表达）。
五、评分标准
A.指图纸表达——占总分数75%。
绘制在提供的图纸上（共1张A2，2张A3图纸），可用徒手或规尺的形式表达，黑白即可。
设计提交的图纸内容、要求如下

序号	图纸内容	规格及比例	占该部分比例	备注
1	平面布置图	A2/1:200	60%	标注功能、名称及简单说明
2	接待大堂概念效果图	A3	25%	标注主要材料及简单说明
3	桌球室概念效果图	A3	15%	标注主要材料及简单说明

B.方案推销能力（指口述表达）——占总分数25%。

序号	表达方面	占该部分比例	备注
1	语言表达能力	40%	
2	推销条例能力	40%	
3	应变能力	20%	

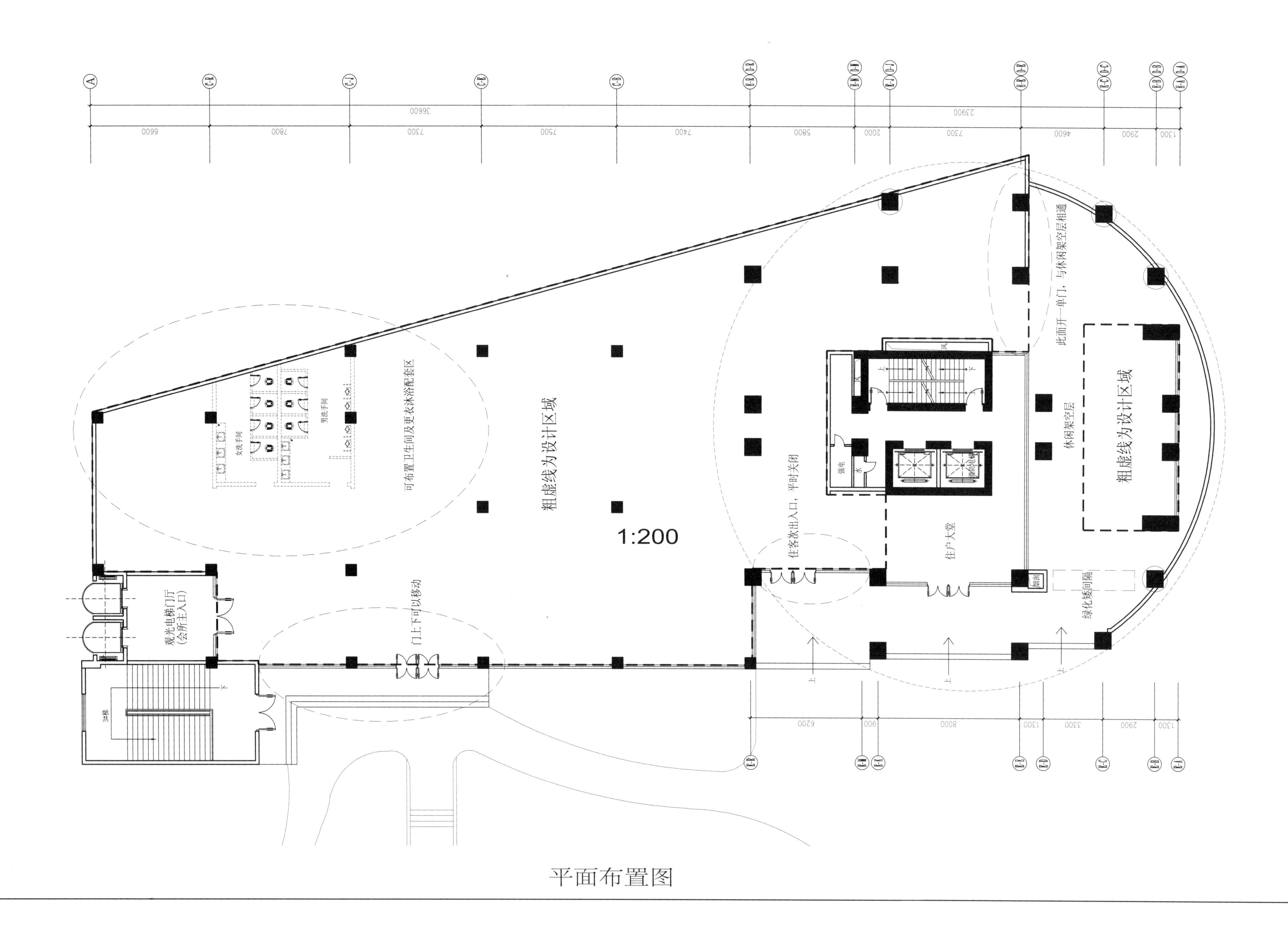
粗虚线为设计区域
1:200
可布置卫生间及更衣沐浴配套区
观光电梯门厅
(会所主入口)
门上下可以移动
住客家出入口，平时关闭
住户大堂
休闲架空层
此面开一单门，与休闲架空层相通
粗虚线为设计区域
绿化矮间隔

平面布置图

思考方式1

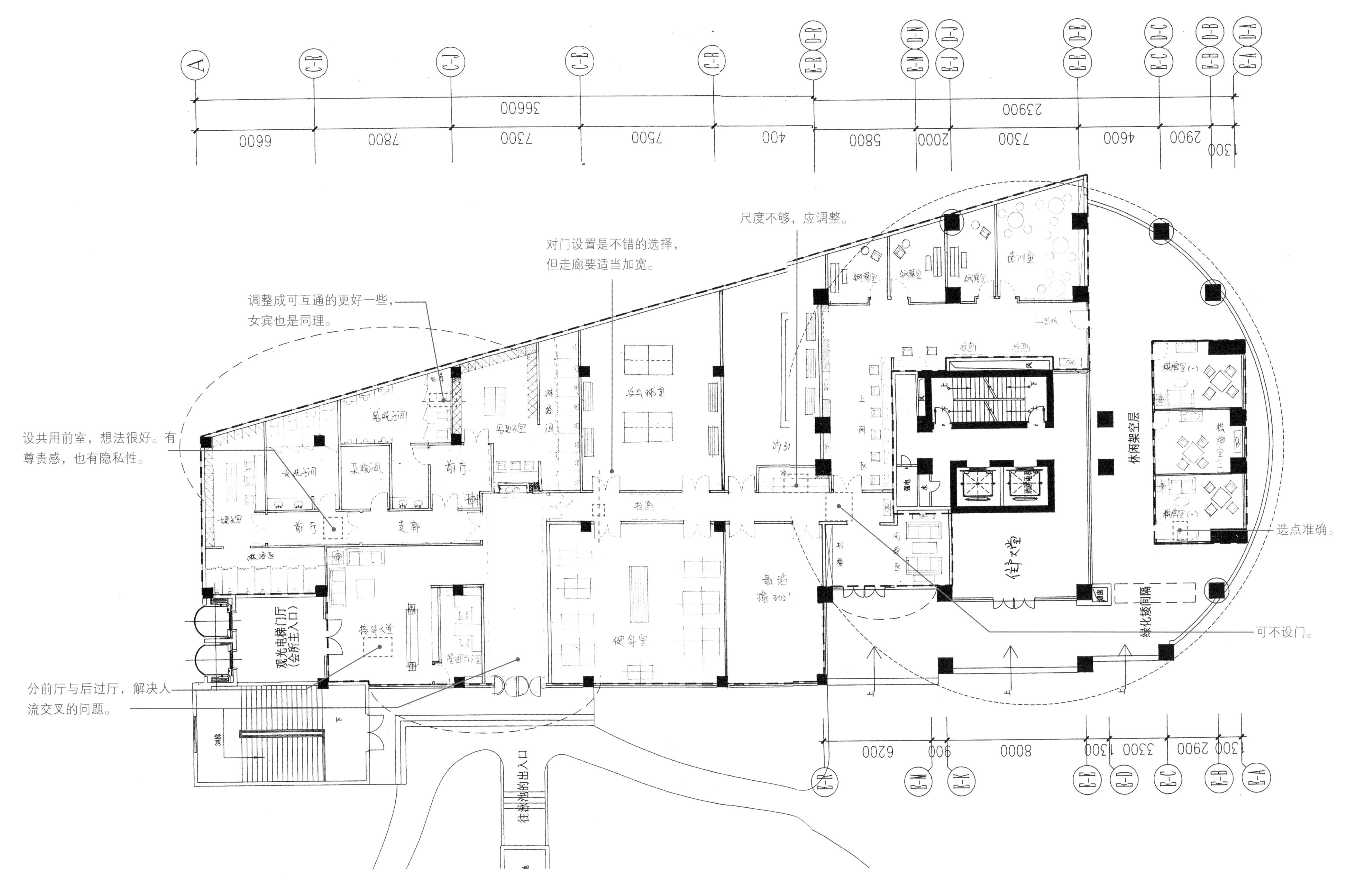

尺度不够，应调整。
对门设置是不错的选择，
但走廊要适当加宽。
调整成可互通的更好一些，
女宾也是同理。
设共用前室，想法很好。有
尊贵感，也有隐私性。
选点准确。
可不设门。
分前厅与后过厅，解决人
流交叉的问题。
观光电梯门厅
(会所主入口)
休闲架空层
绿化矮间隔
往游泳池出入口
36600
23900
6600
7800
7300
7500
400
5800
2000
7300
4600
2900
1300
6200
900
8000
1300
3300
2900
1300

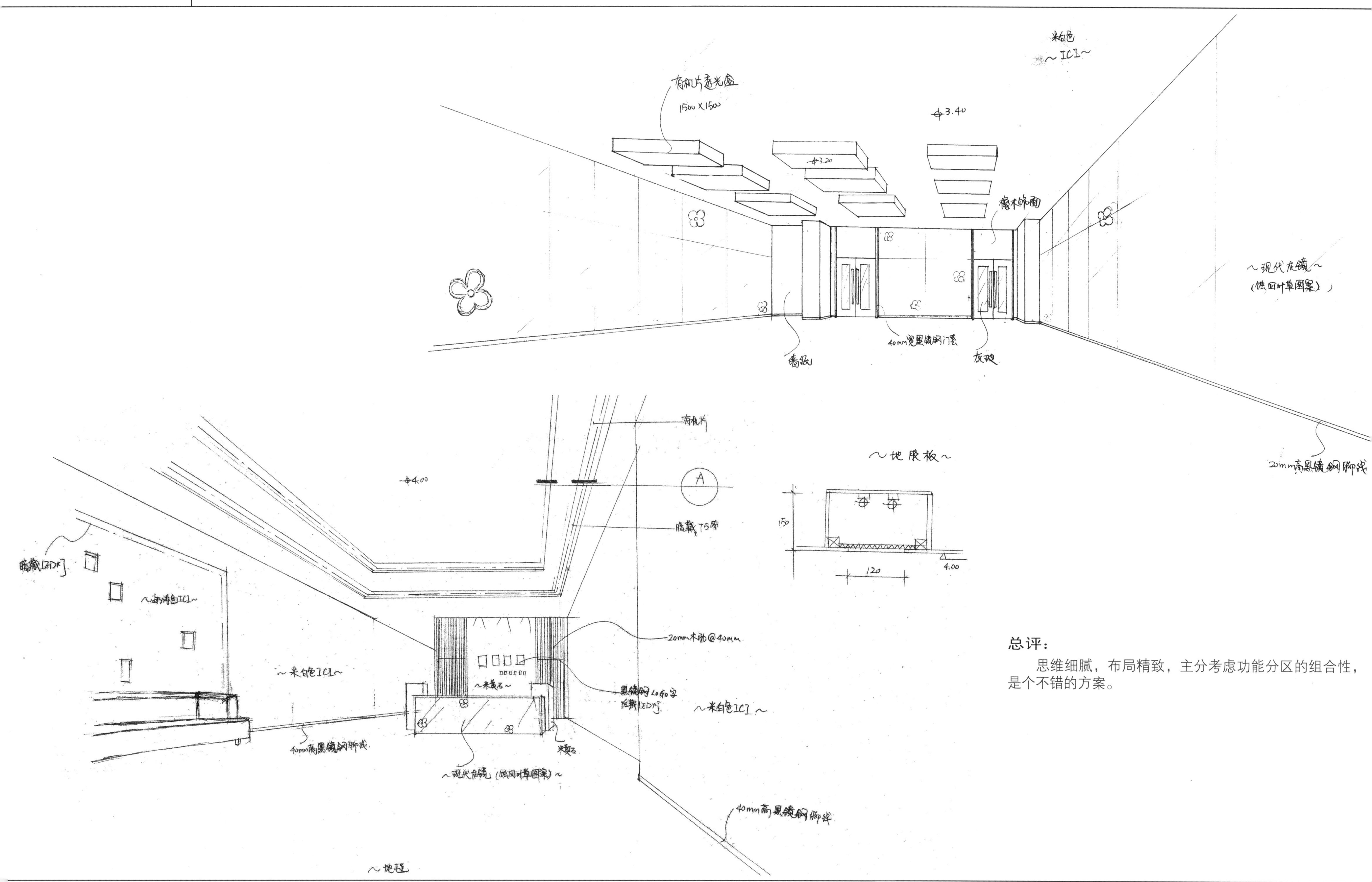

总评：

思维细腻，布局精致，主分考虑功能分区的组合性，是个不错的方案。

思考方式2

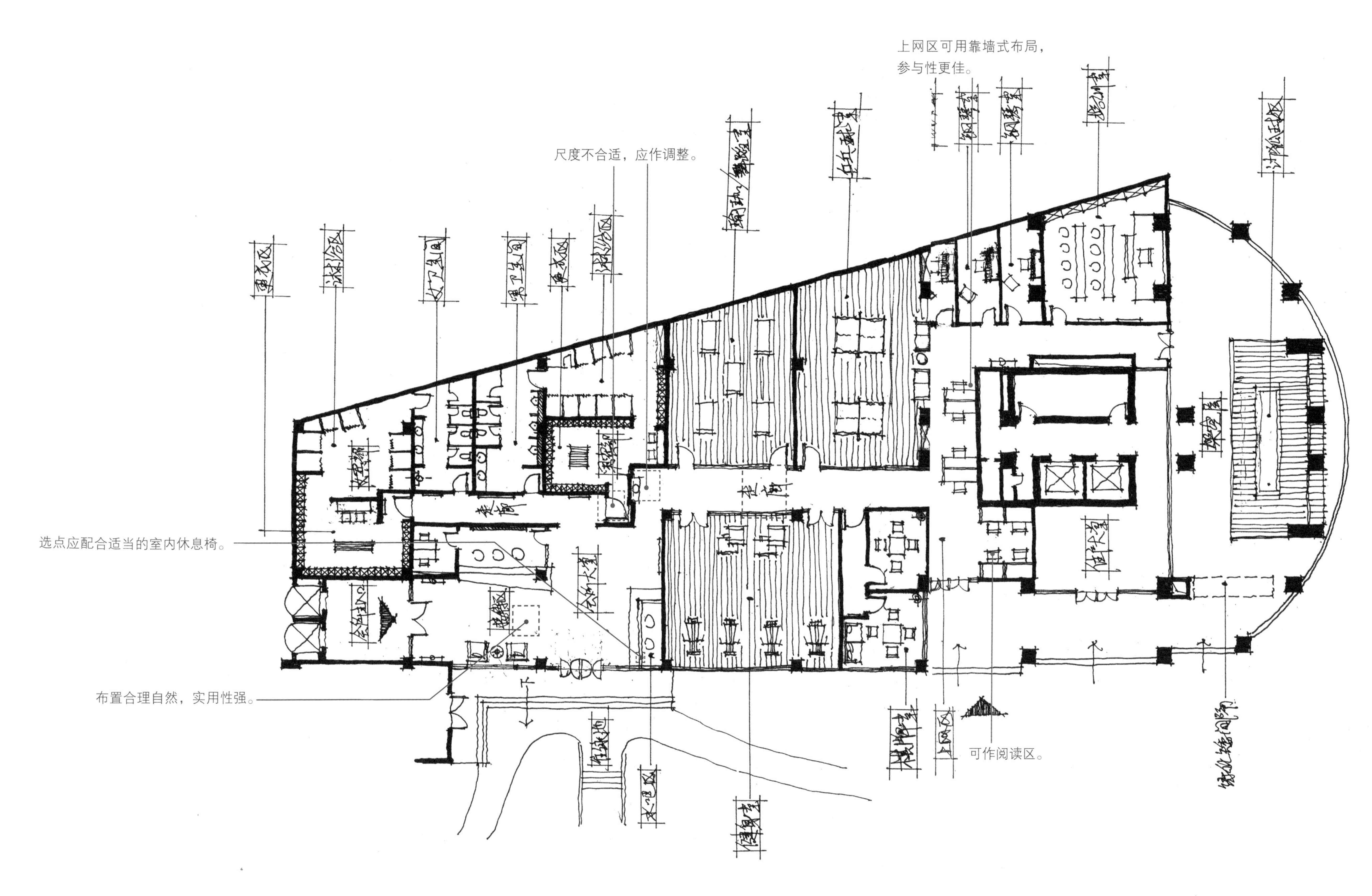
上网区可用靠墙式布局，
参与性更佳。
尺度不合适，应作调整。
选点应配合适当的室内休息椅。
布置合理自然，实用性强。
可作阅读区。

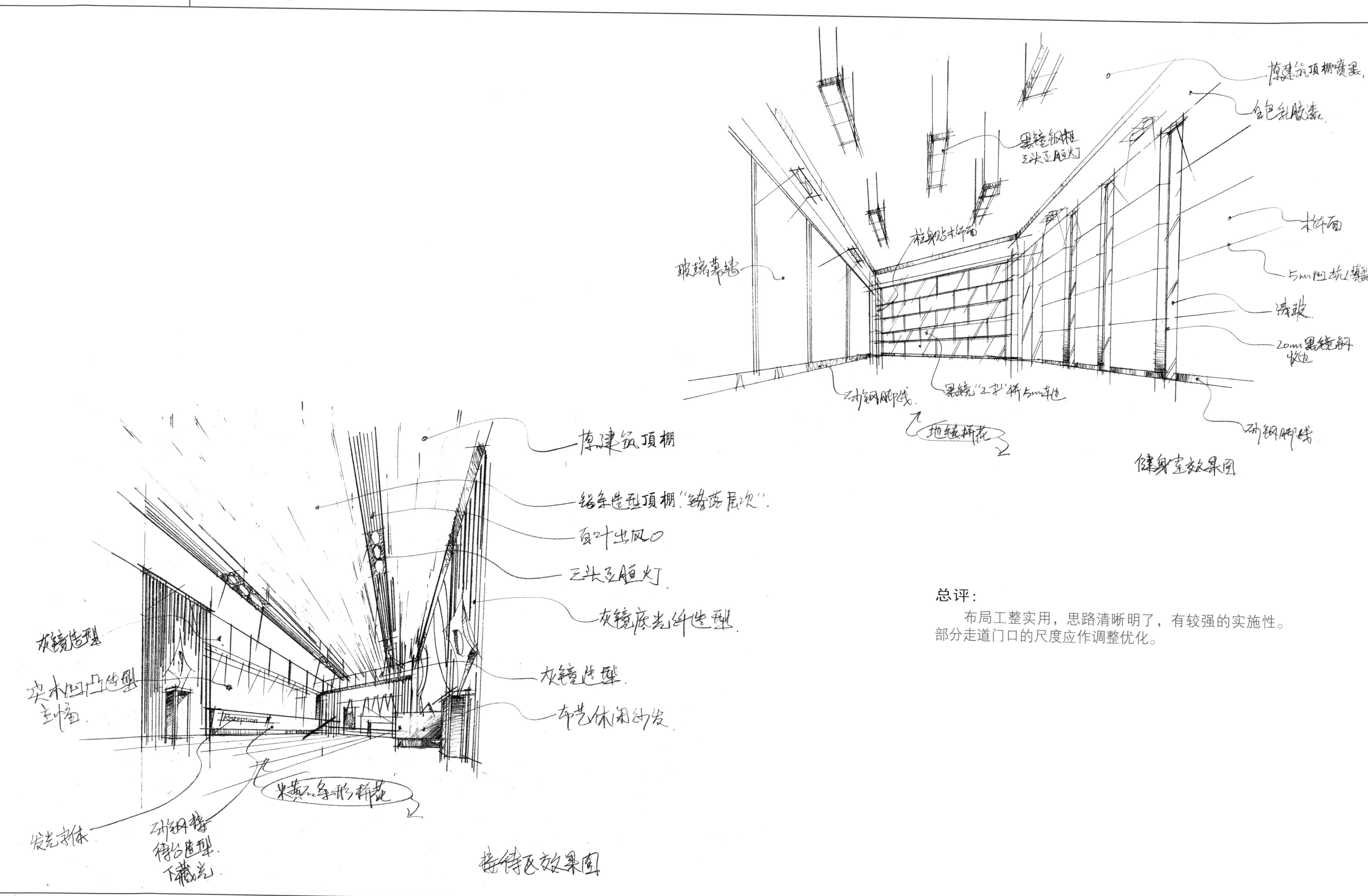

总评：

布局工整实用，思路清晰明了，有较强的实施性。部分走道门口的尺度应作调整优化。

思考方式3

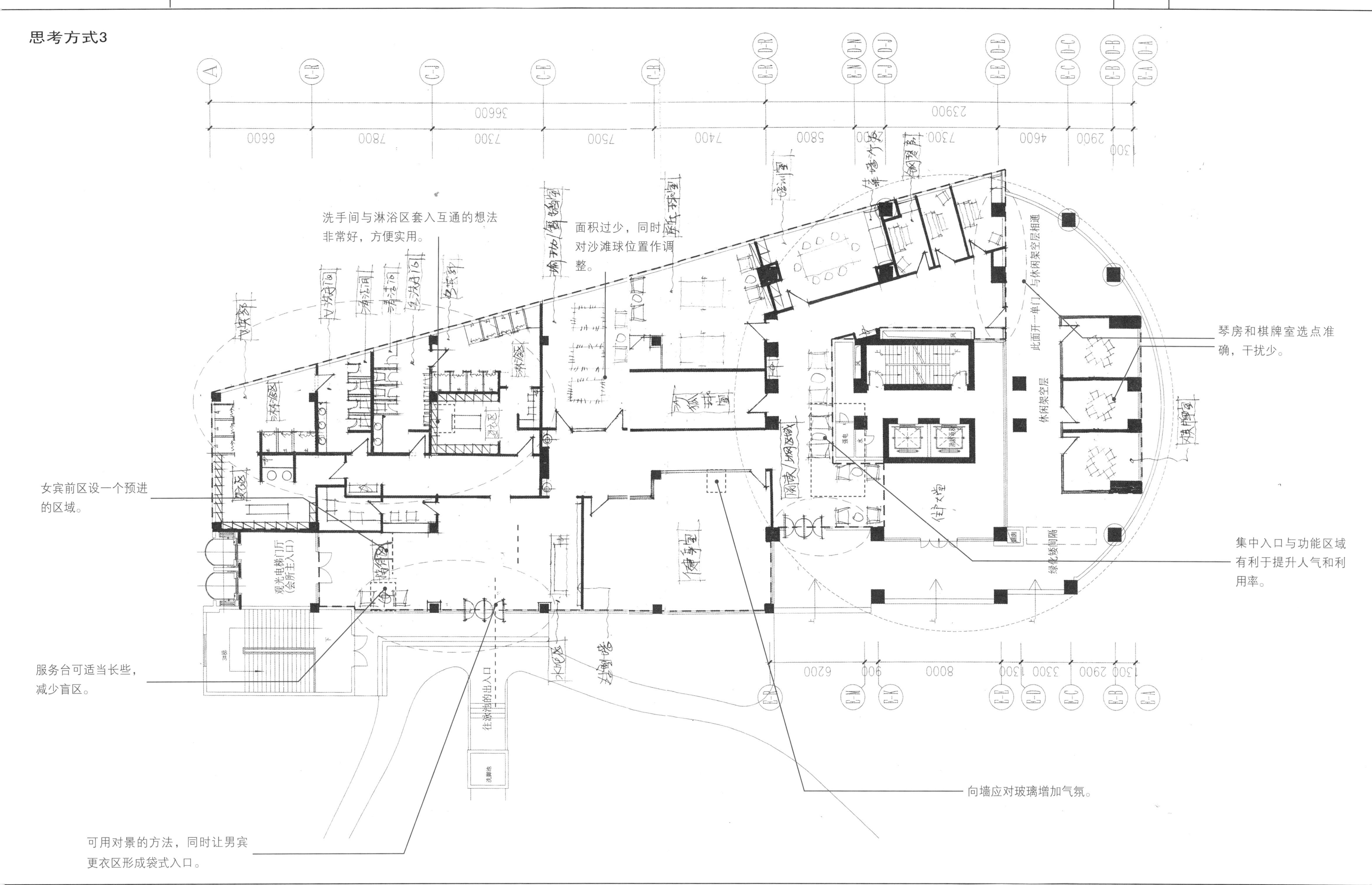
洗手间与淋浴区套入互通的想法非常好，方便实用。
面积过少，同时对沙滩球位置作调整。
琴房和棋牌室选点准确，干扰少。
女宾前区设一个预进的区域。
集中入口与功能区域有利于提升人气和利用率。
服务台可适当长些，减少盲区。
向墙应对玻璃增加气氛。
可用对景的方法，同时让男宾更衣区形成袋式入口。
观光电梯门厅（会所主入口）
休闲架空层
此面开一单门与休闲架空层相通
绿化接间隔
往泳池的出入口
36600
23900

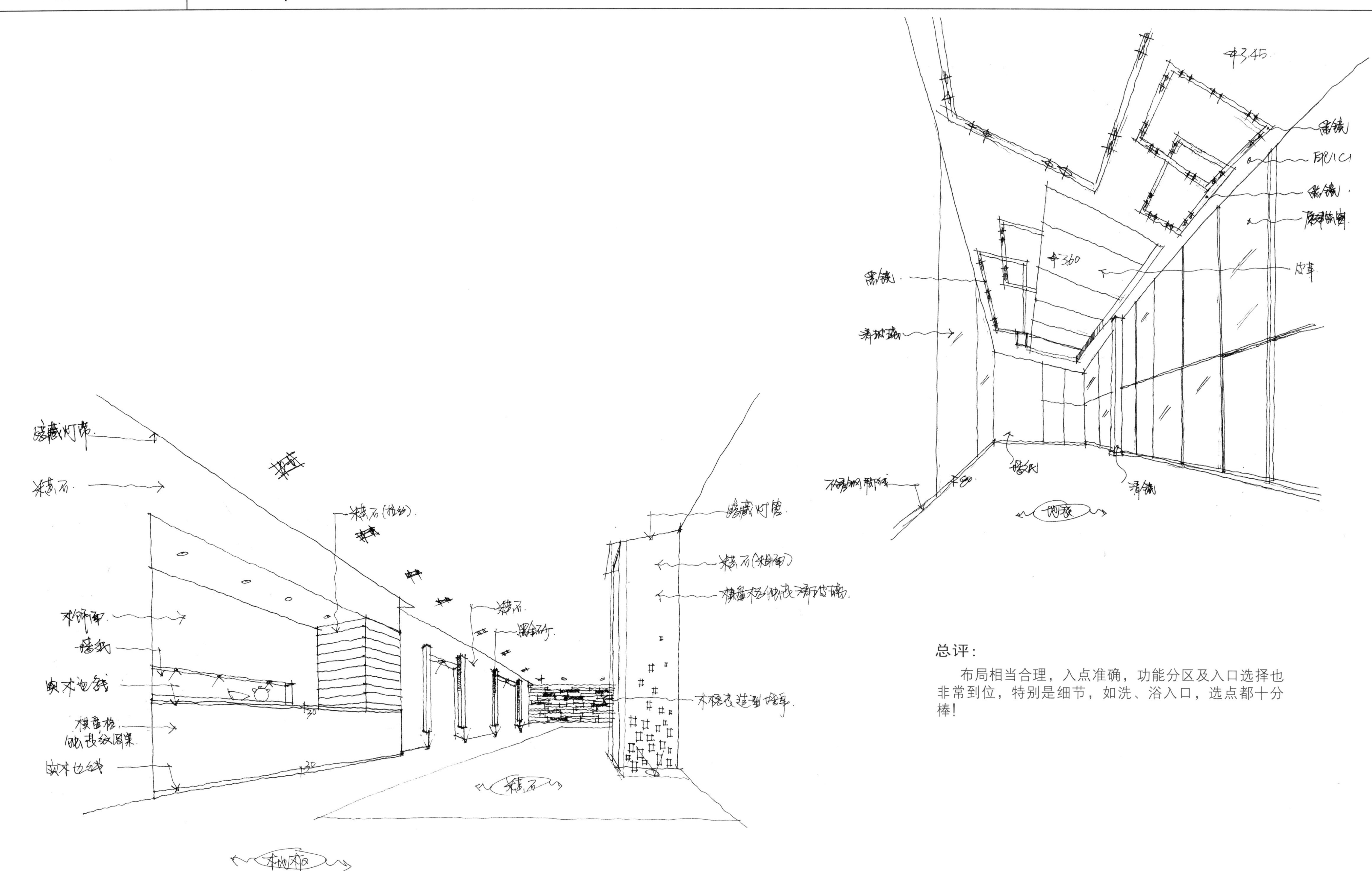

总评：

布局相当合理，入点准确，功能分区及入口选择也非常到位，特别是细节，如洗、浴入口，选点都十分棒！

思考方式4

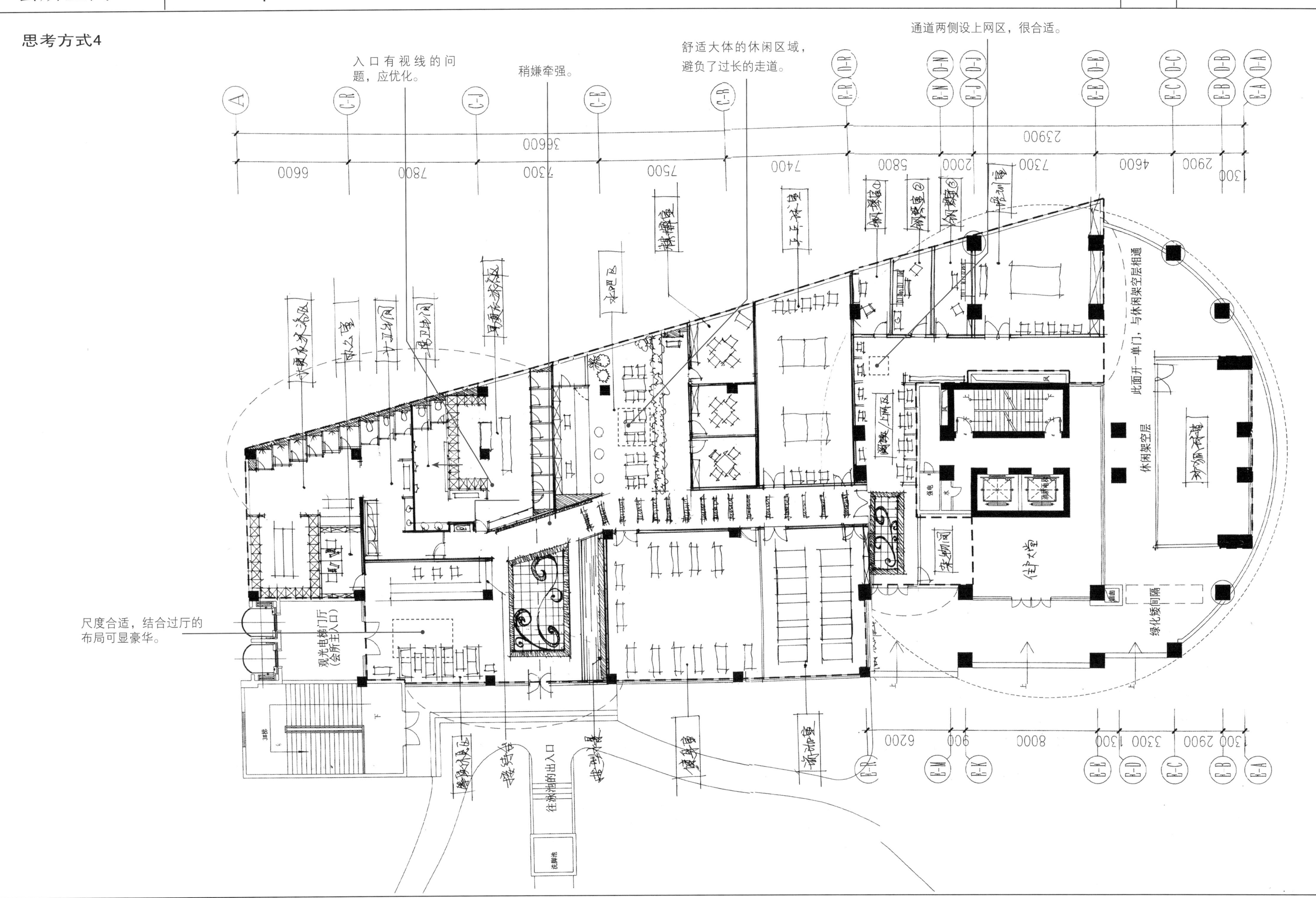
入口有视线的问题，应优化。
稍嫌牵强。
舒适大体的休闲区域，避免了过长的走道。
通道两侧设上网区，很合适。
尺度合适，结合过厅的布局可显豪华。
此面开一单门，与休闲架空层相通
休闲架空层
绿化矮墙间隔
观光电梯门厅（会所主入口）
往泳池的出入口

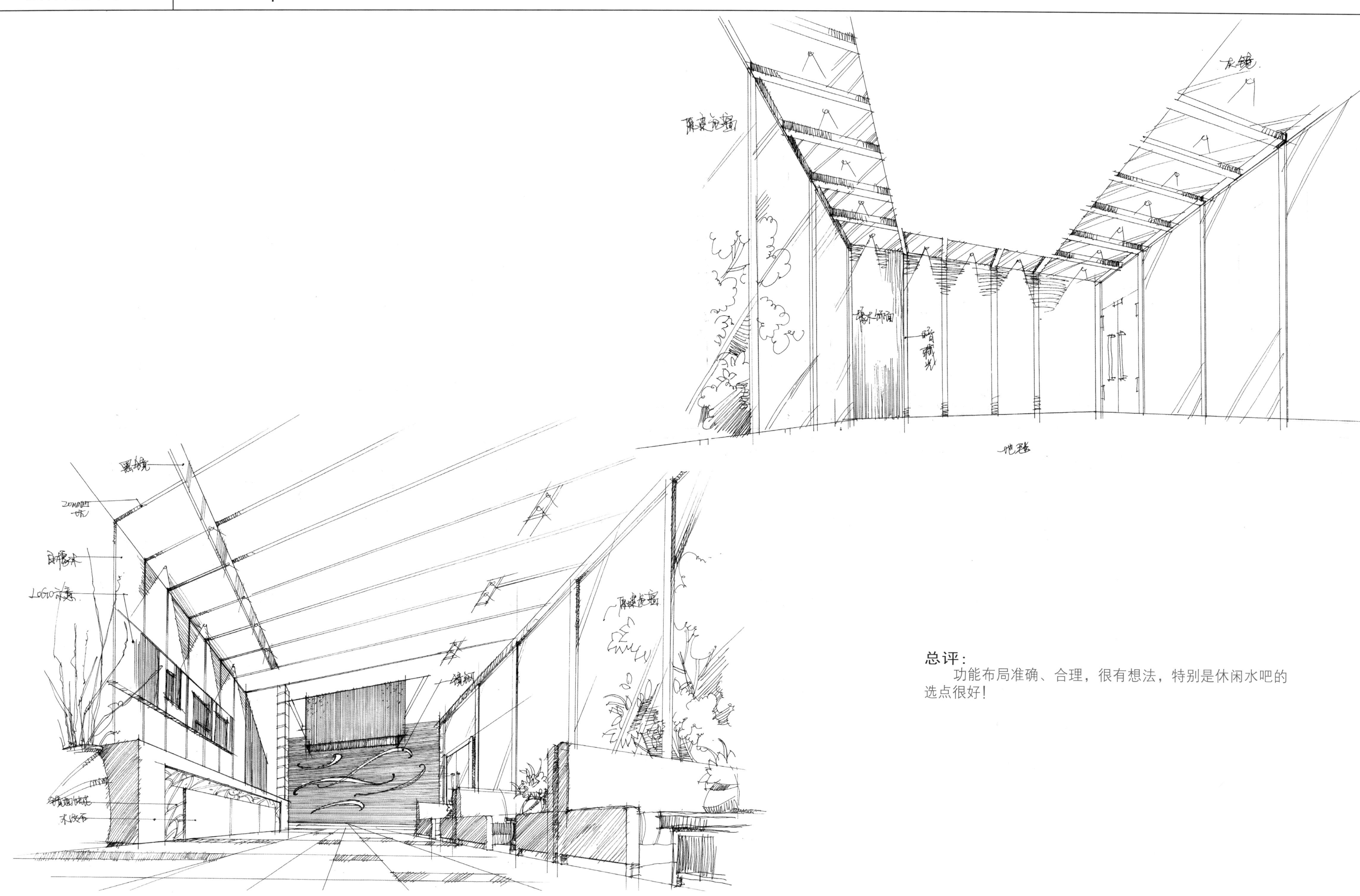

总评：

功能布局准确、合理，很有想法，特别是休闲水吧的选点很好！

思考方式5

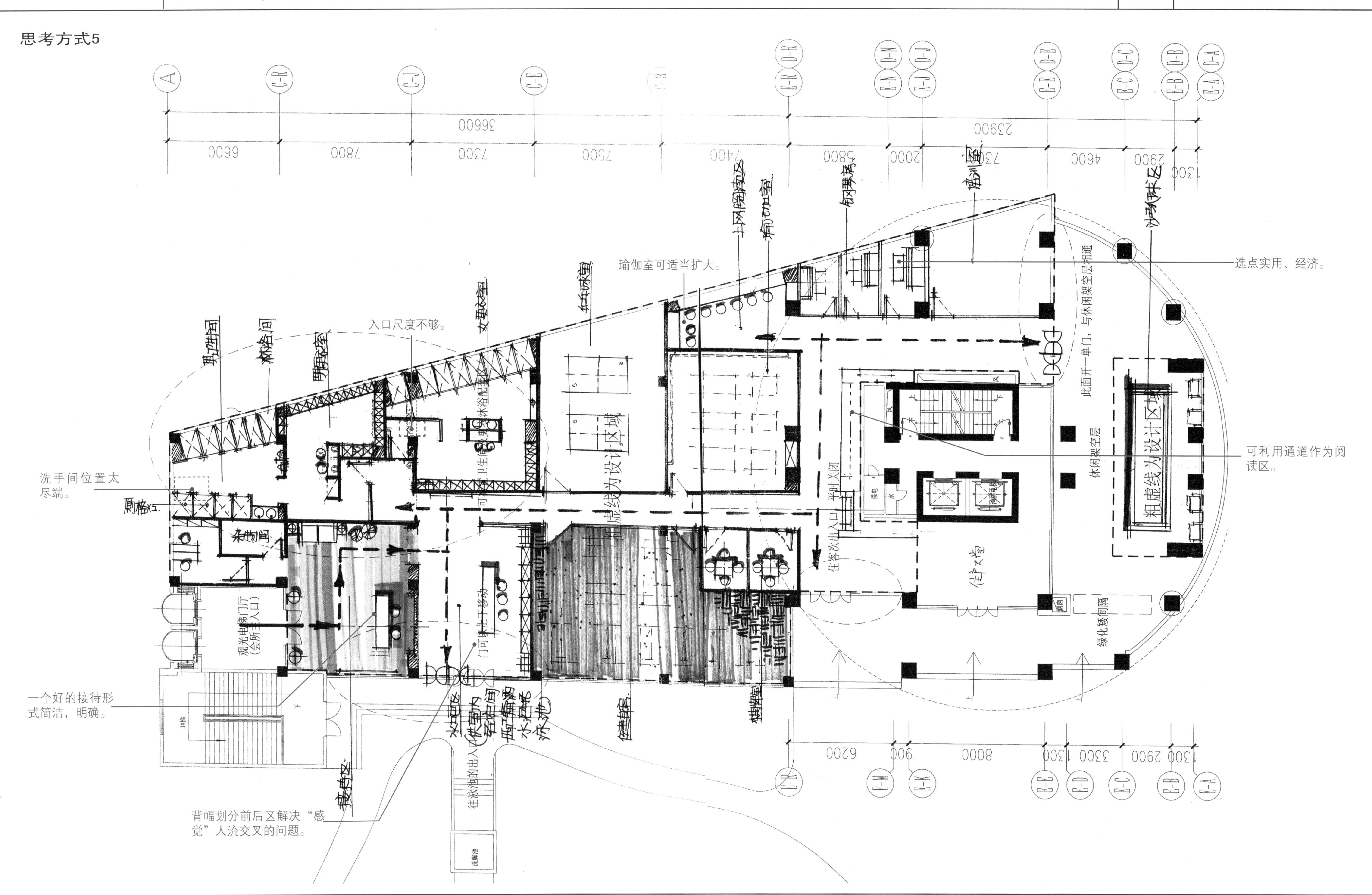

瑜伽室可适当扩大。
入口尺度不够。
选点实用、经济。
此面开一单门，与休闲架空层相通
可利用通道作为阅读区。
洗手间位置太尽端。
一个好的接待形式简洁，明确。
背幅划分前后区解决“感觉”人流交叉的问题。
休闲架空层
绿化镂空间隔
住客次出入口 平时关闭
观光电梯门厅（会所主入口）
往泳池的出入口
门可以左右移动
粗虚线为设计区域

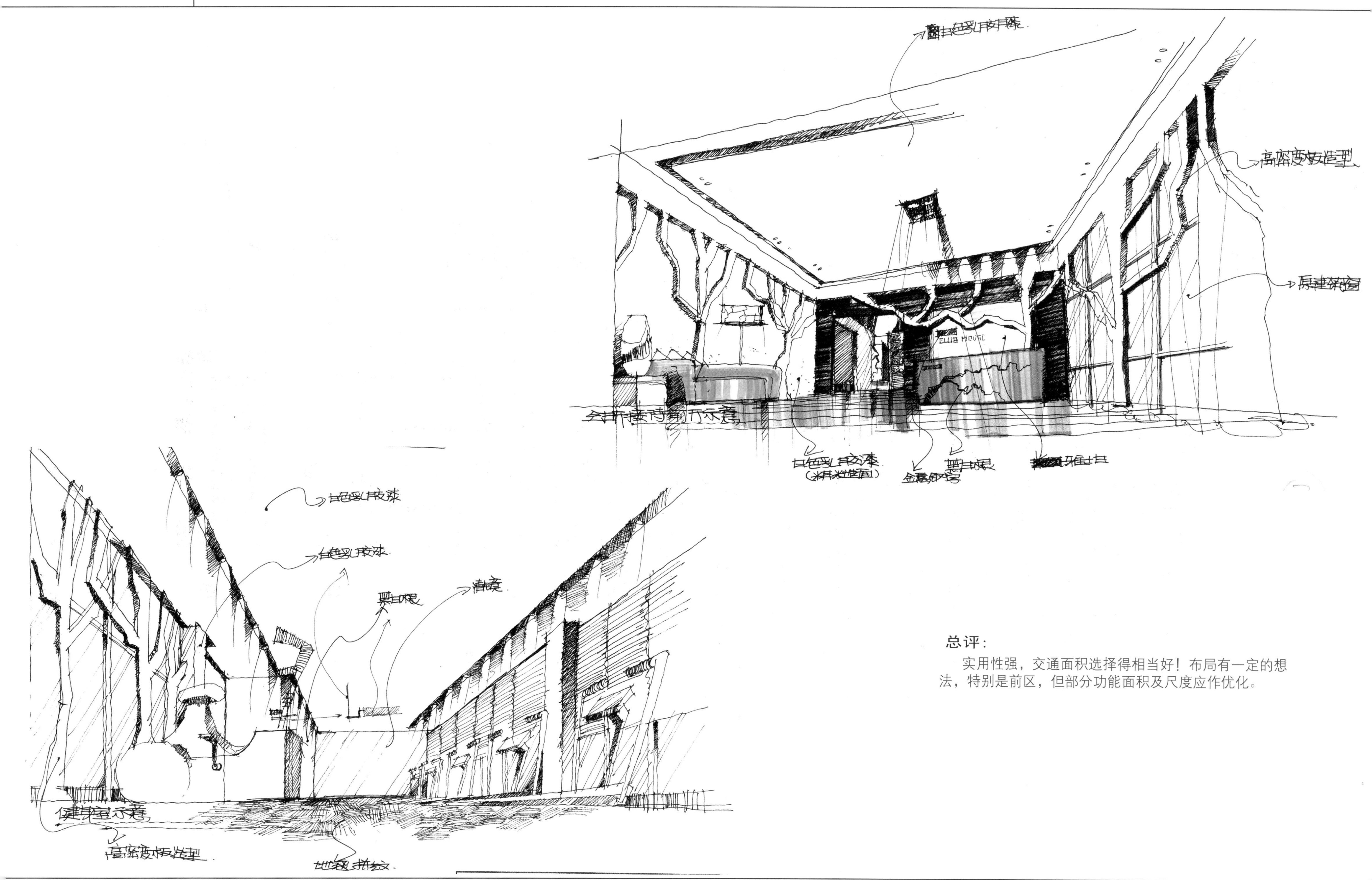

总评：

实用性强，交通面积选择得相当好！布局有一定的想法，特别是前区，但部分功能面积及尺度应作优化。

山顶会所（测试题）

建议测试时间：8小时

试题说明

一、基本条件
（1）位于豪华社区内山顶泳池配套私人会所，可作包场式的私人PARTY。
（2）只设计室内部分，平台及架空层不在本次考核范围。
（3）首层层高4.2m，二层层高3.9m。
（4）外围出入口及门窗位置、形式不能改变。
（5）采用小中央式空调。

二、总体要求
现代西式，典雅舒适，布局严谨、精致。

三、功能要求/分区
（一）首层基本功能分区：
1.接待大堂区，包括有：
A.服务台（2人）。
B.杂物间（7㎡）。
C.管理办公区（2人，带文件柜）。
2.男女泳池配套区：

男 宾	女 宾
入口不设门，采用迂回式设计解决视觉问题	入口不设门，采用迂回式设计解决视觉问题
更衣柜按400mm宽×500mm深×1100mm高设计，上下双层布置，不少于20人	更衣柜按400mm宽×500mm深×1100mm高设计，上下双层布置，不少于24人
要求干湿相对分区	要求干湿相对分区
设独立式洗手间厕格2个，尺寸不少于900mm宽×1000mm深，座厕，650门宽，可选用外开门。	设独立式洗手间厕格2个，尺寸不少于1050mm宽×1400mm深，座厕，650mm门宽，可选用外开门，内自带精美小型洗手盆（可做成槽式）。
沐浴区设计沐浴间5间，尺寸不少于900mm宽×1000mm深。面对面式布置，走廊不少于1200mm，单边布置不少于1100mm。	沐浴区设计沐浴间6间，尺寸不少于1050mm宽×1400mm深。面对面式布置，走廊不少于1200mm，单边布置不少于1100mm。
设单人吹头梳妆台，长度不少于900mm	设双人吹头梳妆台，长度不少于1500mm
走廊宽度净空不少于950mm	走廊宽度净空不少于950mm

布局要求
1.流线清晰，布局合理，地面拼花体现西式风格特征。
2.重新优化设计首段主梯起步方式（要迎合西式风格）。
3.重新设计450mm高差处的砖砌步级形式（要迎合西式风格）。

（二）二层基本功能分区：
1.过厅。
2.配套厨房（不用布置、只要设门即可）。
3.西餐咖啡酒吧（可上网），热点小食从二层厨房供应，冷饮从首层泳池边酒吧供应，要求4人座2组，2人座4组，可用沙发或扶手椅的方式。
4.棋牌室2间（电动麻将台），每间不少于2m×3m。
5.红酒品尝屋：可容纳8人，休闲舒适为标准，红酒柜不少于3m长，采用站立式服务，不设专门服务台。
6.雪茄屋：陈列柜（恒温、恒湿）约2m长，可供2位客人同时品尝。
7.洗手间：男宾：2个厕格（坐厕、900mm×1150mm），2个小便斗，一个洗手盆；
女宾：2个厕格（坐厕、900mm×1150mm），一个洗手盆。

布局要求：
1.流线清晰，充分体现西式风格下的奢华、舒适生活，布局典雅严谨。
2.应充分考虑景观效果，向泳池区方向尽量开放。

四、成本控制
暂不考虑成本控制

五、评分标准
评分标准
A.指图纸表达——占总分数75%。
绘制在提供的图纸上（共3张A3图纸），可用徒手或规尺的形式表达，黑白即可。
设计提交的图纸内容、要求如下：

序号	图纸内容	规格及比例	占该部分比例	备注
1	首层平面图	A3/1:100	40%	要表达主要区域的地花
2	二层平面图	A3/1:100	40%	要表达主要区域的地花
3	女宾泳池配套区局部平面	A3/1:50	20%	详细表达内容和主要尺寸

B.方案推销能力（指口述表达）——占总分数25%。

序号	表达方面	占该部分比例	备注
1	语言表达能力	40%	
2	推销条例能力	40%	
3	应变能力	20%	

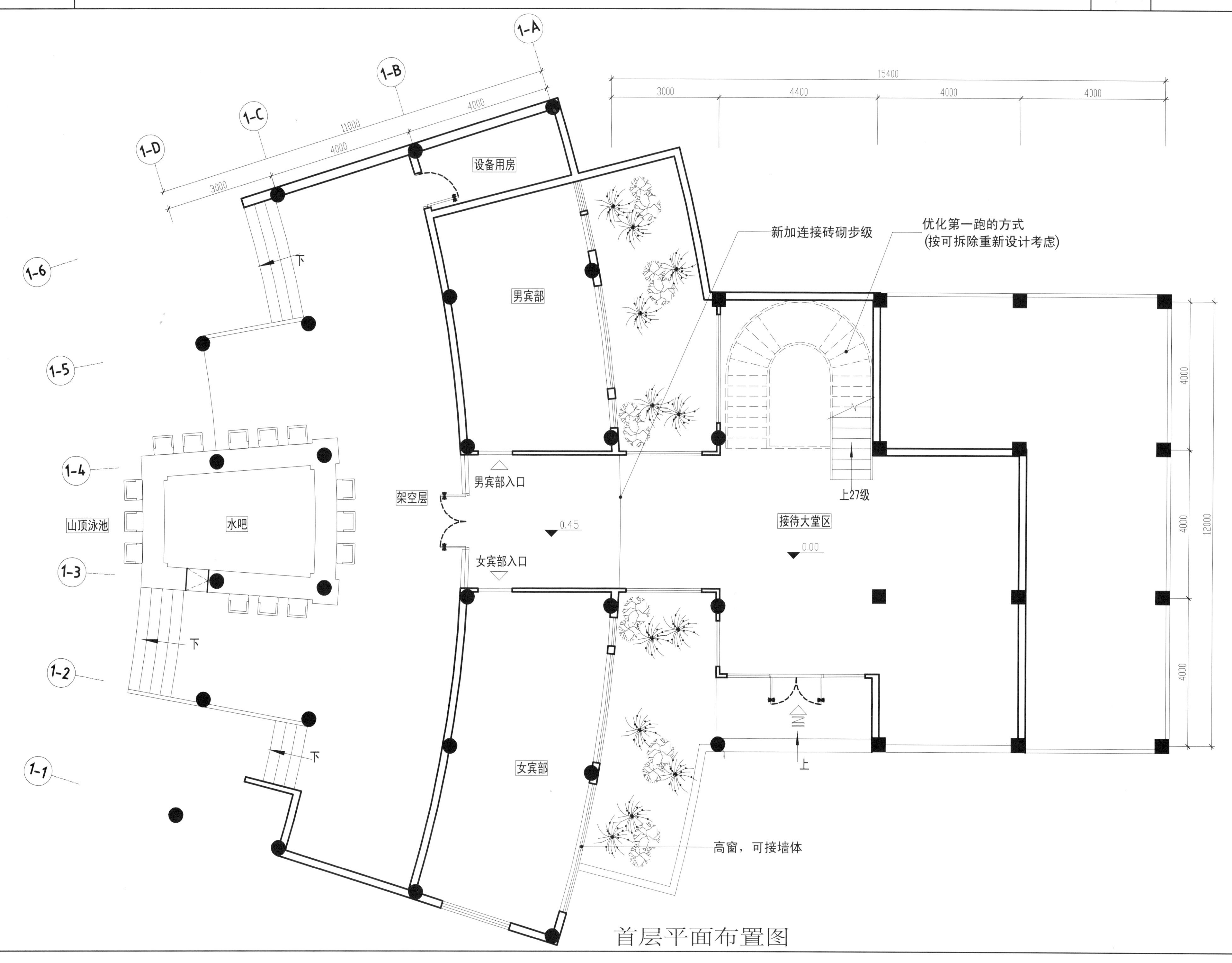
1-A
1-B
1-C
1-D
1-6
1-5
1-4
1-3
1-2
1-1
15400
3000
4400
4000
4000
11000
4000
4000
3000
12000
设备用房
男宾部
女宾部
新加连接砖砌步级
优化第一跑的方式
(按可拆除重新设计考虑)
男宾部入口
女宾部入口
架空层
山顶泳池
水吧
0.45
0.00
接待大堂区
上27级
上
下
高窗，可接墙体

首层平面布置图

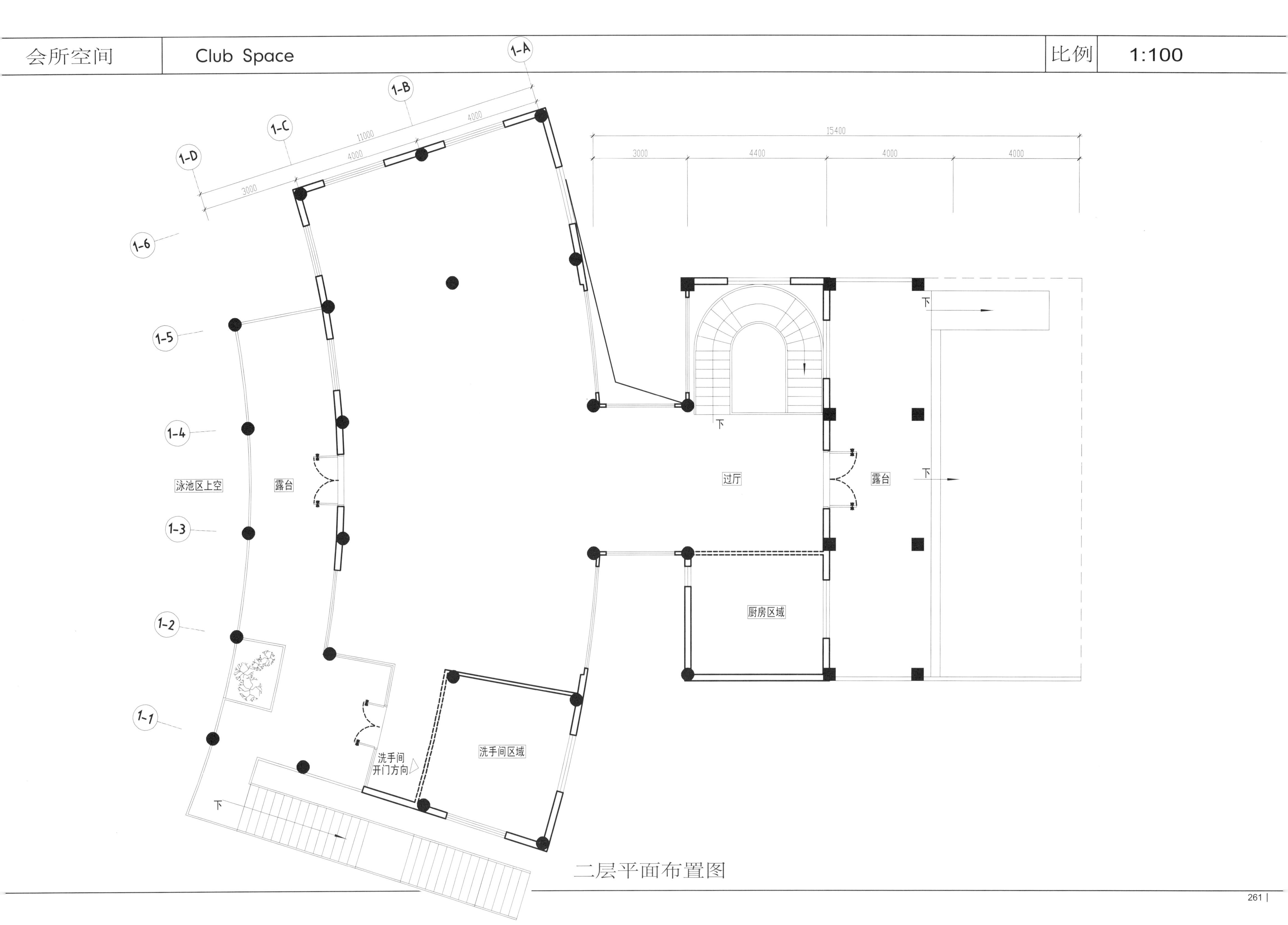
1-A
1-B
1-C
1-D
11000
4000
4000
3000
15400
3000
4400
4000
4000
1-6
1-5
1-4
1-3
1-2
1-1
泳池区上空
露台
过厅
露台
厨房区域
洗手间区域
洗手间
开门方向
下
下
下
下

二层平面布置图

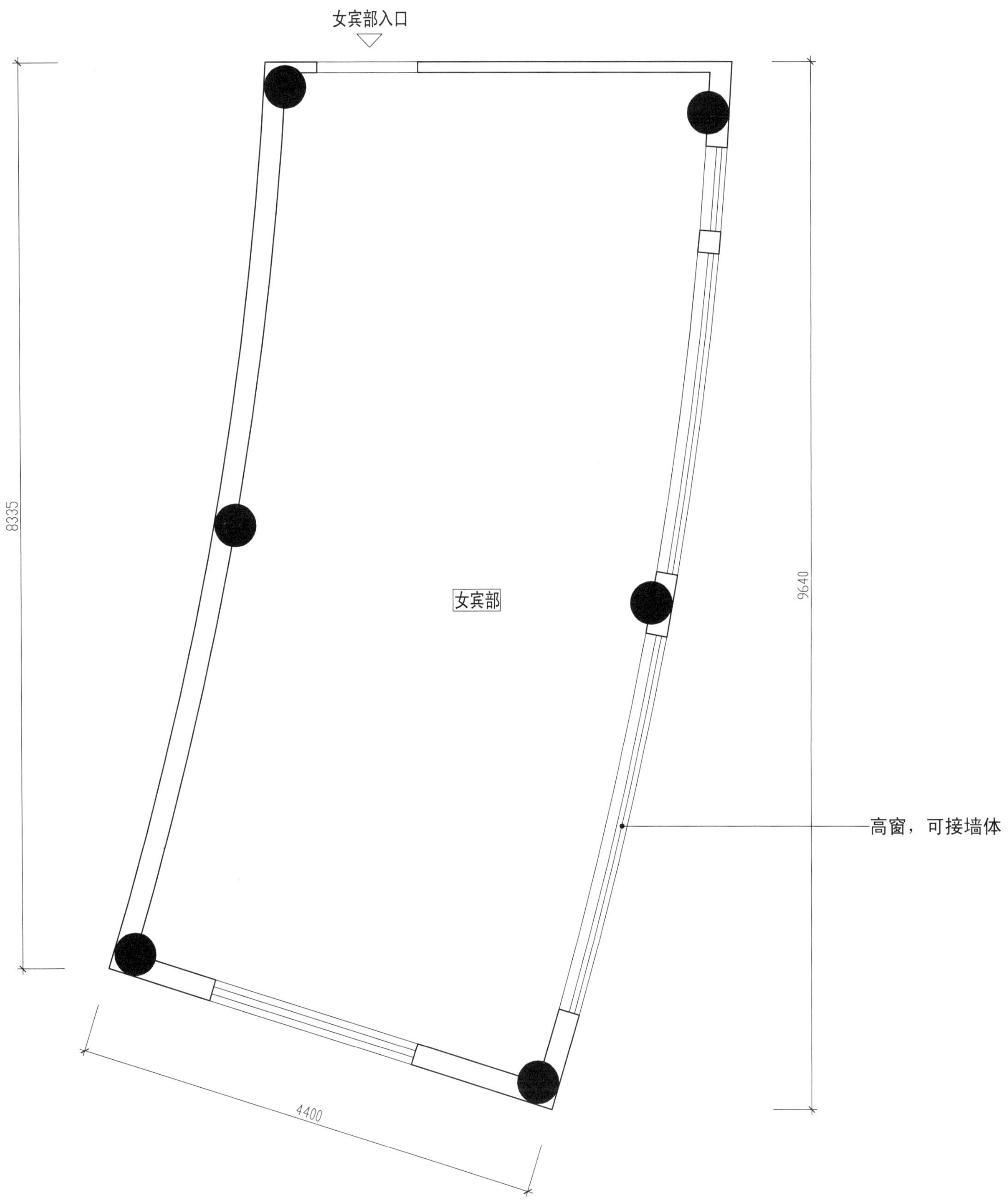

女宾部入口

8335

9640

4400

女宾部

高窗，可接墙体

女宾平面布置图

思考方式1

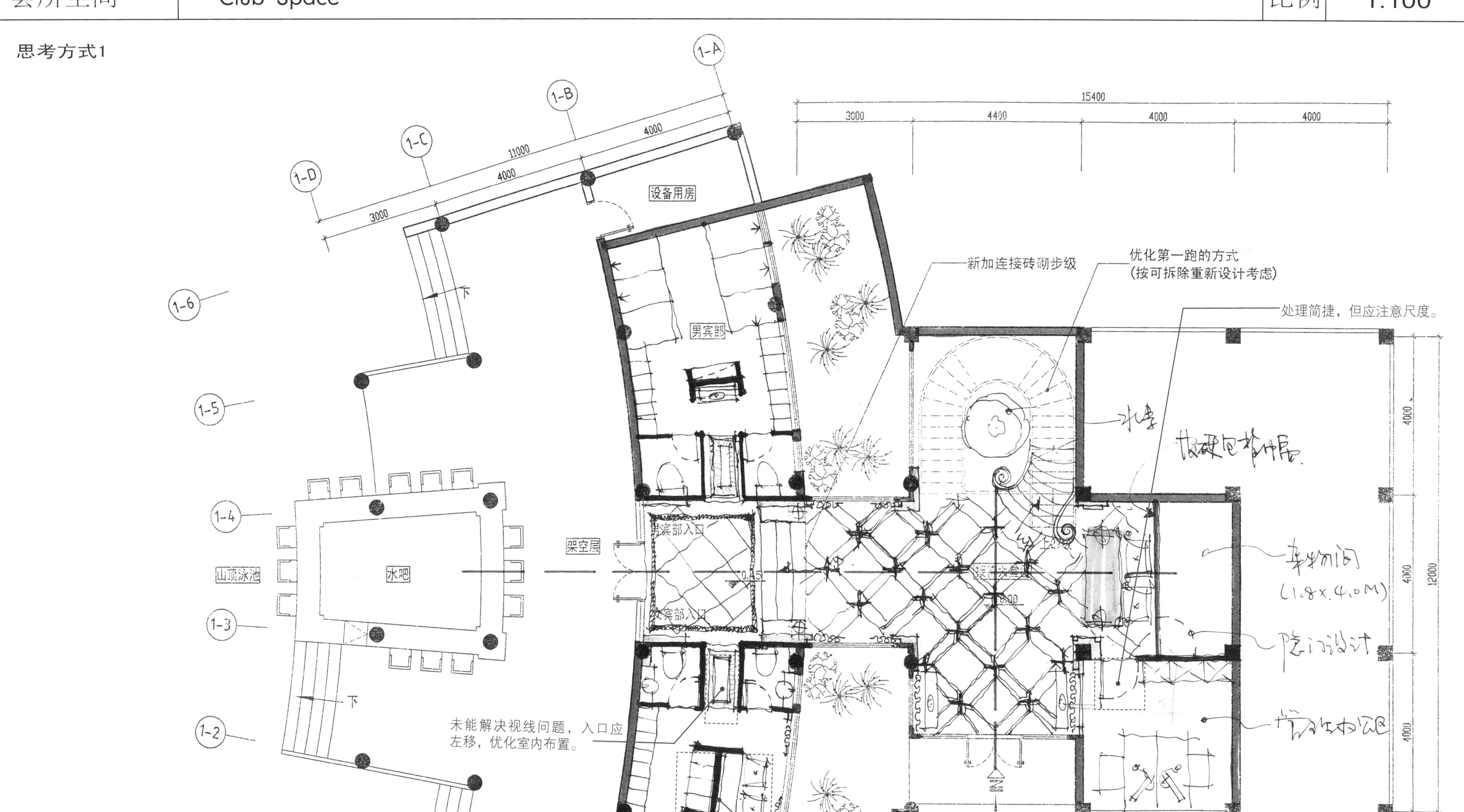

1-A
1-B
1-C
1-D
1-1
1-2
1-3
1-4
1-5
1-6
11000
4000
4000
3000
15400
3000
4400
4000
4000
12000
设备用房
男宾部
新加连接砖砌步级
优化第一跑的方式
(按可拆除重新设计考虑)
处理简捷，但应注意尺度。
架空层
山顶泳池
水吧
男宾部入口
女宾部入口
未能解决视线问题，入口应
左移，优化室内布置。
女宾部
双通道设计，令实用性降低。
高窗，可接墙体

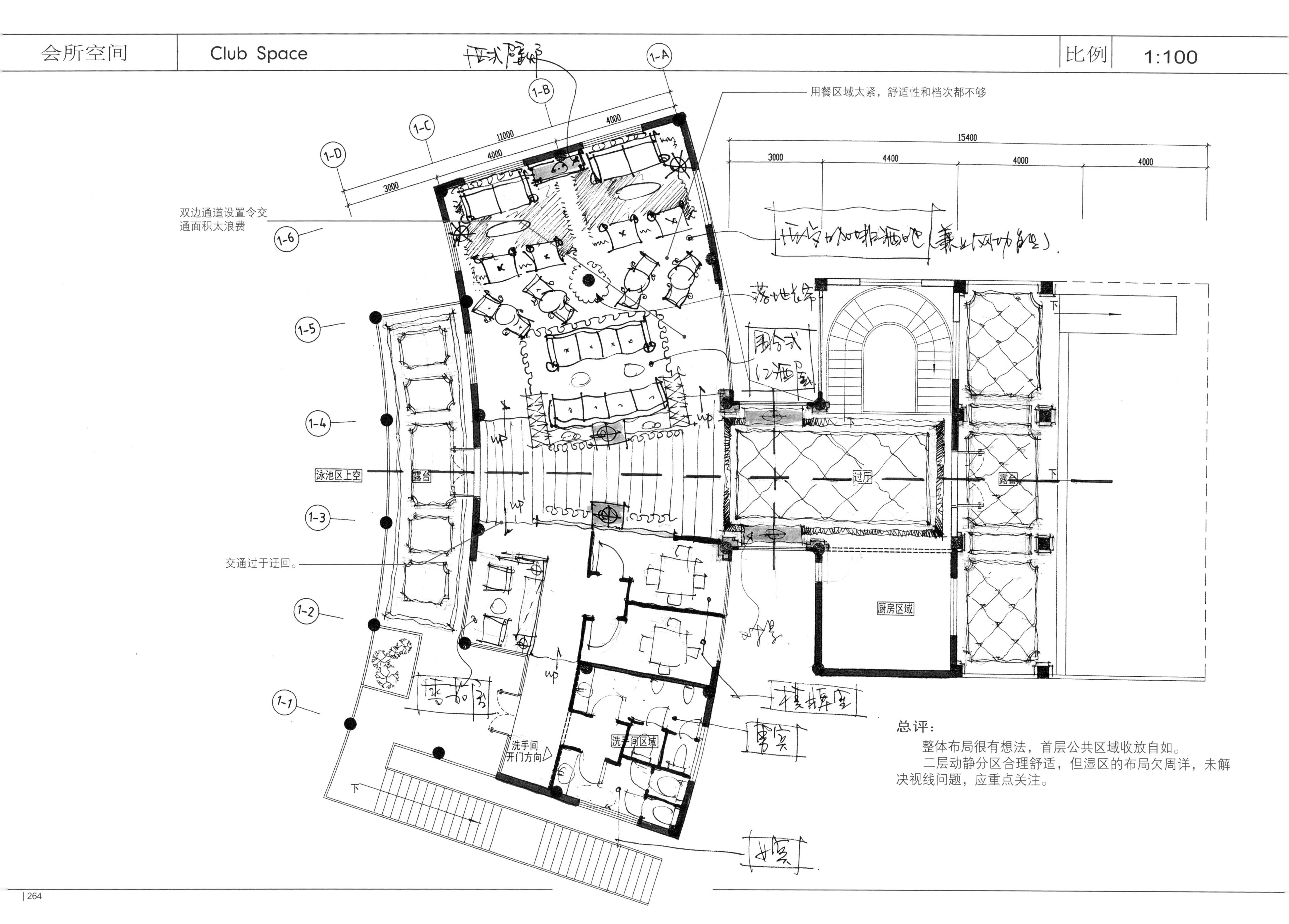

总评：

整体布局很有想法，首层公共区域收放自如。

二层动静分区合理舒适，但湿区的布局欠周详，未解决视线问题，应重点关注。

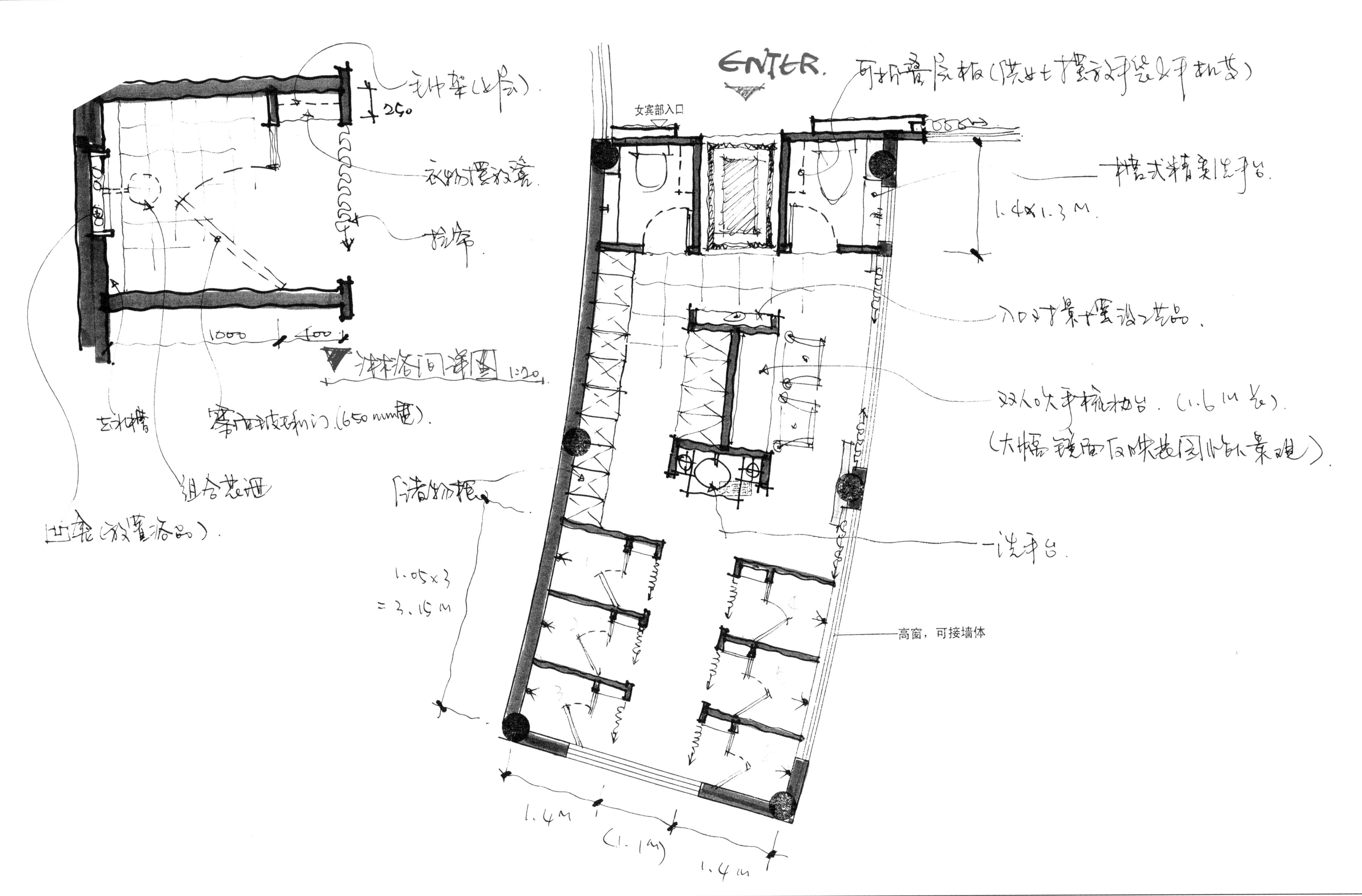
ENTER.
女宾部入口
高窗，可接墙体
250
1000
400
淋浴间详图 1:20
组合花洒
衣物摆放架
1.4×1.3 M
储物柜
洗手台
1.05×3
=3.15 M
1.4 M
(1.1 M)
1.4 M

思考方式2

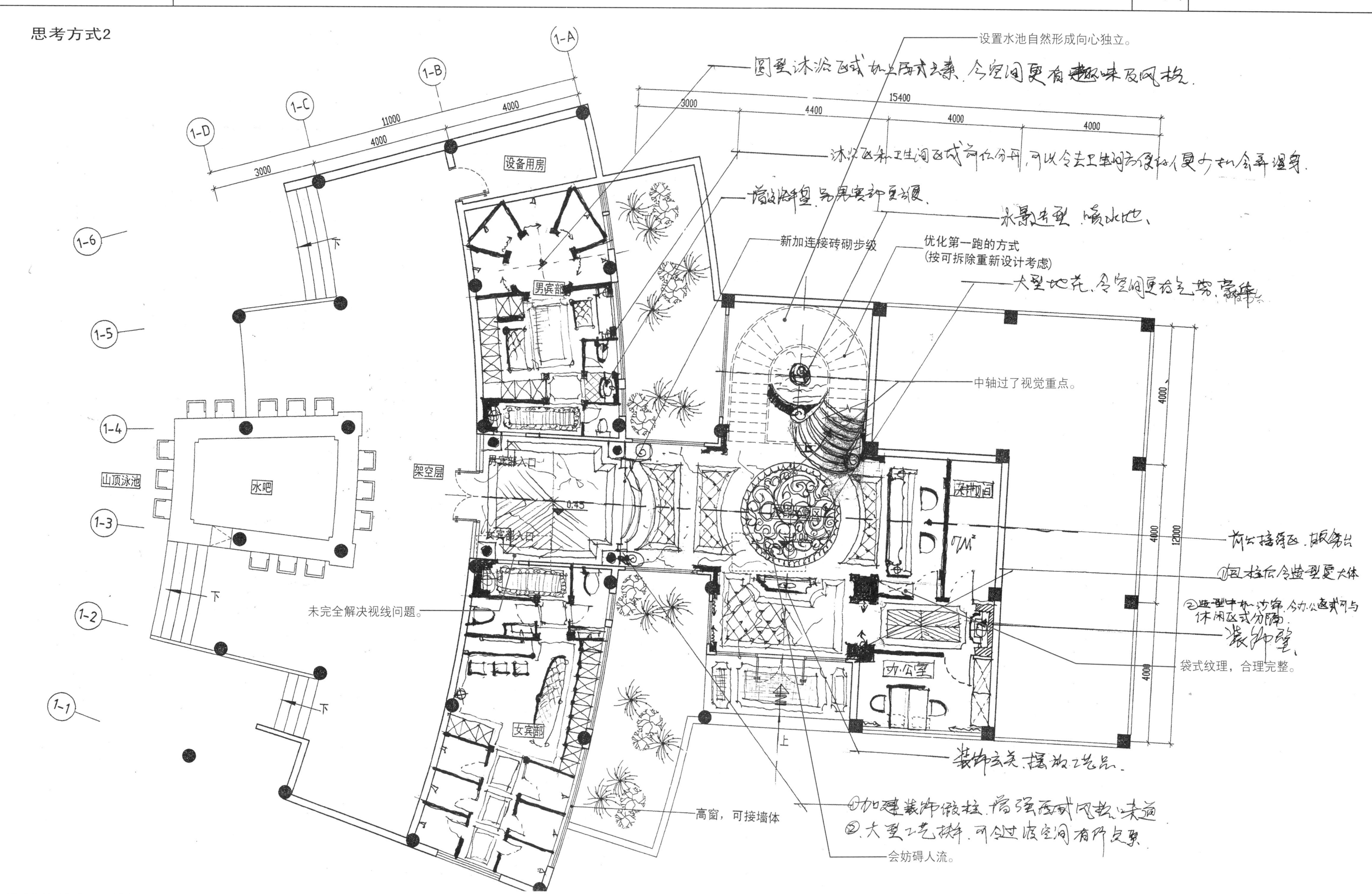
设置水池自然形成向心独立。
新加连接砖砌步级
优化第一跑的方式
(按可拆除重新设计考虑)
中轴过了视觉重点。
未完全解决视线问题。
袋式纹理，合理完整。
高窗，可接墙体
会妨碍人流。
设备用房
男宾部
男宾部入口
女宾部入口
女宾部
架空层
山顶泳池
水吧
办公室
1-A
1-B
1-C
1-D
1-1
1-2
1-3
1-4
1-5
1-6
11000
15400
12000
3000
4000
4400
0.45
下
上

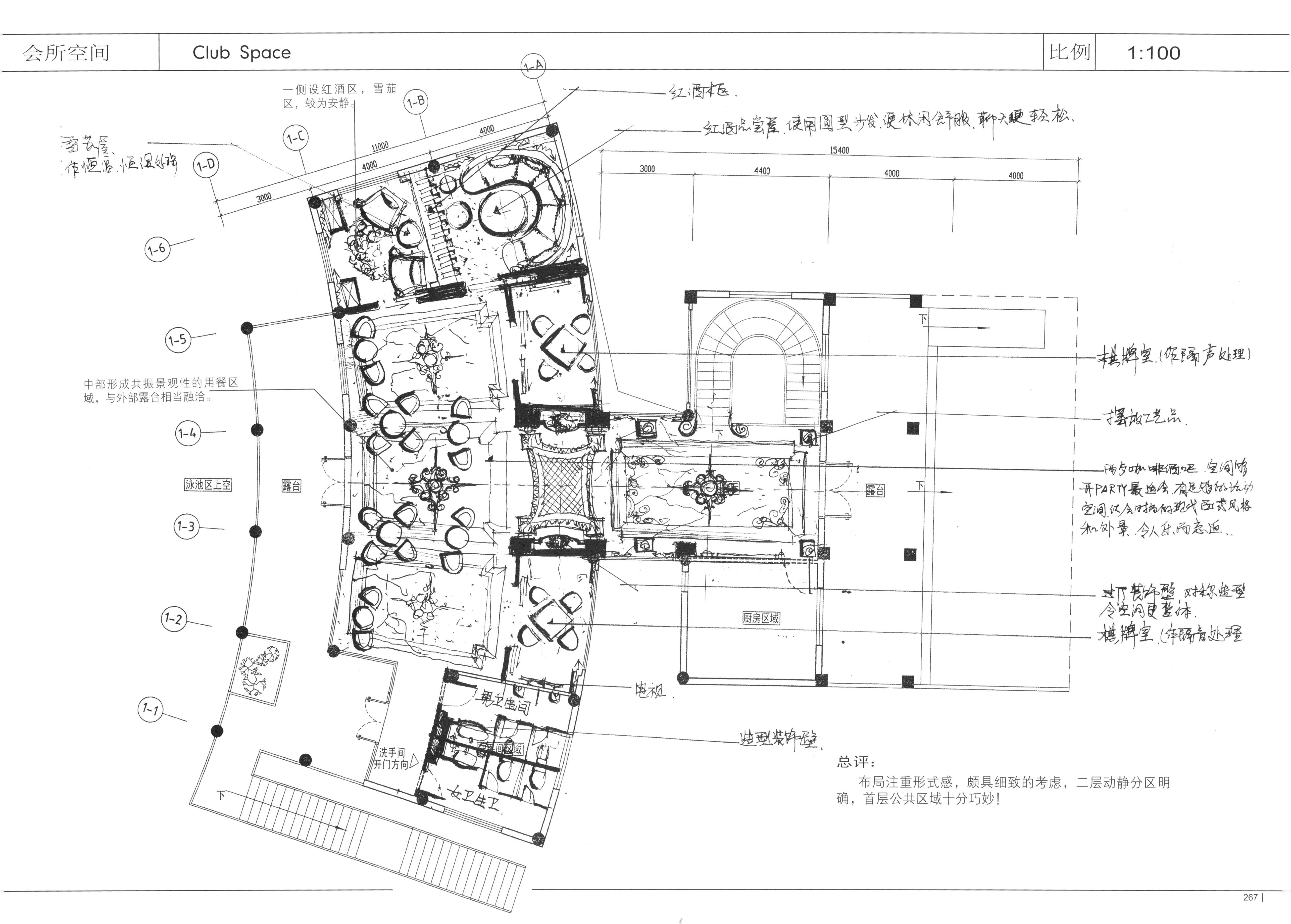

总评：

布局注重形式感，颇具细致的考虑，二层动静分区明确，首层公共区域十分巧妙！

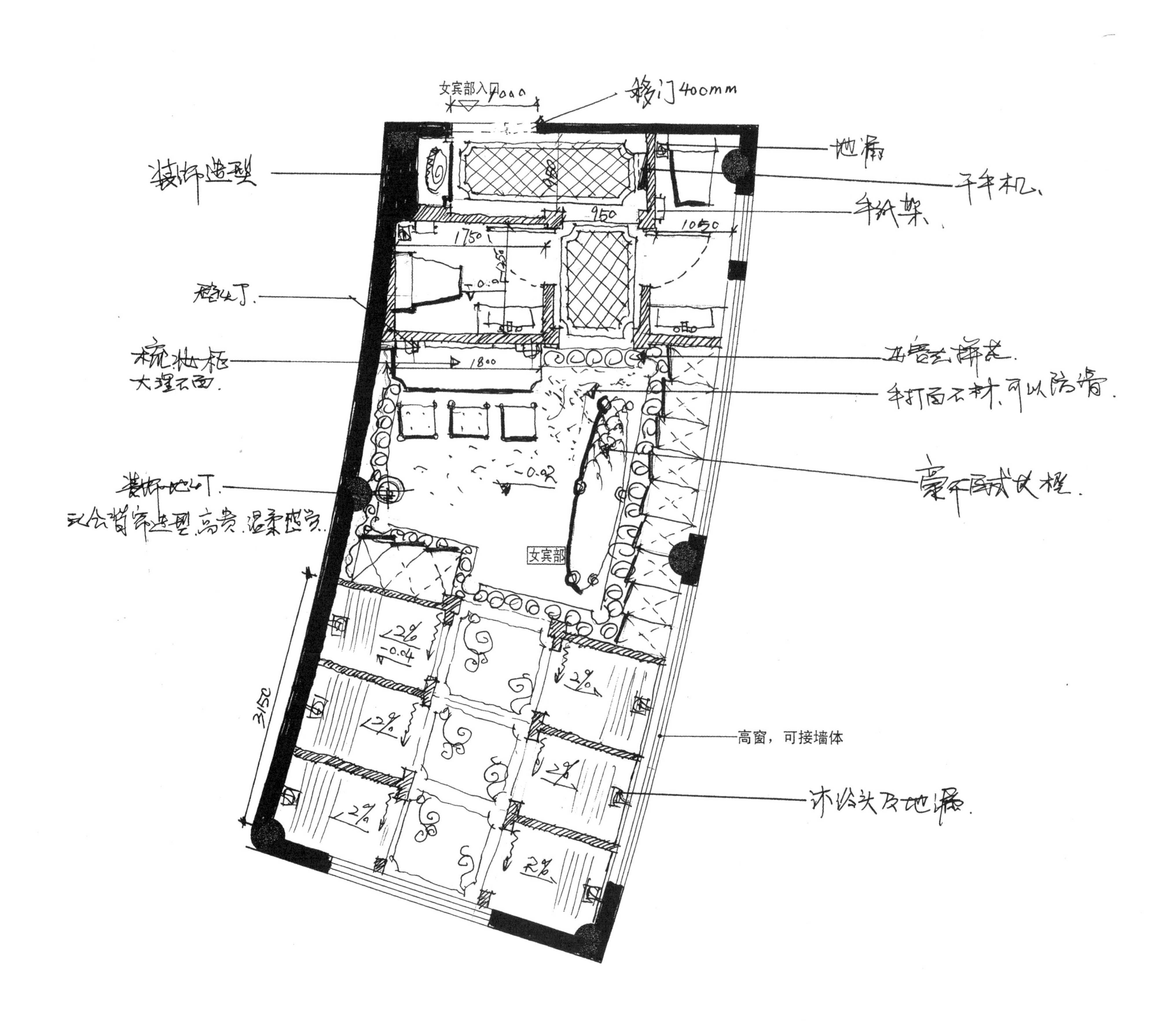
女宾部入口
高窗，可接墙体
女宾部

思考方式3

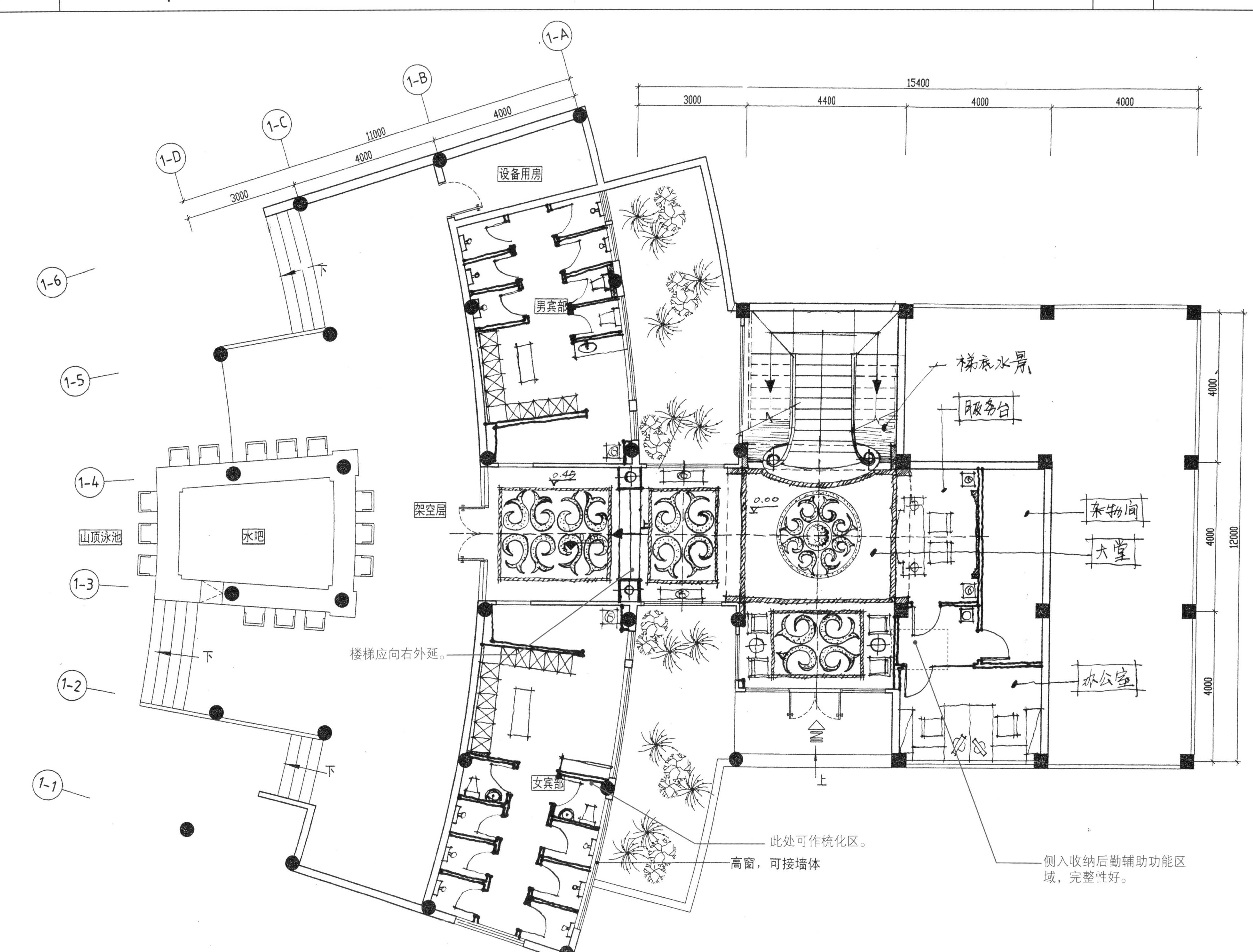
1-A
1-B
1-C
1-D
1-1
1-2
1-3
1-4
1-5
1-6
11000
4000
4000
3000
15400
3000
4400
4000
4000
12000
设备用房
男宾部
女宾部
架空层
山顶泳池
水吧
梯底水景
服务台
杂物间
大堂
办公室
楼梯应向右外延。
此处可作梳化区。
高窗，可接墙体
侧入收纳后勤辅助功能区
域，完整性好。
下
上

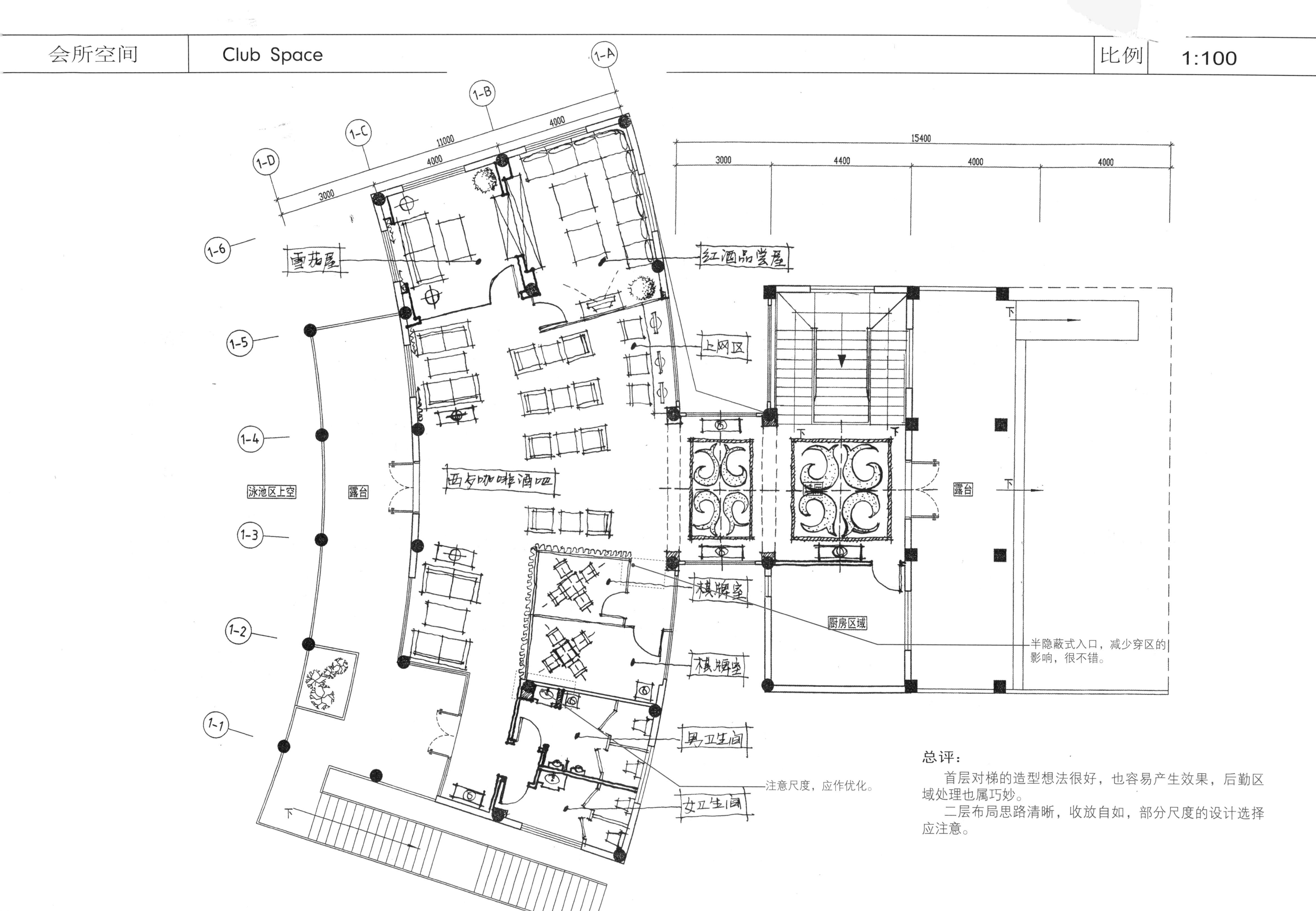

1-A
1-B
1-C
1-D
1-1
1-2
1-3
1-4
1-5
1-6
11000
4000
4000
3000
15400
3000
4400
4000
4000
雪茄屋
红酒品尝屋
上网区
西式咖啡酒吧
泳池区上空
露台
露台
棋牌室
棋牌室
厨房区域
男卫生间
女卫生间
下
半隐蔽式入口，减少穿区的影响，很不错。
注意尺度，应作优化。
总评：
首层对梯的造型想法很好，也容易产生效果，后勤区域处理也属巧妙。
二层布局思路清晰，收放自如，部分尺度的设计选择应注意。

女宾部入口
工艺品
储物柜
1200
1200
2900
更衣区
更衣凳
镜子
梳妆台
座厕
女宾部
洗手盆(现购)
花洒头
高窗，可接墙体
淋浴区
磨砂玻璃门
1400
1200
1400

思考方式4

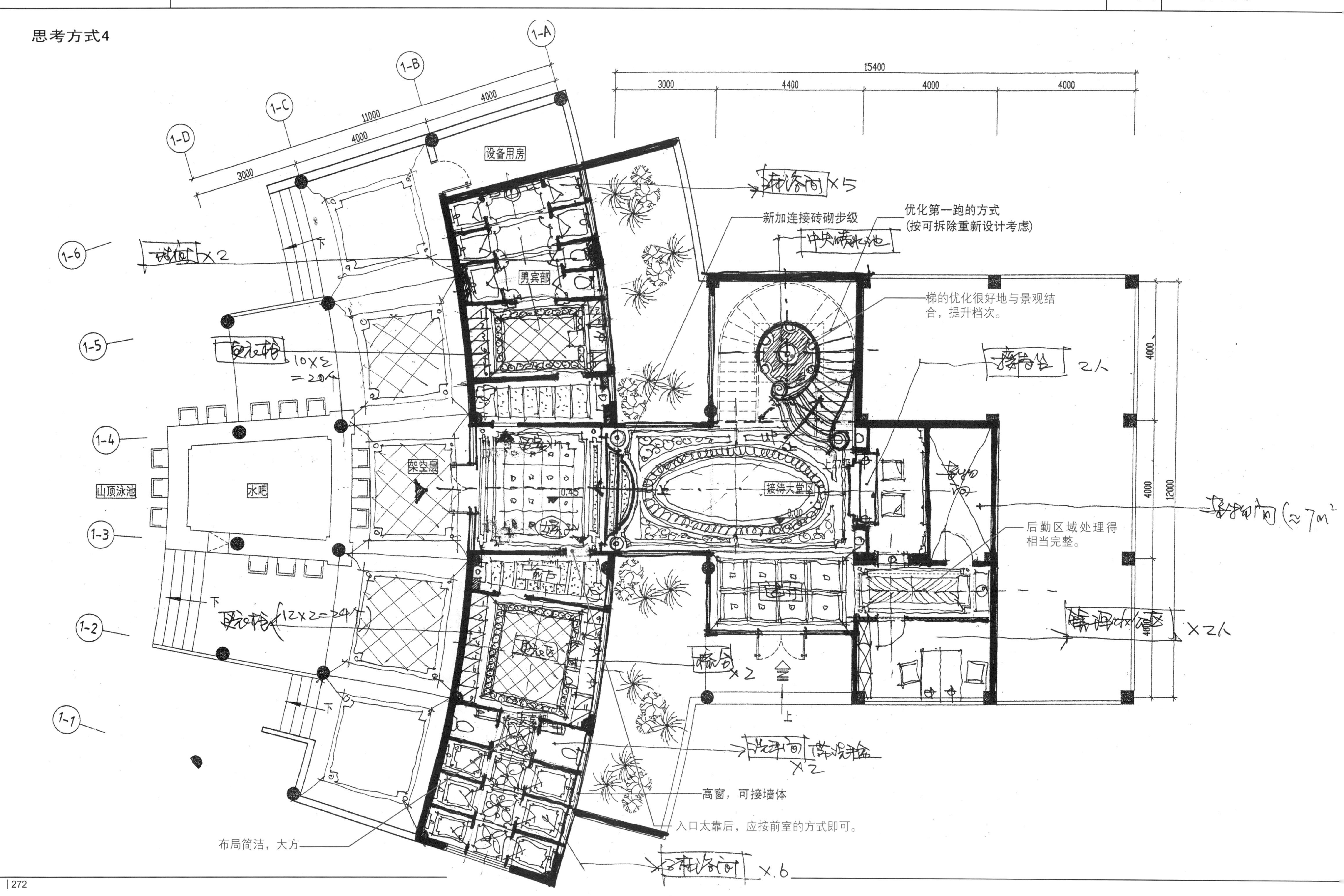
设备用房
男宾部
架空层
水吧
山顶泳池
接待大堂区
新加连接砖砌步级
优化第一跑的方式
(按可拆除重新设计考虑)
梯的优化很好地与景观结合，提升档次。
后勤区域处理得相当完整。
高窗，可接墙体
入口太靠后，应按前室的方式即可。
布局简洁，大方
15400
3000
4400
4000
4000
11000
12000

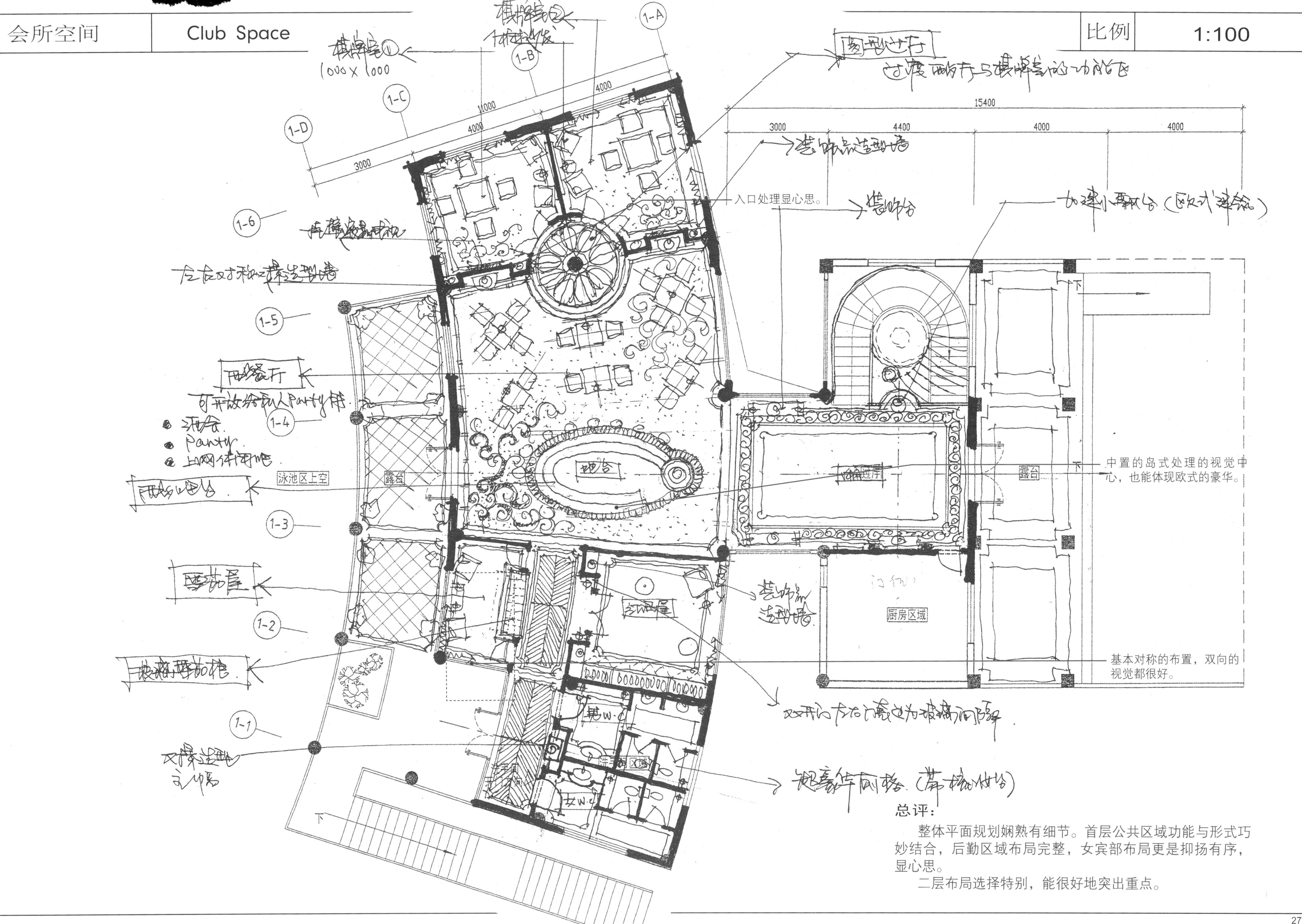

总评：

整体平面规划娴熟有细节。首层公共区域功能与形式巧妙结合，后勤区域布局完整，女宾部布局更是抑扬有序，显心思。

二层布局选择特别，能很好地突出重点。

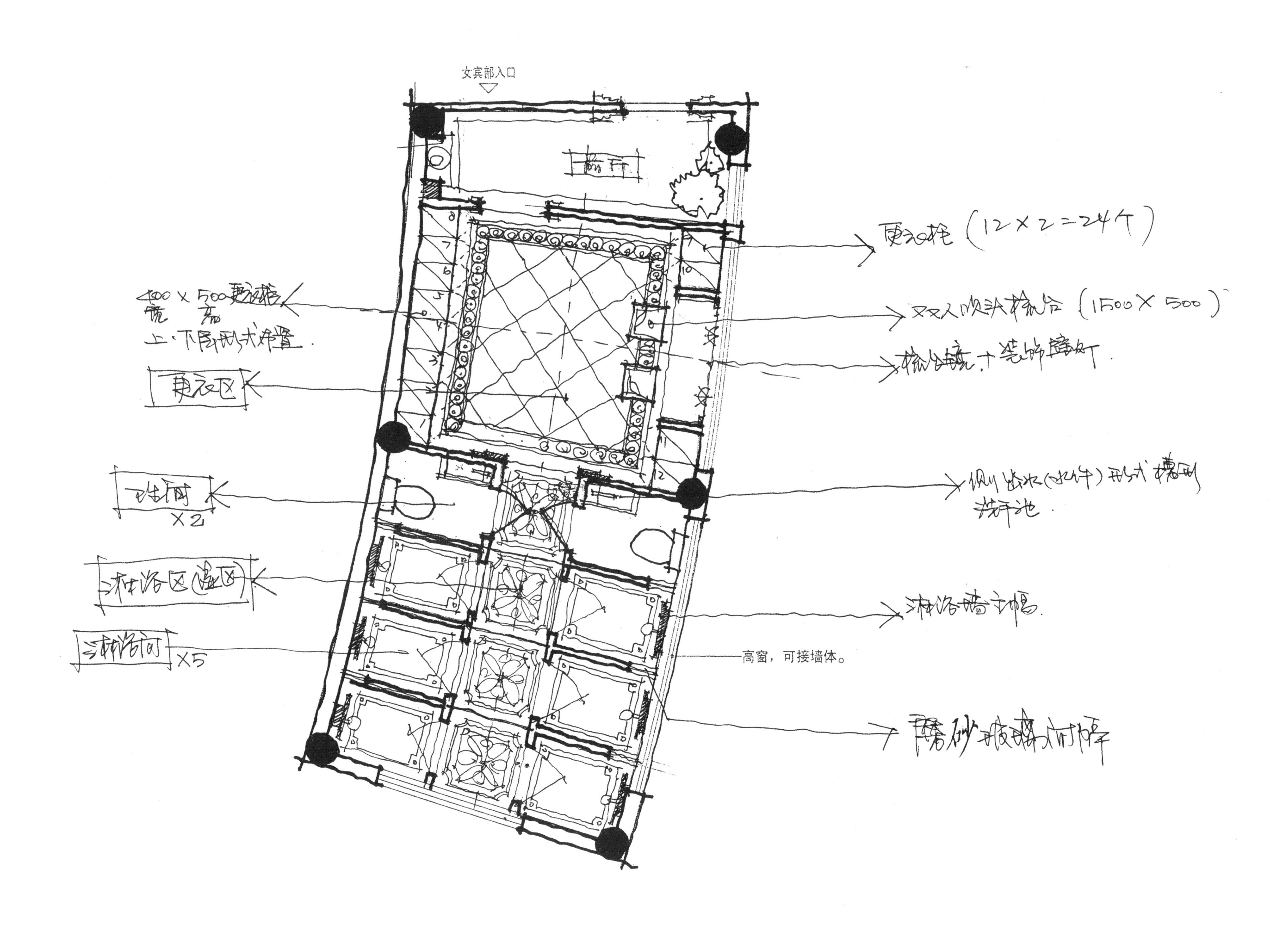
女宾部入口
前厅
更衣柜（12×2=24个）
双人吹头梳妆台（1500×500）
梳妆镜+装饰壁灯
更衣区
淋浴区(湿区)
淋浴间 ×5
淋浴墙挡
高窗，可接墙体。
磨砂玻璃隔断

思考方式5

1-A
1-B
1-C
1-D
1-1
1-2
1-3
1-4
1-5
1-6

11000
3000
4000
4000

15400
3000
4400
4000
4000

12000
4000
4000
4000

设备用房
男宾部
厕区
架空层
男宾部入口
女宾部入口
山顶泳池
水吧
0.45
接待大堂区
0.00
7级
女宾部
下
上

新加连接砖砌步级

优化第一跑的方式（按可拆除重新设计考虑）

水池 结合楼梯形式 石座工艺品

圆形花式对应上方圆形的天花，视觉冲击力强

服务台（尽大概，更显舒适、豪华）

杂物间

杂物间推拉门，做成镜门，营造大厅的对称形

办公室

袋式的设计规整、实用。

入口屏风
① 感觉豪华气氛作用
② 将空间分区，功能更明显，空间更严谨，体现西式风格

过渡空间的对称

适当外延的梯处理造型性更强。

高窗，可接墙体

干湿分区不明显，但便捷实用。

尺度应作推敲。

工艺品
① 增添艺术气息
② 作为过渡空间的点缀

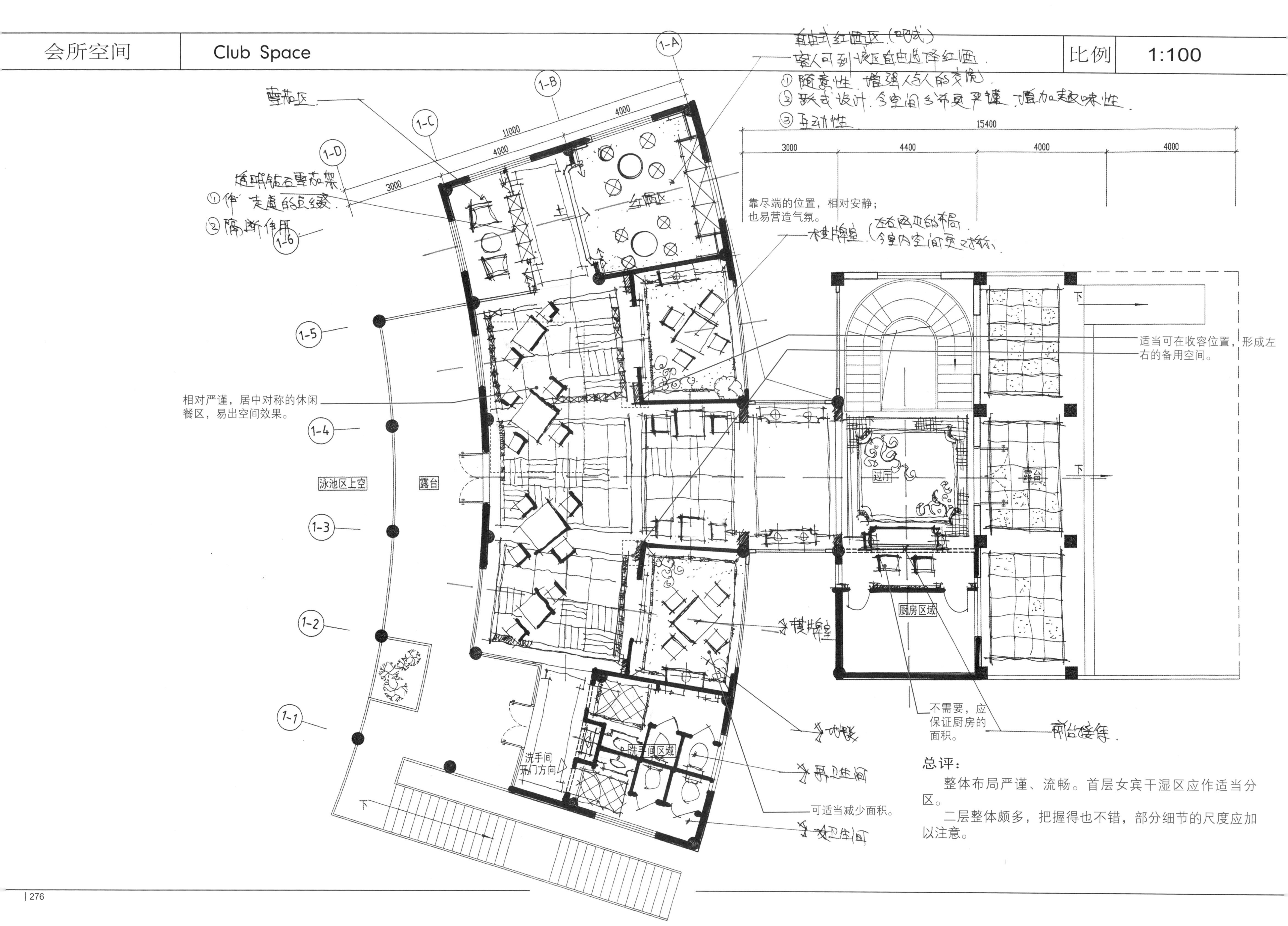

总评：

整体布局严谨、流畅。首层女宾干湿区应作适当分区。

二层整体颇多，把握得也不错，部分细节的尺度应加以注意。

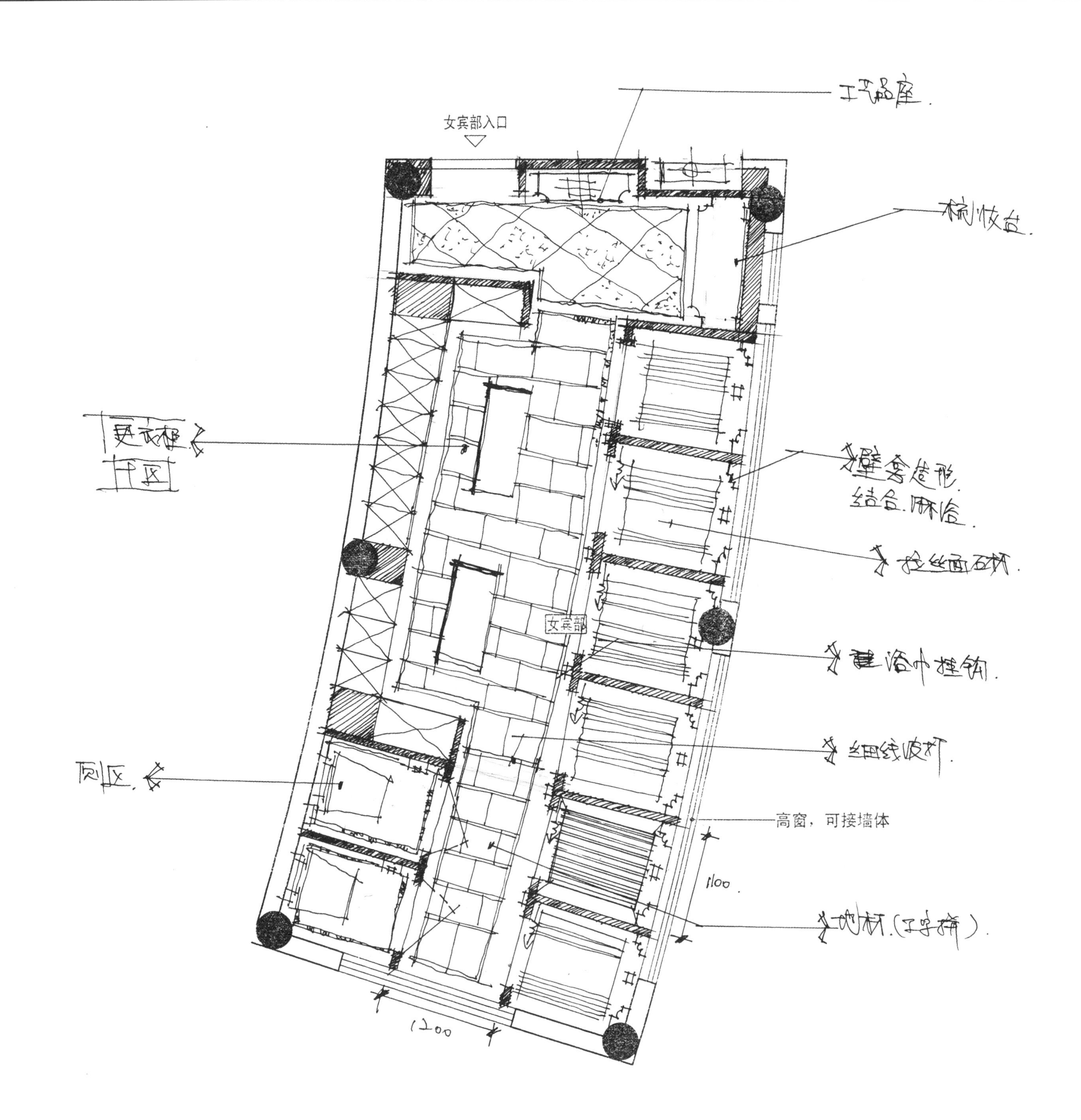
女宾部入口
女宾部
高窗，可接墙体
1100
1200

Restaurant Space

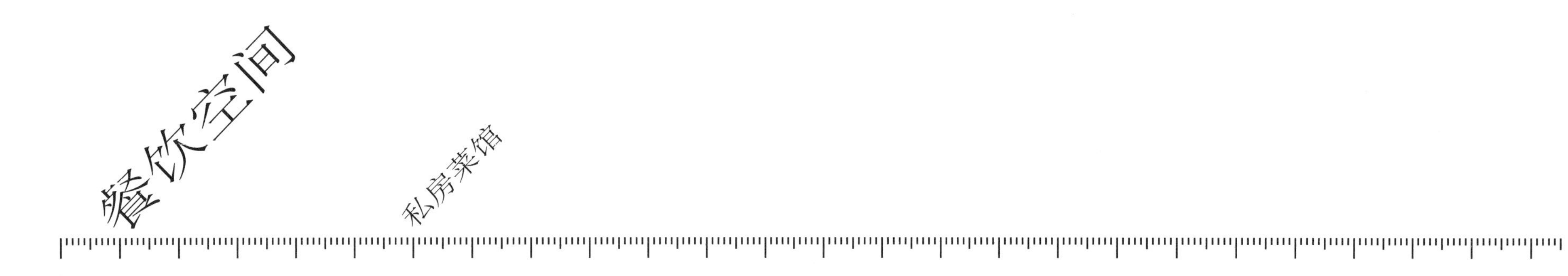

私房菜馆（测试题）

建议测试时间：8小时

试题说明

一、基本条件

（1）位于华侨新村内住宅改商业用途的一幢旧别墅，改建成高档的私房菜馆。
（2）只设计室内部分，平台不在本次考核范围。
（3）首层层高3.3m，二层层高3.6m。
（4）外围出入口及门窗位置、形式不能改变。
（5）采用分体挂墙式空调（暂忽略室外机放置位置）。

二、总体要求

现代岭南风格，舒适、雅致，各用餐区域有一定的私密性。

三、功能要求/分区

（一）首层 （本层不设公用洗手间）

基本功能分区：

1.接待大堂区，包括有前区和服务区。
A.入口玄关，有适当的摆设及气氛营造的空间，约5m²。
B.简单的收款及服务台，长约1.6m。
C.休息等候区，可兼顾品茶区，约9m²。

2.后勤配套区
A.贮物间（可利用梯底）。
B.厨房，约15m²（只考虑出入口位置，简单布置即可）。

3.用餐区
A.小餐厅，3张4人台，要求有简单的间隔保证视线的舒适性，约28m²。
B.一间6~8人的VIP房，带洗手间，洗手间配洗手盆及坐厕，合计面积约12m²。

布局要求：
A.体现岭南优雅的地域文化特征。
B.注重“风水”的心理影响。
C.厨房采用家庭式的考虑，兼顾二层的供应。

（二）二层（VIP用餐区）

基本功能分区：

1.梯厅前厅及公共洗手间（配一洗手盆，一坐厕）。
2.2~4人用餐房间2间，每间带洗手间，每间合计面积约7.5m²。
3.6~8人用餐房间2间，每间带洗手间，每间合计面积约10.5m²。
4.豪华大房一间，可容纳10~12人用餐并设有休闲品茶区，洗手间面积共计约27m²。

布局要求

1. 流线清晰，布局合理，走廊宽不少于1350mm，注重小景点的设置。
2. 应充分考虑景观效果，房间可观窗外，别墅区优雅的环境风光。

四、成本控制

暂不考虑成本控制。

五、评分标准

评分标准

A.指图纸表——占总分数75%。

绘制在提供的图纸上（共3张A3图纸），可用徒手或规尺的形式表达，黑白即可。

设计提交的图纸内容、要求如下：

序号	图纸内容	规格及比例	占该部分比例	备注
1	首层平面图	A3/1:100	40%	要表达主要区域的地花
2	二层平面图	A3/1:100	40%	要表达主要区域的地花
3	其中一间6~8人VIP房透视草图	A3	20%	标注主要造法及用材

B.方案推销能力（指口述表达）——占总分数25%。

序号	表达方面	占该部分比例	备注
1	语言表达能力	40%	
2	推销条例能力	40%	
3	应变能力	20%	

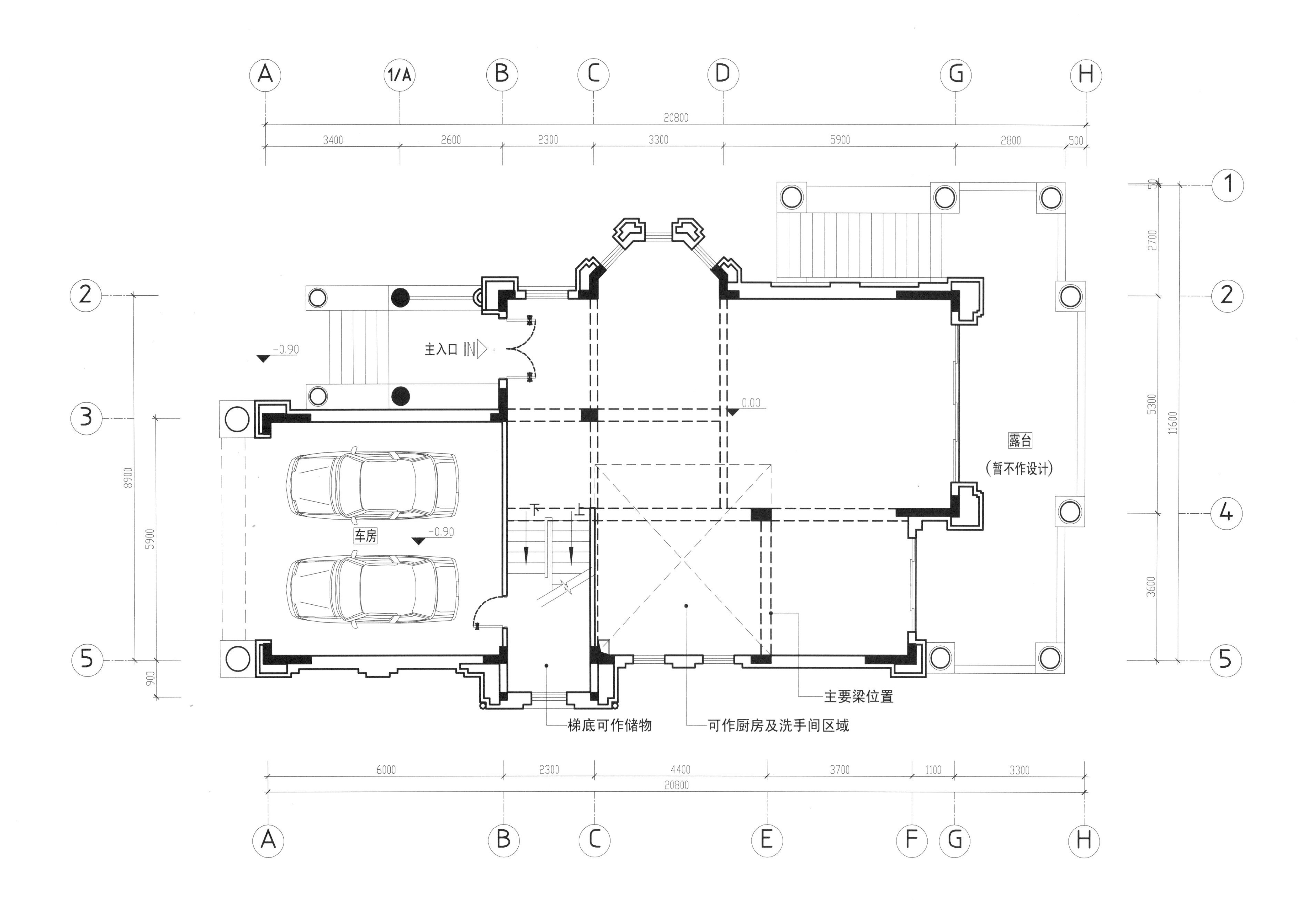
A
1/A
B
C
D
G
H
20800
3400
2600
2300
3300
5900
2800
500
1
2
3
4
5
主入口 IN
-0.90
0.00
车房
露台
(暂不作设计)
2700
5300
11600
3600
8900
5900
900
主要梁位置
梯底可作储物
可作厨房及洗手间区域
6000
2300
4400
3700
1100
3300
E
F

首层平面布置图

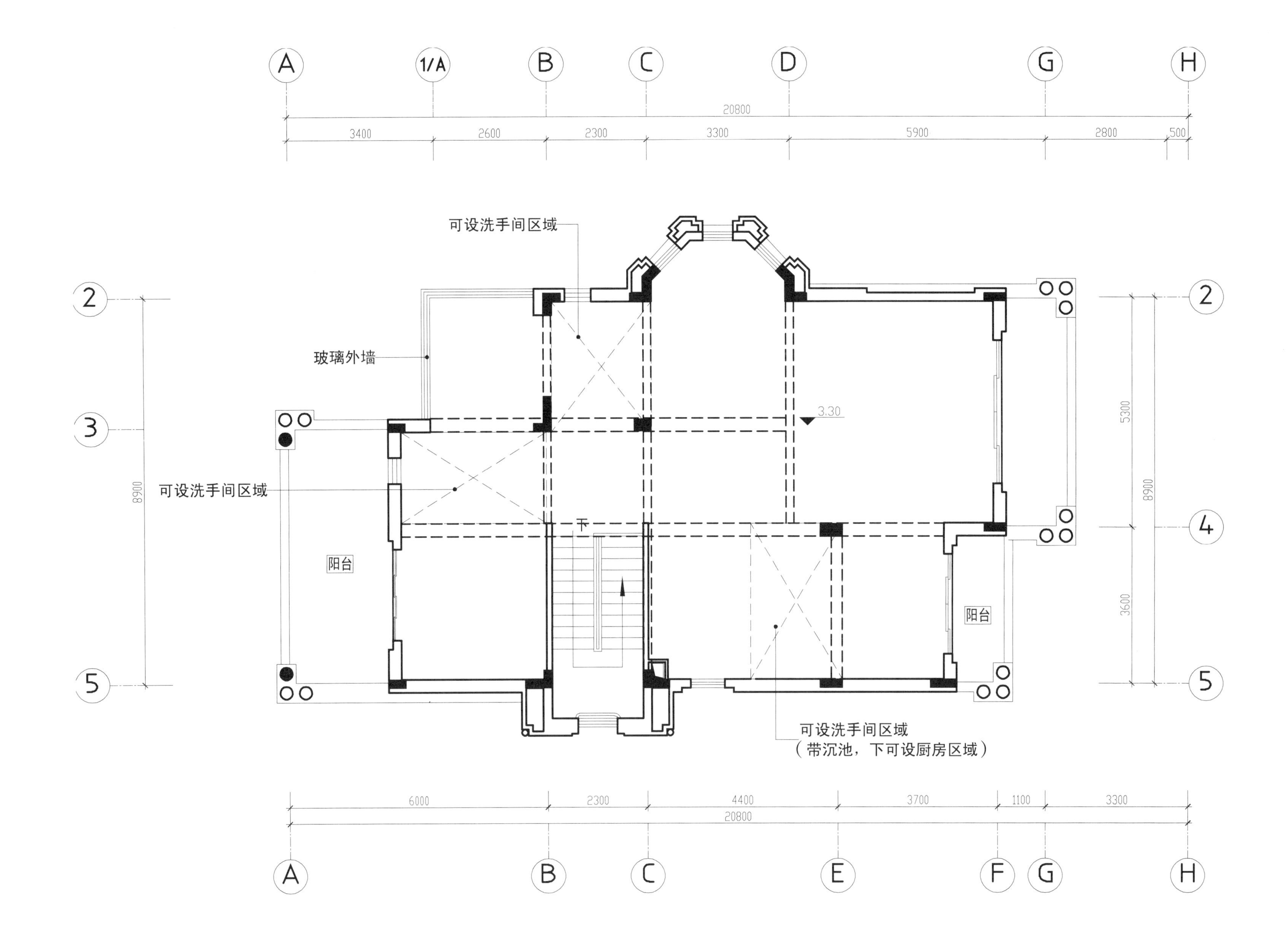

A
1/A
B
C
D
G
H
20800
3400
2600
2300
3300
5900
2800
500
可设洗手间区域
玻璃外墙
3.30
可设洗手间区域
阳台
阳台
下
可设洗手间区域
（带沉池，下可设厨房区域）
2
3
5
8900
2
4
5
5300
3600
8900
6000
2300
4400
3700
1100
3300
20800
A
B
C
E
F
G
H

二层平面布置图

思考方式1

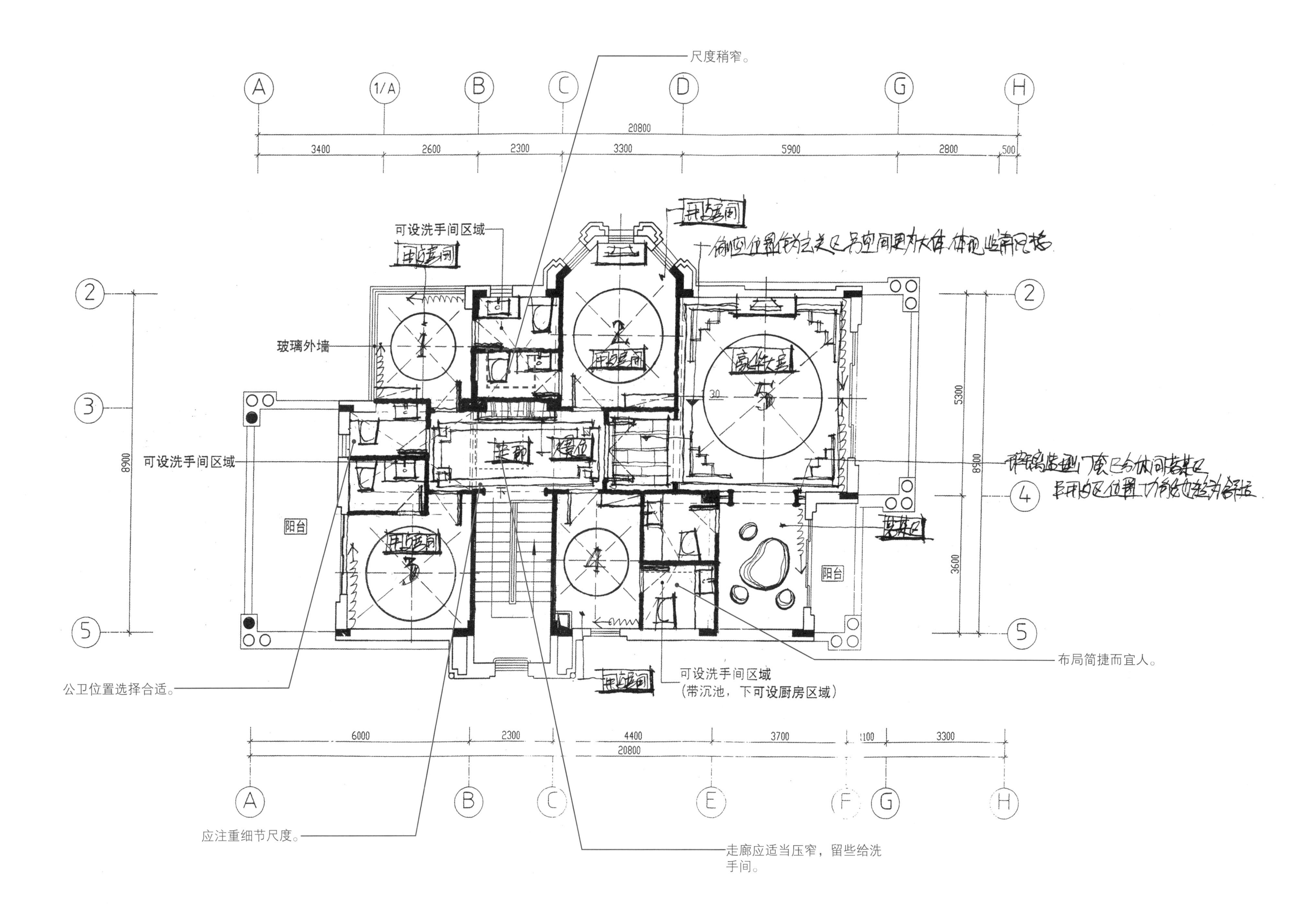
尺度稍窄。
可设洗手间区域
玻璃外墙
可设洗手间区域
阳台
阳台
公卫位置选择合适。
可设洗手间区域
（带沉池，下可设厨房区域）
布局简捷而宜人。
应注重细节尺度。
走廊应适当压窄，留些给洗手间。
20800
3400
2600
2300
3300
5900
2800
500
6000
2300
4400
3700
100
3300
20800
8900
5300
8900
3600

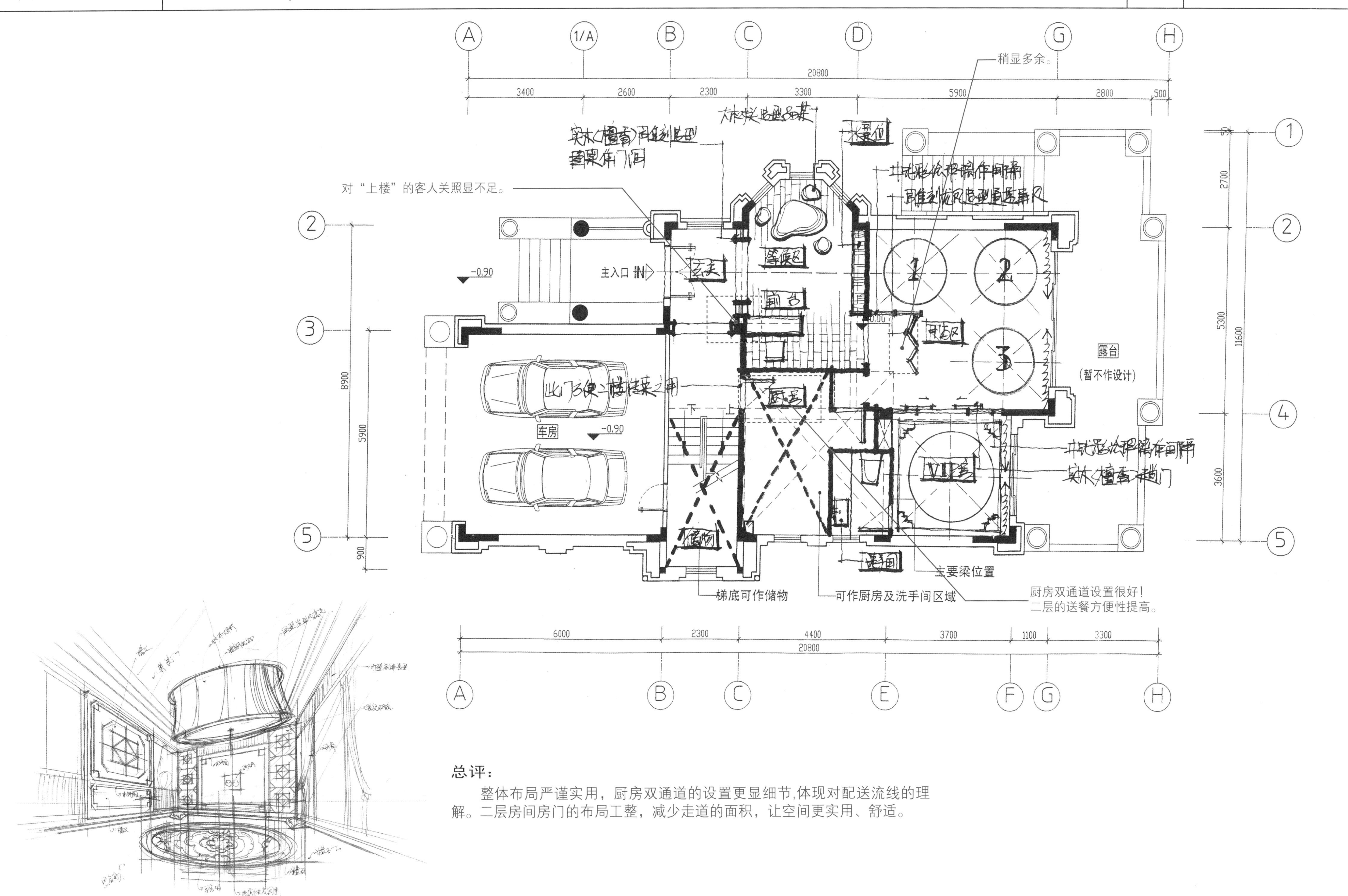

总评：

整体布局严谨实用，厨房双通道的设置更显细节,体现对配送流线的理解。二层房间房门的布局工整，减少走道的面积，让空间更实用、舒适。

思考方式2

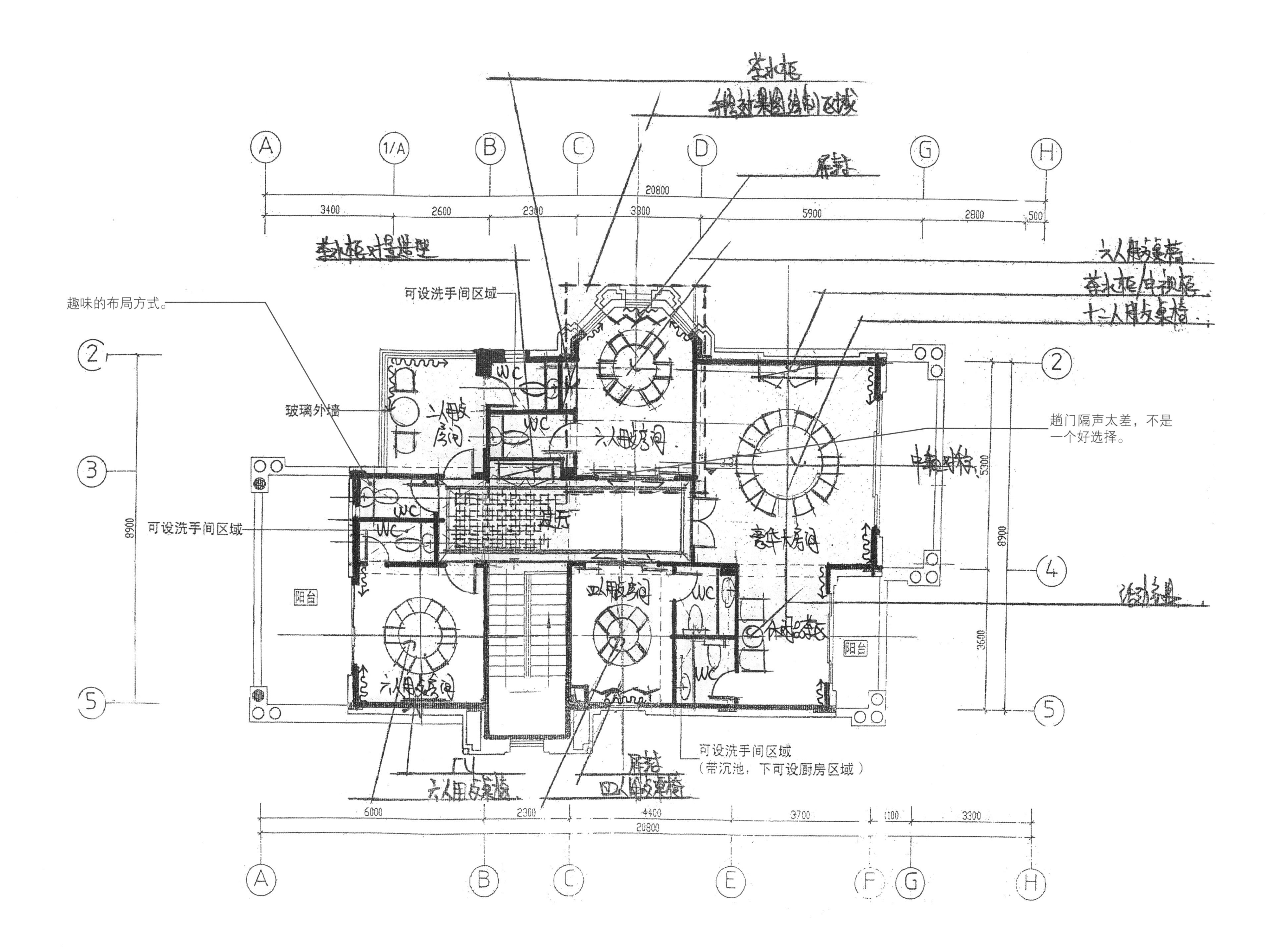
趣味的布局方式。
可设洗手间区域
玻璃外墙
可设洗手间区域
趟门隔声太差，不是
一个好选择。
可设洗手间区域
（带沉池，下可设厨房区域）
阳台
阳台
WC
20800
3400
2600
2300
3300
5900
2800
500
6000
2300
4400
3700
1100
3300
20800
8900
5300
8900
3600
A
1/A
B
C
D
G
H
E
F
2
3
4
5

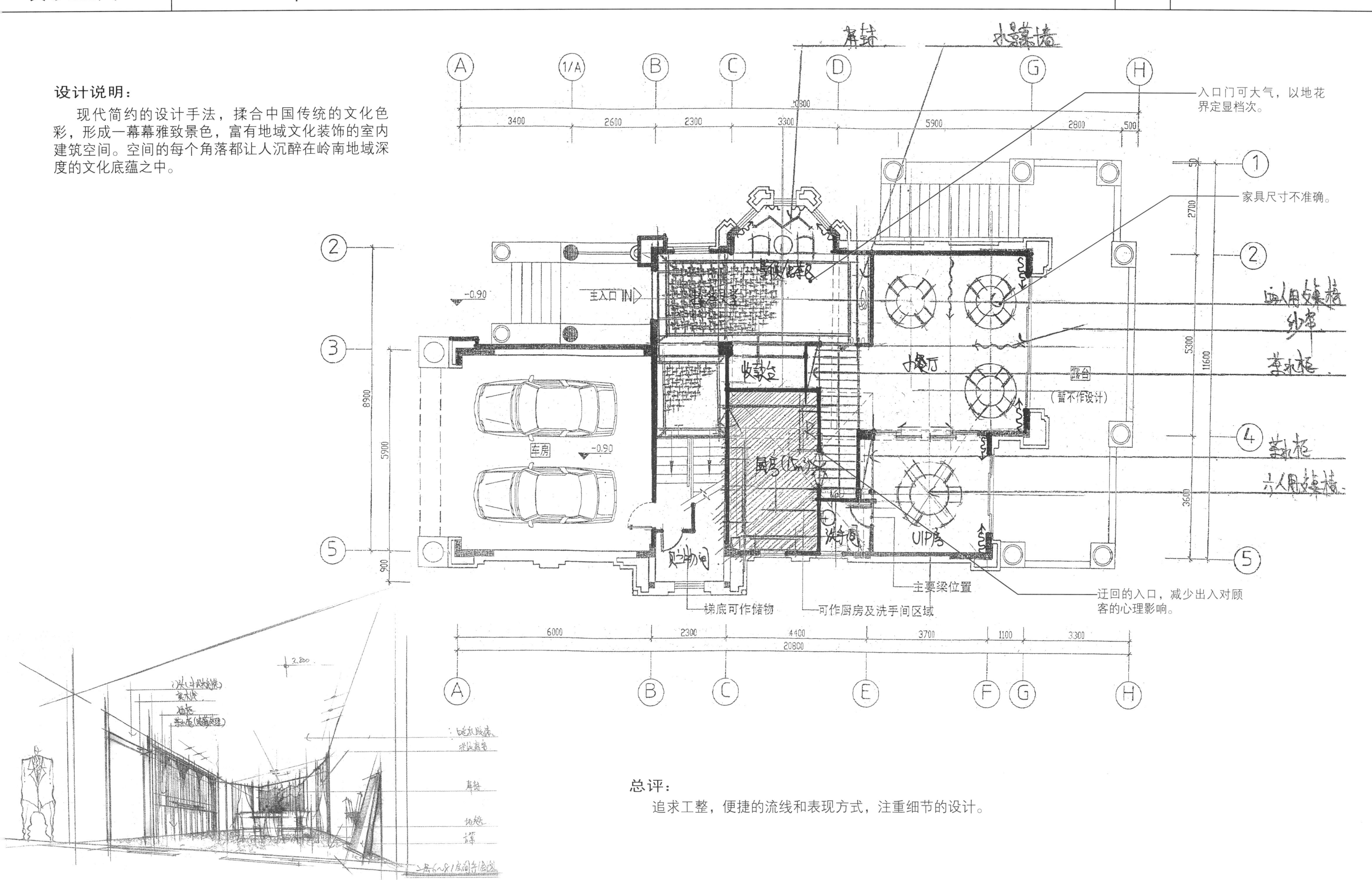

设计说明：

现代简约的设计手法，揉合中国传统的文化色彩，形成一幕幕雅致景色，富有地域文化装饰的室内建筑空间。空间的每个角落都让人沉醉在岭南地域深度的文化底蕴之中。

总评：

追求工整，便捷的流线和表现方式，注重细节的设计。

思考方式3

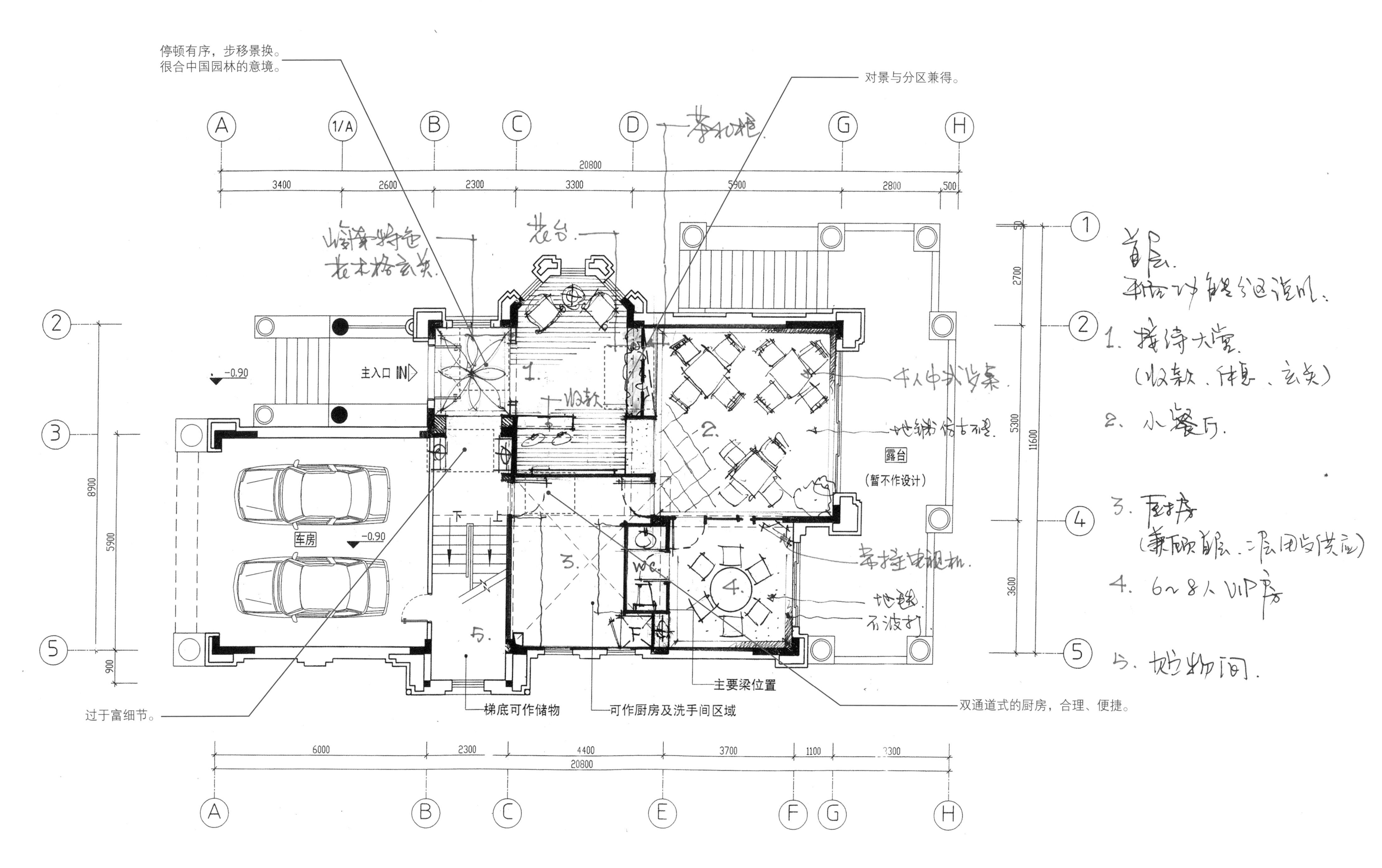
停顿有序，步移景换。
很合中国园林的意境。
对景与分区兼得。
A 1/A B C D G H
20800
3400 2600 2300 3300 5900 2800 500
1 2 3 4 5
2700 5300 3600 11600
8900 5900 900
-0.90
主入口 IN
车房
-0.90
露台
(暂不作设计)
过于富细节。
梯底可作储物
可作厨房及洗手间区域
主要梁位置
双通道式的厨房，合理、便捷。
6000 2300 4400 3700 1100 3300
20800
A B C E F G H
花台
收款
1.
2.
3.
4.
5.
WC
首层。
平面功能分区说明：
1. 接待大堂
(收款、休息、玄关)
2. 小餐厅。
3. 厨房
(兼顾首层、二层用餐供应)
4. 6~8人VIP房
5. 储物间。

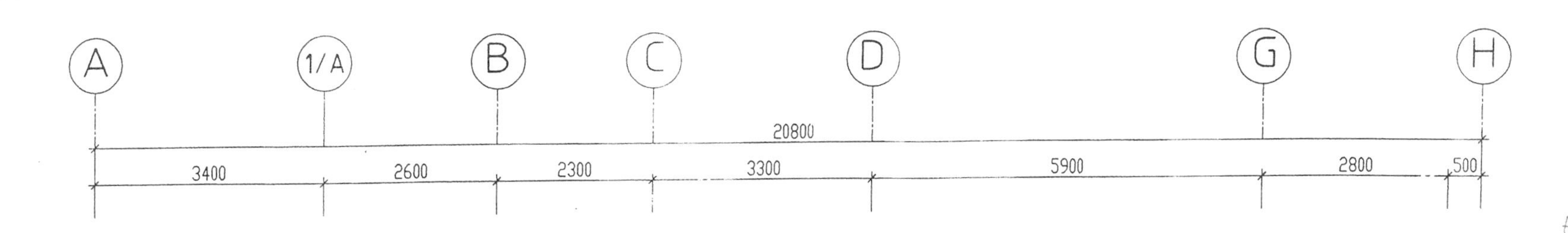

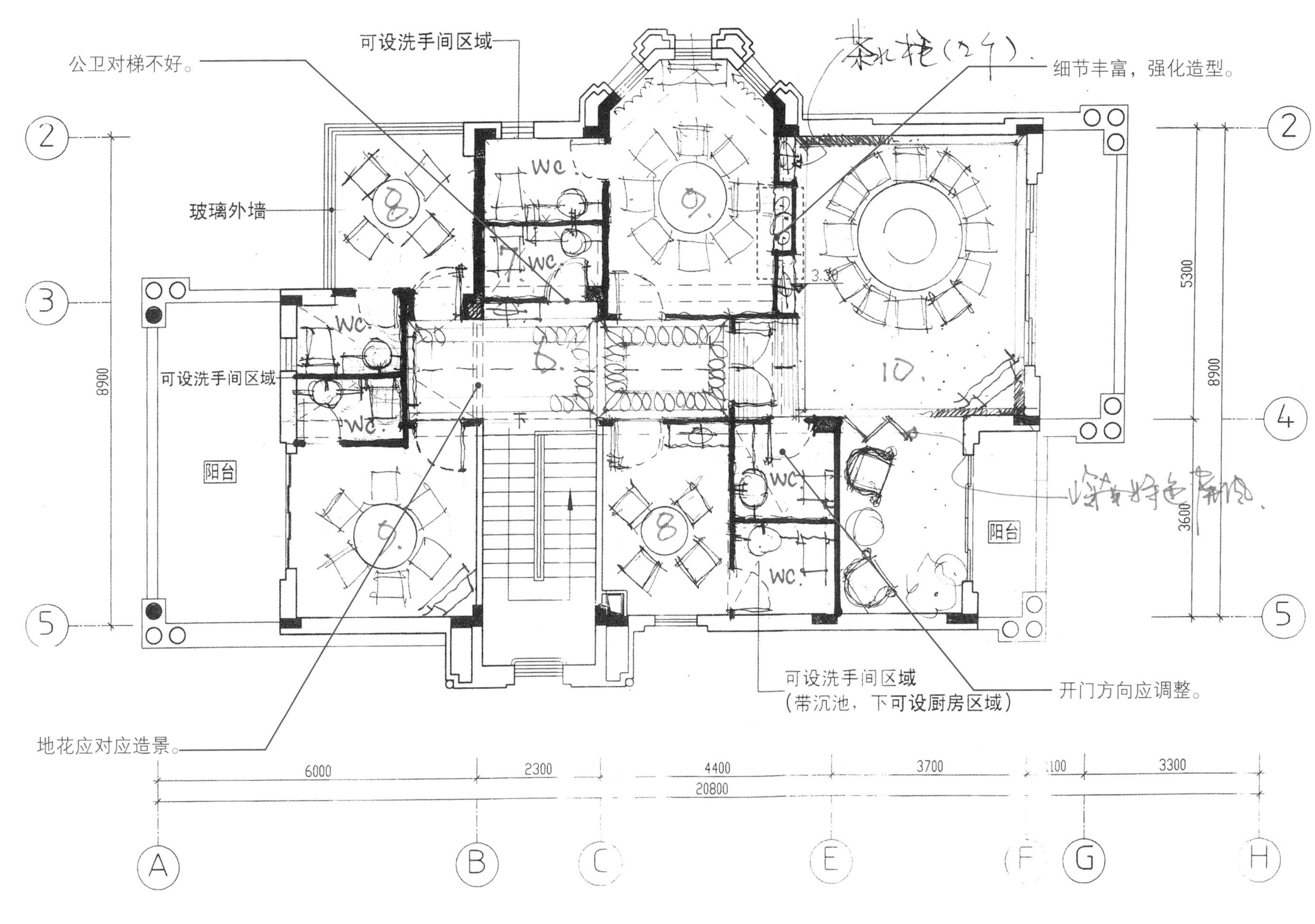

总评：

布局能很好地对应岭南（中式）的造景元素，为细节、为空间作好的考虑和铺垫。

思考方式4

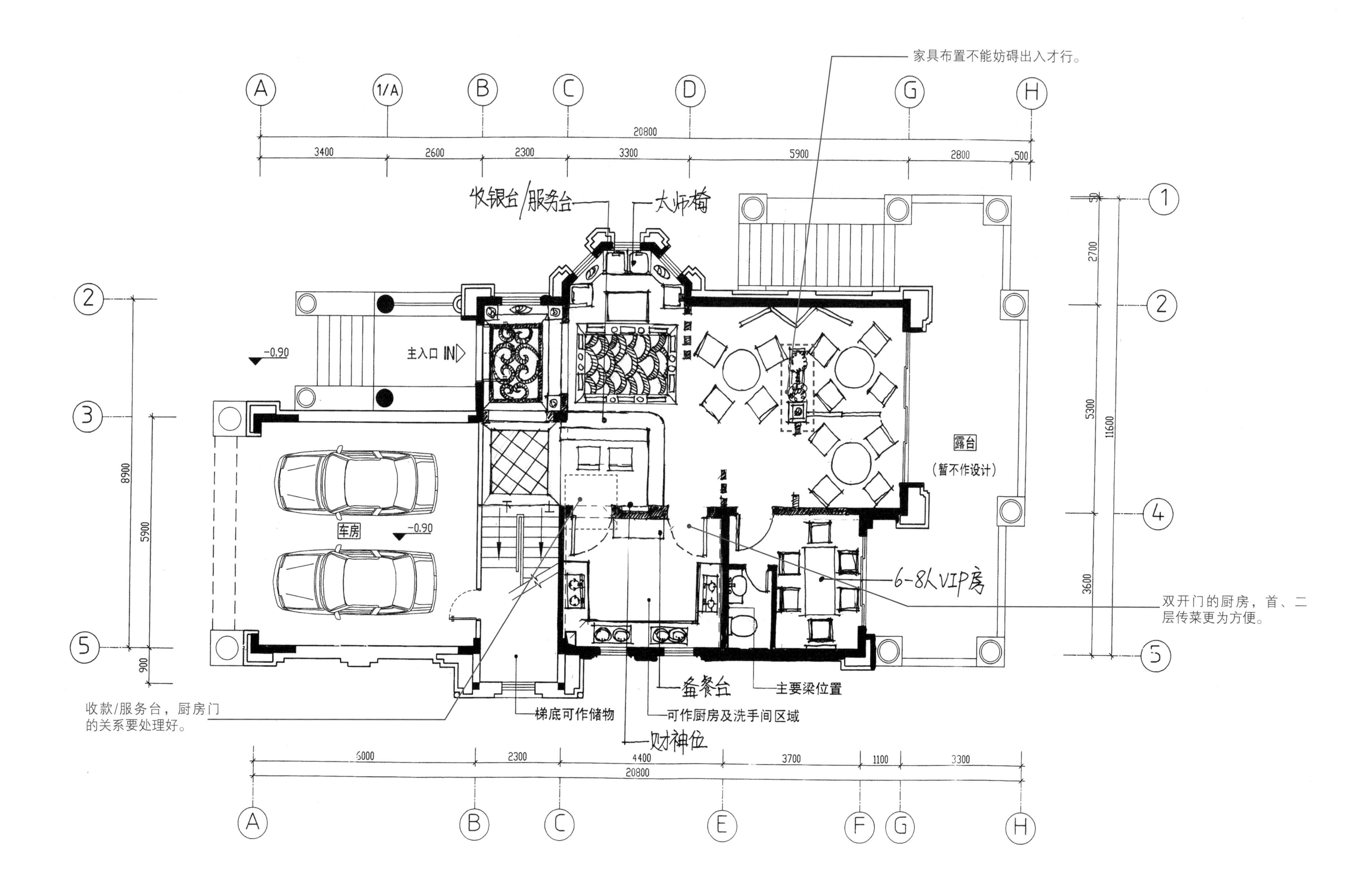

家具布置不能妨碍出入才行。
收银台/服务台
大师椅
主入口 IN
-0.90
车房
露台
(暂不作设计)
6-8人VIP房
双开门的厨房，首、二层传菜更为方便。
备餐台
主要梁位置
梯底可作储物
可作厨房及洗手间区域
财神位
收款/服务台，厨房门的关系要处理好。
20800
3400
2600
2300
3300
5900
2800
500
6000
4400
3700
1100
8900
5900
900
2700
5300
11600
3600

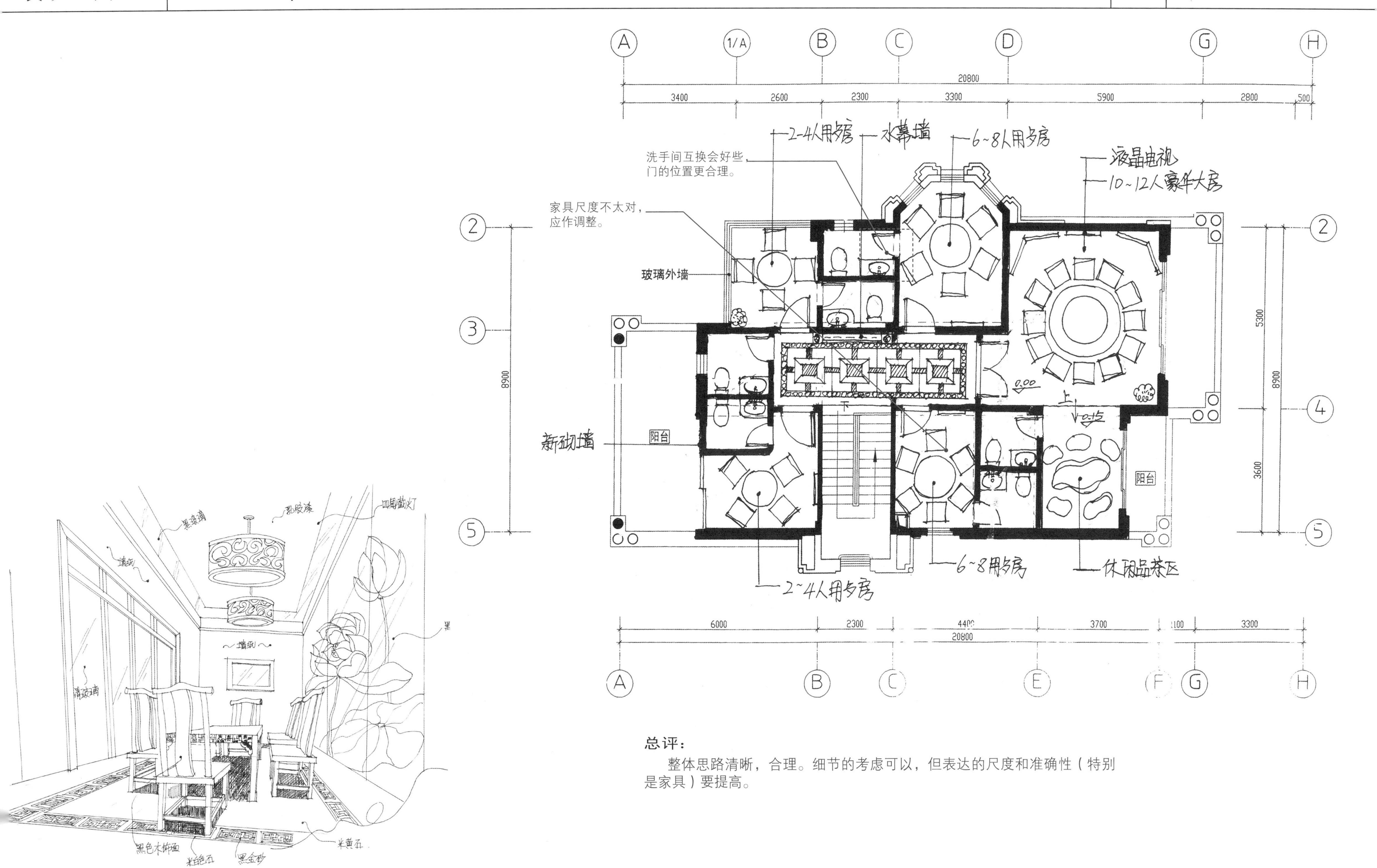

总评：

整体思路清晰，合理。细节的考虑可以，但表达的尺度和准确性（特别是家具）要提高。

思考方式5

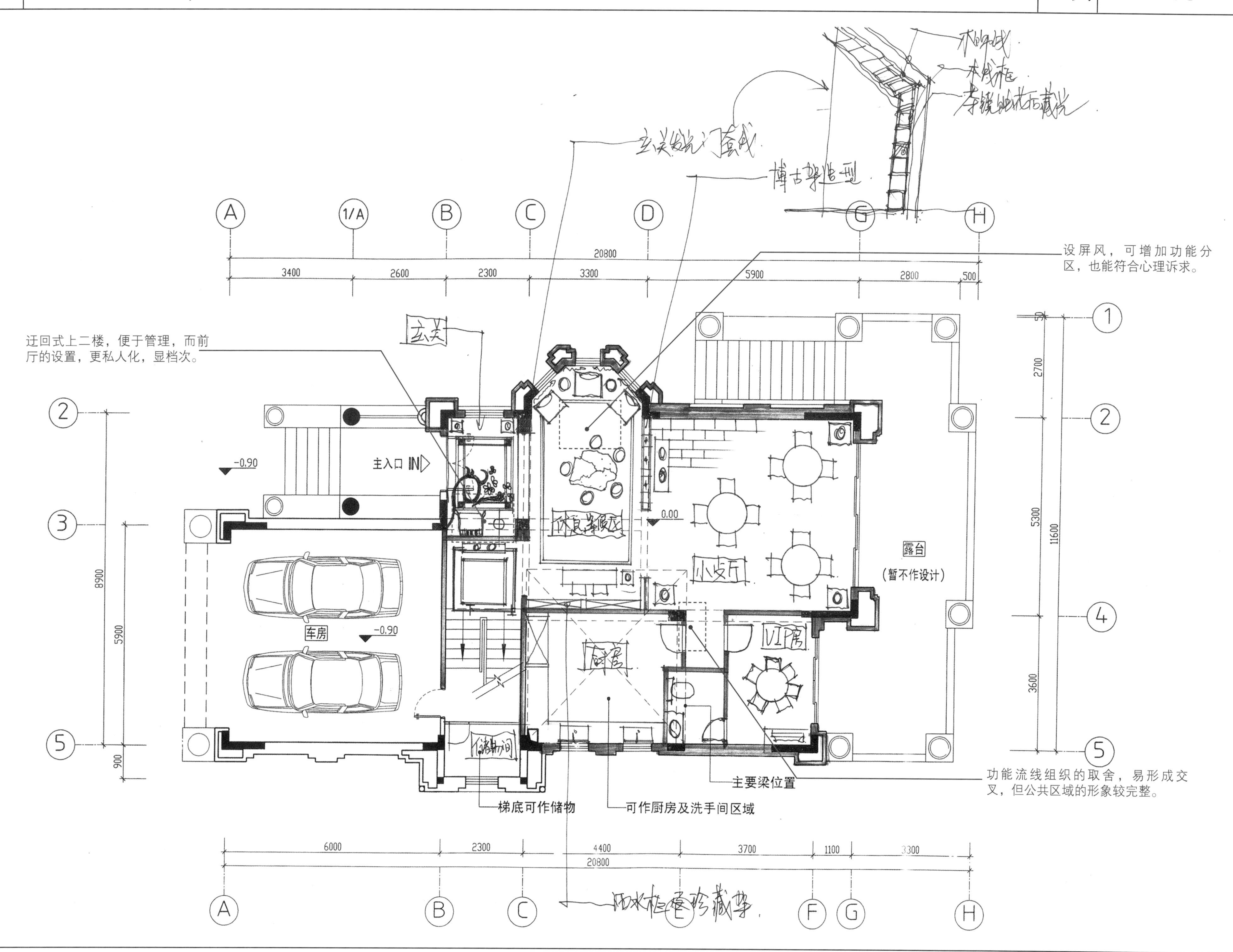
设屏风，可增加功能分区，也能符合心理诉求。
迂回式上二楼，便于管理，而前厅的设置，更私人化，显档次。
主入口 IN
车房
露台
(暂不作设计)
功能流线组织的取舍，易形成交叉，但公共区域的形象较完整。
主要梁位置
梯底可作储物
可作厨房及洗手间区域
20800
3400
2600
2300
3300
5900
2800
500
6000
4400
3700
1100
8900
5900
900
2700
5300
11600
3600
-0.90
0.00

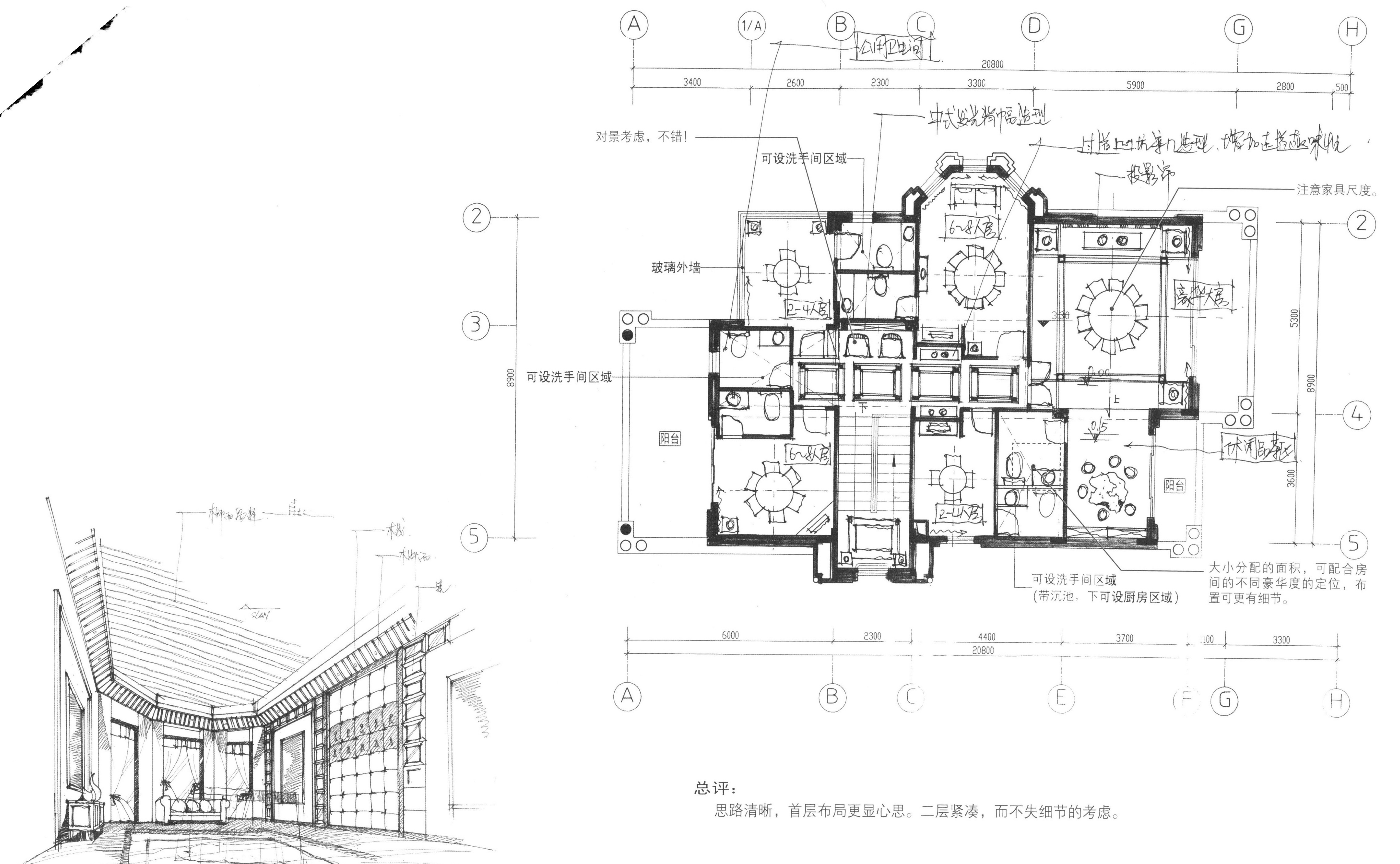

总评：

思路清晰，首层布局更显心思。二层紧凑，而不失细节的考虑。

思考方式6

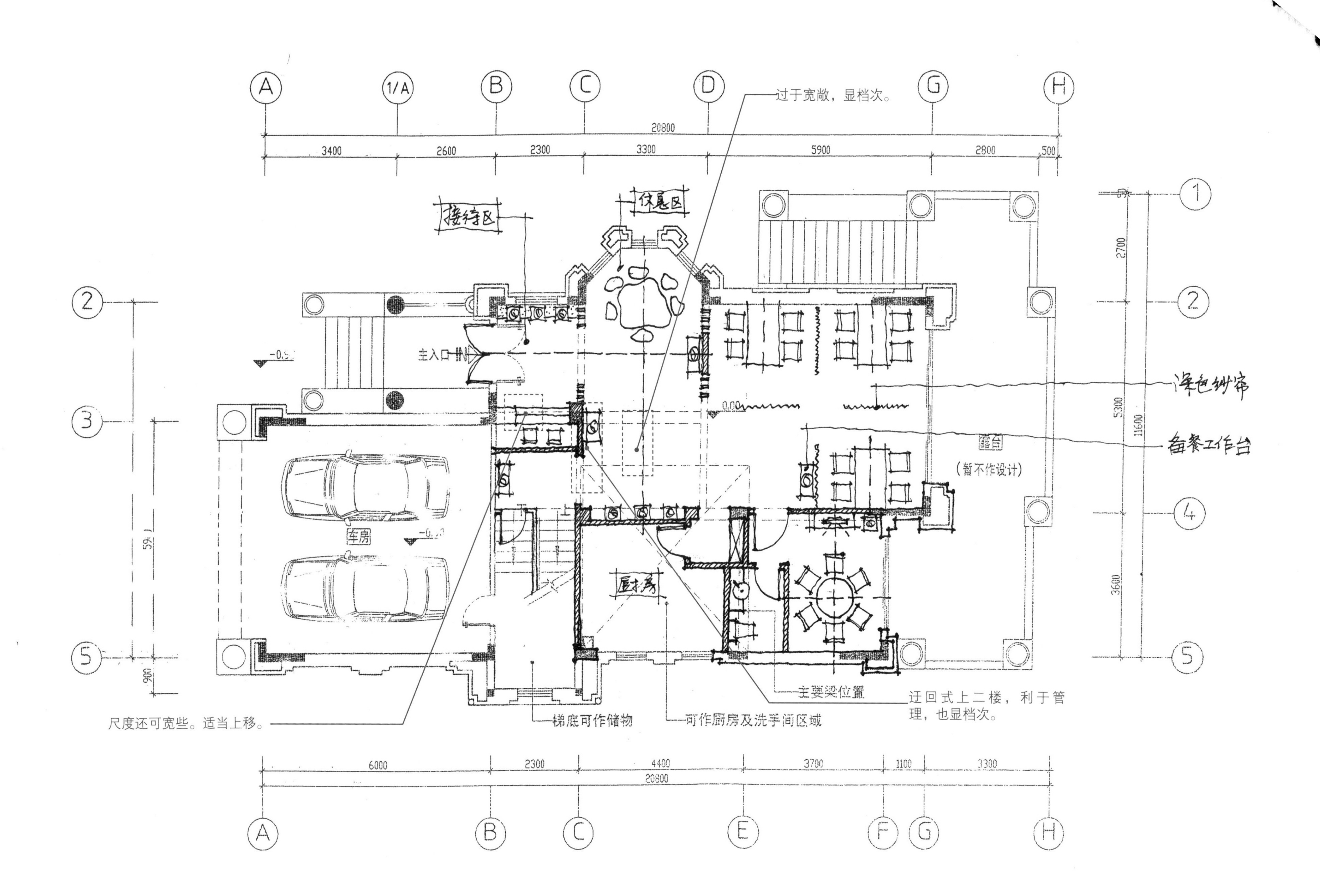
接待区
休息区
主入口
车房
厨房
过于宽敞，显档次。
深色纱帘
备餐工作台
吧台
（暂不作设计）
尺度还可宽些。适当上移。
梯底可作储物
可作厨房及洗手间区域
主要梁位置
迂回式上二楼，利于管理，也显档次。
20800
3400
2600
2300
3300
5900
2800
500
6000
4400
3700
1100
2700
5300
11600
3600
900

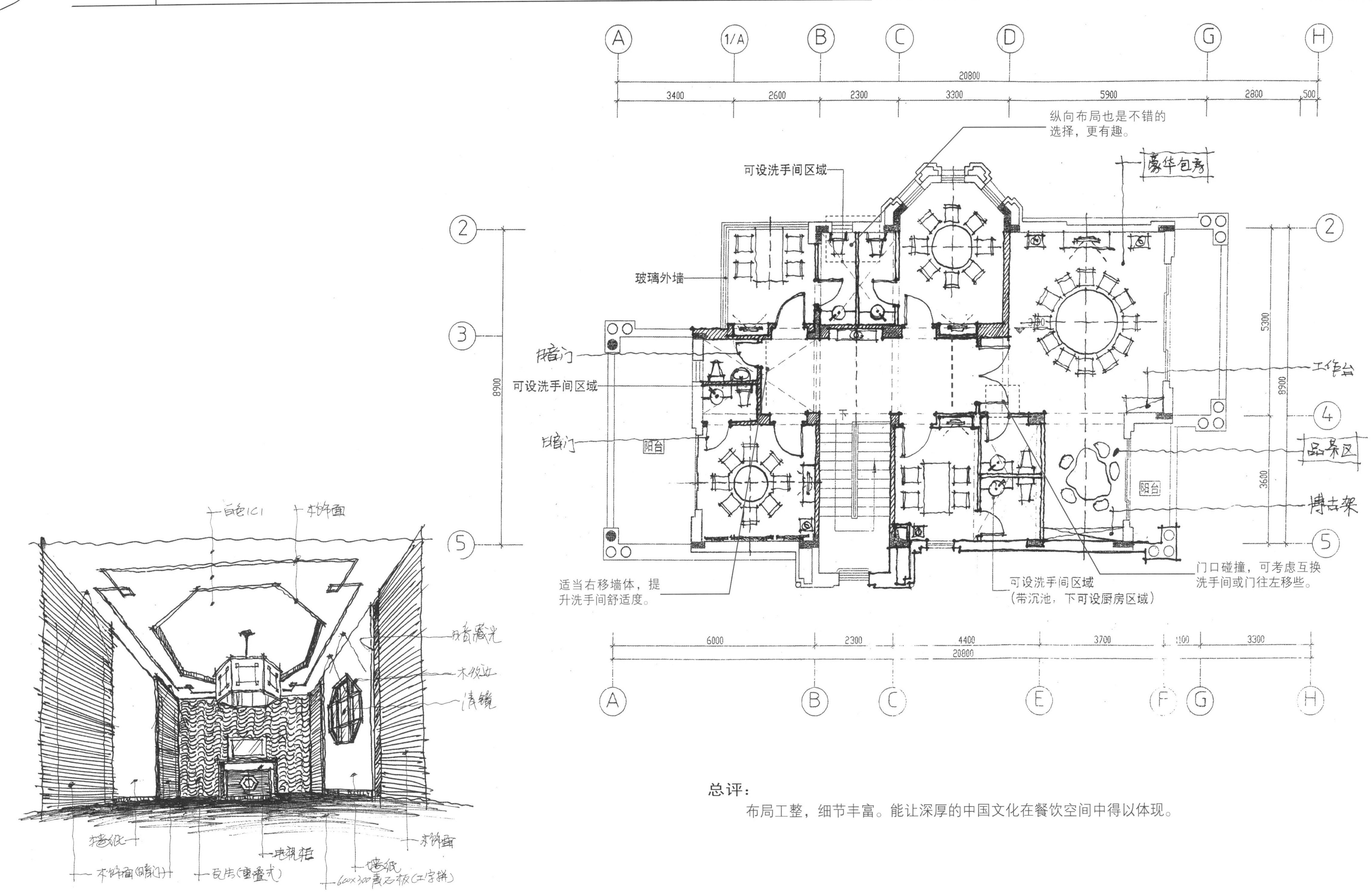

总评：

布局工整，细节丰富。能让深厚的中国文化在餐饮空间中得以体现。

比例 1:100

思考方式7

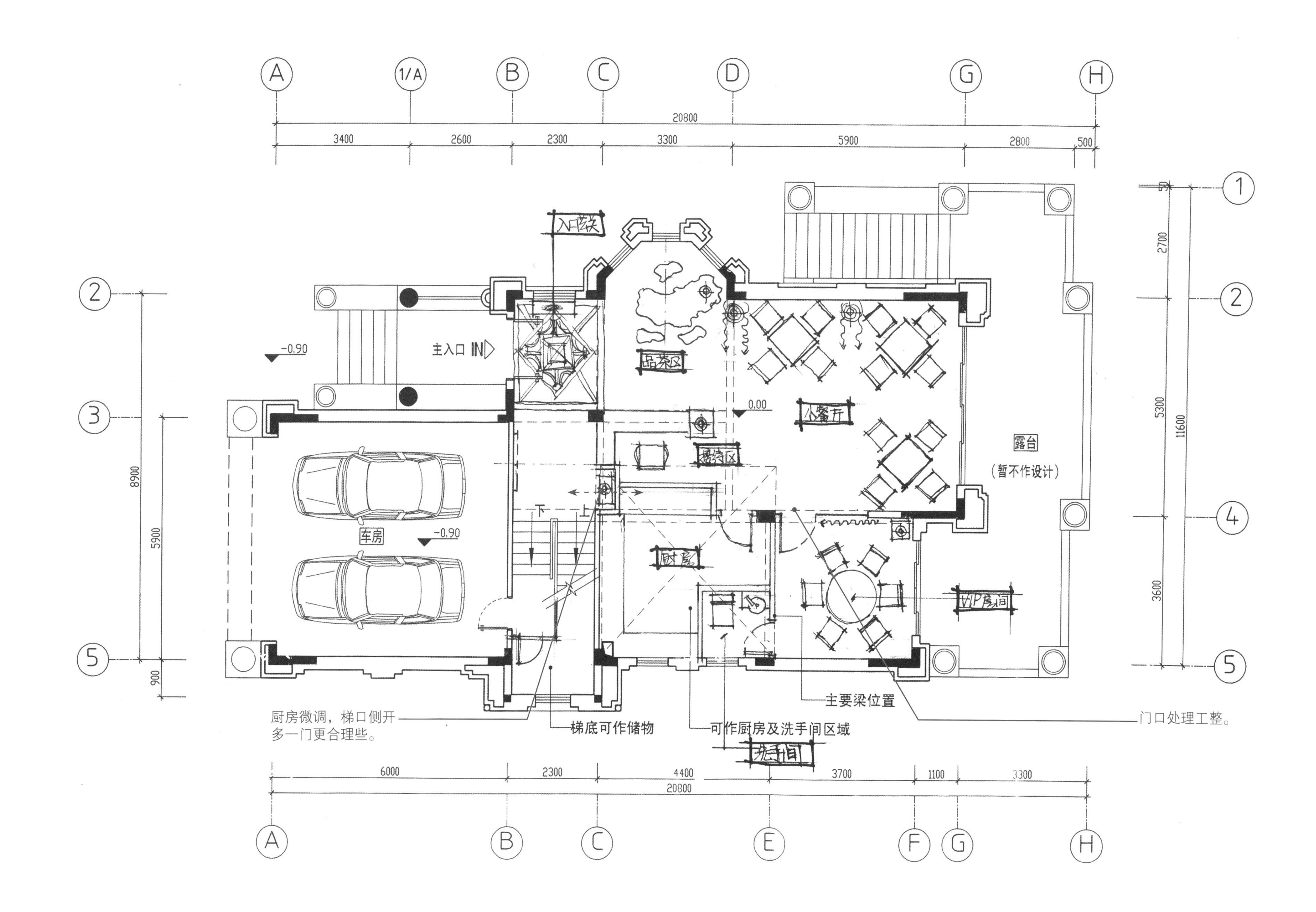

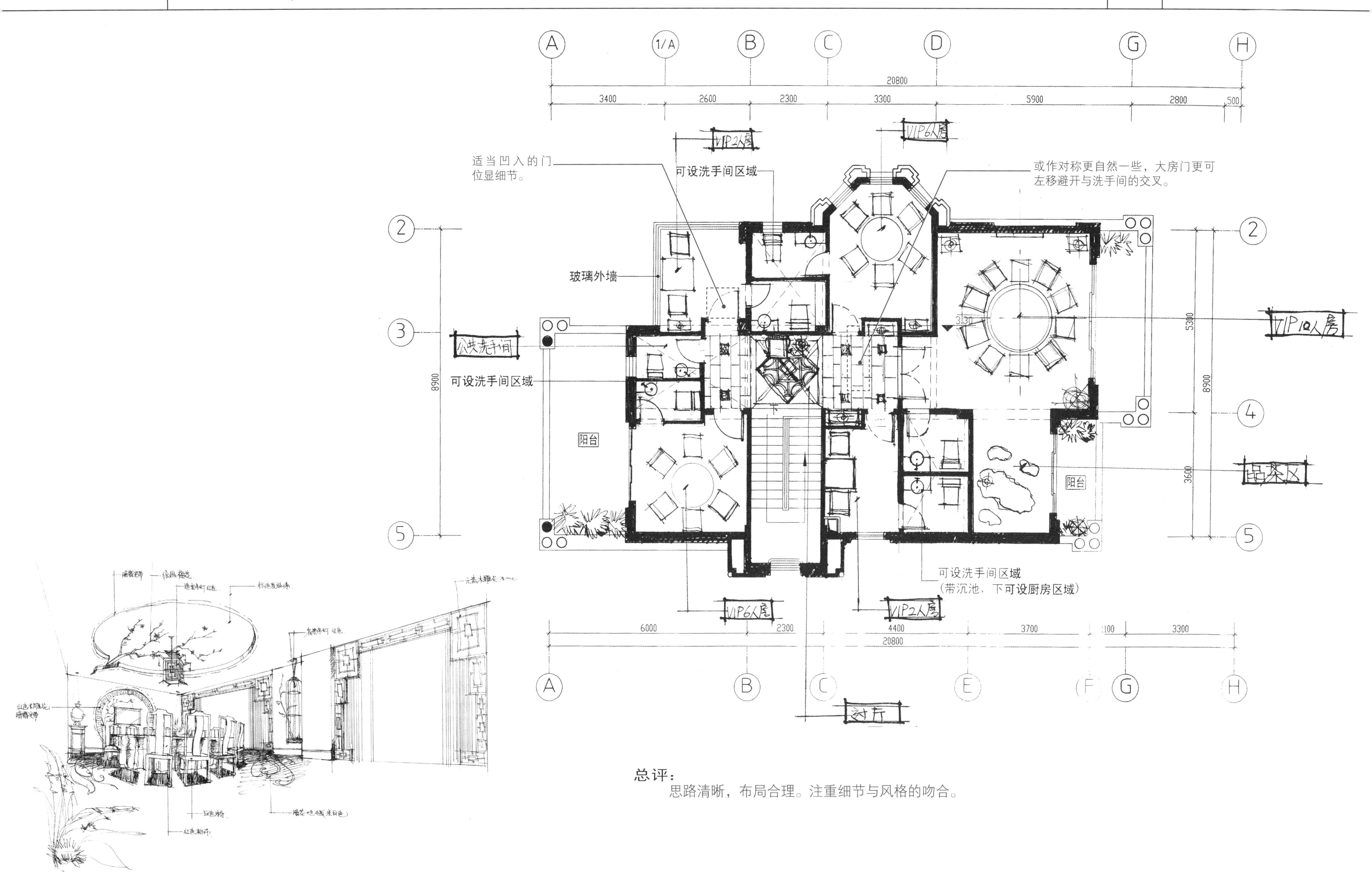

总评：

思路清晰，布局合理。注重细节与风格的吻合。

Simply expections

简单期待

你是个学生，找到一本简单的入职手册；
你是个准设计师，可以试试手，温习一下你的日常所学；
你是个初级设计师，可以比较一下答案，看看你和答案谁更有想法；
你是个中级设计师，看看是否能在八个小时内做得更好！
你是个资深设计师，以此为本指引一下你的团队，发掘有潜质和耐力的新人！

或者这是个开始，引起对行业培训和基础功夫的重视，不只是用嘴巴，更应是想、说、写、画四样基本技能的反复锻炼，手心合一，有始有终。

简单的不一定容易，实践最重要。